상상과 현실이 통하다

화학으로 세상보기

상상과 현실이 통하다

화학으로 세상보기

Imagination and Reality are on the Same Wavelength

김성식 이영아 마윤정

전북대학교출판문화원

머리말

세상은 넓다. 화학과 세상은 어떻게 이어져 있을까?

2018년에 나온 도서 〈상상과 현실을 잇다 화학으로 세상보기〉는 화학에서 다루는 핵심 주제들이 우리 사는 세상과 어떻게 서로 이어져 있는지 알아보는 내용으로 구성되어 있다. 여기에는 인공지능, 하이브리드와 혼성, 대기오염, 중금속, 항산화제, 알칼로이드, 호르몬과 페로몬, 생체시계, 화학합성, 라디오파 등의 주제를 담았다. 이러한 주제와 연결된 것들을 찾아 떠난 여행에서 알파고, 스핑크스, 런던 스모그, 나폴레옹과 베토벤, 암브로시아, 좀비, 주피터와 머큐리, 칸트, 해저 열수구, fMRI 등의 연관어를 찾아냈다. 그 결과 총 12개의 주제를 선정하고 화학과 세상을 하나로 연결하고자 하였다.

이 도서는 큰 꿈을 향해 나아가고자 하는 대학교 신입생들을 위해 개설한 교양강좌 〈생활 속의 화학〉의 교재로 활용되고 있다. 이 책이 출간되고 나서 코로나19로 인해 비대면 강의로 진행되고 있는 상황임에도 불구하고 많은 학생들이 본 강좌에 대해 뜨거운 관심을 보여주고 있어서 고마울 따름이다.

한편, 저자들은 책이 나온 지 1년여의 시간이 흐르는 동안 세상의 여러 곳을 둘러보며 새로운 친구들과 즐거운 시간을 가졌다. 이번 여행은 누구나 한번은 만나 보았고 다시 만나고 싶은 대상을 찾아 이곳저곳을 둘러보는 여행이었다. 그리고 셜록 홈즈, 지킬과 하이드, 하울과 소피, 클레오파트라의 진주, 아라크네와 스파이더맨, 앨리스와 체셔 고양이, 엘사와 올라프, 벤자민 버튼, 연금술사 등을 만났다.

과연 이 많은 것들이 화학과 어떻게 이어져 있을까? 기대 반 설렘 반으로 관련이 있는 주제들을 골라내고 연결을 시도하였다. 그러는 과정에서 셜록 홈즈에서 벤자민 버튼에 이르는 12 주제들이 화학과 통해 있음을 발견하였고, 그 결과 〈상상과 현실이 통하다 화학으로 세상보기〉라는 새로운 책으로 완성되었다.

이 책 속에는 범죄 과학과 화학, 세상 만물의 이중성, 보석과 광물, 마술과 연금술, 나노 로봇과 분자 기계, 스포츠와 e스포츠, 하이브리드 거미와 꿈의 신소재, 판타지 세상과 스마트한 미래 기술, 극한의 생명체들, 세상의 모든 레드, 지속 가능한 세상과 그린 케미스트리 등 화학의 핵심 주제들이 들어 있다.

세상은 넓다. 화학과 우리 사는 세상은 통해 있다.

저자 김성식 · 이영아 · 마윤정

목 차

3장 클레오파트라의 진주

4장 제5원소

5장 하울의 움직이는 성

6장 리그 오브 레전드

7장 스파이더맨

8장 이상한 나라의 앨리스

9장 겨울왕국

10장 붉은 수수밭

11장 잃어버린 제국

12장 벤자민 버튼의 시간은 거꾸로 간다

1장
셜록 홈즈의 귀환

1
셜록 홈즈는 화학을 알았을까?

코로나와 셜록 홈즈 / 셜록 홈즈는 화학을 알았을까? / 잃어버린 세계

코로나와 셜록 홈즈

2017년 8월 미국에는 수십 년 만에 모습을 드러낸 '이것'을 보기 위해 전 세계에서 몰려온 사람들로 북적거렸다. 미항공우주국(NASA), 국립대기연구센터, 국립해양청 등도 이 '금세기 최고의 쇼'를 추적하였다. '이것'은 바로 개기일식으로 태양이 달에 의해 완전히 가려지는 현상을 말한다. 21세기 동안 224개의 일식이 있을 것이며 그중 68개는 개기일식일 것이다. 우리가 개기일식을 주목하는 이유는 아직도 많은 부분이 베일에 가려져 있는 태양의 신비를 풀 수 있는 단서를 제공하기 때문이다. 이와 관련하여 18세기 이후로 많은 연구가 이루어져 왔지만 아직까지 그 정체가 온전히 드러나지 않은 것이 있다. '이것'은 태양 밝기의 100만 분의 1 밖에 되지 않기 때문에 보통 개기일식 같이 특별한 경우에만 우리에게 정체를 드러낸다. '이것'은 무엇일까? 바로 '코로나Corona'이다.

코로나란 태양 대기의 가장 바깥층을 말한다. 코로나란 말은 크라운Crown을 뜻하는 라틴어, 그리고 화환을 뜻하는 그리스어에서 유래한 것으로, 별을 둘러싼 플라즈마의 아우라를 말한다. 코로나의 온도는 100만℃로서 태양 표면의 온도(5,500℃) 보다 약 200배 더 뜨겁다. 태양의 코로나는 수백만 km에 걸쳐 우주로 확장되며, 그 에너지는 종종 지구에 큰 영향을 미치는데, 전력망, 무선 통신 및 위성에 혼란을 일으키기도 한

다. 코로나에 대한 심층적인 연구가 필요한 또 다른 이유는 지구상의 생명체에게 위협이 될 수도 있기 때문이다.

태양의 흑점 활동은 지구에 지대한 영향을 미치며, 흑점이 폭발하면 인류 문명을 위협하는 재앙이 될 수도 있다. 특히 CME(Corona Mass Ejection, 코로나질량방출)로 인해 지구에 위기가 닥칠 수 있다. CME란 대규모의 태양풍 폭발 현상을 말하는데, 이 때 자기장이 태양의 코로나 상층부로 올라와 우주 공간으로 퍼져나간다. 태양에서 방출된 입자가 지구에 접근하면 지구의 자기권과 전파를 교란하고 정전을 유발하며 인공위성 및 전력 송신망에 피해를 입힐 수 있다.

'명탐정 셜록 홈즈'를 탄생시킨 코난 도일(1859~1930)이 코로나의 정체를 밝혀 달라는 의뢰를 받았다면 그는 어떤 기술을 사용하여 답을 찾아낼까? 그가 가진 뛰어난 상상력과 추리력만으로는 지구에서 1억 5,000만 km 떨어진 곳에서 발생하는 코로나의 정체를 밝히는 것은 역부족이다. 현대 과학기술의 힘을 빌면 이런 한계를 극복할 수 있다. 2019년 한국천문연구원과 NASA가 세계 최초로 외부 코로나의 온도와 속도를 동시에 관측하는데 성공하였다. 이는 양국이 공동으로 개발한 코로나그래프 덕분이었다. 같은 해에 영국, 이탈리아, 미국 등의 연구자로 구성된 다국적 공동연구팀은 코로나의 급격한 가열 현상의 원인을 밝혀 국제 학술지 '네이처 천문학'에 발표하였다.

코난 도일이 또 다른 의뢰를 받았다. 이것은 태양의 코로나만큼 뜨겁지 않지만 매우 위험한 존재이다. 바로 코로나19를 전 세계에 전파하고 있는 코로나바이러스Coronavirus이다. 크기가 80~220nm에 불과한 코로나바이러스는 명탐정 코난을 창조한 그에게도 태양의 코로나만큼 만만한 상대가 아니다. 전파력이 크고 일단 감염되면 치명적일 수 있으며 변신에도 능하기 때문이다. 그런데 그의 체면을 세워준 기업이 나타났다. 바로 셜록 바이오사이언스Sherlock Biosciences이다. CRISPR 기술을 전문으로 하는 이 기업은 빠르고 정확한 코로나19 테스트 기술을 보유하고 있어서 SARS-CoV-2(Severe Acute Respiratory Syndrome Coronavirus-2, 2019년 신종 코로나 바이러스의 이름)의 핵산을 검출하는 방법에 대한 사용허가를 미국 FDA(식품의약국)로부터 최초로 받았다.

우리나라의 경우에는 전 세계적인 코로나19 대유행 속에서 선제적 검사와 격리, 환자 추적 등 과학적이고 체계적인 시스템을 갖추어 대응하고 있으며, 여러 기업들이 진단 시약, 진단 장비, 검체 채취 장비 등을 생산하고 수출까지 하고 있다. 젠바디GenBody는 코로나19 항원을 신속하게 진단하는 키트를 해외에 출시하였다. 셀트리온Celltrion과 씨젠Seegene은 미국 FDA로부터 긴급 사용승인을 받은 진단 키트를 수출하였다. GC 녹십자엠에스도 항체 진단키트 수출 허가를 획득하였다. 코로나 19 치료제 개발을 위한 세계 각국의 경쟁이 치열해지고 있다. 그러나 질병 여부를 즉각적이고 정확하게 테스트한다 하더라도 유전자 변이를 거듭하고 있는 코로나19 바이러스가 스파이크 단백질이나 필로도피아 같은 무기를 사용하여 감염력을 높이고 있는 상황에서 이 바이러스를 효과적으로 치료하기까지는 시간이 걸릴 것으로 보인다.

2020년 11월 미국 제약업체 화이자Pfizer와 모더나Moderna가 예방율 90% 이상인 COVID-19 백신의 개발 중간 결과를 발표하였다. 평균 10년 이상이 걸리는 백신 개발 기간을 앞당길 수 있던 이유는 메신저 RNA(mRNA) 기술을 사용했기 때문이다. 현재 사용되고 있는 코로나19 백신은 바이러스의 유전 정보를 RNA 형태로 우리 몸에 넣어주어 질병에 대한 면역력을 키워준다. 바이러스의 무해한 조각을 주입하여 우리 몸이 항체를 만들도록 유도하는 백신과 살아있는 약한 바이러스를 주입하는 벡터 백신도 나와 있다.

셜록 홈즈는 화학을 알았을까?

셜록 홈즈는 〈주홍색 연구, 1886년〉를 통해서 산업혁명으로 인류 문명사의 대전환을 가져온 영국을 무대로 벌어지는 다양한 사건의 해결사로 처음 등장하였다. 동료인 왓슨 박사에 따르면 셜록 홈즈는 다방면에 해박한 지식을 가지고 있었다. 범죄 사건의 해결을 위해서는 현장에서 발견된 물질이 중요한 단서가 된다. 화학은 물질의 구조와 성질, 변화 및 그에 수반하는 에너지 변화를 연구하는 학문이다. 철저한 과학적 추리를 통해서 사건을 해결해 나간 셜록 홈즈는 화학에 대한 지식을 얼마나 알고 있었을까?

코난 도일이 셜록 홈즈 시리즈 중 최고로 꼽았다는 단편 소설 〈얼룩띠의 비밀〉에서는 의문의 죽음 뒤에 살모사가 등장한다. 〈주홍색 연구〉에서는 알칼로이드Alkaloid에 의한 살인 사건이 벌어진다. 〈노란 얼굴〉은 인종차별이 심했던 당시 영국의 다인종 가족 문제를 다룬다. 〈붉은 머리 연맹〉은 은행 지하 금고를 털기 위해 설립된 특이한 단체 이야기이다. 이러한 소설의 중심에는 탐정이 있었다. 탐정에게 필요한 자질은 풍부한 지식과 끈기, 추리력과 판단력, 직감과 상상력 등이 중요하다. 과학이 발전함에 따라 새롭게 등장하는 첨단장비들은 우리에게 놀라운 증거 자료를 제공한다. 여기에 더하여 독성, 혈액의 성질, 유전적 특성, 색깔의 화학 등에 대한 해박한 지식이 있다면 단시간 내에 사건을 해결 할 수 있을 것이다.

잃어버린 세계

셜록 홈즈 시리즈로 명성을 얻은 코난 도일은 새로운 인물을 창조하고 싶어 했다. 그는 무대를 남아메리카로 옮겨 대멸종에서 살아남은 공룡을 찾아 떠나는 이야기를 담은 공상과학 소설을 구상했다. 1912년 드디어 〈잃어버린 세계〉가 세상에 나왔다. 이 소설은 런던의 신문기자 멀론이 동물학자 챌린저, 해부학자 서멀리, 탐험가 록스턴과 함께 아마존의 미개척지를 탐험하는 이야기이다. 공룡과 인간이 공존하는 세상! 코난 도일의 상상력은 20세기 대중문화에 지대한 영향을 끼쳤으며 오늘날에도 살아 숨 쉬고 있다.

같은 해 12월, 대영제국을 흥분의 도가니로 몰아넣은 사건이 발생했다. 영국지질학회에서 아마추어 고고학자였던 도슨Charles Dawson(1864~1916)이 현생 인류 이전의 화석을 발견하였다고 발표한 것이다. 소위 '필트다운인(Piltdown Man)'은 이렇게 해서 탄생했다. 도슨은 인류 진화의 수수께끼를 푼 인물로 학계의 찬사를 받았다. 의문을 제기하는 몇몇 학자들의 의견은 들뜬 분위 속에 묻혀 졌다. 그러나 1940년대에 새로 개발된 '불소 연대 측정법(Fluorine Dating)'을 통해서 '필트다운인'이 속임수였다는 사실이 수면 위로 드러나기 시작하였고, 1953년 대영박물관은 이 사실을 공식 발표했다. 겨우 600년 전의 인간 두개골에 5년 전 죽은 오랑우탄 턱뼈를 붙여 만든 가짜였던 것이다. 미국의 역사학자 밀너Richard Milner는 코난 도일도 이 인류화석 조작 사건과 관련이 있으며, 〈잃어버린 세계〉에 자신의 죄를 고백하는 메시지가 숨겨져 있다고 주장하였다.

불소로 연대를 측정한다? 땅 속에 묻힌 뼈는 불소를 함유한 지하수에 노출되면 뼈 속의 미네랄[Calcium hydroxyapatite, $Ca_{10}(PO_4)_6(OH)_2$]이 불소를 흡수하게 된다. 불소 연대 측정법은 뼈에 흡수된 불소의 양을 측정하여 뼈의 상대적인 나이를 결정하는 방법이다. 이 측정 방법은 상대 측정 방법으로만 사용되며 한 장소의 동일한 지층에 있는 대상에 대한 연대를 비교 분석하는 방법으로 사용된다. 다른 원소 연대측정법을 추가하면 더 정확한 연대를 알 수 있다.

한편, 방사성 탄소 연대 측정(Radiocarbon dating)은 탄소-14가 일정한 속도로 붕괴된다는 사실에 기초한 방법이다. 1940년대 후반 미국의 화학자 리비Willard Frank Libby(1908~1980)는 반감기가 5730년인 탄소-14를 이용하여 유기물을 포함하는 물질의 연대를 측정하는데 성공하였다. 리비와 공동연구자들은 고대 이집트의 파라오 조세르와 스네페루의 무덤에서 채취한 샘플의 연대를 측정하였다. 방사성 탄소 연대 측정은 고고학 논쟁을 종식시킨 획기적인 발견이었다. 1960년 리비는 이 공로로 노벨 화학상을 수상하였다.

지구의 나이는 얼마나 될까? 당대 최고의 물리학자였으며 특히 열역학 분야에서 중요한 업적을 남긴 켈빈Kelvin(1824~1907)은 지구의 나이를 계산하여 많아도 1억 년을 넘지 않으며 약 2,000만 년 남짓이라는 결과를 얻었다. 그런데 지구의 나이를 45억 5,000만년이라고 발표한 사람이 있었다. 바로 미국의 지구화학자 패터슨Clair Cameron Patterson(1922~1995)이다. 1956년에 그는 납 연대 측정 방법을 사용하여 이 같은 결과를 얻었다. 오늘날 지구의 나이는 45억 4,000만 년으로 알려져 있다.

2
애거서 크리스티와 명탐정 포와로

뒤팽, 홈즈, 뤼팽, 그리고 포와로 / 독으로 플롯을 장악하다 / 형사 콜롬보 /
진실은 소설보다 낯설다

뒤팽, 홈즈, 뤼팽 그리고 포와로

끔찍한 사건, 긴장과 공포, 현장에 남겨진 흔적, 그리고 충격적 반전. 추리소설은 등골이 오싹해지면서도 우리를 한 없이 빠져 들게 한다. 통상적으로 탐정이 등장하여 문제를 풀어간다. 소설 속의 명탐정들을 만나보자. 코난 도일이 창조한 셜록 홈즈는 19세기 말에서 20세기 초까지 영국을 무대로 활약한 명탐정이다. 1886년 〈주홍색 연구〉에 최초로 등장하였으며, 단편 〈마지막 사건〉에서는 스위스의 라이헨바흐 폭포 아래 협곡으로 떨어져 죽었다. 그러나 독자들의 빗발치는 항의에 〈바스커빌가의 개, 1901년〉와 〈빈 집의 모험, 1903년〉을 통하여 부활하였다.

영국에 홈즈가 있다면 프랑스에는 뤼팽Arsène Lupin이 있다. 뤼팽은 20세기 초에 르블랑Maurice Marie Émile Leblanc(1864~1941)의 추리소설 〈아르센 뤼팽〉 시리즈에 등장한다. 뤼팽은 신사이면서, 강도, 사기꾼, 모험가로도 등장한다. 〈괴도 신사 아르센 뤼팽, 1907년〉 이후 1939년까지 변장의 달인으로 자유자재로 가명을 사용하며 신분을 숨긴다. 홈즈 이후 영국에는 새로운 명탐정이 등장한다. 바로 푸아로Hercule Poirot와 마플Jane Marple이다. 이들은 '추리소설의 여왕'이란 찬사를 받고 있는 애거서 크리스티(1890~1976)가 창조해낸 인물이다. 왁스로 빳빳하게 만든 콧수염이 인상적인 푸아로는 1920년 〈스타일스 저택의 괴사건〉으로 데뷔한 이후 1975년 〈커튼〉까지 무려 54년 동안 활동하였다. 〈오리엔트 특급 살인〉에서 그는 폭설 속에 고립된 열차에서 벌어진 살인 사건 앞에 선다. 그리고 완벽한 알리바이를 가진 용의자 13명의 승객을 심문한다. 한편, 〈목사관 살인사건〉, 〈열세 가지 수수께끼〉, 〈잠자는 살인〉 등에 등장하는 제인 마플은 뜨개질 하는 늙은 노부인으로 묘사되며 뛰어난 기억력과 예리한 관찰력으로 사건을 해결한다.

푸아로, 뤼팽, 홈즈 등을 읽다 보면 한 탐정이 저 멀리 서 있음을 발견한다. 바로 오귀스트 뒤팽Auguste Dupin이다. 미국의 포Edgar Allan Poe(1809~1849)가 창조한 뒤팽은 홈즈와 뤼팽의 원형에 해당하는 인물로 간주되고 있다. 셜록 홈즈를 비롯한 많은 가상탐정의 모태가 된 뒤팽은 〈모르그 가의 살인 사건, 1841〉에서 처음 등장하였고 〈마리 로제의 수수께끼, 1842년〉와 〈도둑맞은 편지, 1844년〉에서도 등장하였다. 1841년 포가 뒤팽을 창조하였고, 1886년 도일이 홈즈를 창조하였고, 1907년 르블랑이 뤼팽을 창조하였고, 1920년 크리스티가 푸아로를 창조하였다. 연대순으로 보면 포가 도일을 탄생시켰고 도일이 르블랑을 탄생시켰고 르블랑이 크리스티를 탄생시켰다.

독으로 플롯을 장악하다

셜록 홈즈를 창조한 코난 도일과 더불어 시대를 초월해 인기를 얻고 있는 추리소설 작가가 있다. 바로 영국의 애거서 크리스티Agatha Christie(1890~1976)이다. 그녀는 〈스타일스 저택의 괴사건, 1920년〉, 〈애크로이드 살인 사건, 1926년〉, 〈오리엔트 특급 살인, 1934년〉, 〈ABC 살인 사건, 1936년〉, 〈그리고 아무도 없었다, 1939년〉, 〈잠자는 살인, 1976년〉 등 수십 편의 작품을 완성하여 세계 추리소설의 상징이 되었다. 그녀의 작품은 영어권에서 10억 부 이상 팔렸으며 103개의 언어로 번역된 다른 도서 역시 10억 부 이상 판매되어 기네스 세계 기록에 등재되었다.

크리스티는 "책 속 수십 명의 희생자들을 깨끗하고 더럽지 않은 방식으로 죽일 수 있게 되었다."고 말한 것으로 전해지는데 그 의미는 무엇일까? 그녀의 첫 번째 소설인 〈스타일스 저택의 괴사건〉을 보면 저택의 주인인 에밀리 잉글소프가 스트리크닌 Strychnine 중독으로 사망한다. 〈당신은 정원을 어떻게 가꾸시나요?〉와 〈신비의 사나이 할리 퀸〉에서도 스트리크닌에 의한 살인이 일어난다. 스트리크닌은 반수치사량(LD$_{50}$)이 약 10mg/kg일 정도로 독성이 매우 강한 무색의 알칼로이드계 화합물로서, 새나 설치류 같은 척추동물을 죽이기 위한 살충제로 사용되어 온 물질이다. 스트리크닌 나무에서 얻어지는 스트리크닌은 가장 쓴 물질 중의 하나로서 근육 경련을 일으키고 질식 등으로 사망에 이르게 한다.

스트리크닌은 1954년에 미국의 우드워드Robert B. Woodward(1917~1979) 등에 의해 최초로 합성되었다. 우드워드는 20세기의 가장 뛰어난 유기화학자로 간주되고 있으며, 특히 천연물의 합성과 분자 구조의 결정에서 중요한 공헌을 하였다. 그는 또한 화학반응의 이론적 연구에 대해 화학자 호프만Roald Hoffmann과 긴밀히 협력하였다.

살충제로 쓰였던 시안화물도 크리스티의 여러 소설에 등장한다: 〈그리고 아무도 없었다, 1939년〉, 〈빛나는 청산가리, 1945년〉, 〈주머니 속의 죽음, 1953년〉, 〈깨어진 거울, 1962년〉. 청산가리는 살구, 체리, 아몬드 등의 씨에 들어 있는 물질로서 전자 전달 사슬에서 사이토크롬 c 산화효소를 억제하여 세포가 ATP(아데노신삼인산) 에너지를 사용하지 못하도록 한다. 고농도의 시안화물이 체내로 유입되면 수분 내에 사망할 수 있는데, 죽은 사람의 피부가 분홍색으로 나타나는 이유는 시안화물-헤모글로빈 착물 이 형성되기 때문이다. 시안화 칼륨(KCN)은 독성이 매우 크다. 시안화 칼륨의 맛은 매콤하고 씁쓸하며 잿물과 비슷한 느낌을 준다. 사람에 대한 시안화 칼륨의 반수치사량(LD$_{50}$)은 약 140mg이다.

〈패딩턴 발 4시 50분, 1957년〉에서는 독 중의 독으로 불리는 비소(As)가 등장한다. 비소는 맛도 없고 냄새도 없는 흰색 분말로서 크리스티가 소설을 쓸 당시에는 비소가 함유된 강장제나 살충제를 손쉽게 구할 수 있었다. 특히 파울러 용액(Fowler's solution)은 1% 아비산칼륨($KAsO_2$)을 포함하는 용액으로, 한때 치료제 또는 강장제로 처방되었다. 1865년부터 파울러 용액은 백혈병 치료제로도 사용되었다. 1905년 이후 파울러 용액과 같은 무기 비소는 아톡실Atoxyl 같은 유기 비소에 대한 관심이 증가하면서 사용이 감소하였다. 아톡실은 성장을 촉진하고 가금류와 돼지의 이질을 예방하거나 치료하기 위한 동물 사료 첨가제로 오랫동안 쓰였지만 독성이 매우 커서 쓰이지 않게 되었다. 파울러 용액의 사용이 중지된 이유는 비소 화합물이 간경변, 고혈압, 방광암 및 피부암과 같은 부작용이 나타나는 등의 독성이 있기 때문이었다. 그러나 독성이 매우 큰 비소는 고대부터 중국 전통의학에서 심각한 질병을 치료하는 데 사용되어 왔다. 2001년에는 FDA가 급성 전골수구성 백혈병을 치료하기 위한 약물로 삼산화비소(As_2O_3)를 승인하면서 비소에 대한 관심이 돌아 왔다.

형사 콜롬보

1970년대 미국 NBC에서 방영한 추리 드라마가 있다. 바로 LA 경찰청 경위가 살인 사건을 해결하는 범죄 드라마 TV 시리즈인 '형사 콜롬보Columbo'이다. 1968년과 1971년에 두 번의 에피소드를 거쳐 1971년부터 1978년까지 방영되었으며, 그 후 1989년부터 2003년까지 ABC에서도 방영되었다. 이 드라마의 특징은 도입부에서 살인범의 정체를 시청자에게 밝히고 콜롬보가 사건을 해결하는 형식으로 진행된다는 점이다. 낡은 코트에 담배를 입에 물고 어수룩한 표정으로 등장하는 콜롬보의 연기가 일품이다. 콜롬보 역을 맡은 피터 포크가 "아 참, 한 가지만 더."라며 결정적인 질문을 던지며 범인을 옭아매는 장면은 이 드라마의 압권이다. 이 드라마는 다음과 같은 특징을 가지고 있다: 모든 사건은 면식범에 의한 1인 살인 사건이다. 살인범은 사회 저명인사, 부자, 상류계층, 성공한 사람이다. 살인 사건은 의도적인 살인이며, 살인 후 살인범은 증거를 조작하거나 없애는 시도를 한다. 초반부에 살인범이 살인하는 방법을 보여주고 콜롬보 형사는 살인범을 잡는 과정을 보여 준다.

미국에 콜롬보가 있다면 한국에는 〈수사반장〉이 있다. 수사반장은 1970~80년대에 인기를 누렸던 범죄 수사 드라마이다. 1971년부터 1984년까지 방영되었으며, 반년 만에 다시 재개해 1985년부터 1989년까지 방영되었다. MBC에서 방영한 이 드라마는 최불암(반장 역) 등 당시 최고의 배우들이 출연하여 국민들의 사랑을 받은 본격 수사물이다. 박진감 넘치는 주제곡도 황금 시간대에 전국적으로 퍼져 나갔다.

TV 시리즈로 방영된 범죄 드라마는 어떤 것들이 있을까? 〈브레이킹 배드Breaking Bad〉는 2008년 1월부터 2013년 9월까지 미국 AMC에서 방영된 드라마이다. 화학 기술 기업 그레이 매터의 공동 창립자이자 노벨화학상 연구에 큰 기여를 할 정도의 천재였던, 칼텍의 화학 박사 출신의 고등학교 화학교사가 폐암 3기 진단을 받는다. 그는 뇌성마비에 걸린 아들과 임신한 아내를 위해 각성제인 메스암페타민Methamphetamine 제조에 손을 댄다. 총 62부작으로 방영되었다. 〈더 폴The Fall〉은 2013년 5월부터 2016년 10월까지 영국의 BBC two와 RTE One에서 방영된 TV 드라마이다. 런던 메트로폴리탄 폴리스 경감인 스텔라 깁슨이 북아일랜드의 수도인 벨파스트에서 발생한 연쇄살인사건을 해결한다.

〈피키 블라인더스Peaky Blinders〉는 2013년 9월부터 방영되고 있는 영국 드라마이다. 1차 세계대전 이후, 사회적으로 혼란스러운 시기에 버밍엄에서 활동한 '피키 블라인더스'라는 범죄 조직과, 이를 이끄는 집시 혈통 쉘비 가문의 이야기를 그린 드라마이다. 20세기 초 영국 버밍엄을 중심으로 활동했던 동명의 갱단을 바탕으로 제작하였다. 영국판 대부로 비견될 만큼 훌륭한 완성도로 호평을 받고 있다. 〈파고Fargo〉는 2014년부터 방영중인 TV 드라마로, 코엔 형제의 1996년 동명의 영화를 원작으로 한 범죄 드라마이다. 2006년 1월, 어디론가 향하던 론 말보가 교통사고를 당해 미네소타 주의 한 중소도시에 있는 병원에 들르게 되고, 그곳에서 소심한 성격의 보험 영업사원을 만나 그를 나쁜 쪽으로 물들이게 된다. 한편, 경찰관들은 이들이 살인 사건과 연관되어 있다고 생각하고 진상을 밝히기 위해 수사를 시작한다.

〈루시퍼Lucifer〉는 2016년 1월부터 2018년 5월까지 FOX에서 방영한 DC 코믹스 원작의 미국 범죄 드라마이다. 지긋지긋한 지옥생활에서 벗어나기로 마음먹은 악마 루시퍼가 인간 세계로 와서 클럽을 열며 방탕한 생활을 즐긴다. 〈더티 존Dirty John〉은 2018년 11월 브라보Bravo에서 초연된 미국의 TV 시리즈로, 실제 있었던 사기꾼 '존 미핸John Meehan' 이야기를 재구성한 범죄 드라마이다. 거짓으로 점철된 한 남자가 초래한 파국을 다루었다.

〈더 보이즈The Boys〉는 아마존 프라임 비디오에서 2019년 7월부터 방영중인 미국의 슈퍼히어로, 다크 코미디 드라마이다. 20만 명이 넘는 슈퍼 히어로들이 악행을 일삼는 부패한 세상에서 일반인들로 구성된 CIA 비밀 자경팀이 그들을 저지하려는 이야기를 다루었다. 〈크리미널 마인드Criminal Minds〉는 2005년 9월부터 2020년 2월까지 미국 CBS를 통해 방영된 범죄 드라마이다. FBI의 프로파일링 전문팀인 BAU(Behavior Analysis Unit, 행동 분석 팀)의 활약을 다루었다. 범죄 현장에서 드러난 범인의 행태 및 심리 상태를 분석해서 범인을 찾아낸다.

진실은 소설보다 낯설다

소설 속 탐정하면 가장 먼저 떠오르는 인물은 단연 코난 도일이 창조한 셜록 홈즈이다. 물론 뤼팽과 포와로도 있다. 그러나 역사를 거슬러 올라가면 포Edgar Allan Poe(1809~1849)가 〈모르그가의 살인〉에서 창조한 뒤팽Auguste Dupin을 발견 할 수 있다. 미국 낭만주의의 거두인 포를 현대 탐정소설의 아버지라고 부르는 이유이다.

실존하는 최초의 탐정은 누구일까? 주인공은 범죄자이자 범죄학자였던 비도크Eugene Francois Vidocq(1775~1857)이다. 프랑스 대혁명 당시 오랜 기간 옥살이를 하였던 비도크는 범죄자의 생리와 범죄의 세계를 파악하게 된다. 그 후 프랑스 정부의 전속 탐정이 된 비도크는 범죄수사국을 창설하였다. 그리고 1827년 경찰직에서 물러난 후에는 사설 수사기관을 설립하였다. 사립탐정이 된 것이다. 비도크는 꼼꼼하게 기록한 범죄 기록을 바탕으로 수사하여 '근대 과학수사'의 아버지로 불리기도 한다. 그의 파란만장한 인생 스토리는 빅토르 위고Victor Hugo(1802~1885), 포Poe, 발자크Honoré de Balzac(1799~1850) 등 많은 작가들에게 커다란 영감을 주었다. 위고의 〈레미제라블〉의 장발장, 발자크의 〈고리오 영감〉의 보트랭, 뒤마의 〈몽테크리스토 백작〉의 에드몽 당테스 등은 비도크의 영향을 받아 탄생된 인물들이다.

3
역사 속의 포렌식

소년 왕 투탕카멘의 진실 / 픽션과 논픽션이 만나다

소년 왕 투탕카멘의 진실

20세기 최고의 발견이라고 할 수 있는 이집트 예술 작품이 있다. 바로 금, 청금석, 루비, 흑요석 등으로 제작된 투탕카멘Tutankhamun(재위: 1332~1323 BCE)의 황금 마스크이다. 이것은 1925년 영국의 고고학자 카터Howard Carter(1874~1939)가 이집트 왕들의 계곡에 있는 무덤 KV62에서 발견한 유물이다. 카이로의 이집트 박물관에 소장되어 있는 투탕카멘의 황금 마스크는 상감 기법을 더하여 화려함이 극치에 달하고 있다. 마스크의 어깨에는 〈사자의 서(The Book of the Dead)〉의 고대 주문이 상형문자로 새겨져 있다. 황금 견장에는 하늘의 신 호루스Horus가 매의 모습으로 등장한다. 이마에 있는 코브라는 하이집트의 여신 우제트Wadjet, Udjet를 상징하며, 그 옆 있는 독수리는 상이집트의 여신 네크베트Nekhbet를 상징한다.

고대 이집트의 제18왕조 제12대 왕이었던 투탕카멘은 기원전 1342년경에 태어나 아홉 살의 나이에 즉위하였고 불과 9년 동안 통치하다 젊은 나이에 죽은 비운의 파라오이다. 투탕카멘의 무덤 입구에는 '잠자는 왕을 방해하는 자에게는 죽음의 날개가 스치리라.'라는 경고문이 새겨져 있다. 투탕카멘을 둘러싸고 일어난 여러 의문의 죽음을 '투탕카멘의 저주'라 불렀던 이유이다. 투탕카멘의 무덤에서 출토된 유물들이 전 세계적인 주목을 받으면서 소년 파라오 투탕카멘의 사인에 대한 세인의 관심도 증폭되었다. 2002년 FBI(미연방수사국)의 쿠퍼Greg Cooper와 유타주 경찰국의 킹Mike King은 투탕카멘이 정치적 권력욕에 의해 암살당한 사건이라고 주장하였다. 이들은 그 증거로 왕의 매장이 서둘러 이루어졌다는 점과 X-선 분석 결과 뒷머리에 타격 흔적이 있는 점 등에 주목하였다. 그들은 투탕카멘의 총리 아이Ay와 왕비 안케세나멘Ankhesenamen 등을 용의자로 지목하였다. 실제로 아이는 투탕카멘 사후 파라오로서 4년 간 이집트를 통치하였다.

소년 파라오의 사인에 대한 결정적인 증거는 새로운 과학적 분석 결과에서 얻어졌다. 투탕카멘의 미라에 대한 CT(컴퓨터단층촬영)와 DNA 분석 결과는 그가 암살당한 것이 아니라 유전병 때문이라는 것이 밝혀졌다. CT 결과는 투탕카멘이 왼쪽 발목이 심하게 안쪽으로 꺾이는 기형인 선천적 내반족이라는 결함을 가지고 있었음이 밝혀졌다. 이로 인해 일시적으로 혈액이 공급되지 않아 골세포가 죽는 희귀 뼈 질환인 쾰러병을 앓았던 것으로 추정하였다. 과학자들은 이집트 왕실의 근친상간으로 태어난 투탕카멘이 유전적 질환으로 건강이 좋지 않았을 것으로 판단하고 있다.

픽션과 논픽션이 만나다

잔혹한 범죄가 난무하던 1970년대를 배경으로 한 드라마가 있다. 미국의 핀처David Fincher가 제작과 연출을 맡아 2017년부터 방영된 넷플릭스 드라마인 〈마인드헌터Mindhunter〉이다. 이 드라마는 실제로 일어났던 범죄 행각을 사실적으로 서술하고 있다. 픽션과 논픽션이 섞여 있다. 이 드라마의 또 다른 특징 중 하나는 등장하는 흉악범들이 실존 인물이 많다는 점이다. FBI 요원인 홀든 포드와 동료들이 강력 사건 해결을 위해 사용한 전략은 무엇이었을까? 손자병법에 지피지기면 백전불태(知彼知己 百戰不殆)란 말이 있다. 적을 알고 나를 알면 백 번 싸워도 위태롭지 않는다는 말이다. 홀든 포드는 상대를 알기 위해 흉악범을 직접 만나 인터뷰한다. 이러한 위험한 시도를 통해 살인자의 내면이 하나씩 드러나게 된다.

〈마인드헌터〉는 프로파일러Profiler 더글라스John Douglas와 논픽션 작가 올셰이커Mark Olshaker의 저서를 원작으로 만든 드라마이다. 이 저서는 더글러스가 수감자들과 면담한 회고록이다. 프로파일러란 프로파일링Profiling을 하여 범죄를 해결하는 직업을 가리킨다. 프로파일링이란 어떤 개인의 심리적, 행동적 특성을 분석하여 특정 상황이나 영역에서의 행동을 예상하는 것을 말한다. 범죄 프로파일링이란 심리학, 사회학, 범죄학 등을 이용하여 범죄자의 심리 및 행동 등을 분석하고 그 결과를 바탕으로 범인상을 추정하고 범죄 유형을 분류하며 피의자에 대한 신문 전략을 수립하고 지원하는 수사 기법을 말한다. 다시 말하면, 범죄를 저지른 사람의 자질에 대한 추론 모음이다. 이를 위해서는 과학적 방법, 논리의 과학, 편견 등에 대한 이해가 필요하다.

4
흔적을 찾아라

CSI: 과학 수사대 / 범죄 과학의 역사

CSI: 과학 수사대

미국 CBS에서 방영되어 미국은 물론 전 세계적으로 인기를 끌었던 과학수사 드라마가 있다. 바로 CSI(Crime Scene Investigation) 과학수사대 시리즈이다. 할리우드 블록버스터를 주무르는 '마이다스의 손'이라는 별명을 가진 브룩하이머Jerome Bruckheimer가 제작하였다. 2000년부터 2015년까지 방영된 이 드라마는 2000년 라스베이거스를 배경으로 한 〈CSI: 라스베이거스〉를 시작으로 하여 후속 작품으로 〈CSI: 마이애미〉, 〈CSI: 뉴욕〉, 그리고 〈CSI: 사이버〉가 탄생하였다. 그밖에도 범인의 범죄 심리에 초점을 맞춘 〈크리미널 마인드Criminal Minds〉, 뼈를 이용해 사건을 분석하는 〈본즈Bones〉, 실종된 사람을 찾는 전담팀 FBI 수사대원의 이야기를 그린 〈FBI 실종 수사대〉 등이 방영되었다. 과학수사로 무장하고 반전에 반전을 거듭하며 범인의 심리까지 끌어들여 사건을 전개하는 범죄 수사 드라마는 소위 '미드족'(미국 드라마에 열광하는 사람들)이란 신조어를 탄생시켰다. 감식곤충학 전문가이자 라스베이거스 범죄수사국장인 그리섬은 과학적인 실험을 통하여 수집한 객관적인 증거를 선호한다. 범죄심리학이 전문인 랭스턴은 자신만의 방식으로 새로운 시각에서 사건 해결을 돕는다. 섬유조직 분석 전문가, 소재 및 성분 분석 전문가, 실험실 테크니션, 검시의, 혈흔 분석 전문가, DNA 감식 전문가 등도 등장한다. 범죄 수사에서 주인공은 수사반장이 아니다. 개성 강한 팀원

전원이 슈퍼 히어로이다. 엄청난 제작비와 첨단 장비, 그리고 신선한 아이디어와 현장 경험도 수사 드라마가 폭발적으로 인기를 얻은 비결이다.

CJDS(Criminal Justice Degree Schools, 형사 사법 학교)의 자료에 따르면, 범죄 현장 조사관(CSI, Crime Scene Investigator)의 주요 임무는 신중하게 물리적 증거를 수집하고 범죄를 조사하는 것이다. CSI는 현장에서 발견된 지문, 신발 자국, 생물학적 샘플, 섬유, 미량 화학 물질, 총기 등의 모든 증거 자료를 수집하고 테스트하여 정확한 정보를 제공함으로써 범죄자들에 대한 유죄 판결을 내리는 데 도움을 주어야 한다. CSI가 되기 위해서는 관련 분야에서 다양한 경험을 쌓는 것이 중요하다. 심리학, 형사법, 생물학, 화학 등의 전문 지식이 있다면 금상첨화이다.

범죄 과학의 역사

"브루투스, 너 마저?" 이것은 셰익스피어의 비극 '율리우스 카이사르Julius Caesar'에 나오는 유명한 대사이다. 기원전 44년 로마 공화정 말기의 종신 독재관이었던 카이사르(100~44 BCE)는 브루투스Marcus Junius Brutus(85~42 BCE)에 의해 암살되었다. 로마의 법학자이자 브루투스의 음모에 가담하여 카이사르를 암살했던 인물들 중 한 사람이었던 안티스티우스Antistius는 "카이사르가 23번 칼에 찔렸는데, 가슴에 두 번째로 찔린 상처 중 하나가 치명적인 일격이었다."고 주장하였다. 이는 최초로 기록된 부검으로 널리 알려져 있다.

범죄 과학의 역사는 1,400년 전 중국으로 거슬러 올라간다. 당시 중국에서는 지문을 사용하여 문서와 점토 조각품의 진위를 확인하였다. 화약, 나침반, 인쇄술의 3대 발명품을 보유했던 송나라는 당시의 세계 과학기술을 선도하고 있었다. 범죄 과학과 관련해서는 남송의 송자宋慈(1186~1249)가 1247년에 세계 최초의 법의학 전문저적인 〈세원집록洗冤集錄〉을 출간하였다. 그가 다년간의 경험과 풍부한 법의학 지식을 종합한 이 책에는 법의학의 검시법, 해부학, 병리학 등이 담겨있다. 익사와 교살을 구별하는 방법도 기록되어 있다. 이 책은 송나라 이래로 형사처벌의 기준이 되었으며, 네덜란드, 프랑스, 독일 등 여러 나라의 언어로 번역되었다.

1813년 스페인의 화학자이자 독물학자인 오르필라Mathieu Orfila(1787~1853)는 비소(As)와 같은 독극물을 탐지하는 과학적 방법을 기술한 논문을 발표하여 '법의학 독성학의 아버지'라 불리고 있다. 19세기 중엽부터는 범죄자의 얼굴 사진(Mug shot)이 사용되기 시작하였고 수감자의 머리, 귀, 발 및 신장을 측정하기 시작하였다. 1887년 코난 도일은 그의 첫 번째 셜록 홈즈 이야기인 〈주홍색 연구〉를 출판하면서 최초의 과학 탐정이란 칭호를 얻게 된다.

1879년 프랑스의 범죄학자 베르티옹Alphonse Bertillon(1853~1914)은 '베르티옹 시스템'을 개발하였다. 이 시스템은 수감자의 신장, 앉은키, 팔을 뻗은 손가락 사이의 거리, 머리, 오른쪽 귀, 왼발, 손가락, 팔뚝의 크기를 측정하고 여기에 눈 색깔, 흉터, 기형 같은 특징을 바탕으로 개인을 식별하는 시스템이다. 이 시스템은 19세기 후반에 범죄자들을 식별하는 데 유용하게 사용되었는데, 1888년 시카고는 이 시스템을 최초로 도입한 미국의 도시가 되었다. 그러나 곧 더 신뢰할 만하고 쉽게 기록되는 지문으로 대체되었다.

1921년 미국 캘리포니아주 버클리의 경찰관이었던 라슨John Augustus Larson(1892~1965)은 호흡, 맥박, 혈압 같은 신체 기능의 변화를 측정하여 범인이 진실을 말하는 지 거짓말을 하는지를 알아내는 거짓말 탐지기를 발명하였다. 검사를 받는 사람이 거짓말을 하고 있으면 그래프에 변화가 생긴다. 그러나 항상 이 결과가 정확한 것은 아니다. 한편, 거짓말 탐지기는 컴퓨터화되면서 정확성과 효율성이 향상되었다. 2001년 미국 아이오아주 뇌지문 연구소가 개발한 뇌지문 탐지기는 거짓말 탐지기의 일종으로, 그해 뉴욕타임즈 선정 미국의 5대 발명품에 올랐다.

범죄 과학은 범죄 사건이 과학 기술을 만나 탄생한다. 그 중에서도 DNA 프로파일링(DNA profiling 또는 DNA fingerprinting)이라 부르는 DNA 분석기술은 지문이 사람마다 다른 것처럼 DNA 사슬에 있는 염기 서열도 각기 다르다는 사실에 기초하는 기술이다. 범죄 현장에서 발견된 혈흔이나 머리카락 같은 단서로부터 용의자의 지문을 확인한다. 이 기술을 이용하면 친자 확인은 물론 친족 관계를 파악할 수도 있다.

5
상상을 뛰어 넘는 포렌식 기법

범죄와 화학 / DNA 탐정 / 분자시계

범죄와 화학

독(Poison)이란 말은 drink, draft, potion을 의미하는 라틴어 포시오Potio에서 유래하였다. 이는 소량의 독극물로 정적을 제거하던 로마 시대의 방식을 엿볼 수 있는 단어이다. 독은 세상에 널려 있다. 그래서 독살하는 방법도 다양하고 어떤 경우에는 흔적도 남지 않는다. 조선 시대 왕들이 독살을 방지하기 위해 은수저를 사용하였다는 것은 잘 알려진 사실이다. 독 중의 독인 비소의 경우 불순물로 들어 있는 황이 은과 반응하면 검정색을 띠는 황화은(Ag_2S)이 생겨 은수저가 변색하게 된다. 사약에 쓰인 것은 비상(삼산화비소, As_2O_3)이었다. 독살과 관련하여 역사적으로 유명한 인물은 로마제국의 아그리피나Agrippina(15~59 CE)이다. 그녀는 아들인 네로Nero(37~68 CE, 로마 제국의 제5대 황제)를 황제로 만들기 위해 남편 클라우디우스Claudius(10 BCE~54 CE, 로마 제국의 제4대 황제)를 독살시켰다. 아이러니하게도 그녀는 폭군 네로의 명령으로 처형당했다.

범죄 현장에서 수집된 증거물에 남아 있는 미지의 물질을 확인할 수 있다면 범인을 기소하는 결정적인 증거로 활용될 것이다. 이 과정은 원자 수준에서 물질의 특성을 연구하는 학문인 화학(Chemistry)의 힘을 빌어야 가능해진다. CSC(Crime scene chemistry)가 필요한 이유이다. 여기서 CSC란 범죄 현장에서 발견된 미지의 화학 물질의 정체를 확인하는 것을 말한다. 정체를 알 수없는 물질의 성질을 확인하기 위해서는 다양한 화학 분석을 수행해야 한다. 이것은 법화학(Forensic chemistry)의 영역이다. 그런데 여러 물질들이 섞여 있다면? 다른 불순물들이 함께 있다면? 물질의 양이 너무 적다면? 현대 화학은 이런 문제들에 대한 다양한 해결책을 제시해 준다.

범죄 과학에서 화학의 역할이 중요해진 것은 혼합물을 순수한 형태로 분리하는 기술과 미지의 물질을 확인하는 기술이 혁신적으로 진보한 데에 있다. 분리 기술을 대표하는 것으로 크로마토그래피Chromatography가 있다. 1906년 러시아의 식물학자 츠베트Mikhail Tsvet(1872~1919)는 탄산칼슘($CaCO_3$)을 채운 관에 혼합물을 넣고 석유 에테르/에탄올을 전개용매로 하여 식물 색소인 엽록소를 최초로 분리하는 데 성공하였다. 크로마토그래피는 "색깔"을 뜻하는 그리스어(χρῶμα chroma)와 "쓰다(to write)"란 뜻을 가진 그리스어(γράφειν graphein)에서 온 말이다. 크로마토그래피에서 혼합물은 이동상이라고 부르는 전개 용매에 녹아 있는데 고정상을 따라 이동하는 속도가 물질마다 다른 점을 이용하여 분리한다. 널리 사용되는 크로마토그래피 기술로는 컬럼 크로마토그래피Column chromatography, 박층 크로마토그래피(Thin layer chromatography, TLC), 기체 크로마토그래피(Gas chromatography), 고성능 액체 크로마토그래피(High performance liquid chromatography, HPLC), 겔 투과 크로마토그래피(Gel permeation chromatography, GPC), 이온교환 크로마토그래피(Ion exchange chromatography) 등이 있다.

한편, 물질의 구조 확인에 결정적인 기여를 하게 된 것은 분광기(Spectroscope)의 발명 덕분이었다. 분광기는 19세기 초에 독일의 물리학자 프라운호퍼Joseph von Fraunhofer(1787~1826)가 발명하였고, 이어서 독일의 화학자 분젠Robert Bunsen(1811~1899)과 독일의 물리학자 키르히호프Gustav Kirchhoff(1824~1887)가 분광기의 발전에 기여했다. 이들은 화학 원소들이 각기 다른 스펙트럼을 가지는 것을 발견하였다. 분광학(Spectroscopy)은 빛과 물질의 상호작용을 연구하는 학문으로서 물리학, 화학 및 천문학 분야의 기본적인 탐색도구로 사용된다. 이 기술로 얻어지는 스펙트럼을 분석하면 물질의 조성과 구조를 확인할 수 있다. 또한 분광학을 생의학 분야에 적용하면 조직을 분석하거나 다양한 의료 영상을 얻을 수 있다.

DNA 탐정

DNA 정보를 바탕으로 범죄 사건을 해결하는 새로운 탐정이 나타났다. 바로 DNA 탐정(DNA detective 혹은 Genetic detective)이다. ABC News 시리즈 "The Genetic Detective"의 첫 번째 에피소드는 시애틀 지역에서 일어났던 범죄가 발생한 지 31년이 지난 후 해결되었는지 보여준다. 미국의 유전계보학자로서 여러 TV 프로그램에 출연하였던 무어CeCe Moore에게 이 사건은 커다란 인상을 남겼다. 그것은 그녀가 맡은 최초의 범죄 미해결 사건이었고, 형사 사건을 가장 빨리 해결한 것은 단 2시간 밖에 걸리지 않았으며 범죄가 일어난 곳은 그녀가 잘 알고 있는 지역이었다. 이 에피소드는 1987년 밴쿠버에서 시애틀까지 페리를 탄 후 살해당한 브리티시컬럼비아 출신의 젊은 부부의 살인범을 찾기 위해 2018년 무어가 유전적 계보를 사용한 작업을 설명한다.

살인 사건 당시 경찰은 살인자의 DNA를 포함한 증거를 수집했다. 이 DNA는 30년 동안 보관되어 무어가 범죄를 해결하는 데 사용했다. 2018년 캘리포니아의 Golden State Killer 사건을 해결하기 위해 유전적 계보가 사용된 후 무어는 버지니아주 레스턴에 본사를 둔 파라본 나노랩Parabon NanoLabs에 근무하면서 범죄 현장에서 수집된 DNA를 용의자의 친척과 매칭시켜 용의자를 식별하는 DNA 기술을 사용하였다. 그녀는 가계도를 만들고 그 조각들을 맞춰 나갔다. DNA를 공유하는 사람들의 가계도를 기반으로 용의자의 신원을 추적한 것이다. 무어는 법 집행 기관이 DNA 및 유전적 계보를 사용하여 1년 동안 50건 이상의 콜드 케이스Cold case(오랜 시간 미해결 상태로 남아 있는 범죄사건)에서 용의자를 식별하는 데 도움을 주었다.

분자시계

인플루엔자, 홍역, 천연두, 간염, 대상포진, 소아마비 등과 같은 바이러스성 질병이 발생했을 때 모든 사람이 가장 많이 생각하는 질문이 있다: 바이러스는 어디서 왔는가? 언제 이런 일이 일어났는가? 특정 국가 또는 집단에 얼마나 오래 퍼져 있는가? 이러한 질문은 유사한 증상을 가진 사람들을 연결하는 설문지에 의해 발병을 추적하는 시점부터 질병의 발생 및 확산에 대한 연구인 유행병학의 기초가 된다. 최초의 유행병학자 중 한 명으로 널리 알려진 잉글랜드의 스노John Snow(1813~1858)는 1854년 런던 콜레라가 발생했을 때 처음으로 알려진 역학 조사 중 하나를 수행했다. 그는 집집마다 방문하여 질병 사례를 매핑했다. 그리고 궁극적으로 발병의 중심에 물 펌프가 있다는 사실을 확인했다.

DNA 분석의 속도와 비용의 향상 덕분에 이러한 오래된 방법은 점점 더 게놈 기술과 결합되고 있다. 오늘날에는 유전자 염기서열 분석을 통해 감염이 어떻게 이동하는지, 심지어 대륙을 가로 질러 추적하는 방법을 믿을 수 없을 정도로 정확하게 결정할 수 있다. 바이러스와 박테리아에는 DNA와 RNA가 포함되어 있어서 진화할 수 있다. 바이러스와 박테리아가 자신을 복제함에 따라 그들의 분자들은 변화한다. 이는 DNA와 RNA를 복제하는 효소가 바이러스나 박테리아가 복제할 때 임의의 오류를 일으키기 때문이다. 이 변화는 진화 역사상 포유류의 발달과 비슷하지만 중요한 차이점이 있다. 박테리아나 바이러스는 수명이 짧으며 빠르게 복제된다. 이것은 우리가 단 몇 시간 또는 며칠 동안 짧은 기간 동안 진화적 변화를 관찰할 수 있음을 의미한다. 이러한 지속적인 변화를 '분자시계'라고 한다. 감염이 새로운 피해자에게 전염되어 해당 감염의 계통수에 새로운 가지가 생기면 시계가 다시 시작되고 피해자의 몸이 감염을 물리칠 때까지 또는 감염이 피해자를 죽일 때까지 시계가 계속 작동한다. 우리는 다른 사람들의 감염을 시퀀싱하고 그들이 얼마나 유사하거나 다른지를 비교함으로써 이러한 변화를 직접 관찰할 수 있다.

돌연변이율이 매우 높은 바이러스의 경우에는 이를 추적하는 과정은 더 복잡해질 수 있다. 한 사람의 감염은 신체에 다양한 버전의 병원균이 있는 지점까지 진화할 것이며, 하나의 유전자 버전을 가진 하나의 복사본만이 실제로 다른 사람을 감염시킬 수 있다. 이러한 유형의 바이러스를 조사하려면 대량의 서열 데이터를 해석하는 데 필요한 전산 분석인 전체 게놈 시퀀싱 기술 및 생물 정보학의 최신 기술이 필요하다.

유전체학(Genomics)은 1980년대에 미국에 HIV(Human Immunodeficiency Virus, 인간면역 결핍 바이러스)를 유입한 것으로 알려진 페이션트 제로Patient Zero(첫 감염자) 스토리와 같은 질병에 대한 신화를 깼다. 분자시계 계산 결과에 따르면 이 시나리오는 잘못된 것으로 밝혀졌다. 미국의 CDC(Center for Disease Control, 질병통제예방센터)가 최초의 AIDS 사례를 확인하기 10년 전인 1960년대 후반부터 HIV가 미국에서 퍼졌던 것이다. 유전적 탐정 작업의 위력을 보여주는 대표적인 사례 중의 하나는 미국에서 예방 접종 전후의 홍역 바이러스에 대한 연구이다. 홍역 백신이 개발되기 전에는 바이러스가 일반적이었으며, 미국 내에서 사람 간에 퍼졌다. 그러나 1963년 백신이 도입된 후에는 크게 사라졌고 백신 접종률이 낮은 지역에서 가끔 다시 나타났다. 이 바이러스의 유전학에 따르면 1963년 이후 미국의 홍역 사례는 미국 내에서 사람 간에 퍼지는 것이 아니라 다른 국가에서 미국으로 여행하는 감염자들에 의한 것이다.

시퀀싱 기술은 유행이 진행되는 동안 사용할 수 있을 만큼 저렴하고 빠르다. 2014년 12월 캘리포니아 디즈니랜드에서 시작된 홍역 발병 당시, CDC는 홍역 발병이 더 흔한 필리핀의 홍역 사례와 유사한 균주로 시작되었음을 신속하게 확인할 수 있었다. 이제는 전체 게놈 시퀀싱을 통해 이러한 감염이 한 환자에서 다른 환자로 이동하는 것을 추적할 수 있게 되었다.

상상을 더하다 1

-셜록 홈즈의 귀환-

1. 셜록 홈즈는 당시의 과학기술로 사건을 명확히 해결하는 데에 어려움이 많았을 텐데 그 과정에서 누명을 쓴 사람은 없었을까?
2. 셜록 홈즈가 만약 사건의 범인이었다면 끝까지 잡히지 않았을까?
3. 프로파일러가 되기 위해서는 어떤 능력을 갖추어야 하는가?
4. 나와 같은 지문을 가진 사람이 존재할까?
5. DNA 프로파일링 기술은 오류 가능성이 없을까?
6. 과학자들은 지구의 나이가 약 45억 4,000만년이라는 것을 어떻게 밝혀냈을까?
7. 거짓말 탐지기를 속일 수 있을까?
8. 과학 기술이 발달할수록 인간의 추리는 쓸모가 없게 되는 것은 아닐까?
9. 인공지능이 고도로 발전하면 범죄 없는 사회가 올까?
10. 해마다 수많은 범죄가 발생하고 있다. 범죄 행위에 영향을 미치는 가장 큰 요인은 무엇인가?
11. 처벌을 강화하면 범죄가 줄어들까?
12. 범죄가 발생하기 전에 예방할 수 있는 효과적인 방법은 무엇일까?

2장
지킬과 하이드

1
내 안의 또 다른 나

지킬과 하이드 / 야누스 / 옥시토신의 두 얼굴 / 이브의 세 얼굴

지킬과 하이드

스코틀랜드의 소설가이자 시인이었던 스티븐슨Robert Louis Stevenson(1850~1894)은 어느 날 꾼 기괴한 꿈에서 모티브를 얻어 한 소설을 썼다. 그것은 〈지킬과 하이드(Strange Case of Dr. Jekyll and Mr. Hyde)〉(1886년)였다. 스티븐슨은 결핵을 앓고 있었음에도 불구하고 신들린 듯 병상에서 단 며칠 만에 초고를 써냈다. 당시 그가 처방받은 약엔 코카인Cocaine과 비슷한 마약 성분이 포함되어 있었는데, 지킬이 약을 복용하고 다른 인격으로 변한다는 설정은 이러한 경험에서 기인한 것이라는 주장도 있다.

스티븐슨의 소설 〈지킬과 하이드〉는 선량한 의사인 지킬 박사가 인간의 선과 악을 분리하는 실험을 진행하는 도중 자신의 내면에 존재하는 하이드와 대립하는 상황을 다루고 있다. 지킬은 자신이 가진 성격의 선과 악을 분리할 수 있는 약물을 비밀리에 개발했다. 그렇게 함으로써 그는 점점 더 사악한 상대인 하이드로 변할 수 있었다. 사회적으로 존경받는 지킬은 처음에는 광적인 성격에서 돌아오는 데 어려움이 없었지만 곧 마약에 의존하지 않고도 하이드로 변화되는 자신을 발견하였다. 그는 일시적으로 약물 사용을 중단했지만 다시 사용하면서 하이드는 살인을 저지른다. 그 후, 그가 자발적으로 하이드가 되는 것을 막기 위해 엄청난 양의 약물이 필요하게 된다. 원재료에 들어 있던 중요한 불순물로 인해 더 이상 약물을 만들 수 없게 된 지킬은 곧 약물이 떨어

지게 되었다. 지킬은 영구적으로 하이드가 되기 전에 마지막으로 고백서를 작성한다.

타인 앞에서의 내 모습과 있는 그대로의 내 모습은 다르다. 우리는 상황에 따라 공적 자아와 사적 자아 사이를 오고 간다. 그러나 공적 자아와 사적 자아가 다른 것은 전혀 이상한 일이 아니다. 인간은 공적 자아 혹은 사적 자아 중 어느 하나만으로는 설명할 수 없는 복잡한 존재이다. 우리가 가진 이율배반적인 이중성은 혼란스럽지만 인정해야 한다. 사실 "더블Double"의 개념은 19세기에 특히 도플갱어Doppelganger에 대한 독일 문학에서 널리 사용되었다. 러시아의 대문호 도스토엡스키Fyodor Dostoyevsky(1821~1881)는 그의 두 번째 중편소설 '이중인격The Double'(1846년)을 통해서 정신분열증에 걸려 파멸해 가는 한 하급관리의 모습을 통해 인간의 이중적인 모습을 그려 냈다. 이 이야기는 2013년에 블랙 코미디 스릴러 영화 〈더블The Double〉[감독: 아이오아디(Richard Ayoade)]로 재탄생되었다. 사이먼은 내성적이고 소심한 성격의 소유자로 회사에서도 존재감이 없이 지내고 있다. 그는 같은 회사 내의 한나를 남몰래 좋아하지만 그녀 앞에만 서면 벙어리가 된다. 그러던 어느 날 그와 똑같이 생긴 제임스가 입사한다. 제임스는 사이먼과는 정반대로 활발하고 적극적이며 유능한 사원으로 인정받는다. 심지어 한나가 제임스에게 반하게 된다. 사이먼과 제임스는 무슨 관계일까?

영국의 소설가 셸리Mary Wollstonecraft Shelley(1797~1851)가 익명으로 출판한 소설 〈프랑켄슈타인Frankenstein〉(1818년)은 이러한 관점에서 읽을 수 있다. 여기서는 피조물이 괴물이 되어 창조주를 위협한다. 크렘페 교수의 제자가 된 빅터 프랑켄슈타인은 그의 삶에 비극을 가져다주는 흉측한 괴물을 만든다. 이 소설은 많은 영화로도 만들어 졌는데, 1931년 웨일James Whale(1889~1957)이 감독하고 유니버설 픽처스가 만든 영화 〈프랑켄슈타인〉은 26만 달러의 제작비로 북미에서만 1,200만 달러를 벌어들이는 흥행을 거두었다. 1994년에는 브래나Kenneth Branagh 감독이 만든 영화 〈프랑켄슈타인Marry Shelley's Frankenstein〉이 개봉되었다. 빅터는 추악하게 생긴 피조물을 창조하고, 그가 창조한 괴물은 창조주에게 복수하기로 결심한다. 창조주와 피조물의 운명은 어떻게 될 것인가? 아일랜드 출신의 극작가 와일드Oscar Wilde(1854~1900)는 그의 유일한 장편소설 〈도리언 그레이의 초상〉(1890년)에서 '이상적인 자아'의 환상을 위해 '가장 나다운 자신'을 희생함으로써 파국을 맞는 한 남자의 비극을 그렸다. 완벽한 외모를 자랑하는 청년 그레이는 아름다운 젊음을 영원히 간직하고 싶다는 소망을 품지만, 자신이 지은 죄의 흔적까지 모두 짊어지고 추하게 변해 간다. 영혼을 희생하면 육체는 영원한 젊음을 유지할 수 있을까?

다시 〈지킬과 하이드〉로 돌아와 보자. 스티븐슨은 선과 악에 대한 인간의 성향이 반드시 동일한 척도로 존재하는 것은 아니라고 주장했다. 하이드는 지킬보다 훨씬 작다. 이것은 악이 지킬의 전체 성격의 작은 부분에 불과하지만 강력하고 폭력적인 방식으로 자신을 표현할 수 있음을 나타낸다. 이 이야기는 오랫동안 빅토리아 시대의 분열된 자아를 표현한 것으로 해석되어 왔다. 지킬은 모든 면에서 신사이지만, 그 내면에는 무언의 욕망이 있다. 그는 외적인 부드러움과 내적인 정욕 사이의 이분법을 의인화했다. 스티븐슨의 소설 〈지킬과 하이드〉가 출간된 지 2년 후인 1888년 영국에서 연쇄 살인 사건이 발생하였다. 범인은 잭 더 리퍼Jack the Ripper였다. 그는 영국 런던 이스트 엔드East End 지역의 화이트채플에서 최소 다섯 명의 매춘부를 극도로 잔인한 방법으로 살해하였다. 이 사건은 셜록 홈즈 시리즈가 인기를 끌었던 시기와 맞물려 세간의 이목이 집중되었으며, 현재 영구 미제 사건으로 남아 있다. 〈잭 더 리퍼〉 사건이 일어난 해에 연극 〈지킬과 하이드〉가 영국의 라이시엄Lyceum 극장에서 공연되었다. 설리번Thomas Russell Sullivan(1849~1916)이 저술하고 맨스필드Richard Mansfield(1857~1907)가 주연을 맡은 이 연극은 〈잭 더 리퍼〉 살인 사건과 맞물려 사회적인 파장을 몰고 왔다. 그의 변신 장면은 너무 현실적이어서 연극을 보던 여성은 기절했고 남성은 혼자 집에 가기를 두려워했을 정도였다. 공연 이틀 후 첫 번째 여성이 희생되면서 사람들은 그가 잭 더 리퍼일지도 모른다고 생각할 정도였다.

야누스

고대 이집트는 신들의 나라였다. 고대 이집트의 신들은 사람들의 일상생활에서 없어서는 안 될 부분이었다. 이집트 판테온에는 이시스Isis, 오시리스Osiris, 호루스Horus, 아문Amun, 라Ra 등 무려 2,000 이상의 신이 있었다. 이집트의 수많은 신들은 국가의 제사 의식과 개인적인 종교 관습의 중심에 있었다. 그들은 사후 영원한 행복에 대한 이집트인들의 믿음에 중요한 역할을 했다. 오시리스는 이집트에서 가장 중요한 신이자 지하세계의 신이었다. 이시스는 살해당한 남편 오시리스를 부활시키고 호루스를 낳고 양육한 헌신적인 여신이었다. 매의 머리를 가진 사람으로 묘사되는 호루스는 전쟁과 사냥과 관련된 하늘의 신이었다. 호루스는 세트Seth와의 전투에서 왼쪽 눈을 잃었지만 토트Thoth 신에 의해 마술처럼 치유되었다.

고대 그리스에도 이집트의 신들에 대응하는 많은 신들이 있다. 제우스는 아문, 아폴로는 호루스, 디오니소스는 오시리스에 대응하는 신이다. 올림포스 산 정상에는 그리스 판테온의 주역인 올림포스 '12신'이 있다. 신들은 사원이나 그리스 신화의 중심에 있었다. 고대 그리스인들은 인간의 본성을 통해 우주의 혼돈을 설명하기 위해 신들을 창조하였으며, 이러한 인간의 유아론이 구체화된 것이 신이다. 고대 로마에도 그리스 신화에 대응하는 12신이 있다. 왜 하필 12신일까? 숫자 12는 고대 바빌로니아에서 통용되던 12천문성좌도와 관련이 있는 것으로 추정된다. 숫자 12는 대부분의 종교에서 거룩하고 완전한 것으로 사용된다. 고대 그리스의 서사시인 헤시오도스Hesiod에 따르면, 그리스 신화의 헤라클레스의 12과업, 12신, 12타이탄이 등장한다. 기독교에도 12제자가 등장하며 북유럽 신화에서 오딘에게는 12명의 아들이 있었다. 이슬람교에서도 이슬람 선지자의 합법적인 후계자인 12명의 이맘Imam이 있었다. 유대교에서는 이스라엘의 12개 지파가 존재한다.

인류 문명과 종교의 발상지인 고대 메소포타미아에도 수많은 신들로 넘쳐났다. 이 지역 사람들은 초자연적인 힘과 신이 사람들의 삶에 개입한다고 믿었다. 가장 유명한 신으로는 수메르 최고의 신 아누Anu(혹은 An)를 비롯하여 난나Nanna(지혜의 신), 이난나

Inanna(사랑과 전생의 신), 엔릴Enlil(바람, 공기, 땅, 폭풍의 신), 엔키Enki(물, 지식, 창조의 신)를 포함한 12신이 있다. 통상적으로 고대 로마의 신은 고대 그리스의 신에 대응하는 신으로 등장한다. 고대 그리스의 신들의 왕 제우스는 주피터로, 신들의 여왕 헤라는 주노로, 전쟁의 신 아레스는 마르스Mars로, 사랑과 미의 신 아프로디테는 비너스로, 신들의 전령 헤르메스는 머큐리로, 불과 대장장이의 신 헤파이스토스는 불칸으로 대체되었다.

로마인들이 자신들만의 고유한 신이라고 주장하는 신들 중 가장 유명한 신으로 야누스Janus가 있다. 야누스는 시작, 문, 전환, 시간, 이중성, 그리고 끝을 상징하는 신이다. 한 해의 문을 여는 1월(January)은 야누스의 이름을 따서 명명된 것이다. 로마인들은 율리우스력으로 12월 17일에서 23일까지의 기간 동안에 농업의 신 사투르누스Saturnus(그리스 신화의 크로노스와 동일시, 영어 이름: Saturn)를 기념하고 제사를 지내는 사투르누스 축제(Saturnalia)를 성대하게 치렀다. 이 기간에는 노예들도 자유를 얻고 주인과 어울려 놀았다. 축제의 중심에 로마의 신 '야누스'가 있었다. 야누스는 미래와 과거를 바라보기 때문에 두 얼굴을 가진 것으로 묘사된다. 야누스는 공간뿐만 아니라 시간의 시작과 끝도 관장하였다. 야누스는 갈등의 시작과 끝, 따라서 전쟁과 평화를 주재했다. 또한 전환의 신이었기에 출생, 여행, 교환과 관련된 기능을 수행하였다. 야누스는 종교 의식에서도 다른 어느 신들보다 먼저 제물을 받았다. 그런 야누스가 18세기부터 전혀 다른 대우를 받게 된다. 한쪽 얼굴로는 억지 미소를 짓고 다른 얼굴로는 노여움을 드러내는 두 얼굴의 이중적이고 위선적인 속성을 지닌 존재로 전락한 것이다.

야누스 신은 이전의 다른 신과 관련이 없을까? 수메르 문명은 유프라테스 강과 티그리스 강 사이에 건설된 세계 최초의 문명이다. 수메르의 신 '엔키'는 물의 신이자 지혜의 신이었다. 서자였던 엔키는 지금의 이라크 남부에 지구 최초의 도시인 에리두Eridu를 건설하였다. 적자였던 엔릴의 계략에 부하를 잃은 엔키는 흙을 빚어 죽은 부하의 피를 섞어 '인간'을 만들어 냈다. 또한 엔키는 남은 피를 이용하여 자신의 전령인 이시무드Isimud를 만들어냈다. 이시무드는 반대 방향으로 향하는 두 얼굴을 가지고 있는 신이다. 로마의 야누스와 닮았군!

옥시토신의 두 얼굴

사랑은 가장 숭고한 미덕이자 좋은 습관이다. 사랑은 가장 깊은 상호 인격적인 애정이자 가장 단순한 즐거움까지를 아울러서 강력하고 긍정적인 정서적 정신적 상태이다. 사랑은 대인 관계에서 중요한 촉진자 역할을 하며 심리적 중요성 때문에 창조적인 예술에서 가장 일반적인 주제로 자리를 잡았다. 사랑은 인간을 위협에 맞서게 하고 종의 지속을 촉진하는 기능을 한다.

고대 그리스 철학에서는 사랑을 다음과 같은 개념들로 구분하고 있다. 아가페Agápe(무조건적인 사랑)는 특히 형제간의 사랑, 자선, 인간에 대한 신의 사랑, 신에 대한 인간의 사랑을 의미한다. 에로스Eros(성적인 사랑)는 대부분 성적인 열정을 의미한다. 필리아philía(친구와의 우정)는 보통 동등한 사이의 "다정한 배려, 우정"을 의미한다. 필라우티아Philautia(자기애)는 "자기 사랑"을 의미한다. 스토르게Storge(부모와 자식 간 혈육의 사랑)는 특히 부모와 자식 간의 사랑, 애정을 의미한다. 제니아Xenia(손님을 따뜻하게 대하는 주인의 따뜻한 배려)는 고대 그리스의 환대의 개념, 집에서 멀리 떨어져있는 사람들에 대한 관대함과 예의를 의미한다.

사랑을 부르는 호르몬이 있다. 바로 옥시토신Oxytocin이다. 옥시토신은 뇌의 시상하부에서 만들어지며 뇌하수체 후부에서 방출되는 신경 전달 물질이다. 옥시토신은 사랑, 출산 및 수유에 이르기까지 여성의 생식 기능에서 중요한 역할을 하는 노나펩타이드Nonapeptide(9개의 아미노산으로 구성, Cys-Tyr-Ile-Gln-Asn-Cys-Pro-Leu-Gly-NH_2)이다.

옥시토신은 모성애의 호르몬이다. 옥시토신이 혈류에 들어가면 자궁 수축과 수유에 영향을 준다. 옥시토신이 뇌로 방출되면 정서적, 인지적, 사회적 행동에 영향을 줄 수 있다. 코 스프레이를 사용하면 비강 내 옥시토신은 상황에서 자기 인식을 개선하고, 따뜻함, 신뢰, 이타주의 및 개방성 같은 성격 특성을 향상시킨다는 연구 결과도 나왔다. 또한 옥시토신은 뇌의 보상 센터를 활성화함으로써 남성이 파트너에게 충실할 수 있도록 해준다. 옥시토신이 사회 공포증, 자폐증 및 산후 우울증에 대한 치료법으로 사용될 수 있을 것이라는 연구 결과도 있다. 분노 관리에도 중요한 역할을 할 수 있다고 한

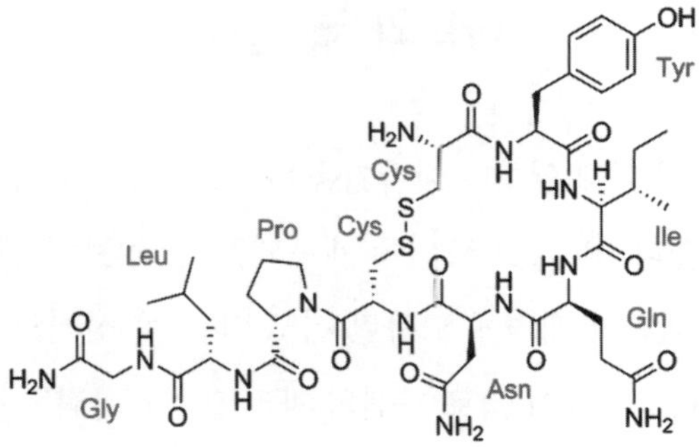

옥시토신

다. 또한 옥시토신은 프로스타글란딘 E2Prostaglandin E2(PGE2)의 분비를 증가시켜 장 손상을 줄여준다. 옥시토신이 사회적 분리와 그에 따른 스트레스에 대한 반응이라는 견해도 있다. 사회적 관계는 좋은 반면에 주 파트너와의 관계가 좋지 않은 여성은 옥시토신과 스트레스 호르몬 코르티솔Cortisol의 수치가 높다. 스트레스, 행동 불안 및 우울증 수준이 높게 나타난 암컷 들쥐에게 옥시토신을 투여하면 우울증, 불안 또는 심장 스트레스의 징후가 나타나지 않는다는 연구 결과도 있다. 연구자들은 사회적 정서적 어려움을 겪거나 스트레스 또는 결핍을 겪는 사람들에게 옥시토신이 도움을 줄 수 있을 것이라고 믿고 있다.

옥시토신은 사랑의 감정, 유대감 및 복지를 증진시키며 심지어 항불안제로 테스트되고 있는 반면에 이중적인 면도 드러나고 있다. 긍정적인 감정을 증대시킬 뿐만 아니라 부정적인 감정도 증대시킨다는 것이다. 2013년 노스웨스턴 대학교의 라둘로비치Jelena Radulovic와 공동연구자들이 '네이처 뉴로사이언스Nature Neuroscience' 저널에 발표한 바에 따르면, 옥시토신은 불안을 감소시키기도 하지만 오히려 증폭시키기도 한다. 옥시토신은 부정적인 사회적 경험 후에 활성화 되는 중요한 신호분자인 세포외 신호조절 키나아제(Extracellular signal-regulated kinase, ERK)를 자극하여 뇌의 공포 경로를 자극함으로써 부정적인 사회적 기억과 미래의 불안을 강화시킨다는 사실을 발견했다.

이브의 세 얼굴

1950년대에 미국에서 실제 일어난 이야기를 바탕으로 존슨Nunnally Johnson(1897~1977) 감독이 만든 영화가 있다. 바로 1957년에 개봉되었던 〈이브의 세 얼굴(The Three Faces of Eve)〉이다. 얌전한 제인의 내면에 도사린 서로 다른 두 성격의 여자인 이브 화이트Eve White와 이브 블랙Eve Black이 서로 자신의 자리를 차지하려고 싸운다. 그녀는 두통과 기억상실을 수반하는 발작을 일으키고 그 다음날 아침이면 의식이 정상으로 돌아온다. 이 영화는 어린 시절의 트라우마로 생겨난 다중 인격 장애를 정신과 상담을 통해 치료해 나가는 과정을 화면에 담았다. 실제 '이브'는 다중인격장애로 진단된 시즈모어Chris Costner Sizemore(1927~2016)이다. 시즈모어의 정신과 의사인 티그펜Cobett H. Thigpen(1919~1999)과 클레클리Hervey M. Cleckley(1903~1984)는 그녀가 22개의 자아를 가지고 있었다고 진단하였다.

1977년 시즈모어는 〈나는 이브이다(I'm Eve)〉 라는 제목의 자서전을 통해서 자신의 정체성을 공개했다. 이 자서전에 대해 굿리즈(goodreads.com)는 다음과 같이 소개하고 있다. 그녀는 한순간은 처녀였고 다음 순간에는 바람난 여자였다. 그녀는 한 여성으로 임신하고 다른 여성으로 출산했다. 그녀는 활기찬 젊음에서 떨리는 노년기로 순간 이동하였다. 그녀는 남편의 품 안에서 사랑하는 아내로부터 성질 더러운 여자로 변했다. 그리고 마침내 그녀는 고문당한 가면 뒤에서 자신의 진정한 얼굴을 찾기 위해 필사적으로 시도했지만 실패하였고, 의사, 가족 및 사랑하는 사람들의 도움으로 다시 시도하였다. 시즈모어 자신의 기억, 고통, 그리고 힘들게 얻은 승리를 보여주는 놀라운 실화이다.

1976년 TV 시리즈로 나왔던 〈사이빌Sybil〉은 하나의 육체에 깃든 다중 인격체를 가진 여성을 그렸다. 사이빌은 1973년 미국의 정신 분석가인 윌버Cornelia B. Wilbur(1908~1992)가 해리성 정체성 장애를 가진 도르셋Sybil Dorsett의 치료에 관한 내용을 담은 동명의 책을 원작으로 하며 NBC에서 방영되었다. 사이빌이라는 미국 여성이 어린 시절 어머니에게 심한 육체적 학대를 받은 결과 영국식 억양의 여성들과 두 청년을 포함해 16개의 인격체를 가지게 된 사건을 상세히 다루고 있다.

'서스펜스의 대가'라는 칭송을 받고 있으며 전 세계 영화인들에게 최고의 감독으로 추앙받는 히치콕Alfred Hitchcock(1899~1980)의 걸작 〈싸이코Psycho〉(1960년)는 연쇄 살인마를 다루고 있는 공포 영화이다. 여기서 그는 자신이 다중인격 장애에 시달리고 있다고 주장한다. 그러나 그의 주장은 논쟁 끝에 거짓으로 판명이 난다. 허먼Bernard Herrmann(1911~1975)의 음악과 샤워실에서 살해당하는 장면이 유명하다. 이 영화는 마더 콤플렉스를 가진 정신병자에 의한 살인을 다뤘다. 다양한 정신분석학적 요소로 가득 차있으며, 관객들의 예상을 빗나가게 만드는 의외성으로 영화가 끝날 때까지 긴장감을 늦추지 않는 영화로 평가받고 있다.

2016년에 개봉한 〈23 아이덴티티(Split)〉는 23개의 자아를 가진 남자 캐빈Kevin이 24번째로 등장한 자아의 지시로 소녀들을 납치하는 내용을 그린 공포 스릴러 영화이다. 미국의 샤말란M. Night Shyamalan이 감독을 맡았다. 이 영화는 900만 달러의 예산으로 전 세계적으로 2억 7,800만 달러의 수익을 올렸다. 폭풍우가 몰아치는 밤… 사람들이 모텔에 고립되고 차례로 살해당하기 시작한다. 이 영화는 1977년 미국 오하이오주에서 일어난 '빌리 밀리건Billy Milligan 사건'을 모티브로 제작하였다. 어린 시절 극심한 정서 불안을 겪은 밀리건은 23개의 인격이 존재하는 '해리성 정체성 장애' 진단을 받아 무죄를 선고 받았다.

내 안에 또 다른 내가 있다? 한 사람 안에 둘 이상의 각기 다른 정체감을 지닌 인격이 존재할 수 있는데, 이를 DID(Dissociative Identity Disorder, 해리성 정체성 장애)라고 말한다. 과거에 MPD(Multiple Personality Disorder, 다중인격장애)라고 불리기도 했던 DID는 적어도 두 가지의 뚜렷하고 비교적 지속적인 성격 상태를 보이는 정신 장애이다. 이런 증상이 나타나는 원인은 유년기의 트라우마 때문인 것으로 보고 있다. 대부분은 아동 학대와 관련이 있으며 유전적인 요인도 있는 것으로 알려져 있다. DID는 일반적인 건망증으로 설명할 수 있는 것 이상의 기억 격차를 동반한다. 성격 상태는 사람의 행동에서 번갈아 표시되지만 장애의 표현은 다양하게 나타난다. DID 환자에게 자주 발생하는 다른 상태로는 외상 후 스트레스 장애, 성격 장애, 우울증, 섭식 장애, 강박 장애, 수면 장애 등이 있다. 자해, 발작, 회상 내용에 대한 기억 상실증, 불안 장애 및 자살 충동도 흔하다.

해리성 정체성 장애 치료는 장애 유형에 따라 다를 수 있지만 일반적으로 심리 요법과 약물 치료가 포함된다. 심리 요법은 해리성 장애의 일차 치료법이다. 대화 요법, 상담 또는 심리 사회적 치료라고도 하는 이러한 형태의 요법은 정신 건강 전문가와 관련 문제에 대해 이야기하는 것이다. 외상을 경험한 사람들과 함께 일한 경험이 있거나 고급 훈련을 받은 치료사를 찾으면 좋다. 치료사는 환자가 처한 상태의 원인을 이해하고 스트레스가 많은 상황에 대처하는 새로운 방법을 형성하도록 돕기 위해 노력한다. 해리성 장애를 특별히 치료하는 약물은 없지만 담당 의사는 해리성 장애와 관련된 정신 건강 증상을 조절하는 데 도움이 되는 항우울제, 항불안제 또는 정신병 치료제 처방을 할 수 있다.

2
빛의 두 얼굴

두 얼굴의 빛 / 전자의 이중성

두 얼굴의 빛

빛은 초당 약 30만 km의 속도로 움직인다. 태양을 출발한 빛이 지구에 도달하기까지는 약 8분이면 족하다. 빛의 속도는 시속 10억 km에 이른다. 그러나 보스-아인슈타인 응축(Bose-Einstein Condensate)이라는 물질 속에서는 시속 25km까지 느려진다. 빛은 질량이 없지만 운동량이 있다. 뉴턴Isaac Newton(1643~1727)은 가시광선을 프리즘에 통과시키면 파장에 따라 서로 다른 각도로 굴절하며 두 번의 굴절을 통해 분산된다는 사실을 발견하였다. 빛이란 무엇인가? 뉴턴은 '빛은 입자이다.'라고 주장했다. 이에 반해 네덜란드의 호이겐스Christiaan Huygens(1629~1695)는 '빛은 파동이다.'라고 주장하면서 간섭과 회절 현상을 설명하려고 시도하였다. 빛의 입자설은 뉴턴 사후에도 약 50년 동안 지속되었다.

1801년 빛의 파동설에 힘이 실리게 된 연구 결과가 발표되었다. 영국의 영Thomas Young(1773~1829)은 "이중 슬릿 실험"을 통해서 간섭무늬를 확인함으로써 빛이 파동성을 가졌다는 것을 증명하였다. 실험 대상을 이중 슬릿 실험 장치에 통과 시키면 그것이 파동인가 입자인가에 따라 결과가 달라진다. 파동은 회절과 간섭의 성질을 가지고 있다. 따라서 파동이 양쪽 슬릿을 빠져나오게 되면 회절과 간섭이 작용하고 뒤쪽 스크린에 간섭무늬가 나타난다. 반면 입자는 이러한 특성이 없으므로 간섭무늬가 나타나지 않는다. 1865년에는 영국의 물리학자 맥스웰James Clerk Maxwell(1831~1879)이 전자기파 이론을 발표하였다. 빛은 전기장과 자기장이 서로 직각을 이루고 전파되는 전자기파이다. 독일의 헤르츠Heinrich Rudolf Hertz(1857~1894)는 전자기파가 파동의 성질을 가지고 있다는 것을 실험을 통해 밝혔다. 이로써 빛이 파동성을 띠고 있다는 주장이 우위에 서게 되었다.

그러나 20세기로 접어들자 새로운 변화가 나타나기 시작하였다. 당시 미해결 과제로 흑체 복사 문제가 있었다. 흑체란 입사하는 모든 빛을 흡수하는 이상적인 물체를 말한다. 이 흑체 복사 이론에서 에너지 분포의 이론적인 식을 유도한 사람은 영국의 레일리Lord Rayleigh(1842~1919)와 진즈James Hopwood Jeans(1877~1946)였다. 독일의 빈Wilhelm Wien(1864~1928)도 흑체 복사 문제를 설명하려고 시도했다. 그러나 빈의 법칙은 낮은 진동수의 전자기파에서는 맞지 않았고, 레일리-진즈의 법칙은 높은 진동수의 전자기파에서는 맞지 않았다. 1900년 독일의 플랑크Max Planck(1858~1947)는 흑체의 온도와 그에 따른 빛의 스펙트럼을 설명하는 식을 성공적으로 얻었다. 그는 방출된 빛의 에너지가 불연속이며, 기본 에너지 양자 hv의 정수배로만 주어진다는 소위 양자가설에 기초하여 새로운 결과(플랑크 법칙)를 얻었다.

1905년 아인슈타인Albert Einstein(1879~1955)은 플랑크의 양자가설을 빛에 적용하여 '광전효과'를 설명하였다. 광전효과란 금속 표면에 빛을 쪼여주었을 때 금속에서 전자가 튀어나오는 현상을 말한다. 이때 빛의 진동수가 특정한 값보다 작으면 아무리 센 빛을 쪼여 주어도 전자가 방출되지 않고, 세기가 약한 빛이라도 특정 진동수보다 큰 빛을 쪼여주면 전자가 방출된다. 아인슈타인은 광전효과를 설명하기 위하여 진동수에 플랑크 상수를 곱한 만큼의 에너지($E=hv$)를 가지고 있는 광양자를 제안하였다. 아인슈타인은 진동수가 큰 빛은 센 에너지를 가지고 있어서 금속 표면으로부터 전자를 떼어낼 수 있지만, 진동수가 작은 빛은 작은 에너지를 가지고 있어서 전자를 떼어낼 수 없다고 설명하였다.

프랑스의 물리학자 드브로이Louis de Broglie(1892~1987)는 모든 물질이 파동성과 입자성을 동시에 가지고 있으며 파장은 입자의 운동량에 반비례한다고 주장하였다: $\lambda=h/$

mv. 여기서, λ는 물질의 파장, h는 프랑크 상수, mv는 물질의 운동량(m: 물질의 질량, v: 물질의 속도)을 나타낸다. 드브로이 식에 따라서 전자가 자기는 파장을 계산해 보자. 전자의 질량(9.11×10^{-32}kg)과 속도(3.0×107m/s), 그리고 플랑크 상수(6.63×10^{-34}Js)를 대입하면 파장(λ)은 2.4×10^{-11}m(2.4×10^{-2}nm)가 얻어진다. 질량이 클수록 파장은 반비례하여 작아진다. 전자와 같은 소립자는 물론이고 테니스공 같이 명백하게 입지라고 이해되었던 물질들도 파동의 성질을 가지고 있다고 하는 드브로이의 물질파 이론은 양자역학의 발전에 크게 기여하였다. 이제 빛은 파동인 동시에 입자이며, 전자도 입자인 동시에 파동이라고 이해되고 있다. 빛은 이중성을 띤다. 빛은 파동으로 움직일 수 있는 에너지의 일종이며 광자라고 하는 작은 에너지 입자의 흐름으로 구성된다.

전자의 이중성

전자가 파동의 거동을 보인다고? 이 사실을 실험적으로 밝힌 과학자는 전자를 발견한 영국 J. J. 톰슨Joseph John Thomson(1856~1940)의 아들 G. P. 톰슨George Paget Thomson(1892~1975)이었다. 잔잔한 호수에 돌을 던지면 나타났다 사라지는 물결. 깊은 산 속에서 되돌아오는 메아리. 전자를 입자로 본 J. J. 톰슨과 달리 그의 아들 G. P. 톰슨은 파동에 주목했다.

1924년 드브로이가 제안한 물질파 가설(λ=h/mv)에 고무된 그는 금속 박막에 전자선을 조사하는 실험을 시작하였다. 그는 얇은 셀룰로이드와 금으로 만든 박막에 전자 빔을 통과시켜 X선 회절무늬와 거의 비슷한 전자의 회절 무늬를 얻었다. 이 같은 회절 현상은 입자에서는 절대 나타날 수 없고 파동에서만 나타나는 성질이다. 즉, 그의 실험 결과는 빛이 입자이면서 파동이라는 이중성을 지닌 것처럼 전자 또한 입자와 파동의 이중성을 지닌다는 것을 의미했다.

이와는 독립적으로 벨 연구소Bell Labs의 데이비슨Clinton Joseph Davisson(1881~1958)과 거머Lester Germer(1896~1971)도 전자를 니켈 금속의 결정 표면에 산란시켜 회절 패턴을 얻었다. 톰슨-레이드 실험(Thomson-Reid experiment)과 데이비슨-거머 실험(Davisson-Germer experiment)을 통해서 전자가 어떤 조건에서는 파동으로 거동한다는 것이 확인되었다.

드브로이 물질파 가설은 수소와 헬륨 원자, 그리고 중성자 빔을 이용한 후속 연구에서도 검증되었다. 전자와 중성자가 회절 패턴을 보인다는 사실은 양자역학의 입지를 더욱 공고히 하는 중대한 발견이었다. 이 업적으로 G. P 톰슨과 데이비슨은 1937년 노벨 물리학상을 공동 수상했다.

3
산소

두 얼굴의 산소 / 오존의 두 얼굴 / 물의 두 얼굴 / 야누스적 분자 / 박테리아 / 바이러스

두 얼굴의 산소

2019년 9월 호주에서 발생한 초대형 산불이 6개월 만에 종료되었다. 이 산불로 인해 18만 6천km^{2}의 숲이 소실되었고 12억 마리가 넘는 동물들이 불에 타 죽었다. 당시의 화재 사진을 보면 대기가 이산화탄소로 가득하고 온통 붉은 모습이 마치 외계 행성의 표면을 연상케 한다. 기후변화로 고온건조해지면서 산불이 대형화 하는 추세이다. 산소(O_2)가 없었다면 이런 일은 일어나지 않았을 터인데. 한편, 산소가 없다면 인체를 지배하는 뇌에 치명적인 손상이 진행된다. 인간 체중의 약 2%를 차지하는 뇌는 신체에 공급되는 산소량의 20% 이상을 필요로 한다. 이 공급을 받지 못하면 수면 무호흡증, 집중력 저하, 건망증, 기분 변화, 안절부절, 우울한 생각 등과 같은 문제가 발생할 수 있다.

동물은 호흡을 통해 산소를 얻고 섭취한 음식을 에너지로 변환하여 살아간다. 산소가 부족해지면 히프완(HIF-1, hypoxia-inducible factor 1) 단백질이 증가하면서 세포 내 산소 수준을 안정화시킨다고 알려져 있으나 이 역시 무용지물이 된다. 산소가 줄어들면 도로를 달리는 자동차들이 줄어들기 시작한다. 산소가 부족해지면 자동차 연료를 태울 수 없게 되기 때문이다. 물론 메탄가스 등을 이용한 취사나 난방도 불가능 해진다. 이 과정 역시 산소가 필요하기 때문이다.

약 5억 년 전 캄브리아기 지질시대는 다양한 종류의 동물이 폭발적으로 증가했다.

이는 대기 중 산소의 농도가 증가하였기 때문이다. 산소의 수준에 따라 동물들이 급팽창과 몰락을 거듭했다. 이처럼 산소는 다양한 생명체로 넘쳐나는 지구를 탄생시킨 원동력이 되었다. 5억 4,100만 년 전 지구 생명체에 생긴 최초의 눈인 삼엽충의 눈은 탄산칼슘($CaCO_3$)으로 이루어진 방해석으로 만들어졌다. 산소는 지구의 지각에 가장 풍부하게 존재하는 원소이다. 칼슘은 다섯 번째로 풍부하게 존재한다. 산소호흡으로 생긴 탄산칼슘이 삼엽충의 눈을 만든 것이다. 산소 농도의 변화에 따라 생물도 달라졌다.

최초의 생명체가 지구에 처음 등장한 5억 4,000만 년 전부터 지금까지 산소 농도는 35%에서 12% 사이를 주기적으로 오르내렸다. 지금은 21%를 유지하고 있지만 캄브리아기에는 15~19%였고 데본기에 12%까지 떨어졌다가 페름기 초기에는 30%로 치솟았다. 산소가 부족했던 캄브리아기 초기, 삼엽충은 산소를 조금이라도 더 얻으려고 아가미 표면적을 늘려야 했다. 만약 삼엽충이 아가미를 한 장의 홑이불처럼 키우는 방향으로 진화했다면 헤엄칠 때 아가미가 접혀서 이동하기 어려웠을 것이다. 그 대신 삼엽충은 분절된 몸 마디마다 한 쌍의 아가미를 배치하는 식으로 진화했다.

지구상의 생명체가 대부분 자취를 감추는 대멸종의 시기는 산소 농도의 그래프가 급격히 떨어지는 구간과 일치한다. 물에서 살던 동물들이 뭍으로 올라오는 것은 산소의 농도가 급등할 때 이뤄진다. 실루리아기에서 데본기로 넘어갈 무렵 작은 거미나 전갈이 등장했고, 페름기에 곤충이 최고로 번성한다. 공룡은 산소 농도가 떨어지는 트라이아스기에 나타나 쥐라기에 지구를 지배하다가 백악기 들어 갑자기 멸종한다. 공룡은 경쟁자였던 조룡, 키노돈트, 포유류보다 더 효율적으로 산소를 취할 수 있는 폐 체계를 지녔다. 또 네 개의 발 때문에 호흡에 문제를 겪는 파충류와는 달리 두 발로 설 수 있었다. 앞으로 지구는 지각 변동과 해수면 상승으로 근본적인 기후 변화를 겪게 될 것이다. 이에 따라 산소의 농도가 급격히 떨어질 가능성이 크다. 인류를 비롯한 대부분 생물이 멸종의 운명을 맞을 수 있는 것이다.

무서운 산소도 있다. 바로 ROS(Reactive oxygen species, 활성산소)이다. ROS는 세포와 조직을 손상시키는 산화력이 강한 물질을 말하며, 과산화물(Peroxide, H_2O_2), 초과산화물(Superoxide, $^{-}O_2$), 하이드록시 라디칼(Hydroxyl radical, $^{\cdot}OH$), 단일항 산소(Singlet oxygen, $^{1}O_2$)

등이 대표적인 예이다. 자외선, 열, 방사선 등에 노출되면 ROS가 증가하여 산화 스트레스를 유발한다. 산화 스트레스를 받게 되면 노화를 촉진할 뿐만 아니라 고혈압, 당뇨병, 암 등의 위험성이 증가한다. 한편, 부정적으로만 인식되고 있는 활성산소는 산소의 정상적인 대사과정에서 생기는 것으로서, 세포신호와 산화환원 항상성에서 중요한 역할을 하는 것으로 알려져 있다. 신체가 적절한 신호 전달 과정을 유지하기 위해서는 산화환원 조절이 필수적이기 때문이다. 뿐만 아니라 심혈관계와 면역체계에도 역할을 한다.

우리가 취하는 모든 호흡은 에너지로 전환된다. 인간 세포는 음식의 영양소와 산소를 사용하여 세포가 기능하도록 연료를 공급하는 에너지원인 ATP(아데노신삼인산)를 생성한다. 세포가 산소를 너무 적게 받으면 에너지를 적게 생성한다. 세포가 더 많은 에너지가 필요한 경우에는 더 많은 산소를 사용한다. 우리가 운동을 할 때 호흡수가 증가하는 것은 바로 이 때문이다. 근육과 달리 뇌는 에너지를 저장할 수 없다. 정상적으로 기능하려면 영양소와 산소의 꾸준한 흐름이 필요하다. 산소 결핍은 주의력, 기억력 및 판단력을 떨어뜨릴 수 있다. 산소는 뇌 활동을 자극하고 에너지 수준을 높여주며 혈액을 해독하고 스트레스를 줄여주며 불안감을 진정시키고 불규칙한 수면 패턴을 개선하며 심혈관 활동에 도움을 주고 유산 축적을 방지해 주며 면역 체계를 강화시켜 준다. 그러나 이처럼 좋은 산소도 지나치면 오히려 독이 된다. 산소는 돌연변이를 일으킬 수 있다. 고압에서 순수한 산소를 흡입하면 메스꺼움, 현기증 , 경련, 시력 상실 및 의식 상실을 유발할 수 있다. 오랜 시간 동안 순수한 산소를 흡입하면 폐를 자극할 수 있으며, 심각한 호흡 곤란과 함께 폐부종을 유발할 수 있다. 액체 산소와 접촉하면 피부와 눈에 심한 자극을 일으키고 화상과 동상을 일으킬 수 있다.

오존의 두 얼굴

오존(O_3)은 3개의 산소 원자로 구성된 기체이다(끓는점: -112℃). 오존을 요주의 물질로 분류하고 있는 이유는 대표적인 독성 물질이자 온실 가스이기 때문이다. 지표면 근처의 대류권에서의 자연적인 오존 농도는 약 1억분의 1(0.000001%)이다. EPA(미국 환경보호국)에 따르면, 70ppm 이상의 오존 수준에 8시간 이상 노출되면 건강에 좋지 않다. 이러한 상황은 대기가 따뜻하고 안정된 기간 동안 도시 또는 그 근처에서 발생한다. 오존은 인후 및 폐를 자극하고 천식 또는 폐기종을 유발할 수 있다. 작물과 생태계에도 악영향을 미치는 것은 물론이다. 작물의 잎이 손상되면 수확량이 감소하고 품질이 저하된다. 또한 가뭄, 서리, 해충의 공격 등에 대한 스트레스에 대한 내성도 달라진다. 광합성도 감소한다. 오존의 영향을 이해하는 것은 미래의 식량 안보를 위해서 중요한 이슈이다. 화석연료를 사용하는 자동차, 공장 등에서 나오는 인위적인 배출물이 증가하면서 대기 중 오존 수준이 증가하고 있다. 오존은 햇빛의 존재 하에서 일어나는 일련의 화학 반응에 의해서 생성된다. 화석 연료의 연소에 의해 발생되는 질소 산화물(예: NO_2)과 휘발성 유기화합물(Volatile organic compounds, VOCs)이 대기 중으로 유입되면 햇빛에 의해 분해되어 반응성이 큰 화학종(NO+O)이 만들어진다. 이들 화학종은 대기 중의 산소와 반응하여 오존(O_3)을 형성한다.

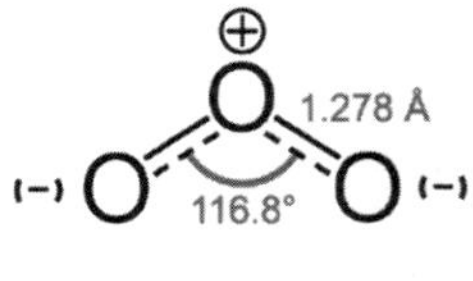

오존

지상의 "나쁜" 오존과 달리 성층권에 있는 오존은 "좋은" 오존이다. 오존은 지구상 생명체의 파수꾼 역할을 한다. 지구 대기 중 오존의 90%는 해발 10~50km 사이의 성층권에 있다. 성층권의 자연적인 오존 수준은 오존을 생성하는 햇빛과 그것을 파괴하는 화학 반응 사이의 균형의 결과이다. 오존은 우리가 호흡하는 산소 분자(O_2)가 햇빛에 의해 단일 산소 원자로 분리될 때 생성된다. 단일 산소 원자는 다시 결합하여 O_2를 만들거나 O_2 분자와 결합하여 오존(O_3)을 만들 수 있다. 성층권의 오존은 태양에서 오는 대부분의 자외선을 흡수한다. 오존이 없으면 태양의 강력한 자외선이 지구 표면에 도달할 것이다. 태양에서 오는 자외선은 대기 중의 오존에 의해 대부분 흡수된다. 성층권의 오존은 외계에서 오는 자외선을 흡수하여 지구 생명체를 보호하는 데 필수적이다. 자외선은 화상뿐만 아니라 피부암과 백내장을 유발할 수 있다. 성층권의 오존은 지구 생명체의 파수꾼이다.

오존은 1980년대에 오존층이 계절적으로 얇아지고 있다는 사실이 발견되면서 주목을 받아 왔다. 1987년 몬트리올 의정서는 국제적인 환경보호에 관한 노력의 일환으로 오존층 파괴 물질을 단계적으로 감축시키려는 목표를 충족하는 데에 성공적인 역할을 하였다. CFC(Chlorofluorocarbons, 염화불화탄소) 및 할론Halon을 단계적으로 폐지하고 수소화불화탄소Hydrofluorocarbon 같이 오존 피해가 적은 물질로 전환하는 정책이 수립되었다. CFC와 같이 인위적으로 생성된 가스가 증가하면 오존 파괴율을 증가시켜 자연 상태에서의 오존 균형을 깨뜨리고 성층권 오존 수준을 감소시킨다. 성층권의 오존이 감소하면 지구 표면에 도달하는 유해한 자외선의 양이 증가한다. 오존층 파괴 물질은 그 자체로 강력한 온실 가스이며, 대기 수명이 50~100년으로 지구 온난화를 유발한다. 네덜란드의 크뤼천Paul J. Crutzen, 멕시코의 몰리나Mario J. Molina, 그리고 미국의 롤런드F. Sherwood Rowland는 오존이 CFC에 의해 파괴되는 메커니즘을 규명하여 1995년 노벨화학상을 수상하였다.

물의 두 얼굴

우리는 음식 없이도 약 3주를 버틸 수 있지만 물 없이는 3~4일도 버틸 수 없다. 물은 우리 몸에 어떤 영향을 미칠까? 물은 땀과 소변을 통해 우리 몸의 독소를 제거하는 것을 돕는다. 또한 소변에서 신장 결석을 유발하는 물질과 염분을 희석하여 신장을 돕고 신장 결석이 생기는 것을 줄여준다. 물은 체온을 조절해 주는 역할도 한다. 물은 피부에서 땀이 증발할 때 몸의 열이 방출되도록 해준다. 또한 관절과 근육에 윤활유를 공급하여 경련 및 염좌를 감소시킨다. 또한 물을 충분히 마시면 신진 대사가 향상되고 신체가 음식을 더 효과적으로 분해할 수 있다. 특히 따뜻한 물은 소화에 좋다. 두통과 편두통은 종종 탈수로 인해 발생하는데, '유럽 신경학 저널(European Journal of Neurology)'에 발표된 연구에 따르면 마시는 물의 양을 늘리면 두통을 줄일 수 있다.

물은 체중 감소 및 식욕 억제에도 도움을 준다. 물은 또한 신체가 지방을 태우는 속도를 높이고 지방 세포의 분해 및 제거를 돕는다. 수분을 섭취하면 모세 혈관 혈류가 개선되어 건강한 피부에도 도움이 된다. 물은 피부에 수분을 공급하며 탄력을 향상시킨다. 물은 피로 회복에도 좋다. 우리 몸에 물이 부족하면 혈액량이 떨어지므로 심장이 산소가 함유된 혈액을 펌핑하기 위해 더 많이 움직여야 한다. 물이 부족하면 다른 기관들도 효율성이 떨어진다.

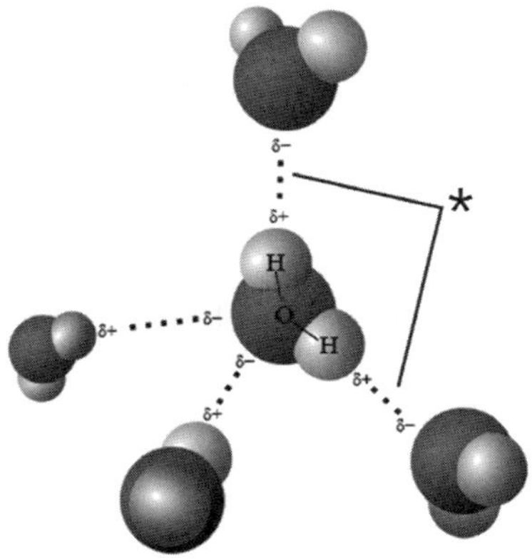

물 분자 사이의 수소결합(*)을 보여주는 모형

이처럼 좋은 물도 양면성이 있다. 영국 화이틀리 클리닉의 설립자인 화이틀리Mark Whiteley에 따르면, 물을 과도하게 마시면 수면 장애를 유발할 수 있다. 우리가 잠들 때 뇌는 항이뇨 호르몬(ADH)을 방출하여 신장 기능을 늦추고 밤에 소변을 볼 필요를 느끼지 못하게 한다. 우리 몸에 여분의 체액이 있으면 한밤중에 일어나야한다. 잠자리에 들기 전 2~3시간 동안은 물을 마시지 않는 것이 가장 좋으며, 수면이 문제가 되는 경우 자기 직전에 따뜻한 목욕을 해도 좋다.

납, 수은, 비소, 크롬, 카드뮴 같은 원소는 다양한 분야에서 유용하게 사용되는 반면에 중금속 중독을 야기하는 양면성을 보인다. 물도 마찬가지이다. 물도 너무 많이 마시면 위험하다.

물을 지나치게 많이 마시면 혈액의 염분을 희석시켜 두통, 구토 및 정신적 방향 감각 상실과 같은 증상으로 물 중독을 유발한다. 물 중독이란 물을 너무 많이 마셔서 발생하는 뇌 기능 장애를 말한다. 이렇게 되면 혈액 속의 수분 량이 증가하여 혈액에서 전해질, 특히 나트륨 농도가 낮아질 수 있다. 나트륨 수치가 135mmol/L 미만으로 떨어지면 저나트륨혈증(Hyponatremia)이 나타난다. 나트륨은 세포의 내부와 외부의 체액 균형을 유지하는 데 도움이 된다. 나트륨 수치가 떨어지면 체액이 세포 외부에서 세포 내부로 이동하여 팽창한다. 이것이 뇌 세포에 발생하면 생명을 위협할 수도 있다. 그렇다면 물을 얼마나 마셔야할까? 1일 권장 섭취량은 대략 8잔(약 1.8L)으로 알려져 있다. 적정 수분을 유지하는 것은 건강한 라이프 스타일의 핵심 요소이다. 우리의 신장은 하루에 20~28L의 물을 처리할 수 있지만 시간당 0.8~1.0L 이상 배출할 수는 없다. 따라서 이보다 많이 마시면 해로울 수 있다.

야누스적 분자

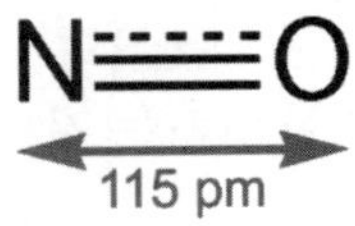

산화질소

두 얼굴을 가진 고대 로마의 신 야누스를 닮은 분자가 있다. 바로 야누스 분자(Janus molecule)로서 유익한 효과와 유해한 효과를 모두 나타낼 수 있는 분자를 말한다. 이것은 양에 따라 유익한 효과를 나타내거나 독성을 나타낼 수 있다. 산화질소(NO)는 신경계에서 여러 역할을 한다. NO는 뉴런의 증식, 생존 및 분화를 조절하는 것 외에도 시냅스 활동 및 기억 기능에 관여하는 중요한 분자이다. 또한 NO는 신경 세포의 생존과 분화를 촉진하고 전사 인자의 조절과 유전자 발현의 조절을 통해 오래 지속되는 효과를 발휘한다. 한편, NO는 알츠하이머병, 파킨슨병, 근위축성 측색 경화증, 다발성 경화증, 프리드리히 운동실조 및 헌팅턴병과 같은 신경 염증 및 신경 퇴화에도 관여한다.

콜레스테롤은 물에 용해되지 않는 특성 때문에 세포막에서 유용한 역할을 한다. 그러나 물에 대한 불용성은 다른 한편으로는 치명적일 수 있다. 콜레스테롤이 동맥 벽 등에 축적되면 쉽게 떨어지지 않으며 결국 죽상동맥경화증으로 인한 죽상판이 형성되는 것이다. 죽상판이 생기면 혈관이 좁아지고 혈액의 흐름을 방해하여 뇌졸중이나 뇌경색, 심근경색 등이 발병하게 된다.

전이성 암은 전신 질환이며 전이 결정 인자는 다양한 표적 기관에서 완전히 다른 효과를 낼 수 있다. 유기체 전이에서 야누스적인 역할을 하는 분자가 있는데, 바로 Dickkopf-1(DKK1)이다. 2017년 X. Zhuang 등이 '네이처 셀 바이올로지Nature Cell Biology'에 발표한 바에 따르면, Wnt 신호전달 경로의 억제제로 알려진 DKK1은 유방암 전이성 자극의 혈청학적 마커이며 폐 전이를 억제한다. 대조적으로, DKK1은 골모세포의 Wnt 신호전달 경로를 조절함으로써 유방에서 뼈로의 전이를 촉진한다. Wnt는 Wingless와 Int-1의 합성어이다. Wnt를 표적으로 하는 것이 전이성 암 치료에 도움이 되지 않을 수 있는 반면에, 다른 요법과 병행하는 조합 요법을 이용하면 폐와 뼈로의 전이를 효과적으로 예방할 수 있다.

프로테오글리칸Proteoglycans 단백질은 동물의 세포외 기질의 주요 구성 요소로, 유기체의 세포 사이에 존재하는 "충진제" 물질이다. 프로테오글리칸과 콜라겐의 조합은 연골을 형성한다. 또한 양이온(예: 나트륨, 칼륨 및 칼슘)과 물을 결합하고 매트릭스를 통한 분자의 이동을 조절하는 역할을 한다. 반면에 프로테오글리칸은 암의 전이에 필수적인 역할을 하는 것으로 밝혀졌다.

가장 위험한 독소 중의 하나로 알려진 보툴리눔 신경독소(Botulinum neurotoxin)는 신경과 근육 사이의 통신을 차단하여 심각한 신경근 마비를 유발한다. 흥미롭게도 이 독소 역시 야누스적인 면모를 보여준다. 이 분자는 클로스트리디움 보툴리늄에 의해 형성되는데, 이 박테리아가 음식을 오염시키면 결과가 치명적일 수 있으며 사망으로 이어질 수 있다. 그러나 소량으로도 치명적일 수 있는 독성에도 불구하고 이러한 분자는 다양한 약리학적 응용 분야에 사용될 수 있다. 치명적인 생물학적 무기인 동시에 유용한 의약품으로 사용될 수 있는 것이다. 이러한 응용 사례 중 하나는 미용에 사용되는 것이며, 그밖에 근육 경련 및 근육 장애, 과도한 발한, 편두통, 만성 통증 등을 치료하는 데에도 사용할 수 있다.

박테리아

"당신 몸의 과반은 박테리아다." "당신은 인간보다 미생물에 가깝다." "당신을 인간으로 만든 것은 당신의 DNA와 장내 미생물의 DNA의 조합 덕분이다." 박테리아는 우리의 몸 어디에나 존재한다. 우리 몸에 있는 박테리아의 무게는 우리 뇌의 무게[3파운드(약 1.36kg)]와 같다. 박테리아는 해로울 수 있지만 건강을 유지하려면 일부 박테리아가 필요하다. 피부, 기도, 소화계에 있는 박테리아는 감염 및 기타 문제를 유발할 수 있는 외부 "침입자"(병원체)에 대한 첫 번째 방어선이다. 박테리아는 또한 우리 몸의 면역 체계를 위한 "튜닝 포크" 역할을 하여 제대로 작동하는지 확인한다. 면역 체계는 감염에 신속하게 반응해야하지만 과잉 반응해서도 안된다. 과도하게 반응하여 신체 자체를 공격하는 경우 결과는 류마티스 성 관절염, 루푸스 또는 다발성 경화증(Multiple sclerosis)과와 같은 자가 면역 질환을 유발한다. 사람은 저마다 마이크로 바이옴이라고 하는 개인화된 박테리아를 가지고 있다. 이 박테리아 중 일부는 체내에 머무르며 강력한 면역 체계를 개발하는 데 도움을 준다. 우리의 호흡기 및 소화기 계통에 서식하는 박테리아 종은 면역 체계의 견제와 균형을 설정하는 데 도움이 된다. 백혈구는 몸을 감시하면서 감염을 찾아 내지만 그곳에서 자라는 박테리아의 양도 제한한다. 마찬가지로 박테리아는 백혈구가 너무 많은 힘을 사용하지 못하도록 한다. 박테리아는 또한 세포가 할 수 없는 일을 해준다. 예를 들어, 박테리아는 탄수화물(당)과 독소를 분해하여 세포가 성장하는 데 필요한 지방산을 흡수하도록 도와준다. 박테리아는 장내 세포를 침입하는 병원체로부터 보호하고 손상된 조직의 복구를 촉진한다. 가장 중요한 점은 몸에 좋은 박테리아가 있으면 나쁜 박테리아가 성장하여 질병을 일으킬 기회가 없어진다는 것이다.

반면에, 신체의 일부 박테리아 종은 암, 당뇨병, 심혈관 질환 및 비만과 같은 질병을 유발할 수 있다. 일반적으로 이러한 질병은 정상적인 미생물 군집이 파괴되었을 때만 발생하지만 항생제에서도 발생할 수 있다. 항생제는 박테리아를 죽이고 그중 일부는 건강을 보호하는 데 필요한 좋은 박테리아가 된다. 이러한 상황에서는 억제되는 나쁜 박테리아가 성장할 여지가 생겨 질병에 대한 환경이 조성된다. 나쁜 박테리아는 신체에 해를 끼치지 않고 낮은 수준으로 존재하거나 너무 많이 자라서 혼란을 일으킬 수도 있다. 황색 포도상 구균은 여드름처럼 단순한 증상 혹은 폐렴이나 독성 쇼크 증후군처럼 심각한 증상을 유발할 수 있다. 마찬가지로, 좋은 박테리아에 의해 억제되지 않는 경우, 크레브시엘라Klebsiella 폐렴은 대장염을 유발하여 결장 직장암이 발병할 수 있다. 질병을 일으키는 박테리아가 번성하도록 허용하거나, 좋은 박테리아를 제거하면 면역체계가 흐트러져 알레르기 혹은 자가 면역 질환을 유발할 수 있다. 박테리아의 적절한 균형이 없으면 신체가 지속적인 염증으로 고통 받을 수 있다. 염증은 상처를 치유하거나 감염을 제거하기 위해 백혈구를 호출하는 신체의 경보 시스템이다. 그러나 만성 염증은 통제되지 않으면 결장암을 유발할 수 있는 염증성 장질환을 유발하는 등 신체가 자가면역질환 및 암에 더 취약해질 수 있다. 한편, 박테리아가 없는 깨끗한 환경을 만들기 위한 노력이 비만, 암, 심장병을 유발한다는 연구 결과도 있다. 과학자들은 프로바이오틱스Probiotics를 이용한 건강개선 방법을 연구하고 있다. 또한 특정 박테리아를 환자별 맞춤형 치료에 사용하는 방법도 연구 중이다.

대부분의 박테리아는 인체에 무해하며 해로운 유기체를 몰아내는 역할을 한다. 이들은 또한 생명 자체에 대한 해답을 주기도 한다. 대장균E. coli은 유전자 코드가 시퀀싱된 최초의 유기체 중 하나이다. 이를 통해 DNA가 작동하는 방식을 좀더 이해하게 되었고 궁극적으로 인간의 기능에 대한 지식을 확대할 수 있게 되었다. 또한 E. coli를 이용하면 유전자 혹은 특정 단백질을 빠르게 만들 수도 있다. E. coli는 항생제나 백신 등을 생산하는 데에도 사용된다. MIT의 포이크트Christopher Voigt는 E. coli를 이용하여 암을 치료하는 기술을 연구하고 있다. 그는 악성 암 세포에 존재하는 분자에 특이적으로 결합하는 E. coli 균주를 만들고 생쥐를 이용하여 테스트를 계속하고 있다. 또한 UCLA의 제임스James와 공동연구자들은 박테리아를 사용하여 부탄올을 생산하는 방법을 개발하였다. 하버드 의과대학의 헤인즈Karmella Haynes는 E. coli를 사용하여 고전적인 수학 퍼즐을 푸는 문제를 해결하기도 하였다. E. coli의 응용 분야는 점점 확장되고 있다. 빛을 생성하는 유전자를 삽입하면 카메라를 만들 수도 있다.

바이러스

'이것'은 칙칙한 액체 혹은 독이란 뜻을 가진 라틴어에서 유래한 용어이다. 어떤 것은 박테리아로부터 진화했을 것이라고 한다. '이것'은 해수 1mL 당 백만 개가 있으며, 전 세계적으로 10^{30}마리가 존재한다. '이것'은 세포 내에서만 번식되고 진화한다. '이것'은 바로 바이러스이다. 바이러스는 유전 물질을 운반하고, 증식하고, 자연선택을 통해 진화하기 때문에 생명체의 한 형태로 간주하기도 한다. 하지만 일반적으로 생명체로 분류하는 데 필요한 중요한 특성을 가지고 있지 않다. 핵이 없고 세포기관도 없으며 독립적인 물질대사가 불가능하다. 바이러스는 RNA나 DNA의 유전물질과 그것을 둘러싸고 있는 단백질 껍질로 구성되는 매우 간단한 구조를 가진다. 바이러스는 스스로는 증식하지 못하여 "생명의 가장자리에 있는 유기체" 및 복제 물질로 묘사된다. 바이러스는 동물, 식물 혹은 박테리아 같이 다른 생명체의 살아있는 세포만을 숙주로 삼아 생명활동을 하는 감염원이다.

2019년 12월부터 신종 코로나바이러스 감염증(COVID-19, 코로나19)으로 인해 2021년 3월 15일 현재 전 세계 코로나19 확진자수가 1억 2,000만 명을 넘었고 사망자수도 약 260만 명에 이르는 등 확산세가 꺾이지 않고 있다. 과학자들은 코로나19 사망률이 스페인 독감 사망률 추정치인 1.61~1.98%보다 높을 것으로 예상하고 있다.

바이러스의 역사 속에서 빼놓을 수 없는 것은 1918부터 1920년까지 창궐했던 스페인 독감이다. 이것은 H1N1 인플루엔자 바이러스에 의해 전파되었는데, 약 5억 명이 감염돼 제1차 세계대전 사망자보다 많은 5,000만~1억 명의 희생자를 냈다.

HIV(Human Immunodeficiency Virus, 인간 면역결핍 바이러스)는 인간의 면역 체계를 무너뜨리는 바이러스이다. 발병하면 에이즈AIDS로 진행한다. 애버트(avert.org) 자료에 따르면 약 3,800만 명의 사람들이 이 바이러스에 감염되어 있다고 한다.

중남미 대륙에서 찬란한 문명을 꽃피웠던 잉카 제국과 아즈텍 제국이 유럽인들에게 허무하게 무너진 배경에도 바이러스가 있었다. 콜럼버스가 신대륙을 발견한 이후 유럽인들이 가져온 천연두로 인해 면역력이 전혀 없었던 원주민의 대부분이 사망했다. 천연두로 인해 잉카군 8만 명이 스페인군 168명에 무너진 것이다. 그밖에 인류에게 치명적인 바이러스로는 에볼라 바이라스, 광견병 바이러스, 천연두 바이러스, 뎅기 바이러스, 로타바이러스, 중증급성호흡기증후군(SARS) 바이러스, 중동호흡기증후군(MERS) 바이러스 등이 있다.

그러나 바이러스가 인체에 해로운 것만은 아니다. 2019년 8월 매튜Cynthia Mathew가 sciencealert.com에 기고한 자료에 따르면, 박테리오파지Bacteriophage(또는 간단히 phage라고도 부름)는 박테리아를 숙주세포로 하는 바이러스로서 박테리아를 감염시키고 파괴하는 성질이 있다. 파지는 우리의 자연 면역체계의 일부로 작용하여 박테리아가 우리 몸에 침입하는 것을 막아준다. 실제로 파지는 거의 한 세기 동안 이질이나 패혈증을 치료하는 데에 사용되어 왔다. 약물내성 감염이 증가함에 따라 파지에 대한 관심도 증대되어 왔다.

젊은 세대가 바이러스에 감염되면 면역 체계가 강화된다는 보고도 있다. 일부 바이러스는 다른 바이러스에 의한 감염으로부터 우리를 보호해주기도 한다. 헤르페스 바이러스는 우리 몸에 있는 킬러 세포(특정 유형의 백혈구)가 암세포 또는 다른 바이러스에 감염된 세포를 식별할 수 있도록 도와준다. 바이러스가 숙주를 돕는 것은 숙주에 있는 경쟁 바이러스를 제거하여 호스트가 손상되는 것을 방지하여 그 안에서 오래 지내고자 하는 생존 전략이다. 한 예로 G형 간염 바이러스(HGV)로 알려졌던 GB 바이러스 C(GBV-C)에 감염된 HIV 환자는 그렇지 않은 환자에 비해 더 오래 사는 것으로 밝혀졌다. 바이러스는 다른 바이러스가 세포 내로 진입하는 데 필요한 숙주 수용체를 차단함으로써 질병 진행을 늦춘다. 노로바이러스는 항생제를 먹인 생쥐의 장을 보호하는 것으로 나타났다. 생쥐에게 항생제를 먹이면 장내 박테리아가 죽게 되어 감염에 취약해지는데, 이때 노로바이러스가 숙주를 보호하는 것이다.

전술한 바와 같이 모든 바이러스가 다 해로운 것은 아니다. 우리의 장, 피부, 심지어 혈액 속에는 나쁜 박테리아뿐만 아니라 좋은 바이러스도 있다는 것이 밝혀지고 있다. 일부 바이러스는 공생 관계에서 숙주에 대한 유익한 특성을 가지고 있으며, 어떤 바이러스는 암세포를 표적으로 하고 죽이거나 다양한 유전 질환을 치료할 수도 있다. 현재 바이러스를 이용하여 폐암, 유방암, 방광암, 난소암 등 다양한 유형의 암을 치료하기 위한 임상 시험이 진행되고 있다.

4
태풍 매미

괴물이 된 태풍 / 지진

괴물이 된 태풍

태풍, 폭풍, 그리고 해일은 강력하고 파괴적인 특성이 절정에 이르는 여름과 가을에 주로 발생한다. 온대성 폭풍 해일은 주로 봄과 가을에 발생하며, 여름에도 발생한다. 중위도 해안 지역 특히 유럽 북해 해안, 미국 동부 해안 및 중국 동부 해안에서 종종 발생한다. 특히 북서 태평양은 전 세계 태풍 발생빈도의 36%를 차지하고 있다. 지난 50년간의 통계에 따르면 중국은 태풍의 가장 많은 피해를 받은 국가 중 하나이며 매년 약 7~8개의 태풍이 중국에 상륙했다. 1922년 8월에는 강한 태풍이 산터우 지역을 강타하여 거대한 폭풍 해일 재해를 일으켰고, 70,000명이 넘는 사람들이 죽고 수많은 사람들이 이주했다. 이것은 20세기 이후 중국에서 가장 많은 사망자를 기록한 폭풍 해일 재해였다. 역사상 가장 강력한 열대성 저기압은 1979년 10월 북서 태평양에서 발생한 태풍 팁Tip이었으며, 중앙부의 풍속은 85m/s였다. 열대성 저기압 데니스Hurricane Dennis(2005년)는 12시간 동안 1,144mm의 비를 내렸다. 가장 치명적인 열대성 저기압은 1970년 방글라데시 사이클론Bhola cyclone으로 최대 50만 명이 사망했으며, 가장 파괴적인 열대 저기압은 1992년 허리케인 앤드류Andrew로 바하마, 플로리다, 루이지애나를 강타하여 270억 달러의 재산 손실이 발생했다.

이처럼 막대한 피해를 주는 태풍은 많은 혜택을 주기도 한다. 태풍은 가뭄을 해결해 준다. 일부 지역에서는 태풍이 없다면 작물 성장과 농작물 수확이 불가능할 것이다. 또한 태풍은 지구의 열을 조절하고 열 균형을 유지하는 데 중요한 역할을 한다. 세계 인구의 급격한 증가와 산업 및 농업의 발전으로 담수 수요가 날로 증가하고 있으며, 토지의 제한된 담수 자원이 고르지 않게 분배되어 전 세계 물 부족이 점점 더 커지고 있는 상황에서, 열대성 저기압인 태풍은 해당 지역에 담수를 공급해주고 생태 환경을 개선하는 역할을 한다. 적도 근처의 열대 및 아열대 지역은 일조 시간이 가장 길고 건조하고 더운 날씨를 보인다. 따라서 이 지역에서 열을 발산할 수 있는 태풍이 없으면 더 뜨거워지고 표면은 모래사막으로 변할 것이며, 한랭지대는 더 추워지고 온대지대는 사라질 것이다. 태풍의 최고 속력은 시속 200km 이상에 달할 수 있으며, 에너지는 2,000톤 급 수소 폭탄 400개가 폭발 할 때 방출되는 에너지를 가지고 있다. 이는 인간에게 직접적으로 재난을 초래하기도 하지만 지구의 열적 균형을 유지해 주는 역할을 한다.

지진

지진은 매우 위험하고 치명적인 피해를 입힌다. 2004년 인도양에서 일어난 지진은 22만여 명의 인명을 앗아갔다. 지진은 건물을 무너뜨리고 산사태를 일으키고 다른 많은 치명적인 영향을 미칠 수 있다. 해저에서 발생하는 지진은 물을 위로 밀어 올리고 쓰나미Tsunami라고 하는 거대한 파도를 만들 수 있다. 이 파도는 시속 500km의 속도에 도달할 수 있어서 천문학적인 피해를 입히기도 한다. 특히 지각판의 경계선을 따라 빈발하는 지진과 화산 폭발은 치명적인 피해를 줄 수 있다. 지진은 진도가 클수록 더 강력하며 더 많은 피해를 입힌다.

이처럼 지진은 엄청난 재앙을 초래한다. 그럼에도 불구하고 장기적인 관점에서 대지진의 전 지구적 과정은 지구상의 삶, 특히 인간의 삶에 매우 유익하다. 지진으로 인해 발생하는 강력한 파도는 지각을 지속적으로 재순환시켜 지구를 거주 가능한 행성이 되도록 하였다. 수십억 전년부터 시작된 지각의 재순환은 바다와 대기를 만들고 새로운 대륙을 형성하였다. 지진은 오늘날 산을 만들고 토양을 비옥하게 하고 지구의 온도를 조절하며 금과 기타 희귀 금속을 농축하고 바다의 화학적 균형을 유지한다. 지진과 쓰나미는 다른 행성에서는 발생하지 않으며, 아이러니하게도 지진으로 인해 지구는 '거주 가능한 행성'이 되었다. 많은 생물학자들은 그 과정에서 생명이 탄생하였다고 주장한다. 쓰나미로 인해 큰 타격을 입은 해안 지역은 생태학적으로는 이익이 될 수 있다. 거대한 파도가 강 시스템의 풍부한 퇴적물을 해안 평야에 분산시켜 토양을 더 풍부하게 만들 수 있는 것이다.

지진과 화산폭발로 인한 피해는 실로 막대하지만, 소위 '판 구조론'에 따르면 이것이 지구를 젊어지게 한다. 지각 판의 충돌은 아이러니하게도 복잡한 생명체의 진화에 필수적인 요소로 작용하였다. 그 결과 지구를 거주 가능한 행성으로 탄생시켰다. 지질학자들은 화산 분출로 인한 엄청난 양의 수증기, 질소, 이산화탄소 및 기타 가스가 지구의 원시 바다와 대기를 생성했다고 믿고 있다. 식물은 결국 산소를 추가했다. 한편, 많은 생물학자들은 지구 최초의 유기체가 화산 가스를 따라 심해에서 발생했을 것이라고 주장한다. 지구상의 생명체는 판 구조론, 대기 또는 바다가 없었다면 탄생되지 않았을 것이다. 지진은 끊임없이 진행되고 있는 지각 판의 움직임 때문에 나타나는 현상이다. 지진은 지구 맨틀 내부의 대류로 인해 지각이 이동하기 때문에 발생한다. 이로 인해 산이 생성되고 광물이 아래에서 올라오고 새로운 해저가 만들어지고 있다. 지각 활동은 지구상의 생명을 유지하는 데 필수적이다. 물질은 대기와 지각 사이에서 지속적으로 재순환되고 있다. 우리는 지각 활동으로 인해 만들어진 대륙에 살고 있다. 해령은 엄청난 양의 생명을 지탱하며 생명의 기원에 중요한 역할을 했을 수 있으며 대기는 화산 분출에 의존하여 구성된다.

한편, 우리는 지진을 통해서 지구의 내부 구조에 대한 정보를 얻을 수 있다. 지진이 발생하면 지진파가 지구 내부를 통해 사방으로 퍼져 나간다. 지진파가 지구를 통과하는 데 걸리는 시간을 측정함으로써 지구의 구조를 핵심까지 파악할 수 있는 것이다. 지진파는 성질이 서로 다른 물질의 경계면을 통과할 때 반사하거나 굴절한다. 지진파에는 P파(Primary wave)와 S파(Secondary wave)가 있다. P파는 매질의 진동방향과 파동의 진행방향이 같다. 고체, 액체, 기체를 모두 통과한다. 반면에 S파는 매질의 진동방향과 파동의 진행방향이 수직이다. 고체만 통과한다. 전파 속도는 P파가 S파보다 빠르다. 1차 파를 의미하는 P파가 먼저 관측되고 이어서 2차 파인 S파가 관측된다. 지진파를 연구하면 지구 내부가 지각, 맨틀, 액체 상태의 외핵, 그리고 단단한 내핵으로 구성되어 있음을 알 수 있다. 대륙 지각의 깊이는 20~70km이고 해양 지각의 깊이는 7km 미만이다. 지각의 아래로부터 지하 2,900km까지에는 맨틀이 존재한다. 지진파의 속도는 맨틀의 하부로 내려갈수록 증가한다. 이는 맨틀의 하부로 내려갈수록 압력이 증가하며 밀도가 증가한다는 것을 말해준다.

그러나 약 100~250km의 깊이에 해당하는 지역에서 기록된 지진파는 예상보다 늦게 도착한다. 또한 P파와 S파 모두 더 느리게 이동하며, S파는 감쇠되거나 약해진다. 이 지역은 부분적으로 용융된 영역이다. 지하 670km 아래에는 하부 맨틀이 존재한다. 단단한 최상층 맨틀과 지각은 암석권을 형성한다. 암석권은 상대적으로 더 부드러운 연약권 위에 떠있다. 지하 670km에서는 지진파의 불연속성이 나타난다. 지하 2,900km 아래에는 외핵이, 지하 5,150km 아래에는 내핵이 존재한다. 핵은 지구 질량의 1/3을 차지한다. 용융된 외핵은 대류하고 있다. 대류 운동은 지구 자기장을 형성하며, 지구 자기장은 지구상의 생명체를 지키는 파수꾼이다.

5
진사회성과 신데렐라 분자

진사회성 / 신데렐라 분자

진사회성

생애 주기의 대부분을 고독하게 살아가는 동물들을 만나보자. 첫 번째 주인공은 1억 년 이상 우리의 바다를 누비며 살아온 바다거북이다. 바다거북은 짝짓기 또는 둥지를 만드는 짧은 기간 이외에는 독립생활을 한다. 눈 표범은 고독하고 은밀한 포식자이다. 혼자 사는 것을 두려워하지 않고 수백 km^2까지 커버할 수 있는 자신의 영역을 순찰한다. 일반적으로 짝짓기 시즌이나 어미가 새끼를 돌볼 때만 함께 볼 수 있다. 북극곰은 지구상에서 가장 큰 육식 동물이며 대부분을 물과 얼음 주위에서 보낸다. 북극곰은 늦봄과 초여름에 적극적으로 짝짓기 파트너를 찾고 새끼를 기르는 것 외에는 반사회적인 경향이 있다. 지구상에서 가장 큰 동물인 대왕 고래는 세계의 바다를 자유롭게 돌아다니며 짝짓기 기간 동안에만 동반자를 찾는다.

그러나 많은 동물들은 무리지어 살며 힘을 합쳐 문제를 해결하며 살아간다. 개미, 꿀벌, 흰개미, 진딧물, 일부의 말벌과 딱정벌레, 벌거숭이 두더지쥐(Naked mole rat) 등이 가지고 있는 중요한 특성이 하나 있다. 그것은 이들이 진사회성(Eusociality)을 보인다는 점이다. 진사회성이란 대다수의 개체들이 소수 혹은 단일 그룹을 돕기 위해 협력하는 현상을 말한다. 진사회성 동물은 집단 의사 결정과 같은 복잡한 사회적 행동을 한다. 이들은 전체를 위해 개인을 희생한다. 이들은 고도의 작업 전문화를 통해서

서로 협력하여 새끼를 돌보고, 둥지를 유지하고, 식량 같은 자원을 효율적으로 수집한다. 일꾼들은 번식을 포기하고 주어진 일만 한다. 이러한 '진정한 사회성'은 초유기체를 구성하는 핵심요소이다.

개미는 가장 잘 알려진 진사회성 곤충이다. 개미는 직접 식량을 재배하기도 한다. 이들은 버섯을 길러 수십만에서 수백만 마리에 이르는 조직을 형성하기도 한다. 둥지엔 수많은 방이 그물처럼 연결되어 있다.

흰개미는 셀룰로오스를 직접 소화 할 수 없기 때문에 장내에 사는 공생 박테리아와 원생동물에 의존하여 셀룰로오스 소화에 필요한 대부분의 효소를 공급한다. 젊은 개체는 영양교환행위(Trophallaxis)를 통해 이러한 공생체(Symbiont)를 얻는다. 서식지 내에는 계급 구분(Caste differentiation)이 있다. 둥지 건설 및 영토 방어를 포함한 복잡한 사회적 행동을 수행한다. 대서양의 산호초에 있는 해면(Sponge)에 서식하는 새우(Synalpheus regalis)도 진사회성을 보인다. 이들은 평생 동안 숙주 해면의 내부에서 생활하며 이를 식량 자원과 은신처로 사용한다. 서식지에는 300여 개체가 있지만 단 한 마리의 암컷이 자손을 생산하는 것으로 밝혀졌다. 번식에 참여하지 않는 대다수 구성원은 침입자로부터 식민지를 방어하는 역할을 맡는다. 총채 벌레(Thrips)의 일부도 진사회성을 보이는 것으로 밝혀졌다. 약 5,000종 중 약 300종이 충영(Galls)이라는 식물에 둥지를 형성하여 식물 조직을 먹고 산다. 이 중 6종은 진사회적으로 분류된다. 이들은 형태학적으로 병정 계급을 가지고 있어 도둑기생충으로부터 충영을 보호한다. 진사회성을 보이는 척추동물로는 벌거숭이 두더지쥐와 다마라랜드 두더지쥐(Damaraland mole rat)가 있다. 두 종 모두 근친 교배가 높으며 식량 자원이 고르지 못한 거친 사막에서 산다. 대부분의 개체는 한 마리의 생식 가능한 암컷(여왕)에게서 태어난 형제자매나 가까운 친척을 키우는 데 도움을 준다.

진사회성 동물은 다음과 같은 네 가지 특성을 공유한다: 무리지어 살기. 협동 양육(자신의 새끼가 아닌 무리를 협력하여 돌본다). 번식의 역할 분담(모든 개체가 번식 할 수 있는 것은 아니다). 세대 중복(혈통으로 이어진 집단, 즉 부모 자식으로 구성된 한 가족을 이루고 산다). 진사회성 유기체는 그룹으로 산다. 그룹 생활은 다음과 같은 몇 가지 측면에서 개체에게 혜택을 줄 수 있다.

집단은 포식에 대한 방어 체계가 형성되어 있어서 각 개체가 포식자에 살해될 확률이 낮다. 또한 식량을 획득할 때에도 전략적 이점이 있다. 사회 집단에서 생활하는 데에는 비용이 발생할 수 있으며, 이는 궁극적으로 적합성 이점과 균형을 이루어야 한다. 단점으로는 개체 간의 자원 경쟁이 증가하며, 그룹 내 기생충 및 질병의 전파 가능성이 커지고, 포식자와 기생충에 의해 그룹이 쉽게 탐지될 수 있다는 점 등이다.

진사회성의 진화는 영국의 진화생물학자 해밀턴William Donald Hamilton이 제안한 친족 선택 이론과 미국의 생물학자 윌슨Edward Osborne Wilson 등이 제안한 다단계 선택 이론으로 설명하고 있다. 친족 선택이란 유기체의 생존과 번식에 대한 어떤 대가를 치르더라도 유기체의 친족의 번식 성공을 선호하는 진화 전략을 말한다. 이러한 친족 이타주의는 친족 선택에 의해 진화가 이루어지는 이타적인 행동처럼 보일 수 있다. 2010년 노웍Martin Nowak, 타니타Corina E. Tarnita 및 윌슨Edward. O. Wilson은 포괄적인 적합성의 설명력이 부족하다고 생각하는 것을 수정하기 위해 그룹 선택을 포함하는 다단계 선택을 주장했다.

신데렐라 분자

1960년대 미국에서 히피 문화가 발생하였을 때, 가장 많이 소비되고 널리 배포되었던 마약이 있었다. 바로 대마초이다. 당시 많은 음악가들이 대마초를 비롯한 여러 마약을 체험한 후 그것을 음악으로 표현하기도 했고, 록 음악의 부흥기와 맞물려 저항의 상징도구로 여겨지기도 했다. 대마초는 삼과(Cannabaceae family)에 속한 환각작용이 있는 속씨식물이다. 칸나비스Cannabis 혹은 마리화나Marijuana라고도 한다. 대마초는 일반적으로 대마의 꽃과 잎, 이삭을 말린 것을 말한다. 대마 진액을 건조시켜 만든 하시시Hashish는 대마초보다 효과가 더 강하다. 대마초에는 향정신성 화학작용을 일으키는 다양한 성분이 포함되어 있다. 대마초의 연기를 흡입하면 향정신성 및 생리학적인 효과를 나타낸다. 일반적인 정신적 영향으로는 평온함과 행복감, 스트레스 해소, 졸음,

인지능력의 저하, 진통효과, 성욕증가, 식욕증가, 심적 평화, 집중력 향상 등이 있다. 부작용으로는 증폭된 감각으로 인한 환각과 공포심이 나타나거나, 일상의 단편적인 일화 기억력과 작업 기억에 문제를 일으킨다.

UN(국제 연합)이 2004년에 추정한 바에 따르면, 전 세계 성년 인구의 약 4%가 대마초를 1년에 1회 이상 흡연하고 있으며, 전 세계 성년 인구의 약 0.6%가 1일 1회 이상 흡연하고 있다고 한다. 대마초의 소지나 사용, 판매행위는 그것이 갖고 있는 각성 효과 때문에 20세기 초부터 전 세계 거의 대부분의 나라에서 불법으로 규정되었다. 전 세계 대부분 국가에서 대마초의 흡연은 불법이고 그 재배와 유통은 엄격한 통제를 받지만, 일부 국가에서는 규제를 완화하고 있다. 그러나 대마가 다 나쁜 것은 아니다. 대마에는 단백질, 아미노산, 감마리놀렌산(ɣ-Linolenic acid, GLA), 오메가 3(Omega-3 fatty acid), 비타민 등이 들어 있어서 식용으로 가공되기도 한다. 동의보감에 등장하는 대마 씨앗은 기혈보강, 생리불순, 신경통, 장 기능 개선 등에 효과가 있다고 알려져 있다.

대마에는 120가지 이상의 화합물이 들어 있으며 대표적인 것으로는 CBD(Cannabidiol)와 THC(Tetrahydrocannabinol)가 있다. THC는 대마초의 주요 향정신성 화합물이다. CBD는 상당한 의학적 이점을 가지고 있다. CBD는 중독성이 없고 향정신 효과를 나타내지 않아 안전하다. 칸나비노이드는 항산화제 및 신경 보호제로 알려져 있으며 스트레스 반응과 수면을 지원하는 강장제이다. 그밖에도 소화를 돕고 염증과 통증을 완화하는 데 사용된다. 또한 메스꺼움, 편두통, 발작 및 불안을 완화할 수 있다. 에피디올렉스Epidiolex는 CBD를 함유한 최초이자 유일한 처방약이며 FDA(미국 식품의약국)의 승인을 받았다. 이 약은 특정 종류의 간질을 치료하는 데 사용되기도 한다.

인체에 해롭거나 문제가 되는 물질들이 전혀 다른 특성이 발견되어 새롭게 주목받는 경우가 있다. 이러한 물질에는 신데렐라라는 꼬리표가 따라붙는다. 알츠하이머병은 뇌 조직의 점진적이고 돌이킬 수없는 수축을 특징으로 하는 비극적인 신경학적 질환이다. 알츠하이머병 치료에 큰 가능성을 보여준 미네랄 중 하나는 정신 건강 장애 치료를 위한 확실한 이점을 가진 영양소인 미네랄 리튬(Li)이다. 리튬 염은 수세기 동안 인기 있는 건강 강장제로 사용되어 왔다. 이 미네랄은 천식, 통풍 및 편두통과 같은 광범위한 질병을 치료하는 데에도 사용되어 왔다. 현대 의학에서 리튬은 정서 장애 환자의 기분 안정을 촉진하는 능력으로 널리 알려져 있다. 이를 뒷받침하기 위한 수년간의 연구와 임상적 사용으로, 고용량 리튬이 뇌와 신경계 기능을 회복시켜 준다는 것을 보여주는 상당한 증거가 존재한다. 리튬은 알츠하이머병과 관련된 아밀로이드 플라크 및 신경원 섬유 엉킴을 유발하는 주요 효소를 방해한다. 플라크와 엉킴으로부터 뇌를 보호하는 것 외에도 리튬은 알츠하이머병 발병으로 인한 기존 손상을 복구하는 것으로 나타났다.

"쓰레기 속의 보석", "DNA(디옥시리보핵산)의 못생긴 자매"로 불리는 RNA(리보핵산)가 새롭게 주목을 받고 있다. RNA는 생명의 위대한 수수께끼에 대한 답을 가지고 있을 수 있을 것인가? RNA는 신체에서 효용 기능만을 수행하며 가장 복잡한 세포 과정에서 단순한 전달자라고 오랫동안 여겨져 왔다. RNA가 생명 진화의 초기 단계에서 주도적인 역할을 할 수 있다는 것이 인식되었지만, 이 분자가 촉매와 정보 전달자인 보다 전문화된 분자로만 여겨졌다. 그러나 RNA에 대한 많은 연구 결과들은 현재 "RNA의 세계"에 대한 개념을 뒤집고 새로운 진단 도구를 찾고 설계하는 데 자극을 주고 있다. 이는 RNA 연구가 더 확장되어야 함을 의미한다. RNA는 세포를 "살아있게" 만드는 핵심 기여자라는 사실도 밝혀지고 있다. 현재 특정 마이크로 RNA를 사용하여 전립선암이나 유방암의 발병을 막을 수 있다고 알려져 있다. 마이크로 RNA는 또한 심혈관 치료를 위한 잠재적인 약물로 간주되고 있다. 흑색종 및 다양한 폐암 사례에서는 혈액에서 순환하는 마이크로 RNA를 운반하는 엑소좀에 대한 임상 연구가 진행중이다. 재투성이 아가씨 "RNA"는 유리 구두를 신고 화려하게 변신한 신데렐라가 될 것인가?

상상을 더하다 2

-지킬과 하이드-

1. 현대인들은 대부분 공적인 자리에서의 모습과 사적인 자리에서의 모습에 차이가 있다. 이도 이중인격으로 봐야 하는가?

2. 선이 무조건 옳은 것일까?

3. 선과 악은 이분법적으로 분리될 수 있을까? 선과 악의 구분은 실존하는가?

4. 이중인격을 다르게 생각해 보면 다양한 인생을 살 수 있는 삶이다. 이중인격이 0윤리적으로 그르다고 할 수 있는가?

5. 신경전달 물질이 체내에서 작용하는 메커니즘은?

6. 아주 적은 불순물이 약물에 큰 변화를 일으키는 것은 사실일까?

7. 동물도 이중인격을 가질 수 있을까?

8. 인격을 조종하는 기술이 나올까?

9. 인공지능에게도 다중 인격이 나타날 수 있을까?

10. 코로나 바이러스가 우리에게 유익한 점은 없을까?

11. 대기 중에 산소 농도가 서서히 줄어든다면 어떤 일들이 벌어질까?

12. 진사회성은 항상 조직에 유익한 것일까?

3장
클레오파트라의 진주

1
클레오파트라의 진주

클레오파트라의 진주 / 진주의 역사 / 진주 속의 과학

클레오파트라의 진주

보석의 여왕. 연인들의 보석. 살아있는 동물에서 탄생되는 유일한 보석. 세계에서 가장 비싼 것은 무려 1억 달러에 달하는 귀한 보석. 건강과 장수 그리고 부를 상징하는 6월의 탄생석. 이것은 바로 진주이다. "클레오파트라Cleopatra VII Philopator(69~30 BCE)의 코가 조금만 낮았더라면 세계의 역사가 달라졌을 것이다." 프랑스의 철학자 파스칼Blaise Pascal(1623~1662)의 저서 〈명상록〉에 등장하는 말이다. 로마의 학자 플리니우스Pliny the Elder(23/24~79 CE)도 그의 저서 〈박물지〉에서 화려했지만 비극적인 최후를 맞이해야 했던 그녀에 대한 기록을 남겼다. 바로 클레오파트라의 진주에 대한 이야기이다.

고대 이집트의 마지막 파라오였던 클레오파트라가 로마 공화국의 안토니우스Marcus Antonius(83~30 BCE)를 유혹하기 위해 진주를 사용했다는 유명한 일화가 전해져 내려온다. 당시 로마의 실력자 안토니우스는 클레오파트라가 적을 도와준 사실에 격분하여 이를 항의하기 위해 이집트를 방문하였다. 이때 클레오파트라는 진주를 무기로 사용하기로 하였다. 은은하고 우아한 광채를 띠어 '대양의 여왕'이라 불리는 진주는 당대에도 가장 귀한 보석이었다. 클레오파트라는 성대한 연회 중에 시종에게 포도주(또는 식초)를 가져오게 하였다. 그리고는 진주 귀걸이 두 개 중에서 하나를 술잔에 담가 녹인 다음 그것을 마셔버렸다.

클레오파트라의 진주에 대한 유명한 이야기는 종종 세계 최초의 보석 학자라고 불리는 플리니우스가 그의 저서 〈자연사〉에서 두 진주의 가치를 6천만 세스테르티우스Sestertius(약 2,850만 달러)로 추정했다. 클레오파트라가 기획한 역사상 가장 비싼 연회에 감명을 받은 안토니우스는 그녀에게 마음을 빼기게 된다. 클레오파트라의 남은 한 쪽 귀고리는 사후에 로마로 가져다 판테온 신전에 있는 비너스의 귀고리로 장식했다고 전해진다.

진주의 주성분인 석회석($CaCO_3$)에 산(예: 아세트산CH_3COOH)을 가하면 녹아서 아세트산칼슘[$(CH_3COO)_2Ca$]이 생성되고 이산화탄소(CO_2)가 방출된다.

진주는 조개가 몸 속에 침입한 이물질을 감싸는 과정에서 형성된다. 조개 내부로 이물질이 유입되면 조개는 스스로를 보호하기 위해 체내로 들어온 이물질을 조개껍데기의 외투막에서 탄산칼슘($CaCO_3$)과 단백질을 분비하여 이물질을 감싸게 되는데, 이 과정이 오랜 시간 동안 반복됨으로써 탄산칼슘 결정이 겹겹이 쌓여 판상구조로 이루어진 진주층을 형성하게 된다. 진주는 탄산칼슘의 아라고나이트Aragonite 형의 단결정으로 형성되어 있다. 매우 얇은 단결정이 한 장 한 장 콘키올린 단백질의 시트에 감싸여 수천 장이 겹겹이 쌓여져 있다. 진주가 특유의 아름다움을 발산하는 이유는 아라고나이트 관상 결정 모서리에서 일어나는 빛의 회절과 진주층 사이에서 일어나는 빛의 간섭에 의한 효과 때문이다.

진주의 역사

진주는 오랜 역사를 통해 많은 문화권에서 소중히 여겨져 왔으며 높은 가치를 지니고 있다. 인류가 진주를 사용한 역사는 얼마나 될까? 1920년대에 영국의 고고학자 울리Leonard Woolley(1880~1960)는 수메르 왕가의 무덤을 발굴하는 과정에서 놀랄 만한 무덤을 발견하였다. 주인공은 기원전 2500년경 우르Ur 제1왕조의 푸아비Puabi 여왕이었다. 그녀와 함께 많은 수행원들이 왕비의 사후세계를 보필하기 위해 희생되었다. 그

밖에도 이륜 전차와 황소 그리고 많은 장신구들도 왕비의 가는 길에 동행했다. 푸아비 여왕은 키가 150cm 가량이었으며 죽을 때 나이는 약 40세였다. 황금으로 된 장신구는 아프가니스탄에서만 구할 수 있는 청금석과 이란고원에서 가져왔을 것으로 추정되는 홍옥수와 마노로 장식되어 있었다. 리라와 하프 같은 악기도 출토되었는데 사운드박스는 청금석, 홍옥수 이외에도 진주로 장식되어 있었다. 푸아비 여왕의 묘에서는 1,600개가 넘는 진주가 박힌 가운도 발굴되었다.

기원전 2300년까지 거슬러 올라가는 중국의 기록에 따르면 진주는 왕족의 귀중한 소유물이었다. 고대 힌두교 텍스트에는 진주를 반복해서 언급하며 크리슈나 신이 최초의 진주를 발견했다고 기록하고 있다. 고대 이집트에서 자개는 기원전 4000년까지 장식 목적으로 사용되었지만 기원전 5세기가 되어서야 진주를 사용하기 시작하였다. 고대 이집트에서 진주는 부와 권력의 상징으로 인식되었다. 고대 이집트 제18왕조의 5번째 파라오였던 하트셉수트Hatshepsut(1507~1458 BCE)는 해상 원정을 통해서 몰약과 유향, 흑단과 상아, 그리고 진주를 손에 넣었다. 그녀는 투트모세 1세Thutmose I의 딸이었으며, 투트모세 2세Thutmose II의 아내로서 약 2살의 아이로 왕위에 오른 투트모세 3세Thutmose III와 공동으로 통치하였다. 고대 그리스인들 역시 진주를 매우 소중히 여기며 특히 결혼식에서 진주를 사용했다. 고대 로마에서 진주는 매우 귀중한 액세서리였으며 부와 명성의 상징이었다. 아랍 문화권의 코란에서 진주는 파라다이스에서 제공되는 가장 큰 보물 중 하나로 묘사되고 있다.

진주 속의 과학

진주는 자란 환경에 따라 다양한 색상을 띤다. 보석의 여왕 진주 속으로 들어가 보자. 분자 수준에서 이야기 하자면 진주는 탄산칼슘 덩어리이다. 살아 있는 조개, 전복 등에서 만들어지는 진주 속에는 콘키올린Conchiolin이라고 하는 단백질이 소량 들어 있는데, 이것이 진주의 구조와 색상에 중요한 역할을 한다. 콘키올린은 연체동물의 외부 상피에서 분비되는 단백질이다. 이 단백질은 유기 거대분자의 매트릭스의 일부로서, 결정들이 핵을 형성하고 성장하는 미세 환경을 마련해준다. 진주는 탄산칼슘으로 이루어진 아라고나이트Aragonite 결정이 한장 한장 단백질의 시트에 겹겹이 싸여 만들어진다. 아라고나이트 결정들이 모여 핵을 형성하는 것은 유기 매트릭스에 의해 만들어지는 맞춤형 환경 때문이다. 콘키올린은 상대적으로 유연한 매트릭스 역할을 한다. 콘키올린의 강한 성질과 퍼루신Perlucin의 강한 결합으로 인해 완성된 재료는 강인한 특성을 보인다. 조개에 들어간 이물질은 결정핵으로 작용하는데, 이때 탄산칼슘 결정과 콘키올린이 층상으로 겹겹이 쌓여 진주층을 형성한다. 두께가 약 0.4μm인 탄산칼슘 결정이 1mm 두께의 진주층으로 성장하기 위해서는 약 2,500개의 층이 쌓여져야 한다.

진주조개에서 추출된 콘키올린 단백질을 기반으로 만들어지는 피부 미백용 화장품 원료물질도 선보이고 있다. 이것은 진주조개의 무기 성분을 포함하는 펩타이드를 산이나 효소 등으로 가수분해하여 만든다. 진주조개크림은 미백, 주름 개선, 보습, 영양, 톤 업 효과를 한 번에 주는 복합 기능성 제품이라고 광고하고 있다. 여기에는 콜라겐과 진주조개 추출물, 뮤신Mucin이 풍부한 미역, 해초 등 청정 해양 성분이 풍부히 들어있어 피부를 젊고 탄력 있게 가꿔준다. 또한 천연 보습 성분이 주름을 관리하고 피부의 유·수분 균형을 유지해 준다. 화이트놀Whitenol, 세라마이드Ceramide 등은 얼굴을 하얗고 촉촉하게 해준다. 초저분자 히알루론산(Hyaluronic acid)은 각종 공해와 스트레스, 자외선에 지치고 노화된 피부에 수분을 공급하여 화사하고 윤이 나게 해준다.

2
보석

가장 오래된 보석 / 가장 유명한 보석 / 보석의 색 / 보석이 된 생명체

가장 오래된 보석

티그리스 강과 유프라테스 강 사이에 위치한 메소포타미아는 인류 문명의 요람이자 보석 가공술의 요람이었다. 오늘날의 이라크 지역에서 발견된 흑요석 구슬과 조개껍데기는 7,000년 전에 이 지역에서 보석이 사용되었음을 말해 준다. 기원전 2500년 수메르의 도시 우르Ur는 세계에서 가장 오래된 법전을 가진 문명이었다. 통치자들은 죽어서도 많은 시종들과 군인들의 호위 속에서 지하에 묻혔다. 왕실의 무덤을 통해서 우리는 그 당시 화려했던 보석들을 만나볼 수 있다. 터키와 이란으로부터 수입한 금과 은, 아프가니스탄에서 들여 온 청금석, 인도에서 들여온 홍옥은 당시에 무역이 활발했음을 말해 준다.

수메르의 보석 가공사들은 과립화와 줄세공 기술을 최초로 사용한 사람들이다. 이들은 청금석과 금 그리고 홍옥을 구슬로 만들어 금줄에 번갈아 끼워 작품을 만들었다. 남자들도 귀걸이, 목걸이, 팔찌, 가슴 장식품, 헤드 밴드 등을 착용하였다. 여성들은 나뭇잎이나 꽃 모양의 얇은 금판, 초승달 모양의 귀걸이, 목걸이, 벨트, 반지 등 다양한 장신구를 착용하였다. 보석은 왕족이나 귀족층에 국한되지 않았다. 전체 인구가 일상생활 속에서 보석을 수용하였다. 부족한 보석은 아나톨리아, 이집트, 페르시아, 인도 등지에서 수입하였다. 위에서 열거한 것 말고도 커다란 실린더 인감이 인기가 있었는데, 여기

에는 그들의 과거나 신화 그리고 설형문자 등이 새겨져 있었다. 메소포타미아의 다양하고 화려한 보석들이 오늘날까지 보존될 수 있었던 것은 그들이 죽은 자들과 함께 보석을 매장하고 내세에서도 그것들을 향유하고자 하는 전통이 있었기 때문이었다.

가장 유명한 보석

우리 지구에는 4,000종 이상의 광물이 존재한다. 이들의 색상이나 모양이 좋다고 다 값비싼 보석이 되는 것은 아니다. 단 100여 종 만이 '보석'의 지위를 얻는다. 이 보석 광물은 지구가 우리에게 준 커다란 선물이다. 무엇이 보석의 가격을 결정하는가? 아름다움, 희소성, 내구성, 그리고 역사성을 충족시켜야 비로소 보석의 반열에 오른다. 이 밖에도 휴대성과 유행도 보석이 최고의 인기를 얻기 위한 조건이다. 시대에 따라 선호도가 바뀌기도 한다. 고대에는 청금석과 터키석 같은 보석을 최상의 것으로 여겼다. 동양에서는 옥을 귀하게 여겼다. 오늘날에는 다이아몬드, 루비, 사파이어 등을 귀하게 여긴다.

프리드만(friedmans.com)이 소개하는 세계에서 가장 유명한 보석들을 만나 보자. 까르띠에 컬렉션이 소유한 경옥 목걸이(Hutton-Mdivani Jadeite Necklace, 2,740만 달러)는 27개의 옥 비즈로 만들었다. 희소성 때문에 가격이 비싸다. 고리는 18K 금, 루비, 다이아몬드로 만들었다. 조세핀의 푸른 달(Blue Moon of Josephine, 4,840만 달러)은 12.03캐럿 다이아몬드이다. 2014년 남아프리카의 광산에서 발견되었으며, 희귀한 크리스탈 블루 색상을 띤다. 18K 금 바탕에 407.48캐럿의 다이아몬드로 구성된 다이아몬드 목걸이(L'Incomparable Diamond Necklace, 5,500만 달러)도 있다. 목걸이 중앙에 있는 큰 다이아몬드는 콩고 민주 공화국의 한 어린 소녀가 약 30년 전에 채굴한 잔해 속에서 우연히 발견하였다. 오펜하이머 블루Oppenheimer Blue(5,750만 달러)는 에메랄드 컷의 블루 다이아몬드이다. 59.6캐럿의 핑크 스타 다이아몬드(7,120만 달러)는 132.5캐럿의 거친 다이아몬드를 깎아 만들었다. GIA(Gemological Institute of America, 미국 보석감정원)는 내부 결함이 없는 가장 큰 핑크 다이아몬드로 등급을 매겼다.

2013년 네덜란드의 TEFAF(유럽 미술 박람회)에서 처음 발표된 공작 브로치(Peacock Brooch, 1억 달러)는 그래프 다이아몬드Graff Diamonds로 만들었다. 공작이 날개를 펼친 모양의 브로치는 1,300여 개의 흰색, 노란색, 파란색, 오렌지색 다이아몬드(총 120.81캐럿)가 사용되었다. 매우 희귀한 진한 파란색을 띠는 배 모양의 다이아몬드(20.02캐럿)가 중앙 하단에 있다. 가장 비싼 것으로는 45.52캐럿의 호프 다이아몬드(2억 5,000만 달러)가 있다. 특이한 청색은 불순물로 들어 있는 미량의 붕소 원자에서 비롯된 것으로 간주되고 있다. 모든 광원을 끄면 빨간색으로 보인다.

지올로지페이지(geologypage.com)가 소개하는 세계에서 가장 비싼 보석들을 만나보자. 알렉산드라이트Alexandrite(캐럿당 12,000달러, $BeAl_2O_4$)는 1830년대 러시아 우랄 산맥에서 발견된 크리소베릴Chrysoberyl의 일종이다. 이 광물은 밝은 곳에서는 에메랄드, 어두운 곳에서는 루비 레드처럼 변하는 광물이다. 블랙 오팔Black Opal(캐럿당 15,000달러)은 짙은 회색에서 칠흑색에 이르는 어두운 바디 톤이 특징이다. 일반 오팔과 달리 블랙 오팔에는 탄소 및 산화철 미량 원소가 존재하여 돌의 특이한 어둠을 유발한다. 다이아몬드Diamond(캐럿당 15,000달러)는 탄소의 준안정 동소체로, 탄소 원자는 다이아몬드 격자라고 하는 면심 입방 결정 구조의 변형으로 배열된다. 다이아몬드는 가장 높은 경도와 열전도율을 가지고 있다. 이러한 특성으로 인해 다이아몬드는 절단 및 연마 도구나 다이아몬드 칼, 다이아몬드 앤빌 셀Anvil cell 등으로 쓰인다.

세렌디바이트Serendibite(캐럿당 18,000달러)는 1902년 스리랑카의 구나세케라Dunil Palitha Gunasekera가 처음 발견한 극히 희귀한 규산염 광물로, 스리랑카의 옛 아랍 이름인 세렌딥Serendib의 이름을 따서 명명되었다. 그란디디어라이트Grandidierite(캐럿당 20,000달러)는 1902년 남부 마다가스카르에서 발견된 희귀한 광물이다. 광물은 마다가스카르의 자연사를 연구한 프랑스 탐험가 그랜디디어Alfred Grandidier(1836~1921)를 기리기 위해 명명되었다. 철(Fe)이 많을수록 더 푸른색으로 보인다. 그란디디어라이트는 시야각에 따라 진한 청록색, 무색(때로는 매우 밝은 노란색) 또는 진한 녹색의 세 가지 색상을 띤다. 타파이트Taaffeite(캐럿당 35,000달러)는 1945년 10월 아일랜드 더블린에서 첫 번째 샘플 절단 및 연마된 보석을 발견한 타페Richard Taaffe(1898~1967)의 이름을 따서 명명된 광물($BeMgAl_4O_8$)이다. 1951년 화학 및 X-선 분석을 통해 베릴륨과 마그네슘을 필수 성분으로 포함하는 최초의 광물이 되었다. 에메랄드Emerald(캐럿당 305,000달러)는 미량의 크롬과 때로는 바나듐에 의해 녹색을 띠는 베릴[$Be_3Al_2(SiO_3)_6$]이다.

레드 다이아몬드Red Diamond(캐럿당 1,000,000달러)는 무색 다이아몬드와 동일한 미네랄 특성을 가진 다이아몬드로 붉은 색을 나타낸다. 이것은 일반적으로 세계에서 가장 비싸고 희귀한 다이아몬드 색상으로 알려져 있다. 핑크 다이아몬드Pink Diamond(캐럿당 1,190,000달러)는 매우 드물다. 존재하는 다이아몬드의 0.0001%만이 분홍색이다. 세상에 아름다움과 조화를 주는 귀한 보석으로 결점이 없는 세계 유일의 다이아몬드이다. 2017년에는 59.60캐럿의 핑크 다이아몬드가 홍콩의 소더비 경매에서 7,120만 달러에 팔렸다. 경옥(Jadeite: 캐럿당 3,000,000달러)은 $NaAlSi_2O_6$ 조성을 가진 단사정계의 광물이다. 27개의 큰 최고급 경옥 구슬로 구성된 Hutton-Mdivani 목걸이는 디자이너 까르띠에가 2,744만 달러에 구입하였다. 블루 다이아몬드Blue Diamond(캐럿당 3,930,000달러)는 미량의 붕소가 들어 있어서 청색을 띤다. 이전의 소유자를 기리기 위해 "오펜하이머 블루Oppenheimer Blue"라고 불리며 최종 가격 5,750만 달러에 판매되었다. 블루 다이아몬드는 390만 달러로 캐럿 당 가장 가치 있는 가격으로 기록을 보유하고 있다.

보석의 색

다이아몬드는 탄소만으로 이루어진 물질이다. '만약 자연 상태의 다이아몬드를 발견하게 된다면 당신은 줍지 않을 것이다.' 장편소설 〈보바리 부인〉을 쓴 플로베르Gustave Flaubert(1821~1880)가 한 말이다. 볼품없는 이 원석도 갈고 닦으면 화려한 빛을 내는 보석 중의 보석으로 새롭게 탄생한다는 말이다. 다이아몬드의 어원은 '길들일 수 없는, 무적의' 라는 뜻의 그리스어에서 왔다. 광채가 뛰어난 다이아몬드는 경도(모스 경도: 10)가 가장 우수하기기 때문에 다이아몬드를 긁어 흠집을 낼 수 있는 다른 물질은 없다. 산업계의 보석으로 알려진 다이아몬드는 콘크리트, 교량 등을 절단하거나 전자재료, 세라믹 재료, 비철금속 등을 가공하는 데 사용된다.

다이아몬드는 5.5eV(전자볼트)의 밴드갭을 가지는데 이 값을 파장으로 환산하면 225nm에 해당한다. 따라서 순수한 다이아몬드는 가시광선을 통과시켜 무색투명한 결정으로 보인다. 노란색, 갈색, 파란색, 핑크색, 오렌지색, 보라색, 빨강색을 띠는 다이아몬드가 있다? 다이아몬드의 색은 격자 결함과 불순물에서 기인한다. 탄소 원자만으로 이루어진 다이아몬드 결정격자는 매우 강력해서 질소, 붕소, 수소 원자만 다이아몬드에 끼어 들어갈 수 있다. 고온, 고압 기술에 의해 합성 다이아몬드를 성장시키는 과정에서 니켈과 코발트 같은 전이금속을 사용하면, 니켈은 최대 0.01% 까지 다이아몬드에 도입되며 코발트는 이보다 훨씬 적은 양이 도입된다. 질소는 다이아몬드에 들어 있는 가장 흔한 불순물이다. 다이아몬드가 노란색과 갈색으로 보이는 것은 질소 때문이다. 다이아몬드가 파란 것은 붕소가 들어 있다는 의미이다. 다이아몬드에 알파 입자를 조사하거나 다이아몬드 결정격자를 소성 변형시켜도 색깔을 띠게 된다. 전자의 경우 녹색 다이아몬드가 얻어지며 후자의 경우에는 갈색, 핑크색, 그리고 빨간색 다이아몬드가 얻어진다.

금(Au)은 자연 상태에서는 노란색을 띤다. 그러나 다양한 색상의 금을 만들 수 있는데, 이를 유색 골드(Colored gold)라고 한다. 은과 구리와의 합금을 만들면 비율에 따라 흰색, 노란색, 녹색, 빨간색을 띠는 금이 얻어지는데 이것은 펴 늘일 수 있는 합금이다. 화이트 골드White gold는 금과 하나 이상의 화이트 금속(보통 니켈, 은 또는 팔라듐)의 합금이다. 니켈 합금은 단단하고 강하여 링과 핀에 적합하지만 금-팔라듐 합금은 부드럽고 유연하여 화이트 골드 보석 세팅에 적합하며 때로는 구리, 은 및 백금과 같은 다른 금속이 추가된다. 일반적인 화이트 골드는 90%의 금과 10%의 니켈로 구성된다. 가단성을 높이기 위해 구리를 첨가하기도 한다. 옐로우 골드Yellow gold는 75%의 금, 12.5%의 구리, 12.5%의 은으로 만들어진 합금이다. 로즈 골드Rose gold는 특수 보석에 널리 사용되는 금-구리 합금이다. 로즈 골드 보석은 21세기에 점점 더 인기를 얻고 있으며 일반적으로 결혼반지, 팔찌 및 기타의 보석에 사용된다. 구리 함량이 높을수록 빨간색이 강해진다. 핑크 골드는 가장 적은 구리를 사용하고 그 다음으로 로즈 골드를 사용하며 레드 골드는 구리 함량이 가장 높다. 스팬 골드Spangold는 비교적 최근에 발견되었으며 특히 보석 제조 부문에서 미적 특성과 관련하여 주목을 받기 시작하였다. 그린 골드Green gold는 녹색 톤의 노란색으로 나타난다. 은 또는 은-카드뮴 또는 아연을 섞어 만든 14~18캐럿 금의 합금이다. 그레이 골드Gray gold는 일반적으로 금과 팔라듐으로 만들어진다. 팔라듐 대신 은, 망간, 구리를 특정 비율로 금에 첨가하여 만들 수 있다. 또한, 금속간 화합물(Intermetallic compounds)로 만들면 파란색, 보라색 등의 화합물 형태로 얻을 수 있으며, 보석과 상감 세공 재료 등으로 사용된다.

홍옥(루비), 청옥(사파이어), 취옥(에메랄드)의 빨간색, 파란색, 녹색은 어디서 온 걸까? 이들은 모두 산화알루미늄으로 이루어진 광물이다. 산화알루미늄으로 된 광물은 강옥(Corundum)이라고 하며, 산화알루미늄에 들어 있는 불순물의 종류에 따라 색을 띠게 된다. 홍옥은 크롬(Cr)이 들어 있어서 빨간색을 띠고, 청옥은 타이타늄(Ti)과 철(Fe)이 들어 있어서 파란색을 띠며, 취옥은 크롬과 베릴륨(Be)이 들어 있어서 녹색을 띤다. 이들 광물에 들어 있는 크롬, 타이타늄, 그리고 철은 전이원소라고 부르는 금속 원소로서 d 오비탈에 전자(들)를 가지고 있다. 여기에 들어 있는 전자들이 빛을 받으면 바닥상태에 있던 전자들이 들뜬 상태로 전이가 된다. 전자가 낮은 상태에서 높은 상태로 들뜬다는 것은 빛을 흡수하였다는 의미이다. 물체의 색은 빛의 흡수와 반사에 의한 것이다. 빨간색과 파란색을 흡수하면 녹색만 반사되므로 녹색으로 보인다. 우리 눈에 노란색으로 보인다면 물체가 노란색의 보색인 남색을 흡수하였다는 것을 말해준다.

광물에 들어 있는 불순물이 빛을 흡수하는 발색단 역할을 하는 경우가 있다. 이처럼 주성분과 관계없이 다른 성분(타 성분)에 의해 발색되는 보석을 타색 보석(Allochromatic gemstone)이라고 한다. 베릴Beryl 계열에는 녹색의 취옥(Emerald), 핑크색의 모가나이트Morganite 및 남청색의 아쿠아마린Aquamarine과 같은 보석이 포함된다. 이 모든 종류의 베릴에 대한 화학식은 $Be_3Al_2Si_6O_{18}$로 동일하다. 베릴은 들어 있는 미량 원소에 따라 색상이 달라진다. 에메랄드가 녹색을 띠는 이유는 크롬, 바나듐 및/또는 철이 들어 있기 때문이다. 모가나이트가 분홍색을 띠는 이유는 망간이 들어 있기 때문이다. 아쿠아마린이 남청색을 띠는 이유는 철이 들어 있기 때문이다. 반면 광물에 들어 있는 기본 원소에 의해 발색되는 보석을 자색 보석(Idiochromatic gemstone)이라 부른다. 그러한 보석은 무색으로 발견되지 않는다. 색깔을 띠는 원소는 독특한 보석의 조성에 필수적이다. 예를 들어 공작석[Malachite, $Cu_2CO_3(OH)_2$]은 항상 녹색을 띠는데, 이는 그 속에 들어 있는 구리(Cu) 때문이다.

보석이 된 생명체

광물(Mineral)은 결정 구조를 가지며 명확한 화학 조성을 갖는 무기질의 고체를 말한다. 그러나 모든 광물이 무기질로 이루어진 것은 아니다. 유기 광물도 있다. 유기 광물이란 동식물에서 유래한 광물을 말한다.

탄화수소(Hydrocarbon) 광물은 전적으로 탄소와 수소로 구성된 광물을 말한다. 일부는 무기 형태의 PAH(다환 방향족 탄화수소, Polycyclic aromatic hydrocarbon) 화합물이다. 예를 들어, 카파타이트Carpathite는 거의 순수한 코로넨Coronene($C_{24}H_{12}$, 7개의 6각형 고리로 이루어진 방향족 탄화수소)으로 구성된 희귀 광물이다. 카파타이트는 섬록암과 점판암 사이의 균열에 옅은 노란색 조각으로 퇴적되며, 자외선 아래에서 아름다운 청색 형광을 띠는 것으로 유명하다.

유기산 염 광물은 유기산이 염기와 결합된 화합물을 말한다. 대표적인 유기산 염 광물로는 옥살산 염이 있는데, 여기에는 물 분자가 들어 있다. 옥살산 염 광물의 예로는 웨델라이트Weddellite($CaC_2O_4 \cdot 2H_2O$), 휘웰라이트Whewellite($CaC_2O_4 \cdot H_2O$), 쳄추츠니코바이트Zhemchuzhnikovite[$NaMg(FeAl)C_2O_4 \cdot 8H_2O$]가 있다. 나무뿌리가 광석과 상호 작용하는 곳에서는 전이 금속이 있는 옥살산염을 발견할 수 있다. 이러한 예로는 무루이트Moolooite[$Cu^{2+}(C_2O_4) \cdot n(H_2O)$]와 휘틀리아이트Wheatleyite[$Na_2Cu(C_2O_4)_2 \cdot 2H_2O$]가 있다.

많은 유기 재료도 보석으로 간주된다. 이들은 유기체에 의해 생성되어 보석 및 기타 장식용으로 가공된다. 대표적인 유기 보석(Organic gems)을 만나보자. 호박(Amber)

은 고대의 소나무 수지(송진)가 화석화된 것을 말한다. 나무에 상처가 나면 나무는 수지라는 끈적끈적한 물질을 방출하여 손상된 부위를 봉합한다. 호박은 나무의 면역 체계의 일부이다. 호박은 진주, 산호와 함께 정의상 광물은 아니지만 보석으로 취급된다. 보통 송진이 굳어서 100만 년 정도 지나면 호박이 된다. 첫 단계에서는 높은 압력과 높은 온도 하에서 중합반응이 일어나 코팔Copal이 되고, 이것이 지속적인 열과 압력을 받으면 테르펜Terpene이 제거되어 호박을 형성하게 된다. 대부분의 호박은 모스 경도가 2.0~2.5 정도이고, 굴절률은 1.5~1.6이며 비중은 1.06~1.10이고, 녹는점은 250~300℃이다.

기원전 3200년까지 거슬러 올라가는 이집트의 무덤에서 호박과 기타 유사한 수지 제품이 발견되었는데, 이 호박은 약 2,400km 떨어진 발트해 연안의 것으로 추정되었다. 영국에서는 호박이 최소한 11,000년 전부터 보석으로 사용되었다는 증거가 발견되었다. 2009년 일리노이 탄광에서는 3억 2,000만 년 된 호박이 발견되었는데, 이 발견으로 식물의 초기 진화 역사가 완전히 바뀌었다. 호박 속에는 화석화가 불가능한 유기체가 보존되어 있어서 학술적인 가치가 크다. 곤충, 거미, 거미줄, 개구리, 갑각류, 박테리아, 아메바, 나무, 꽃, 과일, 깃털 등이 들어 있는 백악기의 호박(약 1억 3,000만 년 전)이 발견되었다. 호박에 보존된 다양한 곤충과 동물에 대한 정보로부터 고대의 지구생명체들이 복원 되었으며 1,000종 이상의 멸종된 곤충들이 확인되기도 하였다.

호박은 인류가 사용한 최초의 장식 보석 중 하나였다. 또한 치유 능력이 높고, 마녀를 물리칠 수 있는 힘을 가지고 있다고 믿어왔다. 호박은 통풍, 류머티즘, 인후통, 치통, 복통 등에 대한 치료제로 사용되기도 하였다. 2,500년 전 그리스의 철학자 탈레스 Thales of Miletus(c.624~c.548 BCE)는 호박을 천에 문지르면 불꽃이 생기고 깃털, 껍질 및 나무 파편이 끌린다는 사실을 발견했다. 이 힘은 "호박"을 의미하는 그리스어(Elektron)의 이름을 따서 "전기(Electricity)"라는 용어가 탄생하였다.

바다 속에도 살아 있는 보석이 있다. '이것'은 다양한 열대 동식물을 보호해주는 역할을 한다. '이것'이 자라기 위해서는 햇빛이 필요하다. 호주의 북동부 해안에는 세계에서 가장 큰 '이것'의 군락이 있는 그레이트배리어리프Great Barrier Reef(길이: 2,300km)가 있다. 큰 것은 5,000년~10,000년 된 것도 있다. '이것'은 바로 산호(Coral)이다. 산호의 군락이 만든 산호초는 수많은 해양 생물들을 품고 있어서 생물 다양성 측면에서 열대우림과 비견된다. 제주 서귀포시 연안에 있는 연산호 군락에는 90여 종의 산호가 서식하고 있어서 학술적인 가치가 높아 천연기념물 제442호로 지정되어 보호되고 있다.

산호를 보석으로 활용할 수 있다? 주로 연산호를 보석으로 가공한다. '옥스블러드Oxblood red'는 적색 산호로 만든다. '엔젤 스킨Angel skin'은 핑크 산호로 만든다. 흑색 산호도 있다. 산호는 빨강, 주황, 그리고 다른 색깔을 띨 수 있는데, 산호의 색깔은 산호 위에 사는 해조류가 축적되어 나타난 것이다. 바다에 사는 다른 동물들처럼, 산호도 감정에 따라 색을 바꿀 수 있다. 산호는 온도 변화나 오염과 같은 환경 변화에 매우 민감하다. '바다의 꽃'으로 불리는 산호가 위험에 직면해 있다. 지구 온난화로 해양 생태가 심각하게 훼손되고 있는 것이다. 해수 온도 상승, 산성화, 수질 악화 등으로 산호의 백화 현상이 심각해지고 있다. 지구 온난화로 인해 전 세계 날씨에 막대한 영향을 미치는 엘니뇨가 더 강해지고 있는데, 이로 인해 산호초에 에너지를 공급해 주는 미세 조류가 사라지면서 산호초가 위기를 맞고 있다.

'이것'은 살아있는 생명체에서 얻어지는 유일한 보석이다. 가장 비싼 '이것'의 가격은 무려 1억 달러의 가치를 지니고 있다. '이것은' 무엇일까? 바로 진주이다. 진주는 가공을 해야만 아름다움을 발휘할 수 있는 일반 보석들과 달리 자연 그대로의 모습으로 '보석의 여왕'으로 군림하고 있다. 건강과 장수 그리고 부를 상징하는 진주는 역사가 기록되기 전부터 사람들의 사랑을 받아왔다. 기원전 2300년 중국에서는 왕족에게 주는 선물로 진주가 사용되었다. 페르시아 공주의 석관에서 발견된 진주는 기원전 420년으로 거슬러 올라간다. 기원전 1세기 로마제국에서는 지배계급만 진주를 착용하는 법이 있을 정도로 진주는 귀한 보석이었다. 양식 진주가 출현하기 전에 페르시아 만은 진주 무역의 중심지였으며 이 지역의 부의 원천이었다.

오늘날 천연 진주는 가장 희귀한 보석 중의 하나이며 기록적인 금액으로 거래된다. 2014년 나폴레옹 3세의 아내 외제니 드 몽티조Eugénie de Montijo(1826~1920) 황후가 소유했던 귀걸이 한 쌍은 도일Doyle 뉴욕 경매에서 330만 달러에 팔리면서 세계 신기록을 세웠다. 세계에서 가장 유명한 진주 중 하나는 16세기 스페인의 여러 군주가 소유했던 라 페레그리나La Peregrina이다. 1969년 버튼Richard Burton은 이 진주를 테일러Elizabeth Taylor에게 발렌타인 선물로 주기 위해 37,000달러에 사들였다. 테일러가 사망한 후 라 페레그리나는 크리스티 경매에서 1,180만 달러에 판매되었다. 지금까지 알려진 것 중 가장 대칭적인 천연 진주이자 가장 강렬한 사랑의 징표였던 '바다의 기적'은 21세기에도 찬란히 빛나고 있다.

나무로 만들어진 보석이 있다? 나무가 땅 속에 묻혀 높은 압력에서 화석화된 유기물질이 있다. 바로 제트Jet이다. 흑옥이라고도 부르는 제트는 탄소 함량이 높은 갈탄의 한 형태로 매우 부드럽다. 탄화가 진행되는 과정에서 나무의 섬유 조직 일부가 무기물에 의해 대체되면서 단단해지고 광택이 나는 제트로 탄생한다. 제트는 비중이 1.1~1.4 정도이며 층상 구조를 하고 있다. 제트는 석기시대의 고분에서도 발견될 정도로 역사가 깊은 보석이다. 로마 시대에는 영국에서 채굴된 제트가 알려졌다. 백제 무령왕릉에서도 128점의 제트 유물이 쏟아져 나왔다. 2011년 10월 국립공주박물관에서 열린 무령왕릉 발굴 40주년 특별전에서는 제트로 만든 목걸이, 동물 모양의 장식품, 대추 모양의 조옥 등이 소개되었다. 보석으로서의 제트는 빅토리아 여왕이 애도 드레스의 일부로 제트 목걸이를 착용하면서 유행하게 되었다. 그러나 어떤 형태로든 쉽게 가공할 수 있는 유색 플라스틱의 출현으로 제트는 이제 골동품 보석과 박물관에서만 볼 수 있게 되었다.

상아(Ivory)는 코끼리의 어금니를 말한다. 최고급 도장으로 사용되었고 카메오(장신구), 목걸이 등의 보석으로 사용되었다. 상아는 포유류 종의 엄니와 이빨을 구성하고 있는 유기 미네랄로서 주로 인산칼슘으로 이루어져 있다. 수확된 상아의 대부분은 코끼리 엄니에서 얻어진다. 코끼리 엄니 하나의 무게는 최대 90kg에 달한다. 상아를 얻기 위한 밀렵이 증가하여 코끼리 개체수가 줄면서 상아 무역 금지 조치가 내려지자 바다 코끼리 같은 다른 동물들이 수난을 당하기도 하였다.

상아는 수만 년 동안 조각과 보석에 사용되었다. 35,000년 된 매머드 상아 조각품이 독일의 홀레펠스Hohle Fels 동굴에서 발견되었다. '홀레펠스의 비너스'로 명명된 이 작품은 2008년 코너드Nicholas J. Conard가 이끄는 고고학팀에 의해 발견되었다. 상아는 아시아 문화권에서도 매우 중요한 매개체로, 그 역사는 적어도 중국 한나라(기원전 220)까지 거슬러 올라간다. 20세기 초와 중반에 상아는 피아노 건반, 체스 말, 빗, 작은 인형의 재료로 가장 잘 알려져 있었다. 오늘날 이러한 것들은 플라스틱 또는 합성 물질을 사용하여 만들어진다.

3
결정

석영과 유리 / 플라스틱 속의 크리스탈 / 액체 결정

석영과 유리

고대 로마의 어느 맑은 날 아침이었다. 아름다운 정원이 있는 대저택을 소유한 귀부인이 있었다. 귀부인은 친구인 코넬리아를 자신이 집으로 초대하여 식사를 함께 하였다. 그러고는 우유처럼 하얀 진주와 붉게 빛나는 루비와 여름날 하늘처럼 새파란 사파이어와 태양처럼 빛나는 다이아몬드가 들어 있는 보석함을 친구에게 보여주었다. 값비싼 수정으로 치장한 귀부인이 코넬리아에게 말했다. "당신은 유리로 만든 장식품 밖에 없다는 게 사실인가요?" 평범한 흰 옷을 입은 코넬리아가 말했다. "그렇답니다. 그렇지만 수정의 화학 조성도 SiO_2인 것처럼 유리의 화학 조성도 SiO_2랍니다." 이 이야기는 볼드윈James M. Baldwin이 쓴 〈50가지 재미있는 이야기〉에 나오는 〈코넬리아의 보석〉을 각색한 것이다.

산소(O)와 규소(Si)는 지구의 지각에 가장 풍부하게 들어 있는 화학 원소이다. 수정은 규소와 산소 원자가 1:2 비율로 들어 있는 결정성 고체이다. 무색투명한 수정(백수정, Rock crystal)도 있지만 붉은색, 파란색, 녹색, 노란색, 핑크색, 갈색, 회색 등 다양한 색을 띨 수도 있다. 수정이 색깔을 나타내는 이유는 그 속에 들어 있는 불순물 때문이다. 수정에 철(Fe) 성분이 들어가면 보랏빛을 띠는 자수정(Amethyst)이 된다. 자수정에 열을 가하면 색이 더 짙어지거나 연한 노란색을 띠는 황수정(Citrine)이 되거나 연한 녹색을 띠는 녹수정(Prasiolite 또는 Green Amethyst)이 된다. 자수정은 채굴하는 광산에 따라 독특한 색깔을 띠기도 한다.

타이타늄(Ti) 성분이 들어가면 부드러운 톤의 로지핑크Rosy pink색을 띠는 장미수정(Rose quartz)이 된다. 하트 스톤Heart stone이라고도 부르는 장미수정은 기원전 600년부터 사랑의 징표로 사용되어왔다. 수정이 만들어지는 도중에 결정이 불규칙하게 성장하면 연한 회갈색이나 흑색을 띠는 연수정(Smoky quartz)이 된다. 보라색을 띠는 자수정과 노란색을 띠는 황수정(Citrine)이 섞여 있는 수정도 있다. 바로 아메트린Ametrine이다. 아메트린의 색상은 결정 내에서 철의 산화 상태가 다르기 때문에 나타나는 것인데, 황수정 부분은 철이 산화된 상태인 반면 자수정 부분은 산화되지 않은 상태이다.

그밖에도 여러 색깔이 띠를 이루고 있는 광물로는 마노(Agate)와 오닉스Onyx가 있다. 마노는 석영과 옥수(Chalcedony)로 구성된 광물이다. 주로 화산암과 변성암 내에서 형성된다. 마노는 경도, 고광택 표면 마감을 유지하는 능력 및 내화학성이 있어서 산업적으로 활용되고 있다. 전통적으로 실험실 저울 및 정밀 진자를 위한 베어링을 만들거나 화학 물질을 분쇄하고 혼합하기 위한 막자사발과 막자를 만드는 데 사용되었다. 장식 예술 분야에서 마노는 핀, 브로치, 보석류, 장식품, 예술품 등을 만드는데 사용된다. 오닉스는 실리카 광물인 마노의 줄무늬가 있는 준보석 변종으로 줄마노 또는 호마노라고도 한다. 다른 변종으로는 백색과 적색 띠가 있는 홍옥수 오닉스와 백색과 갈색 띠가 있는 붉은 줄 마노가 있다.

벽옥(Jasper)은 불투명한 실리카이며, 일반적으로 빨간색, 노란색, 갈색 또는 녹색을 띠며 드물게 파란색을 띠기도 한다. 가장 일반적인 붉은 색은 철 Fe(III) 이온이 들어 있기 때문이다. 벽옥은 매끄러운 표면으로 깨지며 장식용 또는 보석으로 사용된다. 호안석(Tiger's eye)은 보는 방향에 따라 광택이 변하는 섬유상의 석영이다. 일반적으로 황금색에서 적갈색으로 변성된 암석이며 부드러운 광택을 지닌 보석이다. 아벤츄린Aventurine은 운모가 박혀 있어서 희미하게 반짝이는 석영의 한 형태이다. 가장 일반적인 색상은 녹색이지만 주황색, 갈색, 노란색, 파란색 또는 회색을 띠는 것도 있다. 우유석영(Milky quartz)은 흰색, 반투명 또는 불투명한 색을 띠며 이중별 효과가 나타나기도 한다. 흑수정(Morion)은 어두운 갈색을 띠는 불투명한 석영으로서 표면에 광택이 난다.

유리는 석기시대부터 사용되어 온 비정질 고체이다. 유리 제조 및 가공의 역사는 적어도 6,000년 전으로 거슬러 올라가며, 메소포타미아, 이집트, 시리아 등지에서 고고학적 증거물이 발견되었다. 유리는 투명하고, 방진 및 방수 기능이 있으며, 다양한 색상을 구현할 수도 있다. 또한, 자외선에 안정하며, 전기 부도체이다. 게다가 쉽게 성형할 수 있고 재사용이 가능하다는 장점이 있어서 다양한 형태로 제작되어 사용되고 있다. 유리는 빛을 굴절, 반사 및 투과하는 특성이 있어서 광학 렌즈, 프리즘 및 광전자 재료 제조에 널리 사용된다. 압출 유리 섬유는 통신 네트워크의 광섬유, 공기를 가두기 위해 유리솜으로 처리된 단열재 또는 유리 섬유 강화 플라스틱에 사용된다.

유리의 화학 조성은 석영(Quartz)과 마찬가지로 SiO_2이다. 유리가 석영과 다른 점은 무엇일까? 첫째, 이산화규소의 함량과 관련이 있다. 석영 속에는 최소한 99%의 이산화규소가 들어 있는 반면에 유리 속에는 최대 80%가 들어 있다. 게다가 유리 제품 속에는 유리의 품질을 강화하기 위하여 32%의 납이 들어 있다. 납을 섞음으로써 빛의 굴절률이 증가하고, 더 반짝거리고, 더 선명한 제품이 탄생하게 된다. 수정이나 유리 제품 모두 더 광택이 나고 빛 굴절률이 커야 제품의 가치가 높아진다. 둘째, 수정과 유리는 화학 구조가 다르다. 수정의 화학 구조를 보면 원자들의 규칙적인 배열을 하고 있는데 반하여, 유리는 불규칙하게 배열되어 있다. 그래서 유리를 비정질 고체라 부른다. 청옥(Sapphire), 홍옥(Ruby), 황옥(Topaz), 취옥(Emerald), 그리고 다이아몬드는 규칙적인 구조를 하고 있다. 그러나 이들도 열이나 압력을 받으면 불규칙한 구조로 바꾸게 된다. 셋째, 수정과 유리는 온도와 압력에 견디는 힘이 다르다. 수정이 높은 온도에서 견디는 힘이 더 크다. 수정은 고압에서 견디는 힘도 더 크다. 따라서 수정이 유리보다 가혹한 환경에서 견디는 힘이 상대적으로 더 우수하다. 넷째, 수정은 전기 전도도가 더 큰 반면에 유리는 전기 부도체이다. 이러한

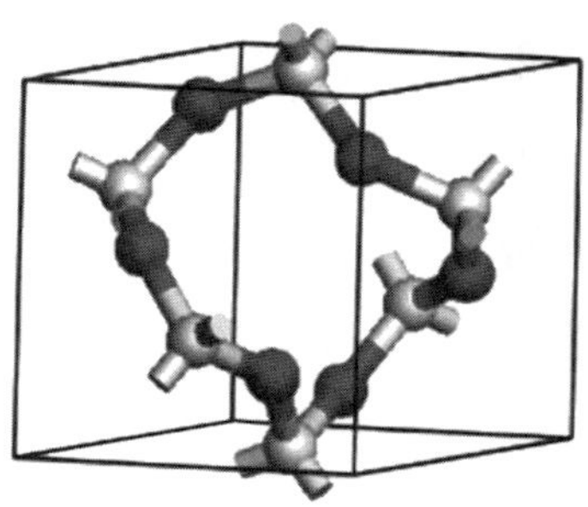

석영은 규소와 산소 원자들이 규칙적으로 배열되어 있는 결정이다.

특성을 이용하면 두 재료의 혼합비율에 따라 전기를 흐르게 하거나 차단할 수 있다.

플라스틱 속의 크리스탈

인류는 석기 시대, 청동기 시대, 그리고 철기 시대를 거치면서 진화해 왔다. "우리는 지금 어떤 시대에 살고 있는가?" 라는 물음에 '플라스틱 시대(Plastic age)'라는 데에 이견이 없을 것이다. 플라스틱의 사용이 보편화되면서 플라스틱은 이제 지구의 모든 곳에서 발견된다. 오늘날 플라스틱의 문제는 사용하고 나서 무분별하게 버려지는 플라스틱에서 비롯된다. 사용한 쓰레기를 분리배출하고 수거하여 재활용하는 것은 지구에서 살아가고 있는 모든 생명체를 위한 것이다. 플라스틱 산업이 나아가야할 방향은 정해져 있다. 이에 따라 다양한 플라스틱 재활용 기술이 등장하고 있다. 이제 세상은 모든 것을 재활용하는 시대로 변화하고 있다. 우리가 플라스틱 없이 살 수 있을까? 조물주가 세상 만물을 만들 때 유일하게 빼먹은 물질이 플라스틱이라는 말도 있다. 플라스틱으로 인한 환경 문제가 중요한 이슈로 떠오르고 있지만 여전히 플라스틱은 놀라운 혜택을 제공하고 있다. 플라스틱은 가볍고 튼튼하고 다양한 색깔을 낼 수 있으며 성형하기가 용이한 물질이다.

플라스틱의 시대는 19세기 중반 미국에서 시작되었다. 당시에 당구공은 야생 코끼리의 엄니(상아)로 만들었는데 당구의 인기가 높아짐에 따라 상아를 대체할 수 있는 방법을 찾는 것이 시급해졌다. 1869년 미국의 발명가 하얏트John Wesley Hyatt(1837~1920)는 상아를 대체할 수 있는 최초의 합성 고분자인 셀룰로이드Celluloid를 발명하였다. 셀룰로이드는 나이트로셀룰로오스에 장뇌(Camphor)를 섞어 압착하여 만드는 반투명한 플라스틱이다. 19세기 후반부터 20세기 초반까지 장난감, 필름, 문구, 장신구 등에 사용되었다. 하지만 셀룰로이드는 나이트로 기를 포함하고 있어서 가연성이 높은 문제점이 있었다.

1907년 벨기에 출신의 화학자이자 미국 기업인이었던 베이클랜드Leo Baekeland

(1863~1944)는 가열해도 용융하지 않는 열경화성 수지를 탄생시켰다. 바로 베이클라이트Bakelite였다. 페놀과 포름알데히드로부터 만들어지는 최초의 합성수지인 베이클라이트는 폭발성이 있는 셀룰로이드의 단점을 보완할 수 있는 새로운 물질이었다. 그 이후로 1933년에는 폴리에틸렌Polyethylene이 합성되었고, 1937년에는 나일론Nylon이 합성되면서 플라스틱 시대가 본격적으로 열리게 되었다.

고분자도 결정(Crystal)으로 성장할 수 있을까? 고분자는 매우 긴 사슬이다. 길게 뽑은 면발을 사발에 담아보자. 사발 속의 면발은 곧게 뻗어 있을 수가 없고 접힌 형태로 있게 된다. 고분자 사슬도 마찬가지로 접혀서 얇은 층을 형성하고 각 층들이 쌓여가는 방식으로 성장하게 되는데, 이것을 설명하는 모델을 'Folded chain lamella model(고분자 사슬이 굽힘에 의해 형성된 라멜라 모형)'이라 부른다. 이것은 긴 고분자 사슬이 굽혀지면서 층상구조를 형성한다는 것을 설명하는 모델이다. 고분자도 규칙적인 배열을 이룰 수 있다. 그러나 항상 이런 방식으로 성장하지는 않는다. 때로는 사슬의 일부가 밖으로 빠져 나오게 되어 불규칙한 행태로 자라게 된다. 비정질 고분자가 생기는 것이다. 이처럼 고분자 사슬의 일부는 결정성인 부분으로 존재하고 일부는 비정질 부분으로 존재한다. 고분자는 완전한 결정성 물질로 존재하지는 않는다. 이는 고분자의 단점이 아니라 장점으로 나타난다. 결정성이라는 말은 강하다는 것 이외에 부스러지기 쉽다는 것을 의미한다. 따라서 완전한 결정성 고분자는 부스러지기 쉬워서 실용적으로 사용할 수 없다. 반대로 비결정성 고분자는 인성(Toughness)이 증가한다. 구부러져도 끊어지지 않고 외부의 충격을 흡수할 수 있다. 고분자들이 결정성이 높거나 비결정성이 높은 원인은 고분자의 구조와 분자간 힘의 두 요소에 의해 결정된다.

고분자의 결정성의 정도는 어떻게 알 수 있을까? DSC(Differential scanning calorimetry, 시차 주사 열량측정법)를 사용하면 된다. 이 방법을 활용하면 고분자의 유리전이 온도(Glass transition temperature, T_g)와 녹는점(Melting temperature, T_m) 등을 측정할 수 있다. 반결정성 고분자(Semi-crystalline polymer)란 말은 고분자 속에 결정성인 부분과 비결정성인부분이 공존한다는 것을 말해주는 용어이다. 일반적인 고분자는 T_g와 T_m 둘 다 측정이 가능하지만 비결정성 고분자의 경우에는 T_m이 관찰되지 않는다. 결정성이 높은 고분로는 폴리에틸렌, 신디오택틱 폴리스티렌Syndiotactic polystyrene, 나일론Nylon, 케블라Kevlar, 폴리케톤Polyketone 등이 있고, 비결정성이 높은 고분자로는 폴리메틸 메타크릴레이트[Poly(methyl methacrylate)], 어택틱 폴리스티렌Atactic polystyrene, 폴리카보네이트Polycarbonate, 폴리이소프렌Polyisoprene, 폴리부타디엔Polybutadiene 등이 있다. 고분자 결정은 어떤 온도 범위에서는 분자의 질량 중심이 규칙적인 결정을 형성하는 한편으로 분자의 배향에서는 약간의 무질서함이 존재한다.

액체 결정

지구상의 물질은 온도와 압력에 따라서 대부분 고체, 액체, 기체의 3상을 오간다. 그런데 상황에 따라 때로는 고체로 존재하고 때로는 액체로 존재하는 물질도 있다. 이러한 물질을 액정(Liquid crystal, LC)이라 부른다. 액정이란 액체와 고체 결정 사이의 특성을 가지는 물질의 상태를 말한다. 액체처럼 흐를 수 있지만 결정과 같은 방식으로 가지런히 배열할 수도 있다는 말이다. 액체의 유동성과 고체의 결정이라는 특성을 모두 가지는 액정은 전압이나 자기력 등 외부의 힘에 의해서 분자의 배열 방향이 쉽게 바뀐다.

액정을 최초로 발견한 사람은 오스트리아의 식물학자 라이니처Friedrich Reinitzer(1857~1927)이다. 1888년 그는 당근 속의 벤조산콜레스테릴(Cholesteryl benzoate, CB)이 평소에는 투명한 상태로 존재하다가 146℃로 가열하면 불투명해졌다가 179℃로 올리면 다시 투명해지는 현상을 발견하였다. 비밀은 CB 분자의 모양에 있었다. 막대 모양의 CB 분자들이 온도에 따라 배열 상태가 변하였던 것이다. 상온에서는 같은 방향으로 배열된 분자층 사이로 빛이 통과하기 때문에 투명하게 보였다가, 온도를 올리면 분자 배열이 흐트러지면서 빛이 통과하지 못하게 되어 불투명해진 것이다. 독일의 물리학자 레만Otto Lehmann(1855~1922)이 1904년의 논문에서 액정을 다시 소개하였다.

액정은 식물에서만 발견되는 것이 아니라 대부분의 탄소 화합물에 액정이 포함되어 있다. 액정은 딱정벌레, DNA 분자, 인간의 뼈, 나무 셀룰로오스 등에서도 발견된다.

1960년대 초 화학자 윌리엄스Richard Williams는 RCA Laboratories에서 액정을 연구하기 시작했다. 그는 액정의 얇은 층에 전장을 가하면 결정이 줄무늬 패턴을 형성하고 네마틱 상태(Nematic state)로 들어간다는 것을 발견했다. 이것은 디스플레이 장치의 액정으로 사용될 수 있다. 그의 동료인 헤일마이어George H. Heilmeier는 골드매처Joel E. Goldmacher와 카스텔라노Joseph A. Castellano와 함께 후속 연구를 수행하여 탄소 원자 수를 변경하면 실온에서 네마틱 액정이 존재할 수 있음을 발견했다. 그들의 연구는 최초의 액정 디스플레이(Liquid crystal displays, LCD)로 이어졌다.

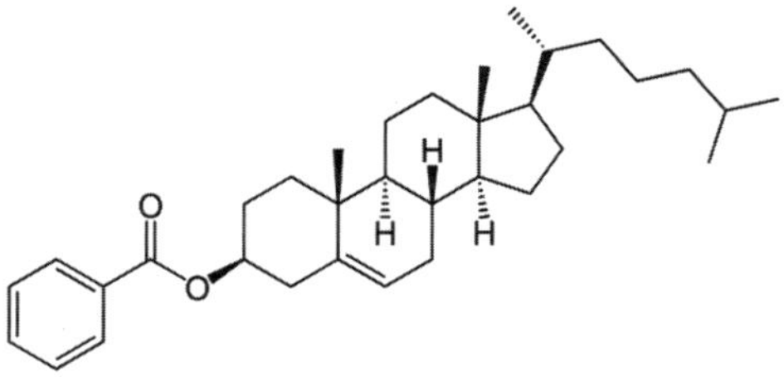

콜레스테릴 벤조에이트

초기의 LCD는 전하를 걸어주어 액정 분자를 재배열하여 산란된 빛이 액정 분자를 통과하도록 하는 동적산란법(Dynamic scattering method)을 사용했다. 1969년 RCA(Radio Corporation of America)는 애니메이션 광고 디스플레이, 눈부심 감소 백미러 및 가솔린 펌프 판독 등에 적용되는 최초의 액정 디스플레이 제품을 발표하여 다른 여러 산업의 혁신에 영감을 주었다. 1960년 미국의 퍼게이슨James Fergason(1934~2008)과 웨스팅하우스 일렉트릭Westinghouse Electric Corporation의 두 동료는 액정과 관련된 여러 미국 특허를 신청했다. 오늘날 액정은 스마트폰, 컴퓨터, 디지털 프로젝터, 과학 측정 장치, 광고판 등에 널리 사용된다.

액정은 다음과 같이 3가지 종류로 분류된다. 네마틱Nematic("실"을 뜻하는 그리스어에서 유래) 액정은 막대 모양의 분자가 서로 평행하게 배열하고 있지만 각각의 분자는 장축 방향으로 비교적 자유로이 이동할 수 있으며 층상구조는 존재하지 않는다. 따라서 유동성이 풍부하고 점도가 낮은 특성을 보인다. 스멕틱Smectic("비누"를 뜻하는 그리스어에서 유래) 액정은 막대 모양의 분자가 층 모양의 구조를 형성하며, 구성 분자는 서로 평행으로 배열하여 각 층의 면 위에 거의 수직으로 있는 구조이다. 분자 층 사이의 결합은 비교적 약하여 서로 미끄러지기 쉬운 특성을 가진다. 따라서 2차원적 유체의 특징을 나타낸다. 콜레스테릭Cholesteric[그리스어의 쓸개(bile)에서 유래] 액정은 액정 상을 형성하는 분자들의 일반적인 예들이 콜레스테롤 구조를 하고 있어서 붙인 이름이다. 인접한 층 사이에서 분자축의 배열 방위가 약간씩 벗어나 있는 형태이다. 액정 전체로는 나선 구조를 하고 있다.

TV, 컴퓨터, 휴대폰 등의 화면에 사용되는 LCD(Liquid crystal display, 액정 디스플레이)는 1968년 RCA 사가 최초로 만든 이래 여러 세대를 거치면서 진화해 왔다. 현재는 크기 및 해상도의 한계를 극복하면서 고화질 TV에 적용되었고, 소비전력을 절감한 LED(Light emitting diode, 발광 다이오드) TV도 출시되었다. 최근에는 자율주행이나 위조방지기술은 물론이고 로봇 공학 등에 쓰이는 압력 센서나 독성 가스를 감지하는 센서 등으로도 사용되고 있다.

새로운 형태의 액정이 컴퓨터의 미래에 역할을 할 수도 있다는 새로운 연구 결과가 나왔다. 바로 '양자 액정(Quantum liquid crystal)'이다. 2017년 칼텍Caltech양자 정보 및 물질 연구소의 물리학자들은 최초의 3차원 양자 액정(미래의 초고속 양자 컴퓨터에 적용될 수 있는 새로운 물질 상태)을 발견했다. "양자" 액정에서 전자는 고전적인 액정 분자처럼 행동한다. 즉, 전자는 자유롭게 이동하지만 여기서는 한 방향으로만 흐르는 특성을 보인다. 최초의 양자 액정은 1999년에 칼텍의 아이젠슈타인Jim Eisenstein에 의해 발견되었다. 이 양자 액정은 2차원적이다. 즉, 인위적으로 성장한 갈륨-비소 기반 금속 내부의 단일 평면에 국한되었다. 이러한 2차원 양자 액정은 고온 초전도체를 포함한 여러 재료에서 발견되었다. 오크리지 국립연구소와 테네시 대학교의 연구자들은 최초의 3D 양자 액정을 발견하였다. 3D 양자 액정은 2D 버전에 비해 훨씬 더 기괴한 특성을 보인다. 여기서 전자는 x축, y축, z축을 구분할 뿐만 아니라 주어진 축에서 앞뒤로 흐르는 지 여부에 따라 다른 자기 특성을 갖는다. 과학자들은 3차원 양자 액정이 스핀트로닉스Spintronics(spin에 기초한 전자공학)라는 분야에서 역할을 할 수 있으며, 전자가 회전하는 방향을 이용하여 보다 효율적인 컴퓨터 칩을 만들 수 있다고 말한다. 이 발견은 또한 입자의 양자 특성을 이용하여 코드를 해독하는 데 필요한 계산과 같은 더 빠른 계산을 수행하려는 양자 컴퓨터를 구축하는 데 나타나는 문제를 해결하는 데 도움이 될 수 있다.

4
생명 속으로 들어온 금속

비소 생명체 / 황금알을 낳는 박테리아 / 생명체의 한 가운데로 들어온 금속

비소 생명체

환경오염, 기후 변화 등으로 위기에 처한 지구를 보면서 많은 해결책이 제시되고 있는 한편, 외계 행성을 찾는 노력도 이루어지고 있다. 우리의 눈을 지구 밖으로 돌리면서 외계 생명에 대한 관심도 증대되고 있다. 2010년 12월 NASA는 기자회견을 통해서 독 중의 독으로 알려진 비소(As)를 먹고 사는 지구 생명체를 발견했다고 발표하였다. 미국 캘리포니아 주에 있는 모노 호수(Mono lake)에서 비소를 먹고 살아가는 슈퍼 미생물 'GFAJ-1'이 발견된 것이었다. 미국의 생물학자이자 화학자인 울프 사이먼Felisa Wolfe-Simon에 의해 발견된 GFAJ-1은 막대 모양의 박테리아로 인이 없고 비소가 많은 환경에서 살 수 있는 극한 미생물로서 2010년 학술지 '사이언스'에 새로운 생물로 보고되었다. 물에서 돌이 자라 올라오는 호수로 유명한 모노 호수는 알칼리성의 소금 호수이다. 또한 인근의 산에서 씻겨 내려온 광물로 인해 독성 물질인 비소의 농도가 높고 유전물질 DNA를 구성하는 원소인 인이 거의 없다. 이런 극한의 환경에서 비소를 이용하여 에너지를 얻고 살아가는 박테리아가 발견된 것이다. 이는 지구상의 모든 생명체가 기존의 6대 원소인 탄소, 수소, 산소, 질소, 인, 황을 주축으로 진화하지 않았으며 우리의 상상을 뛰어 넘는 생명체가 우주에 거주하고 있을 가능성을 암시한다.

한편, 2012년 학술지 '네이처'에 실린 논문에 따르면, GFAJ-1 박테리아도 사실은 비

소보다는 인을 선호한다고 한다. 화학 원소의 주기율표의 15족에 위치하는 원소는 질소(N), 인(P), 비소(As), 안티몬(Sb), 비스무트(Bi), 그리고 모스코븀(Mc)이 있다. 같은 족에 위치하는 원소들은 화학적 성질이 유사하다. 따라서 극한에서 살아가는 이 박테리아가 비소를 사용한 것은 인을 찾을 수 없는 환경에서 살아남기 위한 전략으로 주변에 풍부하게 존재하는 비소를 사용하고 있었던 것으로 보인다. 어떻게 해석하던지 간에 처한 환경 속에서 살아남기 위한 생명의 끈질긴 힘을 보여준다.

황금알을 낳는 박테리아

금광에서 고순도의 금을 추출하기 위해서 사용하는 물질이 있다. 바로 수은이다. 수은이 불순물을 녹이는 성질이 있기 때문이다. 이때 금과 은도 액체로 변한다. 그 다음에 열을 가해주면 수은과 불순물은 날아가고 금이 액체 상태로 남게 되며 냉각시키면 고순도의 금이 얻어진다. 이러한 방법을 아말감법(Amalgam process)이라 한다. 따라서 금광 주변은 수은에 의한 심각한 환경오염을 피할 수 없게 된다.

황금알을 낳는 거위처럼 금을 캐는 박테리아가 있다? 주인공은 독일과 호주의 연구자들이 찾아낸 쿠프리아비두스 메탈리두란스Cupriavidus metallidurans라는 박테리아이다. C. Metallidurans는 독성이 강한 중금속으로 가득 찬 토양에서 생존할 뿐만 아니라 번성하는 데 필요한 방어 메커니즘을 개발했다. 이들이 사는 환경에 있는 높은 수준의 구리는 독성이 있다. 몸속으로 유입된 금 화합물 역시 독성이 있다. 이 두 물질이 혼합되면 독성은 더 증가한다. 이 상황에서 C. Metallidurans 박테리아가 취할 선택은 무엇일까? 먼저 이 박테리아는 CupA 라는 효소를 사용하여 과량의 구리를 밖으로 내보낸다. 금과 구리가 모두 흡수되면 CupA 효소의 작동을 중지시키고 CopA 라는 효소를 작동시켜 금과 구리를 원래의 소화하기 어려운 형태로 되돌린다. 이렇게 함으로써 구리와 금 화합물들이 안으로 덜 들어오게 되는 것이다. 따라서 박테리아는 위험에서 자신을 보호할 수 있게 되며, CupA 효소를 사용하여 과량의 구리를 체외로 내보낼 수 있다. 그리고 흡수하기 어려운 금 화합물은 세포 밖에서 무해한 금 덩어리(수 nm 크기)로 전환된다.

생명체의 한 가운데로 들어온 금속

지구 대기 중의 산소를 생산하여 생명체에게 필요한 유기 화합물과 대부분의 에너지를 제공해 주는 것이 있다. 바로 광합성(Photosynthesis)이다. 오늘날 전 세계적으로 진행되고 있는 광합성에 의한 에너지 포획량은 무려 130TW(테라와트)에 달하며, 이는 현재 인류 문명의 전력 소비량의 약 6배에 해당한다. 녹색 식물의 엽록체에서 진행되는 광합성은 세포 호흡의 역 과정이다. 광합성에 대한 화학식은 다음과 같이 나타낼 수 있다.

$$6CO_2 + 6H_2O \rightarrow C_6H_{12}O_6 + 6O_2$$

광합성에 없어서는 안 되는 중요한 것이 있다. 그것은 바로 엽록체 속에 들어 있으며 햇빛의 에너지를 흡수하는 역할을 하는 엽록소(Chlorophyll)이다. 잎이 녹색으로 보이는 이유는 주로 빨간색과 파란색의 빛을 흡수하고 녹색을 반사하기 때문이다. 식물은 엽록소가 흡수한 빛 에너지를 이용하여 이산화탄소와 물로부터 포도당과 산소를 생산한

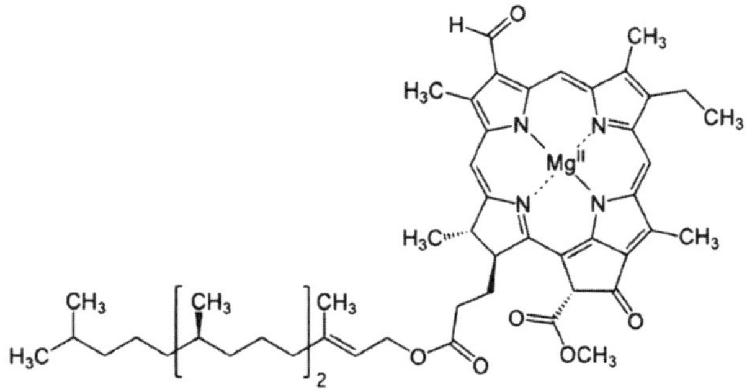

엽록소

다. 엽록소 분자의 핵심은 4개의 질소 원자를 가지는 포르피린Porphyrin이다. 포르피린의 중심에는 마그네슘이 위치해 있다. 엽록소에 들어 있는 마그네슘의 역할은 무엇일까? 광합성은 여러 단계를 거쳐 진행되는데, 그중 한 단계에서 엽록소에 의해 흡수된 빛은 분자에 있는 전자를 들뜨게 한다. 들뜬 전자들은 다른 분자들로 전달된다. 엽록소와 마그네슘은 이 단계에서 연결되는데, 마그네슘은 분자가 빛을 흡수하도록 돕고 들뜬 상태의 전자들이 전달될 수 있도록 해주는 역할을 한다.

또한, 마그네슘은 포도당 제조에 필요한 탄소를 제공하는 이산화탄소의 포집에도 관여한다. 마그네슘은 루비스코RuBisCO 효소를 활성화하는 데 도움을 준다. 루비스코는 탄소 고정의 초기 단계에 관여하는 효소이다. 탄소 고정 과정에서 대기 중의 이산화탄소는 글루코오스 등의 에너지가 풍부한 분자로 변환된다. 토양 중에 마그네슘이 부족하면 클로로필 생산이 영향을 받게 된다. 마그네슘이 결핍되면 잎이 노랗게 변한다. 이를 황백화(Chlorosis) 현상이라 한다. 마그네슘이 부족한 토양에는 돌로마이트 질 석회석이나 엡솜 솔트Epsom salt로 알려진 황산마그네슘($MgSO_4$)을 뿌려주면 된다.

우리 몸속에 있는 '이것'이 빠져나간다면, 체조직으로 영양소를 운반할 수 없게 된다. 여러 조직에서 나오는 노폐물을 신장으로 운반할 수도 없게 된다. 또한 내분비 계통에서 만들어진 호르몬을 목표 기관까지 운반할 수도 없게 되며 체내 삼투압과 수분 평형이 깨지게 된다. '이것'은 무엇일까? 바로 피이다. 우리 몸 안에 있는 피는 세포에 산소를 공급해주며 세포의 신진대사에 의해 발생하는 이산화탄소를 회수해준다. 혈액의 생산에서 철은 필수적인 원소이다. 우리 몸 속 철분의 약 70%는 혈액의 적혈구 속에 있는 헤모글로빈과 근육 세포 속에 있는 미오글로빈에서 발견된다. 헤모글로빈은 적혈구에서 철을 포함하는 붉은 색을 띠는 단백질로서 산소를 운반하는 역할을 한다. 미오글로빈은 포유류 대부분의 근 조직에서 발견되는 붉은 색을 띠는 단백질로서 근조직에 산소를 운반해 주는 역할을 한다.

철은 우리 몸에서 만들어지지 않기 때문에 음식을 통해서 섭취해야 한다. 철이 없으면 적혈구에 들어 있는 단백질인 헤모글로빈이 만들어지지 않는다. 따라서 폐에서 신체 조직으로 산소가 공급될 수 없다. 철은 면역 세포 형성 및 성장에 필수적이다. 철분

수치가 낮으면 적혈구 수준이 낮아지고 헤모글로빈이 부족하여 체내에 충분한 산소를 전달하지 못하게 된다. 철은 정상적인 인지 기능에도 기여한다. 따라서 철이 부족하면 기억, 집중력, 학습, 문제 해결 능력 등이 감소한다. 두통 및 현기증이 나타난다? 피부와 모발이 건조해 졌다? 심장이 두근거린다? 쉽게 피로감을 느낀다? 피부가 창백하다? 이 모든 것은 철분이 부족하다는 신호이다. 빈혈은 혈액 중에 헤모글로빈 농도가 감소한 상태를 말한다. 빈혈은 주로 철분 섭취 부족으로 인해 나타난다. 상당량의 혈액이 손실되거나 적혈구를 만드는 능력이 저하된 경우에도 나타난다. 골수의 조혈 기능이 저하되어 적혈구 증식이 감소하거나 적혈구가 만들어지는 양보다 파괴되는 양이 더 많아도 발생할 수 있다. 빈혈은 대부분 영양섭취 부족에서 오는 것이므로 건강한 식사 습관이 중요하다.

우리 주변에 외계인이 살고 있다. 그 외계인이 인류를 위협할 준비를 하고 있다. 그런데 인간과 똑같은 외모를 가지고 있어서 색출하기가 불가능하다. 외계인을 쉽게 확인하는 방법이 있을까? 어느 날 한 남자의 손에 상처가 났다. 손가락에서 선명한 핏 방울이 떨어졌다. 앗, 녹색 피! 하지만 녹색 피는 외계인의 전유물이 아니다. 몇몇 도마뱀뿐만 아니라 게, 가재 등 일부 갑각류의 피도 녹색이다. 바다 갯지렁이 같은 환형동물의 피도 녹색인데, 여기에 들어 있는 산소 운반 헴단백질은 클로로크루오린Chlorocruorin이며 고리형태의 분자 중심에 철 이온(Fe^{2+})이 존재한다. 묽은 용액에서는 녹색으로 보이지만 진한 용액에서는 연한 빨강으로 나타난다.

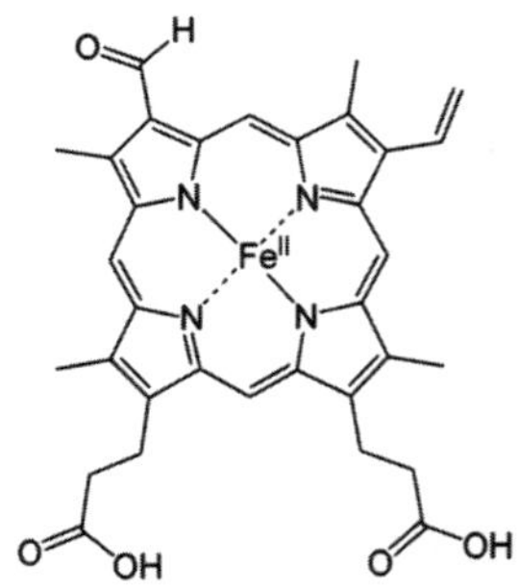

클로로크루오린에 있는 헴의 구조

1969년 남태평양의 뉴기니에서 발견된 도마뱀(Prasinohaema, 프라시노하이마)을 본 생물학자들은 몸속을 보고 놀라움을 금치 못했다. 척추동물인 이 도마뱀의 혈액이 녹색이었던 것이다. 뼈와 근육도 모두 녹색이었다. 심지어 입 안도 녹색이었다. 알을 빛에 비춰보았더니 껍질 안쪽이 녹색으로 보였다. 혈중에 붉은 색을 띠는 헤모글로빈이 존재함에도 초록색을 띠는 이유는 녹색을 띠는 빌리베르딘Biliverdin(담록소)의 수치가 매우 높기 때문이었다. 체내에 빌리베르딘의 수치가 높으면 DNA를 손상시키고 세포를 죽이며 뉴런을 파괴할 수 있다. 적혈구는 4개월 정도만 살고 죽는데, 철은 재사용된다. 빌리베르딘은 테트라피롤성 색소로서 헴 이화작용의 산물이다. 다시 말하면, 헤모글로빈의 핵심 구조인 헴이 깨져서 생성되는 녹색의 담즙 색소이다. 이는 다시 빌리루빈Bilirubin이라는 노란색 색소로 전환된다. 이 두 색소는 모두 독성이 있는데, 간이 혈액 속에서 걸러내는 역할을 한다. 빌리루빈이 필요 이상으로 쌓이면 황달 증세가 나타난다.

이 도마뱀의 몸에 스스로를 죽일 수 있는 녹색 피로 가득한 이유는 무엇일까? 빌리베르딘 농도가 높은 것이 생존에 유리했을 것이다. 붉은 피 도마뱀에서 이렇게 진화한 배경에는 빌리베르딘이 기생충 감염에 대한 방어책으로 진화한 특성이 있었다. 한 방 먹은 기생충의 전략은 무엇일까? 생물 다양성의 보고인 뉴기니에서 수많은 기생충이 치열하게 경쟁하며 붉는 피 도마뱀을 감염시키는 동안, 단 한 종의 말라리아 기생충 플라스모디움 미누오비리데Plasmodium minuoviride는 녹색 피 도마뱀만 감염시키도록 진화했다. 이 기생충은 2008년 퍼킨스Susan Perkins와 오스틴Christopher Austin에 의해 최초로 보고되었으며, 그 이름은 "녹색 피를 뽑기 위해서(to draw green blood)"라는 뜻의 라틴어에서 유래하였다. 생존 전략에서 한계는 없다. 이 지능적인 기생충에 당한 도마뱀의 새로운 전략은 무엇일까? 과학자들은 도마뱀이 독성이 큰 빌리베르딘을 어떻게 견뎌내는 지 알아내는 것에 커다란 관심을 가지고 있다. 이를 통해서 황달이나 심지어 말라리아를 치료하는 새로운 방법을 찾을 수도 있을 것이다.

한편, 곤충, 오징어, 문어 등의 무척추동물은 파란색 피를 가지고 있다. 여기에는 헤모시아닌Hemocyanin이라는 단백질이 있는데 단일 산소 분자에 가역적으로 결합하는 2개의 구리 원자가 있어서 이들이 산소와 결합한다. 헤모글로빈은 일반적으로 적혈구에 결합되어 있지만, 헤모시아닌은 따로 혈장에 녹아 있다. 말굽 게(Horseshoe crab)의 피 역시 헤모시아닌이 들어 있어서 파란색을 띤다. 박테리아에 대한 저항력을 가지고 있어서 4억 년 이상 생존해온 것으로 여겨지고 있다. 정맥이 없고, 혈액이 장기에 직접 접근할 수 있는 개방 순환계를 통해 흐른다. 남극 주변에 사는 특별한 문어의 피 역시 푸른색을 띠는 데 , 그 이유는 고 농도의 구리 기반 단백질 때문이다.

촉수동물과 절지동물은 헤메리트린Hemerythrin 단백질을 가지고 있는데, 이것은 산소와 결합하면 보라색을 띠며, 산소가 없을 때는 무색으로 변한다. 헤메리트린 역시 철(Fe)을 가지고 있다. 이 단백질은 해양 동물이 감염과 싸우는 데에도 도움이 된다. 또한 몸의 일부가 잘리면 재생되도록 돕는다. 땅콩 벌레(Peanut worm)의 피는 진한 보라색을 띤다. 이 벌레는 피부가 거의 반투명하기 때문에 몸속의 피가 보라색인 것을 알 수 있다. 두 장의 껍데기를 지니고, 몸에 근육질의 자루가 있어 다른 것에 붙거나 진흙 속에 서식하는 완족류는 어두운 혈액을 가지고 있다. 혈액에 산소가 들어오면 보라색을 띠고 그렇지 않으면 거의 투명하다.

노란색의 피를 가진 동물도 있는데, 이는 피 속에 고농도의 바나빈Vanabin 단백질이 들어 있기 때문이다. 바나빈은 일부 해초강 및 피낭동물의 혈액 세포에서 거의 독점적으로 발견되는 바나듐(V) 결합 금속 단백질이다. 이 단백질의 중심에는 바나듐이 위치해 있다. 딱정벌레는 노란색의 피를 가지고 있다. 뇌가 없으며 홀로투린Holothurin이라는 독소를 가지고 있는 해삼 역시 노란색의 피를 가지고 있다.

파란 피 때문에 고통 받는 '살아 있는 화석'이 있다. 바로 투구게이다. 투구게에 관한 화석 기록은 약 4억 8,000만 년 전으로 거슬러 올라간다. 공룡이 출연하기 2억 년 전이다. 투구게는 7쌍의 다리와 딱딱한 석회질 껍데기로 무장하고 있는 절지동물이다. 머리 가슴 앞면에는 2개의 홑눈과 1개의 겹눈을 가지고 있다. 그래서 눈이 모두 5개이다. 투구게의 피는 파란색이다. 마치 SF 영화 속 외계인의 혈액처럼 보이기도 한다. 투구게의 혈액은 산소를 운반할 때 '헤모시아닌'을 이용한다. 헤모시아닌은 산소압이 낮고 추운 환경에 적합한 산소운반체이다. 헤모시아닌은 구리를 기반으로 하며 산소와 결합하면 푸른색을 띤다. 투구게는 선천적으로 독특한 면역 체계를 갖고 있다. 세균이 들어오면 혈액을 응고시킨다. 혈액이 응고되어 세균의 확산을 막는 것이다. 이 점을 이용해 다양한 백신 개발에 투구게의 혈액을 이용한다. 예를 들어 투구게의 혈액은 내독소를 식별하는 데에도 사용된다. 살아있는 화석도 그들이 가진 푸른색 피 때문에 개체수가 크게 감소하고 있다. 대멸종에서조차 살아남았던 투구게이지만, 인간이 투구게를 멸종으로 몰고 갈 것이라는 우려가 생겨나고 있는 것이다.

남극에 사는 빙어(Ocellated icefish)의 피는 흰색(반투명)이다. 피 속에 헤모글로빈이 없는 이유는 무엇일까? 용존 산소량은 더운 물보다 차가운 물에서 더 많다. 따라서 남극에 사는 동물의 피 속에 헤모글로빈이 존재할 필요가 없다. 빙어는 다른 물고기와는 달리 비늘이 없다. 이 물고기는 피부를 통해 산소를 흡수할 수 있다고 여겨지고 있다. 바퀴벌레의 피 역시 헤모글로빈이 들어 있지 않아 흰색을 띠고 있다. 그러나 암컷 바퀴벌레의 피는 알을 낳고 있을 때에는 약간 주황색으로 보일 수 있는데, 이것은 혈액에 존재하는 단백질 비텔로게닌Vitellogenin 때문이다. 바퀴벌레는 헤모글로빈이 부족하기 때문에 대안을 찾아야 한다. 바퀴벌레는 기술적으로 호흡하고 신체의 튜브 시스템을 통해 산소를 전달한다. 이 시스템은 혈액이 관을 통해 이동하는 대신 공기가 이동하는 점을 제외하면 순환계와 유사하다. 이런 방식으로 그들의 혈액은 실제로 몸 전체에 분포한다. 바퀴벌레는 가장 흥미로운 생물이다. 바퀴벌레가 살지 않는 곳은 거의 없다. 모든 사람이 바퀴벌레를 싫어하고 해충으로 간주하지만 실제로 가정용 해충 범주에 속하는 바퀴벌레는 10종뿐이다. 4,600종의 바퀴벌레 중 겨우 10종이다! 바퀴벌레는 지구상에서 가장 오래된 생명체 중 하나이다. 진화해 온지 약 3억 5,000만 년이나 되었으며 오늘날에도 계속 번성하고 있다. 이 놀라운 생명체는 유성 충돌, 기후 변화, 몇 번의 빙하기 및 수백만 종의 생명을 앗아간 다양한 기타 사건과 같은 수많은 사건에도 불구하고 생존해 있다. 인간이 멸종한 후에는 바퀴벌레가 지구를 지배할 것이라고 말하는 것은 놀라운 일이 아니다.

5
광물 백과사전

암석 속에서 광물 찾기 / 금속 원소 광물 / 준금속 원소 광물 / 비금속 원소 광물 / 광물 백과사전

암석 속에서 광물 찾기

한반도는 유라시아 대륙에 연결된 안정된 지괴로서 신기층이 좁고 고기층이 넓은 지역을 차지하고 있다. 중생대 이후의 신생대 해성층은 극히 한정된 지역에 분포한다. 이는 한반도가 오랜 지질시대에 형성되어 안정된 지체를 이루었고 신생대에 이르러서도 격심한 조산운동이 별로 일어나지 않았음을 의미한다. 백두산, 제주도, 울릉도 등지의 신생대층은 화산암의 분출로 형성된 젊은 지형이다. 한반도의 지반은 시생대에서 중생대 중엽에 이르기까지 수차례의 침강과 퇴적, 융기와 침식이 반복되었고 중생대 쥐라기 중엽 말에 이르러 대습곡 작용과 그에 따른 역단층 작용이 일어나면서 암석에 큰 변화를 가져왔다. 그 결과 한반도에는 특이한 지질구조들이 나타나고 있으며 암석과 광물의 종류도 다양하다. 제주도의 주상절리, 설악산의 판상절리, 백두산의 현무암, 독도의 유문암의 공통점은 무엇일까? 그것은 마그마가 분출되면서 식어서 형성된 암석, 즉 화성암이라는 점이다. 화성암은 지각의 95% 이상을 차지한다.

화성암을 통해 지구 속 정보를 알 수 있다고? 화성암의 화학 성분을 조사하면 마그마가 녹아 나온 맨틀이나 지각 암석의 성분을 알 수 있다. 화성암의 나이를 측정할 수도 있다. 방사성 연대 측정 기술을 이용하여 나이를 알면 지질의 역사를 재구성할 수도 있다. 화성암에서 유용한 광물을 얻을 수도 있다. 특히 지하 깊은 곳에서 생성되는 화강

암에서는 텅스텐, 주석, 우라늄 등의 광상을 발견할 수 있고, 반려암에서는 크롬과 백금의 광상을 발견할 수 있다.

2009년 천연기념물 제501호로 지정된 고군산도의 습곡 구조는 고생대 이전의 선캄브리아기에 형성되기 시작하여 이후 수십억 년 동안 지구조 운동에 의해 압력을 받아 습곡 등이 형성되어 형태가 변화했다. 이 습곡 구조와 백령도의 해식절벽, 그리고 인천광역시 옹진군 대이작도의 둘얼개는 어떤 공통점이 있을까? 그것은 모두 변성암(Metamorphic rock)이라는 점이다. 변성암은 이전에 있었던 암석이 고열과 고압으로 변성작용을 받아 변화되어 만들어진 암석을 말한다. 따라서 물리적, 화학적 변화 과정을 수반한다. 변성암에서도 유용한 광물이 발견된다. 예를 들면, 규선석(Sillimanite, Al_2SiO_5), 남정석(Kyanite, Al_2SiO_5), 십자석[Staurolite, $Fe^{2+}{}_2Al_9O_6(SiO_4)_4(O,OH)_2$], 홍주석(Andalusite, Al_2SiO_5), 석류석[Garnet, $X_3Y_2(SiO_4)_3$; $X = Ca^{2+}, Mg^{2+}, Fe^{2+}, Mn^{2+}, Y = Al^{3+}, Fe^{3+}, Cr^{3+}$] 등이 있다. 이런 광물이 존재한다는 것은 그 광물이 형성되었을 때의 온도와 압력을 지시해 준다고 하여 지시광물(Index mineral)이라고 부른다.

2003년 대한민국 명승 제12호로 지정된 진안 마이산에 가면 봉우리 중턱 급경사면에 군데군데 움푹 패여 있는 크고 작은 굴들을 볼 수 있다. 이것은 풍화작용이 바위 내부에서 시작하여 내부가 팽창하면서 밖에 있는 바위 표면을 밀어냄으로써 형성된 것으로서, 타포니Tafoni 지형이라 부른다. 이와 함께 부안의 격포 채석강, 제주도 송악산의 응회암 층은 어떤 점이 같을까? 바로 퇴적암이라는 점이다. 퇴적암은 바람, 빙하, 중력, 유수에 의해 쌓인 퇴적물이 위에서 누르는 힘에 의하여 형성된다. 퇴적물 층이 깊이 쌓일수록 하중이 무거워지므로, 아래의 퇴적물들은 눌리게 되는데, 이 과정에서 공극수는 빠져 나오게 되고 다양한 형태의 화학적, 물리적, 생물학적 변화가 일어난다. 퇴적물이 침적하기 시작하여 고형화된 후 암석이 되기까지 일어나는 물리적, 화학적 변화과정 전체를 속성작용이라 부른다. 쇄설성 퇴적암은 다른 암석이 풍화작용을 받아 부스러진 암석 알갱이들이 쌓여 생긴 것을 말한다. 대표적인 예로는 세일, 사암, 그리고 역암이 있다. 화학적 침전에 의해 형성되는 퇴적암도 있는데, 대표적인 것으로는 방해석의 성분인 탄산칼슘이 침전되어 형성되는 석회암이 있다. 일부 석회석에서는 마그네슘이 칼슘 대신 쌓여 백운석[$CaMg(CO_3)_2$]을 형성하기도 한다. 유기물이 많은 퇴적층에서는 탄산철($FeCO_3$)이 축적되기도 한다. 퇴적암은 화학 조성에 따라 규산염, 탄산염, 인산염 등으로 분류하기도 한다.

금속 원소 광물

원소 광물이란 단일 원소로 이루어진 광물을 가리키며, 원소 성분에 따라 금속 원소 광물, 준금속 원소 광물, 비금속 원소 광물로 나눈다. 금속 원소 광물은 철, 구리, 은, 금, 백금, 니켈, 아연, 납, 수은, 주석, 망간 등의 금속 원소를 포함하는 광물을 말한다.

철(Fe)은 지구에서 가장 흔한 원소로 지구의 외핵과 내핵의 대부분을 차지하고 있으며, 지각에서도 네 번째로 많이 존재하는 원소이다. 철분이 풍부한 퇴적암은 철광석으로 경제적으로 사용된다. 철광상은 남극 대륙을 제외한 모든 주요 대륙에 위치해 있다. 주요 철광석은 적철석, 침철석 및 자철석으로 구성된 산화물 그룹에서 나온다. 오늘날 강철, 이녹스, 주철, 특수강 같은 철 합금은 기계적 특성이 우수하고 저렴한 비용으로 인해 가장 일반적인 산업 금속이 되었다. 구리(Cu)는 아연, 주석 등과의 합금으로 만들어 사용되며 가공이 용이하고 전성, 연성, 열전도율, 전기전도율이 우수하여 산업 재료로 널리 이용된다. 대표적인 구리 광석으로는 황동석Chalcopyrite($CuFeS_2$)이 있다. 은(Ag)은 지구의 지각에서 순수한 자유 원소 형태로 발견되거나 금 또는 다른 금속과의 합금, 그리고 아르젠타이트Argentite(Ag_2S) 및 클로라기라이트Chlorargyrite(AgCl)와 같은 미네랄에서 발견된다. 대부분의 은은 구리, 금, 납 및 아연 정제의 부산물로 얻어진다. 은은 부드럽고 흰색의 광택이 나는 전이 금속으로 모든 금속 중에서 가장 높은 전기 전도도, 열 전도도 및 반사율을 가진 금속이다.

어떤 종류의 암석이 금(Au)과 연관되어 있는지 알기 위해서는 사금 침전물에서 가장 흔한 광물이 백금, 이리도스민, 자철광, 황철광, 일메나이트, 지르콘, 가넷, 금홍석 및 중정석임을 알아야한다. 브라질, 우랄산맥, 미국 등지에서 다이아몬드는 금과 관련이 있다. 석영 광석에서 금과 관련성이 가장 큰 광물은 철 및 구리 황철석, 징크 블렌드, 방연석 등이다. 금의 텔루라이드는 매우 널리 분포되어 있다. 금과 함께 발생하는 다른 광물로는 전기석(Tourmaline), 방해석, 로스코엘리트Roscoelite, 바나디나이트Vanadinite, 홍연석(Crocoite), 규회석(Wollastonite), 석고 등이다. 석영에 존재하는 황화물은 보통 금을 포함하고 있다. 금은 11족의 구리족 원소에 속하는 원소광물로 전성, 연성, 열전도율, 전기전도율이 구리보다 우수한 귀금속이다. 경도가 낮은 편이지만 비중이 매우 크다. 반응성이 없고 인체에 무해하며 주조가 용이하다. 백금(Pt)은 가장 희귀하고 비싼 금속으로 금보다 더 희귀하다. 자연적으로 발견되는 백금에는 소량의 철, 금, 구리, 니켈 등이 들어 있다. 10족의 백금족 원소로서 금 보다 비중이 높고 은 보다 단단하다. 지각에서 가장 희귀한 원소 중의 하나이다. 인체에 무해하며 전성, 연성, 전기전도도가 뛰어나다. 산, 염기와 반응성이 없고 공기와 수분에 매우 안정하다. 백금은 촉매 변환기, 실험 장비, 전지 전극, 온도계, 보석 등으로 사용된다. 시스플라틴Cisplatin, 옥살리플라틴Oxaliplatin, 그리고 카보플라틴Carboplatin은 백금을 포함하는 항암제로서 암 치료를 위한 화학 요법에 사용되고 있다. 그밖에도 니켈을 포함하고 있는 펜틀란다이트Pentlandite, 아연을 포함하고 있는 섬아연석Sphalerite, 납을 함유하고 있는 방연석Galena 등이 있다. 수은은 진사(Cinnabar)에서 발견된다.

준금속 원소 광물

준금속은 금속과 비금속의 중간 특성을 갖는 원소를 말한다. 일반적으로 알려진 6가지 준금속은 붕소(B), 규소(Si), 저마늄(Ge), 비소(As), 안티몬(Sb) 및 텔루륨(Te)이다. 경우에 따라 셀레늄(Se), 폴로늄(Po), 아스타틴(At)을 준금속에 넣기도 한다.

준금속은 주기율표에서 금속과 비금속의 경계선을 따라 위치한다. 준금속은 부서지기 쉽고 반짝이는 금속성 광택을 가지고 있다. 반도체 특성을 가지며 화학적으로는 양쪽성 산화물을 형성한다. 특히 지각에서 산소 다음으로 풍부한 규소의 전기적 특성은 1950년대에 반도체 산업을 설립하고 1960년대 초반부터 전자 제품을 개발할 수 있게 하는 동력이 되었다. 규산염 광물에는 지각에서 가장 풍부한 두 가지 원소인 규소와 산소가 포함되어 있다. 암석을 형성하는 일반적인 광물의 90% 이상이 규산염이다. 대표적인 규산염 광물로는 감람석, 휘석, 각섬석, 흑운모, 백운모, 사장석, 정장석 및 석영이 있다. 붕소 광물은 다양한 비율로 산화 붕소를 함유하는 천연 화합물이다. 자연에는 200여 종의 붕소 미네랄이 있으며, 상업적으로 중요한 붕소 광물로는 틴칼Tincal($Na_2B_4O_7 \cdot 10H_2O$), 콜마나이트Colemanite($Ca_2B_6O_{11} \cdot 5H_2O$), 울렉사이트Ulexite($NaCaB_5O_6 \cdot 5H_2O$), 팬더마이트Pandermite($Ca_2B_5(OH)_5 \cdot H_2O$), 보라사이트Boracite($Mg_3B_7O_{13}Cl$) 등이 있다. 게르마나이트Germanite($Cu_{26}Fe_4Ge_4S_{32}$)에는 저마늄(Ge)이 들어 있다. 비소는 은(Ag) 광맥에서 발견된다. 비소의 공급원인 알레몬타이트Allemontite는 AsSb로 구성된 비소와 안티몬의 천연 합금이다. 안티몬은 다양한 산화 생성물과 함께 발견된다.

비금속 원소 광물

모래, 자갈, 점토, 석회암, 그리고 대리석이 가지는 공통적인 특성은 무엇일까? 전기 전도성과 열 전도성이 작다. 가단성이 부족하다. 금속과 같은 광택도 나지 않는다. 이러한 성질을 보이는 광물을 비금속 원소 광물이라 부르며, 여러 산업 분야에 유용하게 쓰인다. 비금속 광물은 시멘트, 세라믹, 유리, 석회 제품 등을 생산하는 데 사용된다. 또한 건축 자재에서 위생 도자기, 식기 및 장식 제품에 이르기까지 적용 범위가 매우 넓다. 비금속 광물을 사용하여 이러한 제품으로 생산하기 위해서는 종종 에너지 집약적인 공정이 필요하며, 가열, 분쇄, 혼합, 절단, 성형 및 호닝Honing(연마)과 같은 여러 단계가 포함된다. 비금속 광물의 예로는 황철석, 흑연, 인회석, 형석, 빙정석, 중정석, 천정석, 마그네사이트, 장석, 운모, 강옥, 석류석, 점토, 석고, 석면, 석탄 등이 있다.

황철석(Pyrite)은 밝은 금속광택이 나는 광물로서 황화철(FeS_2)의 화학 조성을 가진다.

"Pyrite"라는 이름은 "불"을 의미하는 그리스어 "Pyr"의 이름을 따온 것이다. 이 이름은 황철석이 금속이나 다른 단단한 물질에 부딪히면 불꽃을 발생하며 불이 붙기 때문에 붙여진 이름이다. 황철석은 "바보의 금(Fool's gold)"라는 별명을 가지고 있다. 광물의 금색, 금속광택 및 높은 비중으로 인해 금으로 오인하기도 하는 금속이다. 그러나 황철석은 종종 금과 관련이 있다. 금과 황철석은 유사한 조건에서 형성되며 같은 암석에 함께 들어 있다. 일부 광상에서는 황철석 내부에 소량의 금이 들어 있다. 사실 황철석과 금은 쉽게 구별할 수 있다. 금은 매우 부드러우며 연성과 전성이 매우 뛰어나 길게 늘이거나 얇게 펼 수 있다. 금 1g으로 3,000m 이상의 금선을 만들 수 있다. 반면에 황철석은 부서지기 쉬우며 얇은 조각은 압력을 주면 부러진다. 두 광물은 조흔색을 비교하면 쉽게 구별할 수 있다. 금은 노란색 줄무늬를 남기는 반면에, 황철광은 녹색을 띠는 검정색 줄무늬를 남긴다. 금은 황철석보다 훨씬 더 높은 비중을 가지고 있다(금: 19.29, 황철석: 4.9g/cm^3).

흑연Graphite은 탄소가 지각과 상부 맨틀에서 열과 압력을 받을 때 형성되는 광물이다. 흑연이 만들어지기 위해서는 5,270kg/cm^{2}의 압력과 750℃의 온도가 필요하다. 오늘날 지구 표면에서 볼 수 있는 대부분의 흑연은 유기물이 풍부한 셰일과 석회암이 지역적 변형의 열과 압력을 받는 수렴판 경계에서 형성되었다. 흑연은 탄소 원자들이 육각형 구조로 배열된 결정 형태로 존재하며 연필과 윤활제에 사용된다. 원래 Graphite란 단어는 고대 그리스어로 "쓰다/그리다"를 뜻하는 Graphein에서 유래하였다. 흑연은 가벼운 압력으로 쪼개지며 비중이 매우 낮다(2.09~2.23g/cm^3). 반대로 열에 매우 강하고 많은 물질과 접촉할 때 거의 불활성을 보인다. 이러한 극한 특성을 가진 흑연은 야금 및 제조 분야에서 광범위하게 사용된다. 흑연은 열과 전기의 좋은 전도체이다. 전도성이 높기 때문에 전극, 배터리 및 태양 전지판과 같은 전자 제품에 유용하게 쓰인다. 흑연은 높은 압력과 온도를 가하면 다이아몬드로 변환된다. 스탠포드 대학교의 과학자들은 백금 기판 위에 수소를 적용하여 흑연을 다이아몬드와 같은 탄소 구조로 바꾸는 새로운 방법을 발견했다. 이 발견은 절삭 공구 및 기타 산업 장치에 사용되는 다이아몬드를 보다 손쉽게 제조할 수 있음을 보여 주고 있다.

인회석[$Ca_5(PO_4)_3(F,Cl,OH)$]은 인산염 광물로 결정에 각각 OH^-, F^- 및 Cl^- 이온이 고농도로 포함되어 있다. 인회석은 인의 공급원으로서 주로 비료를 제조하는 데 쓰인다. 보석으로 사용되기도 하며 녹색과 청색의 인회석은 안료로 쓰인다. 인회석은 또한 핵 폐기물 저장을 위한 호스트 물질로 사용된다. 형석(CaF_2)은 할로겐화물 광물에 속한다. 순수한 형석은 가시광선과 자외선에서 투명하지만 불순물이 들어 있는 경우에는 다채로운 색깔을 띠어 장식용 혹은 보석으로 사용된다. 산업적으로 형석은 제련용 플럭스로 사용되며 특정 유리 및 에나멜 생산에도 사용된다. 가장 순수한 등급의 형석은 불소 함유 정밀화학 물질의 중간 공급원인 불화수소산(HF) 제조를 위한 불소 공급원으로 사용된다. 광학적으로 투명한 투명 형석 렌즈는 분산이 적기 때문에 색수차가 적어 현미경과 망원경에 유용하게 쓰인다.

빙정석(Na_3AlF_6)은 희소성 때문에 지구상에서 상업적으로 단종 가능성이 있는 유일한 광물이다. 용융된 빙정석은 알루미늄 정제에 사용되는 홀-에루 공정(Hall-Héroult process)에서 산화알루미늄(Al_2O_3)의 용매로 사용된다. 빙정석은 용융 산화알루미늄의 녹는점을 2,000~2,500℃에서 900~1,000℃로 낮추고 전도도를 증가시켜 알루미늄을 보다 경제적으로 추출할 수 있게 해 준다. 빙정석은 불꽃놀이에서 노란색을 내는 데에도 사용된다. 중정석($BaSO_4$)은 황산바륨으로 이루어진 광물이다. 일반적으로 흰색 또는 무색이며 바륨 원소의 주요 공급원이다. 중정석은 주로 석유 및 가스 탐사에서 높은 압력을 억제하고 폭발을 방지하기 위한 시추용 가중제로 사용된다.

마그네사이트($MgCO_3$)는 변성 지형에서 초염기성암, 사문석 및 기타 마그네슘이 풍부한 암석에서 발견된다. 마그네사이트가 숯이 있는 상태에서 연소되면 광물 형태의 산화마그네슘(MgO)을 생산할 수 있다. 마그네사이트는 바닥재의 바인더로도 사용된다. 또한 합성 고무, 마그네슘 화학 물질 및 비료를 만드는데 촉매 및 충전제로 사용된다. 장석($KAlSi_3O_8$-$NaAlSi_3O_8$-$CaAl_2Si_2O_8$)은 알루미늄을 포함하는 규산염 광물의 한 종류로 지각의 약 41%를 차지하고 있을 만큼 흔하고 중요한 광물이다. 장석은 마그마에서 화성암으로 결정화되며 여러 유형의 변성암이나 퇴적암에서도 발견된다. 운모[$AB_{2-3}(X,Si)_4O_{10}(O,F,OH)_2$]는 완벽한 판상의 쪼개짐을 가지는 규산염 광물에 대한 총칭이다. 대부분의 운모는 단사정계이며 육각 판상의 결정형을 가진다. 완벽한 판상의 쪼개짐은 운모의 특징적인 층상 원자배열 때문이다. 운모는 절연성이 뛰어나고 화학적으로 안정하기 때문에 축전기와 절연체의 원료로 사용된다. 합금, 알루미늄 생산, 아스팔트 루핑, 배터리, 미용 제품 주조, 천장 타일, 정류기, 콘크리트 블록 충전재, 내화 벽돌, 석고 보드 등에 사용된다.

강옥(Corundum, Al_2O_3)은 일반적으로 철, 타이타늄, 바나듐 및 크롬을 미량 포함하고 있는 광물이다. 투명한 물질이지만 결정 구조에서 전이 금속 불순물의 존재 여부에 따라 여러 색상을 띤다. 강옥에는 홍옥(Ruby)과 청옥(Sapphire)의 두 가지 주요 보석이 있다. 홍옥은 크롬의 존재로 인해 빨간색을 띠고, 청옥은 어떤 전이 금속이 존재하는지에 따라 다양한 색상을 나타낸다. 희귀한 유형의 청옥인 파파라챠 사파이어Padparadscha sapphire는 핑크 오렌지색을 띠고 있다. 강옥은 모스 경도가 9.0으로 매우 높아서 거의 모든 다른 미네랄을 긁을 수 있기 때문에, 금속, 플라스틱 및 목재 가공에 사용되는 대형 도구에 이르기까지 모든 것에 연마제로 사용된다. 석류석[Garnet, $X_3Y_2(SiO_4)_3$]은 청동기 시대부터 보석과 연마재로 사용된 규산염 광물이다. 석류석에는 파이로프Pyrope, 알만딘Almandine, 스페사르틴Spessartine, 그로슐라Grossular, 우바로바이트Uvarovite 및 안드라다이트Andradite 등이 있는데, 모든 종류의 석류석은 물리적 특성과 결정 형태가 비슷하지만 화학적 구성은 다르다. 석류석은 수천 년 동안 보석과 장식물에 사용되어온 보석이다. 석류석 샌드는 좋은 연마재이며, 초고압의 물과 혼합된 석류석은 워터 제트에서 강철 및 기타 재료를 절단하는 데 사용된다.

점토는 물에 젖었을 때 가소성이 나타나는 함수 알루미늄 필로실리케이트 Phyllosilicates를 포함하는 미세 입자로 이루어진 천연 토양 재료이다. 점토는 물과 혼합되면 가소성을 나타내지만, 건조되면 단단해지고 가마에서 소성되면 영구적인 물리적 화학적 변화가 발생한다. 점토를 세라믹 재료로 사용할 수 있는 것은 바로 이러한 변화 때문이다. 점토는 도자기와 벽돌, 벽 및 바닥 타일과 같은 건축 제품은 물론, 제지, 시멘트 생산 및 여과와 같은 많은 산업 공정에도 사용된다. 20세기 후반까지 벤토나이트 Bentonite 점토는 모래 주물 제조에서 성형 바인더로 널리 사용되었다. 최근에는 폐수에서 중금속을 제거하거나 공기를 정화하는 등 다양한 응용 분야에서 점토의 흡수 능력이 확인되었다.

석고(Gypsum, $CaSO_4 \cdot 2H_2O$)는 비료로 사용되며 다양한 형태의 석고, 분필 및 건식 벽체의 주성분으로 사용되는 황산염 광물이다. 석고는 고대 이집트, 메소포타미아, 고대 로마, 비잔틴 제국 등의 여러 문화권에서 조각에 사용되었다. 석고는 적당한 수용성을 띠는데, 25℃에서 물 1L에 2.0~2.5g 녹는다. 대부분의 다른 염과 달리 고온에서는 용해성이 떨어진다. 석고가 공기 중에서 가열되면 무수 황산칼슘(경석고)으로 전환된다. 석고 보드는 주로 벽과 천장의 마감재로 사용된다. 석고 블록은 건물 건설에서 콘크리트 블록처럼 사용된다. 석고 모르타르는 건물 건설에 사용되는 고대 모르타르였다. 석고 재료는 외과 용 부목, 주형 및 모델링에 사용된다. 비료 및 토양 컨디셔너로도 쓰인다. 나트륨이 많은 토양을 개선하는 데에도 사용된다. 속건성 테니스 코트 점토의 바인더로도 쓰인다. 두부 응고제로 사용되어 식이 칼슘의 주요 공급원이 되었다. 석고는 오염된 물에서 납 또는 비소와 같은 오염 물질을 제거하는 데 사용할 수 있다.

광물 백과사전

지구에서 발견되는 92가지 화학 원소 중에서 일상생활에서 사용되고 있는 원소는 40가지 정도이다. 다음은 가장 일반적으로 사용되는 원소들이다.

안티모니(Sb)는 합금과 함께 그리드 전력을 저장하기 위한 배터리를 만드는 데 사용되는 금속이다. 은빛이 나는 회색빛을 띠며 자연에서 순수한 형태로 발견될 수 있다. 석면(Asbestos)은 내화성, 내열성, 내마모성, 절연성 등을 띠는 섬유질 광물로서 한때 '마법의 물질'로 찬사를 받기도 한 물질이다. 이런 이유로 석면이 함유된 건축자재가 널리 사용되었다. 그러나 석면은 암을 유발하는 것으로 알려져 있어서 각별한 주의를 요한다. 바륨(Ba)은 부드럽고 흰색을 띠는 알칼리성 금속 원소이다. 바륨은 엑스레이 기술, 불꽃놀이, 고무 및 유리 제조 등에 사용된다. 바륨은 위장관의 방사선 촬영(x-선)에도 사용되고 있다. 이 바륨 X-선 기술은 종양, 궤양 및 기타 염증 상태, 탈장, 협착과 같은 이상을 진단하는 데 이용된다.

보크사이트Bauxite는 알루미늄의 가장 중요한 원료 광석이다. 알루미늄은 보크사이트를 전기분해하여 얻는다. 보크사이트는 전성과 연성이 우수하고 비중이 작으며 열과 전기의 전도성이 좋고 내식성이 우수하기 때문에 판재, 관재 등 다양한 형태로 가공되어 항공기, 자동차, 선박 등에 이용된다. 알루미늄은 인체에 해가 없기 때문에 식품공업, 식기류, 포장재, 건축재료 등으로 널리 사용된다. 베릴륨(Be)은 독성이 강한 알칼리성 금속 원소이다. 실온에서 가볍고(비중: 1.85) 단단하며 부서지기 쉬운 은회색의 금속으로 존재한다. 자연에서는 순수한 형태로 발견되지 않으며, 주로 녹주석, 금록석 등에서 산출된다. 베릴륨은 알루미늄, 구리, 철, 니켈 등의 금속과 혼합하여 합금으로 만들어 물리적 성질을 향상시켜 항공우주, 전기전자, 원자력 분야 등에 사용된다. 그러나 독성이 있어 베릴륨에 노출되면 베릴륨증과 같은 증상이 나타날 수 있다.

크로마이트Chromite[$(Fe,Mg)Cr_2O_4$]는 철 크롬 산화물로서 크롬의 원료 광석이다. 모스경도 5.5로 매우 단단하다. 크롬으로 마감하면 높은 광택을 낸다. 크로마이트는 열 안정성이 높기 때문에 내화재로 사용할 수 있다. 크롬철광에서 추출한 크롬은 부식 방지 초합금, 니크롬 및 스테인리스 강 생산을 위한 크롬 도금 및 합금에 사용된다. 니크롬은 최대 1,250℃의 온도까지 내열성이 있다. 니크롬은 높은 내열성으로 인해 주로 난방 장치에 사용된다. 니크롬 합금은 산화 및 부식에 강한 기계적 특성을 가지고 있다. 크롬은 유리, 유약, 페인트의 안료와 가죽 태닝의 산화제로 사용되며 때로는 보석으로도 사용된다.

코발트(Co)는 단단하고 광택이 나며 강자성을 띠는 은회색 금속 원소이다. 코발트 화합물은 파란색을 띠고 있어서 잉크, 페인트 등에 첨가하는 안료와 파란색 유리를 만들 때 첨가물로 사용된다. 운석에서 발견되었으며 보이지 않는 잉크에 사용된다. 부서지기 쉬운 금속이며 철과 비슷하다. 코발트는 주로 리튬 이온 배터리 및 자기, 내마모성 및 고강도의 합금을 제조하는 데에 사용된다. 코발트-60은 상업적으로 중요한 방사성 동위원소로 방사성 추적자 및 고 에너지 감마선 생성에 사용된다. 코발라민으로 알려진 비타민 B_{12}의 중심에는 코발트가 존재한다.

구리(Cu)는 열 및 전기 전도도가 우수하고 부드러우며 가단성과 연성이 좋은 금속이다. 갓 노출 된 순수한 구리 표면은 분홍빛이 도는 주황색을 띤다. 구리는 열과 전기의 전도체와 건축 자재로 사용된다. 구리는 자연에서 직접 사용할 수 있는 금속 형태로 얻어지는 몇 안 되는 금속 중 하나이다. 이로 인해 기원전 8000년경부터 인류가 사용하여 왔으며 기원전 3500년경에는 주석과의 합금이 탄생하여 청동기 시대를 열었다. 남동석(Azurite), 공작석(Malachite), 터키석(Turquoise)이 청색 또는 녹색을 띠는 것은 구리 때문이다. 구리는 원소 금속 형태와 안료같은 화합물 형태로 장식 예술에 사용된다. 구리 화합물은 정균제, 살균제 및 목재 방부제로 사용된다. 구리는 호흡 효소 복합체 사이토크롬 c 산화효소의 핵심 구성 요소이기 때문에 모든 살아있는 유기체에 미량의 식이 미네랄로 필수적이다. 구리의 성능은 합금을 통해 다양한 분야에 맞게 확장될 수 있다: 황동(구리-아연), 청동(구리-주석), 건메탈Gunmetal(구리-주석-아연). 그밖에 구리와 니켈의 합금은 해양 부식에 강하고 열전도도가 높다. 구리에 베릴륨을 섞으면 구리 합금 중 가장 단단하고 강한 소재로 탄생한다.

장석(Feldspar)은 알루미늄을 포함하는 규산염 광물의 한 종류로 지각의 51%를 차지할 만큼 흔하고 중요한 조암광물이다. 장석은 석영과 함께 망상 이산화규소 구조를 하고 있다. 장석은 심성암과 화산암에서 발견되며 변성암과 퇴적암에서도 나타난다.

금(Au)은 밝고 약간 붉은 황색을 띠며 밀도가 높고 부드러운 전이금속으로 주화, 보석 및 예술 분야에 사용되어온 귀금속이다. 반응성이 가장 낮은 화학 원소 중 하나이다. 금은 대부분의 산(예: 염산, 질산, 황산)에 녹지 않는다. 금은 시안화물의 알칼리 용액에 녹는다. 왕수(질산과 염산의 1:3 혼합물)에 용해되어 음이온($AuCl_4^-$)을 형성한다. 금은 실온에서 수은에 쉽게 용해되어 아말감을 형성하고 더 높은 온도에서 다른 많은 금속과 합금을 형성한다. 금은 귀금속 중에서도 가장 귀한 금속이지만 다양한 화합물을 형성한다. 금을 기본으로 하는 대부분의 약물은 Au(I) 유도체이다. 금은 가단성과 연성이 매우 크다. 단 1g으로 $1m^2$의 시트를 만들 수 있고, 반투명해질 정도로 얇게 펼 수 있으며, 단일 원자 너비의 와이어로 늘일 수 있다. 금은 노란색과 빨간색을 강하게 반사하기 때문에 투과된 빛은 녹색을 띤 파란색으로 보인다. 이러한 반투명 시트는 적외선을 강하게 반사하므로 적외선(복사열) 차폐 용도로 내열복과 우주복에 사용된다. 금은 또한 열 전도도와 전기 전도도가 우수하고 부식이나 대부분의 화학 반응에 대한 저항성이 커서 모든 유형의 컴퓨터 장치에서 부식 방지 전기 커넥터에 사용되고 있다. 금은 또한 컬러 유리 생산, 금박 및 치아 복원에도 사용되며 특정한 금의 염(Salt)은 의학에서 항염증제로 사용된다.

철(Fe)은 지구에서 가장 흔한 원소로 지구의 외핵과 내핵의 대부분을 구성하며 지각에서 네 번째로 가장 흔한 원소이다. 철광석은 역사적으로 금만큼이나 오늘날 문명에 중요한 원소인 철을 함유하는 암석 및 광물이다. 철광석은 산화철이 풍부하며 짙은 회색, 밝은 노란색 또는 진한 보라색에서 녹슨 빨간색까지 다양한 색상으로 존재한다. 철광석은 지각에서 가장 풍부하지만, 사용 가능한 철을 추출하려면 1,500℃ 혹은 그 이상에 도달할 수 있는 용광로가 필요하다. 인류는 기원전 2000년경 이 과정을 마스터하기 시작했고 이 무렵 도구와 무기가 구리 합금 대신 철로 대체되기 시작하였다. 강철, 이녹스, 주철 및 특수강과 같은 철 합금은 기계적 특성과 저렴한 비용으로 인해 가장 일반적인 산업 금속으로 자리 잡았다. 순수한 철 표면은 거울과 같은 은회색을 띤다. 그러나 철은 산소 및 물과 쉽게 반응하여 일반적으로 '녹Rust'으로 알려진 갈색에서 검은색을 띠는 산화철(Hydrated iron oxide)을 생성하는데, 이러한 녹이 형성되면 부피가 증가하여 떨어져 나와 새로운 철 표면을 부식에 노출시킨다. 철의 가장 일반적인 산화 상태는 철(II)과 철(III)이다. 철은 -2에서 +7까지의 광범위한 산화 상태에서 화합물을 형성한다. 철은 또한 많은 배위 화합물을 형성하는데, 페로센Ferrocene[$Fe(C_5H_5)_2$], 페리옥살레이트Ferrioxalate[$K_3(Fe(C_2O_4)_3)$] 및 프러시안 블루Prussian blue[$Fe^{III}_4(Fe^{II}(CN)_6)_3$]와 같은 화합물은 산업, 의료 또는 연구 분야에서 유용하게 사용되고 있다. 철은 보통 자철석(Magnetite, Fe_3O_4, 72% Fe), 적철석(Hematite, Fe_2O_3, 70% Fe), 침철석[Goethite, FeO(OH), 63% Fe], 갈철석[Limonite, $FeO(OH)\cdot n(H_2O)$, 55% Fe] 또는 능철석(Siderite, $FeCO_3$, 48% Fe)의 형태로 발견된다.

납(Pb)은 대부분의 일반적인 물질보다 밀도가 높은 중금속이다. 납은 부드럽고 가단성이 있으며 용융점이 비교적 낮다. 갓 잘랐을 때 납은 파란 빛이 도는 은색을 띠지만, 공기에 노출되면 칙칙한 회색으로 변색된다. 납은 상대적으로 반응성이 적은 전이후 금속(Post-transition metal)이다. 납은 광석에서 쉽게 추출된다. 방연석(Galena, PbS)은 종종 은을 함유하는 주요 납 광석이다. 은이 장식 재료와 교환 매체로 광범위하게 사용되었기 때문에 납은 기원전 3000년부터 소아시아에서 생산되었다. 은에 대한 관심으로 고대 로마에서도 납을 광범위하게 추출하고 사용하였다. 납은 고밀도, 낮은 융점, 연성 및 산화에 대한 상대적 불활성으로 인해 유용하게 사용된다. 이러한 특성 외에도 상대적으로 풍부하고 저렴한 비용으로 인해 건축, 배관, 배터리, 총알 및 탄환, 땜납, 백랍, 합금, 흰색 페인트, 유연 휘발유 및 방사선 차폐에 광범위하게 사용되어 왔다. 습한 공기에 노출된 납은 다양한 구성의 보호 층을 형성하는데, 이 층은 납을 공기 중에서 화학적으로 불활성화시키는 역할을 한다. 미세 분말 납은 많은 금속과 마찬가지로 발화성이며 청백색 불꽃을 내며 연소한다. 납은 질산, 아세트산, 진한 알칼리 등에 녹는다. 납은 한때 페인트, 연필, 식기 등에 사용되었다. 이런 이유로 납 중독이 개발도상국에서 흔하게 발생하였다.

리튬(Li)은 부드러운 은백색의 알칼리 금속이다. 표준 조건에서 가장 가벼운 금속이다. 모든 알칼리 금속과 마찬가지로 리튬은 반응성이 높고 가연성이 높으며 미네랄 오일에 저장해야 한다. 이온으로서의 용해성으로 인해 해수에 존재하며 일반적으로 염수에서 얻는다. 리튬 금속은 염화리튬(LiCl)과 염화칼륨(KCl)의 혼합물을 전기분해하여 얻는다. 리튬 및 그 화물은 내열성 유리 및 세라믹, 리튬 그리스 윤활제, 철, 강철 및 알루미늄 생산 용 플럭스 첨가제, 리튬 배터리 및 리튬 이온 배터리를 비롯한 여러 산업 분야에 사용된다. 리튬은 생물학적 시스템에 미량으로 존재한다. 리튬 염으로 알려진 리튬 화합물은 양극성 장애를 치료하고 항우울제 사용 후 우울 장애를 치료하는 데 사용되며, 이러한 장애에서 자살 위험을 감소시켜준다.

망간(Mn)은 자연에서 자유 원소로 발견되지 않으며, 종종 철과 결합된 미네랄에서 발견된다. 철 불순물이 포함된 망간은 약간 자성을 띨 수 있다. 스테인레스 강에서 합금 용도로 사용되는 전이금속이다. 이산화망간을 포함한 여러 가지 다채로운 망간 화합물은 자연에 풍부하며 석기 시대부터 안료로 사용되었다. 약 27,000년 된 프랑스의 가흐가Gargas 동굴 벽화에서 망간 색소가 발견되었다. 이집트와 로마 시대에는 유리에 색을 내기 위하여 망간 화합물이 사용되었다.

몰리브덴(Mo)은 1778년 셸레Carl Wilhelm Scheele(1742~1786)에 의해 발견되었다. 몰리브덴 역시 자연에서는 자유 금속으로 발견되지 않고 미네랄에 포함되어 발견된다. 융점이 높고 합금을 만들면 단단하고 안정하여 고강도 합금 및 초합금을 포함한 강철 합금에 사용된다. 몰리브덴은 질소 활용에서 중요한 역할을 하기 때문에 지구상의 모든 생명체에 필수적인 원소이다.

니켈(Ni)은 일상생활에서 흔히 사용되는 금속이다. 화폐, 보석 및 식기에 사용되며 합금에도 사용된다. 니켈은 은백색 광택이 나는 전이 금속으로 약간의 황금빛을 띠고 있으며 단단하고 연성이 있다. 니켈은 역사적으로 철과 황동의 도금, 화학 장비의 코팅 등에 사용되었다. 오늘날 니켈은 주로 합금을 제조하는 데 사용되는데, 세계 생산량의 약 68%는 스테인리스강에 사용되며 그밖에 니켈 기반 및 구리 기반 합금, 합금강, 파운드리, 도금, 전기 자동차용 배터리 등에 사용된다. 화합물로서 니켈은 수소화를 위한 촉매, 배터리 용 환원전극, 안료 및 금속 표면 처리 등에 사용된다.

백금(Pt)은 백금족 금속(Platinum Group Metals, 루테늄, 로듐, 팔라듐, 오스뮴, 이리듐, 백금)에 속하는 전이금속이다. 일반적으로 보석에 사용되지만 산업, 의료, 전기 분야에 유용하게 쓰인다. 백금족의 가장 큰 공급원은 니켈 광산 부산물이다. 은백색을 띠는 백금은 밀도가 높고 가단성과 연성이 우수하다. 백금은 지각에서 가장 희귀한 원소 중 하나이다(약 5μg/kg). 백금은 니켈 및 구리 광석에서 일부 천연 광상과 함께 얻어진다. 백금은 반응성이 가장 낮은 금속 중 하나이다. 고온에서도 부식에 대한 저항성이 뛰어나다. 백금은 촉매 변환기, 실험실 장비, 전기 접점 및 전극, 백금 저항 온도계, 치과 장비 및 보석에 사용된다. 시스플라틴, 옥살리플라틴 및 카보플라틴과 같은 백금을 포함하는 화합물은 암 치료를 위한 화학 요법에 사용된다. 특히 시스플라틴은 고환암, 난소암, 자궁경부암, 식도암, 폐암 등을 치료하는데 사용되고 있다.

황철석(FeS_2)은 금속광택이 나고 금과 겉보기에 닮아서 '바보의 금(Fool's gold)'으로 알려져 있다. 그럼에도 불구하고 황철석은 소량의 금과 함께 발견되기도 한다. 황철석은 가장 풍부한 황화물 광물이다.

석영은 지구의 지각에 풍부하게 들어 있는 결정질 광물이다. 규소와 산소 원자가 SiO_4 사면체의 연속적인 구조로 연결되어 있는데, 각 산소는 두 사면체 사이에 공유되어 있으므로 SiO_2의 화학식으로 표시한다. 석영은 콘크리트, 유리, 과학 기기, 시계 등에 사용된다. 오늘날 석영의 가장 중요한 용도는 실리콘 반도체를 만드는 데 사용되는 것이다. 석영에는 여러 종류가 있으며 그중 일부는 준 보석으로 쓰인다. 순수한 석영은 무색투명하거나 반투명하다. 색깔을 띠는 석영으로는 시트린Citrine, 로즈 쿼츠Rose quartz, 자수정(Amethyst), 스모키 쿼츠Smoky quartz, 밀키 쿼츠Milky quartz 등이 있다.

희토류 원소(Rare earth elements)는 주기율표에 있는 17개 화학 원소(스칸듐, 이트륨, 그리고 15개의 란타넘족 원소)를 부르는 이름이다. 그 이름에도 불구하고 희토류 원소는, 방사성 프로메튬을 제외하고는, 지구 지각에서 비교적 풍부하다. 그러나 지구 화학적 특성으로 인해 희토류 원소는 일반적으로 분산되어 있으며 희토류 광물에 집중되어있는 경우가 많지 않다. 결과적으로 경제적으로 채굴 가능한 광상이 많지 않다. 1787년에 최초로 발견된 희토류 광물은 세륨, 이트륨, 철, 실리콘 등으로 구성된 광물인 가돌리나이트 Gadolinite였다.

은(Ag)은 주화 및 보석에 사용되는 귀금속이다. 은은 부드럽고 흰색의 광택이 나는 전이 금속으로 금속 중 가장 높은 전기 전도도, 열 전도도 및 반사율을 나타낸다. 순수한 자유 원소 형태, 금 및 기타 금속과의 합금, 그리고 아르헨타이트Argentite와 같은 광물에서 발견된다. 대부분의 은은 구리, 금, 납 및 아연을 정제하는 과정에서 부산물로 생산된다. 은은 태양 전지판, 정수, 보석류, 장식품, 식기 및 기구, 전기 접점 및 도체, 거울, 창문 코팅, 화학 반응의 촉매, 스테인드글라스 등에 사용된다. 은 화합물은 사진 및 X-ray 필름에 사용된다. 질산은 같은 은 화합물의 희석 용액은 소독제 및 미생물 억제제로 사용되며 붕대, 상처 드레싱 등에 사용된다. 은은 항미생물 특성으로 인해 의학 분야에도 사용된다.

탄탈럼(Ta)은 내식성이 높은 희귀하고 단단한 청회색 광택이 나는 전이 금속이다. 높은 융점과 고강도를 가지는 합금, 미사일, 항공기 부품 등에 사용된다. 화학적 불활성으로 인해 실험실 장비 및 백금의 대체품으로 사용된다. 주로 휴대폰, DVD 플레이어, 비디오 게임 시스템 및 컴퓨터와 같은 전자 장비에 쓰인다.

타이타늄(Ti)은 지구상에서 가장 풍부한 금속 중의 하나이다. 은색의 광택이 나는 전이 금속으로, 인체용 대체 부품을 만드는 데 사용된다. 부식 저항성이 매우 우수하다. 타이타늄은 금홍석(Rutile, TiO_2)과 일메나이트(Ilmenite, $FeTiO_3$)와 같은 광물에서 발견되고 지구 지각과 암석권에 널리 분포하며 거의 모든 생물에서도 발견된다. 타이타늄은 철, 알루미늄, 바나듐 및 몰리브덴과의 합금으로 만들어져 항공 우주, 군사, 산업 공정, 자동차, 농업, 의료용 보철과 임플란트, 스포츠 용품, 보석, 휴대폰 등에 사용된다. 이산화타이타늄(TiO_2)은 널리 사용되는 광촉매이다.

텅스텐(W)은 강철보다 강하고 용융 온도(3,422℃)가 모든 원소 중에서 가장 높은 금속이다. 또한 끓는점도 5,930℃로 가장 높다. 밀도는 물의 19배로 우라늄과 금의 밀도에 필적하며 납보다 훨씬 높다(약 1.7배). 텅스텐은 지구상에서 자연적으로 발견되는 희귀 금속으로, 원소 상태가 아닌 다른 원소와의 화합물 형태로 발견된다. 중요한 텅스텐 광석으로는 중정석[Wolframite, $(Fe,Mn)WO_4$]과 회중석[Scheelite, $CaWO_4$]이 있다. 텅스텐의 합금은 백열전구 필라멘트, X-선 튜브, 가스 텅스텐 아크 용접의 전극, 초합금 및 방사선 차폐 등 다양한 용도로 사용된다. 텅스텐은 경도와 밀도가 높아 군사용으로 발사체에 사용되며, 텅스텐 화합물은 종종 산업용 촉매로 쓰인다.

우라늄(U)은 방사성 원소로서 암 치료, 엑스레이, 군사 무기 및 우주 왕복선의 연료에 사용되는 물질이다. 우라늄은 주기율표의 악티늄 계열에 위치한 은회색 금속이다. 밀도는 납보다 약 70% 높고 금이나 텅스텐보다 약간 낮다. 천연 우라늄에서 가장 흔한 동위 원소는 우라늄-238과 우라늄-235이다. 우라늄은 토양, 암석 및 물에 수 ppm의 낮은 농도로 자연적으로 존재하며 우라니나이트Uraninite와 같은 미네랄에서 상업적으로 추출된다. 우라늄-238의 반감기는 약 44억 7,000만 년이고 우라늄-235의 반감기는 7억 400만 년으로 지구의 나이를 측정하는 데 유용하게 쓰인다. 우라늄은 고유한 핵 특성으로 인해 원자력 발전과 핵무기에 이용된다. 천연의 우라늄은 농축 과정을 거쳐 충분한 양의 우라늄-235를 얻어서 중성자로 핵분열을 유도하여 에너지를 얻는다. 2019년에 전 세계적으로 440개의 원자로에서 2,586TWh의 CO_2 없는 전기를 생산했으며, 이는 전 세계 태양열 및 풍력 발전 설비를 합친 것보다 많은 양이다. 한편, 원자력 발전은 초기 건설비용이 많이 들고, 방사성 폐기물 처분 또는 수명을 다한 원자로의 폐기에 많은 비용이 들어간다. 특히 안전성에 대한 문제를 해결하는 것은 커다란 과제이다.

바나듐(V)은 조개, 버섯, 대두, 당근, 식물성 기름 같은 많은 음식에서 발견되며 뼈의 성장을 돕는다. 바나듐은 심장 질환의 진행을 늦추고 혈압을 조절하며 기타 건강상의 이점을 제공하는 것으로 알려져 있다. 당뇨병 환자의 혈당 조절에 유용하며 보디빌더의 근육 성장에도 도움이 된다.

제올라이트Zeolite는 '춤추는 돌'로 알려져 있으며, 상업용 흡착제 및 촉매로 사용되는 알루미노실리케이트 광물이다. 제올라이트는 Na^+, K^+, Ca^{2+}, Mg^{2+}같은 다양한 양이온을 수용할 수 있는 다공성 구조를 가지고 있다. 이러한 양이온은 다소 느슨하게 유지되며 다른 이온으로 쉽게 교환 될 수 있어서, 제올라이트는 가정용 및 상업용 정수, 연화 등의 분야에서 이온 교환 베드로 사용된다. 제올라이트는 저급 천연 가스에 들어 있는 H_2O, CO_2 및 SO_2를 제거하는 것을 포함하여 가스를 분리할 수 있는 잠재력을 가지고 있다. 또한 촉매 분해 및 수소화 분해와 같은 석유 화학 산업에서 촉매로 사용된다. 제올라이트는 분자를 작은 공간에 가두어 구조와 반응성을 변화시켜 이성질화, 알킬화 및 크래킹과 같은 산 촉매 반응을 촉진한다. 제올라이트는 분자 체(Sieve)로 사용되며, 세탁용 세제로도 널리 사용된다. 농산물 보관 및 보존 제품에 제올라이트를 사용하면 에틸렌을 흡착하여 숙성 과정을 늦추어 저장된 농산물의 저장 수명을 연장할 수 있다.

아연(Zn)은 실온에서 약간 부서지기 쉬운 금속이며 산화된 부분을 제거하면 푸른 은빛을 띤다. 대표적인 아연 광석은 황화 아연 광물인 섬아연석(Sphalerite)이다. 구리와 아연 합금인 황동은 기원전 3000년부터 사용되었다. 연금술사들은 공기 중에 아연을 태워 "철학자의 울(Philosopher's wool)"이라 불리는 흰색 분말(산화아연, ZnO)을 만들었다. 아연의 중요한 용도는 철에 아연을 도금하여 부식에 강한 제품으로 만드는 것이다. 아연은 건강한 삶을 위해 필수적인 원소이다. 아연이 결핍되면 많은 질병을 유발한다. 소아의 경우 아연이 부족하면 성장 및 성 성숙 지연, 감염 감수성 등이 나타난다. 그러나 과도한 아연 섭취는 운동 실조, 무기력 및 구리 결핍을 유발할 수 있다.

상상을 더하다 3

-클레오파트라의 진주-

1. 조개는 모두 진주를 만들 수 있나?
2. 조개는 몸에 들어온 이물질을 탄산칼슘으로 감싸 진주를 만드는데, 조개는 탄산칼슘을 어디서 얻을까?
3. 다른 보석과 달리 진주는 어떻게 다양한 색이 존재할까?
4. 같은 종류의 보석인데도 색깔이 다른 보석들이 있는데, 그 이유는 무엇일까?
5. 빨간색과 초록색을 섞으면 왜 노란색이 될까?
6. 호박 속에 갇힌 공룡의 피에서 추출한 DNA만으로 1억 년 전의 공룡을 복원할 수 있을까? 이것이 가능하다 하더라도 변질된 DNA로 인해 괴물이 탄생하지는 않을까?
7. 석영과 유리는 모두 SiO_2로 구성된 물질이다. 석영은 결정성 고체이이고 유리는 비결정성 고체이다. 석영을 가열하면 유리가 된다. 유리를 석영으로 되돌리는 기술은 없을까?
8. 광물은 왜 결정을 형성할까?
9. 탄소는 생명체의 핵심 원소이다. 규소를 기반으로 한 생명체들도 있을까?
10. 남극에 사는 물고기 중에서 피 속에 헤모글로빈을 가진 물고기가 있을까?
11. 철을 녹슬지 않게 하는 방법은?
12. 금이 녹슬지 않는 이유는 무엇일까?

4장
제5원소

1
마법사의 돌

마법의 돌 / 4원소설 / 제5원소 / 오행

마법의 돌

소아시아 지역 프리기아 나라에 마이다스Midas라는 왕이 있었다. 마이다스는 엄청난 재산을 가지고 있었지만 부에 대한 그의 집착은 끝이 없었다. 왕은 술의 신 디오니소스에게 손에 닿는 모든 것을 황금으로 변하게 해 달라고 간청하였다. 디오니소스는 마이다스의 소원을 들어 주었고, 마이다스는 정원수, 조각물, 가구 할 것 없이 닥치는 대로 황금으로 만들었다. 그러나 마이다스의 행복은 오래 가지 않았다. 그가 먹고자 하는 음식은 물론이고 사랑하는 딸마저 금으로 변한 것이다. 마이다스는 디오니소스에게 다시 원래대로 되돌려달라고 간청했고, 다오니소스의 선심으로 마이다스는 팍톨로스 강물에 목욕함으로써 원래의 마이다스로 회귀할 수 있었다. 금 조각상으로 변한 딸도 강물에 담가 다시 인간으로 돌아왔다. 그러나 그 후에는 음악의 신 아폴로의 리라 연주와 목신 판의 피리 연주 대결에서 판을 편드는 어리석음을 저질러 아폴로의 응징을 받아 두 귀가 나귀 귀로 변해버렸다.

서양에서 연금술은 납을 금으로 바꾸고 질병을 치료할 수 있는 불멸의 비약을 만들려고 노력했던 사람들이 추구했던 의사과학이다. 중국에서는 인간의 질병을 치료하고 생명을 연장하기 위한 연단술이 탄생하였다. 인도의 연금술사들은 납, 유황, 수은을 융합하여 금을 만들고자 하였다. 이들은 비록 금을 만들어내는 데는 실패했지만 수많은 물질을 다루는 과정에서 값으로 따질 수 없는 결실을 거둔 과학자들이었다. 납과 금의 원자번호는 각각 82와 79이다. 납을 금으로 바꾸려면 납의 핵 속에 들어 있는 양성자 3개를 꺼내야 하는데, 납은 안정한 원소이기 때문에 이를 위해서는 막대한 에너지가 필요하게 된다.

원소를 변형시킬 수 있게 된 것은 20세기 원자력 시대가 시작되면서부터이다. 납이 금으로 바뀌는 사건은 1972년에 우연히 발견되었다. 소비에트 물리학자들이 시베리아 바이칼 호수 근처에 있는 핵 연구시설에서 실험용 반응 용기의 납 차폐물이 금으로 변한 사실을 발견한 것이다. 그 후 1980년에는 미국의 화학자 시보그Glenn T. Seaborg(1912~1999)가 납을 금으로 바꾸는데 성공하였다. 그는 강한 전자기장으로 양성자나 전자를 빛의 속도에 가깝게 가속하는 장치인 입자가속기를 이용하여 오랜 인류의 꿈을 이루었다. 시보그는 입자가속기를 사용하여 비스무트(Bi) 원자에서 양성자와 중성자를 제거하기 위한 실험을 하던 중 우연히 금이 만들어지는 사실을 발견하였다. 연금술사들이 수천 년 에 걸친 꿈이 실현되는 순간이었다. 그러나 이러한 방법은 매우 복잡하고 비용이 많이 들기 때문에 단 1온스(28.3g)의 금을 생산하는 데 수조 달러가 필요하다!

납 같은 값싼 금속을 금으로 만들 수 있는 능력을 가졌다고 전해지는 물질이 있다. 바로 철학자의 돌(Philosopher's stone)이다. 마법사의 돌(Sorcerer's stone)로도 불리는 이것은 사람을 젊게 하는 능력을 가지고 있는 생명의 묘약이라고 알려졌다.

값싼 납(Pb)으로부터 금(Au)을 얻고자 노력했던 사람들이 있었다. 바로 연금술사들(Alchemists)이다. 비록 그들은 금을 얻는 데는 성공하지 못했지만 다양한 실험 기술을 개발하고 많은 화학 물질을 발견하여 현대 화학의 초석을 다졌다. 근대화학의 아버지로 불리는 보일Robert Boyle(1627~1691)이나 고전 역학의 초석을 놓은 뉴턴Isaac Newton(1643~1727)조차도 금을 찾아 노력한 연금술사였다.

마이다스 왕이 오늘날 살아 있다면 두 눈을 의심할 정도로 놀라워할 만한 사건이 있다. 메탄(CH_4)으로부터 다이아몬드가 탄생한 것이다. 2015년 독일의 한 회사가 마이크로파 플라즈마를 사용하여 메탄을 분해하였다. 그런데 수소 원자의 도움으로 탄소 원자들이 가지런히 정렬하면서 균일한 다이아몬드 층을 형성하는 것이었다. 수개월 후 두께 1~2mm에 40~100mm 크기의 다이아몬드 디스크가 얻어졌다. 많은 양의 금을 얻는 방법이 없을까? 답은 지구 밖에서 찾는 것이 현명하다. 우주의 무거운 원소 중 80% 이상은 초신성 폭발로 생성된다. 핵반응과 관련하여 우리가 지구에서 할 수 있는 것이라곤 우라늄($_{92}U$)을 중성자로 때려 스트론튬($_{38}Sr$)과 제논($_{54}Xe$)을 얻거나(핵분열 반응) 아니면 수소($_{1}H$)를 융합시켜 헬륨($_{2}He$)을 얻을 수 있다는 것(핵융합 반응)이 유일한 위안거리이다.

4원소설

만물을 구성하는 기본 요소는 무엇일까? 고대로부터 이러한 궁금증을 풀기 위한 인류의 노력은 끊임없이 이어져 왔다. 원소의 정체를 정확히 이해하지 못했던 고대에 이미 금, 은, 구리, 철, 납, 주석, 수은, 황, 그리고 탄소가 발견되었다. 인류에게 청동기 시대를 이끈 구리의 역사는 기원전 9000년 중동으로 거슬러 올라간다. 납은 녹는점이 낮아 제련이 용이하여 기원전 7000년부터 사용되었다. 금의 역사도 기원전 6000년으로 거슬러 올라간다. 철의 역사도 기원전 5000년으로 거슬러 올라간다. 고대 이집트에서는 운석에 포함된 철을 가지고 공예품을 만들었다. 1925년 영국의 고고학자 카터Howard Carter(1874~1939)가 발견한 투탕카멘의 검은 운석에 포함된 철로 만들어졌다. 탄소의 역사도 기원전 3750년 수메르와 고대 이집트로 거슬러 올라간다. 기원전 3500년경 주석을 제련하는 기술은 청동기 시대를 열었다. 황은 기원전 2000년 이전에 사용되었다. 연금술에 관한 내용을 담은 가장 오래된 저술 중의 하나인 에버스 파피루스Ebers Papyrus(1500 BCE)에 기록된 바에 따르면, 고대 이집트인들은 눈병을 치료하는데 황을 사용하였다. 수은의 역사도 적어도 기원전 1500년의 고대 이집트로 거슬러 올라간다.

원소에 대한 이론은 시대에 따라 진보하였다. 고대 그리스의 철학자이자 밀레토스 학파의 창시자인 탈레스Thales of Miletus(c.624~548 BCE)는 우주를 설명하기 위해 신화를 사용하는 것을 탈피하고, 이론과 가설을 통해 자연적인 대상과 현상을 설명하였다. 소아시아의 밀레투스 출신인 그는 최초로 정전기 실험을 하여 기록을 남긴 인물로 알려져 있다. 탈레스가 만물의 근원이라고 칭한 것은 물(H_2O)이었다. 탈레스는 모든 것이 물에서 유래하였거나 실제로 물로 만들어졌다고 주장하였다. 그는 지구가 물 위에 떠 있다고 생각하였다. 탈레스의 제자였던 아낙시만드로스Anaximander(610~546 BCE)는 스승과는 다른 견해를 피력하였다. 그는 만물을 구성하는 근본적인 재료로 아페이론Apeiron(무한 물질, 의미: unlimited)을 제안하였다. 아낙시만드로스의 제자였던 아낙시메네스Anaximenes(c.586~526 BCE)는 공기를 만물의 근원으로 보았다. 공기는 끊임없이 운동을 하며 모든 공간을 채우는 기체이기 때문에 스승의 무한 개념에 들어맞았다. "같은 강물에 두 번 들어갈 수 없다."는 말로 유명한 헤라클레이토스Heraclitus(535~475 BCE)는 불을 우주의 기본 원소로 보았다. '우는 철학자'로도 알려진 그는 만물은 끊임없이 '변화'한다고 믿었다.

물질이 4가지 기본 원소로 이루어졌다는 '4원소설'을 최초로 주장한 사람은 엠페도클레스Empedocles(494~434 BCE)이다. 그는 모든 물질이 물, 불, 공기, 흙이라는 4가지 원소들의 합성물이며, 사물은 이 기본 원소의 비율에 따라 서로 형태를 바꿀 뿐 어떤 사물도 새로 탄생하거나 소멸하지 않는다고 보았다. 이 원소들은 서로 다른 성질을 지니며, 사랑(Philia)과 미움(Neikos)이라는 두 힘이 상호작용하여 4원소들을 결합하거나 분리하는데, 미움이 작용하면 이 원소들은 서로 떨어져 나가고, 사랑이 작용하면 원소들은 함께 섞여 물질이 만들어 진다고 주장했다. 플라톤은 창조주 데미우르고스Demiurge가 4원소(물, 불, 공기, 흙)를 만들고 모든 물질들은 이 4원소로 만들었다고 주장하였다. 플라톤의 다면체(Platonic solid)는 모든 면이 합동인 정다각형으로 이루어진 다면체를 말하는데, 오직 다섯 개의 정다면체만 존재한다. 플라톤은 불, 흙, 공기, 물을 각각 정사면체, 정육면체, 정팔면체, 정이십면체에 대응시켰다. 흙은 고정 불면의 특징을 가지지만, 나머지 세 원소는 가변적이다. 플라톤의 제자였던 아리스토텔레스는 4원소설을 그대로 인정하고, 물질의 근원을 설명하기 위해 4원소 외에 습함, 건조함, 차가움, 뜨거움의 4가지 성질을 제안하였다. 그는 각 원소에는 서로 상극이 아닌 두 성질이 있다고 생각했다. 물은 차고 습하지만, 불은 건조하고 뜨겁다. 공기는 습하고 뜨거우며, 흙은 건조하고 차다. 이것은 4원소가 가지고 있는 4가지 성질 가운데 하나만 바꿔 주면 다른 원소로 바뀔 수 있다는 것을 간접적으로 표현하며 중세 연금술의 이론적 근거가 되었다. 또한 아리스토텔레스는 4원소는 무게가 서로 달라서 흙, 물, 공기, 불의 순으로 존재한다고 보았다. 또한 불의 위쪽에는 더 가볍고 더 순수하며 가장 완전한 제5원소가 존재한다고 생각하였다. 지상에서는 4원소설이지만, 우주 전체로 확장하면 5원소 변환이 가능할 것이라고 주장했다.

제5원소

정다각형이란 모든 각의 크기가 같으며 모든 변의 길이도 같은 다각형을 말한다. 정삼각형, 정사각형, 정오각형, 정육각형, 정이십각형, 정백각형 등 정다각형의 종류는 무수히 많다. 그렇다면 볼록 다면체 중에서 모든 면이 합동인 정다각형으로 이루어져 있으며, 각 꼭짓점에서 만나는 면의 개수가 같은 정다면체는 몇 종류나 될까? 정다면체는 정다각형과는 달리 단 5종류만이 존재한다. 여기에는 정사면체(3개의 정삼각형으로 구성), 정육면체(6개의 정사각형으로 구성), 정팔면체(8개의 정삼각형으로 구성), 정십이면체(12개의 정오각형으로 구성), 그리고 정이십면체(20개의 정삼각형으로 구성)가 있다. 플라톤은 엠페도클레스의 4원소(불, 공기, 물, 흙)를 정다면체(Platonic solid)에 대응하는 것으로 설명하였다.

정사면체	(Tetrahedron)	불
정팔면체	(Octahedron)	공기
정이십면체	(Icosahedron)	물
정육면체	(Cube)	흙

전술한 바와 같이, 정다면체는 단 5종류만 존재한다. 그런데 정사면체, 정팔면체, 그리고 정이십면체는 정삼각형으로 이루어져 있는 반면에 정육면체는 정사각형으로 이루어져 있다. 따라서 불, 공기, 그리고 물은 상호 변환이 가능하지만 흙은 이들과 변환되지 않는다고 생각하였다. 플라톤은 하나 남은 정다면체인 정십이면체는 하늘의 별을 배열하는 데 쓰인다고 생각하였다. 하늘을 구성하는 원소는 지구와 다르다고 보고 4원소에 하나의 원소를 추가한 인물이 있다. 바로 플라톤의 제자 아리스트텔레스(384~322 BCE)이다. 그는 이 제5원소(Quintessence)를 '에테르Ether'라 불렀다. '이데아'만이 참된 실체라고 생각한 플라톤과 달리 아리스토텔레스는 감각으로 파악되는 물질세계가 기본적인 실재이며 앎의 대상이라고 보았다.

화학은 물질의 특성과 변화의 원리를 연구하는 학문이다. 아리스토텔레스는 물체의 성질과 특성을 설명하고 나아가서 다양한 현상을 설명하였다. 현대과학의 방법론적 기초가 된 아리스토텔레스의 경험론은 훗날 이븐 시나Ibn Sina(980~1037)를 거쳐 베이컨Francis Bacon(1561~1626), 로크John Locke(1632~1704) 등으로 이어졌다. 뉴턴Isaac Newton(1642~1726)도 에테르의 존재를 믿었다. 그는 '모든 공간이 다양한 밀도의 에테르로 가득 차 있다'고 주장하였다. 우주를 가득 채우고 있는 에테르가 빛의 전파를 위한 매질 역할을 한다고 생각했던 것이다. 당시 에테르는 전자기파 또는 중력의 전파를 전송하기 위해서 필요한 존재였다. 아인슈타인은 때때로 일반 상대성 이론에서 중력장으로 에테르라는 단어를 사용했지만 이 용어는 널리 지지를 받지 못했다. 양자 역학은 시공간(Spacetime)을 극히 작은 스케일에서 비어 있지 않은 것으로 설명하는 데 사용할 수 있으며, 매우 빠르게 나타나고 사라지는 입자 쌍을 생성한다. 디랙Paul Dirac(1902~1984)도 에테르 가설을 제안했지만 주류 과학계의 지지를 얻지 못했다. 드브로이, 맥스웰 등 많은 과학자들도 '빈' 공간을 채우는 물리적 특성을 가진 매체가 있을 수 있다고 생각하였다.

그러나 에테르는 마이컬슨-몰리 실험(Michelson-Morley experiment)으로 그 존재가 부정되었다. 1887년 광파의 운반자로 생각되는 에테르의 존재를 탐지하기 위한 실험이 시도되었다. 그들은 에테르를 통해 물질의 상대적인 운동을 감지하기 위해 수직 방향으로 빛의 속도를 비교하였다. 결과는 부정적이었다. 마이컬슨과 몰리는 추정된 에테르를 통과하는 이동 방향의 빛의 속도와 직각에서의 속도 사이에 큰 차이가 없다는 것을 발견했다. 이 결과는 일반적으로 당시 유행했던 에테르 이론에 대한 최초의 강력한 증거로 간주되었다. 마이컬슨-몰리 유형의 실험은 지속적으로 감도를 증가시키면서 수차례 반복되었다. 2009년에는 광학 공진기 실험을 통해 10^{-17} 수준에서 에테르의 바람이 없음을 확인했다.

천문학자들은 성운의 운동을 설명하는 과정에서 새로운 물질을 가정하기 시작하였다. 바로 암흑물질 또는 윔프(Weakly interacting massive particle, WIMP)이다. 이 물질은 질량은 가지고 있지만 다른 물체와 접촉해도 아무런 작용을 일으키지 않고 투과하기 때문에 일반적인 관측방법으로는 접근할 수 없다. 성운의 회전 속도와 팽창속도로부터 구심력의 크기를 계산하면 그만한 중력을 일으킬 성운의 총 질량을 계산할 수 있다. 그런데 관측 결과 추정이 가능한 천체와 성간 물질의 질량을 합해도 필요한 질량의 5분의 1도 되지 않았다. 그래서 지금까지 관측되지 않은 이상한 물질이 나머지 중력을 일으키고 있다고 상상하게 된 것이다. 1930년대부터 제기된 이 질문에 대한 답으로 2000년에 이탈리아 로마 대학교의 과학자들이 연구한 논문이 발표되었다. 흑질 입자가 일반물질과 간혹 일으키는 충돌을 검출해 계절에 따른 빈도 차이를 확인했다는 것이다. 이에 대해서는 추가적인 연구가 필요해 보인다.

오행

태양계에서 지구가 탄생한 이래로 생겨났다 사라져간 무수한 생명체들. 지금 이 순간 숱한 사연을 담고 살아가는 수많은 생명들. 십인십색, 만인만색. 영원히 이 상태로 있고 싶어도 우리 모두는 매일 변한다. 몸도 마음도 끊임없이 변화한다. 내 곁에 좋은 일만 있다면 얼마나 좋을까! 즐거움도 잠시뿐. 어느 순간, 전혀 다른 상황에 빠져 당황해하고 우울해하고 슬퍼하고 분노한다. 다행히 상황은 또 변한다. 갖고 싶은 것을 소유하고 바라던 일이 이루어져도 밀려오는 허전함은 채울 길이 없다. 팔자八字를 고치면 오복五福을 누릴 수 있을까? 오복 중 몇 개나 내게 찾아올까? 오늘의 운세나 볼까? 요즘은 인터넷으로도 궁금증을 해결할 수 있다. 마음에 드는 사이트에서 생년월일시를 입력하고 엔터키를 눌렀다. 성향 분석, 성격, 연애 스타일, 직장/사업, 월별 반드시 피해야 할 날 등 한 눈에 들어온다. "당신의 성향은 태음목입니다." 그런가? "생활력이 강하고 두뇌회전이 대단히 빠릅니다." 40%는 맞는 것 같군. "어디서나 잘 적응하며 능력 있고 일을 잘 한다는 소리를 듣습니다." 맞아! "고집이 세어서 웬만한 일로는 자신의 의견을 굽히지 않습니다." 이건 아닌데!. "쉽게 포기하지 않지만 포기한 일은 빨리 잊어버리는 성격이지요." 애매하군! "누구보다 마음이 따뜻하지만 쉽게 상처받고 오해를 사는 일이 많습니다." 그런 것 같기도 해! "한번 빠지면 앞뒤 가리지 않고 빠져드는 타입입니다." 맞아! 이어서 연애 스타일, 직장/사업에 대한 내용을 읽어보았지만 뭔가 허전한 느낌이다. 맞는 것 같기도 하고 아닌 것 같기도 하고. 그러나 한편으로는 안심이 든다. 내일이 궁금하면 사주, 궁합, 타로점, 토정비결이 답을 준다.

이러한 것들은 태양계 안의 여러 행성들의 운행 원리에 기초하여 태어났다. 태양은 행성들의 주인이다. 지구에 존재하는 만물은 태양에 의존한다. 태양은 변화한다. 태양 주위를 도는 행성들도 따라서 변화한다. 인터넷으로 본 '오늘의 운세'는 애매한 답을 주는 만큼 미래에 대한 호기심도 커진다. 해답은 내가 최선을 다하고 기다리는 데서 온다. 최선을 다해도 당초 기대했던 결과를 가져다주지 않을 수도 있다. 그러나 그 예상 밖의 결과가 나에게 어떤 의미로 다가올까 생각하면 설렌다. 음양설은 모든 현상이 음과 양의 쌍으로 나타난다는 것이다. 음과 양은 대립적이지만 상보적이다. 음과 양이 네 가지 기운(생, 노, 병, 사)에 따라 오행이 나타난다는 것이 오행설이다. 오행설은 목木, 화火, 토土, 금金, 수水의 5원소로 압축해서 설명하는 이론이다. 인간사회의 운행변전을 이 다섯 개를 기본으로 풀어내는 것이다. 음양오행론은 미신이다. 현대 과학의 관점에서 보자면 그러하다. 그러나 태양을 중심으로 일정한 리듬을 갖고 회전하는 행성들, 그 행성 중의 하나인 지구, 그 안에서 살아가는 생명을 생각하면 어느 정도 논리적인 틀을 갖춘 학문으로 볼 수도 있다. 그래도 미신이라 말하고 싶은 과학자가 있다면, 그 역시 과학이라는 미신을 신봉하는 자일 뿐이다. 현대 과학이 모든 것을 설명할 수는 없다. 현대과학은 물질주의로 가득 차 있다. 현대과학이 다양한 다른 '학문'과 대화할 때 우리의 삶은 아름답고 풍요로워진다.

2
멘델레예프

카본 카피 / 태양의 원소 / 내 안의 원소 / 멘델레예프

카본 카피

영화 속에 등장하는 원소를 찾아라. 너무 어렵다면 제목에 화학원소가 들어간 영화를 찾아보자.

생명체의 핵심 원소인 탄소(C)가 들어간 영화가 있을까? 1981년에 나온 〈카본 카피 Carbon Copy〉라는 영화가 있다. '나와 꼭 닮은 사람'을 뜻한다. 미국의 슐츠Michael Schultz가 감독을 맡은 영화이다. 시갈George Segal이 부유한 백인 사업가로 등장한다. 어느 날, 상류층으로서 부러울 것이 없던 그에게 한 흑인 청년(워싱턴, Denzel Washington)이 '하이, 대디.' 하며 나타난다. 백인 아내의 분노는 끓어오르고… 부유하게 살던 그의 앞날은 어떻게 될까? 전형적인 Riches-to-rags 스토리, 즉 부자가 가난뱅이로 전락하는 이 영화는 어떤 결말로 끝이 날까?

1971년 미국의 컴퓨터 프로그래머 톰린슨Ray Tomlinson(1941~2016)이 발명한 이메일은 오늘날 가장 중요한 소통 수단이 되었다. 이메일 창을 열면 '받는 사람' 입력란 바로 옆에 CC와 BCC라는 두 개의 입력란이 있다. 여기서 CC와 BCC는 더 많은 사람을 이메일의 수신자로 포함 할 수 있는 두 가지 방법이다. CC는 카본 카피Carbon copy의 약어이다. 이 말은 타자기를 사용하던 시절 카본 페이퍼(먹지)를 두 장의 종이에 끼워 똑같은 문서를 복사하던 것에서 유래하였다. 이와 마찬가지로 CC는 이메일 사본을 다른 사람

에게 쉽게 보낼 수 있는 방법이다. BCC(Blind Carbon Copy)는 "숨은 참조"를 의미한다. 수신자는 다른 사람이 이메일 사본을 받은 것을 볼 수 없기 때문에 숨은 참조라고 한다.

영화 제목이 산소인 영화도 있다. 1999년 셰퍼드Richard Shepard가 감독하고 각본을 맡은 〈옥시즌Oxygen〉(산소)이다. 이 영화는 자신을 해리라고 부르는 납치범을 쫓는 경찰을 그리고 있다. 납치범이 부유한 사업가의 아내를 납치하여 24시간 분량의 산소와 함께 숲 속에 생매장한다. 경찰은 사건 현장에 포스터 형사를 파견한다. 납치 사건은 24시간 안에 해결될 수 있을까?

〈네온 시티Neon city〉(1991년), 〈네온 신의 반란(Rebels of the Neon God)〉(1992년), 〈네온사인Neon Signs〉(1996년) 같이 네온이 들어간 영화도 있다. 이 영화들은 네온 불빛이 있는 도시의 설정과 관련이 있다. 네온 시티는 미국의 마크햄Monte Markham이 감독한 아포칼립스 SF 영화이다. 네온 신의 반란은 차이밍량蔡明亮이 각본 및 감독을 맡은 대만의 영화이다. 그밖에도 〈네온 천장(The Neon Ceiling)〉(1971년)은 미국의 영과 그랜트가 출연한 미국 영화이다. 피어슨Frank Pierson이 감독을 맡은 이 영화에는 천장에 부착하는 네온 조각품을 만드는 예술가가 등장한다.

나트륨(소듐, Sodium)이 들어간 영화도 있다: 〈소듐 베이비Sodium Babies〉(2009년), 〈소듐 파티Sodium Party〉(2013년). 이 영화들을 보는 사람들은 뱀파이어와 마약이 등장하는 극적인 주제로 인해 혈압이 상승하는 것을 느낄 것이다. 〈소듐 베이비〉에서는 데드 독Dead Dog이 등장하는데, 이 악귀는 모든 뱀파이어들의 왕자에 의해 영원히 노예 상태가 된다. 시간이 흐르고 잔인한 광기에서 벗어나고자 하던 그에게 아름다운 소녀가 나타나고 자신을 찾기 위해 분투한다. 한편, 맥커든Michael McCudden이 감독한 영화 〈소듐 파티〉는 끔찍한 어린 시절을 거쳐 대학에 진학한 클레어를 따라 가며 사진작가를 만나 사랑과 약물의 칵테일을 통해 그녀를 실제 삶에 노출시킨다. 그들의 관계 속에서 클레어의 격동적인 과거의 유령이 드러난다.

영화 〈아르곤 퀘스트The Argon Quest〉(1992년)에서는 두 명의 어린이가 신비스러운 목걸이를 발견한다. 이 목걸이는 이들을 이상한 생물로 가득한 마법의 섬으로 데려간다.

이 섬에는 아르곤이라는 이름을 가진 잠자는 거인이 살고 있었는데... 불활성 원소인 아르곤(Ar)은 '게으른 lazy' 또는 '불활성 inactive'을 뜻하는 그리스어에서 온 말이다. 이는 아르곤이 거의 화학 반응을 하지 않는다는 것을 의미한다. 아르곤은 맨 바깥 궤도에 8개의 전자를 가지고 있는 안정한 원소이다. 아르곤은 무색, 무취, 불연성이다. 지구 대기에 0.934%(9340ppm) 존재하는 아르곤은 이산화탄소(400ppm)보다 23배 풍부하며 네온(18ppm)보다 500배 이상 풍부하다.

〈칼슘 키드The Calcium Kid〉(2004년)는 우유 배달원이자 초보 권투선수인 평범하지만 유쾌한 남자 지미가 권투로 성공하는 이야기를 담고 있는 영국의 기념비적인 코미디이다. 영국의 라코프Alex De Rakoff가 감독을 맡았다. 지각에서 다섯 번째로 풍부한 원소인 칼슘(Ca)은 알칼리토금속으로서 공기에 노출되면 어두운 산화물-질화물 층을 형성하는 반응성이 있는 금속이다. 칼슘은 1808년 영국의 화학자 데이비Humphry Davy(1778~1829)에 의해 산화물의 전기분해를 통해 최초로 분리되었다. 칼슘 화합물은 칼슘 보충을 위한 식품 및 의약품, 표백제로서의 제지 산업, 시멘트 및 전기 절연체의 성분, 비누 제조 등 많은 산업에서 널리 사용된다.

"철마"는 증기 기관차를 상징하는 문학적 용어로, 말이 풍차와 증기 기관을 제외한 대부분의 기계에 여전히 동력을 공급하던 1800년대 초반에 등장하였다. 영화 〈철마(The Iron Horse)〉(1924년)는 포드John Ford(1894~1973)가 감독한 미국의 무성 영화로, 미국 최초의 대륙 횡단 철도 건설에 관한 영화이다. 아일랜드인, 이탈리아인, 중국인 이민자들과 아프리카계 미국인을 이 위업을 가능하게 한 획기적인 일을 한 남성으로 묘사하고 있다. 이 영화는 2011년 미국 의회 도서관에 의해 '문화적, 역사적, 미적으로 중요한' 영화로 선정되어 국립 영화 등록소에 보존되었다.

1804년 영국의 트레비식Richard Trevithick(1771~1833)이 최초의 실용적인 증기 기관차를 출시했을 때의 속도는 시속 16km 미만이었다. 오늘날의 고속 철도는 시속 480km의 속도로 달릴 수 있다. 무려 30배 빠른 속도로 운행되고 있는 것이다. 일본 최초의 신칸센이 1964년 도쿄 올림픽에 맞춰 개통되었을 때 시속 200km 이상의 속도로 달릴 수 있었다. 이제는 프랑스, 중국, 독일, 한국 등이 초고속 열차를 운영하고 있다.

니켈(Ni)이 들어간 영화는 영화도 있다. 〈On the Nickel〉(1980년)은 미국의 배우 웨이트Ralph Waite(1928~2014)가 각본, 제작, 주연을 맡은 영화이다. 이 영화는 술에 취한 삶에 불만을 느끼고 로스앤젤레스의 스키드 로우에 살던 옛 친구들과 즐거웠던 시간을 찾아 돌아가는 알코올 중독자 샘의 이야기를 보여준다. 이 영화에는 "니켈"(5센트짜리 동전)이라고도 부르는 5번가가 나온다. 니켈은 빈곤 혹은 어려운 시기를 상징한다. 미국은 동전마다 이름이 있다. 미국 5센트짜리 동전은 니켈로 만들어 있어서 '니켈'이라 부르기도 한다. 입장료가 5센트(니켈)였던 20세기 초 미국의 동네 싸구려 영화관 이름 '니켈로디언Nickelodeon'에서 유래했다.

그밖에도 구리(Cu)가 들어간 영화 〈Copper Canyon〉(1950년), 황(S)이 들어간 영화 〈The Ghost of Sulphur Mountain〉(1912년), 아연(Zn)이 들어간 영화 〈My Zinc Bed〉(2008년), 아이오딘(I)이 들어간 영화 〈Little Iodine〉(1946년) 등이 있다.

태양의 원소

루비보다 더 빨간, 다이아몬드보다 더 찬란하게 빛나는, 그리고 눈이 부셔 똑바로 바라볼 수 없는 우리의 태양은 약 46억 년 전에 탄생하였다. 태양의 지름은 139만 km로 지구 지름의 약 109배에 달한다. 태양의 지름은 지구에서 달 까지 거리의 3.6배에 해당한다. 태양 속에는 약 100만 개의 지구를 담을 수 있다. 태양은 지구로부터 무려 1억 5,000만 km나 떨어져 있다. 태양은 표면 온도만 해도 5,500℃에 달한다. 태양에 다가갈 수 있다 해도 우린 그 전에 사라져 버릴 것이다. 레늄(Re)으로 만든 우주선을 타고 가볼까? 그러나 레늄은 3,180℃가 되면 녹아버린다. 텅스텐(W)으로 무장한다 해도 소용없다. 3,420℃가 되면 녹아버릴 테니까. 하프늄(Hf)과 질소(N)와 탄소(C)로 만든 신 물질이 있다고? 어림없다! 태양 표면의 온도는 5,500℃이며, 중심부의 온도는 1,500만℃에 달한다. 태양의 비밀을 어떻게 파헤칠 수 있을까?

1802년에 영국의 화학자 월라스턴William Hyde Wollaston(1766~1828)은 태양의 스펙트

럼에서 어두운 선이 나타나는 것을 발견하였다. 1814년 독일의 물리학자 프라운호퍼Joseph von Fraunhofer(1787~1826)는 그 선(프라운호퍼 선, Fraunhofer lines)을 체계적으로 연구하였다. 그는 570개 이상의 선들을 A부터 K까지의 문자로 표시하였다. 현대의 기술로는 수천 개의 선들을 측정할 수 있다. 약 45년 후 독일의 물리학자 키르히호프Gustav Robert Kirchhoff(1824~1887)와 화학자 분젠Robert Wilhelm Eberhard Bunsen(1811~1899)은 이 선들이 원소를 가열할 때 나오는 방출 스펙트럼(Emission spectrum)과 일치한다는 사실을 발견하였다. 태양 스펙트럼의 어두운 선들은 태양 대기에 있는 화학 원소들에 의한 흡수 스펙트럼이라는 사실이 밝혀지게 된 것이다. 태양에 가장 풍부하게 존재하는 원소는 수소(91.2%)이고, 헬륨(8.7%)이 그 다음을 차지한다. 산소(0.078%), 탄소(0.043%), 그리고 질소(0.0088%)도 풍부하다. 그밖에 규소(0.0045%), 마그네슘(0.0038%), 네온(0.0035%), 철(0.030%), 황(0.015%) 등도 들어있다. 질량을 기준으로 하면, 수소(71%)와 헬륨(27.1%)이 주를 이루고 있다.

태양이 빛나는 이유는 무엇일까? 태양에서 나오는 막대한 에너지는 어디에서 생겨나는 것일까? 비밀은 태양에서 일어나고 있는 수소의 핵융합 반응에 있다. 태양은 초당 약 6억 톤의 수소($_{1}H$)를 융합하여 헬륨($_{2}He$)을 만든다. 태양의 중심부에서 양성자(수소의 핵)로 시작하는 일련의 단계를 통해 양성자가 헬륨으로 융합되는데, 이 과정을 통해서 막대한 에너지가 바깥쪽으로 전달되면서 태양은 상태가 유지되며 외부로 에너지를 방출한다. 핵융합 과정에서 발생하는 감마선은 태양 내부 플라스마 상태의 가스들과 충돌하므로 태양 바깥으로 나오지 못한다. 한편, 태양의 핵융합 반응에서는 어마어마한 양의 중성미자가 방출되어 지구를 통과한다. 중성미자는 태양이 오랫동안 안정적으로 빛을 낼 수 있도록 해주는 입자이다. 그런데 이론적으로 예측한 값보다 훨씬 적은 중성미자가 검출되었다. 따라서 이러한 차이(태양 중성미자 문제)를 규명하는 것이 중요한 과제로 대두되었다. 데이비스와 동료들은 폐광된 금 광산의 지하 1,478m에서 중성미자를 측정하였다. 2001년 미국의 서드베리 중성미자 관측소에서도 중성미자가 측정되었다. 초신성(SN 1987A)에서 방출된 가시광선이 지구에 도착하기 3시간 전에 중성미자의 폭발 현상이 중성미자 관측소에서 포착되었다. 중성미자가 가시광선보다 먼저 지구에 도착한 이유는, 중심핵 붕괴와 동시에 일어나는 중성미자 방출 현상이 가시광선 방출(충격파가 항성 표면에 도달하는 순간 일어난다)보다 빠르게 발생했기 때문이다. 이로써 초신성에서 방출된 중성미자를 최초로 확인하게 되었으며, 붕괴 에너지의 99%가 중성미자 형태로 방출된다는 이론과 실제가 일치함이 입증되었다.

태양은 영원할까? 우리의 태양은 영원하지 않다. 다른 별들과 마찬가지로 변해간다. 태양의 수명은 약 123억 6,500만년이고 45억 6,700만 년 전에 형성되었다. 태양은 펄사가 되기에는 너무 작은 별이다. 태양은 현재 주계열성으로 분류된다. 64억 년 후 태양은 붉은 색을 띠는 적색 거성이 되어 수성과 금성을 삼킬 것이다. 지구는 태양의 가장 가까운 행성이 될 것이다. 75억년 후 이 적색 거성은 지구와 화성도 삼켜버릴 것이다. 지구에 있는 모든 물은 증발할 것이다. 한동안 화성이 거주 가능한 지역에 위치할 것이다. 점점 힘을 잃어가는 적색 거성은 낮은 주파수를 갖게 되므로 더 붉은 색으로 타오를 것이다. 태양의 마지막 순간은 어떤 모습일까? 일련의 폭발이 일어나면서 태양은 내부 핵만 남아 지구크기 만한 백색 다이아몬드가 될 것이다. 이를 백색 왜성이라 부른다. 이 다이아몬드는 밀도가 너무 커서 천천히 아주 천천히 식어갈 것이다. 태양은 블랙홀이 되지 못한다. 그렇게 되기엔 태양은 너무 작다.

금은 우주가 처음 만들어질 당시에는 존재하지 않았던 원소이다. 빅뱅에 이어 수소와 헬륨이 태어났다. 그 후 별들이 뜨겁게 타오르면서 탄소, 질소, 산소 같은 원소들이 생겨났다. 그리고 별은 규소를 태워 철을 만들고 폭발하여 초신성이 되었다. 그 속에서 만들어진 금은 초신성 폭발과 함께 우주로 뿌려졌다. 우리의 지구는 태어난 지 2억 년 후에 금과 다른 금속을 가진 운석이 충돌하면서 금을 가진 행성이 되었다. 테이아Theia는 약 45억 1,000만 년 전 초기 태양계에서 초기 지구와 충돌하였다고 여겨지는 행성을 말한다. 이 이론에 따르면, 화성 크기의 테이아가 지구와 충돌한 후 금을 포함한 귀금속들은 용융된 철과 함께 핵으로 내려갔다. 일부는 맨틀에 녹아 있었을 것이다. 그리고 금은 마그마의 바다에서 지각으로 올라왔다.

태양은 주로 수소와 헬륨으로 이루어진 별이다(원자 수 기준: 99.9%, 질량 기준: 98.1%). 그밖에 산소, 탄소, 질소, 그리고 규소가 각각 1%, 0.4%, 0.1%, 그리고 0.1%를 차지한다(질량 기준). 태양 속에 들어 있는 금속은 2% 미만(질량 기준)이다. 태양 속에는 금이 얼마나 있을까? 태양의 질량은 2.0×10^{30}kg이므로, 2,00억 분의 1이 금이라 한다 해도 그 양은 무려 1.0×10^{17}톤이나 된다. 납이 풍부하게 들어 있는 별 3개가 발견되었다. 벨기에와 프랑스의 천문학자들이 칠레의 라실라 천문대에 있는 ESO 3.6m 망원경으로 분광기를 이용하여 이 별들을 관측하였다. 철보다 무거운 안정한 원소의 약 절반은 수명이 다 해가는 별에서 생성되며 나머지 절반은 초신성 폭발로 생성된다. 3개의 별 각각에 들어 있는 납의 무게는 달과 비슷하였다!

별에서 가벼운 원소에서 더 무거운 원소가 탄생하는 과정을 "핵 합성"이라고 한다. 가장 가벼운 원소(수소, 헬륨 및 리튬)만이 빅뱅 당시 생성되어 초기 우주에 존재했다. 우리가 지금 볼 수 있는 무거운 원소들은 나중에 별 내부에서 일어난 핵 합성에 의해 생성되었다. 별은 핵융합을 통해서 무거운 원소들을 만들어 내는 "원소 공장"이다. 우리 태양과 비슷한 별들에서 수소는 헬륨으로 융합되고 있다. 헬륨은 다시 탄소, 산소 등으로 융합된다. 융합 과정은 양전하를 띤 핵이 결합되기 전에 서로 매우 가깝게 움직여야 한다. 그러나 원자 질량이 증가하고 핵의 양전하가 증가함에 따라 핵 사이의 전기적 반발이 더 강해진다. 이런 이유로 핵융합 과정은 철 원소에 해당하는 질량 한계까지만 작동한다. 철보다 더 무거운 모든 원소는 이 경로를 통해 만들어질 수 없다. 그렇다면 우리가 지금 지구에서 발견한 무거운 원소들은 어떻게 만들어진 것일까? 인공 다이아몬드의 지르코늄, 불꽃놀이를 물들이는 바륨, 전구의 필라멘트에 있는 텅스텐은 어디에서 왔을까? 자동차 배터리에 쓰이는 납은 어떻게 만들어졌을까? 철보다 무거운 원소는 원자핵에 중성자가 추가됨으로써 생성된다. 이 중성 입자는 하전된 핵으로부터 전기적 반발을 느끼지 않다. 따라서 중성자는 쉽게 접근하여 더 무거운 핵을 생성할 수 있다. 별에서 이러한 "중성자 포획" 과정이 일어날 수 있는 환경은 두가지가 있다. 하나는 질량이 매우 큰 별이 초신성이 되어 폭발할 때이다. 철보다 더 무거운 원소의 약 절반은 나이가 많은 별이 주변의 성간 공간으로 가스를 방출하기 직전에 발생하며, 별은 타버린 희미한 "백색 왜성"으로 죽는다. 이러한 과정을 거쳐 일생을 마치는 별은 AGB(Asymptotic giant branch, 점근거성열)에 위치한 별로서 태양의 0.8~8배 질량 값을 가진다. 동시에 이 별들은 "덤벨 성운"과 같은 아름다운 성운을 생성한다. 우리의 태양은 지금으로부터 약 70억년 후에 이런 식으로 생을 마칠 것이다.

내 안의 원소

지구에 자연적으로 존재하는 원소는 92종이다. 그 중에서 11종의 원소들이 우리 몸의 99.9%를 차지하고 있다: 산소(65%), 탄소(18.5%), 수소(9.5%), 질소(3.2%), 칼슘(1.5%), 인(1.0%), 칼륨(0.4%), 나트륨(0.2%), 염소(0.2%), 마그네슘(0.1%), 황(0.04%). 인체를 구성하는 4대 원소는 산소, 탄소, 수소, 그리고 질소로서, 이들은 우리 몸의 96%를 차지한다. 그 중에서 탄소는 생명체의 중심에 위치한다. 탄소와 수소는 다양한 종류의 탄화수소를 형성한다. 산소가 추가되면 알코올, 에테르, 알데하이드, 케톤, 카복시산, 에스테르, 탄수화물 등의 다양한 유기 화합물이 만들어진다. 여기에 질소가 추가되면 단백질, DNA 염기, 알칼로이드 등이 형성된다.

칼슘(Ca)은 특히 뼈를 구성하는 중요한 미네랄이다. 유전정보를 담고 있는 핵산(Nucleic acid)이 만들어 지기 위해서는 인(P)도 필요하다. 인은 살아있는 세포에서 다양한 생명 활동을 수행하기 위해 에너지를 공급하는 유기화합물인 ATP(아데노신삼인산)에도 들어 있다.

칼륨(포타슘, K)은 중요한 전해질이다. 칼륨은 모든 신체 조직에 존재하며 세포 내 체액과 막 통과 전기 화학적 구배를 유지하는 역할 때문에 정상적인 세포 기능에 필수적이다. 칼륨은 신경 자극과 심장박동 조절을 전달하는 데에도 사용된다. 나트륨(소듐, Na)은 혈액량, 혈압, 삼투압 평형 및 pH를 조절하는 필수 미네랄이다. 나트륨은 신경 신호에도 사용되며 신체의 수분 량을 조절하는 데 도움이 되는 중요한 전해질이다. 염소(Cl)는 신진대사에 필수적이며 유체의 균형을 유지하는 데 사용된다. 위장에서 염산 생성과 세포의 펌프 기능에도 염소가 필요하다. 주요 식이 공급원은 식염(염화나트륨, NaCl)이다. 마그네슘(Mg)은 300가지가 넘는 대사 반응에 관여하는 필수 원소이다. 또한 근육과 뼈의 구조를 만드는 데 사용되며 효소 반응에서 중요한 보조인자로 작용한다. 마그네슘 이온은 ATP, DNA 및 RNA와 같은 인산염 화합물과 상호작용한다. 황(S)은 모든 살아있는 세포에서 필수적인 원소이다. 황은 아미노산 시스테인Cysteine과 메티오닌Methionine을 포함하는 모든 폴리펩타이드, 단백질 및 효소에 존재한다. 심장, 인지 기능, 시력 등에 중요한 역할을 하는 타우린Taurine에도 황이 들어 있다. 사람의 경우 메티오닌은 반드시 섭취해야하는 필수 아미노산이다. 시스테인은 메티오닌에서 생합성될 수 있지만 그 양이 많지 않아 음식으로 섭취해야 한다.

나머지 0.01%를 차지하는 미량 원소들도 체내에서 중요한 역할을 한다: 붕소(B), 카드뮴(Cd), 크롬(Cr), 코발트(Co), 구리(Cu), 불소(F), 아이오딘(I), 철(Fe), 마그네슘(Mg), 몰리브덴(Mo), 셀레늄(Se), 규소(Si), 주석(Sn), 바나듐(V), 아연(Zn). 철(Fe)은 혈액 중 헤모글로빈의 성분으로 허파에서 신체의 다른 부분으로 산소를 운반하는 역할을 한다. 미오글로빈에서 철은 근육 세포에 산소를 저장한다. 철은 또한 많은 효소의 일부이며 성장, 면역 기능, DNA 합성 과정에도 필수적이다. 요오드는 갑상선 호르몬의 형성에 중요하다. 임신 중에 요오드가 부족하면 신생아의 뇌 손상을 야기할 수 있다. 체내에서 불화칼슘으로 존재하는 불소(F)는 치아 법랑질을 튼튼하게 해주고 충치 발생을 줄여주어 뼈 손실을 예방해 준다. 불소 인회석[Fluorapatite, $Ca_5(PO_4)_3F$]이 형성되면 법랑질이 당의 박테리아 발효에 의해 생성되는 산으로부터의 공격에 더 잘 견딜 수 있다. 구리(Cu)는 항산화 작용으로 인한 세포 손상을 방지하고 많은 효소의 구성 요소로서 탄수화물, 단백질, 지방에서 에너지를 생산하는 데 도움을 준다. 구리는 또한 뼈, 결합 조직, 적혈구 세포의 형성에 필수적인 원소이다. 아연(Zn)은 세포 대사의 다양한 측면에 관여하는 원소이다. 아연은 많은 효소들이 촉매 활성을 나타내는 데에 필수적인 원소이다. 또한 면역 기능을 개선하고, 단백질 합성, 상처 치유, DNA 합성에서 중요한 역할을 한다. 아연은 또한 임신, 유년기 및 청소년기의 정상적인 성장과 발달을 도와주고 적절한 미각과 후각에도 필요하다. 그리고 체내의 활성 산소를 제거하여 피부의 탄력을 유지해준다. 크롬(Cr)은 혈당 수치를 유지하는 호르몬인 인슐린의 정상적인 기능에 필요한 중요한 미량 미네랄이다. 크롬은 탄수화물, 지방 및 단백질의 신진 대사 및 저장에 중요한 호르몬인 인슐린의 작용에 필요한 미량 원소로 미국 국립 보건원에 의해 승인되었다. 크롬의 중요한 공급원으로는 간, 가공육, 맥주 효모, 통 곡물, 치즈 및 견과류가 있다. 셀레늄(Se)은 영양학적으로 필수적인 원소로서 생식, 갑상선 호르몬 대사, DNA 합성 그리고 산화 손상 및 감염으로부터 보호하는 데 중요한 역할을 하는 24개 이상의 셀레노단백질의 구성 요소이다. 셀레늄의 좋은 공급원으로는 견과류, 해산물, 육류, 곡물, 생선, 계란 등이 있다. 그러나 다량 섭취하면 독성이 있다. 망간(Mn)은 효소 형성에 도움이 될 뿐만 아니라 효소의 활성화에도 필요하다. 망간은 산화 방지제로 작용하고 콜라겐 생성을 증가시켜 뼈의 발달을 돕고 상처를 치유하는 데 도움이 된다. 망간의 공급원으로는 파인애플, 견과류, 통 곡물, 콩 등이 있다. 몰리브덴(Mo)은 효소를 활성화시키고 정상적인 세포 기능을 가능하게 한다. 몰리브덴의 공급원으로는 우유, 콩류, 곡물빵, 견과류 등이 있다.

특정 원소가 부족하면 다양한 증세가 나타난다. 칼륨이 부족하면 피곤함, 다리 경련, 쇠약, 변비, 비정상적인 심장박동 증세를 보인다. 염소가 부족하면 저호흡, 만성 호흡성 산증을 유발할 수 있다. 나트륨이 부족하면 사고력 저하, 두통, 메스꺼움, 균형 불량, 착란, 발작, 혼수 등이 나타난다. 칼슘이 부족하면 마비, 근육 경련, 발작, 착란, 심장마비 등이 올 수 있다. 인이 부족하면 호흡 곤란, 식욕 부진, 발작, 혼수상태, 뼈 연화 등이 나타난다. 마그네슘이 부족하면 떨림, 협응력 저하, 근육 경련, 식욕 부진, 성격 변화, 발작 등이 온다. 철이 부족하면 빈혈, 불규칙한 심장 박동, 임신 합병증, 아동의 성장 지연을 유발한다. 아연이 부족하면 설사율 증가, 피부와 위장관, 뇌 및 중추 신경계, 면역계, 골격계, 생식계 등에 영향을 준다. 구리가 부족하면 신경 퇴행성 증후군이 나타날 수 있다. 요오드가 부족하면 갑상선 기능 저하증, 크레틴증, 갑상선종이 나타난다. 셀레늄이 부족하면 심장과 신경계의 건강에 영향을 미치며 우울증, 불안, 치매 등을 유발하며 임신을 방해할 수 있다.

멘델레예프

탄소(C)는 생명의 핵심을 이루는 원소이다. 우리 몸에서 탄소가 차지하는 비중은 약 18.5%(질량 기준)이다. 탄소를 비롯한 수소(H), 산소(O), 질소(N)는 우리 몸의 96%를 차지한다. 부피 퍼센트로는 무려 99%에 이른다. 인(P)과 황(S) 역시 중요한 원소이다. 이 밖에도 칼슘(Ca), 칼륨(포타슘, K), 나트륨(소듐, Na), 염소(Cl), 마그네슘(Mg) 등도 들어 있다. 현재까지 118종의 화학 원소가 발견되었고, 모든 원소들은 화학 원소의 주기율표(Periodic Table)에 담겨있다. 주기율표는 화학 원소들을 원자번호(원자핵 속에 들어 있는 양성자의 수) 순서로 나열한 표를 말한다. 가로줄은 주기(Period), 세로줄은 족(Group)이라 부른다. 같은 족에 있는 원소들은 화학적 성질이 유사하다. 화학원소의 주기율표에는 200년이 넘는 화학의 역사가 녹아 있다. 18세기 초까지만 해도 알려진 원소는 20여 가지에 불과하였다. 화학 원소들을 최초로 분류한 사람은 현대화학의 아버지로 불리는 라부아지에Antoine-Laurent de Lavoisier(1743~1794)이다. 프랑스의 화학자 라부아지에는 당시까지 알려진 33종의 원소들을 성질에 따라 분류하였다. 또한 그는 연소에 대한 새로운 이론을 주장하여 플로지스톤설을 폐기하면서 화학을 크게 발전시켰다. 화학반응에서 질량보존의 법칙을 확립하였고 원소와 화합물을 구분하여 근대 화합물의 명명법의 기초를 다진 것도 라부아지에였다.

1829년 괴테의 친구이자 화학 선생이었던 되베라이너Johann Wolfgang Döbereiner(1780~1849)는 세 개의 원소로 구성된 어떤 원소 무리들은 첫 번째 원소와 세 번째 원소의 물리량의 평균값이 두 번째 원소의 물리량(원자량, 밀도, 녹는점)과 같다는 것을 발견하였다. 예를 들어, 1족의 리튬($_{3}$Li)과 칼륨($_{19}$K)의 원자 질량의 평균은 나트륨($_{11}$Na)의 원자 질량에 가깝다. 2족의 칼슘($_{20}$Ca), 스트론튬($_{38}$Sr) 및 바륨($_{56}$Ba)에서도 유사한 패턴이 발견되었다. 이 세 원소는 "되베라이너의 삼원소"로 알려지게 되었다. 1864년 영국의 화학자 뉴랜즈John Newlands(1837~1898)는 상대적 원자량의 순서로 배열된 화학 원소의 주기율표를 고안한 최초의 사람이었다. 그는 원소들을 원자량 순서로 배열하면 음악의 옥타브처럼 여덟 번째 원소마다 물리적, 화학적 성질이 비슷한 원소가 나타나는 것을 발견하였는데, 이를 "옥타브의 법칙"이라 한다. 뉴랜즈는 수소($_1$H, 원자량: 1)로부터 시작해 토륨($_{90}$Th, 원자량: 232)으로 끝나는 알려진 모든 원소를 옥타브에 비유하여 배열하였다. 뉴랜즈의 표에서 원소들은 당시 알려진 원자량에 의해 순서가 정해지고, 그 순서를 나타내기 위해 순차적으로 번호가 매겨졌다. 그는 현대의 주기율표와는 정반대의 주기율표로 나타냈다. 화학 원소의 족을 가로줄에 나타낸 것이다. 1864년 독일의 화학자 마이어Julius Lothar Meyer(1830~1895) 역시 그의 저서 〈화학의 현대 이론〉에서 28개의 원소의 성질과 원자량의 상관관계를 기술하였다. 그는 화학 원소의 주기율표를 최초로 고안한 선구자 중의 한 사람으로 인정받고 있다. 그는 영국의 뉴랜즈가 했던 것처럼 원소들이 원자량 순서로 배열된다면, 그들은 주기적인 간격으로 반복되는 유사한 화학적 물리적 성질의 집단으로 배열할 수 있다고 주장했다. 1863년까지 56개의 화학 원소가 발견되었고, 과학자들은 원소들이 주기성이 있다는 것을 확인하였다. 전술한 바와 같이, 1864년에 뉴랜즈는 옥타브의 법칙을 발표하면서 상대적 원자량에 따른 주기성을 주장하였다. 그러나 이 개념은 비판을 받았고 1887년까지 화학자 협회에 의해 인정받지 못했다. 주기율표를 제안한 또 다른 사람은 마이어였는데, 1864년 원자가(Valence)에 의해 분류된 28개의 원소를 설명하는 논문을 발표했지만 새로운 원소에 대한 예측은 없었다.

1869년 러시아의 화학자 멘델레예프Dmitri Mendeleev(1834~1907)는 당시에 알려진 화학 원소들을 '원자량'이 증가하는 순서로 배열하면 비슷한 성질을 가지는 원소들이 주기적으로 나타나는 것을 발견하였다. 그는 이러한 발견을 토대로 가로줄을 몇 개의 주기로 나누고, 세로줄을 8개의 족으로 분류한 주기율표를 만들었다. 그는 주기율 법칙(Periodic Law, 원소의 성질이 주기적으로 반복된다는 법칙)을 사용하여 일부 알려진 원소들의 성질을 수정하였고 발견되지 않은 8개 원소들의 성질을 예측하였다. 하지만 이 주기율표의 몇몇 원소들은 원자량 순서와 주기율이 맞지 않는 원소들이 존재했다. 원자량 순서와 주기율이 맞지 않는 문제는 1913년 러더퍼드Ernest Rutherford(1871~1937)의 제자였던 모즐리Henry Moseley(1887~1915)에 의해 해결되었다. 모즐리는 여러 원소에서 나오는 X선을 측정하여 파장과 원자번호 사이에 관계가 있음을 확인하였다. "모즐리의 법칙"

이 탄생하는 순간이었다. 이 법칙은 음극선을 물질에 조사했을 때 나오는 X선의 진동수의 제곱근이 원자번호에 비례한다는 법칙이다. 이것을 토대로 그는 화학 원소들의 주기적 성질은 원자량이 아니라 원자번호가 증가함에 따라 규칙적으로 변한다는 것을 알아냈다. 오늘날 우리가 사용하는 주기율표는 화학 원소의 원자량(원자 질량)이 아닌 원자번호(원자 핵 속에 들어 있는 양성자의 수) 순으로 나열한 것이다. 멘델레예프가 주기율표를 정리했을 당시에는 아무도 핵의 존재를 알지 못했다. 1911년 뉴질랜드에서 태어난 영국의 핵물리학자 러더퍼드가 원자핵의 존재를 보여주는 금박 실험(알파 입자 산란 실험)을 수행 한 지 불과 2년 후인 1913년 모즐리는 주기율표의 원소들이 원자량이 아닌 원자번호를 증가시키는 순서로 배열해야한다는 것을 깨달았다.

3
동소체

흑연과 다이아몬드 / 백린과 흑린 / 사방황과 단사황 / 동소체 사전

흑연과 다이아몬드

종이의 발병과 함께 '이것'이 탄생되지 않았다면 종이는 빛을 잃었을 것이다. 우리는 '이것' 하나로 55km 길이의 선을 그릴 수 있다. '이것'은 바로 연필이다. 연필은 흑연(Graphite)을 사용하는 필기구이다. 연필이라는 이름은 연필심을 영어로 Lead 즉 납이라고 부르는 데서 연유한다. 흑연이 처음 발견될 당시에는 흑연을 납의 일종으로 생각해서 흑연으로 만든 연필심을 납이라고 불렀던 것이다. 연필심에는 이름과는 달리 납이 아니라 탄소가 들어 있다. 여기서 말하는 탄소란 흑연을 말하는데, 흑연은 탄소 원자 6개로 이루어진 6각형들이 확장된 판상 구조가 층층이 쌓여 이루어진 물질이다. 흑연은 굳기가 약 1.5로 매우 부드럽다. 연필을 종이에 문지르면 글씨가 써지는 것은 층과 층 사이의 인력이 약하여 잘 떨어져 나가기 때문이다. 이런 이유로 흑연은 좋은 윤활제나 감마제로 사용된다. 흑연은 약 3,000℃의 고온까지 견딜 수 있어서 로켓의 케이스나 화학 공정에서의 내열성 장비의 재료로 사용된다. 또한 흑연은 전기 전도성이 우수하여 전기 분해 장치의 전극으로도 사용된다. 원자로에서 중성자 감속제로 사용되는 것도 흑연이다. 흑연은 강도가 우수하여 탄소강화 플라스틱을 만드는데 사용된다. 낚싯대, 골프 클럽, 자전거 프레임, 자동차 차체 패널, 비행기의 동체 등을 만드는 데에도 이용된다.

흑연과 마찬가지로 탄소로만 이루어진 것이 또 있다. 이것은 지하 깊은 곳에서 생성되어 화산 분출과 함께 그 모습을 드러내는 광물이다. 이것은 바로 다이아몬드이다. 높은 온도와 엄청난 압력에서 탄생한 다이아몬드는 모스 경도가 10으로서 자연에서 발견되는 물질 중 가장 단단하기 때문에 절단 및 연마 도구로 산업 분야에서 사용된다. 대부분의 천연 다이아몬드는 10억에서 35억 년 사이의 나이를 가지고 있다. 대부분은 지구 맨틀의 150~250km 깊이에서 형성되었지만, 일부는 800km 깊이에서 생성되었다. 그 후에 화산 폭발로 지구 표면으로 이동하였고 킴벌라이트Kimberlite와 람프로이트Lamproite로 알려진 화성암에 퇴적되었다. 다이아몬드는 산업용으로 중요한 물질인 동시에 세계에서 가장 인기 있는 보석이다. 다른 모든 보석을 합친 것보다 다이아몬드에 더 많은 돈이 소비되고 있다. 다이아몬드가 인기를 얻은 이유 중 하나는 빛의 굴절률이 가장 높아 찬란한 광채를 띠기 때문이다. 아다마스Adamas는 단단한 금속과 다이아몬드를 뜻하는 단어로 고대 그리스어 ἀδάμας('정복할 수 없다'는 의미)에서 유래하였다. 고대 신화에도 모든 물질 중에서 가장 단단한 재료로 아다만트Adamant가 등장한다.

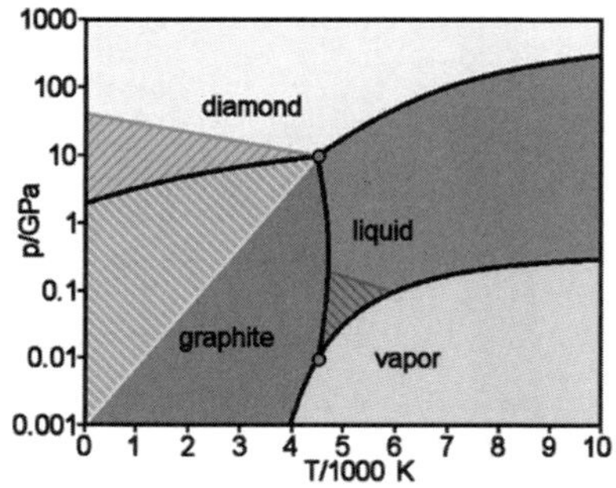

탄소의 상평형 그림

기원전 750년~650년 무렵에 활동했던 고대 그리스의 시인 헤시오도스Hesiod의 〈신통기〉에 따르면, 크로누스Chronos는 어머니 가이아Gaia가 준 낫을 사용하여 아버지 우라노스Uranus를 거세했는데 이 낫의 날은 아다만트로 되어 있었다. 영웅 페르세우스가 괴물 메두사의 목을 벨 때 쓴 신검 하르페Harpe도 아다만트로 만들어졌다. 그리스의 비극 〈사슬에 묶인 프로메테우스〉에서 헤파이스토스Hephaestus는 프로메테우스를 끊어지지 않는 단단한 끈으로 들쭉날쭉 한 바위에 묶는데, 이 끈 역시 아다만트로 만들어졌다. 로마의 베르길리우스Virgil(70~19 BCE)가 쓴 국가 서사시 〈아이네이스Aeneid〉에 나오는 타르타로스의 지옥의 문은 견고한 기둥으로 둘러싸여 있는 문인데, 이 문 역시 아다만트로 만들어졌다. 타르타로스는 하데스가 다스리는 저승에 있는 무한 지옥이다. 지옥은 높이 쌓은 단단한 성벽 둘레에 뜨거운 화염이 타오르는 불의 강이 둘러싸고 있고 다이아몬드로 된 철벽의 문이 가로막고 있으며 복수의 여신 티시포네가 죄수들을 감시한다.

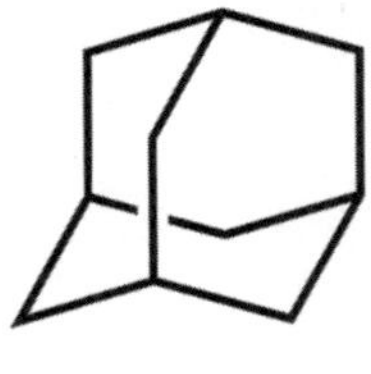

아다만탄

아다만탄Adamantane은 세 개의 시클로헥산 고리가 융합된 분자로서 화학식 $(CH)_4(CH_2)_6$로 표현되는 유기 화합물이다. 아다만탄은 단단하고 사실상 스트레스가 없는 구조를 하고 있으며 분자식이 $C_{10}H_{16}$인 탄화수소의 가장 안정한 이성질체이다. 아다만탄 분자에서 탄소 원자의 공간적 배열은 다이아몬드 결정과 동일하다. 이러한 구조적인 유사성으로 인해 그리스어(Adamantinos)에서 유래하여 아다만탄이라고 명명되었다. 아다만탄은 특유의 장뇌 냄새가 나는 무색의 결정성 고체이다. 물에는 거의 녹지 않지만 비극성 용매에는 쉽게 녹는다. 녹는점은 270℃로 다른 탄화수소에 비해 월등히 높다. 그러나 아다만탄은 실온에서도 서서히 승화된다. 1933년 체코의 화학자들(S. Landa, V. Machacek, M. Mzourek)이 석유에서 처음으로 아다만탄을 분리하였다. 아다만탄이 발견되면서 다면체 유기 화합물의 합성 및 특성을 다루는 새로운 화학 분야가 탄생하였다. 아다만탄 유도체는 약물, 고분자 재료 및 열적으로 안정한 윤활제 등으로 이용되고 있다. 약물로 사용된 최초의 아다만탄 유도체는 아만타딘Amantadine(1967년)인데, 이 화합물은 독감 균주에 대한 항바이러스 약물로 사용된 후 파킨슨병 치료에도 사용되었다. 아다만탄의 중합체는 HIV(Human Immunodeficiency Virus, 인간 면역결핍 바이러스)에 대한 항바이러스제로 특허를 받았다.

다이아몬드보다 더 단단한 신물질이 탄생하였다. 2005년 독일의 연구자들이 '어플라이드 피직스 레터Applied Physics Letters'(87권, 083106)에 발표한 연구 결과에 따르면, ACNR[응집된 탄소 나노로드(Aggregated carbon nanorods)]로 알려진 이 새로운 물질은 탄소 원자들이 6각형과 5각형으로 맞물려 있는 축구공 모양의 분자인 풀러렌(C_{60})을 압축하고 가열하여 만들었다. 독일 바이로이트 대학교의 두브로빈스카야Natalia Dubrovinskaia와 공동연구자들은 ACNR을 200기압으로 압축하면서 동시에 2,200℃로 가열하여 다이아몬드보다 밀도가 0.3% 더 높은 초강력 나노다이아몬드를 만들었다. 이 물질은 높은 온도에서 안정하기 때문에 다양한 분야에 사용될 수 있을 것으로 예상된다.

백린과 흑린

인(P)은 반응성이 커서 자연 상태에서는 단독으로는 존재하지 않는 원소이다. 한편, 인은 생명체에 필수적인 원소로서 우리 몸에 여섯 번째로 많이 들어 있는 원소이다. 인은 뼈에도 들어 있다. 인산염은 DNA와 RNA를 구성하는 중요한 성분이다. 인은 세포에서 에너지 전달에 관여하는 ADP와 ATP에도 들어 있다. 농약, 화약, 성냥, 치약, 세제 등에도 인이 사용된다. 인은 각각 성질이 다른 여러 동소체로 존재한다. 백린(White phosphorus, P_4)은 반투명한 왁스성 고체로서 빛을 받으면 노란색으로 변한다. 이런 이유로 황린이라고도 부른다. 백린은 인 원자 4개가 정사면체를 이루고 있으며, 6개의 P-P 결합으로 이루어져 있다. 고리 스트레인(Ring strain)을 받고 있는 상태라서 불안정하다. 고리 스트레인이란 분자의 결합이 비정상적인 각도를 형성할 때 존재하는 불안정성의 유형을 말한다. 백린은 어두운 곳에서 산소와 접촉하면 녹색으로 빛나며, 공기와 접촉하면 인화성을 띠고 자연 발화한다. 장기간 백린을 흡입하면 간 손상을 유발하며 턱 뼈가 괴사하는 인중독성괴저(Phossy jaw)가 나타난다. 이 증세는 19세기~20세기 초에 성냥 공장에서 안전장치 없이 일하던 노동자들에게 나타나 커다란 사회문제가 되기도 하였다. 백린은 물에 약간만 녹으며 물속에 보관할 수 있다. 따라서 물속에 담가 보관하면 자연발화 되는 것을 막을 수 있다.

적린(Red phosphorus)은 백린을 공기를 차단한 상태에서 300℃로 가열하거나 햇빛에 노출시킬 때 생성된다. 적린은 무정형의 네트워크 형태로 존재한다. 이렇게 만들어진 적린은 공기 중에서 240℃ 이하에서는 발화하지 않는다. 반면에 백린은 30℃에서도 발화하는데, 잘게 분쇄하면 상온에서도 자발적으로 발화한다. 이러한 성질 때문에, 적린은 폴리아마이드 같은 열가소성 플라스틱이나 에폭시 수지 같은 열경화성 수지에서 난연제(Flame retardant)로 사용된다. 자린(Violet phosphorus)은 1865년에 독일의 물리학자 히토르프Wilhelm Hittorf(1824~1914)가 만든 금속성의 인이다. 그는 적린을 밀폐된 튜브 안에서 530℃로 가열하여 승화시켜 단사정계 또는 사방정계의 결정을 얻을 수 있었다. 따라서 히토르프 인(Hittorf's phosphorus) 또는 알파-금속 인(α-Metallic phosphorus)라고도 부른다. 흑린(Black phosphorus)은 1914년에 백린을 12,000기압 상태에서 가열하여 최초로 합성되었다. 흑린은 실온 실압에서 열역학적으로 안정하다. 외관, 특성, 구조 등에서 흑린은 흑연과 매우 유사하다. 흑린은 검은 색을 띠고 얇게 벗겨지며 전기 전도체이고 결합된 원자들이 주름진 시트 구조를 하고 있다. 층상구조를 하고 있는 흑린의 구조적 특성에 비추어 장차 박막 전자공학과 적외선 광전자공학 분야에 응용될 수 있을 것으로 기대된다.

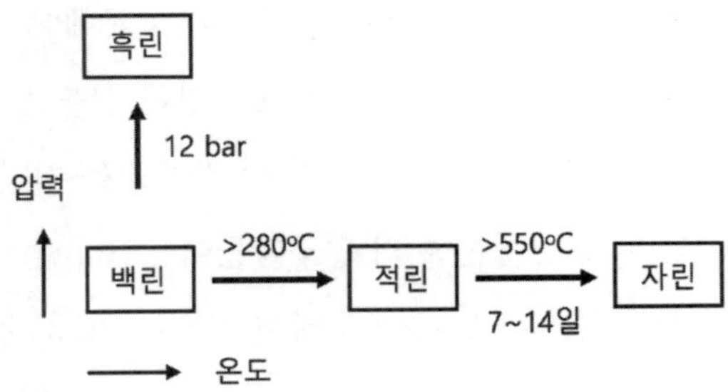

인의 동소체들

인 원자들이 폴리머 사슬로 구성된 새로운 형태의 비정질 동소체(Amorphous allotrope)도 발견되었다. 바로 인 나노로드(Phosphorus nanorods)이다. 요오드화 구리(CuI)의 부가물을 시안화 칼륨(KCN) 수용액으로 처리하여 얻었으며, ^{31}P NMR(인-31 핵자기공명) 스펙트럼과 TEM(투과전자현미경)으로 구조가 밝혀졌다. 이인화물(Diphosphorus)도 있는데, 이것은 화학식이 P_2인 무기 화학 물질이다. 질소가 질소-질소 삼중 결합으로 안정한 N_2 분자를 형성하는 데 반해서, 인은 P-P 파이 결합의 에너지가 높기 때문에 4면체 형태인 P_4 구조를 선호한다. 따라서 이인에 있는 P-P 결합의 결합 에너지는 질소(N2)에 있는 N-N 결합의 결합 에너지의 절반인 117kcal/mol에 불과하다. 이는 P_2가 N_2보다 반응성이 더 크다는 의미이다. 실제로 N-N의 결합 거리는 1.09Å인 반면에 P-P의 결합 거리는 1.8934Å이다. 지금까지 발견되지 않은 새로운 형태의 인 동소체도 발견되었다. P_8과 P_2가 교대로 연결된 고리 형태를 가지는 인의 동소체는 내경이 5~8nm인 다중 벽 탄소 나노 튜브로 된 나노 반응기 내에서 500℃의 조건에서 제조되었다. 그래핀 벽을 둘러싼 고리 형태의 나노 구조는 주변 조건에서 안정하다. 새로운 인 동소체의 나노 구조는 TEM, X-선 분광법, 라만 산란, FT-IR 분광법 및 X-선 광전자 분광법을 사용하여 확인하였다.

최근까지 '청색'을 띠는 인(Blue phosphorus, 청린)의 존재는 이론적으로만 제기되었다. 2014년에 미국 미시간 주립 대학의 연구자들은 청린도 안정적일 것이라는 예측 모델을 발표했다. 2016년에는 청린을 증발시켜 금 기판에 성공적으로 안정화시켰다. 그럼에도 불구하고 그 결과물이 실제로 청린이라는 사실은 최근에야 보고되었다. 최근 헬름홀츠 베를린 재료에너지 센터의 연구팀은 최초로 청린 샘플을 조사하고 전자 밴드 구조를 얻었다. 청린은 전자 장치 응용 분야에서 큰 잠재력을 지닌 새로운 2차원 흑린의 동소체로 예측되고 있다. 최근에는 여러 연구자들이 금[Au(111)] 표면에서 청린이 성장하는 사실을 입증하기도 하였다. 2020년 중국의 자오S. Zhao 등이 '저널 오브 피지컬 케미스트리 C'에 발표한 바에 따르면, 글로벌 최적화 알고리즘과 신경망 퍼텐셜을 결합하여 최근의 실험 결과와 일치하는 청린의 구조를 확인하였다. 금 표면에서 성장한 것은 금 원자가 연결된 청린으로 구성된 단일층 구조로 밝혀졌다.

사방황과 단사황

천국이 지옥보다 더 뜨겁다? 1972년 발간된 학술지 '응용 광학'에 따르면, 천국의 온도는 약 525℃라고 한다. '그 날이 오면 달빛은 햇빛 같겠고 햇빛은 일곱 배가 되어 일곱 날의 빛과 같으리라.' 힐리Tim Healy는 성경에 나오는 이 문장을 근거로 $1+7\times7=50$배 밝아진다고 하였다. 천국은 지구에서 받는 태양 복사 에너지의 약 50배를 받게 된다는 것이다. 스테판-볼츠만의 법칙(Stefan-Boltzmann law)에 따르면 복사의 세기는 온도의 4제곱에 비례한다. 지구의 온도를 27℃(300K, 섭씨 0도=273K)라 하면 천국의 온도는 (천국/300K)^4=50이므로 천국의 온도는 약 525℃(780K)가 된다. 한편, 지옥은 유황불이 이글거리는 곳이므로, 지옥의 온도는 유황의 녹는점과 끓는점 사이일 것이므로 115~445℃ 사이일 것으로 판단하였다. 즉 지옥의 온도는 높아 봤자 445℃라는 것이다.

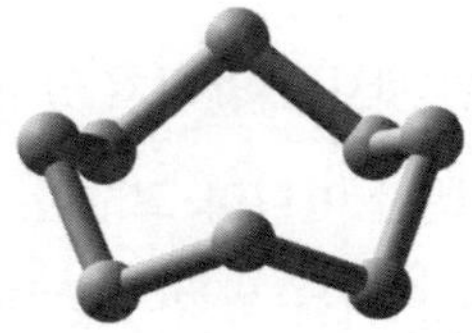

황의 동소체 중에서 가장 흔한 것은 시클로-옥타 황(시클로-S_8)이다.

여행을 즐기는 사람들 중에는 온천을 주로 찾는 경우가 많다. 온천욕을 하면 피부가 건강해지고 혈압을 안정화시키는 효과가 있는 등 여러 효능이 있다고 알려져 있다. 특히 유황 온천은 피부병은 물론이고 신경통, 동맥경화, 당뇨병 등을 완화해주는 효과가 있다고 알려져 있다. '이것'은 고대로부터 슈퍼푸드라고 알려져 있다. 이집트의 파라오는 피라미드 건설노동자들에게 '이것'을 공급하였다. 고대 이집트의 의학 문서인 에버스 파피루스Ebers Papyrus는 '이것'을 22가지 의료 용도로 쓸 수 있다고 기록하고 있다. '이것'은 가히 마법의 식물이다. 또한 '이것'은 러시아의 페니실린이라고 불렸고 2차 세계대전 중 군인들에게 약으로 제공되기도 하였다. '이것' 속에는 17종의 아미노산과 비타민 그리고 미네랄이 들어 있다. '이것'을 가장 많이 생산하는 나라는 중국이다. '이것'은 무엇일까? 바로 마늘이다.

하루에 마늘 4알을 먹으면 다양한 질병을 예방할 수 있다고 한다. 마늘을 먹으면 항암, 항균 효과는 물론 노화 방지, 해독 작용 등의 긍정적인 효과를 볼 수 있다. 혈압을 낮추어 주며 심장 마비의 위험도 줄여준다. 또한 마늘에는 비타민, 단백질, 탄수화물, 섬유소 등 많은 영양 성분도 들어 있다. 마늘에는 알리신Allicin이라는 황 화합물 들어 있어서 항바이러스 효능이 탁월하고 노화와 신경계의 퇴행성 질환으로부터 뇌를 보호한다. 알리신은 1944년에 미국의 카발리토Chester J. Cavallito(1915~2010)와 베일리John Hays Bailey(1900~1968)에 의해서 최초로 분리되었다. 마늘을 잘게 썰거나 으깨면 알리나아제Allinase 효소가 알린Alliin을 알리신으로 전환하여 신선한 마늘의 향을 내게 한다. 생성된 알리신은 불안정하고 다이알릴 다이설파이드Diallyl disulfide와 같은 화합물로 변한다. 알리신은 곤충의 공격에 대한 마늘의 방어 메커니즘의 일부이다. 알리신은 마늘에 독특한 냄새를 주는 연한 노란색을 띠는 액체이다. 생물학적 활성은 항산화 활성과 티올 함유 단백질과의 반응 때문인 것으로 알려져 있다.

오리 고기는 면역력을 높여줄 뿐만 아니라 고혈압 예방에도 좋다고 알려져 있어서 많은 사람들이 즐겨 먹는다. 특히 오리는 독성이 강한 황을 먹어도 탈이 없다. 냉성인 오리와 열성인 황이 궁합이 잘 맞아서일까. 황에 대한 해독능력을 가지고 있는 오리는 체내에 쌓인 독을 풀거나 원기를 북돋워준다고 알려져 있다. 관절통을 완화한다고 하여 유명세를 탄 것이 있다. 바로 MSM(Methylsulfonylmethane, 메틸설포닐메테인)이다. MSM은 해독은 물론이고 항염증, 항암, 노화방지, 인슐린 조절 작용 등의 효능이 있다고 주목을 받기도 하였다. 황은 적당히 먹으면 몸에 좋은 건강식품이다. 그러나 황을 과다하게 섭취하면 부작용이 나타날 수 있다.

원소 황(S)은 많은 동소체로 존재한다. 순수한 황은 발화점이 190℃로 불이 잘 붙고, 실온에서는 비교적 안정하지만 고온에서는 S-S 결합이 쉽게 끊어져 다양한 동소체를 형성한다. 가장 일반적인 것은 사방정계로 이루어진 사방황(Rhombic sulfur)이다. 이것은 상온에서 가장 안정하며 8개의 황 원자들이 왕관 모양을 하고 있다. 황을 가열하면 식으면서 약 100℃에서 노란색 결정이 만들어지는데 이것이 단사 정계로 이루어진 단사황(Monoclinic sulfur)이다. 그러나 상온에서는 불안정하여 서서히 사방황으로 변한다. 6~20개의 황 원자들로 이루어진 구조도 알려져 있다. 적어도 5개의 동소체들은 고압에서 형성되며 이중 두 동소체는 금속성을 띤다.

동소체 사전

동소체(Allotrope)란 동일한 원소가 다른 방식으로 결합되어 다른 구조로 존재하는 물질을 말한다. 탄소의 동소체로는 다이아몬드와 흑연 외에도 그래핀, 풀러렌, 탄소 나노 튜브 등이 있다. 그래핀Graphene은 탄소 원자들이 모여 벌집 모양의 2차원 평면을 이루고 있는 구조를 하고 있다. 각 탄소 원자들은 6각형의 격자를 이루며 6각형의 꼭짓점에 탄소 원자들이 위치해 있다. 그래핀은 기본적으로 흑연의 단일 층으로서 흑연을 능가하는 몇 가지 인상적인 특성을 띤다. 그래핀은 강철보다 300배 이상 강하고 다이아몬드보다 40배 이상 강한 소재이다. 그래핀은 매우 높은 전자 이동도를 가지며 각 탄소 원자에 대해 자유 파이 전자가 발생하기 때문에 환상적인 수준의 전자 전도도를 제공한다. 과학자들은 여러 기술을 사용하여 그래핀을 만든다. 접착테이프 기술이라고도 하는 방법은 그래핀을 만드는 효과적인 방법 중의 하나이다. CVD(Chemical vapor deposition, 화학기상증착)는 단층 또는 소수 층의 그래핀을 생산하는 데 적합한 기술이다. 그밖에 초음파 처리, 열공학, 산화 흑연의 환원 등의 방법으로 그래핀을 만들 수 있다.

오랫동안 예측되어왔지만 1985년에서야 합성되었으며 우주 공간에서도 발견된 물질이 있다. 바로 버크민스터풀러렌Buckminsterfullerene(C_{60})이다. 이것은 60개의 탄소 원자들이 탄소-탄소 단일 결합 및 이중결합으로 연결되어 12개의 5각형 구조와 20개의 6각형 구조를 형성하여 축구공 모양으로 존재하는 탄소의 동소체이다. 미국의 건축가, 디자이너, 발명가였던 버크민스터 풀러Buckminster Fuller(1895~1983)의 이름을 따서 명명되었으며 버키볼Buckyball이라고도 부른다. 1985년 영국 서섹스 대학교의 크로토Harold Kroto(1939~2016)는 히스James R. Heath, 오브라이언O'Brien, 컬Robert Curl, 그리고 라이스 대학교의 스몰리Richard Smalley(1943~2005)와 함께 헬륨 분위기에서 탄소를 증발시켜 생성된 그을음 속에서 풀러렌Fullerene을 발견했다. 그들은 70개의 탄소로 이루어진 C_{70}도 발견하였다. 풀러렌은 C_{60}, C_{70} 등과 같이 속이 빈 구형의 형태를 가진 탄소 동소체를 부르는 이름이다.

탄소 나노 튜브(Carbon nanotube, CNT)는 원통형 나노 구조를 가지는 탄소의 동소체이다. 단일벽 탄소 나노 튜브(Single-wall carbon nanotube, SWNT)가 있지만 이것이 중첩된 형태의 다중벽 탄소 나노 튜브(Multi-wall carbon nanotube, MWNT)도 있다. 탄소 나노튜브는 인장강도와 열전도도가 우수하고 화학적인 방법에 의해 다른 형태로 변형시킬 수 있어서, 전자, 광학, 복합재료, 나노소재 등으로 다양하게 응용될 수 있다. 그 밖의 탄소 동소체로는 다이아몬드보다 더 단단하고 밝은 강자성을 띠며, 단단하고 빛나며 결정 구조를 가지는 Q-카본Q-carbon, 론스달라이트Lonsdaleite, 선형 아세틸렌계 탄소(Linear acetylenic carbon, carbyne), 무정형 탄소(Amorphous carbon), 사이클로카본Cyclocarbon, 그리고 유리질 탄소(Glassy carbon)가 있다.

산소의 대표적인 동소체로는 대기에 21% 가량 존재하며 무색, 무미, 무취의 기체인 이산소(Dioxygen, O_2)가 있다. 이산소는 무색이지만 액체와 고체 상태에서는 옅은 파란색을 띤다. 산소는 동물의 호흡에 필수적인 분자이다. 대기 중 산소 농도가 오늘날보다 훨씬 높았던 3억 년 전에는 잠자리가 오늘날의 새만큼 컸었다. 그러나 산소는 산화제로 작용하기 때문에 호흡에서 필수적인 물질이지만 지나치게 많은 산소를 호흡하면 위험하다. 과량의 산소가 체내로 들어오면 우리 몸속의 산소가 분해되어 반응성이 큰 음이온을 형성하고 이것은 철(Fe)과 결합한다. 하이드록시 라디칼($^{\cdot}OH$)이 형성될 수도 있는데, 이것은 세포막에 있는 지질을 손상시킨다. 다행히 몸속의 항산화제가 이러한 산화 스트레스에 대항한다. 산소는 우주에서 3번째로 풍부하게 존재하는 원소이다. 별들은 핵융합 과정을 통해서 산소를 만들어 낸다. 인체 질량의 2/3는 산소 원자로 구성되어 있다. 산소는 물질이 연소하는 과정에 필수적인 분자이다. 액체 산소를 자석에 부어주면 N극과 S극 사이에 달라붙는데, 이는 산소가 상자성을 띤다는 것을 의미한다.

오존(O_3)은 상온 대기압에서 파란색을 띠는 삼산소(Trioxygen)로서 매운 냄새가 나는 기체이다. 오존은 -112℃ 이하에서는 검푸른 액체로 변하며, -193℃ 이하에서는 고체 상태로 존재한다. 이산소(O_2)보다는 덜 안정하여 O_2와 O로 분해된다. 오존은 지구 대기 중에서 자외선과 전기 방전의 작용에 의해 이산소로부터 형성된다. 오존은 태양의 자외선 복사의 대부분을 흡수하는 성층권의 오존층에서 가장 높은 농도로 존재한다. 오존은 독특한 냄새가 나기 때문에 많은 사람들은 공기 중 0.1ppm에 불과한 농도에서도 감지할 수 있다. 오존 분자는 구부러진 구조를 가지고 있고 약한 상자성을 띤다. 오존은 강력한 산화제로서 다양한 산업 분야에서 응용되고 있다. 그러나 산화력이 강한 오존은 동물의 호흡기 조직과 식물의 조직 등을 손상시킬 수 있다. 자동차이 타이어도 오존에 노출되면 표면이 갈라진다. 또한 오존은 온실가스로 작용하여 지구에서 방출되는 적외선 에너지의 일부를 흡수한다. 그러나 성층권에 있는 오존은 유해한 자외선이 지구 표면에 도달하는 것을 방지해 주는 지구 생명체의 파수꾼이다.

사산소(Tetraoxygen, O_4)는 옥소존Oxozone이라고도 불리는 준안정 물질로서, 1924년 미국의 화학자 루이스Gilbert N. Lewis(1875~1946)에 의해 처음 예측되었다. 1999년 연구자들은 고체 산소가 ε-상(ε-Phase, 10GPa 이상의 압력에서)에서 O_4로 존재한다고 생각했다. 그러나 2006년에 X선 결정학을 통해 ε 산소 또는 적색 산소로 알려진 이 안정된 상이 실제로는 팔산소(O_8)라는 것이 밝혀졌다. 그럼에도 불구하고, 양전하를 띤 사산소가 수명이 짧은 화학종이라는 사실이 질량분석법에 의해 밝혀졌다.

셀레늄(Se) 역시 여러 종류의 동소체로 존재한다. 빨간색 셀레늄Red selenium(cyclo-Se_8)은 셀레늄 원자 8개가 고리를 형성한 물질이다. 고분자 형태의 회색 셀레늄Gray selenium(폴리머 Se)도 있다. 검정색 셀레늄(Black selenium)은 최대 1,000개 원자 길이의 불규칙한 고분자 고리로 되어 있다. 단사정계 셀레늄(Monoclinic selenium)은 진한 빨간색의 투명한 결정으로 존재한다.

준금속은 일반적으로 붕소(B), 규소(Si), 저마늄(Ge), 비소(As), 안티모니(Sb), 텔루륨(Te)의 여섯 원소를 말한다. 붕소는 대부분 유리와 세라믹 생산에 사용되며 붕소 화합물은 붕소를 함유하는 유리 섬유의 생산에 쓰인다. 일부는 고강도 유리 제품에 사용되는 붕규산 유리에 사용되거나 붕소 세라믹에 사용된다. 붕소 생산량의 약 10%는 농업 분야에서 소비되며 표백제와 세제 등에도 사용된다. 그밖에 붕소 차폐는 중성자 포집을 위한 원자로 제어에도 쓰인다. 붕소는 식물의 필수 영양소로 주로 세포벽의 무결성을 유지하는 데 필요하다. 그러나 대부분의 식물은 토양 중의 붕소 함량이 1.8ppm을 초과하면 붕소 독성 증상을 나타낼 수 있다. 순수한 붕소는 고온에서 휘발성 할로겐화 붕소를 수소로 환원시켜 제조할 수 있다. 반도체 산업에 사용되는 고순도 붕소는 고온에서 다이보레인Diborane을 분해한 다음 대역정제법(Zone melting) 등으로 정제하여 얻는다. 붕소는 여러 결정질 및 무정형 형태로 제조될 수 있다. 잘 알려진 결정 형태는 알파-삼방정계, 베타-삼방정계 및 베타-정방정계이다. 특별한 상황에서 붕소는 알파-정방정계 및 감마-사방정계 동소체의 형태로 합성될 수도 있다. 무정형 분말 붕소와 다결정 능면체 베타-붕소가 가장 일반적인 형태이다.

규소(Si)는 청회색의 금속광택을 지닌 단단하고 부서지기 쉬운 결정성 고체이며 4가의 준금속 및 반도체이다. 규소는 질량 기준으로 우주에서 8번째로 가장 흔한 원소이지만 지각에서는 순수한 원소로는 거의 발견되지 않는다. 지각의 90% 이상이 규산염 광물로 구성되어있어 규소는 산소 다음으로 지각에서 두 번째로 풍부한 원소이다. 대부분의 실리콘은 정제하지 않고 규산염 광물이나 실리카와 같은 화합물 형태로 산업 분야에 사용된다. 규소에 대한 대부분의 용도는 규산염 광물이나 실리카와 같은 화합물로 사용된다. 규소는 내화 벽돌, 도자기, 유리, 광섬유, 유리 섬유 등을 만드는 데에도 사용된다. 규소는 때때로 유방 보형물, 콘택트렌즈, 폭발물, 불꽃놀이 등에도 쓰인다. 규소는 초합금의 성분이기도 하다. 반도체 순도로 정제되는 규소는 99.9999999%(nine-9) 순도의 거의 결함이 없는 단결정을 만들어 사용된다. 규소의 동소체로는 다음과 같은 것들이 있다. 비정질 규소는 태양전지 및 박막 트랜지스터에 사용되는 실리콘이다. 실리콘 전지는 일반적으로 효율이 낮지만 카드뮴이나 납과 같은 독성을 나타내지 않기 때문에 가장 친환경적인 소재의 하나이다. 결정질 규소는 태양전지 생산을 위한 광전지 기술에 사용되는 반도체 물질이다. 이 전지는 태양광 발전 시스템의 일부로 태양 전지판에 조립되어 태양광으로부터 태양열을 생성한다. 실리센Silicene은 규소의 2차원 동소체로, 그래핀과 유사한 육각형 벌집 구조를 가지고 있다. 그래핀과 달리 실리센은 평평하지 않지만 주기적으로 버클이 있는 토폴로지를 가지고 있다. 실리센의 층간 결합은 다층 그래핀보다 훨씬 강하다.

독 중의 독으로 유명한 비소(As)는 일반적으로 황 및 금속과 결합하여 많은 미네랄에서 발견되지만 순수한 원소 결정으로도 나타난다. 비소는 다양한 동소체를 가지고 있지만 금속성 외관을 가진 회색 비소만이 산업에 중요하다. 비소는 납과의 합금(예: 자동차 배터리 및 탄약)에 사용된다. 또한 비소는 반도체 산업에서 n형 도펀트로 쓰인다. 또한 갈륨비소 반도체의 구성 요소이다. 비소 및 그 화합물, 특히 삼산화물은 살충제, 방부제, 제초제 등에 쓰인다. 그러나 비소의 독성에 대한 인식이 증가함에 따라 사용이 감소하고 있다. 비소의 동소체로는 다음과 같은 것이 있다. 노란색 비소는 분자성 비금속(As_4)으로 백린과 동일한 구조를 하고 있다. 고분자 형태의 회색 비소(Gray arsenic)도 있다. 검정색 비소(Black arsenic)는 분자성 물질로서 적린과 동일한 구조를 하고 있다.

저마늄(Ge)은 탄소 그룹에서 광택이 있고 딱딱하고 부서지기 쉬운 회백색 준금속이며, 규소 및 주석과 화학적으로 유사하다. 순수한 저마늄은 원소 규소와 유사한 반도체이다. 규소처럼 저마늄은 자연적으로 산소와 반응하여 복합체를 형성한다. 1869년 멘델레예프는 주기율표상의 위치에서 그 존재와 속성 중 일부를 예측하고 에카실리콘Ekasilicon 원소라고 불렀다. 1886년 독일의 화학자 윙클러Clemens Winkler (1838~1904)는 아지로다이트Argyrodite라고 하는 희귀 광물에서 은과 황과 함께 새로운 원소를 발견했다. 이 원소는 외관상 비소와 안티몬과 다소 비슷했지만, 화합물의 결합 비율은 규소의 친척에 대한 멘델레예프의 예측과 일치했다. 윙클러는 독일의 이름을 따서 저마늄이라 명명하였다. 오늘날 저마늄은 주로 스팰러라이트Sphalerite[(Zn,Fe)S, 아연의 광석]에서 채굴되지만, 은, 납 및 구리 광석에서도 상업적으로 회수된다. 저마늄은 주로 광섬유, 적외선 광학, 중합반응의 촉매, 전자 및 태양 전지 등에 사용되며, 그밖에도 인광체, 야금 및 화학 요법 등에 사용된다. 저마늄 역시 여러 동소체로 존재한다. 알파-저마늄은 다이아몬드와 동일한 구조를 가지는 반 금속성 물질이다. 베타-저마늄은 금속성으로서 베타-주석과 동일한 구조를 가지고 있다. 저마넨Germanene은 그래핀과 유사한 굽은 평면 구조를 하고 있다.

안티모니(Sb)는 광택이 있는 회색의 준금속으로 주로 황화물 광물인 스티브나이트(Sb_2S_3)에서 발견된다. 안티모니 화합물은 고대부터 알려져 왔으며 종종 콜Kohl이라고 알려진 의약품 및 화장품으로 사용되었다. 금속 안티모니는 주로 납과 주석과의 합금이나 납 축전지에 사용된다. 안티모니가 함유된 납 및 주석의 합금을 사용하면 땜납, 총알 및 베어링의 특성이 향상된다. 안티모니 화합물은 많은 상업용 및 가정용 제품에 사용되는 염소 및 브롬 함유 난연제에 첨가되는 물질이기도 하다. 안티모니는 마이크로 일렉트로닉스에도 쓰인다. 안티모니 역시 여러 동소체로 존재한다. 청백색 안티모니는 회색 비소와 동일한 구조를 갖는 안정한 형태의 준금속이다. 그밖에도 황색 안티모니(비금속), 검정색 안티모니(비금속), 그리고 폭발성 안티모니가 있다.

텔루륨(Te)은 부서지기 쉽고 약간 독성이 있으며 희귀한 은백색의 준금속이다. 화학적으로는 셀레늄 및 황과 관련이 있다. 때때로 원소 결정으로 발견되기도 한다. 텔루륨은 지구보다 우주에서 훨씬 더 흔하다. 텔루륨은 구리와 강철과의 합금에 사용되며, 텔루르화카드뮴(CdTe)은 안전한 결정성 화합물로서 태양 전지판과 반도체를 생산하는 데에 사용된다. 텔루륨 역시 동소체를 가진다. 무정형의 텔루륨은 회흑색(Gray-black) 또는 갈색 분말로 얻어진다. 결정질의 텔루륨은 육각형 결정 구조를 하고 있다.

4 희토류

희토류가 뭐 길래

전 세계 경제 규모 1위와 2위를 차지하고 있는 미국과 중국 간의 무역 분쟁이 갈수록 치열해지고 있다. 무역 분쟁이란 한쪽이 다른 쪽에 비해 무역 적자가 심각하게 큰 경우에 나타난다. 미국의 경우 지난 수십 년 간 무역적자를 낸 반면, 중국의 무역 흑자는 증가 추세에 있다. 이러한 상황에서 미국은 관세 보복이라는 카드를 꺼내 들었고, 그 결과 340억 달러 규모의 중국산 수입품에 25%의 관세를 부과했다. 미국이 관세를 올리는 이유는 미국 제품이 중국 제품에 비해 상대적으로 저렴해 지기 때문에 소비자들이 자국 제품을 구매하는 효과를 내기 때문이다. 양국 간의 무역 갈등의 이면에는 다른 복잡한 사정도 존재한다. 중국은 양국 간의 무역전쟁 보복카드로 희토류를 꺼내 들었다. 21세기 최고의 전략자원인 희토류 수출 중단을 반격의 수단으로 사용하겠다는 것이다. 희토류는 반도체, 스마트폰 등의 첨단 전자부품, 미사일이나 전투기 같은 차세대 전략무기 등에 쓰이는 핵심 소재이다. 중국은 희토류의 저장량, 생산량 및 판매량에서 세계 1위를 지켜오고 있다. 한편, 미국은 희토류 수입의 상당 부분 중국에 의존하고 있다. 미국은 중국의 희토류 '무기화'에 맞서 수입원 다변화를 모색하는 동시에 새로운 광산을 개발하는 등의 노력을 기울이고 있다.

희토류 원소

희토류 원소(Rare earth elements)는 주기율표의 17개 화학 원소를 부르는 이름으로서, 4주기에 있는 스칸듐($_{21}$Sc)과 5주기에 있는 이트륨($_{39}$Y), 그리고 6주기에 있는 란타넘($_{57}$La)부터 루테튬($_{71}$Lu)까지의 란타넘족(Lanthanide) 15개 원소들을 말한다.

스칸듐Scandium($_{21}$Sc)은 은빛이 나고 부드러운 전이 금속이다. 1879년 스칸디나비아에서 육세나이트Euxenite와 가돌리나이트Gadolinite 광물의 스펙트럼을 분석하는 과정에서 발견되었다. 항공우주 부품용 합금, 금속-할로겐 램프 및 수은-증기 램프의 첨가제, 정유소의 방사성 추적제 등으로 사용된다. 이트륨Yttrium($_{39}$Y)은 은빛이 나는 전이금속으로 자연에서는 결코 자유 원소로 발견되지 않는다. 1787년 스웨덴의 화학자 아레니우스Carl Axel Arrhenius(1757~1824)는 스웨덴의 이테르비 마을 근처에 있는 채석장에서 검은 바위를 발견했다. 새로 발견된 원소인 텅스텐을 함유하고 있는 미지의 광물인 것으로 생각한 그는 이것을 이터바이트라고 명명하였다. 미국 아폴로 프로젝트 기간 동안 수집된 달 암석 샘플에도 이트륨의 함량이 비교적 높았다. 이트륨 알루미늄 가넷 레이저, 고온 초전도체, 마이크로파 필터, 에너지 고효율 전구, 스파크 플러그, 강철의 첨가제, 알루미늄 및 마그네슘 합금, 배터리 환원전극 등으로 사용된다.

란타넘Lanthanum($_{57}$La)은 1839년 스웨덴의 화학자 모산데르Carl Gustaf Mosander(1797~1858)에 의해 질산세륨[$Ce(NO_3)_3$]의 불순물로 처음 발견되었다. 이 이름은 고대 그리스어(Lanthanein)에서 유래한 것으로 "숨겨져 있다(to lie hidden)"는 뜻이다. 비록 희토류 원소로 분류되지만 란타넘은 지구 표면에서 28번째로 풍부한 원소로 납보다 거의 3배나 풍부하다. 은백색이 나며 가단성과 연성이 있으며 칼로 자를 수 있을 만큼 무른 금속이다. 공기에 노출되면 서서히 변색된다. 고굴절률 및 내알칼리성 유리, 수소 저장장치, 배터리 전극, 카메라 및 굴절 망원경 렌즈, 정유 장치의 촉매 등으로 사용된다. 세륨Cerium($_{58}$Ce)은 1803년 스웨덴의 베르젤리우스Jöns Jakob Berzelius(1779~1848)와 히싱어Wilhelm Hisinger(1766~1852)에 의해 발견되었으며, 같은 해에 독일의 클라프로트Martin Heinrich Klaproth(1743~1817)도 발견하였다. 은색을 띠는 무른 금속으로 공기 중에서 쉽게 산화된다. 세륨은 란타넘족 중에서 가장 풍부하게 존재한다. 납보다 5배 풍부하다. 산화제, 연마제, 유리 및 세라믹의 색소, 자동 세척 오븐용 촉매, 정유 장치의 촉매, 터빈 블레이드 용 코팅 등에 사용된다.

프라세오디뮴Praseodymium($_{59}$Pr)은 부드럽고 은빛이 나며 유연하고 연성이 있는 금속이다. 반응성이 커서 공기에 노출되면 서서히 녹색의 산화물이 코팅된다. 지각에서 네 번째로 흔한 희토류 원소로서 붕소와 비슷하게 풍부하다. 1841년 스웨덴의 화학자 모산데르는 "란타나Lanthana"라고 부르는 잔류물에서 디디뮴Didymium이라고 부르는 희토류 산화물 잔류물을 추출하였다. 1885년 오스트리아의 화학자 벨스바흐Baron Carl Auer von Welsbach(1858~1929)는 디디뮴을 두 원소로 분리하여 각각을 프라세오디뮴과 네오디뮴이라고 명명하였다. 희토류 자석, 레이저, 탄소 아크 조명용 핵심 재료, 안경 및 에나멜의 착색제, 용접 고글 용 첨가제 등에 사용된다. 네오디뮴Neodymium($_{60}$Nd)은 은빛이 나는 무른 금속으로 공기 중에서 산화하여 표면의 광택을 잃는다. 1885년 벨스바흐에 의해 발견되었다. 광석광물인 모나자이트Monazite와 바스트네사이트Bastnäsite에 상당히 많이 존재한다. 희토류 원소로 분류되지만 코발트, 니켈, 구리보다 희귀하지 않고 상당히 흔하며 지구의 지각에 널리 분포하고 있다. 세계 상업용 네오디뮴의 대부분은 중국에서 채굴된다. 레이저, 희토류 자석, 유리 및 세라믹의 색소, 디디뮴 유리, 세라믹 축전기, 전기 자동차의 전기 모터 등에 사용된다.

프로메튬Promethium($_{61}$Pm)은 모든 동위원소가 방사능이 있으며 매우 희귀하다. 1902년 체코의 화학자 브라우너Bohuslav Brauner(1855~1935)는 알려진 원소 네오디뮴Neodymium($_{60}$Nd)과 사마륨Samarium($_{62}$Sm) 사이에 중간 성질을 가진 원소가 있다고 제안하였다. 이것은 1914년 영국의 모즐리Henry Moseley(1887~1915)에 의해 확인되었는데, 그는 당시 알려진 모든 원소의 원자 번호를 측정한 결과, 원자 번호 61이 누락된 것을 발견했다. 프로메튬은 1945년 오크리지 국립 연구소에서 우라늄의 핵분열 생성물을 분석하는 과정에서 처음 생산되었다. 프로메튬은 올림포스 산에서 불을 훔쳐 인간에게 가져다 준 그리스 신화의 프로메테우스Prometheus에서 유래하였다. 핵 전지, 야광 페인트 등에 사용된다. 사마륨Samarium($_{62}$Sm)은 단단하고 은색을 띠는 금속으로 공기 중에서 쉽게 산화한다. 1879년 프랑스의 화학자 드부아보드랑Paul-Émile Lecoq de Boisbaudran(1838~1912)이 광물 사마르스카이트Samarskite에서 분리하였다. 희토류 원소로 분류되지만 사마륨은 지구 표면에서 40번째로 풍부한 원소로 주석과 같은 금속보다 더 흔하다. 중국에서 가장 많이 채굴되고 있다. 희토류 자석, 레이저, 중성자 포획, 원자로의 제어봉 등에 사용된다.

유로퓸Europium($_{63}$Eu)은 가장 반응성이 높은 란타넘족의 원소이다. 따라서 대기 중 산소나 수분으로부터 보호하기 위해 불활성 유체 속에 저장해야 한다. 손톱으로도 움푹 패이며 칼로 쉽게 자를 수 있는 가장 부드러운 원소이다. 1901년에 분리되었고 유럽 대륙의 이름을 따서 명명되었다. 적색 및 청색 인광체, 레이저, 수은등, 형광등, NMR 완화제 등에 사용된다. 가돌리늄Gadolinium($_{64}$Gd)은 은백색을 띠며 연성과 전성이 있는 희토류 원소이다. 공기 중의 산소나 수증기와 반응하여 표면에 검은색의 산화물을 생성한다. 퀴리 온도(Curie point)인 20℃ 이하에서는 강자성으로 니켈보다 높은 자성을 띤다. 1880년 스위스의 화학자 드마리냑Jean Charles Galissard de Marignac(1817~1894)에 의해 발견되었다. 원소명은 가돌리늄이 들어 있는 광물인 가돌리나이트Gadolinite의 이름을 따서 붙여졌으며, 이 광물은 핀란드의 화학자 가돌린Johan Gadolin(1760~1852)의 이름을 따서 명명된 것이다. 순수한 가돌리늄은 1886년경 프랑스의 화학자 드부아보드랑에 의해 처음으로 분리되었다. 레이저, X선 튜브, MRI와 NMR의 조형제, 자기 변형 합금, PET 신틸레이터 검출기, 고온 초전도체, 자동차 배기가스 촉매 변환기 등에 쓰인다.

터븀Terbium($_{65}$Tb)은 은백색의 금속으로 가단성이 있고 연성이 있으며 칼로 자를 수 있을 정도로 부드럽다. 물과 반응하여 수소 가스를 발생한다. 자연에서 자유 원소로는 발견되지 않으며, 세라이트, 가돌리나이트, 모나자이트 등의 미네랄에 들어 있다. 1843년 스웨덴의 화학자 모산데르가 발견했다. 자석, 녹색 인광체, 레이저, 형광등, 자기 변형 합금, 해군 소나 시스템, 연료 전지 등에 사용된다. 디스프로슘Dysprosium($_{66}$Dy)은 은빛이 나는 원소이다. 제노타임과 같은 미네랄에서 발견되며, 자연에서 자유 원소로 발견되는 경우는 없다. 1886년 드부아보드랑에 의해 처음 확인되었고, 1950년대 이온교환 기술로 순수한 형태로 분리되었다. 네오디뮴 기반 자석, 레이저, 자기 변형 합금, 하드 디스크 드라이브 등에 사용된다.

홀뮴Holmium($_{67}$Ho)은 부드럽고 순한 은백색의 금속이다. 자연에서 발견되기에는 너무 반응성이 크지만, 분리될 경우 상온에서 건조한 공기에서는 비교적 안정하다. 물과 반응하여 쉽게 부식하고 공기 중에 가열하면 연소한다. 스웨덴의 화학자 클레브Per Theodor Cleve(1840~1905)에 의해 발견되었고, 1878년에 스위스의 화학자 소렛Jacques-Louis Soret(1827~1890)과 델라폰테인Marc Delafontaine(1838~1911)에 의해 분광학적으로 확인되었다. 원소의 이름은 스웨덴의 수도 스톡홀름의 라틴어 이름 홀미아Holmia에서 유래했다. 레이저, 광학 분광 광도계 용 파장 교정 표준, 자석 등에 사용된다. 어븀Erbium($_{68}$Er)은 은백색을 띠는 금속이다. 1843년 스웨덴의 화학자 모산데르에 의해 스웨덴 이테르비Ytterby에 있는 가돌리나이트 광산에서 발견되었다. 적외선 레이저, 바나듐 강철, 광섬유 등에 사용된다.

툴륨Thulium($_{69}$Tm)은 밝은 은회색의 광택이 나며 쉽게 작업할 수 있는 금속으로 상당히 부드럽고 공기 중에서 서서히 변색된다. 지구상에서 프로메튬Promethium 다음으로 희귀한 란타넘족 원소이다. 1879년 스웨덴의 화학자 클레브는 희토류 산화물 에르비아Erbia로부터 분리하였는데, 그는 이것을 홀미아Holmia와 툴리아Thulia라고 불렀다. 이것들은 각각 홀뮴($_{67}$Ho)과 툴륨($_{69}$Tm)의 산화물이었다. 비교적 순수한 툴륨의 표본은 1911년에 처음으로 얻어졌다. 휴대용 X-레이 장치, 금속 할로겐 램프, 레이저 등에 사용된다. 이터븀Ytterbium($_{70}$Yb)은 많은 희토류 원소의 혼합물인 이트리아Yttria에 포함된 9가지 원소들 중 하나이다. 이트리아에서 스칸듐과 어븀을 포함하는 에르비아가 분리되었고 에르비아는 이터븀($_{70}$Yb)과 루테튬($_{71}$Lu)을 포함하는 이테르비아Ytterbia, 툴륨($_{69}$Tm)을 포함하는 툴리아Thulia, 디스프로슘($_{66}$Dy)과 홀뮴($_{67}$Ho)을 포함하는 홀미아Holmia로 분리되었다. 적외선 레이저, 화환원제, 스테인리스강, 스트레인 게이지, 핵의학, 지진 모니터링 등에 사용된다. 루테튬Lutetium($_{71}$Lu)은 은빛이 나는 금속으로 습한 공기에서는 부식된다. 1907년 프랑스의 화학자 우르바인Georges Urbain(1872~1938), 오스트리아의 과학자 벨스바흐Carl Auer von Welsbach(1858~1929), 미국의 화학자 제임스Charles James(1880~1928)에 의해 독자적으로 발견되었다. 루테튬은 생산이 어렵고 가격이 비싸며 다른 란타넘족과 화학적으로 크게 다르지 않기 때문에 상업적 용도가 거의 없다. 그러나 안정된 루테튬은 정유소의 석유 분해에서 촉매로 사용될 수 있으며 알킬화, 수소화 및 중합 응용 분야에서도 사용될 수 있다. 고굴절 유리, 메모리 장치, PET(양전자 방출 단층촬영), LED 전구의 형광체 등에 사용된다.

희토류 광물

희토류 광물은 주요 금속 성분으로 하나 이상의 희토류 원소를 포함한다. 희토류 광물은 일반적으로 알칼리성 화성암 복합체 형태로 발견되거나, 알칼리성 마그마와 관련된 페그마타이트에서 발견되거나, 카보나타이트 관입암과 관련하여 발견된다. 페로브스카이트Perovskite 광물상은 이러한 희토류 원소에 대한 일반적인 호스트이다. 맨틀에서 유래한 탄산염 용융물도 희토류의 운반체이다. 열수 퇴적물에는 다양한 희토류 광물이 포함되어 있을 수 있다.

애시나이트Aeschynite는 이트륨(Y)과 칼슘, 철, 토륨(Th), 타이타늄, 나이오븀(Nb), 산소 및 수소의 희토류 광물로, 화학식은 $(Y,Ca,Fe,Th)(Ti,Nb)_2(O,OH)_6$이다. 이 광물의 이름은 "shame"이라는 뜻의 그리스어에서 왔다. 갈렴석(Allanite)은 최대 20%의 희토류 원소를 함유하는 규산염 광물이다. 이 광물은 주로 변성된 점토가 풍부한 퇴적물과 규장질 화성암에서 발견된다. 1810년에 발견되었고 스코틀랜드의 광물학자 앨런Thomas Allan(1777~1833)의 이름을 따서 명명되었다. 보통 검은색이지만 브라운 혹은 브라운-바이올렛을 띠기도 한다. 약 95℃의 비교적 낮은 온도에서 백열 현상이 나타난다. 갈렴석의 화학식은 $A_2M_3Si_3O_{12}(OH)$이다(A = Ca^{2+},Sr^{2+}, 희토류 원소; M = Al^{3+},Fe^{3+},Mn^{3+},Fe^{2+},Mg^{2+}). 국제광물학회에 따르면, 세륨(Ce), 란타넘(La), 네오디뮴(Nd) 또는 이트리움(Y) 등 지배적인 희토류에 따라 각각 알라나이트-(Ce), 알라나이트-(La), 알라나이트-(Nd), 알라나이트-(Y)로 분류한다.

인회석(Apatite)은 인산염 광물로 결정에 각각 OH^-, F^-및 Cl^-이온이 고농도로 포함되어 있다. 일반적인 화학식은 $Ca_{10}(PO_4)_6(OH,F,Cl)_2$이며 개별 미네랄 결정의 화학식은 $Ca_{10}(PO_4)_6(OH)_2$, $Ca_{10}(PO_4)_6F_2$ 및 $Ca_{10}(PO_4)_6Cl_2$로 나타낸다. 이 광물은 1786년 독일의 지질학자 베르너Abraham Gottlob Werner(1749~1817)에 의해 아파타이트라고 명명되었다. 아파타이트는 종종 다른 광물로 착각하는 경우가 많다. 아파타이트란 용어는 '속이다' 혹은 '오해하다'란 뜻을 가진 그리스어 απατεῖν(apatein)에서 유래하였다. 인(P)의 원천으로 주로 비료를 제조하는 데에 쓰인다.

바스트네사이트Bastnäsite는 1838년 스웨덴의 화학자 히싱어Wilhelm Hisinger(1766~1852)에 의해 처음 기술되었다. 스웨덴의 바스트네스Bastnäs 광산의 이름에서 따왔다. 탄산염-불소 광물이다. 가장 흔한 것으로는 $(Ce,La)CO_3F$의 화학식을 갖는 바스트네사이트-(Ce)이 있으며, $(La,Ce)CO_3F$의 화학식을 갖는 바스트네사이트-(La)과 $(Y,Ce)CO_3F$의 화학식을 갖는 바스트네사이트-(Y)도 있다. 브로카이트Brockite는 1962년 미국 콜로라도주에 있는 커스터 카운티의 바식 광산에서 처음 발견되었으며, 미국 지질조사국의 브록Maurice R. Brock의 이름을 따서 명명되었다. 브로카이트는 화강암과 페그마타이트에서 부속 광물로 존재하는 희토류 인산염 광물이다. 화학식은 $(Ca,Th,Ce)PO_4 \cdot H_2O$ 이며, 육방정계로 결정화된다. 토륨(Th)이 들어 있어서 방사성을 띤다.

세라이트Cerite는 세륨(Ce)을 포함하는 규산염 광물로, 화학식은 $(Ce,La,Ca)_9(Mg,Fe^{3+})(SiO_4)_6(SiO_3OH)(OH)_3$이다. 세륨과 란타넘(La) 함량은 세륨이 풍부한 종[Cerite-(Ce)]과 란타넘이 풍부한 종[Cerite-(La)]에 따라 다르다. 1803년 스웨덴 베스트만란드의 바스트네Bastnäs에서 처음 발견되었다. 란타넘이 풍부한 세라이트-(La)는 2002년 러시아 콜라 반도의 키비나 마시프Khibina massif에서 처음 발견되었다. 플루오세라이트Fluocerite는 세륨(Ce), 란타넘(La)의 불화물로서 화학식이 $(Ce,La)F_3$인 광물이다. 양이온에 따라 란탄 삼불화물과 세륨 삼불화물에 해당하는 플루오세라이트-(La)와 플루오세라이트-(Ce)의 두 광물이 있다. 플루오세라이트-(Ce)는 1845년 스웨덴의 화강암에서 처음으로 발견되었다. Fluocerite-(La)는 1969년 카자흐스탄에서 처음으로 발견되었다. 형석(Fluorite)은 칼슘 불화물(CaF_2) 광물이다. 순수한 형석은 가시광선과 자외선 모두에서 투명하지만 불순물이 포함된 것은 다채로운 색깔을 띠어 장식용 및 보석 용도로 사용된다. 산업적으로는 제련용 용제로 사용되며 특정 유리 및 에나멜 생산에 사용된다. 순수한 형석은 정밀 화학에 쓰이는 불화수소산(HF) 제조를 위한 불소 공급원이다. 광학적으로 투명한 형석 렌즈는 분산이 적기 때문에 이 렌즈로 만든 렌즈는 색수차가 적어 현미경과 망원경에서 유용하게 사용된다.

가돌리나이트Gadolinite는 주로 세륨(Ce), 란타넘(La), 네오디뮴(Nd), 이트륨(Y), 베릴륨(Be) 및 철을 포함하는 규산염 광물이며 화학식은 $(Ce,La,Nd,Y)_2FeBe_2Si_2O_{10}$이다. 1800년 핀란드의 화학자 가돌린Johan Gadolin(1760~1852)의 이름을 따서 명명되었는데, 그는 1792년 희토류 원소인 이트륨($_{39}Y$)의 산화물에서 처음 분리했다. 희토류 가돌리늄($_{64}Gd$)도 그의 이름을 따서 명명되었다. 그러나 가돌리나이트Gadolinite에는 미량의 가돌리늄이 들어 있다. 모나자이트Monazite는 희토류 원소를 포함하는 적갈색의 인산염 광물이다. 가장 흔한 광물은 세륨이 우세한 모나자이트-(Ce)이다. 그밖에 란타넘, 네오디뮴, 사마륨이 우세한 모나자이트-(La), 모나자이트-(Nd), 모나자이트-(Sm)이 있다. 1880년대에 폰 벨스바흐Carl Auer von Welsbach(1858~1929)가 브라질에서 배에 실려온 모나자이트 모래 속에서 처음 발견하였다. 모나자이트 모래는 토륨(Th)의 공급원이 되어 희토류 산업의 토대가 되었다.

패리사이트Parisite는 갈색의 투명한 결정으로 발견되는 희귀 광물이다. 19세기 초 남아메리카의 콜롬비아 무조Muzo에 있는 유명한 에메랄드 광산에서 일하던 패리스 J. J. Paris에 의해서 발견되었다. 세륨, 란타늄 및 칼슘 플루오르 탄산염으로 구성된 미네랄로서 화학식은 $Ca(Ce,La)_2(CO_3)_3F_2$이다. 대부분 패리사이트-(Ce)이지만 네오디뮴 이 존재하는 패리사이트-(Nd)도 있다. 스틸웰라이트Stillwellite는 희토류 원소가 포함된 붕소 규산염 광물로서 화학식은 $(Ce,La,Ca)BSiO_5$이다. 1955년에 호주의 매리 캐슬린 광산(Mary Kathleen Mine)에서 처음 발견되었다. 이 광물의 이름은 호주의 광물학자 스틸웰Frank Leslie Stillwell(1888~1963)에서 유래하였다. 신키사이트Synchysite는 탄산염 광물 그룹으로서 세륨, 네오디뮴, 이트륨을 포함하는 신키사이트-(Ce), 신키사이트-(Nd) 및 신키사이트-(Y)가 있다. 이들의 화학식은 각각 $Ca(Ce,La)(CO_3)_2F$,

$CaNd(CO_3)_2F$, $CaY(CO_3)_2F$이다. 신키사이트-(Ce)는 1900년 스웨덴의 광물학자 플링크Gustaf Flink(1848~1931)에 의해 발견되었다.

타이타나이트Titanite는 타이타늄이 들어 있어서 이름 붙여진 적갈색, 회색, 노란색, 녹색, 혹은 빨간색을 띠는 광물이다. 칼슘 타이타늄 네오실리케이트 광물로서 화학식은 $CaTiSiO_5$이다. 불순물로서 철과 알루미늄이 미량 들어있다. 흔히 세륨(Ce)과 이트륨(Y) 같은 희토류 금속이 포함되어 있으며 칼슘은 부분적으로 토륨(Th)으로 대체 될 수 있다. 색소에 사용되는 이산화타이타늄의 원료이다. 웨이크필다이트Wakefieldite는 흔치 않은 희토류 원소인 바나데이트 미네랄을 포함하며 화학식은 $(La,Ce,Nd,Y)VO_4$이다. 존재하는 희토류에 따라 웨이크필다이트-(La), 웨이크필다이트-(Ce), 웨이크필다이트-(Nd), 웨이크필다이트-(Y)가 있다.

제노타임Xenotime은 희토류 인산염 광물로 이트륨 오르토인산염(YPO_4)이 대표적이다. 금속 원소인 토륨(Th)과 우라늄(U)뿐만 아니라 희토류 원소인 디스프로슘(Dy), 어븀(Er), 터븀(Tb) 그리고 이터븀(Yb)이 이트륨(Y)을 대체하기도 한다. 불순물로 섞인 우라늄(U)과 토륨(Th)으로 인해 일부 제노타임은 방사성을 띨 수 있다. 제노타임은 주로 이트륨(Y)과 란타넘족[디스프로슘(Dy), 이터븀(Yb), 어븀(Er) 및 가돌리늄(Gd)]의 공급원이다. 지르콘Zircon은 지각에 널리 분포하며 가장 오래된 광물로 알려진 규산염 광물로서 지르코늄(Zr)의 공급원이다. 그 이름은 '금과 같은(Gold-like)'을 뜻하는 페르시아어 Zargun에서 유래하였다. 지르콘은 무색, 노란색, 적색, 갈색, 청색 및 녹색 등 다양한 색으로 존재한다. 지르콘을 열처리하면 색깔이 바뀌는데, 800~1,000℃로 가열하면 무색 지르콘과 청색 지르콘으로 변형할 수 있다. 무채색의 지르콘은 여러 색깔의 빛이 나기 때문에 오랫동안 다이아몬드와 혼동하기도 하였다. 값싼 다이아몬드 모조품으로 여겨지기도 하지만 실제로는 귀중한 보석이 될 수 있다.화학명은 규산지르코늄(Zirconium silicate)이고 화학식은 $ZrSiO_4$이다.

5
연금술

최초의 연금술사 / 세 번 위대한 자 / 연금술사들 / 원자론의 역사 / 원자론의 진보

최초의 연금술사

아시아, 아프리카, 유럽의 교차점에 위치했던 수메르는 기원전 4000년 이전부터 시작된 이래 바빌론에 의해 멸망하기까지 고대 근동 지역에서 번성했던 국가이다. 초기 수메르인들은 농업, 가축 사육, 직물 직조, 목공, 도예는 물론 맥주를 즐기는 등 주목할 만한 발전을 이루었다. 기원전 3000년 경 수메르인들은 9.5km의 방어 벽 사이에 4만 내지 8만 명의 인구를 가진 세계에서 가장 큰 도시를 형성하였다. 수메르인들은 1분을 60초로, 1시간을 60분으로 하는 60진법 체계를 갖추고 있었다. 또한 범람하는 홍수를 다스리기 위한 시스템을 마련하였고, 효율적인 농사를 위해 티그리스강과 유프라테스강의 물을 끌어들여 관개 시설을 구축하였다. 수메르인들은 마법과 본초학에 기초한 의약 체계를 가지고 있었을 뿐만 아니라, 자연 물질에서 화학 물질을 제거하는 방법도 능숙하였다. 또한 해부학에 대한 고급 지식도 가지고 있었는데, 수메르 문명 발굴 현장에서 수술도구들이 발견되기도 하였다.

수메르 신화에 나오는 신으로서 나중에 바빌론 신화에서 에아Ea로 알려진 신이 있다. 바로 엔키Enki이다. 수메르의 초대 신 아누Anu(혹은 An)의 장남이지만 사생아였던 관계로 서열이 엔릴Enlil에게 밀리게 된다. 원래 수메르 최초의 도시 에리두Eridu의 수호신이었던 엔키는 물의 신, 지혜의 신, 창조의 신이었다. 엔키는 아누의 눈물이 원시 바다

의 여신 남무Nammu를 만났을 때, 누이인 에레쉬키갈Ereshkigal과 함께 태어났다. 엔키는 긴 예복을 입고 뿔 달린 모자를 쓴 수염을 기른 남자로 묘사된다. 엔키의 어깨에서 흘러내린 물고기 모양의 줄무늬는 티그리스강과 유프라테스 강에서 발원하였다. 엔키는 대홍수에서 인간을 구하는 데 중추적인 역할을 하였다. 아눈나키Anunnaki 통치 위원회를 무시하고 지수드라Zisudra에게 배를 만드는 법을 가르쳐 주었다. 후에 엔키는 메소포타미아의 종교에서 하늘의 신 아누, 바람과 대기의 신 엔릴과 함께 메소포타미아 판테온의 세 주신 중 하나가 된다.

엔키는 모든 마술의 신이었다. 엔키를 상징하는 것으로 염소와 물고기가 있다. 이것은 후에 하나로 통합되었고 황도 12궁 중 10번째 별자리인 염소자리는 엔키를 상징하는 별자리가 되었다. 수메르 천문학에서 행성 수성(Mercury)은 엔키와 동일시되었다. 또한 엔키는 서로 얽혀 있는 두 마리의 뱀(Double-helix snake)으로 묘사되기도 한다. 뱀은 연금술의 초기 역사에도 등장한다! 상업의 신 헤르메스Hermes의 지팡이에도 서로 얽혀 있는 두 마리 뱀이 등장하는데, 이것은 결합, 계약 등을 의미하며, 한 가운데에 있는 봉은 '힘'을, 그 위의 날개는 '초월'을, 원소의 관점에서는 '공기'의 속성을 나타낸다. 두 마리의 뱀은 대립자의 조화, 치유의 상징이었다. 의학의 상징으로 사용되는 '아스클레피오스의 지팡이'의 기원도 여기서 찾을 수 있다. 뱀은 대지의 대변자이자 남성을 상징하는 것이기도 하였다. 뱀은 사악한 존재이기도 하였으나 치유의 상징이기도 하였다. 자기의 꼬리를 물고 있는 뱀의 모습은 기원전 16세기 이집트에서도 나타나며, 다시 페니키아에서 그리스로 전파되었다. 그리스인들은 이것을 우로보로스(Ouroboros, 그리스어: ουροβόρος, "꼬리를 삼키는 자"라는 뜻)라 불렀다. 고대의 상징으로 커다란 뱀 또는 용이 자신의 꼬리를 물고 삼키는 형상으로 원형을 이루고 있는 모습으로 주로 나타난다.

수세기에 걸쳐서 여러 문화권에서 나타나는 이 상징은 시작이 곧 끝이라는 의미를 지녀 윤회사상 또는 영원성의 상징으로 인식되어왔다. 시대가 바뀌면서 우로보로스는 점차 많은 개념을 함께 지니게 되었는데, 특히 종교적·미신적으로 중요한 상징의 하나로 특히 중세 연금술의 대표적인 상징물이 되었고 현대에서도 융Carl Gustav Jung과 같은 심리학자들에 의해 인간의 심성을 나타내는 상징으로 여겨졌다.

뱀은 북유럽에서 요르문간드르Jörmungandr라 불렸다. 힌두사회에서는 용이 세계를 움직이는 네 마리 코끼리를 떠받치고 있는 거북을 둘러싸고 있다. 나가Naga[산스크리트어로 '뱀(Serpent)'이라는 의미]는 힌두교, 불교 등에서 불사를 의미하는 뱀 신으로 숭배되었다. 중국 고대신화에 나오는 여신 여와女媧와 남신 복희伏羲도 서로 얽혀 있는 뱀의 몸에 사람 상반신을 한 모습을 하고 있다. 배경에는 해와 달, 별자리가 그려져 있다. 한나라 시대의 것으로 추정되는 벽화에도 이와 비슷한 그림이 있는데, 여기에는 둘 사이에서 태어난 자식으로 보이는 존재도 보인다.

세 번 위대한 자

그리스 신화에서 헤르메스Hermes는 도둑질과 교활함, 상업과 무역, 가축, 목자, 스포츠, 도로, 경계선의 신, 전령의 수호신으로 등장한다. 제우스와 마이아Maia 사이에서 태어난 헤르메스는 신들의 전령이었다. 또한 그는 죽은 자들의 영혼을 사후세계("하데스")로 이끄는 역할을 하는 신이기도 했다. 헤르메스가 연금술과 무슨 관계가 있을까? 그는 천문학과 점성술에 해박하였다. 헤르메스는 두 마리의 뱀이 서로 감겨 있는 모습의 지팡이인 케리케이온Kerykeion을 들고, 챙이 있는 모자를 쓰고 마법의 망토를 두르고 탈라리아Talaria(날개 달린 샌들)를 신고 있는 모습으로 나타난다. 전령사로서 아주 빠르게 움직여야 했기 때문이었을까! 이런 이유로 태양에서 가장 가까이에서 가장 빠르게 도는 행성의 이름인 수성(Mercury)도 발 빠른 헤르메스에서 따왔다. 도둑질을 좋아하고 거짓말을 일삼았으나 재능이 있었던 헤르메스에 끌렸던 것일까! 게다가 그는 불까지 발명했다. 밤의 어둠을 틈타 소떼를 훔친 헤르메스는 잡은 소를 요리하기 위해 월계수 나뭇가지를 널빤지 위에 놓고 재빠르게 회전시켜 불씨를 만들어냈다.

한편, 고대 이집트 신화에서 우주를 유지하고 태양신 라Ra의 태양 바지선 양쪽에 서 있던 두 신(다른 하나는 Ma'at) 중 하나가 되는 등 이집트 신화에서 중요한 역할을 많이 한 신이 있다. 바로 토트Thoth이다. 토트는 마법, 글쓰기, 지혜, 그리고 달의 신이었다. 원래 이집트식 이름은 제후티Jehuty이며 토트는 그리스어 이름이다. 토트는 따오기(Ibis)의 머리에 사람의 몸을 한 하이브리드 형태로 나타난다. 토트는 창조에 관여한 신 중 하나로 고대 이집트의 신성문자(Hieroglyph)를 발명하여 인류에게 주었다고 알려져 있다. 오시리스 신화에서 토트는 임신 중인 이시스Isis를 보호하고 그녀의 아들 호루스Horus가 오시리스의 적 세트Seth와 싸우다 다친 눈을 치료해 주었다. 또한 토트는 죽은 자의 심장의 무게를 달아 오시리스에게 보고하였다.

고대 그리스인들은 그들의 신 헤르메스를 지혜와 마술의 신 토트와 동일한 신으로 보고 이 둘을 합쳐 헤르메스 트리스메기스투스Hermes Trismegistus를 탄생시켰다. 이 이름은 토트의 명칭 중 "세 번 위대한"에서 유래한 것으로 보인다. 헤르메스와 이집트의 신 토트가 융합된 헤르메스 트리스메기스투스는 연금술사들의 우상이 된 신 또는 반신적인 존재로서 '세 번 위대한 헤르메스'라는 뜻을 가지고 있다. '세 번 위대하다'는 것은 '에메랄드 타블렛Emerald Tablet'에 나오는 진술에서 유래하였다. 그는 우주 전체의 지혜의 세 부분을 완전히 알고 있다고 알려져 있는데, 여기서 말하는 세 부분이란 연금술, 점성술, 그리고 신성 마법을 말한다. 신성마법은 별의 작용 또는 학문이라고도 하며, 연금술의 실천적인 측면, 즉 수행법이다. 점성술은 태양, 달, 행성들의 운행이 지상의 인간 세계에 영향을 미친다고 믿는 학문이다.

연금술은 단순히 값싼 납을 금으로 바꾸는 것이 아니라, 탄생, 죽음, 부활의 신비를 적용하여 물질과 물질적 존재의 영적인 구성 또는 생명을 탐구하는 것이다. 헤르메스주의 문헌에는 연금술에서 자주 언급되는 물, 불, 공기, 흙의 4대 원소가 여러 차례 언급되어 있다. 또한 이 문헌에는 "위에서와 같이 아래에서도(As above, so below)"라는 금언도 나오며, 어떤 상태로부터 자유로워지기 전에는 계속하여 윤회 또는 환생하게 된다는 언급도 있다.

연금술사들

연금술은 물론이고 마술, 점성술, 신비주의, 화학, 철학 등 광범위한 주제를 연구하였던 인물이 있었다. 화학의 아버지로 불리는 자비르 이븐 하이얀Jabir ibn Hayyan (721~815)이다. 아라비아 연금술의 창시자인 자비르는 유럽에서는 게베르Geber로 알려졌다. 부친은 시아파 순교자였다. 그는 이라크의 쿠파 지역에서 약제사로 일하였던 부친의 영향을 받아 연금술과 화학에 지대한 관심을 갖게 된다. 부친이 반란 사건에 휘말려 처형당하자 자비르 일가는 예멘으로 피신하였는데, 그곳에서 그는 연금술, 천문학, 약학 등 다양한 학문을 수학하였다고 전해진다. 자비르 이븐 하이얀은 약 3,000여 권에 달하는 많은 학술 논문과 저서를 남겼는데, 그가 남긴 연금술에 관한 저술서만 해도 수 백 권이 넘는다. 연금술의 창시자로 불리는 그는 화학 분야와 관련된 22개의 저술을 남겨 역사상 가장 유명한 화학자로 인정받고 있다. 무엇보다도 그는 화학 분야에서 실험적인 연구 방법을 도입하였으며, 화학 발전의 엄청난 가속화를 이뤄낸 인물로도 평가 받고 있다. 그의 저작은 아랍에 연금술의 유행을 불러왔으며, 그 후 유럽에서도 연금술 유행을 확산시켜 근대 화학의 발전에 지대한 영향을 미쳤다. 〈금성에 관한 책〉은 연금술 서적의 백미로 칭송 받고 있다. 그의 저작이 연금술 이론에 미친 중요한 업적은 유황-수은 이론이다. 자비르는 그의 저서에서 금속의 지질학적 구조에 관한 이론, 금속에 관한 유황-수은 이론, 금속의 정제, 철의 제련, 천과 피혁의 염색법, 천의 방수와 철의 부식 방지를 위한 광택제, 이산화망간을 이용한 유리 제조, 황철광을 이용한 금 상감 기법 등 다양한 분야를 다루었다.

연금술의 역사는 고대 이집트와 중국으로 거슬러 올라가는데, 전자는 귀금속의 제조에서 비롯되었고, 후자는 선약의 제조에 중점을 두었다. 자비르 이븐 하이얀 시대에 이르러서는 양자가 결합되어 화학과 의학의 발전을 촉진시켰다. 아랍의 연금술은 유럽으로 전파되어 현대화학의 기초가 마련되었다. 연금술사들은 비록 금을 만드는 데는 실패하였으나 그 과정에서 축적된 경험과 부산물들은 현대 화학의 성립에 결정적인 역할을 하였다. 연금술이란 단순히 납을 금으로 바꾸는 것이 아니라 저급한 인간을 금

같이 고귀한 '인간 혹은 신'으로 승화시키는 것을 의미하였다. 연금술의 진짜 목적은 인간의 계몽에 있다. 어둡고 기나긴 중세가 막을 내리고 새로운 시대가 왔다. 바로 르네상스 시대이다. 이는 14세기에 시작하여 16세기까지 유럽에서 일어난 것으로서, 고대 그리스와 로마의 문화, 예술을 본받아 인간 중심의 정신을 되살리려 한 문예부흥 운동을 말한다. 그러나 르네상스 시대는 밝은 시대가 아니라 흑사병이 유행하거나 정치적 싸움, 그리고 전쟁이 계속된 시기였고, 여전히 미신과 마술이 횡행하였던 시기였다. 그러나 1,000년 이상 이어진 금 만들기의 노력 속에서 연금술사들은 다양한 지식을 얻었고 화학 실험 기구를 만들어냈다.

연금술과 화학에 지대한 영향을 미친 스위스 사람이 있었다. 연금술을 이용해 병을 치료하고 의학에 화학적 방법을 도입하였던 파라켈수스Paracelsus(1493~1541)이다. 그는 아리스토텔레스의 4원소설에 반대하여, 3원질(수은, 황, 소금)을 물질의 구성 원소라고 생각하였다. 그의 목표는 금을 만드는 것이 아니라 의약을 조제하는 것이었다. 파라켈수스는 의화학을 창시하였으며 금속화합물을 처음으로 의약품 제조에 사용하였다. 약은 독이고 독도 약이 된다. 물도 많이 마시면 독이 된다. 체내 전해질이 묽어져 물 중독 상태에 빠지는 것이다. "모든 것은 독이며 독이 없는 것은 존재하지 않는다. 용량이 독을 결정한다."라고 말하였던 그에게는 독물학의 선구자라는 이름도 따라다닌다. 연금술의 목적은 완전한 생명을 만드는 것이라 믿었던 파라켈수스는 그의 저작 〈물의 본성에 대하여〉에서 호문쿨루스Homunculus(소인)라는 인조인간을 제조하는 방법을 남기기도 하였다. 라틴어로 '작은 사람'이라는 뜻을 가진 호문쿨루스는 부모 중 하나의 생식 세포에 완전히 형성된 개체가 존재한다고 믿었다. 이러한 생각은 18세기에 이르러 전성설(Preformationism)로 발전하였다. 이 이론은 유기체가 자신의 미니어처 버전에서 발전한다는 이론이다. 이와 반대편에 있는 후성 유전 이론에서는 분화되지 않은 알에서 배아의 구조가 점진적으로 형성된다고 본다. 아리스토텔레스Aristotle(384~322 BCE)에 의해 제기된 이 이론은 2,000년 후 하비William Harvey(1578~1657)에 의해 같은 결론에 도달하였다. 이러한 극단적인 두 견해의 충돌은 과학적 진보와 이해를 위해서는 적절한 실험 설계와 관찰을 통한 과학적 방법론과 경험적 분석이 필요하다는 것을 말해준다.

연금술의 역사

연금술(Alchemy)은 고대 이집트에서 탄생하였으며 켐Khem이라는 단어는 나일강 주변의 범람원의 비옥함과 관련하여 사용되었다. 죽음 이후의 삶에 대한 이집트인들의 믿음과 그들이 개발한 미이라화 절차는 기초적인 화학 지식과 불멸의 목표를 낳았을 것이다. 기원전 332년 마케도니아의 알렉산더 대왕(재위 336~330 BCE)은 이수스 전투(333 BCE)에서 승리하여 페르시아를 멸망시킨 것을 시작으로 이집트를 정복하였다. 그는 이집트 북부, 나일강 삼각주 북서부에 자신의 이름을 딴 알렉산드리아를 세웠다. 이후 알렉산드리아가 헬레니즘 세계 최대의 도시로 성장하면서 그리스 철학자들은 이집트에 관심을 갖게 되었다. 물질이 자연의 네 가지 요소, 즉 불, 땅, 공기 및 물로 구성되는 방식에 대한 그리스의 견해는 이집트의 신성한 과학과 융합되었다. 그 결과 이집트를 뜻하는 그리스어 케미아Khemia가 탄생했다. 7세기에 이집트가 아랍인에 의해 점령되었을 때, 그들은 케미아와 알al을 추가하여 '검은 땅(the Black Land)'을 의미하는 알케미아al-Khemia가 탄생하였는데, 이것이 연금술(Alchemy)이라는 단어의 기원으로 간주되고 있다. 연금술이라는 단어에서 파생된 것이 화학(Chemistry)이다. 연금술은 아랍어 kimiya(كيمياء) 또는 al-kīmiyā'(الكيمياء)에서 파생되었다. 이 아랍어는 콥트어 χημία(khēmia) 또는 χημεία(khēmeia)에서 파생되었다. χημία는 이집트의 고대 이집트 이름(khem 또는 khame 또는 khmi)에서 파생 된 것으로 "검음(blackness)", 즉 '나일강의 비옥한 검은 토양'을 의미한다. 따라서 연금술은 "이집트 예술(Egyptian art)"또는 "검은 예술(Black art)"로 볼 수 있다.

중국에서는 도교 승려에 의해 연금술이 독립적으로 발전하였다. 수도사들은 외부 및 내부의 비약(Elixir)을 모두 추구했다. 전자는 생명을 연장 할 수 있는 미네랄, 식물 등이고 후자는 기공(Qigong)과 같은 운동 기술을 사용하여 신체의 기(Chi) 또는 생명력을 조작하는 것이었다. 중국과 이집트처럼 인도 역시 독립적으로 연금술을 발전시켰다. 그들은 중국인들과 유사한 믿음을 가지고 있었다. 몸을 정화하고 수명을 연장하기 위하여 외부 및 내부 방법을 사용하였다. 이러한 과정에서 인도인들은 강철을 발명하였으며, 독일의 분젠Robert Bunsen(1811~1899)과 키르히호프Gustav Robert Kirchhoff(1824~1887)보다 훨씬 전에 금속을 식별하는 데에 불꽃의 색깔이 중요하다는 사실을 깨달았다. 연금술이 서양에 도입 된 것은 8세기에 아랍인들이 연금술을 스페인으로 가져 온 것이 계기가 되었다. 아라비아인들은 금속은 수은과 황이 다양한 비율로 이루어져 있다고 믿었다. 서양의 연금술사들은 금은 완벽한 것이며 다른 모든 것은 덜 완벽한 것으로 보았다. 그들은 이 낮은 수준의 금속들을 '철학자의 돌(Philosopher's stone)'로 알려진 물질을 사용하여 금으로 변환할 수 있다고 믿었다. 그 돌은 또한 불멸을 줄 수 있다고 믿어지며, 중국에서는 '불멸의 알약(Pill of immortality)'이라 불렀다. 유럽에서 연금술은 아말감Amalgam(수은과 다른 금속의 합금) 제조법을 발견하고 다른 많은 화학 공정과 이를 위해 필요한 장치를 발전시키는 역할을 했다. 결국 16세기에 유럽의 연금술사들은 두 그룹으로 분리되었다. 첫 번째 그룹은 새로운 화합물의 발견과 그 반응에 중점을 두었으며 이는 현대 화학으로 이어졌다. 두 번째는 계속해서 연금술의 더 영적이고 형이상학적 측면을 살펴보면서 불멸성을 추구하고 비금속을 금으로 바꾸는 작업을 계속했다. 이것은 현대의 연금술 개념으로 이어졌다. 값싼 금속을 금으로 바꾸고 불멸을 얻기 위해 고군분투했던 연금술사들은 결국 목적을 달성하지 못했다. 그러나 그들이 시도했던 모든 것들은 과학에 지대한 공헌을 했다. 서구에서는 기원전 1900년경 이집트 왕 헤르메스 트리스메기스투스 시대에 연금술이 태어났으며 첫 번째 문서는 유명한 헤르메스의 에메랄드 태블릿Emerald Tablet이다.

그리스 철학자들은 이집트의 연금술에 대해 호기심이 생겨 불, 흙, 물, 공기의 네 가지 요소에서 형성되는 물질에 대한 자신의 견해를 이집트 과학과 결합하여 케미아Khemia(transmutation of earth)를 만들었다. 유럽의 연금술사들은 한때 연금술을 위한 화학 공정과 장치를 발전시킨 후 16세기까지 두 그룹으로 나뉘었다. 하나는 화합물과 화학반응에 초점을 맞추고 다른 하나는 형이상학에 집중하여 불멸과 인공 금을 추구했다. 연금술사들은 금을 만들기 위해 탐욕과 광기에 휩싸인다는 비판을 받았지만 현대 화학과 의학의 발전에 중요한 역할을 했다. 히브리인 마리아Mary the Hebrew는 증류(Distillation) 등 여러 종류의 화학 장치를 발명한 것으로 알려져 있으며 서양 세계 최초의 진정한 연금술사로 간주된다. 에탄올Ethanol(CH_3CH_2OH, 끓는점: 78℃)의 증류는 문명의 역사에 중요한 역할을 하였다. 연금술사들은 모든 화학 기술에 관심이 있었다. 연금술사들이 '철학자의 돌'을 찾는 과정에서 발견된 결과물은 오늘날에도 가장 위대한 화학 업적 중 하나이다.

역사는 수많은 연금술사들을 기록하고 있다. 'E&T(Engineering and Technology)'에 소개된 조시모스, 마리아, 헬몬트, 갈홍, 뉴턴, 파라켈수스, 뵈트거, 그리고 브란트를 만나 보자. 조시모스Zosimos of Panopolis(3세기 말)는 고대 이집트의 연금술사이다. 연금술에 관한 가장 오래된 책 〈Cheirokmeta〉를 썼다. 인류는 연금술을 통해 세상을 통제하고 악을 막는 방법을 배울 수 있다고 말했다. 고대 이집트에서 살았던 마리아Maria the Jewess(1세기 경) 역시 비금속을 금으로 바꾸기 위해 노력하였다. 그녀는 물질을 태우지 않고 가열하여 증기를 수집하는 방법(증류) 등 몇 가지 획기적인 발견을 하였다. 플랑드르의 의사, 철학자, 화학자였던 헬몬트Jean Baptista Van Helmont(1580~1644)는 화학 물질이 인체에 미치는 영향에 대해 연구하였고, 이산화탄소를 확인하였으며, 신체와 세계를 이해하기 위해서는 연금술로 시작해야한다고 주장하였다. 수은(quicksilver)에 '철학자의 돌'을 사용하여 금을 만들었다고 주장하였다. 중국의 연금술사였던 갈홍Ge Hong(283-343CE)은 모든 사람이 불멸을 이룰 수 있다고 믿었다. 그는 금을 찾기 위한 실험 과정에서 우연히 유황과 염석(Saltpetre)을 결합하여 화약의 기초를 다졌다. 중력의 법칙을 발견한 수학자, 천문학자, 신학자 및 물리학자였던 뉴턴Isaac Newton(1643-1727) 역시 30년 동안 연금술의 세계에 뛰어 들었다. 그는 신이 '철학자의 돌'의 신비를 풀 수 있다고 믿었다. 파라켈수스(Paracelsus, 1493~1541)는 의학에 화학을 도입하였다. 그는 인간의 조성이 연금술의 기본 재료와 크게 다르지 않다고 생각했으며, 신체의 병든 장기는 화학 물질의 도움으로 건강하게 만들 수 있다고 주장하였다. 그는 또한 병든 사람들에게 비소와 수은을 처방하였다. 독일의 연금술사 뵈트거Johann Friedrich Böttger(1682~1719) 역시 비금속을 금으로 바꿀 수 있다고 주장했다. 그는 금을 만들기 위한 '팅쳐tincture'를 만들기 위해 수년간 감옥에 들어갔다. 카올린, 설화 석고, 분해된 화산 물질, 그리고 석영을 1,300℃로 가열하여 도자기를 생산하는 방법을 발견하였다. 독일의 연금술사 브란트

Hennig Brand(1630~1710)는 인간의 소변을 단순한 낭비 이상의 것으로 보고 오줌에서 귀중한 것을 발견했다. 금색으로 보였기 때문에 소변을 증류하면 금이 남을 것이라고 믿었다. 또한 1669년경에는 인(P)을 발견하여 원소의 최초 발견자가 되었다.

원자론의 진보

"물질은 더 이상 쪼갤 수 없는 원자(Atom)로 이루어져 있다." 2,500년 전에 이런 주장을 한 인물이 있다. 바로 '웃는 철학자(Laughing philosopher)'로 알려진 데모크리토스Democritus (c.460~c.370 BCE)이다. 데모크리토스는 소크라테스 이전 철학자였던 그의 스승 레우키포스Leucippus의 견해를 체계화하였고 과학적 합리주의 철학을 수행하였으며 모든 것은 자연 법칙의 결과라고 믿었다. 물질이 별개의 단위로 구성된다는 생각은 그리스와 인도와 같은 많은 고대 문화에서 나타나는 매우 오래된 생각이었다. 데모크리토스는 원자는 무한하고, 창조되지 않고, 영원하며, 물체의 특성은 그것을 구성하는 원자의 종류에 기인한다고 주장했다. 데모크리토스의 원자론은 후기 그리스의 철학자 에피쿠로스Epicurus(341~270 BCE)와 로마의 시인 루크레티우스Lucretius(99~55 BCE)에 의해 정제되고 정교해졌다. 중세 초기에 원자론은 서유럽에서 대부분 잊혀 졌고, 12세기에는 아리스토텔레스Aristotle(384~322 BCE)의 새로 발견된 저작에서 원자론을 언급함으로써 서유럽에서 다시 알려지게 되었으며, 17세기에 부활하였다. 원자론에 힘을 실어준 화학자와 물리학자가 있다. 현대 화학의 창시자 중 한사람으로 평가되고 있는 보일Robert Boyle(1627~1691)과 만유인력의 법칙을 발견한 뉴턴Isaac Newton(1643~1727)이다.

원자론의 지위는 19세기 초 영국의 화학자이자 물리학자, 기상학자였던 돌턴John Dalton(1766~1844)이 화학 버전의 '원자론(Atomic Theory)'(1808년)을 내놓음으로써 공고해지게 되었다: 각 원소는 '원자'라고 하는 작은 입자로 이루어져 있다. 한 가지 원소의 원자는 모두 '동일'하다. 서로 다른 원소의 원자들은 본질적으로 다르다. '화합물(Chemical compound)'은 다른 원소의 원자들이 서로 결합함으로써 형성된다. 한 가지 화합물에는 언제나 동일한 원자들이 '일정한 비'로 존재한다. '화학 반응(Chemical reaction)'은 원자들이 헤쳐 모여 재구성되는 과정이다. 이 변화는 원자들이 결합하는 방식이 변하는 것이지 원자 자체가 화학 반응에서 변하는 것은 아니다.

현대의 양자역학에서 보면, 물질의 기본 단위에 대한 돌턴의 이론은 지나간 과학 이론이지만 역사적으로는 대단히 중요한 이론이다. 돌턴은 프랑스의 화학자 라부아지에Antoine Lavoisier(1743~1794)의 연구 결과에 고무되어 화학의 기본이 되는 가정을 수용하게 된다. 이로써 화합물이란 화학 원소들의 조합으로 형성되는 것이며, 이 원소들은 화학 반응이 일어나도 보존되는 것으로 이해하게 되었다. 이를 바탕으로 '원자는 원소의 성질을 갖고 있는 원소의 가장 작은 기본 입자'라고 규정할 수 있었다.

돌턴의 원자설은 '질량보존의 법칙(Law of conservation of mass)'과 '일정성분비의 법칙(Law of definite proportions)'을 설명하기 위해 세워진 학설이다. 질량보존의 법칙이란 화학반응에서 반응물의 질량과 생성물의 질량은 같다는 법칙으로서 근대화학의 아버지라 불리는 라부아지에가 최초로 정식화 하였다. 분자 또는 화합물은 원자들로 이루어져 있고, 화학반응이란 반응물이 깨진 후 원자들이 재구성되어 생성물을 형성하는 것이므로 질량보존의 법칙은 일반적인 화학 반응에서는 잘 들어맞는다(예외: 핵반응). 일정성분비의 법칙이란 한 화합물을 구성하는 각 성분 원소들의 질량비가 일정하다는 법칙으로, 1799년 프랑스의 화학자 프루스트Joseph Louis Proust(1754~1826)가 발견하였다. 예를 들면, 물(H_2O)에 들어 있는 수소(H)와 산소(O)의 질량비는 항상 1:8이다. 이 두 법칙은 돌턴의 원자론을 이론적으로 뒷받침하는 데 기여하였다. 돌턴은 원자론 이외에도 '배수비례의 법칙(Law of multiple proportions)'을 발표하였다. 1803년에 발표된 배수비례의 법칙은 두 종류 이상의 원소가 결합하여 두 종류 이상의 화합물을 형성할 때, 한 원소의 일정량과 결합하는 다른 원소의 질량비는 항상 간단한 정수비를 나타낸다는 법칙이다. 예를 들면, 일산화탄소(CO)와 이산화탄소(CO_2)의 경우, 탄소 12g과 반응하는 산소의 질량은 각각 16g과 32(=16×2)g이다. 따라서 탄소 원자 일정량과 결합하는 산소 원자의 질량비는 1:2이다.

원자론과 관련한 최초의 실험을 한 화학자는 보일Robert Boyle(1627~1691)이다. 보일은 일정한 온도에서 기체의 양이 일정한 닫힌계에서 용기의 부피가 감소하면 용기 내 기체의 압력은 증가한다는 사실을 발견하였다(보일의 법칙, 1662년). 이로써 원자와 진공이 실제로 존재한다는 것이 분명해졌다. 보일은 입자 이론을 제안하면서 원자 가설을 다시 살려냈다. 뉴턴도 그의 저서 〈광학〉에서 모든 물질은 입자로 구성되어 있다고 주장함으로써, 데모크리투스와 보일을 지지하였다. 보일은 화학 원소의 중요성을 인식한 최초의 화학자였다. 보일은 1661년에 발표한 그의 저서 〈의심하는 화학자(Skeptical Chemist)〉에서 '물질(Substance)이 둘 또는 그 이상의 더 간단한 물질로 쪼개지지 않는다면, 그것은 원소(Element)이다.'라고 주장하였다. 홉스Thomas Hobbes(1588~1679), 데카르트Rene Descartes(1596~1650), 보일Robert Boyle(1627~1691), 뉴턴Isaac Newton(1643~1727), 그리고 존 로크John Locke(1632~1704)에 의해 주장된 원자론(입자론)은 17세기의 중요한 이론으로서 입지를 다졌다. 이로써 연금술이 극복되고 근대 화학의 새벽이 열리기 시작하였다.

상상을 더하다 4

- 제5원소 -

1. 인공적으로 생명을 만들 수 있게 된다면 어떤 일들이 벌어질까?
2. 외계에도 생명체가 있다면 이들과 공생할 수 있을까?
3. 인간도 먼 미래에 유전자 합성으로 재탄생 혹은 환생이 가능할까?
4. 태양 속에 있는 원소들의 존재를 어떻게 알았을까?
5. 우리는 지구에서 얼마나 살 수 있을까? 만약 이주를 한다면 그곳은 어디일까?
6. 지구의 환경이 크게 변한다면 인간은 다른 모습으로 진화할 것인가, 아니면 인간의 모습으로 변화에 대응할 것인가?
7. 소행성 충돌을 인간의 힘으로 막아낼 수 있을까?
8. 태양계의 대표 원소인 수소는 핵 속에 양성자 1개를 가지고 있다. 가장 작은 원소의 핵에 6개의 중성자가 들어갈 수 있을까?
9. 원자 번호가 119 이상인 원소를 만들 수 있을까?
10. 탄소는 비금속 원소이고 납은 금속 원소이다. 그런데도 탄소와 납의 화학적 성질이 비슷하다고 말할 수 있는 이유는 무엇일까?
11. 광물 속에는 여러 종류의 화학 원소들이 들어 있는데, 여기서 순수한 금속 원소를 어떻게 추출하는 것일까?
12. 흑연과 다이아몬드는 탄소의 동소체이다. 그런데 흑연은 검은 색을 띠고 있고 다이아몬드는 투명하게 보이는 이유는 무엇일까?

5장
하울의 움직이는 성

1 움직이는 대지

하울의 움직이는 성 / 움직이는 대륙 / 움직이는 돌 / 탄소의 순환

하울의 움직이는 성

'이것'은 순회 공연자들이 저글링과 칼 삼키기와 같은 속임수로 대중을 즐겁게 하던 일종의 오락이었다. 18세기 초 '이것'은 부유한 후원자들의 지원으로 공연되기 시작했다. '이것'은 바로 마술이다. 오랫동안 마술사들은 자신의 비법이 공개되는 것을 두려워했다. 마술사가 두려워했던 것과는 달리 사람들은 이것에 매료되었다. 유명한 마술사는 큰 부자가 될 수 있었다. 마술이란 말은 그리스어 마게이아Mageia(μαγεία)에서 유래하였다. 마게이아라는 마술 행위를 한 최초의 사람은 마고쉬Magosh라 부르는 페르시아 사제였으며, 그리스어로는 마고이Magoi라고 불렀다.

마법은 언제나 사람들의 마음을 설레게 한다. 영국의 동화 작가 다이애나 윈 존스Diana Wynne Jones(1934~2011)가 창조한 마법의 세계는 어떤 모습일까? 1부(하울의 움직이는 성, Howl's Moving Castle), 2부(Castle in the Air), 3부(House of Many Ways)로 이어지는 판타지의 세계로 들어가 보자. 1부는 황야 마녀의 저주로 80세 노인이 된 소녀 소피와 왕실 마법사 하울의 사랑 이야기를 담고 있다. 소피는 자신의 본 모습을 찾기 위해 움직이는 성에 살고 있는 마법사 하울을 찾아간다. 소설 곳곳에는 마법이 살아 움직인다. 그녀의 두 동생 레티와 마사는 외모를 바꾸는 마법을 이용해 각자의 자리를 바꿔치기 한다. 세 자매의 어머니 해터 부인의 지인인 페어팩스 부인은 마법사이다. 레티에게 마법을 가

르쳐 준다. 개도 등장하는데 저주에 걸린 듯 다양한 형상을 오간다. 이 개의 정체는 황야의 마녀가 완벽한 남자를 만들기 위해 마법사 설리먼과 잉거리 왕자인 저스틴 왕자의 몸을 적당히 여기 저기 떼어다가 섞어 만든 것이었다. 개는 나중에 저스틴 왕자와 설리먼으로 되돌아온다. 물론 주인공 소피에게도 마법 같은 능력이 있다. 덤불 속에서 헤어나지 못하던 허수아비에게 이동할 수 있는 능력을 주고 하울과 캘시퍼의 계약 파기에도 둘 다 살 수 있는 생명을 준다. 하울의 성도 신비함으로 가득 차 있다. 하울의 성은 순간이동을 하는 성이다. 그 성을 움직이는 역할은 캘시퍼가 맡고 있다. 2부에서는 양탄자 상인 압둘라가 우연히 구입하게 된 하늘을 나는 마법의 양탄자 덕분에 밤의 꽃이라는 이름을 가진 공주를 만나 사랑에 빠지게 되지만 공주는 마신에게 붙잡히고 압둘라는 공주를 납치한 용의자로 수배되는 신세에 놓이며 벌어지는 이야기가 펼쳐진다. 하울과 소피도 등장한다! 3부에서는 주인공 샤메인이 마법사인 윌리엄 고조부가 병에 걸려 마법에 걸린 집을 돌보려고 가게 되는데, 집은 문이 다른 수백 개의 방으로 연결되어 있다.

마법은 2011년부터 2019년까지 미국의 영화채널 HBO(Home Box Office)에서 방영된 판타지 TV 시리즈 〈왕좌의 게임〉에도 등장한다. 이 드라마는 마틴George R. R. Martin이 1996년에 내놓은 판타지 소설 '얼음과 불의 노래'를 원작으로 하여 만들어졌다. 칠왕국(Seven Kingdoms)의 철 왕좌(Iron Throne)를 차지하기 위한 싸움을 그렸다. 음모, 욕망, 미스터리, 로맨스와 섞여 빛을 발하고 있는 것은 바로 현실 세계에는 존재하지 않는 마법이다. 숲 속의 아이들(Children of the forest)은 집을 짓거나 도구, 금속 등을 사용하지 않고 자연과 동화해 마법을 사용하여 살아가며, 과거와 미래를 보는 능력을 갖고 있다. 용의 불로 만들어지는 발리리안 강철(Valyrian steel)은 마법의 철로 보통 철보다 몇 배나 강하다. 이것으로 만든 검은 영원히 녹슬거나 무뎌지지 않는다. 겨울의 나팔은 얼음벽을 깰 수 있는 마법의 나팔을 부르는 이름이다. 와일드파이어Wildfire는 녹색을 띠는 마법의 액체로 불을 붙이면 화약처럼 터지면서 철을 녹이고 모든 것을 잿더미로 만들어 버린다. 드래곤글라스Dragonglass는 화산섬에서 나온 철요석의 한 종류로 검은 색을 띠며 마법의 힘을 가지고 있다. 먼 곳에서 일어나는 일을 볼 수 있는 마법의 유리 양초(Glass

Candle)도 있다. 서로 이 초를 가지고 있으면 멀리 떨어져 있어도 대화를 할 수 있다.

해리포터 시리즈에 등장하는 마법 동물들을 설명하는 책이 있다. 바로 2001년 영국의 롤링Joanne Kathleen Rowling이 지은 〈신비한 동물 사전〉이다. 여기서는 애크로맨투라, 보가트, 디멘터, 히포그리프와 같이 머글 세계에서는 볼 수 없는 희귀하고 신비한 동물들에 대한 상세한 설명과 함께 취급 방법 등이 적혀 있어 많은 마법사들과 동물학자들의 전범이 되었다. 머글Muggle이란 해리포터 시리즈에서 마법사나 마녀들 사이에서 사용되는 단어로서 '보통 인간'을 말한다. 신비한 동물 사전에 나오는 가공의 존재들을 만나보자. 애크로맨투라Acromantula는 인간의 말을 할 수 있는 괴물 거미이다. 보가트Boggart는 장난꾸러기 요정으로 주로 방구석의 틈이나 낡은 옷장 등에서 살아간다. 디멘터Dementor는 우울증을 형상화한 흉측하게 생긴 괴물로서 저승사자 같은 느낌이 드는 캐릭터이다. 히포그리프Hippogriff는 수컷 그리폰Glyphon과 암말 사이에서 태어났다고 전해지는 하이브리드이다. 상반신은 독수리를, 하반신은 말을 닮은 본래 "있을 수 없는" 존재이다. 아무리 이상한 존재라 할지라도 이 세상 어딘가에는 존재할 수 있다!

움직이는 대륙

현재 지구의 7대륙은 하나의 초대륙(Supercontinent)이 갈라지면서 생겨났다. 마지막 초대륙은 판게아Pangaea였다. 약 3억 년 전에 하나로 존재했던 이 초대륙은 1억 8,000만년 전부터 갈라지기 시작하였다. 맨틀의 대류 현상으로 인해 대륙판이 움직인 것이다. 판게아가 갈라지면서 대서양이 태어났다. 대서양은 지금도 넓어지고 있다. 한편, 태평양은 점점 좁아지고 있다. 여러 조각으로 갈라져 있는 지질 구조판(Tectonic plates)은 1년에 수cm의 속도로 움직이고 있다. 태평양에는 가장자리를 따라 '불의 고리(Ring of fire)'라고 부르는 섭입대가 있다. 섭입이란 암권의 판과 판이 서로 충돌하여 한 판이 다른 판의 밑으로 들어가는 현상을 말한다. 섭입대에서는 대양저가 대륙판 밑으로 내려가고 있다. 그곳에서 오래된 대양저는 재활용되어 화산 분연주로 올라올 것이다. 대서양에는 새로운 대양판을 형성하는 커다란 해저가 있다. 두 섭입대도 있는데, 하나는 카리브해에 있는 소안틸리스 제도(Lesser Antilles)이고 다른 하나는 남미와 남극 사이에 있는 스코티아호(Scotia Arc)이다. 섭입대에서 일어나는 대표적인 현상으로는 화산 활동과 조산 운동이 있다. 지진 작용도 활발하게 일어난다. 또한 해령이 생겨나고 새로운 대륙이 성장한다.

대륙은 약 2.5~3억 년을 주기로 합쳐졌다 분리되는 과정을 반복하고 있다. 지금의 지구는 초대륙의 주기에서 '흩어짐' 단계 중간에 와 있다. 지구에 다시 '초대륙'이 만들어지고 있는 것이다. 2억 년 내지 2억 5,000만 년이 지나면 다음 초대륙이 탄생될 것이다. 이에 관해서는 4가지 시나리오, 즉 노보판게아Novopangea, 판게아 울티마Pangea Ultima, 오리카Aurica, 그리고 아마시아Amasia가 제시되었다. 과학자들은 가장 가능성 있는 시나리오로 '노보판게아'를 꼽는다. 오늘날 대륙판의 표류 방향을 고려했을 때 논리적으로 가장 타당하기 때문이다. 다른 시나리오는 또 다른 프로세스가 시작된다는 가정 하에 만들어졌다. 오리카의 경우 대서양에 새로운 섭입대가 만들어진다는 가정이 필요하고, 판게아 울티마는 대서양이 닫힌다는 전제가 있어야 한다. 아마시아는 이전에 형성된 판게아의 일부가 맨틀에 남아있어야 한다. 향후 만들어질 초대륙이 기후나 해양 순환에 미치는 영향은 학계의 과제이다. 무엇보다 생명체의 환경 적응과 진화에 어떤 영향을 미치게 될지 관심이 집중된다.

45억 4,000만 년 전에 탄생된 지구에는 판게아(3억 3,600만 년 전~1억 7,500만 년 전, 석탄기~쥬라기) 이전에도 곤드와나Gondwana, 판노티아Pannotia, 로디니아Rodinia 등 여러 초대륙이 존재하였다. 로디니아는 11억~9억 년 전에 합쳐졌고 7억 5,000만~6억 3,000만 년 전에 갈라진 초대륙이었다. 곤드와나는 신원생대(약 5억 5,000만 년 전)에 존재했으며 쥬라기(약 1억 8,000만 년 전)에 갈라지기 시작한 초대륙이었다.

대륙이 움직인다는 생각은 1596년 플랑드르의 지리학자 오르텔리우스Abraham Ortelius(1527~1598)에 의해서 처음 제기되었다. 그는 최초의 근대적 지도책으로 여겨지는 〈세계의 무대〉를 출간하였으며 아메리카와 아프리카의 해안선의 유사성을 강조하고 최초로 대륙 이동을 제안하였다. 그 후 1620년 영국의 철학자 베이컨Francis

Bacon(1561~1626), 1800년 경 독일의 자연학자 훔볼트Alexander von Humboldt(1769~1859), 그리고 1858년 지리학자 스나이더-펠레그리니Antonio Snider-Pellegrini(1802~1885)가 대륙 이동설을 주장하였다. 1906년 오스트리아의 암페러Otto Ampferer(1875~1947)와 1908년 미국이 지질학자인 테일러Frank Bursley Taylor(1860~1938)도 대륙 이동설에 힘을 실어 주었다. 1912년 판구조론의 주창자로 인정받고 있는 독일의 베게너Alfred Wegener(1880~1930)는 원래 하나였던 초대륙이 갈라져 이동하면서 현재와 같은 대륙들이 만들어졌다는 '대륙이동설'을 주장하였다. 베게너는 대륙이동의 증거로 (1)아프리카 서해안선과 남아메리카 동해안선이 일치하며, (2)멀리 떨어져 있는 여러 대륙에서 같은 종의 동식물 화석이 발견되며, (3)현재 열대, 온대 지역에서 과거 빙하의 흔적이 발견되며 이동 방향 또한 일치하고, (4)현재 떨어져 있는 두 대륙에서 지질 구조가 연속적으로 이어진다는 점을 들었다. 그는 또한, '판게아'라는 초대륙이 존재하였고 약 2억 년 전에 갈라진 뒤 표류하여 현재의 모습으로 되었다고 발표하였다.

영국의 지질학자 홈즈Arthur Holmes(1890~1965)는 1928년 글래스고 지질학회에서 맨틀 안에 열대류가 존재하며 이것이 대륙 이동의 원인이 된다는 '맨틀 대류설'을 주장하였다. 맨틀 대류가 상승하는 지역에서는 해령이 형성되고 대류가 하강하는 지역에서는 지각 판이 맨틀 속으로 들어간다. 한편, 1960년대에 프린스턴 대학교의 헤스Harold Hammond Hess(1906~1969)와 미 해군 전자연구소의 디츠Robert Dietz(1914~1995)는 '해저 확장설'을 주장하였다. 해저 확장이란 화산 활동을 통해 새로운 해양 지각이 형성되고 점차 산등성이에서 멀어지는 과정을 말한다. 해저에 존재하는 줄무늬 모양의 지자기 비정상과 그 현상을 설명하는 바인-매튜스-몰리 가설(Vine-Matthews-Morley hypothesis)은 해저 확장설의 확립에 크게 기여하였다. 그 후 다양한 이론과 그에 대한 학술 논문이 발표되었고, 1968년 컬럼비아 대학교 라몬트 지질학연구소의 지진학자인 아이삭스B. Isacks, 올리버J. Oliver, 그리고 사이크스L. Sykes는 지각 판이 운동하고 있다는 것을 증명하는 지진학적 증거를 발표하였다. 연구자들은 '신지구 구조론'이라는 용어를 처음으로 사용하였고, 이후 '판구조론'이라는 용어로 불리고 있다. 맨틀의 역학, 중력, 그리고 지구의 자전이 지각판의 운동을 견인하는 주된 추진력인 것으로 받아들여지고 있다.

지구의 지각은 15개의 판으로 구성되어 있다. 해저를 형성하는 판을 해양판이라고 하며, 육지 덩어리를 형성하는 판을 대륙판이라고 한다. 대륙판의 두께는 최대 72km 이지만 해양판의 두께는 약 5km에 불과하다. 서로 다른 판이 만나 충돌하는 곳에서 가장 자주 발생하는 지진과 화산을 모니터링하면 판의 경계를 찾을 수 있다. 유럽 대륙과 아메리카 대륙은 현재 매년 약 4cm씩 멀어지고 있다. 지각 판은 매년 약 2.5cm의 속도로 이동한다. 이것은 보통 사람의 손톱이 자라는 것만큼 빠르다. 앞으로 약 3억년 후에는 새로운 초대륙이 탄생할 것이다. 판게아 울티마Pangea Ultima는 미래에 형성될 것이라고 추정되는 초대륙으로, 1982년 미국의 지질학자이자 고지리학자인 스코티스Christopher Scotese가 예측한 초대륙이다.

움직이는 돌

돌이 움직인다? 움직이는 돌을 보러 미국 데스 밸리Death Valley로 여행을 떠나자. 이곳에 가면 세일링 스톤Sailing stones을 만나 볼 수 있다. 암석이 동물의 개입 없이 이동하며 긴 트랙을 남겼다. 네바다의 Little Bonnie Claire Playa를 포함한 여러 곳에서 움직이는 암석의 흔적이 관찰되었다. 가장 유명한 곳은 트랙의 수와 길이가 주목할 만한 캘리포니아 데스밸리 국립공원(Death Valley National Park)에 있는 레이스트랙 플라야Racetrack Playa이다. 마른 호수에 선형의 경주로 자국이 새겨져 있다. 호수의 크기는 길이 4.5km(남북), 폭 2.1km(동서)이며, 해발 1,132m에 위치해 있다. 이곳에 있는 돌이 움직이면서 흔적을 남긴 것이다. 중요한 원인으로는 이곳이 매우 평평하고 북쪽 끝이 남쪽보다 3.8cm 더 높기 때문이다. 북쪽 끝에 축적되는 세립 퇴적물이 유입되면서 경사진 표면을 서서히 미끄러지는 것이다. 스톤헨지Stonehenge는 잉글랜드 남부에 있는 선사시대의 거석기념물에 있는 환상 열석 유적이다. 높이 8m, 무게 50ton에 달하는 거석 여든 개가 세워져 있다. 수수께끼의 선사시대 유적은 누가, 어떻게, 왜 만들었는가에 대한 의문이 풀리지 않고 있다. 그런데 스톤헨지의 거대한 돌들이 빙하에 의해 그곳으로 옮겨졌다는 주장이 제기되었다. 웨일스의 과학자 존Brian John은 스톤헨지의 돌이 솔즈베리Salisbury 평원에 있었는데 500,000년 전에 빙하에 의해 그곳으로 옮겨졌다고 주장하였다. 이는 인간이 5,000년 전에 그곳으로 돌을 옮겼다는 이론을 뒤집는 것이다. 웨일즈에 있던 돌들이 225km를 움직여 잉글랜드로 이동한 것이다. 센트럴 파크는 뉴욕의 허파로 불리는 관광 명소이다. 여기에는 곳곳에 커다란 바위들이 있다. 대체 누가 이 바위들을 가져다 놓았을까? 이 바위들은 어디서 왔을까? 홍적세는 빙기와 간빙기가 반복되던 시기였다. 북아메리카에서는 위스콘신 빙하가 남쪽으로 여행을 시작하여 약 70,000년 전에는 최대치에 도달하여 뉴욕까지 확대되었다. 뉴욕시는 300m의 빙하에 덮였다. 그 후 약 18,000년 전에 빙하가 녹으면서 빙하를 타고 이동한 바위들이 뉴욕 센트럴 파크에 남아 빙하기를 증언하고 있다.

암석은 움직인다! 암석은 주위의 환경에 따라 끊임없이 변화한다. 암석은 화성암, 퇴적암, 변성암의 세 가지 유형으로 나뉜다. 화성암과 변성암이 퇴적작용을 받으면 퇴적암으로 될 수도 있다. 변성작용을 받으면 변성암으로 될 수도 있다. 또한 변성암과 퇴적암은 마그마작용에 의해 화성암으로 될 수도 있다.

화성암은 마그마가 냉각, 결정화 과정을 거쳐 형성된 암석을 말한다. 암석의 성분에 따라서 염기성암과 산성암으로 분류한다. 또한 생성시의 깊이에 따라서 화산암과 심성암으로 분류한다. 화산암은 용암이 지표에 분출되었거나, 지표 부근에서 급격하게 냉각되어 형성된 암석으로, 입자의 크기가 작은 편이다. 심성암은 상대적으로 깊은 곳에서 천천히 냉각되었기 때문에, 입자의 크기가 큰 편이다. 화성암은 지각의 95% 이상을 차지한다. 화성암의 광물조성과 화학성분을 조사하면, 그 화성암을 만든 마그마가 녹아 나온 맨틀이나 지각 암석의 성분을 알 수 있다. 또한 화성암은 방사성 연대 측정을 통하여 그 절대연령을 알 수도 있다. 각 화성암의 특징은 화성암이 형성된 환경에 따라 다르다. 특별한 조건 하에서는 텅스텐, 주석, 우라늄 등 다양한 광상을 동반한다. 화성암의 예로는 안산암, 사장암, 현무암, 보니나이트, 휘록암, 섬록암, 반려암, 화강암, 각섬석, 유리질 쇄설암, 킴벌라이트, 몬조나이트, 흑요석 , 페그마타이트, 감람암, 향암, 반암, 부석, 휘석암, 유문암, 조면암, 응회암 등이 있다.

퇴적암은 풍화 과정의 결과로 암석 광물 조각들이 압축 또는 교결되거나 용해된 광물의 침전에 의해서 형성된 암석이다. 퇴적물에는 다른 곳에서 이동되어 온 광물이나 생물에 의하여 만들어진 물질들이 포함된다. 퇴적암은 지구 표면의 75~80%를 덮고 있다. 지표에서 발견되는 퇴적암은 크게 퇴적 과정에 따라 쇄설성 퇴적암, 생물학적 퇴적암, 화학적 퇴적암으로 나눌 수 있으나 실제로는 퇴적되는 물질에 따라서 규산염질 퇴적암 또는 탄산염질 퇴적암으로 나누어 연구한다. 퇴적암의 예로는 점토암, 사암, 각력암, 백악, 점토암, 석탄, 역암, 백운석, 갈탄, 석회암, 이회암, 이암, 오일 셰일, 어란암, 인광석, 사암, 셰일, 미사암, 빙역암 등이 있다.

한편, 변성암은 기존 암석, 즉 모암이 오랜 기간에 걸쳐 고온, 고압을 받아 형성된다. 모암은 열(150℃ 이상)과 강한 압력을 받아 물리적 혹은 화학적 변화를 겪게 된다. 모암은 퇴적암일수도 있고 화성암일수도 있으며 혹은 다른 변성암일수도 있다. 변성암은 지표 아래 깊은 곳에서 높은 온도와 위에 놓인 층들의 높은 압력을 받아 만들어질 수도 있고, 수평적 압력, 대륙의 충돌과 같은 조구적 과정에 의해 동반된 마찰, 뒤틀림, 압력 등에 의해서 만들어질 수 있다. 관입한 마그마 주변의 암석이 열을 받아서 만들어질 수도 있다. 변성암의 예로는 무연탄, 각석암, 청색편암, 녹색편암, 백색편암, 편마암, 백립암, 혼펠스, 대리암, 혼성암, 압쇄암, 천매암, 규암, 편암, 사문암, 슬레이트, 구조암 등이 있다.

마그마가 냉각되면 화성암이 형성된다. 이렇게 형성된 화성암은 변성 작용을 받으면 변성암으로 변화한다. 풍화와 침식, 퇴적 작용으로 속성작용을 받으면 퇴적암으로 변화할 수도 있다. 그리고 변성암이 용융하면 다시 마그마로 되돌아간다. 퇴적암 역시 변성작용을 받으면 변성암으로 변화하고 다시 용융되면 마그마로 되돌아간다. 이처럼 암석은 환경에 따라 서서히 다른 형태의 암석으로 변화하는 과정을 반복한다. 암석의 순환은 세 가지 유형의 암석에서 변화가 발생하는 과정을 설명한다. 판구조론에 따르면 지구의 지각은 끊임없이 움직인다. 따라서 지각의 구성 물질인 암석 또한 변화를 거듭한다. 암석이 오랜 기간에 걸쳐 형성과 파괴를 반복하는 일련의 과정을 암석의 윤회라 부른다. 암석의 윤회는 풍화와 침식, 퇴적작용, 속성작용, 융기 변성작용, 냉각의 과정을 포함하여, 크게 4개의 사이클로 구분하여 설명한다. 기존 암석은 시간이 지나면서 자연적인 과정을 통해 변하거나 녹아서 새로운 암석으로 변화한다. 세상 만물은 돌고 돈다.

탄소의 순환

중생은 수레바퀴가 끊임없이 구르는 것과 같이 번뇌와 업에 의하여 생사의 세계를 돌고 돈다. 삼라만상은 원인과 조건의 상호작용에 의해 생겨난다. 모든 현상은 인과 연이 화합하면 생겨나고 인과 연이 흩어지면 소멸한다. 인도에서는 끊임없이 다시 태어나는 것을 암담하게 생각하므로 여기서 벗어나는 것을 중요한 과제로 여기고 있다. 2,500년 전 석가모니의 가르침을 바탕으로 하는 불교는 윤회전생에서 벗어나기 위한 해탈을 목표로 삼고 있다. 물이 증발하여 올라가 생성된 구름은 비가 되어 다시 땅으로 내려온다. 세상은 끊임없이 돌고 도는 속에서 지속적으로 존재하며 살아 움직이고 있다. 봄이 가면 여름이 오고, 여름이 가면 가을이 온다. 가을이 가면 겨울이 오고, 겨울이 가면 다시 봄이 온다. 모든 것은 돌고 돈다.

질소(N)는 지구의 대기 중에 가장 풍부하게 존재하는 원소인 동시에 생물학적으로도 중요한 역할을 하고 있다. 질소의 존재는 유기 화합물의 다양성에서 매우 중요하다. 대기 중의 질소는 두 질소 원자들이 삼중결합을 형성하고 있어서 매우 안정하다. 자연계에는 이처럼 안정한 질소 분자를 반응성이 큰 다른 분자로 변환하는 능력을 가진 생물이 존재한다. 바로 질소고정 세균(Nitrogen-fixation bacteria)이다. 대표적인 것으로 아조토박터, 클로스트리디움, 광합성 세균, 남조류 등이 있다. 뿌리혹박테리아는 콩과 식물과 공생을 하면서 공기 중의 질소를 포획하여 자신의 단백질을 구성하고 숙주에게 유용한 질소 화합물을 공급해 준다. 공업적으로 질소를 고정하는 방법도 있다. 질소와 수소를 이용하여 암모니아를 합성하는 것이다. 암모니아(NH_3)는 요소[$CO(NH_2)_2$]같은 비료를 만드는 중요한 원료이다. 질소 순환은 식물이 질소 화합물로부터 엽록소를 합성하는 것을 도와줄 뿐만 아니라, 생화학적 과정을 통해서 질소 분자를 유용한 형태로 전환하는 것도 돕는다. 또한 박테리아들은 암모니아화 과정을 통해서 동식물을 분해하여 줌으로써 환경을 정화하는 역할을 한다. 토양 속의 질산염과 아질산염은 식물이 자랄 수 있는 풍부한 영양소를 제공한다. 질소는 세포의 필수 구성 요소이며 많은 중요한 화합물과 생체 분자를 형성한다. 이것이 우리가 전지구적 관점에서 질소 순환 과정에 주목해야 하는 이유이다. 오늘날 우리는 화석 연료의 과다한 사용으로 인해 대기 중으로 많은 양의 질소 산화물(NO_X)이 배출되고 있다. 이 물질에 주목하는 이유는 이것이 질소 순환의 균형을 깨는 역할만 하는 것이 아니라는 점이다. NO_2는 햇빛에 의해 분해되어 산소 라디칼을 형성하고, 이것은 다시 산소 분자(O_2)와 반응하여 오존(O_3)을 형성한다. 지상에서 발생하는 오존은 동식물에 매우 유해하다. 또한 NO_2에서 만들어지는 질산은 산성비가 되어 환경을 파괴한다.

특히 주목해야 하는 원자가 있다. 바로 탄소(C)이다. 우리는 탄소로 이루어져 있다. 탄소는 유기물의 핵심을 이루는 원소이다. 탄소는 별에서 탄생하였다. 우주에서 탄소는 수소, 헬륨, 산소에 이어 4번째로 풍부한 원소이다. 탄소는 지구 지각에서 15번째로 풍부한 원소이다. 우리 몸속에는 약 18.5 질량%의 탄소가 들어 있다. 원소 개수 기준으로는 약 12%이다. 그런데 우리에게 이처럼 중요한 탄소가 우리가 야기한 문제들로 인해 많은 문제점들이 나타나고 있다. 우리는 탄소를 먹고 살고 있으며, 탄소 문명 속에서 살아간다. 우리가 탄소에 주목하는 이유는 기후 변화 문제가 이제 위기로까지 인식되고 있기 때문이다. 지구에 존재하는 탄소의 대부분은 암석에 저장되어 있고 나머지는 바다, 대기, 식물, 토양, 그리고 화석 연료에 존재한다. 탄소는 탄소 순환 과정을 통해서 여러 형태를 거치면서 순환한다. 특히 화석연료의 사용으로 인해 발생되는 이산화탄소가 대기 중으로 유입되면 기온이 상승하는 결과를 초래한다. '지구 온난화' 문제는 가장 시급하게 해결해야하는 과제로 대두되고 있다. 농업 분야에서 발생하는 메탄(CH_4) 가스도 상황을 악화시킨다. 오랜 기간 동안 탄소 순환은 균형을 유지하여 지구의 모든 탄소가 대기로 들어가거나 완전히 암석에 저장되지 않고 안정적으로 유지된다.

대기에서 암석권으로의 탄소 이동은 비로 시작되는데, 이때 이산화탄소는 물과 반응하여 탄산을 형성한다. 따라서 약한 산성을 띠는 빗물은 암석을 용해시켜 칼슘, 마그네슘, 칼륨(포타슘), 나트륨(소듐)의 이온을 방출한다. 이 이온들은 강을 따라 바다로 간다. 칼슘이온은 탄산수소 이온(HCO_3^-)과 반응하여 탄산칼슘($CaCO_3$)을 형성한다. 한편, 대기와 바다의 경계에서는 대기에 있던 이산화탄소가 바다로 이동한다. 바닷물에 용해된 이산화탄소는 물 분자와 반응하여 탄산(H_2CO_3)을 형성한다. 바다에 존재하는 탄산칼슘은 대부분 산호나 플랑크톤에서 만들어 진다. 유기물이 죽으면 해저로 가라앉고 퇴적물은 굳어져서 석회암 같은 암석이 된다. 진흙 속에 묻혀 셰일 같은 퇴적암이 될 수도 있다. 식물이 죽고 땅에 묻혀 오랜 기간 열과 압력을 받으면 석유, 석탄, 또는 천연가스가 된다. 이들 화석 연료는 중요한 에너지 공급원이지만, 연소되면 저장된 탄소가 대기로 방출된다. 대기 중 이산화탄소 농도가 급격히 증가하면, 탄소 순환의 균형이 깨지고 결과적으로 지구의 기후 변화를 야기한다.

효율적으로 이산화탄소를 소모하는 화학적인 과정이 있다. 바로 광합성(Photosynthesis)이다. 식물은 태양 에너지를 이용하여 광합성을 통해서 이산화탄소와 물로부터 포도당을 합성한다. 부산물로 산소가 발생한다. 이와는 정반대로 이산화탄소와 물을 생산하는 과정도 있다. 공생의 관점에서 본다면, 동물은 식물을 먹고 그것을 분해하여 에너지를 얻는데, 이 과정에서 이산화탄소가 발생한다. 식물이 죽어서 분해하거나 당이 연소하는 경우에도 이산화탄소가 생겨난다. 식물이 당을 분해하여 성장하는 데 필요한 에너지를 얻는 과정에서도 이산화탄소가 발생한다. 이러한 과정에서 발생하는 이산화탄소는 대기 중으로 유입된다. 일련의 화학 반응을 통해서 대기와 바다가 이산화탄소를 생성하고 흡수하는 것을 보면 마치 지구가 숨을 쉬는 것 같다. 지구는 살아 있다! 녹음이 울창한 여름에는 대기 중의 이산화탄소의 농도가 줄어들고 낙엽이 지는 가을부터 겨울까지의 기간 동안에는 식물이 죽어 분해 및 호흡 과정을 통해 대기 중 이산화탄소의 농도가 증가한다. 땅속에 묻힌 화석 연료 중의 탄소는 장기간에 걸쳐 일어나는 화산활동을 통해 대기로 방출될 것이다. 그러나 우리는 석탄, 석유, 천연가스를 연소시켜 해마다 막대한 양의 탄소를 대기 중으로 방출하고 있다. 또한, 도시화와 무분별한 남벌로 인해 산림이 줄어들고 있다. 설상가상으로 기온 상승과 가뭄으로 빈발하는 대형 산불은 산림을 더욱 축소시키고 있다. 아마존 같은 열대림은 지구의 허파 역할을 하고 있으며, 대량의 탄소를 저장하는 역할을 한다. 그러나 대기의 온도가 32도 임계치를 초과하면 탄소 저장 능력은 급격하게 감소한다. 따라서 숲이 기후 변화에 적응할 수 있도록 숲을 보호하고 탄소 배출을 줄이는 것은 매우 중요하다.

2
캘시퍼

캘시퍼 / 세상을 움직이는 힘, 에너지 / 자유 에너지 / 움직이는 에너지

캘시퍼

'하울의 움직이는 성'은 1986년 영국의 동화작가 다이애나 윈 존스가 쓴 소설이다. 그녀는 아이들과 대화하기 위해 학교를 방문하는 여행을 하곤 했는데, 한 학생으로부터 "움직이는 성 이야기를 써주세요."라는 부탁을 받고 이 소설을 창작하게 되었다고 한다. 소설의 아이디어를 구상하던 당시 그녀는 우유 알레르기가 생겨, 우유를 마시면 저주의 마법에 걸린 것처럼 몸이 쇠약해지면서 지팡이가 없으면 걸을 수도 없게 되고 머리카락 색깔도 바뀌고 얼굴에 주름도 늘어 노인이 된 느낌이 들었다. 이런 사연으로 소설 속 주인공인 18세 소녀 소피가 마법에 걸려 아흔 살 할머니가 된다는 설정으로 이야기가 전개된다. 마법과 기술이 융합된 이 판타지 소설 속에는 마법사 하울, 왕실 마법사 설리만, 황야의 마녀가 등장한다. 하울이 사는 성은 잡동사니를 모아 만든 것처럼 생겼다.

하울의 성을 움직이게 하는 것은 캘시퍼이다. 캘시퍼는 눈물방울 모양의 불꽃으로 묘사되는데, 무기로 쓸 수 있는 작은 불꽃을 가지고 있다. 불꽃 악마 캘시퍼는 원래 별똥별이었다. 하울은 하늘에서 떨어지는 캘시퍼가 땅에 떨어져 꺼지기 전에 잡을 수 있었다. 하울은 계약을 통해 자신의 심장을 주는 대신 캘시퍼에게 생명을 주었다. 캘시퍼는 난로에 묶여 있지만 다양한 마법을 가지게 되었고 성의 동력원 겸 관리자가 되었

다. 대신 하울은 하늘을 날아다니는 등 엄청난 능력을 가진 마법사로 거듭나게 된다. 캘시퍼는 소피에 의해 하울의 가슴으로 들어가 심장을 되돌려 주고 자신도 멋진 별로 되돌아간다. 하지만 캘시퍼는 자기 의지로 하울과 소피 곁에 남는다. 심장을 돌려받은 하울은 자신을 괴롭히던 것들, 전쟁에 참여해야 하는 스트레스, 어린 시절에 고착된 자신 그리고 캘시퍼와의 계약에서 벗어나 자유를 만끽한다.

세상을 움직이는 힘, 에너지

무언가를 할 수 있으려면 '이것'이 필요하다. '이것'은 세상을 움직이는 힘이다. 미국에서는 '이것'의 약 40%가 전기를 얻는 데에 사용된다. '이것'은 땅속에서도 나오고 바람에서도 나오며 태양에서도 온다. 최근 과학자들은 기자의 대 피라미드가 '이것'을 모으는 역할을 했다고 주장하기도 한다. '이것'은 바로 '에너지Energy'이다. 에너지란 일(Work)을 할 수 있는 능력을 말한다. 에너지는 경제를 견인하며 사회를 유지한다. 현재 우리가 사용하는 에너지의 약 75%는 재생 불가능한 에너지이다. 예를 들면, 석유, 석탄, 천연 가스 같은 화석 연료와 원자력 에너지가 있다. 이들 에너지는 쓰고 나면 재생할 수 없다.

한편, 에너지의 과다한 사용은 지구 온난화의 주범으로 지목되고 있다. 인간의 활동으로 인한 전 세계 온실 가스 배출량의 약 3분의 2는 에너지 분야에서 기인한다. 우리가 당면한 과제는 발전소와 운송 시스템에서 화석 연료의 사용을 줄이고 모든 사람들이 신뢰할 수 있고 깨끗하며 저렴한 에너지원을 개발하는 것이다. 하나 뿐인 지구를 보호하고 생명과 경제를 변화시키는 기회를 제공할 수 있는 것은 바로 지속 가능한 에너지이다. 지속 가능한 에너지란 고갈될 위험이 없이 오늘날의 에너지 수요를 충족시키고 반복해서 사용할 수 있는 에너지를 말한다. 지속 가능한 에너지는 환경에 해를 끼치지 않으면서 광범위하게 무료로 제공되는 에너지이다. 태양광, 풍력, 수력, 지열, 해양에너지 같은 재생 가능한 에너지원은 안정적이며 풍부하게 사용 가능하다. 화학 관점에서 볼 때, 나트륨과 칼륨을 포함하는 염 혼합물을 사용하면 낮에 만들어진 에너지를 별도의 장치 없이 염에 저장하여 사용할 수 있다. 에너지 효율성을 제고하고 재생 에너지 사용을 높이려는 일상의 노력이 절실한 시점이다. 이것이 탄소를 적게 배출하는 경제 체제로 전환해야 하는 이유이다.

자유 에너지

어느 나라에 알 만한 사람은 다 아는 유명한 땅 부자가 있었다. 어느 날 그 땅 부자가 사망하였다는 기사가 신문과 TV에 대서특필 되었다. 그가 죽은 이유는 무엇이었을까? 원인은 빵을 살 돈이 없어서! 땅이 아무리 많으면 뭐하나? 빵을 살 돈이 없으면 아무 짝에도 쓸 데가 없지. '자유 에너지'란 어떤 시스템의 내부 에너지 중에서 실제로 일로 변환이 가능한 '자유로운' 에너지를 말한다.

일정한 온도와 부피에서 닫힌 열역학적 시스템으로부터 얻을 수 있는 '유용한 일'을 측정하는 열역학적 에너지를 뜻하는 용어가 있다. 바로 헬름홀츠 자유 에너지(Helmholtz free energy, A)이다. 1847년 독일의 물리학자 헬름홀츠Hermann von Helmholtz(1821~1894)가 제안한 것으로, 열역학 제1법칙인 에너지 보존 법칙을 설명할 수 있는 정의이다. 헬름홀츠 자유에너지(A)는 다음과 같이 내부 에너지(U), 절대온도(T), 그리고 엔트로피(S)로 표현될 수 있다.

$$A = U - TS$$

한편, 깁스 자유 에너지(Gibbs free energy, G)는 일정한 온도와 압력을 유지하는 계에서 일로 변환될 수 있는 열역학적 에너지를 뜻한다. 미국의 과학자 깁스Josiah Willard Gibbs(1839~1903)가 제안한 용어로, 계가 자발적으로 변화를 일으킬 수 있는지의 여부를 알 수 있는 매우 유용한 정의이다. 깁스 자유에너지의 변화(ΔG) 값이 음이면 그 반응은 자발적이다. 여기서 자발적이란 말은 그 반응에서 에너지를 얻을 수 있다는 말을 의미한다. 깁스 자유 에너지 변화(ΔG) 값은 엔탈피 변화(ΔH)와 절대 온도(K), 그리고 엔트로피 변화(ΔS)와 연관되어 있다.

$$\Delta G = \Delta H - T\,\Delta S$$

예를 들면, 호흡 과정에서, 포도당 1몰당 ΔG 값은-686kcal이다. 이는 포도당 1몰로부터 686kcal의 에너지를 얻을 수 있다는 의미이다. 다른 예를 하나 더 들어 보자. 다이아몬드가 흑연으로 변화하는 과정의 ΔG 값은 -2.90kcal/mol이다. 이는 다이아몬드가 흑연으로 변하는 과정이 자발적이란 의미이다. 다이아몬드도 영원한 게 아니었나! 비싼 값에 다이아몬드를 구입한 사람들은 이 수치를 보고 깜짝 놀라서 잠이 오지 않을 지도 모르겠다. 그러나 그런 걱정은 할 필요가 없다. 다이아몬드가 흑연으로 변화하기 위해서는 다이아몬드가 넘어야 하는 고개(활성화 에너지)가 너무 높아서 반응 속도가 대단히 느리기 때문이다. 상온 상압에서 다이아몬드는 영원하다! 반대로, ΔG 값이 양이면 그 반응은 비자발적이다. 이 반응이 일어나기 위해서는 에너지를 투입해야 한다는 의미이다. 따라서 역반응에서 에너지를 얻을 수 있다. ΔG 값이 0이면 그 계는 평형상태에 있음을 의미한다.

움직이는 에너지

그리스 신화에 등장하는 힘(Force)의 여신이 있다. 바로 타이탄 팔라스Pallas와 강의 여신 스틱스Styx 사이에서 태어난 비아Bia이다. 비아의 형제자매로는 승리의 신 니케Nike, 권력의 신 크라토스Kratos, 질투의 신 젤로스Zelos가 있다. 제우스가 신으로부터 불을 훔쳐 인간에게 준 프로메테우스를 벌하고자 하였을 때, 힘의 여신 비아는 대장장이의 신 헤파이스토스, 그리고 권력의 신 크라토스와 함께 프로메테우스를 산꼭대기의 바위산에 묶었다. 낮에 독수리가 프로메테우스의 간을 쪼아 먹었지만 밤사이에 간은 재생되었다. 프로메테우스는 '먼저 생각하는 사람, 선지자'를 뜻한다. 프로메테우스는 흙을 빚어 신과 비슷한 형상의 인간을 만들었다. 인간에게 불을 가져다 준 그의 선견지명과 함께 변화무쌍하게 변화하고 끝없이 순환하는 세상의 모습이 엿보인다. 비아는 타이탄과의 전쟁에서 영웅적인 행동으로 제우스를 도왔고 그의 동반자가 되었다. 그리고 제우스가 힘이 필요할 때마다 명령을 집행하는 임무를 맡았다.

시지푸스Sisyphus는 코린토스를 건설한 왕이다. 시지푸스는 항해와 상업을 장려했지만 탐욕스러웠다. 그는 또한 자신의 궁전에 온 사람들과 여행자들을 살해하여 제우스가 정한 제니아Xenia을 위반하여 신을 화나게 했다. 제니아란 집을 떠나온 사람들을 환대함으로써 호스트와 게스트 간에 좋은 상호관계를 만들어 내는 고대 그리스의 환대의 규칙이었다. 시지푸스가 이러한 살인을 즐긴 이유는 자신의 철권통치를 유지하는 데 도움이 되었기 때문이었다. 그는 신을 조롱한 죄로 언덕 위로 바위를 굴려 올리는 형벌을 받았다. 정상에 다다른 바위는 다시 아래로 굴러 떨어지고, 시지푸스는 다시 그 바위를 굴려 올린다. 끝없이 이어지는 피할 수 없는 인간의 운명인가? 아니면 운명에 굴하지 않는 인간의 참모습인가?

네덜란드의 언어학 교수 비케스Robert Stephen Paul Beekes(1937~2017)는 시지푸스의 어원이 소포스Sophos(σοφός, "현명한")라는 단어와 연관이 있다고 주장하였다. 독일 신화작가 그루페Otto Gruppe(1851~1921)는 '염소 가죽'을 뜻하는 그리스어(sisys, σίσυς)에서 유래했으며, 이것은 염소 가죽을 사용한 Rain-charm(비를 내리는 의식에 사용되는 물건, 행동 또는 주문)과 관련이 있다고 주장하였다. 태양 이론에 따르면 시지푸스 왕은 매일 동쪽에서 뜨고 서쪽으로 지는 태양의 원반이다. 다른 학자들은 그를 파도가 오르고 내리는 것 또는 위험한 바다의 의인화로 보았다. 고대 로마의 시인이자 철학자였던 루크레티우스Lucretius(c.99~c.55 BCE)는 시지푸스의 신화를 권력에 대한 추구와 함께 끊임없이 패배하는 정치인을 의인화하는 것으로 해석하였다. 독일의 철학자이자 고고학자였던 벨커Friedrich Welcker(1784~1868)는 지식을 추구하는 인간의 헛된 투쟁을 상징한다고 제안했다. 프랑스의 철학자 까뮈Albert Camus(1913~1960)는 그의 1942년 에세이 〈시지푸스 신화〉에서 시지푸스를 인간 삶의 부조리를 의인화한 것으로 보았지만, 그는 "높은 곳을 향한 투쟁 자체가 사람의 마음을 채우기에 충분하며, 우리는 시지푸스가 행복하다고 상상해야한다."고 주장하였다.

시지푸스가 신에 대항할 수 있는 방법은 무엇일까? 산 정상에 도달할 때마다 산에서 돌을 떼어내어 아래로 굴린다. 이렇게 하면 산은 결국 수평을 이루게 되고 돌을 더 이상 굴릴 수 없게 된다. 〈재귀적 사고의 철학〉의 저자 코퍼Manfred Kopfer는 다음과 같이 말하였다. "시지푸스가 신과의 싸움에서 이기는 방법은 '산을 옮기는 것'이다. 중국의 태행太行과 왕옥王屋 두 산맥은 오래전엔 북산北山을 사이에 두고 지금과는 다른 곳에 있었다. 북산에 살고 있던 우공愚公 이라는 노인이 높은 산에 가로막혀 왕래하는 데 겪는 불편을 해소하고자 두 산을 옮기기로 하였다. 둘레가 700리에 달하는 큰 산맥의 흙을 퍼담아서 왕복하는 데 1년이 걸리는 발해만渤海灣까지 운반하는 작업을 하는 우공의 모습을 보고, 친구 지수智叟가 그만둘 것을 권유하자 우공이 말했다. "나는 늙었지만 나에게는 자식과 손자가 있고, 그들이 자자손손 대를 이어나갈 것이다. 하지만 산은 불어나지 않을 것이니, 대를 이어 일을 해나가다 보면 언젠가는 산이 깎여 평평하게 될 날이 오겠지." 산신령에게 이 말을 전해들은 옥황상제가 두 산을 멀리 옮겨주어 노인의 뜻은 성취되었다. 도가적 사상서인 열자列子에 나오는 우공이산愚公移山이란 말은 오랜 시간이 걸리더라도 꾸준히 노력해 나간다면 결국엔 뜻을 이룰 수 있다는 뜻이다. 세상이 말하는 지혜로움과 어리석음의 기준은 절대적 진리가 아니라는 사실은 음미할 만하다.

산 정상에 올려진 바위, 산비탈을 굴러 내려오는 바위, 그리고 아래로 굴러 떨어진 바위는 서로 다른 에너지를 가진다. 산 정상의 바위가 가진 위치 에너지(Potential energy)는 바위가 아래로 굴러 떨어짐에 따라 점차 줄어든다. 그러나 줄어든 만큼 다른 형태의 에너지를 갖는다. 바로 운동 에너지(Kinetic energy)이다. 그 바위가 어디에 있던 바위가 가지고 있는 위치에너지와 운동 에너지의 합은 같다. 즉, 바위가 가진 에너지의 총량은 변하지 않는다. 이를 역학적 에너지 보존 법칙이라 부른다.

동물과 식물은 모두 생명에 필요한 에너지를 변환하기 위해 세포 내에 에너지 공장을 가지고 있다. 세포에 있는 에너지 공장은 미토콘드리아Mitochondria이다. 식물은 엽록체라고 하는 에너지 공장을 가지고 있다. 엽록체 속에서는 엽록소가 태양으로부터 에너지를 모으고 광합성을 통해 이산화탄소와 물을 사용하여 당(Sugar)을 생산한다. 동물은 자신의 에너지 공장인 미토콘드리아에서 식물이 제공하는 당을 사용한다. 이 에너지 공장은 ATP(아데노신삼인산, Adenosine triphosphate) 형태로 에너지 통화를 생산한다. 이 고에너지 분자(High-energy molecule)는 우리가 하는 모든 일에 필요한 에너지를 저장한다. 생명을 위한 에너지 순환(Energy cycle)은 태양에 의해 연료를 공급받는다. 식물과 동물은 최종 물질로 ATP와 같은 고에너지 분자를 생산한다. 이 분자는 식물과 동물이 필요한 일을 할 수 있도록 즉시 사용 가능한 에너지를 저장하고 있다. 에너지 순환은 호수, 숲, 산호초, 또는 대초원 같은 다양한 생태계에서도 일어난다. 태양 에너지는 식물, 미생물 및 동물을 통해 이동한다. 생태계의 에너지 순환은 분해 과정으로 끝이 나고 이 과정은 반복된다. 박테리아, 균류, 곰팡이 등이 분해자의 역할을 맡는다. 그들은 유기물(주로 독립 영양 생물과 종속 영양 생물의 폐기물 또는 잔해)을 무기물로 전환한다. 그리고 독립 영양 생물은 다시 이것을 사용한다.

1850년 독일의 물리학자 클라우지우스Rudolf Clausius(1822~1888)는 닫힌 열역학적 계에 대하여, 계의 내부 에너지 변화량은 계에 가해진 열에너지와 계가 한 일을 합친 것과 같다는 법칙을 발표하였다. 이를 열역학 제1법칙(The first law of thermodynamics)이라 부른다. 이 법칙은 보다 일반화된 에너지 보존 법칙의 표현이다. 이 법칙은 식으로 나타내면 $\Delta U = q + w$ 로 쓸 수 있다. 여기서 ΔU는 계의 내부 에너지 변화를 말한다. q와 w는 각각 변화 과정에서의 열(Heat)과 일(Work)을 나타낸다. 프랑스의 화학자 라부아지에Antoine-Laurent de Lavoisier(1743~1794)는 물질이 연소하는 과정을 연구하면서 정확한 질량 변화를 측정하였다. 1789년 그는 유명한 〈화학 원론〉에서 원소들이 모여 수많은 화합물이 만들어 질 수 있다고 주장하면서, 화학 반응 전후에 질량변화가 나타나지 않는다는 사실을 밝혔다.

화학 반응이란 원소들이 헤쳐 모여 새로운 물질을 형성하는 현상이다. 따라서 반응물이 생성물로 변했을 지라도 그 속에 들어 있는 원소의 개수는 동일하다. 수소(H_2)와 산소(O2)가 반응하여 물(H2O)이 되는 반응을 보자.

$$2H_2 + O_2 \rightarrow 2H_2O$$

반응물(화살표의 왼쪽)에 들어 있는 수소 원자와 산소 원자는 각각 4개와 2개이다. 마찬가지로 생성물(화살표의 오른쪽)에 들어 있는 수소 원자와 산소 원자 역시 각각 4개와 2개이다. 수소 4그램과 산소 32그램을 반응시키면 물 36그램이 얻어진다. 질량은 창조되지도 않고 파괴되지도 않는다. 라부아지에는 정량적인 실험을 통해 화학혁명(Chemical revolution)을 주도하여 현대화학의 기틀을 다졌다.

에너지란 물체에 대해 일을 수행하거나 물체를 가열하기 위해 물체에 전달되어야하는 양적 속성을 말한다. 에너지의 양은 보존된다. 에너지 보존 법칙에 따르면 에너지는 다른 형태로 변환 될 수 있지만 생성되거나 파괴되지는 않는다. 에너지의 SI 단위(Le Système International d'Unités, 국제단위계)는 줄Joule이며, 1Newton(뉴턴)의 힘으로 1m의 거리를 이동시킬 때 물체에 전달되는 에너지이다. 살아있는 유기체는 생존을 위해 에너지를 필요로 한다. 인류 문명이 기능하기 위해서는 에너지가 필요하며, 이는 화석 연료, 핵 연료 또는 재생 가능 에너지와 같은 에너지 자원에서 얻는다. 지구 기후와 생태계의 과정은 지구가 태양으로부터 받는 복사 에너지와 지구 내에 포함된 지열 에너지에 의해 구동된다. 일반적인 형태의 에너지에는 운동 에너지, 위치 에너지, 탄성 에너지, 화학 에너지(Chemical energy), 복사 에너지, 열에너지 등이 있다.

화학 에너지란 화학반응에서 발생되는 에너지를 말한다. 화학 에너지는 화합물의 화학결합(Chemical bond)에 저장되어 있으며 화학반응(Chemical reaction)이 일어날 때 나온다. 이때 반응 전의 물질은 새로운 물질로 변화된다. 화학 에너지는 나무에도 들어있다. 나무가 연소하면 화학 에너지가 방출된다. 여기서 나오는 에너지는 열 에너지와 빛 에너지이다. 우리가 석유, 석탄, 천연가스를 태우는 과정도 마찬가지이다. 우리가 존재하는 이유도 화학 에너지에서 찾을 수 있다. 우리가 먹은 음식 속에는 화학 에너지가 들어있다. 음식 속에 있는 원자들 사이의 결합이 깨지고 새로운 물질이 생겨난다. 이러한 과정에서 나오는 에너지가 우리 몸을 따뜻하게 해주고 우리가 움직일 수 있는 힘이 되어주며 우리가 성장하게 되는 것이다. 우리가 호흡하는 과정은 포도당의 화학 에너지가 생명활동에 쓰이는 에너지로 변환되는 과정이다. 변환된 에너지는 ATP 내 인산 결합의 결합 에너지 형태로 저장된다. 녹색 식물, 조류 및 남세균(Cyanobacteria, 시아노박테리아)은 태양 에너지를 화학 에너지로 전환하는 능력을 가지고 있다. 전환된 화학 에너지는 생명활동에 필요한 에너지로 사용된다. 이 과정을 광합성이라 하는데, 여기서 이산화탄소와 물 분자가 분해되며 당과 산소가 생성된다. 광합성은 대기 중의 산소를 생산하고 유지하는 데 중요한 역할을 하며, 생명체에게 필요한 에너지를 제공해준다. 특히 자발적으로 일어나는 화학반응에서 발생되는 에너지는 널리 유용하게 활용되고 있다.

컴퓨터, 휴대폰 등에 필수적인 배터리는 이러한 자발적인 화학 반응을 활용하는 대표적인 사례이다. 배터리는 저장된 화학 에너지를 전기 에너지로 전환하는 장치이다. 배터리 속에서 화학 반응이 일어나면 전자들이 한 쪽 전극에서 다른 전극 쪽으로 이동하면서 일을 할 수 있는 힘을 제공한다. 이런 힘으로 전구를 켜고 자동차를 구동시킨다. 반딧불이, 해파리, 아귀 등 많은 생명체들은 짝을 찾고 먹이를 구하는 등 다양한 목적을 이루기 위해 빛을 내면서 살아간다. 이들이 빛을 내는 것을 생물발광(Bioluminescence)이라 한다. 어떤 원리로 빛이 나오는 것일까? 이들의 몸속에는 루시페린과 같이 빛을 낼 수 있는 원인 물질이 들어 있다. 물질에서 빛이 나오기 위해서는 에너지를 흡수하여 들뜬 상태가 되어야 한다. 들뜬 상태는 원래의 상태보다 불안정하기 때문에, 안정한 상태로 되돌아가기 위해서는 여분의 에너지를 방출해야 한다. 생물발광에서는 효소의 도움을 받아 여분의 에너지가 빛으로 방출된다.

3
소피의 키스

소피의 키스

하울의 움직이는 성에서 이웃 나라의 왕자가 되어 전쟁을 멈추게 한 것은 '허수아비'였다. 그 허수아비를 왕자로 변화시킨 것은 누구였을까? 바로 소피였다. 소피의 키스였다. 키스가 저주를 푼 것이다. 하울의 성이 무너졌지만 하울은 살아난다. 하울을 살린 것은 누구인가? 바로 소피였다. 황야의 마녀도 착한 할머니로 돌아왔다. 캘시퍼 역시 다시 소피에게 돌아와 같이 지내고 싶어 한다. 하늘을 날면서 방랑하던 하울이 새롭게 태어난다. 모든 것을 변화시킨 것은 '사랑'이었다. 사랑은 캘시퍼가 가지고 있던 하울의 심장을 하울에게 되돌려주게 하였다. 사랑은 하울도 살려냈다. 사랑은 캘시퍼에게 자유를 주었다. 마법사 하울, 마법에 걸려 저주 받은 소피, 이들의 용기와 사랑은 절망을 희망으로 변화시킨다. 사랑은 마법이다.

해리포터 시리즈에는 다양한 유형의 마법이 등장하여 전 세계 사람들을 판타지 속으로 빠져들게 한다. 변형 마법을 사용하면 대상의 모습이나 성질을 변화시킬 수 있고 허공에서 물체를 소환할 수 있다. 저주와는 다르게 변형 마법의 효과는 쉽게 사라지거나 되돌릴 수 있다. 주문 마법은 대상의 행동, 소양, 또는 능력을 변화시킨다. 숙련자가 사용하면 주문의 효과는 더 오래 지속된다. 저주 마법은 중대한 어둠의 마법으로 대상을 해할 목적으로 큰 피해를 끼친다. 전체적으로 터부시되는 종류의 마법이며, 이것에 대항하는 마법만을 가르치는 학과도 존재한다. 카운터 마법은 다른 주문의 효과를 무력화하거나 주문의 시전을 막는다. 치유 마법은 상처를 치유하거나 대상의 상태를 완화시킨다. 살아있는 생물에만 효과가 있다.

사랑만큼 강력한 마법이 있을까? 롤링J. K. Rowling의 해리포터 시리즈에서 마법은 자연 법칙을 무시하는 데 사용할 수 있는 초자연적인 힘으로 묘사된다. 사랑은 왜 그처럼 강력한 마법일까? 악당 볼드모트는 사랑을 경험한 적이 없다. 어릴 적에 부모를 여의고 고아원에 보내졌기 때문이다. 그는 사랑이 장애물을 극복 할 수 있다는 사실이나, 해리와 헤르미온느와의 깊은 우정을 이해하지 못한다. 그는 가치 있는 것을 놓치고 있었다. 사랑은 깊고 강력한 마법이란 것을! 마법의 세계에서 사랑은 문자 그대로 마법의 속성을 가지고 있다. 해리를 계속해서 안전하게 지켜준 것은 사랑이었다.

1,700년 전 고대 이집트 파피루스 텍스트에서 '사랑에 빠지는 마법의 주문'이 발견되었다. 100년 전 영국의 그렌펠Bernard Grenfell(1869~1926)과 헌트Arthur Hunt(1871~1934)가 이집트 중부 나일강 유역의 옥시링쿠스Oxyrhynchus에서 발견한 이 문서에는 사랑을 쟁취할 수 있는 주문 및 의식의 방법이 적혀 있었다. 특히 사랑하는 여성의 관심을 사로잡기 위한 마법에서는 부화하기 전의 비둘기 알 위에 마법의 주문을 적어 넣으면 원하는 여성의 관심과 마음을 사로잡을 수 있었다.

사랑 마법은 성적 열정이나 낭만적인 사랑을 불러일으키기 위해 마법을 사용하는 것을 말한다. 이것은 전통적인 마법의 한 분야이며 문학과 예술의 오랜 비유이며, 서면주문, 인형, 부적, 물약, 의식 등과 같은 다양한 방법으로 구현할 수 있다고 믿었다. 이것은 고대 근동, 고대 이집트, 그레코-로마 세계, 중세 그리고 현재까지 발견된 설형문자 판에서 증명되었다. 사랑 마법에 대한 최초의 기록은 기원전 2,300년 근동의 텔 잉가라Tell Inghara와 이신Isin(현재의 이라크)에서 발견되었다. 에로틱한 마법의식을 담은 설형 문자 판이 발견된 것이다. 고대 이집트 제20왕조(기원전 21세기)의 도편(Ostracon)에서도 이와 유사한 의식이 기록되었다.

에로틱한 매력과 강박의 주문은 그리스 마법 파피루스와 같은 텍스트와 기원전 2세기부터 기원후 3세기까지의 것으로 확인된 부적 및 기타 유물에 고고학적으로 기록된 이집트와 히브리 요소를 통합한 헬레니즘 시대의 그리스의 마법 전통에서 발견된다. 이러한 마법의 관습은 켈트족, 로마 시대의 영국, 게르만족 사이에서 갈리아의 사적인 의식에도 영향을 미쳤다. 에로틱한 마술은 고대 그리스의 성 역할을 반영한다. 필리아 Philia 마술은 여성들이 남성 동반자와 충실한 관계를 유지하기 위해 사용되었다. 주문은 여성이 성적 쾌락을 얻기 위해 사용하는 것이 아니라 치료 또는 약의 한 형태로 사용되었다. 여성들은 일반적으로 자신의 아름다움과 젊음을 유지하기 위해 필리아 주문을 사용했다. 에로스 주문은 주로 남성이 수행했는데, 여성에게 성적 욕망과 열정을 심어주기 위해 사용되었다.

사랑 주문은 문학과 예술에서도 자주 등장한다. 때로는 비극으로 끝나는 스토리의 출발점이 되기도 한다. 대표적인 예로 헤라클레스Heracles와 데이아네이라Deianeira의 이야기가 전해져 내려온다. 데이아네이라는 그리스 신화에 등장하는 여성이다. 아버지는 칼리돈의 왕 오이네우스Oeneus, 어머니는 왕비 알타이아Althaea이다. 데이아네이라는 헤라클레스의 두 번째 아내였다. 헤라클레스는 저승에 내려갔을 때 데이아네이라의 오빠인 멜레아그로스Meleagros의 영혼으로부터 그녀의 미모에 대해 이야기를 듣고 또 그녀와 결혼하라는 부탁을 받았다. 그러나 헤라클레스에게는 경쟁 상대가 있었다. 강의 신 아켈로오스Achelous도 그녀에게 구혼했던 것이다. 그들은 경쟁을 통해 데이아네이라를 차지하기로 하고 레슬링 시합을 했다. 아켈로오스는 황소로 변하여 시합에 임했으나 헤라클레스가 그의 뿔 하나를 부러뜨려 승리자가 되었다. 헤라클레스는 데이아네이라와 결혼하여, 장인인 오이네우스가 테스프로티아인을 무찌르는 일에 도움을 주었다. 그 후 우연한 일로 오이네우스의 측근을 죽이게 되어 헤라클레스는 왕국을 떠나지 않을 수 없게 되었다. 그는 데이아네이라를 데리고 트라키스로 향했다. 에우에노스 강에 이르렀을 때, 반인반마의 켄타우로스족인 네소스Nessus가 데이아네이라에게 강을 건네주겠다고 하였다. 헤라클레스 자신은 걸어서 강을 건널 수 있었던 것이다. 두 사람은 예전에 적이었으나, 헤라클레스는 그의 제의를 받아들였다. 그러나 네소스가 데이아네이라를 범하려 한다는 것을 안 헤라클레스는 히드라의 독이 발린 화살로 그를 쏘았다. 네소스는 잘못을 뉘우치는 체하면서 데이아네이라에게, 만일 그녀에 대한 헤라클레스의 사랑이 식어질 경우 자기 피를 그의 옷에 묻혀 입히면 사랑이 되살아날 것이라는 말을 하고 죽었다. 데이아네이라는 네소스의 피를 병에 넣어 보관해 두었다. 나중에 그녀는 힐로스와 마카리아 등 헤라클레스의 자식을 낳고 나서, 남편에게 이올레라는 애인이 있다는 것을 알았다. 이에 그녀는 네소스의 '미약'을 쓰기로 하고, 네소스의 피를 바른 속옷을 이올레와 같이 있는 헤라클레스에게 보냈다. 헤라클레스가 그 옷을 입자 온몸에 불이 붙어 그는 결국 타서 죽고 말았다. 이것을 안 데이아네이라는 슬픔을 견디지 못하고 자살했다.

트리스탄Tristan과 이졸데Isolde는 성배에 대한 이야기나 아서왕에 대한 이야기와 함께 중세 유럽의 서사문학 중 가장 흔히 가공된 이야기 소재 중의 하나이다. 특히 프랑스와 독일의 다양한 문학 장르의 수많은 시인이나 작가들이 이 극적인 소재를 가지고 그들의 문학적 능력을 실현하였다. 이 이야기의 줄거리는 기사 트리스탄과 이졸데의 비련을 그리고 있다. 중세의 예술가들에게 트리스탄과 이졸데 이야기는 영감과 상상력을 불러일으키는 원천이었다. 심지어 중세를 넘어 현재까지도 시인과 화가, 음악가 등의 예술가들에게 영감을 주고 있다. 독일의 작곡가 바그너는 이 이야기를 모티브로 오페라 역사에 길이 남을 명작을 작곡하기도 했으며 많은 미술가들이 트리스탄과 이졸데에 나오는 상황을 모티브로 한 작품을 남겼다.

트리스탄은 콘월의 왕 마크의 조카로 용맹하고 뛰어난 무사였다. 트리스탄은 콘월에 조공을 요구하러 온 아일랜드의 기사인 모홀트와 일대일로 맞싸워서 그를 죽이지만 부상을 입는다. 독이 밴 칼에 맞아 부상을 입은 탓에 콘월에서는 치료가 불가능했고, 이에 트리스탄은 아일랜드의 치료사이자 모홀트의 사촌동생이자 약혼녀였던 이졸데에게 신분을 숨기고 찾아가 치료를 받는다. 이졸데는 이 때 트리스탄이 자신의 약혼자를 죽인 원수라는 걸 알게 되지만, 그를 죽이지 않고 치료 해준다. 이후 트리스탄은 삼촌 마크 왕의 신부감을 찾아 나서는데, 하필 일전에 자신을 치료했던 이졸데가 선택돼서 그녀를 데리러 간다. 트리스탄이 이졸데를 콘월로 데려가는 과정에서 마크 왕에게 주려고 했던 사랑의 묘약을 이졸데와 함께 마셔버리고, 약기운 때문에 둘은 그대로 사랑에 빠져버린다. 콘월에서 마크왕과 이졸데는 결혼하는데, 결혼 후에도 트리스탄과 이졸데는 계속 밀월관계를 유지한다. 그러나 결국 둘의 관계가 발각되면서 왕궁이 뒤집어진다. 이졸데는 마크 왕 곁에 남고 트리스탄은 콘월을 떠나난다. 콘월에서 쫓겨난 트리스탄은 방랑기사가 되어 여기저기 떠돌다가 브르타뉴(프랑스 북부지역)에서 호엘 왕을 도와 침략자들을 물리치며, 그 보답으로 트리스탄은 그의 딸이자 자신의 애인과 동명이인인 흰 손의 이졸데Isolde(the White Hand)와 결혼한다. 트리스탄은 모종의 이유로 기사들과 싸우고 이들을 물리치는데 이 과정에서 트리스탄은 또 독이 밴 칼을 맞고 치명상을 입는다. 이 독은 치료방법이 없는데, 유일한 해결방법은 자신의 옛 연인이자 최고의 치료사인 이졸데를 데려오는 것이다. 트리스탄은 이졸데를 데려오기 위해 급히 사절을 콘월로 보내면서, 돌아올 때 이졸데를 데려왔다면 흰 돛을 달고 데려오지 못했다면 검은 돛을 달고 오라는 부탁도 해둔다. 사절을 기다리던 트리스탄은 상처가 계속 악화되면서 죽어 가는데, 죽기 직전에 극적으로 흰 돛을 단 배가 해변에 나타난다. 하지만 질투심에 사로잡힌 아내인 흰 손의 이졸데는 배가 검은 돛을 달고 있다고 트리스탄에게 거짓말을 하고 낙담한 트리스탄은 그대로 죽는다. 이윽고 이졸데가 나타나는데 이미 죽어 있는 연인을 보고 절망하면서 그의 시체 위에 쓰러져서 같이 죽는다.

그 성에 가고 싶다

심장 박동이 빨라지고 뇌에 더 많은 산소가 공급된다. 옥시토신과 엔돌핀 수치가 올라간다. 대신 스트레스 호르몬인 코르티솔 수치가 낮아진다. 34개의 안면 근육이 사용된다. 이것은 키스할 때 나타나는 현상이다. 키스는 화학이다. 키스에 대한 전설과 신화는 세계 곳곳에 존재한다. 아일랜드에는 이와 관련된 특별한 곳이 있다. 바로 블라니 성(Blarney castle)이다. 중세 시대에 지어진 이 성에 가면 지하 감옥, 마녀의 돌, 마녀의 주방 등을 볼 수 있다. 울창한 숲에 둘러싸인 고풍스러운 이 성은 아일랜드 제2의 도시인 코크 시내에서 15분 거리에 있다. 원래 목재로 만들어진 성이었던 것을 1446년에 맥카시Cormac L. McCarthy가 돌로 다시 세웠다고 한다. 블라니 성의 꼭대기에는 명소가 하나 있다. 그것은 바로 블라니 스톤Blarney stone이라는 돌인데, 이것에 키스를 하면 언변이 좋아진다고 한다. 블라니 성을 지을 당시 맥카시는 물에 빠진 노파를 구해준 적이 있었다. 마녀였던 노파는 보답으로 그에게 유창한 말솜씨를 갖게 되는 주술을 걸어 주었는데, 그 주술이 블라니 스톤에게 옮겨졌고, 여기에 키스를 하면 언변이 좋아진다는 소문이 퍼지게 된 것이다. 엘리자베스 여왕이 블라니 성을 빼앗으려 했을 때, 블라니 성주는 블라니 스톤에 입을 맞춘 후 여왕을 만나 뛰어난 언변으로 여왕을 설득하여 위기를 모면하였다. 윈스턴 처칠도 블라니 스톤에 입맞춤을 하면서 오늘날에도 달변가가 되게 해달라고 기도하면서 이 돌에 입을 맞추려는 사람들의 발길이 이어지고 있다.

예로부터 초자연적인 힘이 있는 것으로 믿어온 식물이 있다. 바로 겨우살이(Mistletoe)이다. 고대 그리스인들은 겨우살이를 신성한 것으로 여겼다. 흰 열매는 남성 생식력의 상징으로 간주되었다. 그리스 신화에 나오는 아이네아스Aeneas가 무사히 지하 세계로 갈 수 있었던 것도 겨우살이 덕분이었다. 아이네아스는 저승에서 아버지 안키세스를 만나 새로 건설될 나라 로마의 장래에 관해 듣게 된다. 아이네아스는 로마의 건설자 로물루스Romulus와 레무스Remus 형제의 조상으로 묘사되고 있다. 겨우살이는 오래전부터 귀신을 쫓고 병을 고치며 아이를 낳게 해주는 능력이 있다고 여겨져 왔다. 역병이 돌 때 문 밖에 이것을 걸어 놓으면 병에 걸리지 않는다는 속설도 생겨났다. 한방에서는 겨우살이가 뼈와 관절을 튼튼하게 하고 혈액 순환을 도와주며 허리 아픈 증세를 없애준다고 알려져 있다.

북유럽 신화에서 오딘Odin의 둘째 아들 발드르Baldr는 빛의 신이었다. 그런 그도 겨우살이의 존재를 무시한 결과 비극을 맞이한다. 겨우살이로 만든 마법의 창(혹은 화살)에 맞아 죽어 저승으로 가게 된 것이다. 신들은 발두르를 부활시키고 발투르의 어머니 프리그Frigg는 겨우살이를 사랑의 상징으로 선언하고 그 아래를 지나는 모든 이들에게 키스하겠다고 맹세한다. 유럽에서는 겨우살이를 행복을 가져다주는 신성한 것으로 여겨졌고, 연인이 겨우살이 아래에서 키스를 하면 결혼을 한다고 믿는 풍습이 생겨났다. 겨우살이 밑에 있는 여자에게는 키스를 할 수 있었고 이를 거절하면 불운이 찾아온다고 믿었다. "난 그냥 겨우살이 밑에서 당신을 기다리고 있을 거예요." 미국의 가수 캐리 Mariah Carey가 부른 노래(All I want for Christmas is you)에 나오는 가사이다. 18세기에는 크리스마스 축하 행사에도 겨우살이가 이용되기 시작하였다. 해리포터와 초 챙Cho Chang이 첫 키스를 한 곳도 겨우살이 밑에서였다.

겨우살이는 스스로 광합성을 하지만 이것만으로는 부족하여 참나무, 팽나무, 느릅나무 등에 기생해서 살아가는 반기생 식물이다. 늘 푸른 떨기나무로 황록색 줄기와 잎으로 Y자를 만들며 새둥지 같이 둥근 모양을 만든다. 겨울에 얹혀사는 나무의 잎이 다 져야 온전한 모습을 볼 수 있다. 잎자루가 없으며 진한 풀색으로 윤기가 나지 않는다. 겨우살이는 예로부터 만병통치약으로 알려져 왔다. 겨우살이는 혈압을 낮춰주고 간장과 신장을 보호해 주는 등 여러 효능이 있는 것으로 알려져 있다. 겨우살이는 항암 작용도 한다. 겨우살이 추출물 이스카도르Iscador가 항암 효과를 보인다는 연구 결과도 나왔다. 렉틴Lectins은 암 세포막에 결합하여 암의 성장을 억제시킨다. 그러나 겨우살이에는 독성분이 들어 있어서 가려움증, 염증, 경련, 미열 등의 부작용이 나타날 수 있으므로 주의를 요한다.

큐피드와 프시케

사랑의 첫 번째 언어인 '키스'를 가장 극적으로 보여주는 것은 〈피그말리온과 갈라테이아〉에서 찾아볼 수 있다. 오비디우스의 〈변신 이야기〉에 등장하는 피그말리온 Pygmalion은 키프로스의 조각가였다. 피그말리온은 여인들이 천박해진 것을 탄식하며 독신으로 지냈다. 대신 그는 상아로 아름다운 여인을 조각한 후 갈라테이아Galatea라는 이름을 붙이고 자신의 연인인 듯 여겼다. 아름다움의 여신 아프로디테의 축제에 참가한 피그말리온은 자신의 조각상을 여자로 변신하게 해달라는 소원을 빌었다. 아프로디테가 보낸 에로스가 조각상의 손에 입을 맞추자 조각상은 아름다운 여인으로 변하였다.

이탈리아의 카노바Antonio Canova(1757~1822)가 대리석으로 조각한 작품이 있다. 바로 〈큐피드의 키스로 환생한 프시케〉이다. 한 왕에게 딸 셋이 있었는데 그 중에서도 막내인 프시케는 미모가 출중하여 아름다움의 여신인 아프로디테의 미움을 사게 되었다. 아프로디테는 아들 큐피드에게 명령을 내렸다. "프시케를 세상에서 가장 못 생긴 남자와 결혼하게 만들어라." 프시케를 찾아간 큐피드는 그녀의 미모에 반하고 실수로 화살을 자신에게 꽂고 말았다. 큐피드는 밤에 프시케를 찾아갔다. 큐피드는 프시케에게 자기가 누군지 궁금해 하지도 보지도말라고 당부하였다. 프시케는 밤에 찾아온 큐피드가 잠든 사이 등불을 들고 그의 얼굴을 들여다보다가 기름을 큐피드의 어깨에 떨어뜨리고 말았다. "어머니까지 거역하고 당신을 사랑했는데, 날 믿지 못하다니!" 큐피드는 떠나버렸다. 프시케는 아프로디테를 찾아가 큐피드를 만날 수 있게 해달라고 애원하였다. 아프로디테는 그녀에게 과제를 내렸다. 프시케는 지하 세계에 가서 페르세포네에게서 아름다움이 담긴 상자를 가져 오라는 마지막 과제를 수행해야 하였다. 하지만 프시케는 상자를 절대 열어보지 말라는 명령을 어기고 말았다. 호기심에 상자를 연 프시케는 잠에 빠지고 말았다. 프시케를 찾아온 큐피드는 잠든 프시케를 발견하고 상처가 나지 않는 화살촉으로 찔러 그녀를 깨웠다. 눈을 뜬 프시케와 큐피드는 재회의 키스를 하였다. 제우스는 프시케에게 신들이 먹는 불로불사의 음식인 암브로시아를 주었고 둘은 영원히 함께 살았다.

키스에 대한 가장 오래된 기록은 기원전 1500년경의 베다Vedas 산스크리트어 경전이다. 베다로 알려진 이 경전은 힌두교의 기초가 되었다. 그 후, 키스는 고대 인도와 힌두 문학에 계속하여 등장했다. 키스의 기원은 수수께끼로 남아 있지만, 키스는 수백만 년 전부터 시작되었을 것으로 보인다. 이것은 인류의 애정 표현이 냄새 취향에서 맛 취향으로 바뀐 결과라는 주장도 있다.

왜 인간은 서로 키스를 할까? 서구 사회의 사람들은 낭만적인 키스가 인간의 보편적인 행동이라고 생각할 수 있지만, 새로운 분석에 따르면 실제로는 모든 문화의 절반도 안 되는 것으로 나타났다. 동물의 경우 키스는 매우 드문 현상이다. 수렵 채집인도 키스에 대해 긍정적이지 않았던 것으로 보인다. 1995년에 발표된 연구에 따르면 여성은 자신과 유전적으로 다른 남성의 냄새를 선호한다. 다른 유전자를 가진 사람을 선택하면 건강한 자손을 낳을 가능성이 있기 때문이다. 여성이 남성의 땀에 들어 있는 페로몬에 노출되면 각성 수준이 약간 증가한다는 보고도 있다. 페로몬은 포유류가 짝을 선택하는 방법에서 중요한 부분을 차지한다. 키스는 파트너의 유전자를 냄새 맡을 수 있을 만큼 가까이 다가 갈 수 있는 좋은 방법이라는 주장도 있다. 키스는 그저 다른 사람과 가까워져 페로몬을 감지할 수 있는 문화적으로 허용되는 한 가지 방법일 뿐일까?

키스의 과학

우리는 왜 키스를 하는 걸까? 키스를 하는 행위는 인간에게 유리하게 발전해왔다. 현재 대부분 문화권에서 키스를 한다는 사실은 키스가 인간 행동의 기본적인 본능이라는 것을 말해 준다는 의견도 있다. 물론 키스 대신 코를 문지르는 것 같은 방식으로 나타나는 경우도 있다. 많은 동물들도 키스와 같은 행동을 통해서 애정을 표시한다. 보노보Bonobo 원숭이는 편안함과 사교를 위해 키스를 한다. 사실 보노보 원숭이와 인간은 DNA의 99%를 공유한다. 그들은 싸운 후에도 키스를 한다. 이는 키스가 DNA에 깊이 뿌리내려 있음을 나타낸다. 키스는 엄마가 음식을 씹은 다음 아기에게 주는 행동(Kiss-feeding)에서 유래하였다는 주장도 있다. 어미 새가 새끼에게 벌레를 먹이는 모습도 이와 유사하다. 시간이 흐르면서 이러한 애정의 상징이 낭만적인 키스로 진화해 왔을 수 있다. 우리는 사랑을 위해서, 행운을 위해서, 혹은 만나고 헤어지는 인사로 키스를 한다. 키스를 하면 기분이 좋아진다. 키스에 대해서는 후천적으로 습득한 행동이라는 의견과 본능적인 행동이라는 주장이 공존한다.

키스를 하면 우리 몸에서 크게 달라지는 것이 있다. 호르몬이다. 특히 애정과 행복감을 느끼게 해주는 옥시토신Oxytocin 및 도파민Dopamine과 함께 세로토닌Serotonin이 분비된다. 키스를 하면 뇌 속에서 화학 반응이 일어나 사랑의 호르몬이자 모성애의 호르몬인 옥시토신과 부성애의 호르몬인 바소프레신Vasopressin과 같은 신경 전달물질이 분비되어 애정과 유대감을 높여준다. 여성은 출산과 수유 중에 옥시토신이 증가하여 어머니와 자식 간의 유대를 강화하는 역할을 한다. 또한 내인성 아편유사제, 도파민 및 기타 유용한 신경 호르몬을 방출하여 우리의 기분을 균형 있게 유지해 준다. 도파민은 두뇌의 '쾌락 회로'를 활성화시키는 동시에 이성을 마비시킨다. 키스를 자주하는 커플일수록 관계 만족도가 증가한다는 연구 결과도 있다. 또한 스트레스 호르몬인 코티솔Cortisol 수치를 낮추어 더 편안하게 느끼고 즐거운 시간을 보낼 수 있다. 키스는 몸과 마음을 즐겁게 한다. 키스를 하면 서로 연결된 느낌을 주고 유대를 강화한다. 좋은 키스는 오랫동안 기억된다. 그러나 모든 사람이 키스를 원하는 것은 아니라는 것도 기억할 필요가 있다.

사랑은 화학이다. 미국 럿거스 대학교의 피셔Helen Fisher가 이끄는 연구진에 따르면 낭만적인 사랑은 정욕(Lust), 끌림(Attraction), 애착(Attachment)의 세 가지 카테고리로 나눌 수 있는데, 각 단계에서는 뇌에서 유래한 자체 호르몬이 분비된다. 테스토스테론Testosterone과 에스트로겐Estrogen은 정욕을 유도한다. 도파민, 노르에피네프린Norepinephrine 및 세로토닌은 끌림을 유도한다. 옥시토신과 바소프레신은 애착을 매개한다.

정욕은 성적 만족에 대한 욕구에 의해 유도되며, 이 욕구에 대한 진화적 기초는 모든 생명체가 공유하는 번식의 필요성에서 비롯된다. 유기체는 번식을 통해 유전자를 전

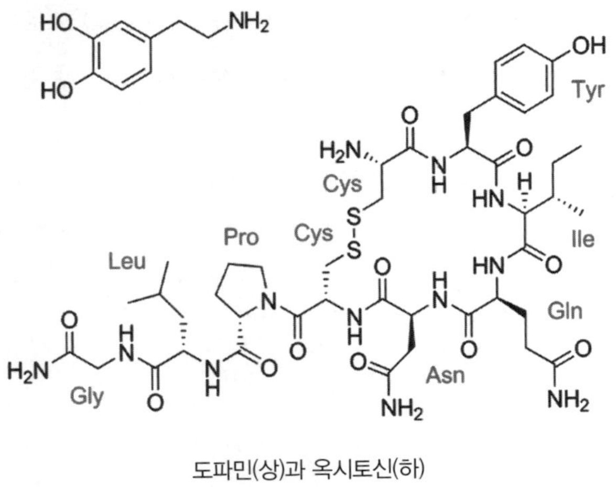

도파민(상)과 옥시토신(하)

달함으로써 종은 영원히 존재한다. 뇌의 시상 하부는 여기에서 큰 역할을 하여 고환과 난소에서 성 호르몬인 테스토스테론과 에스트로겐의 생성을 자극한다. 이러한 화학 물질은 각각 "남성"과 "여성"의 것으로 고정되어 있지만 둘 다 남성과 여성에게 역할을 한다. 결과적으로 테스토스테론은 거의 모든 사람의 성욕(Libido)을 증가시킨다. 에스트로겐의 경우 효과가 덜 두드러지지만 일부 여성은 에스트로겐 수치가 가장 높은 배란 시기에 더 성적으로 동기를 부여받는다.

한편 끌림은 "보상" 행동을 제어하는 뇌 경로를 포함하며, 관계의 처음 몇 주 또는 몇 달이 왜 그렇게 짜릿한지를 부분적으로 설명한다. 시상 하부에서 생성되는 도파민은 뇌의 보상 경로에서 역할을 한다. 높은 수준의 도파민과 관련 호르몬인 노르에피네프린이 끌림 단계 중에 분비된다. 이러한 화학 물질은 우리를 어지럽고 활기차고 행복하게 만들어 식욕 감소와 불면증으로 이어진다. 사랑에 빠진 사람들의 뇌를 스캔해 보면 뇌의 주요 "보상" 중심이 사람들에게 강렬하게 끌리는 사람의 사진을 보여줄 때 미친 듯이 발화한다는 것을 보여주었다. 끌림은 식욕과 기분에 관여하는 것으로 알려진 호르몬인 세로토닌을 감소시키는 것으로 보인다.

마지막으로, 애착은 장기적인 관계에서 가장 중요한 요소이다. 정욕과 끌림은 낭만적인 얽힘에만 국한되는 반면, 애착은 우정, 부모-유아 유대감, 사회적 정중함 및 기타 많은 친밀함을 매개한다. 여기서 두 가지 주요 호르몬은 옥시토신과 바소프레신이다. 이러한 이유로 옥시토신은 종종 "포옹 호르몬(Cuddle hormone)"으로 불린다. 도파민과 마찬가지로 옥시토신은 시상 하부에서 생성되며 성관계, 모유 수유 및 출산 중에 다량으로 분비된다.

4
매직 카펫

하늘을 나는 카펫 / 하늘을 나는 동물들 / 하늘을 나는 자동차

하늘을 나는 카펫

페르시아의 왕 샤리야르Shahryār는 왕비가 노예와 정을 통하고 있는 장면을 목격하였다. 분노한 왕은 매일 밤 처녀를 불러 잠자리를 가진 후 다음 날 아침이 되면 처형하였다. 어느 날 용기와 지혜를 겸비한 한 여성이 왕과의 첫날밤을 자원하였다. 그녀의 이름은 대신의 딸로 아름답고 현명한 셰헤라자데Scheherazade였다. 그녀는 왕에게 매일 역사, 연애, 비극, 코미디 등 다양하고 기상천외한 이야기를 들려주었다. 왕은 끝없이 이어지는 그녀의 이야기에 빠져들었고 그 다음 이야기가 궁금한 왕은 그녀를 죽일 수 없었다. 이야기는 1001일 동안 계속되었다. 그리하여 지혜로운 셰헤라자데는 자신도 구하고 왕의 인생도 구원하였다.

알라딘과 요술램프, 알리바바와 40인의 도둑, 신드바드의 모험 등 천일야화에 나오는 이야기는 언제 들어도 재미있다. 그 중에서도 가장 신나고 매력적인 것은 하늘을 나는 매직 카펫Magic carpet이다. 매직 카펫은 어디든지 빠르게 데려다 준다. 기원전 2세기 무렵 프라아테스 2세Phraates II(c.147~127 BCE)라는 파르티아 제국의 황제가 있었다. 그는 셀레우코스 제국의 통치자인 안티오코스 7세Antiochus VII of Seleucid(c.164~129 BCE)와 전쟁을 벌일 때, 하늘을 나는 마법의 양탄자를 타고 위에서 불로 공격하여 상대를 무찔렀다. 1세기원후 3세기 사산 왕조 페르시아 제국의 샤한샤[황제, 페르시아어로 샤(왕) 중의 샤(왕)

이라는 의미]였던 샤푸르 1세Shapur I(재위: 240~270)는 '카펫'을 타고 로마 군대 캠프 속으로 들어가 발레리아누스 황제Valerian(c. 199~260)를 사로잡았다. 그는 새로운 조로아스터 사원을 건설하고 그리스와 인도의 새로운 요소를 들여와 신앙에 통합했으며 도시를 재건하였다.

유대교, 이슬람, 에티오피아의 역사서인 케브라 나가스트Kebra Nagast(왕들의 영광)에 공통으로 등장하는 사건이 있다. 바로 시바의 여왕Queen of Sheba과 이스라엘의 왕 솔로몬의 만남이다. 그녀의 왕국은 이스라엘의 남쪽과 동쪽 모두에서 언급되지만, 현대 에티오피아인들은 그녀가 첫 번째 황제 메넬리크 1세Menelik I의 어머니라고 믿고 있다. 시바의 여왕은 왕실의 연금술사에게 '하늘을 나는 카펫'을 만들도록 지시하였다. 완성된 카펫은 솔로몬에게 선물로 전해졌다. 솔로몬을 만나기 위한 여왕의 전설적인 항해는 그녀의 왕국과 영향력에 대한 수세기에 걸친 추측을 불러 일으켰다. 그녀의 방문 목적은 솔로몬에게 여러 수수께끼를 풀도록 요청하여 지혜를 시험하는 것이었다. 이 이야기는 고대 이스라엘과 아라비아 사이에 중요한 상업적 관계가 있었음을 시사한다.

세상은 빠르게 변화하고 있다. 위기도 있지만 기회도 있다. 나쁜 것도 많지만 좋은 것도 많다. 알라딘의 매직 카펫처럼 빠르게 이동할 수 있는 운송수단이 등장할 날이 머지않았다. 차고에 있는 자동차를 타고 밖으로 이동한다. 안전한 곳에서 날개를 편다. 그리고 시속 320km의 속도로 하늘을 날아 원하는 목적지로 날아간다. 착륙 후에는 날개를 접어 자동차로 변신한다. 이것은 보스턴에 본부를 둔 테라푸기어Terrafugia가 구상하는 4인승 자율비행 자동차인 테라푸기어 TF-X(Terrafugia TF-X)이다.

하이퍼루프Hyperloop라고 불리는 고속 열차는 비행기보다 빠르고 안전하다. 진공 속을 시속 1,300km의 속도로 '주행한다.' 서울에서 부산까지의 거리를 단 16분 만에 주파할 수 있다. 하이퍼루프는 1904년 미국의 과학자 고더드Robert H. Goddard(1882~1945)가 백트레인Vactrain(진공 튜브 열차)을 처음 제안한 것으로, 테슬라와 스페이스엑스의 공동팀이 발표한 오픈 소스 진공기 설계를 설명하는 데 처음 사용된 승객 및 화물 운송 모드이다. 하이퍼루프는 기존의 고속철도 시스템에 비해 에너지 효율적이면서 빠르게 사람이나 물체를 수송할 수 있다. 머스크Elon Musk는 2012년에 처음으로 하이퍼루프를 공개적으로 언급하였다. 그의 초기 컨셉은 압축된 캡슐이 선형 유도 모터와 압축기에 의해 구동되는 에어 베어링에 올라타는 감압 튜브를 구상하였다. 2013년에는 로스앤젤레스에서 샌프란시스코까지 이어지는 구간을 35분에 주파하는 하이퍼루프 알파를 제안하였다.

쿼드콥터(Quadcopter drone)처럼 생긴 개인용 자율비행 항공기(Autonomous personal rotorcraft)도 하늘을 날 것이다. 쿼드콥터(또는 Quadrotor)는 4개의 로터가 있는 헬리콥터이다. 쿼드로터 헬리콥터와 컨버터블 비행기는 오랫동안 시험 비행을 해왔지만, 오늘날과 같은 구체적인 형태는 UAV 또는 드론이 출현하면서 구체화되기 시작하였다. 드론은 작은 크기와 낮은 관성 덕분에 간단한 비행 제어 시스템을 사용할 수 있어서 소형 쿼드로터의 실용성이 크게 향상되었다.

음속의 5배로 하늘을 나는 제트 여객기(Jetliner)도 있다. 벨기에에 본사를 둔 아카 테크놀로지Akka Technologies가 개발하고 있는 "Link & Fly"는 하늘을 나는 기차이다. 기차가 플랫폼 도착하면 날개와 합쳐져 하나가 된다. 비행기로 변신한 기차는 다른 목적지로 날아간다. 터키의 건축 엔지니어링 업체인 다히르 인사트Dahir Insaat 역시 유사한 기차를 구상하고 있다. 이것은 몸체가 줄에 의해 레일에 고정된 채로 공중에 떠서 날아간다.

현대-우버의 하늘을 나는 '플라잉카Flying car'도 나온다. 두 회사는 2020년 CES(Consumer Electronics Show, 국제가전전시회) 행사에서 PAV(Personal Air Vehicle, 개인용 비행체) 콘셉트 모델 'S-A1'을 선보였다. 수직으로 이착륙할 수 있으며 승객 4명을 태우고 최대 시속 290km의 속도로 100km의 거리를 주행할 수 있다. 우리의 상상은 현실이 되고 있다.

하늘을 나는 동물들

하늘을 날기 위해서는 날개를 가져야 한다. 그런데 지구상에는 날개를 갖도록 진화하는 것을 포기했음에도 불구하고 하늘을 날 수 있는 능력을 갖춘 동물들이 있다.

2018년 5월 캐리Zulma Cary가 '지구와 세계(Earth & World)'에 소개한 하늘을 나는 동물들을 만나보자.

물고기가 하늘을 난다고? 바로 날치(Flying Fish)이다. 날치는 날개 모양의 가슴지느러미를 가지고 있어서 미끄러지듯 하늘을 날 수 있다. 모든 바다에 살고 있지만 열대와 아열대 바다를 선호하는 날치는 보통 햇빛이 잘 드는 표해수대(수심 200m 이내)에 서식한다. 이 구역은 대부분의 동물들이 사는 곳이기 때문에 생존을 위해 끊임없이 싸워야 하는 곳이다. 날치가 날개를 가져야 하는 이유이다. 가슴지느러미는 날치가 천적으로부터 도망갈 수 있도록 도와주는 방어 무기인 셈이다.

하늘을 나는 다람쥐도 있다. 날다람쥐(Flying squirrel)는 새처럼 날 수는 없지만 목에서 발목까지 뻗은 막을 낙하산처럼 활용하여 활강할 수 있다. 날다람쥐는 긴 꼬리를 이용하여 비행 중에 균형을 잡는다. 공기역학적 각도를 잡는 데는 날개 끝을 이용한다. 날다람쥐가 날개를 갖게 된 것은 1,800만 년에서 2,000만 년 전으로 거슬러 올라간다. 공룡에서 진화한 새는 파충류로부터 진화하는 과정에서 비행할 수 있는 힘을 얻게 된 반면에, 박쥐는 파충류-조류-포유류 공통조상에서 완전히 포유류로 분화된 후에 비행을 할 수 있는 힘을 얻었다.

도마뱀이 하늘을 난다고? 주인공은 동남아시아에서 발견되는 날도마뱀(Flying lizard)이다. 날도마뱀은 갈비뼈를 사용하고 연결 막을 확장하여 날개를 만든다. 뒷다리는 평평하고 목의 덮개가 수평 안정화에 도움을 준다. 날도마뱀이 지상에서 하늘을 나는 모험을 하는 유일한 시기는 알을 낳을 때이다. 한 번에 2개 내지 5개의 알을 낳고 24시간 동안 보호한다. 그 다음은 스스로 알을 깨고 나와야 한다. 동력 비행을 할 수는 없지만 활공 비행 중에 종종 양력을 얻는다. 10m 높이에서 60m의 거리를 활공한 기록이 있다. 남아시아와 동남아시아에서 발견된다.

플라잉 폭스Flying fox는 여우가 아니고 큰박쥐과에 속하는 박쥐속의 하나이다. 작은 귀와 큰 눈을 하고 있어서 작은 여우처럼 생긴 세계에서 가장 큰 박쥐류이다. 다 자라면 양 날개를 편 날개 길이가 1.5m가 넘는다. 날개를 펴고 하늘을 나는 모습을 보면 온몸을 덮은 커다란 날개가 매우 인상적이다. 귀여운 여우와 알바트로스의 하이브리드가 존재한다면 이런 모습일 것이다. 아시아, 오스트레일리아, 동아프리카 등지에 서식한다. 오스트레일리아에 가면 수백만 마리의 플라잉 폭스들이 하늘을 뒤덮은 장관을 감상할 수 있다. 이들은 넓은 지역을 여행하며 토종 꽃과 과일을 먹고 씨앗을 뿌리며 토종 식물의 수분을 도와주기 때문에 오스트레일리아의 토착 림을 건강하게 지켜주는 역할을 한다.

뱀이 하늘을 난다고? 주인공은 하늘을 나는 뱀(Flying snake 또는 Gliding snake)으로 알려진 크리소펠리아Chrysopelea이다. 사실 이 '날뱀'은 나는 것이 아니라 높은 나무에서 낮은 나무로 뛰어내려 이동하는 것이다. 이 뱀의 독은 약하지만 작은 먹잇감에게는 위협적이다. 동남아시아, 인도, 중국, 스리랑카 등지에 서식하고 있다. 이 뱀은 비늘을 이용하여 나무줄기의 거친 껍질 표면을 배로 밀고 위로 오른다. 나무 꼭대기에 올라가면 목표하는 곳으로 몸을 기울인다. 그런 다음 몸을 S자 형태로 만들어 활강한다. 활강할 때에는 몸을 납작하게 만들어 몸이 2배나 넓어진다. 비행 능력은 날다람쥐보다 훨씬 더 우수하다. 무려 100m 이상 활공할 수 있으며, 도마뱀, 개, 새, 박쥐 등을 먹이로 삼는다. 인도네시아의 울창한 숲, 나뭇가지 끝에서 뱀이 목표지점을 고르고 있다. 몸의 반은 허공에 떠 있다. S자 형태를 유지하며 비행을 준비한다. 드디어 점프! 시선은 목표물을 주시한 채 하늘을 난다.

하늘을 나는 공룡이 있다. 바로 중생대에 살았던 익룡(Pterosaur, 프테로사우로스)이다. 익룡은 중국에서 독일, 미주에 이르기까지 전 세계의 여러 지역에서 살았다. 2008년 독일의 과학 저널 '지텔리아나Zitteliana'에 게재된 기사에 따르면, 익룡은 트라이아스기 후기에 처음 등장했으며 백악기 말(2억 2,800만~6,600만 년 전)까지 하늘을 날았다. 익룡은 공룡들 사이에서 살았고 같은 시기에 멸종되었다. 현대의 새의 조상은 익룡이 아니라 작고 깃털이 달린 육상 공룡이었다. 처음으로 발견된 익룡은 1784년 이탈리아의 역사학자 콜리니Cosimo Collini(1727~1806)에 의해 확인된 프테로닥틸루스Pterodactylus였으며, 그는 날개를 노처럼 사용하는 해양 생물을 발견했다고 생각했다. 익룡은 능동적인 비행보다는 활공에 더 적합한 냉혈 동물이었다. 그러나 소르데스Sordes pilosus와 제홀로프테루스Jeholopterus ninchengensis를 포함한 일부 익룡은 피크노섬유(Pycnofiber)라고 불리는 머리카락 모양의 필라멘트로 구성된 모피 코트를 가지고 있는 온혈 동물인 것으로 확인되었다. 과학 저널 '플로스원PLOS ONE'에 기고한 2010년 연구에 따르면, 익룡은 강력한 비행 근육을 가지고 있어서 뱀파이어 박쥐처럼 네 발 달린 동물로서 걸을 수 있을 뿐만 아니라 활공하는 데 사용할 수 있었다. 공중으로 날아오른 가장 큰 익룡(Quetzalcoatlus northropi)은 몇 분 내에 시속 108km 이상의 속도에 도달 한 다음 시속 약 90km의 순항 속도로 활공할 수 있었다.

가장 큰 익룡 중 하나는 날개 길이가 11m에 달하는 케찰코아틀루스 노스로피Quetzalcoatlus northropi로 추정된다. 백악기 후기 하늘을 지배하였던 케찰코아틀루스를 포함하는 아즈다키드과(Azhdarchidae family)의 익룡은 이빨이 없었다. 익룡의 두드러진 특징은 머리에 있는 볏이었다. 케찰코아틀루스는 아즈텍 문명의 '깃털 달린 뱀 신'인 케찰코아틀Quetzalcoatl에서 유래한 익룡이다. 이것은 두 날개 길이를 합친 길이가 10~15m로 익룡 가운데 가장 큰 종의 하나였다. 후기 백악기(7,000만~6500만 년 전)에 북아메리카에서 살았던 익룡이며, 비정상적으로 길고 뻣뻣한 목을 가졌으며 이빨은 없었다. 또 다른 큰 익룡은 날개 길이가 약 7m인 콜로보링쿠스 카피토Coloborhynchus capito였다.

2012년 독일 고생물학회에서 출판한 'PalZ(Paläontologische Zeitschrift)' 저널에 게재된 한 연구 논문에 따르면 프테로닥틸루스(Pterodactylus antiquus)는 비교적 작은 익룡으로 성체 날개 길이가 약 1.06m로 추정되었다. 1876년 미국의 마시Othniel C. Marsh(1831~1899)가 발견한 프테라노돈은 훨씬 더 컸다. 2000년 캔자스 지올로지컬 서베이Kansas Geological Survey의 'Current Research in Earth Sciences'에 게재된 연구에 따르면 날개 길이는 2.7~6m 범위였다. 한편, 네미콜롭테루스 크립티쿠스Nemicolopterus crypticus라고 불리는 가장 작은 익룡이 중국 랴오닝 성(Liaoning Province) 서부에서 발견되었다. 2008년 PNAS(미국국립과학원회보)에 게재된 바에 따르면 날개 길이는 25cm에 불과했다고!

하늘을 나는 자동차

도시가 커질수록 쇼핑몰, 문화시설, 도서관 등이 더 많이 생겨난다. 물론 교통 시설도 확충되어 편리하게 이동이 가능해진다. 그러나 한편으로는 차량이 증가하면서 교통체증이 문젯거리로 대두된다. 전 세계 교통지옥 상위에 오른 도시의 경우에는 교통체증에 더하여 심각한 대기오염으로 몸살을 앓고 있다. 출근하는 데에만 4시간이 걸리는 도시도 있다. 해결책은 없을까? 하늘을 나는 자동차(Flying car)가 나온다면 어떨까? 이것은 지상 및 항공으로 도어 투 도어 운송을 제공하는 개인용 항공기 또는 도로 용 항공기를 말한다. 20세기 초부터 분산 추진과 같은 다양한 비행 기술을 사용하여 많은 프로토타입이 제작되었다. 일부는 진정한 VTOL(Vertical take-off and landing, 수직 이착륙) 성능을 가지고 있다. 상업용으로 최초로 개발된 것은 독일의 PAL-V Liberty이며 2021년 양산을 목표로 하고 있다.

판타지와 공상과학 소설에서 인기 있는 주제이기도 한 '하늘을 나는 자동차'의 역사를 살펴보자. 1926년에 미국의 기업가 포드Henry Ford(1863~1947)는 "포드 플라이버(Ford Flivver)"라고 부르는 실험용 1인승 비행기를 전시했다. 1942년 소련은 비행기에 실어 전장에 투입하기 위한 글라이딩 탱크 안토노프 A-40Antonov A-40을 실험하였지만 제대로 작동하지 않았다. 1949년 12월에는 미국의 엔지니어 테일러Molt Taylor(1912~1995)가 설계하고 제작한 에어로카Aerocar가 시험 비행에 성공하였다.

1956년과 1958년 사이에 포드Ford의 어드밴스드 디자인 스튜디오는 3/8 스케일의 컨셉 카 모델인 Volante Tri-Athodyne을 제작하였다. 1957년에 '파퓰러 메카닉스(Popular Mechanics)' 잡지는 힐러 에어크래트프(Hiller Aircraft) 사가 헬리콥터보다 비행하기 쉽고 비용이 훨씬 적게 드는 항공기를 개발하고 있다고 보고했다. 엔지니어들은 이러한 유형의 항공기가 모든 특수 목적 항공기의 기초가 될 것이라고 예상했다. 1956년 미 육군 교통연구 사령부는 헬리콥터보다 작고 비행하기 쉬운 항공기인 "하늘을 나는 지프(Flying jeeps)"에 대한 조사를 시작했다. 1957년에 크라이슬러, 커티스-라이트, 피아세키는 프로토타입을 만들었다. 가장 성공적인 모델은 피아세키의 VZ-8이었다.

1980년대 중반에는 보잉 엔지니어였던 바커Fred Barker가 플라이트 이노베이션Flight Innovations Inc.을 설립하고 소형 VTOL 항공기인 스카이 커뮤터Sky Commuter를 개발하기 시작했다. 4.3m 길이의 소형 2인승으로 주로 복합 재료로 만들어졌다. 현재 여러 회사들이 전기 비행 자동차 개발 경쟁에 뛰어들고 있다.

2017년 4월, 키티 호크Kitty Hawk 사는 물 위에서 비행하는 "플라이어Flyer" VTOL (electric vertical takeoff and landing, 전기로 구동하는 수직 이착륙 항공기)을 공개했다. 오토자이로 Autogyro 또는 자이로콥터Gyrocopter는 2018년 3월 제네바 모터쇼에서 데뷔한 후 생산 중인 최초의 비행 자동차가 되었다. 2019년 5월에는 에어버스 eVTOL 프로토타입이 독일에서 첫 비행을 했다. 2019년 8월에는 E-볼보 사의 볼로콥터 2XVolocopter 2X가 헬싱키 공항에서 성공적으로 테스트되었다. 2019년 8월 이항은 EHang 216을 시연 비행 하였다. 미국 메사추세츠 주에 본사를 두고 있는 중국 소유 기업인 테라퓨지아는 테라퓨지아 트랜지션Terrafugia Transition이라는 도로용 비행기와 TF-X라는 비행 자동차를 개발하고 있다.

우버Uber는 카렘 에어크래프트Karem Aircraft와 협력하여 전동 수직이착륙기 eCRM-003 eVTOL을 개발하고 있으며, 우버에어UberAir 서비스 시험을 할 예정이다. 2020년 5월 현대 자동차는 미국 라스베이거스에서 열린 소비자 가전 전시회(Consumer Electronics Show)에 선보인 '하늘을 나는 자동차(Flying car)' 컨셉을 선보였다. 현대 자동차는 이러한 eVTOL을 양산 할뿐만 아니라 우버가 계획한 항공 택시 네트워크에도 배치할 예정이다. 또한 착륙 허브와 역을 오가는 지상 운송을 위한 친환경 목적 기반 모빌리티의 컨셉을 공개했다.

5
나노 로봇

드론 / 작은 것이 아름답다 / 분자 기계

드론

무인 항공기(Unmanned aerial vehicle, UAV) 또는 드론Drone은 조종사가 탑승하지 않은 항공기를 말한다. UAV는 무인 항공기 시스템(Unmanned aircraft system, UAS)의 핵심 구성 요소이다. UAS에는 UAV, 지상 컨트롤러 및 둘 사이의 통신 시스템이 포함된다. UAV의 비행은 다양한 수준의 자율성으로 작동할 수 있다. 사람이 원격으로 제어하거나 자동 조종 장치라고 하는 온보드 컴퓨터가 자율적으로 제어한다. UAV는 원래 3D(너무 "지저분하거나 더럽거나 위험한") 분야에 사용되었다. 드론은 1935년 영국에서 사람이 타는 훈련용 복엽기 '타이거 모스Tiger moth'를 대공 사격 훈련용 원격조종 무인 비행기로 개조하면서 퀸비Queen Bee(여왕벌)라는 별명을 붙인 것이 시초이다.

2018년 2월 평창 동계올림픽 개회식에서 주목을 받은 것이 있다. 밤하늘에 거대한 오륜기가 나타났다. 인텔의 기술로 프로그램을 통해 전체 비행경로를 사전에 만들어 충돌 없이 원하는 모양을 만든 것이다. 이 드론 쇼는 1218대의 드론을 동시에 구동하여 기네스북에도 등재되었다. 드론은 주로 군사용으로 사용되었지만, 현재는 항공사진, 비디오 촬영, 제품 배송, 농업, 건설, 광업, 치안 및 감시, 폭발물 탐지, 인명 구조, 인프라 검사, 과학, 드론 경주 등 다양한 분야에 사용되고 있다. 이제 드론 배달부 덕분에 외딴 섬이나 교통이 불편한 오지에 살아도 내가 원하는 도시락, 피자, 치킨 등을 즐길 수 있게 되었다. 드론 산업의 가치는 2015년 33억 달러였으며, 2020년에는 1,000억 달러에 이를 것으로 예상되었다. 드론 택시도 등장하였다. 중국 광저우에 기반을 둔 이항EHang이 개발한 '이항 184Ehang 184'는 세계 최초로 승객을 태울 수 있는 자율주행 비행체(AAV, Autonomous Aerial Vehicle)이다. 2015년에 승객을 태우기 시작하였으며 그 후 1,000회 이상의 테스트 비행을 마쳤다. 우버는 2020년 까지 수직이착륙(VTOL) 방식의 드론 택시 시범 서비스에 착수한다고 발표했다. 많은 기업에서 미래의 운송 수단으로 드론 택시를 주목하고 있다. 우버는 현대자동차와 PAV(Personal Air Vehicle, 개인용 비행체)를 기반으로 한 UAM(Urban Air Mobility, 도심 항공 모빌리티) 사업 분야 전략적 파트너십을 맺고 실물 크기의 PAV 콘셉트를 공개하였다.

4차 산업혁명 시대를 이끌 핵심 산업으로 떠오른 드론이 장점만 있는 것은 아니다. 순식간에 흉기로 변해버리는 드론 사고에 대비하여 드론의 추락을 방지하는 드론 낙하산이 개발되고 있다. '지오스페이셜월드'는 2020년 8월 퍼셉토Percepto가 '미국 재료 및 테스트협회(ASTM)'의 승인을 받은 낙하산을 탑재한 최초의 상자 보관형 드론(Drone-in-a-box)을 상용화해 안전 드론의 선례를 남겼다고 보도했다. 퍼셉토 스패로우Percepto Sparrow라고 명명된 이 드론은 미연방항공청과 지속적인 협력 하에 만들어졌다. 드론 몰카나 드론 테러와 같이 점차 늘어가는 드론 범죄에 대한 대책도 마련되어야 한다. 안티 드론Anti-drone(Counter-Drone)이 떴다. 드론을 활용한 범죄와 테러가 빈번하게 발생하면서 미확인 드론을 탐지하고 추적하여 무력화 하는 안티 드론이 주목을 받고 있다. 드론은 카메라, 자이로스코프, 가속도계, 기압계, 초음파 센서, 온도 센서, 자외선 센서, 제스처 센서 등으로 구성되어 있다. 드론 모니터링 장비는 감지, 분류 또는 식별, 위치 찾기 및 추적, 경고 등의 기능을 수행할 수 있다. 모니터링 장비에는 무선 주파수 분석기, 음향 센서(마이크), 광학 센서(카메라), 레이더 등이 사용된다.

1990년대 중반 군사용으로 사용된 드론은 저렴하고 가볍고 조작이 용이한 드론이 나오면서 재난, 재해, 측량, 영화 산업 등 다양한 분야에 사용되고 있다. 드론은 감시 도구나 무기로 사용될 수 있어서 우리의 또 다른 위협이 되고 있다. 해킹에 취약한 것도 문제이다. 드론이 할 수 있는 분야가 많아질수록 사람들의 일자리는 줄어들 것이다. 그러나 화물이나 승객을 운송하는 드론의 출현은 우리 사회를 혁신적으로 변화시킬 것이다. 드론은 농업 분야를 근본적으로 변화시킬 것이다. 드론은 접근하기 어려운 지역에 식량과 의료품 등을 전달할 수 있으며 쌍방향 의사소통도 가능케 한다.

작은 것이 아름답다

현재까지의 약물은 암세포뿐만 아니라 건강한 세포도 표적으로 하여 심각한 부작용이 나타날 수 있다. 우리 몸속으로 들어가 특정 세포에 도착하여 암 세포만을 선택적으로 파괴하는 장치를 만들 수는 없을까? 세포가 암으로 변하면 게놈에 변화를 가져오며 결과적으로 신체가 필요한 단백질이 아닌 나쁜 단백질을 합성하기 시작한다. 그 결과 세포가 통제할 수 없을 정도로 증식하기 시작하고 종양이 점점 더 커진다. 암 세포 게놈의 변화는 RNA 가닥의 생성을 증가시켜 세포가 나쁜 단백질을 생산하도록 지시한다. 따라서 그 RNA 분자가 선택적으로 표적화 될 수 있다면 질병을 유도하는 단백질이 생산되지 않을 것이다.

연구 결과에 따르면, 나노 로봇Nanobots은 병원성 세포를 감지하고 나쁜 RNA 가닥을 파괴하는 길을 제시할 수 있는 것으로 알려져 있다. 연구자들이 나노 로봇에 관심을 보이는 이유는 진단 및 치료 잠재력이 크기 때문이다. 과학자들은 약물을 전달하고 손상된 조직을 진단하거나 복구하며 암세포를 파괴하는 나노 로봇을 개발하기 위한 노력을 기울이고 있다. 완전 자율 나노 로봇과 무선 통신 나노 로봇의 탄생도 기대된다. 강한 로봇 하나보다 단순한 로봇 여럿이 낫다? 무리 로봇공학(Swarm robotics)이 등장했다. 개미떼나 벌떼처럼 서로 뭉쳐서 하나의 무리를 이루어 창조적인 일을 수행하는 스마트한 무리 로봇을 이용하여 암을 진단하고 치료하는 길도 열릴 것이다. 직경이 2.5nm인 DNA 가닥을 이용하면 나노 로봇을 만들 수 있다. 세포와 유사한 나노 로봇을 이용하면 혈액 속에 있는 박테리아나 유해한 박테리아가 만들어내는 독소를 처치할 수도 있다. 이 나노 로봇은 머리카락 굵기의 25분의 1밖에 되지 않는다. 미국과 중국의 연구자들은 DNA 나노 로봇을 생쥐의 혈액 속에 주입하였다. 종양이 성장하면 나노 로봇이 암세포만을 공격한다. 당뇨병이나 암을 조기 진단하는 로봇도 가능하다. 막스 플랑크 연구소에서는 DNA 대신 나노 로봇을 사용하여 인공적으로 만든 액체 속을 항해하도록 하였다. 나노 프로펠러Nano propellar는 자석의 존재 하에서 주변의 조직에 해를 주지 않으면서 자유롭게 유영하고 원하는 약물을 특정 장소에 전달할 수 있다. MIT의 과학자들은 배터리 없이 스스로 동력을 얻는 나노 로봇을 개발하였다.

1982년에 양자 컴퓨터(Quantum computer)의 가능성을 예고한 과학자가 있었다. 양자 컴퓨터는 얽힘이나 중첩 같은 양자역학적인 현상을 활용하여 자료를 처리하는 계산 기계이다. 한 예로 'D-Wave 2'는 머신러닝과 음성인식, 자연어 처리를 위해 방대한 데이터를 분석할 수 있고, 싱글코어 칩을 활용하는 일반 컴퓨터보다 1억 배 이상 빠른 속도로 처리할 수 있는 것으로 알려졌다. 양자 정보 통신은 정보 사회의 패러다임을 바꿀 신기술로 여겨졌다. 그러나 과학자들이 나노 세상을 내다본 것은 이보다 20여 년 전으로 거슬러 올라간다. 1959년 12월 미국의 물리학자 파인만Richard P. Feynman(1918~1988)은 칼텍Caltech에서 열린 미국 물리학회 연례 총회 연설에서 "바닥에는 충분한 공간이 있다."라는 주제로 강연을 하면서 나노 머신의 탄생을 예견하였다. 1980년대부터 나노 기술을 옹호하는 과학자들은 파인만의 강연을 자신의 작업에 대한 과학적 신뢰성을 확립하기 위해 인용하기 시작하였고 오늘날 수많은 나노 머신이 등장하고 있다. 나노기술은 1~100nm의 물질을 다룬다. 1m와 1nm의 차이는 지구와 공기 돌의 차이에 해당한다. 1nm는 개미보다 100만 분의 1만큼 작다.

분자 기계

다양한 유형의 기계는 인류 발전의 필수적인 부분이다. 특히 4차 산업혁명을 견인하는 것은 스마트 머신Smart machine이다. 그 결과 삶의 질이 향상되고 세상이 극적으로 변화하고 있다. 한편, 과학자들은 다양한 목적을 위해 더 작은 크기의 소형 기계를 만들려고 시도했다. 그 결과 탄생한 것이 분자 기계(Molecular machine)이다. 매우 복잡하고 유용한 분자 기계에 대한 개발은 아직 초기 단계에 있지만, 지금까지의 결과만으로도 합리적 디자인과 분자 기계가 실제로 가능하다는 것을 보여주기에 충분하다. 사실 작은 기계는 자연에 존재하고 있다. 한 예로 박테리아 편모가 있는데, 이것은 코르크 모양의 거대 분자가 회전하면서 박테리아가 앞으로 나아갈 수 있게 한다.

분자 기계는 우리 몸속에서도 멋진 일을 수행하고 있다. 우리 몸속에서는 매일 50억 개 이상의 세포가 스트레스를 받거나 손상을 입거나 늙어 수명을 다해 죽는다. 이를 가리켜 '세포 예정사(Programmed cell death)'라 한다. 이를 만회하기 위해 수십억 개의 세포들이 분열하여 새로운 세포를 만들어 낸다. 이를 세포 분열 또는 유사 분열이라 부르는데, 이 과정에서는 아주 작은 분자 기계가 필요하다. 이런 일들이 시작되는 장소가 있다. 바로 당-인산염이 반복된 거대분자인 DNA이다.

DNA가 이중나선을 이루는 것은 당에 결합된 염기들 사이의 수소 결합 때문이다. 아데닌(A)은 티민(T)과, 구아닌(G)은 시토신(C)과 수소 결합을 하고 있다. 세포 분열의 첫 번째 단계는 DNA를 복사하는 것이다. DNA의 이중나선은 나선 효소(Helicase)라고 하는 분자 기계에 의해 풀리고 분리된다. 나선 효소는 제트 엔진 만큼 빠르게 돌고 있다. DNA는 엉키는 것을 방지하기 위해 히스톤Histone이라 부르는 단백질에 둘러싸여 뉴클레오좀Nucleosome을 형성한다. 뉴클레오좀은 다시 염색질(Chromatin)이라고 알려진 섬유로 뭉쳐 있고, 이것은 다시 거대한 분자구조체인 크로모좀Chromosome을 형성한다.

분자 기계란 적절한 외부 자극(입력)에 의해 기계와 같은 움직임(출력)을 수행하도록 설계된 분자의 집합체를 말한다. 이것은 사람들이 매일 만나는 기계와 매우 유사하게 작동한다. 분자 기계의 예로는 pH 변화에 따라 오르내리는 소형 엘리베이터와 빛과 열에 노출되면 한 방향으로 회전하는 초소형 모터 등이 있다. 분자 기계를 만들기 위해서는 화학의 힘을 빌어야 한다. 스트라스부르 대학교의 소바주Jean-Pierre Sauvage와 노스웨스턴 대학교의 스토더트James Fraser Stoddart는 1980년대와 1990년대에 기계적 결합으로 연결된 분자(예: Catenane과 Rotaxane)를 만들었다. 1999년 흐로닝언 대학교의 페링하Bernard L. Feringa는 최초의 분자 모터(Molecular motor)를 만들었다. 페링하는 그 후에 표면을 따라 이동하는 분자 자동차(Molecular car)도 만들었다. STM 팁에 의해 전자적으로 들뜨게 되면 단일 분자 자동차가 구리 표면을 가로 질러 전진한다. 이들은 세계에서 가장 작은 기계인 '분자 기계'를 설계하고 합성한 공로로 2016년 노벨 화학상을 수상하였다.

상상을 더하다 5

-하울의 움직이는 성-

1. 하늘을 나는 하울의 성처럼 이러한 광경을 실제로 볼 수 있는 날이 올까?

2. 황야의 마녀는 자신에게 늙지 않는 주문을 건다. 현실에서도 이것이 가능할까?

3. 무한 동력 장치를 만들 수 있을까?

4. 사랑은 인간의 뇌의 어느 부분이 담당하는 것일까?

5. 하늘을 나는 양탄자가 현실화 될까?

6. 미래에는 사람이 날아다닐 수 있을까?

7. 고정된 공간을 마음대로 늘렸다 줄였다 할 수는 없을까?

8. 벽을 통과하는 괴물처럼 실제 사물을 통과하는 물질이 만들어질 수 있을까?

9. 심장이 없는 생명체가 있을까?

10. 늙어지고 젊어지는 것을 반복할 수 있는 세상이 올까?

11. 나노 드론을 몸속에 주입하여 암을 치료하는 기술은 어느 수준까지 왔을까?

12. 원자들만으로 분자기계와 같은 기능을 수행하게 할 수는 없을까?

6장
리그 오브 레전드

1
42.195

42.195 / 엔키두와 길가메시 / 울라마 / 구기

42.195

마라톤은 42.195km를 달리는 장거리 경주로 보통 로드 레이스로 진행한다. 이 행사는 마라톤 전투의 전령인 그리스 병사가 승리를 보고한 것을 기념하여 시작되었다. 기원전 776년경부터 기원후 393년까지 열렸던 고대의 경기에서는 마라톤이 포함되지 않았다. 마라톤이 게임으로 맨 처음 시작된 것은 1896년 그리스 아테네 올림픽에서였는데, 당시에는 40km를 달렸다. 그런데 왜 42.195km를 달리게 된 것일까? 1908년 런던 올림픽 당시 윈저성의 잔디밭에서 마라톤 경기를 출발하고 싶다는 영국 왕실의 요청에 따라 거리가 25마일에서 26.2마일로 늘어나게 되었다. 1921년에 마라톤의 공식적인 거리가 26.2마일(42.195km)로 확정되었다.

오늘날 마라톤 대회는 전 세계 곳곳에서 열리고 있다. 미국에서만 매년 1,100개 이상의 마라톤 경기가 열린다. 수십 년 동안 마라톤은 남성 운동선수에게만 허용되었다. 1897년에 시작되어 세계에서 가장 오래된 역사를 자랑하는 보스턴 마라톤 대회는 1972년 대회에서 여성 운동선수에게도 경기 참가를 허용하였다. 올림픽의 경우 1984년에 와서야 여성이 마라톤에 참가하게 되었다.

마라톤에서 가장 극적인 사건은 1908년 런던 올림픽에서 일어났다. 이탈리아의 육상선수 피에트리가 마라톤에서 맨 먼저 결승선에 도착하였다. 그러나 그는 마지막 몇

km를 남겨두고 다섯 번이나 넘어졌고 심판들이 그를 도왔기 때문에 실격되었다. 올림픽 역사상 가장 뛰어난 기록 중의 하나는 1952년 헬싱키 올림픽 마라톤에서 나왔다. 주인공은 체코의 육상 선수 자토페크Emil Zátopek(1922~2000)였다. 그는 5,000m, 10,000m, 마라톤에서 모두 우승, 육상 장거리 3종목을 석권하였다. 마라톤은 장소의 구애를 받지 않고 열린다. 5월에 열리는 에베레스트 마라톤은 세계에서 가장 높은 지역에서 개최되는 마라톤이다. 출발선은 네팔의 에베레스트 베이스캠프 바로 아래에 있다. 해발 5,000m가 넘는다. 요르단 계곡의 해발 200m 아래에서 열린 티베리아스 마라톤Tiberias marathon도 있다. 마라톤은 북극에서도 열려 기네스 세계 기록에 등재되었다. 4월에 열리는 북극 마라톤(North pole marathon)에서 선수들은 극한의 추위를 견디며 바다 위의 빙원을 달린다. 11월에 남극 근처에서 열리는 마라톤(Antarctic Ice marathon)은 지구 최남단 마라톤이다. 마라톤은 젊은이들만의 스포츠가 아니다. 2010년 12월 대만에서 열린 Fubon Taipei Marathon에서는 겨우 6살 밖에 되지 않은 어린이가 참가하였는데, 그는 5시간 11분 만에 결승선을 통과하였다. 2011년 토론토 마라톤에서는 100세의 싱Fauja Singh이 결승선을 통과하여 마라톤을 완주 한 가장 나이가 많은 사람이자 최초의 센테나리안Centenarian이 되었다. 그의 기록은 8시간 11분 6초였다.

엔키두와 길가메시

수메르Sumer 남부의 도시국가 우루크Uruk의 전설적인 왕 길가메시Gilgamesh는 반신반인이었다. 길가메시는 많은 모험을 했다. 혼자 여행하는 동안 그는 영원히 살 수 있는 방법을 찾으려고 노력했다. 그는 거대한 홍수에서 살아남았고 신들로부터 불멸을 받은 우트나피쉬팀Utnapishtim이라는 남자를 발견했다. 그는 길가메쉬에게 해저에서 자라는 마법의 불멸 식물에 대해 말했다. 길가메시는 돌을 자신의 발에 묶고 해저에 가라앉아 그 식물을 발견했다. 그러나 뱀이 불멸의 식물을 훔쳐가고 말았다. 결국 그는 영생을 얻지 못했다. 길가메쉬는 폭군이었다. 사람들의 고통을 본 하늘의 신 아누Anu는 여신 아루루Aruru에게 길가메시에게 대항할 수 있는 자를 만들어내라고 명하였다. 아루루는 점토를 빚어 엔키두Enkidu를 창조하였다. 그러나 그는 난폭하고 거칠어서 길가메시 보다 더 골치 아픈 존재가 되었다. 엔키두가 길가메시를 만났다. 둘은 황소가 붙어 싸우듯 격렬하게 레슬링 시합을 하였다. 문설주가 박살나고 벽이 허물어졌다. 싸움은 오랫동안 계속되었다. 결국 둘은 서로 상대방의 힘을 인정하였다. 이 과정에서 두 사람 사이에는 우정이 싹텄다.

레슬링은 가장 오랜 역사를 가진 스포츠 가운데 하나이다. 레슬링의 역사는 수메르 뿐 아니라 고대 이집트에서도 발견할 수 있다. 기원전 2400년 경 고대 이집트 고왕국(2686~2181 BCE) 5왕조 시대의 무덤에는 레슬링을 하는 소년들의 그림이 있다. 중왕국(2040~1782 BCE)의 그림 속에는 레슬링을 하는 400여 개의 장면이 나온다. 신왕국(1570~1070 BCE) 중에는 누비아Nubia 지역을 통치하면서 레슬링을 공식적인 스포츠 행사로 개최하였다.

네페르티티Nefertity 여왕의 궁정 청지기였던 메리레Meryre의 무덤에서 발견된 그림에는 파라오 아케나톤Akhenaton이 왕좌에 앉아 있고 레슬링을 하는 장면이 묘사되어 있다. 이집트인은 군인 복장을 하고 있으며 누비아 인은 대부분 알몸 상태이다. 메디넷 하부Medinet Habu 사원에 있는 람세스 3세Ramses III의 사원에서도 람세스 2세 시절의 레슬링 경기 장면을 그린 유물이 발견되었다. 고대 이집트에서 수천 년 동안 인기 있는 스포츠였던 레슬링의 전통은 고대 그리스와 로마로 이어졌다.

레슬링은 고대 올림픽에서도 필수 종목이었다. 고대 올림픽은 기원전 776년 고대 그리스의 도시 국가인 엘리스에서 헤라클레스가 처음으로 개최했다는 설도 있지만, 사실 그보다 1세기 전부터 올림피아에서 4년마다 한 번씩 열렸다고 한다. 경기 종목은 권투, 원반던지기, 말 경주, 창던지기, 높이뛰기, 격투기, 5종 경기, 달리기, 레슬링이다. 올림픽 우승자들은 영예를 얻었으며 그들의 업적은 미래 세대를 위해 기록되었다. 고대 올림픽 우승자는 신이 창조해낸 최고의 이상적인 인간으로 받아들여졌다. 레슬링은 고대 그리스인과 주변의 페르시아인들도 열광한 인기 스포츠 중 하나였다. 고대 올림픽의 레슬링은 상대방을 들었다가 집어 던지는 식의 경주가 대부분이었다. 세

번 바닥에 쓰러질 경우 승자를 결정하기도 했지만, 더 이상 싸울 수 없는 상태이거나, 스스로 패배를 선언할 때까지 싸우기도 했다. 승부는 심판이 승자의 오른손을 들어주면서 확정됐다. 경기 규정을 보면 복싱에서처럼 시간제한이 없었다. 서로 아무런 장비 없이 나체로 경기에 임하고, 몸무게에 근거한 체급별 경기도 없었다.

393년을 끝으로 막을 내린 고대 올림픽은 1,500년 후, 프랑스의 쿠베르텡Pierre de Coubertin(1863~1937)에 의해 현대 올림픽으로 계승되었다. 레슬링은 1896년 아테네에서 개최된 제1회 올림픽 종목에 포함되어 오늘에 이르고 있다.

울라마

역사상 다른 어떤 스포츠보다 더 오래된 게임이 있다. 이 게임은 역사상 최초로 고무공을 사용한 스포츠였다. 멕시코의 일부 지역에서는 여전히 현대적인 버전의 이 게임을 하고 있다. 이것은 3,400년 전에 시작되어 올멕Olmec, 마야Maya, 아즈텍Aztec 문명을 거치면서 즐겼던 게임인 '울라마Ulama'이다.

그들은 고무나무에서 채취한 천연 고무를 사용하여 공을 만들었다. 경사진 볼 코트의 양쪽에는 공을 넣는 고리가 달려 있다. 게임에 참여하는 두 팀은 각각 5~8명의 선수로 구성된다. 이 게임은 고무공을 사용하며 손과 발은 사용할 수 없고 오직 엉덩이만을 사용하여 단단한 고무공을 상대 진영의 엔드 라인에 이를 때까지 밀어내는 경기이다. 선수들은 볼 코트 바닥을 포장한 돌로부터 손을 보호하기 위해 장갑을 꼈고, 정글에서 수확한 생 라텍스Latex(고무나무에서 채취한 유백색의 액체로서 공기에 노출되면 응고한다)를 끓여서 제조한 4.1kg이나 되는 배구 크기의 공에 맞았을 때의 충격을 완화하기 위해 가죽 옷을 입었다. 이러한 보호 수단이 있더라도 무거운 울라마 공에 부딪히는 힘은 여전히 심각한 부상을 초래할 수 있었다. 리바운드 되는 공이 입이나 위장을 타격하면 선수들은 바닥으로 쓰러졌다. 어떤 선수들은 공에 맞아 사망하는 경우도 있었다. 울라마는 종교적인 축제에 필수적으로 등장하였다. 볼 코트 위 벽에 앉아있는 관중들은 사슴 고기와 발효 옥수수로 만든 알코올음료를 마셨다. 스포츠 도박도 성행하였다. 이 스포츠는 엔터테인먼트 이상의 의미를 가지고 있었다. 그들은 울라마를 통해서 우주를 이해하고 심지어 갈등도 해결하였다. 공은 태양을 상징하며 양 팀은 하늘과 지하세계를 나타낸다. 태양의 순환은 죽음과 부활의 순환을 의미한다.

멕시코와 중앙아메리카에서 활동하는 고고학자들은 기원전 1600년까지 거슬러 올라가는 고무공을 발굴했다. 기원전 1200년경의 울라마 경기자들의 테라코타 인형도 발견되었다. 고고학자들은 메소아메리카 문명의 모체가 된 올멕 문명(Olmecs)과 그 후의 마야 문명과 아즈텍 문명에서 사용했던 1,500개 이상의 고대 울라마 볼 코트를 발견했다. 5세기 전 유럽을 사로잡은 울라마의 고무공은 여전히 우리를 매료시킨다. 고무는 테니스에서 농구, 축구에 이르기까지 오늘날 세계 주요 스포츠를 하는 데 사용되는 공의 필수 요소이다.

구기

구기(볼 스포츠)는 공을 스포츠의 일부로 사용하는 모든 형태의 스포츠를 말한다. 여기에는 축구, 야구, 농구, 배구, 미식축구, 핸드볼, 테니스, 골프, 크로켓 등과 같은 스포츠가 있다. 볼 스포츠는 여러 가지 유형으로 정의할 수 있으며 일반적으로 플레이어가 공을 다루는 능력이 중요하다.

배트 스포츠Bat sports

야구(Baseball)는 두 팀이 방망이와 공과 글러브를 사용해 겨루는 구기 종목이다. 야구의 목표는 투수가 던지는 공을 타자가 방망이로 타격해서 내야의 각 꼭짓점에 있는 1루, 2루, 3루를 모두 밟은 뒤 마지막으로 홈플레이트를 밟아서 득점하는 것이다. 크리켓Cricket은 배트와 공을 사용하는 단체 경기이다. 11명으로 이루어진 두 팀이 교대로 공격과 수비를 하면서 공을 배트로 쳐서 득점을 겨루는 방식으로 진행된다. 경기 시간이 매우 길어 보통 하루 동안 2회전으로 치러지지만 국제 경기에서는 한 시합이 약 1주일가량 계속된다.

라켓 스포츠Racket sports

테니스Tennis는 두 명(단식) 또는 각각 두 명으로 이루어진 두 팀(복식)이 겨루는 스포츠이다. 라켓으로 테니스공을 쳐서 네트 너머 상대방의 코트로 넘겨서, 어느 한 쪽이 공이 두 번 바운드되기 전에 치지 못하거나 친 공이 네트를 넘지 못 했을 때, 혹은 친 공이 상대방 코트에 들어가지 못했을 때 상대방이 점수를 딴다. 스쿼시Squash는 두 명(단식) 또는 네 명(복식)의 선수가 사방이 벽으로 이루어진 코트에서 작고 속이 빈 고무공으로 경기를 하는 스포츠이다. 과거에는 스쿼시 라켓이라고 불렸는데, 이는 스쿼시의 전신이 되는 옛 실내 라켓 경기인 라켓이 딱딱한 공을 사용했던 것에 비해 스쿼시에서는 잘 '찌그러지는' 말랑말랑한 공을 사용함을 가리키는 의미의 명칭이었다. 배드민턴Badminton은 네트가 설치된 사각형의 코트에서 라켓과 셔틀콕을 이용하여 두 명의 선수(단식) 혹은 두 팀(복식)이 경기를 펼치는 스포츠이다. 양 선수 또는 양 팀이 서로 상대의 코트로 셔틀콕을 쳐서 넘기면서 랠리를 하게 되며, 셔틀콕이 땅에 떨어지는 순간 포인트가 끝나게 된다.

핸드 스포츠Hand sports

핸드볼Handball은 두 팀이 드리블 또는 패스로 상대편의 골에 손으로 공을 던져 넣어 겨루는 스포츠이다. 골키퍼를 포함하여 7명이 한 팀을 이룬다.

골 스포츠Goal sports

농구(Basketball)는 손을 주로 사용하며 다리를 제외한 신체부위 접촉이 허용되는 스포츠이다. 축구는 세계적으로 최고 인기를 누리는 스포츠로서 11명이 한 팀을 이루어 두 팀이 겨룬다. 골키퍼만 팔과 손으로도 공을 건드릴 수 있으나, 그 구역은 제한되어 있다. 하키Hockey는 L자 모양의 스틱을 이용하여 상대의 골대 안으로 공이나 퍽Puck을 집어넣는 스포츠이다. 11명으로 구성된 두 팀이 겨룬다. 밴디Bandy, 필드하키, 아이스하키 및 링크하키와 같은 여러 유형의 하키가 있다. 라크로스Lacrosse는 원래 캐나다의 원주민들이 즐기던 고무공과 "크로스"나 "라크로스 스틱"이라고 불리는 긴 손잡이가 달린 라켓으로 즐기는 단체운동이다. 공격의 목표는 라크로스 스틱으로 공을 잡아 패스를 통해 상대편의 골에 넣는 것이다.

네트 스포츠Net sports

배구(Volleyball)는 6명 또는 9명으로 구성된 두 팀이 중앙에 네트가 설치된 코트에서 손을 사용하여 네트 너머로 공을 쳐 넘기며 겨루는 스포츠이다. 실내 게임으로 시작되었으나 해변에서 하는 경기도 탄생하였다. 경기 시간은 제한이 없다. 세팍타크로Sepak Takraw는 태국, 말레이시아 등 동남아시아에서 9세기 무렵부터 행해지고 있는 스포츠이다. 공을 사용하여 손을 사용하지 않고 발과 머리로 하는 배구와 축구의 혼합형 스포츠이다.

타겟 스포츠Target sports

볼링Bowling은 공을 굴려 핀을 쓰러뜨리는 스포츠이다. 대표적인 것으로는 10핀 볼링이 있다. 88 서울 올림픽에서 시범 경기 종목으로 채택되었고, 아시안 게임의 정식 종목 중의 하나이다. 원시 형태의 볼링은 최소한 3,000 년 전으로 거슬러 올라간다. 고대 이집트에서 사용된 것으로 추정되는 볼링공의 일부분이 발견되었다. 골프Golf는 골프채로 골프공을 쳐서 코스상에 있는 구멍에 넣는 운동으로, 국제적으로 많은 사람들이 여가와 스포츠로 즐기고 있다. 정식 경기는 18홀, 레크리에이션의 경우 9홀로 구성된 코스에서 진행되며 타수가 적은 순서대로 선수들의 순위가 결정된다. 경기 종류에는 홀마다 개별적으로 대결하는 매치플레이방식과 전체 코스에서 소요된 타수를 세는 스트로크 플레이방식이 있다. 크로케Croquet는 직사각형의 잔디밭에서 망치 형태의 도구로 공을 쳐서 6개의 후프(기둥문)를 통과시키는 구기이다. 15세기경 프랑스에서 시작되어 17세기에 영국으로 전해졌다. 1명 또는 4명씩으로 이루어진 두 팀이 번갈아 가며 진행한다. 말레로 공을 쳐서 정해진 순서에 따라 후프를 통과시킨 후 마지막으로 경기장 중앙의 말뚝을 맞히면 승리한다. 론 볼Lawn bowls은 잔디에서 볼을 굴리는 경기이다. 1299년 영국 왕실에서 시작된 역사가 오래된 스포츠이다. 잔디나 인조잔디 경기장에서 규정된 수의 볼을 잭Jack이라는 작은 공에 가까이 굴리는 경기이다. 당구 스포츠(Billiard sports)라고도 알려진 큐 스포츠Cue sports는 당구공을 치는 데 사용되는 큐 스틱을 사용하여 플레이하는 다양한 기술 게임이다. 캐롬 당구, 풀, 스누커 등으로 나눌 수 있다. 대중적인 스포츠이면서 레크리에이션으로도 인기가 높다.

2
피버노바

축구는 문화다 / 피버노바 / 스포츠 속의 과학 / 스포츠는 화학이다

축구는 문화다

축구의 종주국으로 불리는 영국에는 잉글랜드, 스코틀랜드, 웨일즈 등의 프리미어리그가 있다. 그리고 런던과 맨체스터 같은 세계적으로 유명한 축구 도시도 있다. 큰 구단은 홈구장을 가지고 있다. 영국은 열정적인 축구팬들을 가지고 있다. 훌리건이 때로는 불법적이거나 파괴적인 행동을 하여 사회적으로 물의를 일으킨 적도 있었지만, 축구 경기가 있는 날이면 경기장뿐만 아니라 선술집에 앉아 맥주를 마시면서 TV나 스크린으로 중계되는 경기를 관람한다. 안에 설치된 게임기로 축구를 할 수도 있다. 모르는 사람과도 열기를 공유한다.

이탈리아는 세계 어느 나라보다 많은 유네스코 세계 유산을 가지고 있는 나라이다. 이탈리아가 자랑하는 것이 하나 더 있다. 그것은 바로 축구이다. 아주리Azzurri는 이탈리아 축구 대표팀을 가리키는 말이다. 아주리는 푸른색을 가리키는 말로써 이탈리아 통일을 주도한 사보이 가문의 문장 색깔이 푸른색이었던 것에서 유래한다. 이탈리아에는 두개의 종교가 있다는 말이 있다. 하나는 바티칸에 수장을 두고 있는 '카톨릭'이고 다른 하나는 코베르치아노Coverciano에 본거지를 둔 '축구'교이다. 이탈리아에는 수만 개의 축구장이 있고 3,000만 명 이상이 축구에 열광한다.

독일 하면 떠오르는 단어는 맥주, 아우토반, 그리고 축구다. 독일은 축구의 나라이

다. 독일에는 2만 7,000여 개의 축구 클럽이 있다. 축구팀은 조직적인 팀 플레이를 하는 것으로 유명하다. 그래서 독일 축구팀을 전차군단이라고 부른다. 분데스리가Bundesliga는 18개의 팀이 경쟁하는 독일 프로축구의 최상위 리그이다.

축구를 빼 놓고 생각할 수 없는 나라가 있다. 바로 월드컵에서 5회 우승을 한 브라질이다. 축구는 브라질을 하나로 통합시키는 힘을 가지고 있다. 브라질에서 처음으로 축구 경기가 열린 것은 1902년 상파울루에서였다. 당시에는 영국인, 유럽인, 상류층만 경기에 참가할 수 있었다. 갈등과 대립 속에서 축구는 점차 대중화되기 시작하였다. 1980년대 후반 민주화로 군사독재정권이 종식되면서 축구도 새로운 방향을 잡아가기 시작하였다. 브라질 축구는 예술 축구다. 그 예술은 빈민가의 길거리에서 시작하였다. 더 거슬러 올라가면 자신들을 지키기 위한 노예들의 몸짓에서 탄생하였다. 브라질 사람 대부분은 응원하는 팀이 있다. 경기장 응원석을 메우는 삼바 춤은 축구의 흥을 더해준다. "브라질 사람들에게 축구란, 말하자면 골을 위한 댄스다."(축구 선수 카카)

피버노바

1903년 제 1회 우루과이 월드컵에서는 공에 대한 특별한 규칙이 없어서 나라마다 축구공의 크기나 모양이 달랐다. 결승전 전반에는 아르헨티나의 공을, 후반에는 우루과이의 공을 사용했다. 1966년 잉글랜드 월드컵에서 사용된 공인구는 영국의 스포츠 용품 및 의류 제조업체인 슬래진저에서 개발한 챌린지 4-스타Challenge 4-star였다. 익숙한 공을 사용한 팀이 유리한 상황이 연출되는 문제점은 1970년 멕시코 월드컵부터 공인구 텔스타Telstar가 사용되면서 해소되었다. 1970년 멕시코 월드컵부터는 FIFA 주관으로 공인구를 제작하기 시작하였는데, 아디다스가 제작을 맡았다. 흰색 정육각형 20개와 검은색 정오각형 12개로 이루어진 32면체 형태를 하고 있다. 5대양 6대주를 상징한다. 흑백 TV 화면에서 잘 보이도록 배려한 혁신적인 디자인이었다.

이 형태는 정이십면체의 꼭짓점을 잘라낸 모양을 하고 있으며, 버크민스터풀러렌

Buckminsterfullerene으로 잘 알려져 있다. 풀러렌Fullerene혹은 버키볼Buckyball이라고도 알려진 이 형태는 미국의 건축가, 디자이너, 발명가였던 버크민스터 풀러Buckminster Fuller(1895~1983)에서 따온 이름이다. 2006년 FIFA 독일 월드컵 공인구 '팀가이스트Team Geist'(의미: 팀 정신)가 나올 때까지 이 형태가 유지되었다. 팀가이스트는 아령 모양의 조각 6개와 바람개비 모양의 조각 8개로 이루어진 형태로 변화되었다. 32개에서 14개로 조각의 수를 줄인 이유는 최대한 구형에 가깝게 하기 위함이었다. 이 공은 월드컵 트로피를 둥글게 단순화한 모양의 조각 6개와 삼각형 부메랑 모양의 조각 8개로 이루어져 있다. 조각수가 획기적으로 줄어들면서 전에 없던 궤적을 보이는 특징이 나타났다.

2002년 '새 천년, 새 만남, 새 출발'을 공식 슬로건으로 내세운 17번째 FIFA 월드컵이 대한민국과 일본에서 열렸다. 이 대회는 아시아에서 열린 첫 FIFA 월드컵 대회이자 유럽과 아메리카 밖에서 열린 첫 대회이며, 골든골 제도가 시행된 마지막 FIFA 월드컵이자 전 대회 우승국 자동 출전권이 적용된 마지막 FIFA 월드컵이기도 하다. 브라질은 결승전에서 독일을 2-0으로 이기고 대회 역대 최다인 5번째 우승을 거두었다. 대한민국은 포르투갈, 이탈리아, 그리고 스페인을 차례로 무너뜨리고 준결승까지 오르는 쾌거를 이룩하였다.

피버노바Fevernova(fever는 열정, nova는 신성을 뜻함)는 2002년 FIFA 월드컵 공인구로, 아디다스Adidas가 제작하였다. 피버노바는 전체적으로 탱고 형식에서 탈피한 디자인을 하고 있으며 하얀색 바탕 안에는 삼각형 모양을 띤 황금색 육각형 무늬 4개가 그려져 있다. 육각형 무늬 안에는 붉은색 불꽃 무늬, 터빈 엔진을 본딴 카키색의 삼각형 무늬가 그려져 있다. 황금색은 대한민국과 일본 양국이 2002년 FIFA 월드컵 공동 개최를 위해 노력한 에너지를, 붉은색 불꽃은 대한민국과 일본 양국의 경제 성장의 원동력을, 카키색의 삼각형 무늬는 대한민국과 일본 양국의 균형 있는 산업의 발전을 의미한다. 제작사인 아디다스에 따르면, 피버노바는 1978년 이후 전통적인 탱고 공(Tango ball) 디자인에서 탈피한 최초의 월드컵 공식 경기구이다. 화려하고 혁명적인 외관과 색채는 전적으로 아시아권의 문화에 기반한 것이다. 피버노바는 공의 반발력과 탄력을 높여 주는 기포 강화 플라스틱과 공이 날아가는 방향을 정확하게 예측하게 해주는 세 겹의 포대 구조를 적용하였다.

스포츠 속의 과학

야구 경기에서 투수의 영향은 매우 크다. 투수가 강한 팀일 수록 이길 확률은 더 높아진다. 투수는 던지는 공의 종류, 즉 구종이 다양하고 컨트롤이 잘 되어야 게임을 승리로 이끌 수 있다. 구종은 크게 속구(패스트 볼), 변화구, 체인지업으로 나눌 수 있다. 공을 쥐는 법과 던지는 방식에 따라 공의 솔기와 공기의 마찰이 달라지며, 이는 공 주변에 기압차를 형성하므로 공이 날아가는 도중에 궤적이 바뀌게 된다.

직구는 직선에 가깝고 빠르게 날아가는 공을 말한다. 패스트볼Fastball 또는 속구速球라고도 부른다. 빠른공은 강속구라고 부른다. 투심 패스트볼Two-seam fastball은 검지와 중지를 공에 있는 두 개의 실밥에 나란히 걸쳐 잡고 던지는 투구법을 말한다. 포심 패스트볼Four-seam fastball이란 야구공에 있는 솔기(Seam)와 손가락이 닿는 부분이 네 군데 있다고 해서 붙인 이름이다. 변화구는 공이 날아가는 도중에 어떤 방향으로 움직이는 구종을 말한다. 이러한 움직임은 주로 공의 회전 때문에 생긴다. 커브볼은 얇은 쪽의 실밥을 엄지, 검지, 중지의 세 손가락으로 잡고 공을 위에서 아래로 휘어지듯 던지는 구질을 말한다. 공이 큰 포물선을 그리며 떨어진다. 슬라이더는 검지와 중지를 공의 무게 중심에서 약간 바깥쪽으로 치우치게 쥐고 던지는 구질을 말한다. 체인지업은 공의 속도를 통해서 타자를 혼란시키는 구종을 말한다.

스포츠 속에 숨어 있는 과학의 원리를 찾아보자.

베르누이의 원리(Bernoulli's principle)

투수들이 던지는 야구공이 타자 앞에서 갑자기 뚝 떨어진다. 직구를 예상했던 타자는 헛스윙을 하고 만다. 공이 커브가 되는 원리는 공이 회전하면서 날아오기 때문이다. 투수가 던지는 공에 언더스핀을 주었다 하자. 공이 날아가는 방향과 공기의 흐름이 반대인 위쪽은 속도가 줄어 동압(Dynamic pressure)은 감소하고 정압(Static pressure)이 증가한다. 공의 아래쪽은 공기의 흐름과 공의 회전 방향이 같기 때문에 속도가 늘어 동압은 증가하고 정압이 감소한다. 유체는 압력(정압)이 큰 속에서 작은 쪽으로 이동하므로 공이 아래로 뚝 떨어지는 것이다. 여기에 숨어 있는 원리를 베르누이 원리라 하는데, 이는 에너지 보존 법칙을 유체에 적용한 것이다: 날아가는 야구공이 가진 총 에너지는 같다. 어느 하나가 감소하면 다른 것이 증가하여 총량은 일정하게 된다는 원리이다. 베르누이의 원리는 날아가는 모든 공에 적용할 수 있다. 비행기가 뜨는 원리도 마찬가지이다.

마그누스 효과(Magnus effect)

투수가 야구공을 의도적으로 휘어지게 하는 기술 속에도 과학이 숨어 있다. 시계 방향으로 회전하는 공이 오른쪽으로 날아가는 경우, 운동하는 공과 공기의 충돌에 의해 공의 이동 방향의 반대 방향, 즉 왼쪽으로 주변 공기의 흐름이 생긴다. 공은 회전하고 있기 때문에 표면에 가까이 있는 공기는 공과 같은 시계방향으로 움직인다. 따라서 공의 위쪽에서는 공에 가까운 공기와 주변의 기류가 서로 반대 방향으로 이동하므로, 위쪽의 공기는 상대적으로 느린 속도를 갖게 된다. 반대로 공의 아래쪽에서는 공에 가까운 공기와 주변의 기류가 서로 같은 방향으로 이동하기 때문에 상대적으로 빠른 속도를 갖게 된다. 베르누이의 원리에 의하면 유체에서 물체의 속도가 증가하면 그 물체가 유체로부터 받는 압력은 감소하고, 반대로 물체의 속도가 감소하면 그 압력은 증가한다. 따라서 상대적으로 빠른 속도를 갖게 된 공의 아래쪽의 압력은 감소하고, 상대적으로 느린 속도를 갖게 된 공의 위쪽의 압력은 증가한다. 공의 위, 아래에 발생한 이 압력 차이가 양력을 발생시켜 공을 압력이 높은 곳에서 낮은 곳으로 이동시키는데 이런 힘을 마그누스 힘이라고 한다. 이 힘에 의해 공이 회전 방향(이 경우에서는 아래쪽)으로 휘게 된다. 마그누스 효과는 물체의 회전 방향에 따라 어느 방향으로도 작용할 수 있으므로 투수는 아래로 떨어지는 씽크볼Sink ball 만이 아니라 공이 타자 앞에서 위로 튀어 오르는 공을 던질 수도 있다. 이를 업슛이라 하는데, 언더핸드 투수만이 가질 수 있는 마구로 알려져 있다.

코안다 효과(Coanda effect)

탁구공을 헤어드라이기 위에 올려놓고 전원을 켜면 탁구공이 헤어 드라이기 위의 공중에 머무는 것을 볼 수 있다. 헤어 드라이에서 나오는 바람이 탁구공의 곡면을 따라 흐르면서 위에 머물게 되는 것이다. 유체가 곡면과 접촉하면서 흐를 때, 유체가 직선으로 흐르는 대신 곡면의 곡률을 따라서 흐르는 현상을 코안다 효과라 부른다. 코안다 효과는 F1 그랑프리에서도 중요한 관심사이다. 경기에 출전하는 자동차의 배기가스를 효율적으로 활용하여 속도를 올리기 위한 연구가 이루어지고 있는 것이다. 멕라렌 엔지니어들은 배기가스를 공기역학적으로 활용하기 위해서 배기가스를 뒤쪽 타이어와 디퓨저 사이로 넓고 낮게 유도하였다. 배기구 주변을 굴곡지게 하여 기류와 표면 사이에 저기압을 발생시켜, 압력이 낮은 쪽으로 기류가 달라붙게 함으로써 기류가 아래로 흐르도록 유도한 것이다. 코안다 효과를 적용하여 공기의 흐름을 아래쪽으로 내린 차로는 멕라렌 MP4-27, 페라리 F2012, 레드불 RB8이 있다.

스포츠는 화학이다

축구공을 단순히 고무로 만들었을 거라고 생각하는 사람은 없겠지! 중세 시대에는 동물의 두개골 또는 돼지의 방광을 사용하여 축구를 하였다. 1855년에 미국의 화학자이자 발명가 굿이어Charles Goodyear(1800~1860)가 처음으로 가황 고무로 축구공을 만들면서 축구공의 크기와 모양이 표준화되기 시작하였다. 1862년 린던H. J. Lindon(1816~1887)은 굿이어가 만든 고무공보다 훨씬 가볍고 모양을 좀 더 잘 유지할 수 있는 팽창식 고무주머니(Rubber bladder)를 만들었다. 10년 후 영국 축구 협회는 경기에 일관성을 더하기 위해 축구공의 무게와 크기 규정을 정했다. 이것은 축구공의 대량 생산으로 이어졌다. 1900년대에는 축구에 대한 인기가 높아지면서 공을 더 강하고 내구성 있게 만들어야한다는 요구가 커졌다. 이때까지 축구공은 가죽으로 덮인 내부 튜브 또는 고무주머니로 만들어졌다. 이제 그들은 무두질한 가죽 패널을 손으로 스티칭하고 인조 방광을 삽입 할 수 있도록 슬릿을 남겼다.

오늘날 축구공은 폴리우레탄Polyurethane(PU), PVC(Polyvinyl chloride), 폴리에스터Polyester, 부틸(Butyl rubber), 케블라Kevlar, 실리콘Silicone 등 다양한 소재로 만든다. 축구공의 외피는 전통적으로 천연 가죽으로 만들었다. 그러나 가죽은 물에 젖으면 무거워지는 단점이 있어서, 1970년대부터는 겉을 PU로 코팅하기 시작하였다. 가죽 또한 합성 소재로 대체되기 시작하였다. 폴리우레탄으로 코팅한 합성 가죽 덕분에 축구공은 더 가벼워졌고 방수 기능이 더해졌을 뿐만 아니라 탄성과 반발력이 뛰어난 공으로 탄생하게 되었다. PVC를 사용한 공도 있는데, 이 소재는 낮은 온도에서는 공의 표면이 딱딱해 져서 볼을 다루는데 어려움이 있다. 내피는 면과 폴리에스터를 사용하여 만들어 공에 부드러우면서도 내구성을 높여준다. 블래더Bladder(tube)는 본체 안에 들어가는 공기 주머니로서 라텍스 또는 부틸로 만든다. 라텍스로 만든 블레더는 바운드와 탄성을 높여 준다. 반면에, 부틸은 공기투과성이 적어 한번 공기를 주입하면 라텍스 브레더에 비해 오랫동안 공기가 빠지지 않지만 바운드, 탄성 등이 라텍스보다 떨어진다. 축구공을 만들기 위해서는 손바느질로 여러 조각을 하나로 만들어야 했다. 요즘은 기계화 공정으로 제조되고 있지만 기계로 자른 조각들을 재봉틀로 꿰매는 등의 수작업을 해야 하는 공정이 많다. 스티치Stitch는 폴리에스터 혹은 케블라 재질의 실로 바느질을 하거나 접착제를 발라 열처리하여 붙인다.

야구공은 코르크, 고무 또는 이와 비슷한 재료로 만들며, 겉 부분은 가죽을 사용한다. 수십 개의 조각을 이어 붙여서 만드는 축구공과는 달리 야구공은 단 두 조각으로만 이어 붙여서 만든다. 실밥은 정확히 108개이다. 공의 중량은 141.7g~148.8g 정도이며, 공 둘레의 길이는 22.9cm~23.5cm 정도이다. 야구의 본고장 미국에서 야구가 시작된 것은 1845년 무렵이다. 1876년에 야구공의 모양, 크기 및 무게가 정해지기 전 까지는 표준이나 규칙이 없었고 선수들이 자신의 공을 만들어 사용하였다. 당시 야구공은 현재의 야구공보다 작고 가볍고 부드러웠다. 1925년은 야구공 제조에서 기술적인 도약이 있었던 해이다. 리치Milton B. Reach가 쿠션이 있는 코르크 센터를 가지는 야구공을 특허 출원하였다. 1925년 이래 야구공을 만드는 공정은 거의 변하지 않았고 다만 생산과정에서 몇 가지 기술적인 진보가 있었다.

미국에서 탄생된 스포츠로서 손을 주로 사용하며 다리를 제외한 신체부위 접촉이 허용되는 스포츠가 있다. 바로 농구이다. 농구는 날씨에 관계없이 실내에서 즐길 수 있는 스포츠로서 19세기 후반에 탄생하였다. 1904년 세인트루이스 올림픽에서 시범 경기가 열렸고, 1936년 베를린 올림픽에서 정식 종목으로 채택되었으며, 1976년 몬트리올 올림픽에서는 여자 농구도 정식 종목이 되었다. 농구공은 외피와 내피로 구성되어 있다. 농구공의 외피는 고무, 가죽 등으로 만들어진다. 내피는 카카스(공기 타이어)와 블래더(고무 주머니)로 구성되어 있다. 타이어의 골격을 이루는 중요한 부분인 카커스는 나일론 혹은 폴리에스터로 만들며 장기간 공기 보존을 가능케 하는 블래더는 부틸 고무로 만든다. 카커스와 블래더 사이에는 270~300cm의 실을 감아서 공의 변형을 해 준다.

고무를 가장 먼저 사용한 것은 중앙아메리카 원주민들에 의해서였다. 그들은 고무나무의 라텍스를 이용하여 게임용 공을 만들어 사용하였다. 고무는 그 후에 마야와 아즈텍 원주민들에 의해서도 사용되었으며 용기를 만들거나 직물을 방수 처리하는 데에도 고무를 사용하였다. 가황 고무를 사용하면 탄성과 내구성이 증가하고 변형 시에도 부피 변화가 크지 않게 되는 장점이 있다. 가황 고무란 천연 고무에 황을 첨가하여 고무 고분자 간에 결합을 강화시켜 탄성과 인장 강도 등을 증가시킨 고무를 말한다. 가황(Vulcanization)이라는 단어는 고대 로마의 불의 신 불칸Vulcan에서 유래했다. 가황 고무는 천연고무를 유황과 함께 가열할 때 형성되는데, 선형의 고분자 사슬 사이에 황 원자의 다리가 형성되어 물리적 성질이 변화한다. 황으로 가교된 고분자는 우수한 동적 특성을 가진다. 가황법은 1839년 미국의 화학자 굿이어Charles Goodyear(1800~1860)가 우연한 기회에 발견하였고 특허를 등록하였다. 그러나 중앙아메리카 원주민들은 일찍이 기원전 1,600년에 고무를 발명하여 여러 용도로 사용하였다. 그들은 고무나무의 라텍스에 나팔꽃 덩굴에서 짜낸 주스를 다른 비율로 혼합하여 탄성, 인성, 내마모성이 다른 다양한 종류의 고무를 만드는 방법뿐만 아니라 화학 공정을 알고 있었다. 고무 산업이 발달하여 고무공, 고무 조각상, 샌들, 밴드 및 기타 제품이 생산되었다. 고대의 메소아메리카 사람들은 고무의 기계적 특성을 이해하고 다양하게 응용한 고분자 과학자들이었다.

테니스공은 천연 고무로 만드는데, 경화시키는 공정 외에도 가압 공기, 접착제, 그리고 열 등 많은 요소와 복잡한 단계를 필요로 한다. 대략적인 공정은 고무 절편으로 코어 반구를 만들고 코어 반구를 접착하고, 성형 후 코어 접착제를 도포하고 펠트를 접착하고 성형한 다음 로고를 찍는다. 1850년대 고무 가황법이 개발된 후에 고무의 탄성이 획기적으로 높아졌다. 테니스공은 원래 흰색이었다가 1987년 윔블던 테니스 대회부터 노란 형광색 테니스 공으로 교체되었다.

골프는 스코틀랜드에서 탄생하였다. 1400년대의 초기 골프공은 단단한 나무로 조각되었으며 농민에서 귀족에 이르기 까지 모든 계층이 골프를 쳤다. 골프공의 혁신은 1618년에 시작되었다. 젖은 거위 깃털을 세 조각의 가죽으로 만든 가죽 자루에 채운 다음 말리면 팽창하여 자루가 둥근 모양이 되었다. 공을 채우는 것은 시간이 많이 소요되는 지루한 과정이었지만 비행 거리가 월등히 증가하였다. 깃털로 만든 골프공은 비싸고 쉽게 손상되었기 때문에 부자들을 위한 게임이 되었다. 골프가 일반인들도 즐길 수 있는 게임이 된 것은 그로부터 200년이 지난 후, 1800년대 중반 구타페르카Gutta percha로 만든 공이 발명되고 나서부터다. 완전히 매끄러운 공은 멀리 나가지 않는다는 것이 밝혀지면서 표면을 움푹 파인 형태로 만들기 시작하였다. 현재의 2조각 골프공은 고무 혹은 합성 고무로 만든 구형의 성형 코어를 단단한 덮개로 둘러싸서 만든다. 코어를 사출 성형기에 넣고, 썰린Surlyn[에틸렌 메타아크릴산 공중합체에 금속 이온을 가교시켜 만든 아이오노머(Ionomer)] 혹은 우레탄과 같은 용융된 플라스틱을 주입하여 코어 주위에 단단하고 움푹 패인 코팅을 완성한다.

3
게토레이

게토레이 / 스포츠 음료 / 수화에 대하여 / 도핑과 스포츠

게토레이

NFL(내셔널 풋볼 리그)은 미국에서 최고의 인기를 자랑하는 국민 스포츠 리그이다. 특히 NFL의 결승전인 슈퍼볼Super Bowl은 단일 스포츠 이벤트로서는 세계 최대 규모의 흥행을 자랑한다. 미주리주 캔자스시티에 본거지를 둔 캔자스시티 치프스Kansas City Chiefs가 스포츠 음료를 마시고 1970년 제4회 슈퍼볼Super Bowl에서 우승하면서 세상에 알려진 것이 있다. 바로 게토레이Gatorade이다. 2020년 미주리 풋볼 팀은 우승한 지 50년 만에 우승컵을 들고 승리의 세리머니로 게토레이 샤워 장면을 연출하였다. 현재 소매 판매에서 가장 높은 시장 점유율을 보이고 있는 것은 펩시의 스포츠 음료 게토레이이고, 코카콜라의 파워에이드Powerade가 뒤를 따르고 있다. 펩시는 게토레이 제로Gatorade Zero와 볼트24Volt24를, 코카콜라는 파워 워터Power Water와 울트라Ultra를 출시하면서, 스포츠 음료는 운동선수만을 위한 것이 아니라 모든 사람들이 마시는 건강 음료로 인식이 변화되고 있다. 소비자의 변화하는 취향에 맞추어 무설탕 음료뿐만 아니라 항산화제가 들어간 음료, 근육을 강화시키고 성장시키는 데 도움이 되는 크레아틴Creatine이 들어간 음료, 카페인Caffeine이 들어간 음료 등도 출시되었다. 국내에서 가장 높은 이온음료 시장 점유율을 보이고 있는 것은 동아오츠카의 포카리스웨트이며, 파워에이드와 게토레이가 그 뒤를 잇고 있다. 국내 음료 시장 규모는 5조 원을 상회하며,

건강에 대한 관심이 높아지면서 다양한 음료가 선보이고 있다. 당은 줄이고 이온, 비타민, 탄산을 함유한 음료의 소비가 늘었는데, 가장 큰 성장세를 보인 것은 이온, 에너지, 스포츠 음료이다.

스포츠 음료

'이것'은 지구 표면의 71%를 덮고 있다. 신선한 '이것'의 30%는 지하에 있다. 우리 몸의 약 60%는 '이것'으로 이루어져 있고, 뇌의 70%는 '이것'이며, 뼈의 31%는 '이것'이다. 개발도상국에서 발생하는 모든 질병의 80%는 '이것'과 관련이 있다. 2025년 세계 인구의 3분의 2가 '이것' 부족에 직면할 것이라고 예상된다. 우리는 음식을 먹지 않아도 한 달을 버틸 수 있지만 '이것'이 없으면 일주일 밖에 버틸 수 없다. '이것'은 무엇일까? 바로 물(H_2O)이다. 물은 지구상의 모든 생명체에 영향을 미친다. 물은 우리 몸이 제대로 작동하기 위해 필수적인 화합물이다. 물은 자연 정화기 역할을 한다. 우리 몸 곳곳에 산소가 운반될 수 있는 것도 물 때문이다. 관절이 원활하게 움직일 수 있는 것도 물 때문이다. 물은 근육 경련과 긴장 완화에도 도움이 된다. 신체의 혈압 균형을 유지해 주는 것도 물이다. 차가운 물은 신체의 염증과 부기를 없애는 데 도움을 준다. 따뜻한 물은 면역 체계를 자극하고 아픈 근육을 이완시킨다. 몸에서 열이 난다고? 물을 마시면 효과가 있다. 날씨가 덥다고? 그럼 물을 마셔봐. 기분이 한결 좋아질 거야!

우리 몸에서 물이 부족하면 피로, 혼돈 상태, 과민성 증상 등을 유발할 수 있다. 특히 운동할 때에는 많은 양의 물이 몸에서 빠져나가게 되므로, 운동 전, 운동 중, 그리고 운동 후에 물을 보충해 주어야 한다. 그렇다면 스포츠 음료를 마셔야만 할까? 물만으로는 충분치 않을까? 사람들은 맛에 반해서, 그리고 첨가된 전해질에 끌려서 스포츠 음료를 마신다. 전해질이란 전하를 운반하는 물질을 말한다. 전해질이 물에 녹으면 이온화하여 음이온과 양이온이 생성되어 신체가 정상적으로 기능하도록 도와준다. 전해질은 혈액, 소변, 조직 및 기타 체액에 들어 있으며, 신체의 수분 함량과 산-염기의 균형을 잡아주고, 영양분이 세포로 이동하는 것을 도와주며, 노폐물이 세포 밖으로 빠져 나가는 것을 도와준다. 신경, 근육, 심장 및 뇌가 정상적으로 작동하는 것도 전해질 때문이다. 전해질 수치는 신체의 수분량에 의해 영향을 받는다. 수분 균형은 일부 의약품, 구토, 설사, 발한, 간 또는 신장 문제 등으로 깨질 수 있다.

염화나트륨(NaCl) 같은 전해질은 신체의 이온 균형을 유지하는 데 도움을 준다. 염화나트륨은 물속에서 분해되어 양전하를 띠는 나트륨(소듐) 이온(Na^+)과 음전하를 띠는 염소 이온(Cl^-)으로 나누어진다. 땀을 흘리게 되면 몸에서 전해질이 빠져 나가므로 보충해 주어야 한다. 우리 몸속에는 칼륨(포타슘, K^+), 칼슘(Ca^{2+}), 마그네슘(Mg^{2+}), 인산염(PO_4^{3-}), 중탄산염(HCO_3^-) 같은 전해질도 들어 있다. 스포츠 음료에는 전해질 뿐만 아니라 탄수화물과 아미노산도 들어 있다. 스포츠 음료에 들어 있는 탄수화물은 대부분 설탕이다. 탄수화물은 신체의 에너지원이자 인체에 필요한 3대 영양소 중 하나이다. 아미노산은 단백질의 구성 요소이다. 아미노산은 신경전달 물질을 합성하는 과정에 사용되며, 운동 능력을 향상시키거나 운동 후 우리 몸이 빨리 회복되는 데 도움을 준다.

운동할 때 물을 마셔야 할까? 운동을 하면 체온이 상승한다. 따라서 우리 몸에서는 땀이 증발하면서 열을 식혀 준다. 그러나 흘리는 땀을 통해 수분과 전해질 손실이 발생하게 된다. 장시간 운동을 하는 경우에는 물보다는 스포츠 음료를 통해서 부족해진 성분을 보충해 줄 필요가 있다. 마라톤 같은 격렬한 운동을 하는 경우에도 체액 손실이 증가하므로 스포츠 음료를 마시는 것이 좋다. 물론, 스포츠 음료 외에도 주스, 차, 우유 등을 마셔도 좋다. 과일이나 야채를 먹는 것도 한 방법이다. 스포츠 선수들이 마시는 스포츠 음료 혹은 에너지 음료 속에는 다양한 성분이 들어 있다. 특히 운동선수들의 경기력을 향상시켜주는 음료 속에는 영양 성분 이외에도 금지 약물이 포함되어 있을 수 있다.

USADA(U.S. Anti-Doping Agency, 미국 반도핑기구)의 고문 아이치너Amy Eichner는 에너지 음료에 대해서 알아 두어야 할 다섯 가지를 다음과 같이 제시하였다. 첫째, 에너지 음료는 수화에 대한 최선의 선택이 아니다. 많은 연구에 따르면, 수화에 가장 적합한 유체는 물이다. 에너지 음료는 설탕 및 카페인(또는 다른 각성제)의 함량이 높기 때문에 수분 공급에 해롭고 카페인과 여분의 칼로리로 인한 부작용 혹은 체중 증가를 초래한다. 일반적으로 에너지 음료를 운동 전, 운동 중, 또는 운동 후에 수화를 위해 사용해서는 안 된다. 둘째, 각성제 혹은 비타민의 과다 복용에 주의해야 한다. 일부 에너지 드링크는 고농도의 비타민을 섭취하는 경우의 부작용을 경고하고 있다. 나이아신Niacin을 과다 복용하면 피부 홍조, 심장 박동수 증가, 혹은 발한 같은 부작용을 유발한다. 셋째, 에너지 음료에는 소다Soda보다 더 많은 카페인이 들어 있을 수 있다. 카페인의 복용량이 높을수록 불안감, 불면증, 심장박동 증가, 발한, 긴장, 발작 등이 발생할 가능성이 증가한다. 넷째, 식품 관련법 상으로 문제는 없지만 에너지 음료에는 여러 성분이 들어 있기 때문에, 안전한지 여부를 알기 위해 에너지 음료 라벨에 의존하지 말아야 한다. 다섯째, 에너지 음료에 너무 의존하는 것은 특히 젊은 세대들에게 위험할 수 있다. 균형 잡힌 식단을 섭취하고, 물이나 스포츠 음료로 탈수를 방지하며 충분한 휴식을 취하는 것이 중요하다.

스포츠 음료와 에너지 음료는 크게 다르다. 스포츠 음료는 탄수화물, 미네랄 및 전해질, 때로는 비타민 또는 기타 영양소를 포함하는 향이 나는 음료이다. 반면에 에너지 음료에는 다른 성분과 함께 주요 에너지원으로서 카페인 같은 각성제가 포함되어 있다. 카페인이 너무 많으면 심장 박동, 혈압, 말하는 속도 및 운동 활동이 증가할 수 있으며, 특히 불규칙한 심장 박동 혹은 비정상적인 심장의 리듬을 유발할 수 있다. 무더위 속에서 운동을 하는 경우, 손실된 체액을 빠르게 보충하려면 스포츠 음료가 적절할 수 있다. 그러나 설탕으로 가득 찬 탄수화물 함유 스포츠 음료를 너무 많이 마시면 비만과 충치의 위험이 높아질 수 있다. 또한 이러한 음료에 광고된 비타민과 미네랄은 균형 잡힌 식단에서 쉽게 얻을 수 있기 때문에 섭취할 수 있는 이점이 없다.

수화에 대하여

우리 몸속의 물이 부족하면 어떤 일이 일어날까? 하버드대 보건대학원의 찬T. H. Chan이 기고한 기사에 따르면, 물이 부족하면 체온 조절을 제대로 할 수 없음은 물론이고 세포에 영양분이 제대로 공급되지 않게 된다. 또한, 장기 기능도 제대로 유지되지 않는다. 심지어 감염에 취약해진다. 물이 부족하면 수면의 질도 악화된다. 인지력도 낮아지며 기분까지 저하된다. 우리가 물을 충분히 마셔야 하는 이유다.

물은 수돗물이나 생수만 생각할 필요는 없다. 과일 주스 또는 야채 주스도 있다. 에너지 음료도 있고 비타민 워터도 있다. 비타민 워터에는 비타민과 미네랄이 추가되어 있어서 건강에 좋다고 소개되고 있다. 그러나 여기에는 설탕이 들어 있어서 과도하게 섭취하면 건강에 해로울 수 있다. 또한 미량 영양소를 과도하게 섭취하면 해로울 수 있으니 주의해야 한다. 커피 또는 차를 마셔도 된다. 설탕이 많이 들어 있다면 문제이다.

패밀리닥터(familydoctor.org)의 기사를 보자. 물은 매일 마셔야 하지만 필요한 양은 사람마다 다르다. 과일 및 야채 주스, 우유 및 허브차 등 다양한 음료를 마실 수 있다. 카페인 음료도 도움이 될 수 있다. 적당량의 카페인은 해롭지 않다. 1시간 이상 평상시보다 운동을 많이 하는 경우에는 스포츠 음료가 도움이 될 수 있다. 그러나 설탕이나 소금의 양에 유의해야 한다. 에너지 음료에는 카페인, 설탕, 타우린 등이 포함되어 있으므로, 어린이와 10대는 주의할 필요가 있다. 그렇다면 우리가 하루에 마셔야 하는 물의 적정 양은 얼마일까? 헬스라인닷컴(healthline.com)은 '8×8 규칙'을 소개하고 있다. 하루에 8온스(227g)의 물을 8번 마시라는 의미이다. 이는 2리터 가량 되는 양이다. 우리 몸속에 물이 부족해지면 뇌 기능이 저하된다. 기분과 집중력에도 영향을 미친다. 두통의 빈도가 증가한다. 적절한 수분 섭취는 신진대사를 높이고 식욕을 감소시켜 체중을 줄일 수 있다. 수분 섭취량을 늘리면 변비에 도움을 주고 신장 결석의 위험을 줄인다는 보고도 있다.

도핑과 스포츠

스포츠 선수들이 마시는 스포츠 음료 혹은 에너지 음료 속에는 다양한 성분이 들어 있다. 특히 운동선수들의 경기력을 향상시켜주는 음료 속에는 영양 성분 이외에도 금지 물질이 포함되어 있을 수 있다. 따라서 FDA가 승인하지 않은 식이 보조제가 포함되어 있는 음료는 피해야 한다. 쾰른에 있는 독일 스포츠 대학의 예방적 도핑 연구센터는 에너지 드링크에서 금지 목록에 포함되지 않은 또 다른 금지 물질인 옥실로프린Oxilofrine을 발견하였다. 옥실로프린은 에페드린Ephedrine 및 시네프린Synephrine과 화학적으로 관련이 있는 암페타민Amphetamine이다. 암페타민은 피로와 식욕을 낮추고 교감신경 흥분제로 작용하는 펜에틸아민 계열의 각성제이다. WADA(World Anti-Doping Agency, 세계반도핑기구) 금지 목록에 있는 화합물에 속하며, 운동선수가 사용하면 도핑 테스트에서 양성 반응이 나올 수 있다. 이 내용은 2014년 5월 스키레이싱닷컴(skiracing.com)에 게재되었다.

실제로 승부를 다투는 경기에서 운동선수들은 승리를 위한 열망에서 중추신경을 자극하는 각성제 암페타민을 섭취한 사례들이 다수 보고된 바 있다. 1965년 세계 도로 사이클 챔피언이었던 영국의 심슨Tom Simpson(1937~1967)은 1967년 투르 드 프랑스에 참가하였다. 영국 팀의 주장이었던 그는 방투 산(Mont Ventoux) 구간을 오르던 중 쓰러져 사망하였는데, 부검 결과 암페타민과 알코올을 복용한 것으로 드러났다. 사상 최초로 7연속 투르 드 프랑스Tour de France를 우승하면서 '사이클 황제'로 불렸던 미국의 암스트롱Lance Armstrong도 금지약물 복용이 발각되어 1998년 이후의 모든 수상 실적이 박탈당하였고 사이클 계에서 영구 퇴출되었다. 암스트롱은 2013년 오프라 윈프리와의 인터뷰에서 EPO(Erythropoietin, 에리트로포이에틴), 테스토스테론Testosterone, 코르티손Cortisone, 그리고 성장 호르몬의 사용을 묻는 질문에 그렇다고 대답하였다. EPO는 적혈구 세포 생성을 돕는 호르몬이다. 적혈구 수가 증가하면 근육에 전달하는 산소의 양이 증가하여 회복 및 지구력을 향상시킨다. "1%의 희망만 있어도 나는 달린다."는 명언을 담겼던 사이클의 전설은 그렇게 몰락하였다.

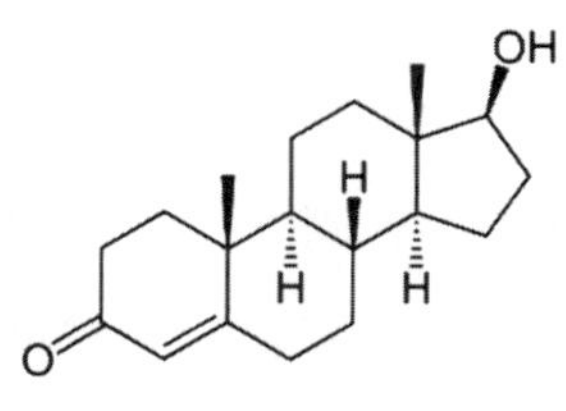

테스토스테론

테스토스테론Testosterone은 골 밀도, 지방 분포, 근력, 적혈구 세포 생성 및 성욕을 증진시킨다. 그러나 적혈구 수를 인위적으로 늘리면 심혈관 질환의 위험이 증가한다. 테스토스테론을 복용하면 신체의 자연적인 호르몬 생산이 중단되어 남성의 고환이 수축되어 정자 생산이 감소한다. 코르티손Cortisone은 육체적 또는 정신적 스트레스를 이길 수 있도록 돕는 물질이다. 강력한 항염제로서 약품에도 쓰인다. 그러나 고혈압, 당뇨병, 골다공증, 체중 증가 등의 부작용을 보인다. 성장 호르몬은 신체의 성장, 발달 및 재생을 자극하는 호르몬이다. 그러나 성장호르몬은 항인슐린 효과가 있어서 혈당을 증가시키는 작용을 한다. 갑상선기능저하증이나 여성형유방증이 생길 수도 있다. 그밖에도 오심과 구토, 두드러기, 발진, 두통, 심장 박동 증가 등의 부작용이 나타날 수도 있다. 암 환자들의 경우에는 증세가 악화할 수도 있다.

1988년 서울 올림픽, 메인이벤트인 육상 남자 100m 결승전에서 9초 70의 기록을 달성한 선수가 있었다. 캐나다의 존슨Ben Johnson이었다. 그러나 도핑 테스트 결과 금지 약물인 스타노졸롤Stanozolol이 검출되었고 금메달이 박탈되었다. 스타노졸롤은 스테로이드 계의 약물로서 유전성 혈관 부종을 치료하는 데 사용된다.

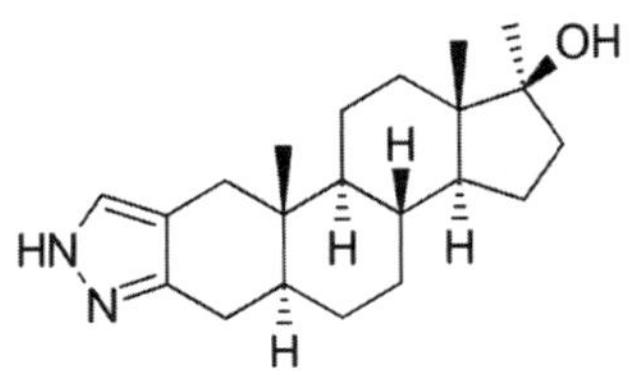

스타노졸롤

이 약물은 1962년에 미국의 글로벌 제약회사 윈트롭(Winthrop Laboratories)이 개발했으며 미국 FDA(식품의약국)의 승인을 받았다. 현재 대부분 단종 되었으며 일부 국가에서만 사용 가능하다. 스타노졸롤을 복용하면 남성화, 간독성, 심혈관 질환, 고혈압 등의 부작용이 나타날 수 있다. 1974년 국제 올림픽위원회와 국제육상연맹은 스타노졸롤을 금지 약물로 지정하였다. 2015년 현재, WADA(세계반도핑기구)와 USADA(미국반도핑기구)도 이 약물을 금지하고 있다.

스포츠에서 금메달을 딴 선수에게는 개인적으로는 부와 명예가 수반된다. 또한 그가 딴 금메달은 국가의 명예이기도 하다. 이러한 상황에서 '도핑Doping'에 대한 유혹을 뿌리치기란 쉽지 않다. 도핑이란 남아프리카공화국 카피르Kaffir 부족이 전투나 사냥을 할 때 원기를 북돋우기 위해 마시는 음료를 뜻하는 도프Dope에서 유래하였다. 오늘날 도핑이란 경기력을 향상시키기 위해서 금지약물을 복용하는 것을 말한다.

스포츠에서 약물을 사용하기 시작한 것은 수 세기 전으로 거슬러 올라간다. 고대 그리스 올림픽 선수들은 브랜디, 와인, 환각성 버섯 및 참깨를 사용하여 경기력을 향상시키려고 하였다. 고대 로마에서 전차 경주 선수들은 약초를 마시고 경기를 하였다. 1807년 영국에서 열린 걷기 대회(Endurance walking race)에 참가한 한 선수는 24시간 동안 깨어 있기 위해 아편이 들어 있는 로더넘Laudanum을 음용하였다. 1920년대에는 스트리크닌, 헤로인, 코카인 및 카페인의 혼합물이 사용되었다. 도핑은 불법이 아니었다. 암페타민은 1900년대 중반, 특히 제2차 세계 대전 중에 사용되었다. 군인들은 사기를 북돋우기 위해 일상적으로 사용했다. 전쟁 후 마약은 스포츠 행사에 사용되었다. 냉전 당시의 1950년대 소련 올림픽 선수들은 근육과 힘을 키우기 위해 테스토스테론으로 실험했다. 1974년부터는 동독에서 광범위하게 시작되었는데, 그 결과 1976년과 1980년 경기에서 216개의 메달을 획득했으며 그중 87개는 금메달이었다. 미국의 지글러John Bosley Ziegler(ca.1920~1983)는 최초의 단백 동화 스테로이드를 개발했다. 역도 선수들이 좋은 결과를 내자 스테로이드 사용은 다른 운동선수들에게 빠르게 퍼졌다. 2011년 육상 세계 선수권 대회에 참가한 선수들의 30% 이상이 선수 생활을 하는 기간 중에 금지 약물을 복용하였다고 시인하였는데, WADA가 의뢰한 연구에 따르면, 실제로 44%의 선수들이 약물을 사용하였다고 한다. 러시아는 2014년 소치 동계 올림픽에서 도핑 테스트를 조작한 것이 드러났다. IOC는 평창올림픽이 끝난 뒤 러시아올림픽위원회의 징계를 해제했지만, 또 다른 도핑 조작 의혹이 불거져 2020년 도쿄올림픽과 2022년 카타르월드컵 공식 출전이 금지되었다.

"만약 금지 약물을 먹고 성공할 수 있다면, 약물로 인한 후유증으로 5년 후에 사망한다 하더라도 그 약물을 먹겠는가?" 엘리트 운동선수들이 이런 질문을 받았다. 결과는 어떠하였을까? 놀랍게도 약 50%의 선수들이 약물을 먹겠다고 답하였다. 이를 가리켜 '골드만의 딜레마(Goldman's dilemma)'라 부른다. 그러나 제임스 코너James Connor 등이 수행한 현대의 연구에서는 약물을 먹겠다고 응답한 비율이 훨씬 낮았다. 페어플레이 정신은 스포츠에서 소중한 덕목이다. 경기에서 진 선수들은 모든 꿈을 접고 스포츠 계를 떠난다. 반면에, 금지 약물 복용 등의 부정한 방법으로 승리를 쟁취한 선수들은 예측할 수 없는 약물의 부작용으로 고통을 받는다. 금지 약물은 스포츠를 병들게 한다. 선수들은 일시적으로 체력과 근육을 강화시키기 위해서, 집중력을 향상시키기 위해서, 또는 체중을 줄이기 위해서 스테로이드제, 호르몬제 등의 금지 약물을 사용하고자 하는 유혹을 받을 수 있다. 그러나 도핑을 통해서 경기에서 승리할 수는 있겠지만, 그 대가는 간, 신장, 심장 등이 손상되거나, 근골격계 이상, 정신장애 등의 후유증을 초래할 수 있다. 금지약물을 복용하는 것은 다른 선수들에게 주어질 수 있는 기회를 박탈하는 비열한 행위이다. 정정당당히 경쟁을 펼치고 상대방을 배려하며 인간의 한계에 도전하고자 최선을 다하는 것이 진정한 스포츠 정신이다.

4
F1 그랑프리

F1 그랑프리 / 탑 퓨얼 드래그스터 / 탄소가 바꾸는 스포츠의 미래 /
타이어의 비밀 / 에어백 속의 화학

F1 그랑프리

포뮬러 원(F1)은 운전석 하나에 바퀴가 겉으로 드러난 오픈휠 형식의 포뮬러 자동차 경주 중 가장 급이 높은 자동차 경주 대회로 국제자동차연맹(FIA, Federation Internationale de l'Automobile)이 주관하고 있다. 2010년 10월 F1 그랑프리 코리아 결승전이 전라남도 영암에서 열렸다. 경기 시작 전, 레드 카펫이 깔리고 그리드걸Grid girl이 등장하였다. 이어서 24명의 출전 선수들이 무개차를 타고 서킷을 한 바퀴 돌면서 관중들에게 인사를 하였다. 그리드 걸들이 깃발을 들고 입장한 후 세이프티 카가 등장하고 각 팀의 피트 크루Pit Crew들이 입장하였다. 피트 쿠루는 피트 스톱Pit stop이라고 불리는 구역에서 자동차 경기 중 급유, 타이어 교체, 정비 등을 담당한다. 이윽고 굉음을 울리며 워밍업을 하는 선수들, 그리고 경기장을 빠져 나가는 핏 크루들. 드디어 F1 머신들의 짜릿한 속도전이 시작되었다. 드디어 마지막 한 바퀴를 알리는 체크기가 등장하였다. 1위는 페라리 팀의 알론소Fernando Alonso에게 돌아갔다.

F1은 19개국을 순회하면서 19개 경주로에서 경주를 한다. 각 대회마다 순위대로 승점을 부여하고 모든 경기가 끝나면 승점을 합산하여 종합 우승자를 뽑아 챔피언십 우승 트로피를 수여한다. 우승 트로피는 참가 운전자와 경주용 자동차 제작팀에게 각각 주어진다. F1 시리즈는 1920년대와 1930년대 유럽 그랑프리 자동차경주 대회에서

시작되었다. 포뮬러는 모든 참가자의 자동차가 충족해야하는 일련의 규칙을 말한다. F1은 1946년에 제2차 세계 대전 이후 새로운 포뮬러로 첫 번째 챔피언십 경기가 개최되었다. F1의 중심지는 유럽이지만, 바레인, 중국, 말레이시아, 터키, 한국 등 세계 여러 곳에서 대회가 개최되었다. F1 자동차는 제작가가 백억 원에 이르는 고가의 경주용 자동차이고, 참가팀의 1년 운영비도 수천억 원을 상회한다. 또한 관중 수는 연간 380만 명에 이르고, 150개국에 걸친 TV 시청자수는 연간 23억 명으로 현존하는 스포츠 종목 중 가장 선전 효과가 큰 상업 스포츠이다. 2019년에는 21개 레이스 중 11개가 유럽에서 열렸다. 2021 시즌에는 이탈라이, 포르투갈, 스페인, 모나코, 캐나다, 프랑스, 오스트리아, 영국 등지에서 개최된다.

규정에 따르면, F1 경주용 자동차의 최소 무게는 740kg이다. 이는 운전자는 포함하지만 연료는 포함하지 않은 무게이다. F1 자동차는 가벼우면서도 단단하고 강해야 한다. 이러한 요구 조건을 만족하는 물질이 있다. 바로 탄소 섬유 복합소재(Carbon-fiber composite)이다. 복합 소재란 두 가지 이상의 성분을 사용하여 만들어 시너지효과를 보이는 소재를 말한다. 탄소 섬유 복합 소재는 F1 경주용 자동차를 구성하는 핵심으로서 강철 보다 훨씬 강하면서도 가볍다. 이 소재는 오늘날의 F1 자동차의 85%를 구성하고 있지만 무게는 겨우 20%를 차지한다. 탄소 섬유는 높은 인장 강도와 부식 및 피로에 대한 우수한 내성을 보이는 물질이다. 탄소 섬유로 만든 F1 자동차는 운전자의 안전과 편의성을 높여주고 전반적인 경기력 향상에도 큰 도움을 준다. 무엇보다도 탄소 섬유 복합 소재는 가볍기 때문에 선수가 트랙을 보다 효율적으로 조종할 수 있고 더욱 강력하게 가속할 수 있어서 기록 단축에 유리하다. 탄소 섬유 복합 소재는 스포츠뿐만 아니라 의료 및 항공우주 분야에서도 유용하게 사용된다. 또한 선박, 자동차, 비행기, 자전거, 오토바이 등에도 쓰인다. 컴퓨터, 낚싯대, 라켓 프레임 등도 탄소 섬유 복합 소재로 만든다.

F1은 부자들의 스포츠이다. 머신이라 부르는 F1 경주용 차량의 가격은 한 대당 수십억 원을 훌쩍 넘는다. 유지 보수비와 연구 개발비도 보통 사람들의 상상을 뛰어 넘는다. F1 머신이 최고속도로 달릴 때 초당 50바퀴 회전하는 타이어는 한 경기 당 평균

15만 번 이상 트랙과 마찰을 일으킨다. 극한 환경을 견뎌야 하는 F1 타이어는 강화 충전제, 황, 그리고 프로세스 오일과 혼합한 합성 고분자[주로 SBR(Styrene-butadiene rubber, 스티렌-부타디엔 고무)]로 이루어진 특수 고무로 만든다. SBR을 첨가제로 보호해주면 내마모성과 노화 안정성이 우수한 소재로 재탄생한다.

브레이크는 흑연 매트릭스에 탄소 섬유를 첨가한 탄소섬유 강화 탄소(Carbon fiber reinforced carbon, CFRC)로 만들어 진다. 카본-카본 브레이크 디스크와 브레이크 패드는 1976년부터 F1 레이싱 카의 브레이크 시스템의 표준 구성 요소였다. 이 소재는 대륙간 탄도 미사일의 재진입 비행체용으로 개발된 특수 소재로서 우주 왕복선의 날개와 노즈콘에도 사용되었다. 탄소 섬유는 노면에서 발생하는 충격을 완화시켜주는 서스펜션이나 자동차 프레임, 스티어링 등에도 사용된다. 열 차단 차폐를 위해서는 탄소섬유 강화 페놀 복합재료가 사용된다. 이 소재는 가볍고 튼튼하면서도 내열성과 유연성이 있다. 고온에서 기계적 강도를 유지하는 정점이 있으며 내부식성과 내화학성도 있다.

F1 자동차의 연료 탱크는 사고와 충격에 견딜 수 있도록 금속 대신 유연하면서도 강한 소재로 만들어 진다. 연료 탱크는 케블라Kevlar로 강화시킨 고무로 제작된다. 케블라 섬유는 미국 듀폰DuPont의 화학자 퀠렉Stephanie L. Kwolek(1923~2014)에 의해서 개발되었으며 1970년대 초에 상업적으로 사용되기 시작한 소재이다. 케블라는 가벼우면서도 나일론이나 PET(폴리에틸렌 테레프탈레이트)보다 질기고 튼튼한 성질을 가지고 있으며 마찰에 강하고 내화성도 우수하여, 방탄 헬멧, 방탄복, 특수 장갑, 특수 벨트 등의 소재로 사용되고 있다. 충격에 대한 탄성도가 우수하여 군사용으로도 널리 사용되고 있다. 케블라 복합소재는 비행기의 구조체, 해상 보트, 스포츠용품 등으로 사용된다.

탑 퓨얼 드래그스터

최초의 자동차 경주는 1894년 6월 파리-루앙 구간을 달리는 르 프티 주르날Le Petit Journal이었다. 정해진 구간을 안전하면서도 최소의 연료 소비로 완주한 운전자와 팀원들에게 상금이 주어졌다. 1895년에는 프랑스 파리에서 보르도까지 달리는 최초의 실질적인 자동차 경주가 개최되었다. 같은 해에 미국에서도 최초의 자동차 경주가 일리노이주 시카고에서 열렸다. 그 후 다양한 자동차 경주가 개최되어 오고 있다. 특히 F1은 항공기에 주로 사용되는 형태의 에어포일을 적용해 차량이 아래쪽으로 힘을 받게 하여 노면 접지력을 향상시켰다.

F1 머신 보다 더 빠른 자동차가 있다. 바로 탑 퓨얼 드래그스터Top Fuel dragsters이다. 이것은 세계에서 가장 빠르게 가속하는 레이싱 카이자 가장 빠르게 승인된 드래그 레이싱 카테고리로서, 가장 빠른 경쟁자는 1,000피트(305m)의 거리를 3.62초 만에 주파하며 최고 시속은 539km에 달한다. 엄청난 속도 때문에 최고 속도일 때에는 중력의 5배가 넘는 중력 가속도를 버텨야 한다. 이는 전투기 조종사가 받는 힘의 크기와 비슷하다. 인간이 버틸 수 있는 최대치는 약 9G이다.

레이싱 카의 추진력은 어디에서 오는 것일까? 2015년 이후 내셔널 핫로드 협회(National Hot Rod Association, NHRA) 규정은 연료의 조성을 최대 90% 니트로메탄(CH_3NO_2)으로 제한하고 있다. 나머지는 주로 메탄올(CH_3OH)이다. 그런데 왜 니트로메탄일까? 니트로메탄은 가솔린 또는 메탄올보다 에너지 밀도가 훨씬 낮기 때문에, 니트로메탄을 사용하는 엔진은 가솔인 엔진보다 최대 2.3배 많은 출력을 낼 수 있다.

연료가 연소하려면 산소가 필요한데, 가솔린 1kg을 연소시키기 위해서는 14.7kg의 산소가 필요하다. 니트로메탄 1kg을 연소시키려면 단 1.7kg의 공기만 있으면 된다. 이유가 뭘까? 휘발유에는 산소 원자가 들어 있지 않지만, 니트로메탄에는 산소 원자가 들어 있기 때문이다. 이는 일정 양의 공기를 소모하는 경우, 엔진이 가솔린보다 7.6배 더 많은 니트로메탄을 연소할 수 있음을 의미한다.

$$2CH_3NO_2(l) + 3/2O_2(g) \rightarrow 2CO_2(g) + N_2(g) + 3H_2O(g)$$

경기 장면을 보면 탑 퓨얼 드래그스터의 후미에서 불꽃이 나오는 것을 볼 수 있다. 혹시 사고가 난 건 아닐까? 니트로메탄은 연소 속도가 비교적 느리다. 연료의 대부분이 니트로메탄이므로 완전 연소하지 않고 남은 니트로메탄이 배기관을 통과하여 대기 중 산소와 접촉하여 다시 연소하면서 황색 불꽃을 낸다. 연료가 모든 산소를 소모한 경우에는 니트로메탄에서 수소가 생성할 수 있으며, 이것이 배기구에서 연소하여 흰색 불꽃을 내는 것이다.

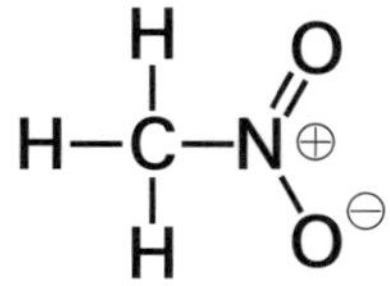

니트로메탄

세계에서 가장 빠른 레이싱 게임인 F1 선수권 대회에 출전하는 경주용 자동차들은 첨단 기술이 집약된 머신이다. 그 머신은 가장 재능 있는 드라이버들에 의해 빛을 발한다. 세계에서 가장 빠른 F1 카로는 레드 불, 페라리, 로터스, 자우버 등이 있다.

레드 불(Red Bull RB13)은 FIA(국제 자동차 연맹)가 주최하는 2017 FIA 포뮬러 원 월드 챔피언십에 출전하기 위해 레드 불 레이싱이 설계하고 제작한 F1 레이싱 카로서, 리카르도Daniel Ricciardo와 페르스타펀Max Verstappen이 운전했다. 2017년 호주 그랑프리에서 데뷔했다. 페라리(Ferrari SF70H)는 스쿠데리아 페라리가 2017년 F1 시즌 동안 경쟁하기 위해 설계하고 제작한 F1 레이싱 카로서, 페텔Sebastian Vettel과 래이쾨넨Kimi Räikkönen이 운전했다. 2017년 호주 그랑프리에서 데뷔했으며, 페텔과 래이쾨넨이 각각 1위와 4위를 차지했다. 이 모델은 페라리가 자동차 제조업체로 탄생한 지 70주년을 기념하기 위해 페라리 SF70H로 명명되었다. 로터스(Lotus E23)는 영국의 로터스 레이싱 팀이 2015 F1 시즌에 사용한 F1 레이싱 카이다. 르노와 20년의 파트너십을 맺은 후 메르세데스 엔진을 사용한 팀의 유일한 자동차였다. 자우버(Sauber C36)는 2017 FIA F1 월드 챔피언십에 출전하기 위해 자우버가 설계하고 제작한 F1 레이싱 카로서, 에릭손Marcus Ericsson과 베를라인Pascal Wehrlein이 운전했다. 2017년 호주 그랑프리에서 데뷔를 했으며 2016년 사양의 페라리 엔진을 사용하고 있다.

탄소가 바꾸는 스포츠의 미래

우주에서 지구로 진입한 운석에는 높은 수준의 '이것'이 포함되어 있다. '이것'은 태양과 다른 별에서도 발견된다. '이것'은 두뇌 발달에 필수적이다. '이것'이 결핍된 어린이는 학습 능력이 낮다. '이것'은 건강에 필수적인 미네랄이지만 너무 많으면 독성이 나타난다. 혈액 속의 '이것'은 과산화물과 반응하여 DNA, 단백질, 지질 및 기타 세포 성분을 손상시키는 자유 라디칼을 형성하여 질병을 일으키고 때로는 사망에 이르게 한다. '이것'은 무엇일까? 바로 철(Fe)이다. 동물과 식물에서 철은 필수적인 원소이다. 철분은 식물의 광합성에 사용되는 엽록소에 들어 있지 않지만 그 형성에 필수적이다. 철분이 부족한 식물은 새 잎에서 황화 현상을 보인다. 우리 몸속 혈액에서 산소를 운반하는 헤모글로빈 분자에도 철이 들어 있다. 철은 필수 미네랄이지만 극도로 독성이 있다. 혈액 속의 유리 철은 과산화물과 반응하여 DNA, 단백질, 지질 및 기타 세포 성분을 손상시키는 유리기를 형성하여 질병을 일으키고 때로는 사망에 이르게 한다.

철은 인류가 5,000년 이상 사용해온 금속이다. 철은 지구상에서 가장 흔한 원소이며, 지각에서는 네 번 째로 풍부하게 존재하는 원소이다. 철은 광택이 있고 연성과 가단성이 있는 은회색의 금속이다. 철은 전 세계적으로 생산되는 모든 금속의 90% 이상을 차지하고 있는 금속이다. 그러나 순수한 철은 강도와 경도가 약하다. 더구나 철이 산소와 물을 만나면 쉽게 녹스는 문제는 심각하다. 녹(Rust)은 철이 산소와 반응하여 형성되는 절갈색의 산화물($Fe_2O_3 \cdot nH_2O$)이다.

그런 철에 구세주가 나타났다. 바로 탄소(C)이다. 철이 탄소를 만나면 새로운 물질로 태어난다. 바로 강철(Steel)이다. 강철의 생산량은 국력의 척도로 간주되기도 한다. 강철은 철에 소량(0.05~2.1%)의 탄소를 첨가하여 강도와 내 파괴성을 향상시킨 합금이다. 강철은 인장 강도가 높고 비용이 저렴하기 때문에 건물, 인프라, 도구, 선박, 기차, 자동차, 기계, 전기 제품, 무기 등에 사용된다. 그러나 탄소강은 공기와 습기에 부식된다. 그렇게 되면 표면의 철산화물이 생긴다. 약 11%의 크롬을 추가하면 내부식성 및 내산화성이 있는 스테인리스강이 된다. 크롬이 들어간 스테인리스강은 크롬 산화물이 표면의 부식을 예방해주고, 금속의 전체적 구조에 부식이 확산되지 못하도록 예방해준다. 기계적 특성을 향상시키기 위해 다른 원소(예: 망간, 크롬, 몰리브덴, 바나듐, 니켈 등)를 추가한 합금강도 있다.

강철 보다 더 강한 것이 소재가 또 있다. 그러면서도 매우 가볍고 내구성도 뛰어나다. 바로 탄소 섬유(Carbon fiber)이다. 탄소 섬유는 직경이 0.005~0.010mm인 매우 얇은 섬유로 구성된다. 수천 개의 탄소 섬유를 꼬아 실을 만들고 이 실로 탄소 섬유 천을 짠다. 탄소 섬유 천은 다양한 직조 패턴을 가지고 있으며 수지와 결합하면 높은 강도 대 중량 비율의 복합 재료를 성형할 수 있다. 탄소 섬유는 매우 가볍고 강철보다 밀도가 상당히 낮아 항공우주, 군사 및 자동차 경주 등에 이상적이다. F1 머신에서 소개한 바와 같이 탄소 섬유는 소위 '기적의 물질'로 알려져 있다.

생명체의 핵심을 이루는 원소인 탄소는 스포츠를 어떻게 바꾸어 놓았을까? 탄소 섬유 덕분에 테니스 선수는 라켓을 더 잘 제어할 수 있다. 테니스 선수는 탄소 섬유로 만든 독특한 모양과 가벼운 라켓을 사용하여 공을 더 빨리 칠 수 있다. 또한 라켓을 더 잘 잡을 수 있어서 알루미늄 라켓보다 훨씬 잘 제어할 수 있다. 탄소 섬유 덕분에 사이클 선수는 더 먼 거리를 더 짧은 시간에 주파할 수 있다. 자전거 경주는 가장 먼저 결승선에 도착하는 선수가 승리하는 게임이다. 탄소 섬유로 만든 자전거는 가볍고 튼튼하며 충격에 견딜 수 있다. 탄소 섬유로 만든 신발은 선수를 부상으로부터 보호할 수 있다. 탄소 섬유 덕분에 골퍼는 더 쉽고 더 정확하게 스윙할 수 있다. 나무, 알루미늄 합금, 강철 대신 탄소 섬유 손잡이로 만든 골프 클럽은 훨씬 빠르고 정확한 스윙을 가능케 한다. 탄소 섬유 덕분에 스키어나 보드 스케이터는 더 멋진 스턴트를 할 수 있다. 탄소 섬유로 만든 스키보드와 스노보드를 사용하면 훨씬 더 좋은 기록을 낼 수 있다. 탄소 섬유는 조정, 카누, 수구, 수상 스키 같은 워터스포츠에서도 진가를 발휘한다. 우리는 탄소 섬유를 빼놓고 스포츠를 이야기 할 수 없는 시대에 살고 있다. 탄소 섬유는 강도가 우수하고, 탄성이 좋으며, 가볍고, 고온에서 견디는 능력도 우수하고, 열팽창률도 낮고, 내구성도 좋은 소재이다. 게다가 탄소 섬유는 다른 소재와 결합하여 복합소재를 만들어 다양한 분야에 응용할 수 있다. 플라스틱과 혼합하면 탄소강화플라스틱(Carbon

Fiber Reinforced Plastic, CFRP)이 만들어 지는데, 중량 대비 강도가 우수한 특성을 보인다. 흑연과 섞어 만든 복합재는 내열성이 매우 우수한 탄소-탄소 복합체로 새롭게 탄생한다. 탄소-탄소 복합재는 단순한 단방향 섬유 강화 구조에서부터 3차원 구조에 이르기까지 다양하게 생산되고 있다.

타이어의 비밀

자동차의 성능은 타이어에서 실현된다. 타이어는 주행 중 지면과 마찰하면서 다양한 역할을 한다. 오토뷰(autoview.co.kr)에 따르면 타이어는 차체 지지 능력, 구동과 제동, 가속성, 회전 능력, 승차감 향상 등에 중요한 역할을 하고 있다. 전진, 후진, 회전 그리고 제동 능력은 타이어의 존재감을 부각시킨다. 타이어의 성능은 트레드의 깊이에 좌우된다. 트레드란 노면과 직접 맞닿은 부분으로 두꺼운 고무 층으로 되어 있다. 내마모성, 내컷팅성이 양호해야 하고, 외부 충격에 충분히 견딜 수 있어야 하며 발열이 적어야 한다. 따라서 트레드 패턴은 타이어의 주행기능을 높이는 데에 가장 중요한 역할을 한다.

숄더Shoulder는 트레드의 가장자리로부터 사이드월의 윗부분에 위치해 있다. 숄더는 타이어의 내부 및 외부 측벽(Sidewall)을 약간 감싸고 있으며, 기동하는 동안 도로와 지속적으로 접촉하는 부분이다. 구조상 고무의 두께가 가장 두껍기 때문에 주행 중 내부에서 발생하는 열을 쉽게 발산시킬 수 있다. 측벽은 타이어의 옆 부분을 말하는데, 주행 중 지속적으로 반복되는 수축과 팽창을 견디고, 습기나 마찰로부터 카카스를 보호하는 역할을 한다. 타이어 종류, 규격, 구조, 제조회사, 상품명, 국적, 제조일 등이 표시되어 있다. 비드Bead는 코드의 끝 부분을 감싸주어 높은 압력의 공기를 넣은 타이어를 림에 장착시키는 역할을 한다. 비드와이어(강선), 코아고무 등으로 구성되어 있으며, 림을 약간 조여주어 주행 중 타이어의 공기압이 급격히 감소되더라도 타이어가 림에서 빠지지 않도록 설계되어 있다. 벨트는 트레드와 카카스Carcass 사이에 삽입된 코드층을 말하며, 카카스가 외부로 받는 충격을 완화하며 트레드의 갈라짐이나 외상이 직접 카카스에 도달하는 것을 방지한다. 또한 트레드의 노면에 닿는 부위를 넓게 유지시켜 조종성과 안전성을 갖게 한다.

인너 라이너Inner liner는 타이어 공기의 방출을 막기 위해 특별히 만들어진 것으로, 공기 밀폐성이 우수한 고무 층으로 되어 있다. 합성고무인 부틸고무나 폴리이소프렌 계의 고무성분으로 구성되어 있다. 카카스는 타이어의 뼈대 역할을 하는 부분이다. 카카스는 둥근 외형을 유지하기 하는 것은 물론, 타이어의 공기압과 자동차 무게 등을 견딜 수 있어야 하고, 주행 중 변화나 충격을 흡수하기 위해 유연성도 갖추어야 한다. 그루브Groove는 타이어에 세로로 굵게 파진 큰 홈을 말한다. 자동차의 제동에 큰 영향을 미치며 좁은 그루브는 마른 노면에서 제동력을 높여주며 넓은 그루브는 젖은 노면에서 배수력 및 제동력을 높여주는 역할을 한다. 캡 플라이는 벨트 위에 부착되는 특수코드지로 주행 시 성능을 향상시켜 주며 벨트의 이탈 현상을 방지한다. 타이어의 공기압도 안전 운전에 중요한 요인으로 작용한다. 공기압이 적정 압력보다 높으면 편마모가 발생한다. 너무 낮으면 자동차 연비와 제동력이 감소하며 심각한 경우 타이어가 파손될 수 있다. 타이어의 균형과 배치도 안전 운전에 중요하다.

기원전 3500년 경 메소포타미아에서 가장 오래된 바퀴가 발견되었다. 이 기간은 청동기 시대로 알려져 있으며, 이때 인간은 이미 농작물을 심고 가축을 키우고 어떤 형태의 사회 계층을 가지고 있었다. 고대 수메르 인들이 발명한 바퀴는 인류의 삶을 혁신적으로 바꾼 발명품 중 하나가 되었다. 초기의 바퀴는 나무를 구부려서 만들었다. 결국 가죽이 추가되어 승차감을 향상시켰다. 시간이 지남에 따라 가죽은 고무로 대체되었다. 원래 고무 타이어는 공기가 없는 단단한 고무였으며 저속 차량에 사용되었다.

독일의 엔진 디자이너이자 자동차 엔지니어였던 벤츠Carl Benz(1844~1929)는 1885년에 최초의 실용적인 자동차를 만들었다. 1886년에 자동차 특허를 획득한 그는 1888년에 공기를 충전한 고무로 둘러싸인 금속 타이어가 장착된 최초의 가솔린 자동차를 판매하기 시작하였다. 이것은 파리-보르도-파리 자동차 경주에서 대중에게 처음으로 선보인 공압 타이어(Pneumatic tire)의 시작이었다. 1905년에는 트레드 타이어Tread tire가

선을 보였다. 트레드는 타이어 카커스가 도로에 직접 닿지 않도록 보호하는 구조로 설계되었으며 타이어 마찰 계수도 향상되었다. 1920년대에는 타이어 소재가 개발되었다. 듀폰DuPont은 1931년 합성 고무를 산업화하여 천연 고무에 의존하던 타이어 생산량이 증가하였다. 합성 고무는 타이어 생산의 전환점이 되었다. 1923년에는 노면과의 접촉 면적이 큰 저압 타이어인 벌룬 타이어Balloon tire가 출시되었다. 1934년에는 핀란드의 노키아가 폭풍우에 대처하도록 설계된 타이어 트럭을 만들었는데, 이것은 최초의 겨울용 타이어 또는 스노우 타이어Snow tire였다. 1947년에는 높은 유가를 완화하기 위하여 튜브리스 타이어Tubeless tires가 개발되었다. 튜브리스 타이어는 차량 무게 감소에 기여하여 연료 비용을 크게 절감 할 수 있었다.

1950년대에 발명된 레이디얼 타이어Radial tire는 코드Cords와 카커스 플라이Carcass plies가 주행 방향에 수직으로 배열된 타이어이다. 레이디얼 타이어는 다른 타이어에 비해 연비가 더 좋은 것으로 나타났으며, 트레드와 노면이 균일하게 접촉하여 고속에서도 우수한 주행 안정성을 나타냈다. 1979년에는 런 플랫 타이어Run-flat tire가 개발되었다. 이를 통해 차량은 펑크난 타이어로 시속 80km의 속도로 최대 80km까지 계속 주행 할 수 있었다. UHP(Ultra high performance) 타이어는 직경이 16인치(40.6cm)보다 크며 뛰어난 코너링, 제동 및 주행성을 보인다. 현재 타이어 회사들은 재사용 또는 재활용이 가능한 단일 재료로 만든 비공압 타이어(Non-pneumatic tire, Air-free concept tire)도 개발하고 있다.

못이 트레드에 구멍을 낸 후 스스로 밀봉 할 수 있는 타이어도 출현하였다. 이것은 스스로 복원하는 자가치유 타이어(Self-sealing tires)이다. 독일의 콘티넨탈, 프랑스의 미쉐린, 이탈리아의 피렐리, 한국타이어 등은 펑크가 나도 전혀 부풀릴 필요가 없는 에어리스 타이어(Run flat tire, Self-supporting tire)를 공개했다. "런 플랫" 타이어를 장착하면 펑크가 나도 최대 80km까지 계속 주행 할 수 있다. 이 타이어는 못이 트레드에 구멍을 뚫으면 스스로 밀봉 할 수 있는 타이어로서 구멍이 난 곳 주변에 흘러내리는 끈적끈적한 액체가 이를 밀봉한다. "말하는" 타이어도 선보일 예정이다. 예를 들어 검은 얼음을 감지하면 경고를 발령하거나 트랙션Traction을 개선하기 위해 모양을 변경할 수도 있다. 더 급진적인 개념인 Goodyear Eagle 360 Urban 타이어는 비치볼처럼 둥글게 생겼으며 자기장에 의해 타이어를 자동차에 매달아 놓는 자기 부상(Magnetic levitation) 시스템을 이용하여 자동차에 부착되어 있다. 이 타이어는 인공 지능으로 "감지, 결정, 변환 및 상호 작용"을 한다.

에어백 속의 화학

자동차와 화학이 관련된 것들 중에서 탑승자의 생명과 밀접한 것 중의 하나는 에어백Airbag이다. 1953년에 미국의 토목 기사 헤트릭John W. Hetrick(1918~1999)이 최초로 자동차 에어백 특허를 따냈다. 당시 제품은 자동차 후드 밑에 압축 공기를 두고 차량 여러 곳에 공기 주머니를 설치해서 충돌로 관성 질량이 가해지면 주머니 안에 공기가 주입되는 방식이었다. 그 후 1968년 탤리 디펜스 시스템즈Talley Defense Systems에서 일하던 미국인 화학자 피에츠John F. Pietz가 아지드화 나트륨(Sodium azide, NaN_3)과 금속 산화물을 이용한 고체 추진체를 개발했다. 이것은 질소를 생성하는 최초의 고체 추진체로서, 성능이 뛰어나 기존 장치를 밀어내고 널리 보급되었다.

자동차가 사고로 충격을 받게 되면 공기주머니가 센서에 의해 터지게 된다. 자동차의 에어백 속에는 아지드화 나트륨이라고 하는 화합물이 들어 있다. 정상적인 상황에서 이 물질은 매우 안정하지만 가열하면 다음과 같은 화학 반응이 일어나면서 분해한다.

$$2NaN_3(s) \rightarrow 2Na(s) + 3N_2(g)$$

위의 반응식은 2몰의 NaN_3가 분해되면 2몰의 Na와 3몰의 N_2가 발생한다는 것을 말해준다. NaN_3의 몰 질량은 65g/mol이므로 130g의 NaN_3 고체가 분해하면 질소 기체가 3몰, 즉 84g 생성된다는 것을 의미한다. 부피로 환산하면 67L의 질소 기체가 만들어지는 셈이다. 이런 원리로 에어백이 팽창하여 사고 발생 시에 탑승자의 생명을 지

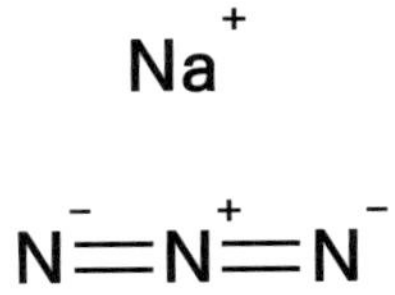

아지드화 나트륨

켜주는 것이다.

한편, NaN_3가 분해하는 과정에서 질소 기체와 함께 생성되는 나트륨(소듐, Na)은 물과 반응하면 수산화나트륨(NaOH)과 수소를 생성하는 반응성이 큰 금속이다. 수산화나트륨은 흰색의 비가연성 고체로서 공기 중의 습기를 잘 흡수하는 성질이 있다. 물과 접촉하면 상당한 열이 발생하게 된다. 생성된 수소가 공기 중의 산소와 섞이면 열에 의해서 폭발적인 반응이 일어난다. 수산화나트륨은 부식성이 커서 그 자체로도 인체에 해롭다. 따라서 에어백 제조업체는 나트륨과 반응하여 독성이 적은 화합물을 만드는 다른 물질을 혼합한다. 자동차 앞부분에는 충돌을 감지하는 센서가 있는데, 이것이 작동하면 아지드화 나트륨이 있는 위치로 전기 신호가 전달되어 소량의 점화 물질이 폭발하게 된다. 이로 인해 발생하는 열이 아지드화 나트륨을 분해시켜 질소 기체를 발생하는 것이다. 센서가 충돌을 감지한 시점부터 에어백이 완전히 팽창될 때 까지 걸리는 시간은 0.03초에 불과하다! 탑승자가 에어백에 부딪치면 에어백이 수축하면서 전방 에너지를 흡수한다.

에어백은 보통 나일론으로 만든다. 실리콘 혹은 우레탄으로 코팅한 에어백도 나왔다. 운전자 쪽 에어백 소재에는 열 차단 코팅을 하여 천이 타지 않도록 해준다. 또한 천이 달라붙는 것을 방지하고 조립을 용이하게 하기 위하여 활석 가루 혹은 옥수수 전분으로 에어백을 코팅한다. 안전벨트를 하지 않은 채 에어백이 터지면 오히려 부상의 위험이 있다. 보행자용 에어백도 선을 보이고 있다. 보행자 사고의 대부분은 차량 보닛이나 전면 유리 등에 머리가 부딪혀 발생하는 것에 착안하여, 외부에서도 에어백이 터지도록 하여 보행자를 보호한다. 에어백은 충돌 속도를 계산해서 팽창하는 시스템에서 충돌 당시의 속도를 계산하는 동시에 탑승자의 몸무게도 고려하여 팽창하는 시간, 볼륨 등을 조절하는 시스템으로 진화하고 있다.

5
리그 오브 레전드

리그 오브 레전드 / e스포츠 / e스포츠의 미래

리그 오브 레전드

암살자, 전사, 서포터, 탱커, 마법사 등의 역할을 가진 140여 명의 챔피언으로 플레이를 펼치는 게임이 있다. 바로 리그 오브 레전드League of Legends(LoL)이다. LoL은 라이엇 게임즈에서 개발, 서비스하는 멀티플레이어 온라인 배틀 아레나Multiplayer Online Battle Arena(모바, MOBA) 게임이다. 2008년 10월 7일 〈리그 오브 레전드: 운명의 충돌〉이란 이름으로 처음 발표되었다. 북아메리카에서는 2009년 10월에 정식 서비스를 시작하였고, 한국에서는 2011년 12월부터 서비스를 시작하였다. LoL은 일반 게임, 인공지능(AI) 대전, 랭크 게임, 전략적 팀 전투 등 다양한 모드로 즐길 수 있다. 이전까지 있었던 MOBA 게임들보다 진입 장벽을 낮추는 것으로 높은 인기를 얻었고, 현재는 전 세계에서 많은 유저들을 보유중이며, PC 게임 중 전 세계에서 많이 플레이 하는 게임 중 하나이다. 2016년 기준 월 플레이어 수 1억 명 이상을 달성하였다. 2019년 8월 기준 하루 전 세계 서버의 피크 시간 동시 접속자 수를 합치면 800만 명 이상이다. 전 세계 e스포츠 대회 중 가장 많은 시청자수를 기록 중인 리그 오브 레전드 월드 챔피언십과 각 지역 리그 등 수 많은 e스포츠 대회가 개최 중이다.

LoL은 2019년 2,400개의 토너먼트에서 7,000만 달러의 상금이 제공되었다. 그 인기로 인해 LoL의 개발자인 라이엇 게임즈Riot Games는 게임의 모바일 버전을 만들기로 결정했다. 2020년에 출시된 LoL: 와일드 리프트Wild Rift는 LoL의 축소 버전이 되어 휴대폰에서 더 쉽게 플레이이할 수 있다. 칼리지 리그College League도 있다. 대학 팀을 후원하여 토너먼트 상에서 경쟁한다. 특정 선수에게 장학금을 제공하기도 한다. e스포츠는 2018년 자카르타-팔렘방 아시안 게임에서 공식 시범종목으로 선을 보였는데, e스포츠 6개 중 하나로 LoL이 선정되었다. 지역 예선을 통과한 8개 팀이 아시안 게임 본선에 진출하여 실력을 겨루었다. 국내에서도 최초로 지상파 방송 3사가 생중계할 정도로 e스포츠의 위상이 높아지고 있다. 한국 팀은 은메달을 수상하였다.

e스포츠

세계 최초의 e스포츠 이벤트가 1972년 10월 19일 미국 스탠포드 대학교에서 개최되었다. 선수들은 스탠포드 인공지능 연구소(Stanford's Artificial Intelligence Lab)의 PDP-10 컴퓨터 주변에 모여 1962년에 개발된 우주전투 게임인 스페이스워Spacewar로 실력을 겨뤘다. 이 비디오 게임은 러셀Steve Russell이 그레츠Martin Graetz, 위터넨Wayne Wiitanen, 썬더스Bob Saunders, 파이너Steve Piner 등과 공동으로 개발하였다. 게임에는 두 우주선이 등장하며 각각에는 제한된 양의 무기와 연료가 들어 있다. 우주선은 어뢰나 별과 충돌하면 파괴된다. 플레이어는 초공간 기능을 사용하여 임의의 위치로 이동할 수 있다. 우승자에게는 롤링스톤Rolling Stone 잡지 1년 구독권이 주어졌다. e스포츠의 탄생을 알렸던 스페이스워는 2007년 미국 의회도서관에 보존해야할 10개의 비디오 게임 목록에 이름이 올랐을 정도로 문화적 역사적으로 중요한 게임으로 기록되고 있다.

1980년에는 아타리Atari가 스페이스 인베이더 챔피언십Space Invaders Championship을 개최하였는데, 무려 1만 명이 넘는 플레이어들이 참여하여 대중의 주목을 받기 시작하였다. 1980년대에는 팩맨Pac-Man과 동키 콩Donkey Kong 같은 게임이 유행하면서 텔레비전에도 등장하였다. 팩맨은 1980년에 남코Namco가 개발하여 출시한 미로 아케이드 게임(maze arcade game)이다. 플레이어는 네 가지 색의 유령을 피하면서 밀폐된 미로 안의 모든 점(dots)을 먹는 팩맨을 제어하는 게임이다. '에너자이저Energizers'라고 하는 커다란 점멸하는 점을 먹으면 유령이 파란색으로 변하여 팩맨이 보너스 포인트를 얻기 위해 먹을 수 있다. 동키 콩Donkey Kong은 1981년 미야모토Shigeru Miyamoto가 고안한 고릴라의 모험을 담은 비디오 게임 시리즈이다.

한편, 비디오 게임이 대중화되면서 중독성 같은 부정적인 시각으로 인해 비난의 대상이 되기 시작하였다. 1990년대 초 인터넷의 보급이 확대되면서 비디오 게임 산업은 급속도로 발전하게 된다. 3-D 그래픽, CD-Rom 기술, 그리고 저렴한 가정용 컴퓨터의 보급 덕분이었다. 1990년에는 닌텐도 세계 선수권 대회가 개최되었다. 그리고 1997년미국의 비디오 게임회사인 ID Software는 최초의 e스포츠 토너먼트를 조직하였다.

같은 해 5월에는 최초의 e스포츠 대회인 레드 어나이얼레이션Red Annihilation이 개최되어, 2,000명이 넘는 참가자들이 인터넷에 접속하여 경쟁하였다. 여기서 선발된 16명의 플레이어들은 아틀란타로 이동하여 월드 콩그레스 센터World Congress Center에 있는 일렉트로닉 엔터테인먼트 엑스포Electronic Entertainment Expo에서 경쟁하였다. 대회는 신문과 텔레비전으로 보도되었다. 이 대회의 우승자 퐁Dennis "Thresh" Fong, 方鏞欽은 비디오 게임 퀘이크Quake 프로그래머인 카맥John D. Carmack이 소유했던 페라리 스포츠카(Ferrari 328 GTS)를 받았다. 퐁은 최초의 프로 게이머가 되었고, 기네스 세계 기록에도 등재되었다.

1997년부터 1999년까지 아시아는 금융 위기로 어려움에 처하였다. 한국도 마찬가지였다. 경제 사정이 악화되어 더 저렴하고 접근하기 쉬운 오락이 필요했다. 마침 1998년에 새로운 게임 스타크래프트: 브루드 워Starcraft: Brood War가 출시되었다. 한국은 초고속 인터넷의 등장으로 전국에 "PC 방"이라는 넷 카페가 생겨나면서 매우 저렴한 가격으로 비디오 게임을 즐길 수 있었다. 한국이 e스포츠 강국으로 우뚝 선 데에는 PC 방의 역할이 매우 컸다.

e스포츠의 인기가 치솟으면서 삼성, SK 같은 거대 기업들이 후원하기 시작하였고, 한국의 프로 게이머들은 슈퍼스타가 되었다. 2009년에는 161개의 e스포츠 토너먼트

가 열렸지만 2012년에는 그 수가 증가하여 696개에 이르렀다. 연간 상금도 2009년 200만 달러에서 2012년 1,000만 달러가 되었다. 트위치 스트리머Twitch streamers의 등장으로 인플루언서Influencer(사회에 미치는 영향력이 큰 사람)가 바뀌었고, e스포츠가 더 많은 청중에게 다가갔다. 트위치란 미국에 본사를 두고 있는 게임 전용 인터넷 개인 방송 플랫폼을 말한다. 스트리머란 스트리밍 서비스를 사용해 방송을 하는 인터넷 방송인을 말한다. e스포츠 선수들은 소비자 브랜드의 얼굴이 되고 있으며, 브랜드가 e스포츠에 투자한 밀레니엄 세대 관중에게 다가가면서 이러한 추세는 계속될 것이다. 하나의 틈새시장(Niche market)은 이제 주류가 되었으며, 미래는 대단히 밝다. e스포츠는 향후 몇 년 간 수십억 달러 규모의 시장이 될 것으로 예상되며, 2024년 파리 올림픽에서 볼 지도 모른다.

사람들이 e스포츠에 열광하는 이유는 무엇일까? 비디오 게임은 어린이들이 하는 게임으로 생각하는 경향이 있다. 물론 상위 게이머는 20대이다. 그러나 10대나 30대 혹은 40대도 가능하다. 모든 연령대가 즐길 수 있다는 의미이다. 특히 e스포츠는 보는 스포츠뿐만 아니라 즐기는 스포츠이다. 세계적인 선수들의 게임에 빠져들 수도 있지만, 스스로 게임을 하면서 경쟁하고 협력하고 소통할 수 있다.

국내 e스포츠 산업의 규모는 약 1,000억 원에 달하며 글로벌 시장은 1조원을 넘어섰다. 2018년 11월 인천 문학경기장에서 열린 LoL 월드 챔피언십(롤드컵)은 무려 19개 언어로 중계 되었고 약 1억 명이 시청하였다. 세계 e스포츠 시청자는 약 1억 7,000만 명으로, MLB(미국 프로야구) 시청자 1억 1,000만 명을 추월하였다. 2020년 e스포츠의 연평균 매출 규모는 50억 달러를 돌파하여, NBA(미국 프로농구)의 48억 달러를 추월할 것으로 예상되었다. 특히 5G 시대에 접어들면서 모바일 e스포츠 시장 규모가 PC 기반 e스포츠 시장을 크게 추월하여 새롭게 변신하면서 고속 성장이 기대된다.

e스포츠의 미래

e스포츠의 미래를 밝게 보는 이유는 무엇 때문일까? 첫째, e스포츠는 여러 면에서 일반 스포츠와 다르지 않다. 실제로 미국 정부는 비자 신청과 관련하여 e스포츠 선수를 정규 선수로 합법적으로 인정한다. 미래에 누군가 e스포츠 게임에 대해 생각할 때 농구나 축구를 스포츠라고 부르는 것처럼 스포츠라고 부를 것이다.

둘째, e스포츠는 올림픽의 종목이 될 것이다. 전 세계 수백만 명의 사람들이 어떤 식으로든 e스포츠에 참여한다. LoL 또는 Dota 2와 같은 많은 게임도 전 세계의 e스포츠 선수들을 끌어들인다. 실제로 Esports Charts에 따르면 2018년에 약 3천 3백만 명의 중국 시청자가 리그 오브 레전드의 중국 지역 결승전에서 중국 팀이 서로 대결하는 모습을 지켜보았다. 이것은 많은 전통적인 스포츠의 시청률보다 높은 수치이다. 2018년 아시안 게임에서는 시범 스포츠로 e스포츠를 추가했다. 아시안 게임은 올림픽과 비슷하게 4년마다 열리는 멀티 스포츠 이벤트이다. 아시안 게임이 e스포츠의 인기와 경쟁력을 인정했다는 사실은 대단한 사건이다. 이는 올림픽에서 e스포츠가 불가피하다는 것을 보여준다.

셋째, e스포츠는 많은 전통적인 스포츠보다 더 많은 수익을 창출할 것이다. 뉴주NewZoo에 따르면 전 세계 e스포츠 산업은 2019년에 약 11억 달러의 수익을 창출했다. 이는 많은 돈이지만 다른 스포츠에 비하면 적다. 예를 들어, NFL은 2017년에 거의 140억 달러의 수익을 올렸으며 NFL이 유일한 축구 리그는 아니다. e스포츠가 대부분의 기존 스포츠만큼 수익을 올리려면 시간이 걸리겠지만 미래에는 그렇게 될 것이다. e스포츠가 성장하는 속도에 따라 업계는 가까운 장래에 럭비와 같은 소규모 스포츠를 능가 할 것이다.

넷째, 미국의 주요 미디어 회사가 참여한다. 디즈니, 컴캐스트 및 넷플릭스와 같은 미디어 회사는 언젠가 e스포츠를 놓고 경쟁할 것이다. 모든 미디어 회사가 e스포츠 활동에 참여할 것이다. 아마존은 이미 선두를 달리고 있다. 아마존은 단순한 온라인 상점이 아니다. e스포츠를 볼 수 있는 가장 큰 사이트인 트위치Twitch를 소유하고 있다.

e스포츠의 미래는 밝다. 포트나이트Fortnite는 에픽 게임즈Epic Games가 개발하여 유통하고 있는 배틀로얄식 서바이벌 슈팅 게임이다. 2019년 7월, 16세 소년이 세계 최고의 포트나이트 플레이어가 되어 300만 달러의 상금을 받았다. 전통적인 스포츠의 일부 최고 선수들의 연간 수입과 비교하면 엄청난 급여이다. 투자은행 골드만삭스는 2018년 1억 6,700만 명이던 e스포츠 월 평균 시청자수가 2022년에는 2억 7,600만 명으로 증가할 것이라고 예측하였다. 이는 NFL(미국 내셔널 풋볼 리그)의 2018년 월 평균 시청자수 2억 7,000만 명보다 많다. 2020년 한국 e스포츠 생중계에 지구촌 1,780만 명이 접속하였다. 국내의 월드클래스 슈퍼스타 연봉은 수십억 원에 달한다. 중국에는 100억이 넘는 선수도 있다. 스포츠의 위상이 달라지면서 e스포츠 운영사는 프렌차이즈를 도입하고 선수 연봉을 높이는 등 투자에 나섰다.

상상을 더하다 6

-리그 오브 레전드-

1. e스포츠가 인기를 끌고 있는 이유는?
2. e스포츠가 오락 목적이 아닌 학습 목적으로 하는 날이 올 수 있지 않을까?
3. 유독 한국이 e스포츠에 강한 이유는?
4. e스포츠 대회에서도 도핑 테스트를 할까?
5. e스포츠 게임 중독은 질병인가?
6. 손으로 작동하는 대신에 생각만으로 게임을 조종할 수 있을까?
7. 사람이 스포츠에 열광할 때 뇌에서는 어떤 작용이 일어날까?
8. 인간의 육체가 불필요해지는 날이 올까?
9. 폭력성이 포함된 게임을 하면 실제 폭력성이 증가할까?
10. 온라인 게임은 젊은 세대만의 오락거리일까? 나이가 들면 게임에 흥미를 잃게 될까?
11. 인공지능이 게임의 결과를 예측할 수 있을까?
12. e스포츠를 잘하면 실제 전쟁이 일어났을 때 유리할까?

7장
스파이더맨

1
스파이더맨

스파이더맨 / 어메이징 스파이더 / 또 다른 선물, 거미 독

스파이더맨

영웅을 필요로 하는 나라는 불행하다. 성공한 국가는 민주적이고 개성이 존중되고 자유로운 사회이며, 영웅에 의해 구원을 받는 사회는 불행하다. 현대 사회에서 영웅이 필요하다면 불안한 사회이기 때문일까? 그러나 누구나 어려움에 처하면 도와줄 사람을 간절히 바란다. 국가도 위기에 직면하면 영웅을 간절히 바란다. 역사는 많은 영웅을 기록하고 있다: 인류 최초의 영웅, 수메르의 길가메시. 수양제의 침략으로부터 고구려를 지킨 을지문덕. 거란을 귀주에서 무찔러 고려를 위기에서 구한 강감찬. 백년전쟁에서 프랑스의 승리를 이끈 잔 다르크. 일본의 침략으로 절체절명의 위기에 빠진 조선을 구한 이순신. 미국의 독립에서 중추적인 역할을 한 벤저민 프랭클린.

미국은 수많은 영웅을 탄생시킨 나라이다. 1938년 미국 DC 코믹스에 등장한 슈퍼맨Superman은 힘과 스피드는 물론 감각도 보통 사람의 능력을 초월한다. 슈퍼맨은 대공황 시기에 미국의 만화가 시걸Jerry Siegel(1914~1996)과 캐나다 태생의 미국 만화가 슈스터Joe Shuster(1914~1992)에 의해 태어나 오랜 세월 동안 전 세계 사람들로부터 사랑을 받아왔다. 슈퍼맨은 파란 타이즈 위에 빨간 망토를 두르고 하늘을 날아다닌다. 총알보다 빠르고, 증기기관차보다 강하며, 높은 빌딩도 뛰어 넘는다. 그는 평소에는 데일리 플래닛 신문사의 어리버리한 신문 기자 켄트Clark Kent로 생활한다. 슈퍼맨은 캐릭터가

70년 이상 존재하는 동안 다양한 힘과 능력을 갖게 되었다. 슈퍼맨의 몸은 태양 에너지를 흡수하여 연료로 변환하는 살아있는 태양 전지이다. 슈퍼맨은 기관차보다 더 강력한 힘을 가지고 있다. 슈퍼맨은 거의 모든 형태의 유해 및 질병에 대한 내성을 가지고 있다. 슈퍼맨은 놀라운 회복력을 가지고 있다. 슈퍼맨은 중력에 관계없이 작동하며 마음대로 공중을 날 수 있다. 슈퍼맨은 눈에서 태양 에너지를 방출하는 능력이 있다. 슈퍼맨은 인간을 초월하는 감각 및 기억 능력을 가지고 있다.

1939년은 배트맨Batman이 탄생한 해이다. 박쥐를 본뜬 전신 슈트와 망토, 첨단 무기로 무장한 배트맨은 초능력은 없지만 자신의 과학 지식, 수사 능력, 운동 신경 등에 의존하여 범죄에 맞선다. 1941년에는 여성 영웅이 등장한다. 바로 원더우먼Wonder woman이다. 아마존의 공주인 그녀는 슈퍼맨과 유사한 능력을 보유하고 있다. 원더우먼이 소유하고 있는 진실의 올가미는 여기에 묶인 사람이 진실을 말하게 만드는 마법의 기능을 갖고 있다.

1962년에는 헐크Hulk가 등장하였다. 지킬과 하이드에서 영감을 받아 만들어진 캐릭터이다. 물리학자 배너Bruce Banner는 연구하던 감마선에 노출되어 녹색 괴물로 변신한다. 화가 나거나 흥분하면 헐크로 변하는 이중성을 보인다. 1963년에는 엑스맨X-men이 등장하였다. 이들은 X-유전자를 가진 돌연변이로 다양한 초능력을 보유하고 있다. 이들은 인간과의 전쟁을 원하는 마그네토Magneto 일당과 맞서 평화를 지키기 위해 투쟁한다. 아이언맨Iron man도 같은 해에 탄생하였다. 초능력은 없지만 기술력을 주무기로 악당과 맞선다. 아이언맨 역시 시리즈로 만들어졌다. 2013년 4월에는 블랙Shane Black이 감독한 영화 아이언맨 3이 나왔는데, 후반부는 3D로 제작하였다.

2018년에는 세계에서 인정받는 새로운 슈퍼 히어로가 등장하였다. 바로 아쿠아맨Aquaman이다. 수중세계 '아틀란티스'를 이끌고 있는 아쿠아맨과 지구를 오염시키는 육지 사람들과 그러한 육지 세상을 침략하려고 하는 아틀란티스인들 사이에서 갈등하는 캐릭터의 구도를 플롯으로 전제하고 있다. 원래 아쿠아맨은 1941년에 나온 캐릭터로 노리스Paul Norris와 와이징거Mort Weisinger가 만든 아쿠아맨으로 DC 코믹스에서 출판한 미국 만화책에 등장하는 가상의 슈퍼 히어로이다.

뭐 또 빠진 게 없을까? 바로 스파이더맨Spider-man이다. 1962년에 등장한 스파이더맨은 리Stan Lee와 딧코Steve Ditko가 창작한 마블 코믹스의 슈퍼히어로이다. 스파이더맨 역시 이중생활을 한다. 스파이더맨은 파커Peter Parker의 또 다른 자아이다. 그는 방사능에 쏘인 거미에게 물린 후 거미와 관련된 능력을 얻게 된다. TV 시리즈, 영화, 비디오 게임 등 다양한 작품 속에 등장한다. 영화로 나온 스파이더맨 시리즈는 다음과 같다: 스파이더맨 1, 2, 3(2002년, 2004년, 2007년), 어메이징 스파이더맨 1, 2(2012년, 2014년), 스파이더맨: 홈 커밍(2017년), 스파이더맨: 파 프롬 홈(2019년).

피터 파커는 방사성 거미에게 물리면서 거미류와 같은 놀라운 능력을 부여받았다. 절도범에게 사랑하는 벤 삼촌을 잃은 후 슬픔에 잠긴 피터는 놀라운 능력을 사용하여 스파이더맨으로 자신의 도시를 보호하겠다고 다짐한다. 스파이더맨은 강력한 힘을 가지고 있다. 60년 동안 다수의 영화를 통해 누구도 상상할 수 없는 초능력을 갖게 되었다. 스파이더맨이 보유한 가장 큰 능력을 살펴보자. 스파이더맨이 사용하는 거미줄은 굉장히 질기고 순식간에 적을 제압할 수 있다. 스파이더맨은 다쳐도 보통 사람들보다 빠르게 치유하는 능력이 있다. 스파이더맨은 야간 투시 능력을 가지고 있다. 스파이더맨은 손에 있는 내분비 샘에서 거미줄을 생산할 수 있는 능력이 있다. 스파이더맨은 보통 사람에서 Man-spider로 변신하는 능력을 가지고 있다. 스파이더맨은 마법의 벨트를 소유하고 있다. 천둥의 신 토르Thor도 이것을 가지고 있다! 스파이더맨은 독으로 공격할 수 있으며, 자신을 위장하는 능력도 가지고 있다. 스파이더맨은 민첩하고 빠르다. 스파이더맨의 유머 감각은 그의 중요한 능력 중 하나이다. 스파이더맨은 임박한 위험을 감지하는 특별한 능력, 즉 스파이더맨 감각(Spidey sense)을 가지고 있다. 스파이더맨은 건물을 기어오를 수 있으며 심지어 거꾸로 걸을 수도 있다. 스파이더맨은 거미줄을 타고 종횡무진 활약한다. 스파이더맨은 스마트하다!

어메이징 스파이더

2012년 개봉한 미국의 슈퍼히어로 영화가 있다. 바로 어메이징 스파이더맨The Amazing Spider-Man이다. 피터 파커는 뉴욕에 사는 십대 고등학생이다. 그는 이종 교배한 실험용 거미에 물린 후 유전자 변형으로 초능력을 갖게 된다. 돌연변이 도마뱀 인간이 된 악당 커트 코너스 박사에 맞서 싸운다. 웹Marc Webb이 감독한 이 영화는 2억 1,500만 달러의 제작비를 들여 만들어졌는데, 전 세계적으로 7억 5,790만 달러의 수입을 올리며 큰 성공을 거두었다. 2014년에는 어메지징 스파이더맨 2가 개봉되었다. 시리즈 최초로 뉴욕 올 로케이션으로 리얼리티를 한껏 살린 영화로 평가되고 있다. 세계의 중심 뉴욕이 블랙 아웃되고, 전기를 자유자재로 통제할 수 있으며 거미줄이 통하지 않는 적이 나타났다. 이에 맞서는 스파이더맨의 전략이 기대되는 영화이다.

자연 속에도 어메이징 스파이더가 있다. 2015년 4월 영국 BBC가 놀라운 생존 능력을 보이는 거미들을 소개하였다(기고: Robin Wylie). 어메이징 스파이더맨을 능가하는 이들의 초능력을 감상해 보자. 긴호랑거미(Wasp spider)는 호랑거미에 비해 몸이 가늘고 길며 복부에 밝은 노란색 줄무늬가 있다. 화려한 꽃을 모방한 것으로 보이는데, 여기에 현혹되어 접근하는 먹잇감을 잡아먹는다. 긴호랑거미는 잡힌 먹잇감을 거미줄로 감싸고 나서 먹이를 물어 마비 독과 단백질 용해 효소를 주입한다. 다리에도 노란 줄무늬가 있는데, 이것은 곤충에게는 보이지 않는다! 절묘한 위장술을 가진 거미이다. 말벌처럼 보이는 외모 때문에 포식자로부터 안전하게 보호된다. 북부 보석 거미(Northern jewelled spider)는 복잡한 패턴으로 반사가 잘 되는 방패 모양의 등을 가지고 있다. 머리와 몸이 하나로 합쳐진 두족 거미이다. 이 거미의 밝은 색은 포식자에게 이상적인 먹이가 아니라는 신호를 주는 것으로 알려졌다. 사냥을 할 때에는 뚜렷한 줄무늬가 있는 등을 어두운 숲 바닥을 향하게 하여 곤충들이 나무 간격으로 오인하여 날아오도록 유인하여 먹이를 잡는다.

무당 거미(Northern golden orb weaver)는 아시아, 아프리카, 호주에 서식한다. 암컷은 세계에서 가장 큰 거미 중 하나로 알려져 있는데, 다리 길이가 무려 20cm에 달한다. 황금빛 거미줄을 생산하는 거미로 잘 알려져 있다. 이 거미의 복부는 많은 자외선을 반사하여 먹잇감을 끌어들인다. 자외선은 곤충들이 특히 민감하게 반응하는 빛이다. 꽃으로 착각하고 접근하는 곤충들의 운명은 뻔하다. 갈색 사냥꾼 거미(Brown huntsman spider)는 자이언트 게 거미라고도 부르며, 특이한 사냥 기술을 가지고 있다. 이 거미는 눈 아래에 콧수염처럼 보이는 흰색 줄무늬를 가지고 있다. 이 줄무늬는 반사가 잘 되기 때문에 캄캄한 밤에도 나방들을 유혹하기에 충분하다. 많은 나방을 본 박쥐와 전갈이 축제에 참가하기도 한다.

난초 거미(Orchid spider)는 유령처럼 보이는데, 거미줄 양쪽에서 곤충을 끌어당긴다. 은빛의 등과 노란색 줄무늬로 곤충들을 유혹하는데, 밤에 특히 효과적이다. 이 거미의 독특한 색채는 곤충들이 먹이로 오인할 정도로 교묘하다. 게 거미(Crab spider)는 독특한 전술을 구사한다. 이 거미는 꽃에 서식하면서 꿀을 따고 꽃가루를 매개하는 곤충들을 노린다. 꽃의 색깔에 맞게 몸 색깔을 바꾸는 대단한 능력을 가진 거미도 있어서 꽃게 거미라고도 부른다. 자신의 몸을 미끼로 위장하는 능력 외에도 거미의 몸은 자외선을 반사하여 꽃을 곤충들에게 더 매력적으로 보이게 만든다. 브라질 게 거미(Brazilian crab spider)의 식물 모방 기술은 실로 대단하다. 이 거미는 흰색, 노란색, 보라색 및 갈색으로 변신하여 곤충을 사로잡는다. 저마다 좋아하는 색을 찾아 모여드는 곤충을 유인하는 것이다. 이러한 변장술은 꽃은 물론 자신에게도 유익하다. 꽃은 보다 많은 곤충들이 방문해주어 좋고, 거미는 포식자들로부터 자신을 안전하게 보호해 주어 더 없이 좋다.

웹 데코레이터Web decorators는 흰 띠줄 장식을 만드는 특이한 거미이다. 이 거미는 복잡한 패턴을 회전시켜 곤충을 유혹한다. 또한, 이것은 자외선을 반사하는 성질을 가지고 있다. 어찌 곤충들이 유혹을 참을 수 있을까! 공작거미(Peacock spider)는 거미줄을 치는 대신 깡충깡충 뛰어 다니면서 사냥을 한다. 수컷은 공작과 마찬가지로 아름답고 화려한 자태를 뽐낸다. 수컷 머리의 중앙에 있는 큰 눈에는 망원 렌즈가 장착되어 있다. 암컷을 유혹할 때에는 두 다리를 치켜 올리고 배를 머리 위로 세우고 좌우로 스텝을 밟으며 현란한 구애의 춤을 춘다. 볼라스거미(Bolas spiders)는 다른 거미와는 다른, 좀 더 공격적인 전략으로 먹이 사냥에 나선다. 이 거미는 거미줄을 뭉쳐서 끈적끈적한 방울을 만들고, 이것을 휘둘러 가까이 지나가는 나방을 잡는다. 암컷 나방의 성 페로몬을 모방한 화학물질을 방출하는 종도 있다. 냄새를 맡고 찾아온 수컷 나방은 볼라스거미의 그물에 걸려든다.

깡충거미(Jumping spider)는 절지동물 중 최고의 시력을 가지고 있으며 구애, 사냥 및 항법(navigation)에 사용한다. 눈은 모두 4쌍이며 앞으로 향한 두 개의 큰 눈으로 정확한 거리 판단을 할 수 있다. 두 줄의 실크는 생명줄인 동시에 안정적인 점프를 돕는다. 다리 근육은 강하지 않지만, 대신 다리 쪽으로 혈액을 이동시켜 비행하는 에너지를 얻는다. 이런 방식으로 몸길이의 8배 거리를 점프할 수 있다. 녹색 스라소니 거미(Green lynx spider)는 녹색의 몸통을 가지고 있으며 대게를 연상시키는 긴 다리에는 선인장 가시처럼 보이는 털이 나 있다. 앞에서 본 머리의 모양은 영락없는 사마귀다. 이 거미의 독은 인체에는 해가 없다. 그러나 암컷은 자기 방어를 위해 독을 낸다. 다른 거미들과는 달리 거미집을 짓지 않으며, 공중으로 점프하여 날아다니는 곤충을 잡는다.

골리앗 버드이터Goliath birdeater는 독거미인 타란툴라 과에 속하는데, 몸무게가 가장 많이 나가며 다리 경간은 세계에서 두 번째로 길다. 북미 열대우림에 사는 골리앗 버드이터의 몸무게는 170g이 넘고, 다리 길이도 최대 28cm나 된다. 수컷의 평균 수명은 3~6년인데 반해 암컷은 무려 15~25년이다. 사람의 피부를 뚫을 수 있을 만큼 충분히 큰 송곳니를 가지고 있는데, 송곳니에는 독을 가지고 있으며 위협을 받을 때 무는 것으로 알려졌다. 곤충, 설치류, 개구리 등을 먹고 산다. 도마뱀, 박쥐, 심지어 독사를 먹은 사례도 알려졌다. 브라질 방황 거미(Brazilian wandering spider)는 바나나 거미라고도 알려져 있으며, 공격적이고 강한 독을 가지고 있다. 이 독거미의 독성은 수컷보다 암컷이 더 높은 것으로 알려졌으며 바나나 껍질을 뚫고 밖으로 나온 사례도 있다. 남미 열대 지방에서 발견되며 중미에서도 한 종이 발견되었다. 이 거미에 물리면 곧바로 응급조치를 취해야 한다.

또 다른 선물, 거미 독

거미는 3~4억 년부터 지구상에 존재하였고, 게(Crab)와 유사한 조상에서 진화했다고 하는데, 양쪽 다리를 펼치면 3m가 넘는 키다리 게(Spider crab)를 보면 거대한 거미를 보는 듯하다. 거미의 가장 큰 특징은 실크를 뽑아서 집을 만드는 능력이다. 물론 거미집을 짓지 않는 종도 있다. 세상에서 가장 다양한 생물종으로 진화한 거미는 다양한 장소에서 생존할 수 있는 능력을 갖추었다. 알려진 거미 종은 45,000종이 넘는데, 과학자들은 실제로 100,000종이 넘는 거미 종이 있을 수 있다고 믿고 있다. 거미가 독을 만드는 능력 또한 진화의 과정이라고 여겨진다. 독은 스스로를 보호할 뿐만 아니라 먹이를 쉽게 구할 수 있게 해준다. 특히 거미의 독은 짝을 찾아 떠날 때 포식자로부터 자신을 보호하기 위해 치명적인 독을 진화시켰다.

브리태니커 백과사전(기고: John P. Rafferty)에 수록된 세상에서 가장 치명적인 거미들을 만나보자. 갈색 은둔 거미(Brown recluse spider)는 북미 지역에서 가장 위험한 거미 중 하나이다. 독소가 있지만 대부분은 공격적이지 않으며 이 거미에 물리는 일은 드물다. 물리면 혈관 벽을 파괴하여 피부 궤양을 유발하기도 한다. 물린 부위는 괴사성 궤양을 형성하고 치유하는 데 수개월이 걸리고 깊은 흉터를 남긴다. 심한 경우에는 사망할 수도 있다. 황낭 거미(Yellow sac spider)는 미국과 멕시코에서 발견된다. 보통 색이 옅고 복부가 노란색에서 베이지색까지 다양하다. 이 거미는 괴사성 병변을 야기할 수 있는 세포독소를 가지고 있다. 늑대 거미(Wolf spider)는 시력이 뛰어나고 민첩한 사냥꾼이다. 늑대 거미는 대부분 혼자 사냥하며 거미집을 짓지 않는다. 전 세계에서 발견되는 이 거미는 공격적이지는 않지만 종종 거미가 자기 방어를 하는 과정에서 물릴 수 있다. 위험하지는 않지만 거미 앨러지가 있는 사람이 물리면 구역질과 현기증이 나고 심장 박동수가 증가할 수 있다. 이 거미의 큰 송곳니는 물린 부위에 물리적 외상을 유발하며, 물린 부위에서 가려움증이 나타날 수 있다.

미국에서 매년 2,500여 명이 검은 과부 거미(Black widow spider)에 물려 독극물 관리 센터를 찾는다. 수컷은 보기 힘든데, 그 이유는 크기가 암컷의 4분의 1에 불과하여 짝짓기 후에 암컷에게 종종 잡아먹히기 때문이다. 라트로톡신Latrotoxin이라는 신경독이 있어서 근육통, 복부 경련, 다한증, 빈맥, 근육 경련 등을 초래할 수 있다. 이 거미에 물리면 종종 심한 근육통, 경련, 메스꺼움, 횡경막의 가벼운 마비를 일으켜 호흡이 어려워질 수 있다. 독은 일반적으로 생명을 위협하지 않는다. 연구에 따르면 진통제를 해독제 혹은 위약과 함께 사용했을 때 통증과 물린 증상이 개선되었다. 갈색 과부 거미(Brown widow spider)는 검은 과부 거미보다 두 배 더 강한 독을 가지고 있다. 이 거미의 독은 신경 독성이 있다. 그러나 공격적이지 않으며 공격할 때 적은 양의 독을 주입하기 때문에 덜 위험하다. 붉은 과부 거미(Red widow spider)는 곤충을 먹고 살며 사람에게 공격적이지 않다. 그러나 거미가 알을 보호할 때 혹은 사람의 피부에 닿을 때 물릴 수 있다. 붉은등거미(Redback spider)는 공격적이지 않지만 알을 지키는 암컷 거미에 물릴 수 있다. 이 거미에 물리면 통증, 발한이 나타나고 심장박동이 빨라지며 림프절이 붓는다. 깔때기 그물 거미(Funnel-web spider)의 독은 인체에 치명적일 수 있다. 1920년대 이래로 이 거미에 물려 사망한 여러 사례들이 호주 시드니 지역에서 기록되었다. 세계에서 가장 치명적인 호주 깔때기 그물 거미(Australian funnel web spider) 에 물리면 15분 안에 사망할 수 있다. 현재는 해독제가 개발되어 물린 직후에 투여하면 효과적이다.

거미는 오늘날 43,000여 종 이상이 확인되고 있다. 이 중 소수만이 위험한 것으로 알려져 있고, 사망에 이를 정도로 치명적인 것은 30종(1%의 10분의 1)도 되지 않는다. 치명적인 종이 그처럼 적은 이유는 사람과 거미의 크기 차이에서 비롯된다. 거미 독은 작은 동물들에게 작용하도록 설계되어 있지만, 일부 종의 독은 사람에게 피부 병변을 일으키거나 치명적인 앨러지 반응을 일으킬 수 있다. 그러나 병원, 독극물 관리센터 등에는 거미에 물린 상처를 치료할 수 있는 다양한 종별 해독제가 준비되어 있기 때문에 거미에 물려 사망하는 경우는 극히 드물다.

호주의 육식성 유대류인 태즈메이니아데빌(Tasmanian devil)은 1990년대 말에 퍼진 전염성 안면 종양으로 위험에 처해 있다. 이 종양에 대한 치료법을 찾기 위해 과학자들이 연구한 바에 따르면 브라질리안 블랙 타란튤라(Brazilian black tarantula)의 독에서 추출한 단백질이 효과가 있는 것으로 나타났다. 호주 깔때기 그물 거미의 독을 테스트한 결과에서는 이보다 더 효과가 우수한 것으로 나타났다. 여기에 고무되어 항암제로의 가능성을 위한 후속 연구에서는 피부암인 흑색종 세포를 성공적으로 사멸시키고 확산을 방지하는 것으로 밝혀졌다. 브라질 떠돌이 거미(Brazilian wandering spider)는 치명적인 거미 중 하나이다. 그리스어로 "살인자"를 의미하는 Phoneutria 속에 속한다. 바나나 잎에서 자주 발견되기 때문에 바나나 거미라고도 부른다. 항독소(Antivenom)로 인해 사망할 가능성은 낮지만 이 거미에 물리면 치명적일 수 있다. 이 거미의 독은 신경계에 부정적인 영향을 미쳐 유연증(침샘분비 항진증), 불규칙한 심장 박동, 음경지속 발기증 등을 유발한다. 과학자들은 이 독을 발기부전 치료제로 쓸 수 있는 가능성을 연구하고 있다. 세계에서 가장 치명적인 호주 깔때기 그물 거미(Australian funnel web spider) 에 물리면 15분 안에 사망할 수 있다. 그러나 최근 연구 결과에 따르면, 이 거미의 독은 사람의 흑색종(Melanoma) 세포를 치료하는 데 사용할 수 있을 것이라고 한다. 이 거미에서 추출한 펩타이드 화합물이 흑색종 암 세포를 죽이고 확산을 막을 수 있는 것으로 확인되었다.

많은 생명체의 독을 치료 목적으로 사용할 수 있지만, 그 중에서도 거미의 독이 항종양제나 항암제 개발을 위한 의학적 연구에 가장 적합한 것으로 밝혀졌다. 거미의 독에는 효소, 유기 및 무기 화합물, 펩타이드 등 다양한 화합물이 들어 있는데, 그 중에서 항균 펩타이드(AMP)는 1990년대에 처음 발견되었다. 이러한 펩타이드는 박테리아, 진균, 바이러스 등에 대해서 활성을 보이며, 또한 암세포를 제어할 수도 있다. 거미의 펩타이드 독소는 종양 세포의 성장 및 사멸에 관여할 뿐만 아니라 다양한 이온 채널 및 통증 경로를 대상으로 항 통각 반응에 중요한 역할을 한다. 따라서 거미에서 추출한 펩타이드 독소에 대한 이해를 바탕으로 새로운 치료제를 개발할 수 있을 것으로 기대된다.

2
날개 옷

선녀와 나무꾼 / 날개 옷 / 그리스의 스파이더 우먼, 아라크네 /
이집트의 거미 여신, 네이트 / 수메르의 거미 여신, 웃투

선녀와 나무꾼

금강산은 계절에 따라 다른 이름으로 불린다. 봄에는 금강산, 여름에는 봉래산, 가을에는 풍악산, 그리고 겨울에는 개골산이라 부른다. 금강산 외금강 구룡폭포 위에는 상팔담이 있는데, 이는 구슬처럼 아름다운 8개의 담소가 구룡연 위에 있다고 하여 붙여진 이름이다. 팔상담의 물은 아래로 흘러 구룡폭포와 비룡폭포를 이루고 옥류동을 지나 동해로 흘러든다. 상팔담의 아름다운 경치는 〈금강산 팔선녀〉와 〈선녀와 나무꾼〉의 전설이 있는 곳이기도 하다.

〈선녀와 나무꾼〉은 한국만이 아니라 중국, 몽골, 일본, 인도 등 전 세계에 널리 퍼져 있는 설화 중 하나이다. 이 이야기는 나무꾼, 사슴, 사냥꾼, 선녀, 그리고 날개 옷, 두 아이, 두레박, 하늘나라로 이어지는 스토리로 구성되어 있다. 이야기를 있는 그대로 본다면 대부분의 동화는 폐기되어야 마땅할 것이다. 그럼에도 불구하고 오랜 세월 동안 살아남아 오늘에 이르고 있다. 이 이야기를 정신역동적 관점에서 고찰한 논문(하지현, 정신분석, 2000)에 따르면, 나무꾼, 어머니, 선녀는 이 동화를 수용하는 아동의 다양한 발달 단계를 반영하고 있다. 오이디푸스 콤플렉스Oedipus complex를 해소한 후에 모자 관계가 아닌 이성 관계에 대한 갈등과 숙달을 목적으로 하고 있으며, 아이가 갖는 오이디푸스 환상에 의한 도피 공포나 거절에 대한 공포가 반영되어 있다. 또한, 나무꾼은 아들이자

남편으로서의 역할 사이에서 오는 두 감정을 드러내고 있다. 사슴은 나무꾼에게 선녀의 날개옷을 감추고 아이 셋을 낳을 때까지 보여주지 말라고 당부한다. 사슴은 선녀가 두 아이를 데리고 하늘로 올라가자 두레박을 타고 하늘로 올라가라고 알려준다. 결국 나무꾼은 하늘을 올려다보며 슬퍼하다 죽었다. 이 전래동화는 선녀가 아이들을 데리고 하늘로 갔다는 점에서 씨족 기원 신화에서 벗어났다는 주장도 있다.

〈선녀와 나무꾼〉에 해당하는 신화는 다른 나라에서도 발견된다. 몽골 신화의 "호리 투메드"는 씨족 기원에 관련된 이야기이며, 중국에서는 〈곡녀전설鵠女傳說〉, 일본에서는 〈우의전설羽衣傳說〉이라 부른다. 이러한 설화는 호주를 제외한 전 세계에 걸쳐 분포한다. 서양에서는 〈백조 처녀 이야기(Swan Maiden Tales)〉라 한다. 백조 처녀는 인간의 모습에서 백조의 모습으로 변형하는 신화 속의 생물이다. 이런 유형의 민화에서 남자 캐릭터는 목욕하는 처녀의 깃털 옷을 훔쳐 달아나지 못하게 하여 그 처녀를 아내로 맞이한다. 이런 유형의 이야기에는 전 세계적으로 유사점이 있다. 북유럽 신화의 근간이 되는 시와 노래 및 서사시들을 엮은 책인 〈에다Edda〉에는 Vǫlundarkviða라는 신화시가 있다. 여기에는 대장장이 웨이랜드Wayland가 등장한다. 발키리Valkaries는 오딘Odin을 섬기는 처녀들을 말하는데, 준마를 타고 하늘을 날거나 백조의 모습으로 하늘을 난다. 그녀들이 하늘을 날다 호숫가로 내려와 쉬면서 아마를 짜고 있다가 웨이랜드와 그의 형제들에게 잡혔고, 이렇게 하여 형제들은 발키리와 결혼하였다.

날개옷과 관련된 설화는 전 세계에 널리 퍼져 있다. 총각은 여자의 날개옷을 훔치고 둘은 결혼한다. 여자가 아이를 낳지만 결말은 해피엔딩이 아니다. 이탈리아 동화 〈The Dove Girl〉에서는 비둘기가 등장한다. 크로아티아 이야기에서는 늑대 모습을 한 여 주인공이 등장하며, 아프리카에서는 버팔로 모습을 한 처녀가 등장한다. 동아시아에서는 다양한 조류의 모습으로 등장한다. 일본에도 선녀와 날개옷 이야기가 전해 내려온다. 이러한 설화는 차이콥스키Pyotr Ilyich Tchaikovsky(1840~1893)의 발레 〈백조의 호수(Swan lake)〉(1876년)를 탄생시켰다. 지그프리트Siegfried 왕자가 우연히 악마 로트바르트Rothbart의 저주에 걸려 낮에는 백조의 모습으로 있어야 하는 오데트Odette 공주와 만나 사랑에 빠진다. 그러나 로트바르트는 자신의 딸 오딜Odile을 보내 왕자를 유혹하게 했고, 왕자는 계략에 걸려 오딜에게 사랑을 고백해버려 오데트는 상심한다. 자살하려는 오데트를 지그프리트가 말리고 사랑을 고백하고, 그 직후 로트바르트가 나타나 오딜과의 결혼을 강요하지만, 이를 거부하고 오데트와 지그프리트가 함께 춤을 추고는 호수에 몸을 던진다. 이 순간 둘의 사랑의 힘으로 저주가 풀리고 로트바르트는 몰락하고 두 사람은 영원한 행복의 나라로 여행을 떠난다. 날개옷에 대한 설화는 나라마다 시대마다 다른 형태로 나타났다. 천상과 지상이 만난다. 인간과 비인간이 만난다. 이들이 상호작용하면서 갈등한다. 〈선녀와 나무꾼〉 설화를 꿈과 현실의 만남으로 해석하는 시각도 있다.

날개 옷

이카로스Icarus의 아버지 다이달로스Daedalus는 미노스 왕에게 감금당하여 크레타 섬에서 떠날 수 없었다. 다이달로스는 크레타를 탈출하기로 결심하고, 깃털과 밀랍으로 날개를 만들었다. 다이달로스는 아들에게 태양에 너무 가깝거나 바다에 너무 가깝게 날지 말라고 경고하였다. 날개를 단 다이달로스와 이카로스는 하늘로 날아올랐는데, 이카로스는 자유롭게 날게 되자 너무 높게 날고 말았다. 그러자 태양의 뜨거운 열에 의해 깃털을 붙였던 밀랍이 녹게 되었고, 이카로스는 날개를 잃고 바다에 떨어져 죽고 말았다. 이카로스의 날개에 대한 신화는 과도한 야망의 위험성을 경고한다.

고대 이집트 신화에 나오는 여신 이시스Isis는 생명과 마법의 여신이었다. 앙크Ankh(십자가 모양, 영원한 생명을 뜻함)와 날개는 그녀의 상징이다. 이시스에게서 날개는 어떤 의미가 있을까? 이시스는 새(Bird) 여신이다. 날개를 가지고 스스로 날아오르는 능력은 경외심을 불러일으킨다. 기계적인 수단을 통해 비행이 가능한 오늘날에도 우리는 '하늘을 나는 꿈'을 꾼다. 고대 그리스 신화에도 날개를 가진 신들이 많이 등장한다. 에리니에스Erinyes는 맹세를 어기고 죄를 저지른 사람들에게 복수하는 여신이다. 종종 뱀 모양의 머리카락에 벨트를 하고 있으며, 어두운 옷을 입고 잔인한 채찍을 휘두르는 모습으로 묘사된다. 그밖에도 사랑의 신 에로스Eros, 승리의 여신 니케Nike, 밤의 여신 닉스Nyx 등도 날개를 가지고 있다.

내일의 사나이 또는 강철의 사나이로 불리며 미국을 넘어 전 세계적으로 사랑을 받고 있는 슈퍼 히어로가 있다. 바로 슈퍼맨이다. 그는 행성 크립톤에서 아기 때 지구로 보내졌다. 평소에는 신문기자로 활약하며, 히어로가 필요할 때에는 옷을 갈아입고 슈퍼맨이 되어 나타나 문제를 해결한다. 문제가 해결되면 다시 평범한 삶으로 되돌아간다. 슈퍼맨은 정의롭고 성실하며 선량한 히어로이다. 악당이 나타났다고? 지진이 났다고? 비행기 사고가 났다고? 걱정 하지 마. 슈퍼맨이 있으니까! 슈퍼맨을 보면 가정 먼저 눈에 띄는 것은 그가 입고 있는 옷(망토)인데, 이것은 그가 지구에 타고 온 우주선에 있던 물건들로 만들었다. 망토는 찢어지지 않고 총알도 뚫을 수 없으며 다이너마이트로도 폭파되지 않는다.

엑스맨X-Men은 마블 코믹스에서 발행되는 코믹에 나오는 슈퍼히어로 팀이다. 리Stan Lee와 커비Jack Kirby의 합작으로 이루어진 엑스맨은 1963년 9월에 처음 발행되었다. 반反돌연변이 정서를 갖고 있는 사람들이 늘어나면서, 제이비어 교수Professor Xavier가 뉴욕의 웨스트체스터에 있는 자신의 맨션에 어린 돌연변이들을 모아 인류의 이익을 위해 훈련을 시킨다. 제이비어 교수는 돌연변이들도 영웅이 될 수 있다는 것을 증명 하고자 했고, 사이클롭스Cyclops, 아이스맨Iceman, 엔젤Angel, 비스트Beast, 그리고 마블 걸Marvel Girl이자 그레이Jean Grey로 알려진 돌연변이들을 설득해 자신의 그룹에 들어오도록 했다. 그리고 그 그룹은 '엑스맨'이라고 불리게 되었다.

첨단 무기로 무장한 또 다른 슈퍼히어로가 있다. 초능력은 없지만 지력, 탐정 수사, 과학 기술, 풍부한 재산, 무술 등을 이용하여 사회 질서를 위해 범죄와 싸운다. 어둠의 기사로 도 알려져 있다. 박쥐를 본뜬 전신 슈트와 망토를 입고 있다. 바로 배트맨Batman이다. 배트맨은 DC 코믹스에서 출판한 만화책에 나오는, 박쥐를 본뜬 전신 슈트와 망토, 첨단 무기로 무장한 가상의 슈퍼히어로이다. 1939년 5월 《디텍티브 코믹스》 #27에 처음 등장하였다. 배트맨은 만들어지자마자 곧 인기 있는 만화 캐릭터가 되었다. 그 후 많은 작가들에 의해 다양한 캐릭터가 탄생하였고, 현재 배트맨은 라디오와

텔레비전, 그리고 영화에 이르는 여러 매체를 통해 각색되었다.

영국의 물리학 대원원생들이 2005년 개봉한 '배트맨 비긴즈'에서 활공을 하는 장면을 보고, 배트맨 망토에 대해 연구하여 결과를 발표한 적이 있다. 이들에 따르면, 배트맨이 고담시티의 150m 빌딩에서 폭 4.7m의 망토를 입고 활공을 한다면 350m는 날아갈 수 있으나 착지할 때의 속도가 시속 109km나 되기 때문에 즉사할 수 있다. 따라서 배트맨이 살아남기 위해서는 훨씬 더 큰 망토를 입거나 낙하산을 사용해야 할 것이라고 말했다. 최근에는 망토 없이도 아이언 맨처럼 하늘을 날 수 있는 기술이 등장하고 있다. 새로운 기술을 선보인 주인공은 영국의 발명가 브라우닝Richard Browning이다. 2016년 여름 그는 영국 시골의 농장으로 향했다. 그는 등유로 구동하는 마이크로 가스 터빈을 팔과 다리에 부착하였다. 그런 다음 오른 손에 있는 스로틀 트리거Throttle trigger를 조심스럽게 눌렀다. 그러자 아이언 맨이 하늘로 날아올랐다. 첫 번 째 이륙은 짧고 볼품없었다. 단 몇 초 동안 지상 50cm 상공을 맴돌았다. 먼지가 일고 곧바로 착륙하였다. 그러나 그것은 분명한 비행이었다. 그가 발명한 장치가 제대로 작동한다는 것을 증명한 첫 순간이었다. 브라우닝이 하늘을 날겠다고 결심한 것은 그의 나이 38세 되던 2년 반 전으로 거슬러 올라간다. 처음에는 날개와 선풍기 모터로 활공을 시도했다. 그러던 중 제트 엔진을 몸에 묶은 아이언 맨이 하늘을 나는 아이디어를 떠올렸다. 9개월 후, 브라우닝은 6개의 가스 터빈을 사용하여 비행하였다. 처음엔 몇 초 밖에 비행하지 못했지만 12분 동안 날수 있게 되었다. 2017년 미국 LA에서 브라우닝의 제트 슈트Jet suit를 입고 비행하는 장면이 공개되었다. 양팔에 각각 2개의 가스 터빈을 달고 비행한다. 2020년 2월에는 제트맨Jetman이 두바이에서 비행 장면을 연출하였다. 등에 날개를 달고 더 높이 하늘을 날았다. 안전을 위해서 바다 위를 날았다. 제트 터빈은 팔 대신 날개의 양 쪽에 부착하고 비행기처럼 하늘을 날았다.

그리스의 스파이더 우먼, 아라크네

해마다 칠월칠석七月七夕이 되면 두 별이 은하수를 가운데에 두고 그 위치가 매우 가까워진다. 직녀織女는 길쌈을 잘하고 부지런했는데, 옥황상제가 소를 길러 농사를 짓는 견우牽牛와 혼인하게 하였다. 그러나 견우와 직녀는 신혼의 달콤함에 빠져 매우 게을러졌다. 옥황상제는 크게 노하여 그들을 은하수를 사이에 두고 각자 하늘의 끝으로 귀양을 보냈으며, 1년에 한 번 칠월칠석날만 만날 수 있도록 하였다. 은하수에는 다리가 없어 칠석날에도 서로 만날 수 없게 되자 지상의 까마귀들이 하늘로 올라가 머리를 이어 다리(오작교, 烏鵲橋)를 놓아 주었다. 이날 오는 비는 '칠석우七夕雨'라 하여, 그들이 너무 기뻐서 흘리는 눈물이라 하며, 그 이튿날 아침에 오는 비는 이별의 눈물이라 한다. 여름 하늘에 보이는 견우성과 직녀성, 그리고 은하수가 모티브가 된 것으로 보이는 이 전설은 중국(우랑직녀, 牛郎織女), 한국(칠석), 일본[타나바타(七夕)], 그리고 베트남에서 전해져 내려온다. 중국, 한국, 베트남은 음력을 쇠고 일본은 양력에 쇤다. 칠석의 유래는 중국의 〈제해기薺諧記〉에 처음 나타난다. 주나라에서 한나라를 거쳐 우리나라에 유입되었다.

아라크네Arachne는 리디아Lydia의 염색 명인 이드몬Idmon의 딸로서 베 짜기와 자수에 능하였다. 사람들은 그녀의 재주에 감탄하였다. 숲 속의 님프들도 그녀에 대해 감탄해 마지않았다. 오만해진 그녀는 자신이 아테나Athena 여신보다 솜씨가 뛰어나다고 자랑하였다. 이는 신들을 모욕하는 행위였다. 여신은 아라크네에게 그녀의 어리석음을 후회할 수 있는 기회를 주기로 결정하고, 늙은 노파로 변장하여 아라크네 앞에 나타나 신들이 노하고 있음을 경고하였다. 그럼에도 불구하고 아라크네는 조금도 후회하지 않았다. 그녀는 아테나 여신과 솜씨를 겨뤄 진다면 어떤 벌도 받아들이겠다고 호언하였다. 드디어 대회가 시작되었다. 아라크네는 금실과 화려한 색상으로 신들을 웃음거리로 만드는 장면을 수놓았다: 제우스가 스파르타의 여왕 레다Leda를 범하기 위해 백조로 변신하는 장면, 유로파Europa를 유혹하는 황소, 에기나Aegina를 납치하는 독수리, 다나에Danae를 유혹하는 황금 비(Golden rain) 등. 아테나 여신은 아라크네의 작품이 훌륭하다는 것을 인정해야 했다. 분노한 여신은 아라크네의 작품과 직조기를 부수어

버렸다. 그리고 아라크네를 거미로 바꾸어 놓았다. 거미는 분류학상으로 아라크니다 Arachnida 강(class)에 속하는 동물이다. 거미는 인간이 직조 기술을 완성하도록 끊임없이 영감을 주는 원천이 되었다. 아라크네 이야기는 지금도 과학 속에 살아 있다.

이집트의 거미 여신, 네이트

고대 그리스에 운명의 실을 잣는 모이라이Moirai와 전쟁, 지혜, 기술의 여신으로 인간에게 직조, 도자기 제작 등의 각종 기술을 전수해준 아테나Athena가 있다면, 고대 이집트에는 네이트Neith가 있다. 네이트는 최초의 창조자로 숭배된 여신이다. 네이트는 직조, 우주, 어머니, 강, 물, 출산, 그리고 운명의 여신이었다. 전쟁의 여신인 동시에 지혜의 여신이었다. 머리에는 두 개의 화살이 교차된 방패를 쓰고 있으며, 손에는 권력을 상징하는 지팡이와 영원한 생명을 상징하는 앙크ankh를 쥐고 있다. 하 이집트의 붉은 왕관 데슈레트Deshret를 쓰고 있는 모습으로도 등장한다. 신화 속에서, 네이트는 매일 자신의 베틀로 세상을 다시 짜는 것으로 알려져 있으며, 알려진 남편이 없는 성모 여신(Virgin Mother Goddess)으로 묘사되었다. 헤로도투스Herodotus(c. 484~425 BCE)에 따르면, 이집트 나일강 삼각주의 서쪽에 자리 잡고 있는 사이스Sais의 시민들이 네이트 여신을 숭배했고, 그녀의 성직자는 여성이며, 사이스에 있는 그녀의 사원은 이집트 전체에서 가장 인상적인 사원 중 하나였다. 그리스인들은 네이트를 아테나와 동일시하였다.

거미는 서 아프리카에서 창조의 신 아난시Anansi로 등장한다. 거미는 호주의 암벽화와 나무껍질에서도 발견된다. 거미줄에 있는 거미는 신성한 바위 및 의식과 관련되어 있다. 몇몇 씨족은 의식에서 거미 토템을 사용하기도 한다. 북미 원주민 문화에서 거미는 창조자, 도우미, 지혜의 수호자로 묘사하는 경우가 많다. 호피Hopi 창조 신화에서 스파이더 우먼은 지구의 여신이었다. 그녀는 다른 신들과 함께 찰흙으로 최초의 남자와 여자를 만들었다. 라코타족(Lakota)의 전설에도 거미가 포함되어 있으며, 나바호족(Navajo)은 거미 할머니(Spider grandmother)와 거미줄 짜기(Weaving of webs)를 세상의 창조와 연관 지었다. 거미는 외모와는 달리 좋은 징조이자 도움을 주는 구원자로 등장하기도 한다. 고대 중국에서는 거미가 아침에 행복을 가져오고 저녁에 부를 가져다준다고 믿었다. 이러한 거미의 이미지는 중국의 미술과 문학에 널리 사용되고 있으며, 행운을 가져다주는 의미가 담겨 있어서 보석이나 부적으로도 사용된다.

2008년 페루 계곡에서 발견된 어도비 사원(Adobe temple)에도 거미 이미지가 조각되어 있었다. 이 사원은 기원전 1,500~1,000년 사이에 존재했던 문명에 의해 '거미 신'에게 헌정된 장소였다. 페루의 고대 모체Moche 사람들은 종종 자연과 거미 이미지를 사용하여 예술 작품을 만들었다. 모체 문명은 약 100년부터 700년까지 현재의 모체 부근에 수도를 두고 번성하였던 문명이다. 지금까지 발견된 풍부한 우상화와 기념비적인 건축에서 보듯이 공동의 문화를 공유하는 자치적인 정치 집단이었을 것이다.

나스카 지상화(Nazca Lines)는 페루 남부의 나스카 사막에 만들어진 매우 큰 지형이다. 기원전 500년에서 기원후 500년 사이에 사막에 만들어졌다. 대부분의 선은 풍경을 가로 질러 똑바로 지나가지만 동물과 식물의 비유적인 디자인도 있다. Nazca 선 중 일부는 주변 산기슭 및 기타 높은 곳에서도 볼 수 있지만 공중에서 가장 잘 보이는 모양을 형성한다. 고립되어 있고 건조하고 바람이 없으며 안정된 고원 기후로 인해 선은 대부분 자연적으로 보존되었다. 1994년에 유네스코 세계 문화유산으로 지정되었다. 그림은 매우 다양하다. 수백 개는 단순한 선과 기하학적 모양이다. 벌새, 거미, 물고기, 콘도르, 왜가리, 원숭이, 도마뱀, 개, 고양이 및 인간을 포함하여 70개 이상의 수형獸形 디자인이 있다. 다른 모양으로는 나무와 꽃이 있다. 학자들은 디자인의 목적을 다르게 해석하지만 일반적으로 종교적인 의미가 있는 것으로 여기고 있다. 나스카 지상화에는 다리가 8개인 거대한 거미 이미지가 포함되어 있다. 나스카 거미는 45m 길이의 가장 유명한 지형 중 하나이다. 거미는 나스카 문화에서 번식력의 상징일 수 있다고 제안되었으며, 아들러 천문관 및 천문학 박물관(Adler Planetarium and Astronomy Museum)의 선임 천문학자는 거미가 오리온 별자리를 대표한다고 주장하기도 하였다.

수메르의 거미 여신, 웃투

직조의 여신은 전 세계에 존재한다. 고대 이집트에는 네이트가 있었고, 고대 그리스에는 아테나가가 있었다. 미네르바Minerva는 로마의 직조의 여신이다. 중국에는 직녀가 있다. 마야에는 익스첼Ixchel이 있으며, 아즈텍에는 소치케찰Xochiquetzal이 있다. 우리나라에는 설문대(제주도), 자청비(제주 신화 세경본풀이), 미륵(함경도 창세 신화)이 있다. 일본에는 거미공주가 있다.

세계 최초의 문명인 수메르는 기원전 3500년 전부터 메소포타미아의 남부 지방(현재의 이라크 지역)에 등장하여 기원전 1900년까지 존재했다. 수메르 사람들은 티그리스강과 유프라테스 강 사이에 살면서 농작물을 재배하였다. 그들은 인류 최초의 도시 에리두Eridu와 학교를 건설하였고 12진법과 태음력을 사용하였으며, 수메르 법전도 만들었다. 또한 진흙을 빚어 말린 점토판에 문자를 기록하였다. 바로 인류 최초의 문자인 설형문자이다. 수메르는 신들의 고향이다. 안An은 하늘의 신이었고 모든 신들의 아버지였다. 안의 차남 엔릴Enlil의 아들 난나Nanna는 달의 신이었고, 난나의 아들 우투Utu는 태양의 신이었다. 안의 장남 엔키Enki는 인간의 창조주였다. 인안나Inanna[혹은 이슈타르(Ishtar)]는 전쟁과 사랑의 여신이었다.

수메르에도 직조와 관련된 여신이 있었다. 바로 웃투Uttu이다. 그녀의 이름을 쓰는 데 사용된 설형문자 기호는 거미를 뜻하는 단어로도 사용되었다. 웃투는 엔키Enki와 닌쿠라Ninkurra의 딸로 등장하기도 하지만 다른 이야기도 전해온다. 닌쿠라가 인-임마Nin-imam를 낳았는데, 닌-임마와 그녀의 아버지 엔키 사이에서 웃투Uttu를 낳았다고 한다. 웃투가 성장하자 엔키의 아내 닌후르삭Ninhursag(대지의 여신)은 웃투에게 난봉꾼 엔키를 조심하라고 경고하였다. 그러나 엔키는 웃투와 결혼을 하였고, 화가 난 닌후르삭은 웃투의 몸속에서 엔키의 정액을 꺼내 대지에 뿌렸는데, 그 자리에서 여덟 가지의 식물이 자랐다.

모든 거미는 실크를 생산한다. 거미는 집을 짓거나 먹이를 잡는 등 여러 가지 목적으로 실크를 사용한다. 거미는 신중하고 참을성 있게 복잡한 집을 짓는 동물이기 때문에 고대로부터 창조 신화 속에 등장하였다. 그래서 거미 여신은 생명을 창조하는 존재로 여겨졌다. 거미가 자신의 몸에서 실을 뽑아내는 것과 같이 인류가 천을 만드는 일은 창조적인 마술 같은 과정으로서, 그 역사는 신석기 시대(기원전 9000년~4000년)로 거슬러 올라간다. 베틀은 플라잉 셔틀Flying shuttle(1733년 존 케이가 발명)에서 역직기(1785년 에드먼드 카트라이트가 발명)로 발전했다. 산업혁명 당시 증기기관의 등장으로 대량 생산이 가능해 졌다. 섬유 산업은 자동직기를 거치면서 발전을 거듭해 왔다. 오늘날 섬유산업은 첨단기술을 바탕으로 영역이 확장되고 있다.

3
거미줄

거미줄 / 누에 실크 / 꿀벌 실크 / 개미 실크 / 하이브리드 거미

거미줄

1억 1,000만 년 된 거미줄이 발견되었다. 공룡이 지구를 지배하고 있던 백악기 초기의 거미줄이 영국 남부 서섹스Sussex 해안에서 호박(Amber)에 갇힌 채 발견된 것이다. 오늘날의 무당거미(Orb web spider) 혹은 정원 거미(Garden spider)와 유사한 거미가 먹이를 잡기 위해 거미집을 짓고 있던 중 호박에 갇힌 모습이다. 화석에서 발견된 거미만 해도 약 1,000종에 이른다. 거미줄은 거미가 만들어 내는 줄이다. 거미는 먹잇감을 잡기 위하여 방적돌기(Spinneret)에서 실을 사출하여 줄을 친다. 거미는 고생대 데본기의 초기에 물에서 육지로 이동하였는데, 이때 자신과 알을 보호하기 위하여 줄을 치기 시작하였다. 거미가 거미줄에 들러붙지 않는 이유는 무엇일까? 가로줄은 점성이 있지만 세로줄은 점성이 없다. 거미의 다리에 나 있는 빳빳한 털들이 끈끈한 점액에 달라붙는 면적을 최소한으로 줄여준다. 또한 거미의 몸에는 점액이 붙지 않도록 하는 화학 물질이 있다. 먹잇감이 거미줄에 닿으면 거미는 움직임을 멈추고 기다린다. 거미에게 있어서 거미줄은 치는 일은 쉬운 작업이 아니다. 거미는 어느 정도 사용한 거미줄을 먹어서 원료를 재활용한다. 거미줄은 가볍지만 강도와 내구성이 우수하다. 같은 중량 대비 강철보다 5배의 인장 강도(Tensile strength)와 탄성을 보인다. 과학자들이 AFM(Atomic force microscope,

원자힘현미경)을 이용하여 독이 있는 갈색 은둔 거미(Brown recluse spider)의 거미줄을 관찰한 결과, 직경이 2,000만 분의 1mm에 불과한 나노가닥 수천 개가 모여 이루어져 있음을 확인하였다.

대부분의 거미줄은 기계적 특성이 대단히 우수하다. 인장 강도와 신장성(Extensibility)도 우수하여 거미줄이 파손되기 전에 많은 양의 에너지를 흡수할 수 있다. 같은 중량 대비, 거미줄은 강철보다 5배 정도 하지만 케블라Kevlar보다 강하지는 않다. 그러나 거미줄은 강철이나 케블라보다 강인하다. 거미는 특성이 다른 포획실크와 드래그라인 Dragline 실크를 생산해 낸다. 포획실크는 거미집을 형성하는 것으로서 포획된 먹이를 묶어두는 끈적끈적한 실이다. 드래그라인 실크는 거미집을 지탱해주고 거미가 공중에서 안전하게 내려올 수 있도록 해주는 생명선이다. 거미줄은 계층구조를 가지는 복합재료이다.

거미줄을 구성하는 아미노산 서열은 수백만 년에 걸친 생물학적 진화의 결과이다. 드래그라인 실크 섬유는 스피드로인 ISpidroin I과 스피드로인 II의 두 단백질로 구성되어 있다. 스피드로인은 섬유 단백질(Scleroprotein)이라고 하는 단백질의 일종이다. 이 그룹에는 콜라겐Collagen 및 케라틴Keratin과 같은 불용성의 구조 단백질이 있다. 드래그라인 스피드로인 섬유는 강철처럼 두껍고 내성이 있지만 더 유연하다. 부러지지 않고 원래 길이의 약 135%까지 늘릴 수 있다. 드래그라인 실크는 이러한 우수한 기계적 성질로 인해 강인한 특성을 보이는 친환경 소재로 주목을 받고 있다. 거미는 오늘도 지형에 가장 적합한 형태의 거미줄을 친다. 거미줄은 질기다. 거미줄은 탄성도 있다. 거미줄은 먹잇감의 눈에 띄지 않아야 한다. 거미는 더 나은 거미줄을 만들도록 진화해 왔다. 투명한 거미줄의 출현이 기대되는 이유이다. 2014년 6월 25일 미국 크레이그 바이오크래프트 연구소Kraig Biocraft Lab에서 거미줄을 이용한 첨단 의류 소재가 개발되었다. 이것은 유전자 변형 누에에게 거미줄 생산 단백질을 주입시켜 만든 거미줄이었다. 염소에서 거미줄을 생산하는 기술도 나왔다.

누에 실크

누에나방(Silkworm moth, Bombyx mori)은 인간이 수천 년 동안 실크를 생산하는 데 사용된 곤충이다. 누에는 약 5,000년 전 중국에서 최초로 사육되었다. 우리나라도 4,000년의 역사를 가지고 있다. 누에나방은 오랜 기간 동안 인간에 의해 길들여지면서 날개는 퇴화되고 덩치만 커져서 자연에서는 스스로 생존할 수 없다. 대부분의 누에는 번데기를 거쳐 누에나방 단계까지 생존할 수 없다. 번데기는 뜨거운 물에 삶아져 비단 실을 생산하는 데 이용되며, 하나의 고치에서 1~1.5km 가량의 고치실이 생산된다. 운이 좋으면 뽕나무 잎을 먹으면서 성장하여 고치를 짓고 짝짓기를 한 뒤 알을 낳는다. 그리고는 아무 것도 먹지 않은 채 일생을 마친다. 누에나방은 입이 퇴화되어 있다! 누에나방은 500~600개의 매우 작은 알을 낳는다. 갓 부화한 유충은 3mm 정도 밖에 되지 않는다. 알에서 깨어난 누에는 뽕나무 잎을 먹으면서 성장하는데, 약 20일 동안 4번 허물을 벗고 자신이 토해내는 실로 고치를 만든다. 고치 속에서 다섯 번째 허물을 벗고 성충이 된다.

누에고치 실의 주성분은 피브로인Fibroin과 세리신Sericin이다. 성충은 입에서 염기성 용액을 토해내어 세리신을 녹이고 밖으로 나온다. 실크 세리신은 누에가 만들어내는 천연 고분자로서, 누에고치에서 생산된 고치실에 들어 있는 두 개의 피브로인 필라멘트를 둘러싸고 있다. 누에나방의 고치로부터 뽑아낸 비단은 아시아의 특산품으로서 실크로드를 통해서 유럽으로 전해졌다. 오늘날에는 다양한 합성 섬유가 개발되어 실크의 비중이 예전과 같지 않지만 새로운 응용 가능성도 제시되고 있다.

꿀벌 실크

꿀벌은 꽃, 과일 및 채소에 매우 중요한 수분의 매개체이다. 야생 식물의 약 90%와 전 세계 주요 작물의 75%는 꿀벌의 수분에 의존한다. 식물과 꿀벌은 공생하며 살아간다. 전 세계에는 약 2만 종의 꿀벌이 있다. 꿀벌은 여왕벌, 일벌(암컷), 드론Drones(수컷)으로 이루어져 있다. 여왕벌이 죽으면 일벌은 어린 유충을 선택하고 '로얄제리'라는 특별한 음식을 먹여 새로운 여왕을 만든다. 양봉의 역사는 최소 4,500년 전으로 거슬러 올라간다. 고대 이집트 제 18왕조의 파라오 투탕카멘의 무덤에서도 꿀이 발견되었다. 벌은 약 3,000만 년 동안 존재해 왔다. 꿀은 생명 유지에 필요한 모든 영양소를 포함하는 유일한 식품이다. 미드Mead는 세계에서 가장 오래된 발효 음료 중의 하나이다.

꿀벌은 시속 25km의 속도로 날고 초당 200번 날개 짓을 한다. 꿀벌은 태양을 나침반으로 사용하고 흐린 날에는 편광을 사용하여 길을 찾는다. 꿀벌은 페로몬이라는 화학 물질을 사용하여 의사소통한다. 꿀벌은 170개의 냄새 수용체를 사용하여 의사소통하고 다양한 유형의 꽃을 인식한다. 꿀벌은 개보다 50배 더 강력한 후각을 가지고 있다. 지뢰를 찾기 위해 훈련을 받은 꿀벌도 있다. 일벌의 평균 수명은 6~8주이다. 이 기간 동안 일벌은 지구 둘레의 1.5배에 해당하는 거리를 비행하며 12분의 1스푼의 꿀을 생산한다. 꿀벌은 1파운드(454g)의 꿀을 만들기 위해서 약 2백만 개의 꽃에서 꿀을 수집한다. 여왕벌은 5년까지 살 수 있으며 하루에 2,500개의 알을 낳을 수 있다. 꿀벌은 8자 모양의 춤(Waggle dance)을 추어 꽃가루에 대한 정보를 다른 구성원과 공유한다. 꿀벌은 추상적 사고를 이해할 수 있는 능력을 가지고 있다. 꿀벌은 수리 능력에 있어 진보된 능력을 보여준다(즉, 숫자를 이해하는 것처럼 보인다). 과학자들은 꿀벌을 통해서 치매를 치료하는 방법을 찾고 있다. 꿀벌 하면 떠오르는 것은 완전식품으로 알려진 벌꿀이다. 벌꿀은 꿀벌이 만든 자양강장제이다. 피로 회복은 물론 항산화 효과까지 있다. 벌꿀은 또한 면역력을 증가시켜주는 명약이기도 하다. 벌이 가진 독도 봉독요법(Apitherapy)이란 이름으로 관심을 받고 있다. 독에 들어 있는 멜리틴Melittin, 아파민Apamine, DMP를 함유한 펩타이드 등은 항염증, 진통, 혈액 순환 촉진 등의 효과가 기대되고 있는 물질이다.

꿀벌은 또한 거미가 가진 특별한 능력을 가지고 있어 주목을 받고 있다. 꿀벌도 실크를 생산한다! 거미 혹은 누에나방이 생산하는 실크와 달리, 꿀벌 실크는 실험실 합성이 가능한 특별한 분자 구조를 가지고 있다. 꿀벌 실크 펩타이드는 알파-나선(α-Helix)이 서로 자기 조립되어 있는 구조(Coiled coil structure)를 하고 있다. 이는 누에나방이나 거미가 만들어 내는 베타-시트β-Sheet 구조의 실크 단백질과는 크게 다르다. 꿀벌의 실크는 다른 단백질과 혼합하여 특별한 기능을 추가할 수도 있다. 이러한 스마트 꿀벌 실크는 섬유, 스펀지 혹은 투명한 필름 형태로 만들어, 가벼우면서도 강하고 질긴 소재로 항공 산업에 활용할 수 있고, 상처 치료나 신체 조직 재생을 위한 생체 재료 등 다양한 기능성 소재로 사용할 수 있을 것이다. 특히, 꿀벌 실크 단백질은 대장균(E. coli)에서 생산 가능하고 생체 이식 후에도 세포독성이 나타나지 않아 다양한 생의학적 응용이 기대된다.

개미 실크

개미는 남극을 제외한 전 대륙에서 발견된다. 개미는 1억3,000만 년 동안 지구상에 생존해 왔다. 전 세계에는 무려 12,000여 종의 개미가 있다. 개미는 귀가 없지만 땅의 진동을 감지하여 '듣는다'. 개미는 다른 곤충에 비해 수명이 길고, 체중의 50배나 되는 물체를 들 수 있다. 여왕개미는 수년 동안 살 수 있으며 수백만 개의 알을 낳을 수 있다. 개미는 먹이를 찾아 줄을 지어가는 무리에게 길잡이 페로몬(Trail pheromone)을 분비하여 길을 안내한다. 개미는 사회적 곤충이다. 개미는 집단행동을 통해서 불가능을 가능으로 바꾸는 능력을 소유하고 있다.

개미도 실크를 생산할까? 직조 개미(Weaver ant)는 나무에 둥지를 짓고 사는데, 개미들은 나뭇잎과 실크로 둥지를 만든다. 개미는 실크를 어디서 얻었을까? 누에? 아니면 거미? 직조 개미 성충은 실크를 만들 수 없는데? 직조 개미는 유충을 잡고 부드럽게 누른다. 그러면 개미 유충은 실크 방울을 분비한다. 유충이 분비하는 실크는 훌륭한 천연 접착제이다. 직조 개미는 잎의 말아서 가장자리를 따라 끈적끈적한 실크를 발라 붙인다. 거미들은 나뭇잎을 묶는 도구로 애벌레를 이용할 뿐만 아니라 거미 사슬을 만들어 나뭇잎을 끌어당긴다. 거미들이 보이는 놀라운 협동 행동이다. 직조 개미는 나노 섬유

형태의 천연 실크를 생산한다. 이 섬유는 가운데가 비어 있는 구조(중공 섬유, Hollow fiber)이며 평균 직경은 450nm이고 독특한 구조를 하고 있다. 직조 개미가 둥지를 짓는데 사용하는 실크는 매우 강하며, 알칼리나 끓는 온도에서도 버틸 수 있다. 개미는 거미와 달리 사회적 곤충이기 때문에 개미를 키워서 독특한 나노 섬유를 생산할 수 있다. 특히 직조 거미가 만들어 내는 중공 섬유는 약물을 로딩할 수 있는 특성이 있다.

생물들이 함께 살아가는 방식에 대한 우리의 이해를 바꿀만한 연구 결과가 발표되었다. 2015년 제임스 쿡 대학교의 롭슨Simon Robson은 직조 개미의 행동에 대한 연구결과를 발표하였다. 이 개미는 실크를 가지고 둥지를 짓는 방식을 어떻게 진화시켜왔을까? 처음에는 거미의 애벌레에서 얻은 실크를 가지고 둥지를 지었다. 그러나 나중에는 거미에서 실크를 훔쳐다가 둥지를 지었다. 나의 능력을 향상시킬 수 없으면 남의 능력을 이용하는 거야!

하이브리드 거미

초강력 실크를 만들어내는 누에-거미 하이브리드hybrid가 탄생하였다. 과학자들이 스파이더 맨 스타일Spider-Man style이라는 매우 강한 실크를 잣는 새로운 유형의 유전자 변형 누에(Genetically-modified silkworm)를 만들어 냈다. 와이오밍 대학교의 자비스Don Jarvis와 공동연구자들은 거미의 유전자를 사용하여 일반 누에를 강화했다. 누에의 배아에는 실크에 탄력과 강도를 부여하는 거미 유전자 시퀀스가 주입되어 누에 단백질 95%와 거미 단백질 5%로 구성된 하이브리드 실크를 생산할 수 있었다. PNAS(미국국립과학원회보)에 발표된 논문에서 연구팀에 따르면, 이렇게 만들어진 실크 섬유는 부모의 누에 실크 섬유보다 더 강하며, 거미가 만들어내는 가장 강한 실크인 "드래그라인 실크 섬유" 만큼 질기다. 이것은 강철보다 강하다. 과학자들은 거미줄과 같은 강도를 가진 실크를 재현하기 위해 수십 년 동안 노력해 왔다. 그러나 불행히도 거미는 개체 간에 상호 협력적이지 않다는 문제를 가지고 있다. 상업적으로 사용할 수 있을 만큼의 충분한 양의 비단을 생산하지 못하는 것이다. 게다가 그들은 서로를 잡아먹는 험악한 경향을 보이기까지 한다. 거미의 유전자를 가진 거미-누에로 초강력 실크 제조를 위한 소형 공장이 탄생할 수 있을까?.

"스파이더 염소"가 탄생하였다. "프레클스Freckles"라는 이름을 가진 거미 유전자를 가진 염소가 태어난 것이다. 프레클스는 유타 주립대학교의 유전학자인 루이스Randy Lewis에 의해 탄생한 염소이다. 이 유전자 변형 염소는 강력한 거미줄을 대량으로 생산한다. 연구자들은 왕거미과에 속한 무당거미(Orb-weaver spider)의 드래그라인 실크를 암호화하는 유전자를 가져와 염소에 이식하였다. 이 염소가 생산한 젖은 거미줄 단백질로 가득 차 있다. '바이오스틸BioSteel'이라고 명명된 이 단백질은 강하고 탄력성이 우수한 성질을 보인다. 바이오스틸은 형질전환 염소(Transgenic goats)의 밀크에서 추출한 재조합 거미줄과 같은 단백질로 만든 고강도 섬유 기반 재료의 상표명이다. 이것은 동일한 무게에 비해 강철보다 7~10배 더 강하며 강도 특성을 잃지 않고 원래 크기의 20배까지 늘어날 수 있다. 또한 극한 온도에 대한 저항력이 매우 높으며 -20℃~330℃ 범위에서 특성이 유지된다.

넥시아Nexia는 스파이더 염소가 생산한 실크로 섬유를 생산하는 유일한 회사이다. 루이스 연구소는 재조합 거미줄 단백질과 합성 거미줄 단백질, 그리고 재조합 대장균과 재조합 염소의 젖에서 생산된 유전적 키메라Chimera로부터 섬유를 생산했지만, 상업적인 생산에는 실패하였다. 2018년에 넥시아가 파산한 후 두 마리의 형질 전환 염소는 캐나다 농업 박물관에 판매되었다. 한편, 연구는 루이스의 도움으로 계속 진행되었다. 이 인공 실크는 탄력성과 신체적합성 때문에 인공 인대 및 힘줄 뿐만 아니라 모든 종류의 임플란트 및 의료 제품의 코팅에 응용될 수 있다. 또한 인공 실크 바이오폴리머는 퍼스널 케어 제품과 섬유 제품에 적용될 수 있다. 미 해군도 이 실크에 관심을 표명하였다.

4
아라미드

나일론 / 꿈의 섬유, 아라미드 / 금속 섬유

나일론

걸리버 여행기에 나오는 소인국 사람들이 걸리버를 처음 본 심정은 어떠하였을까? 걸리버가 거인국에서 코끼리만한 고양이와 맞닥뜨렸을 때의 공포감은 얼마나 컸을까? 만약에 소인국 사람들이 거인국 사람들을 만났다면? 우리가 마시는 물(H_2O)은 분자량이 18g/mol인 아주 작은 분자이다. 설탕(Sucrose)의 분자량은 대략 342g/mol이다. 분자의 질량을 이야기할 때, 한 분자의 질량은 너무 가벼워서 보통은 1몰mol의 질량을 기준으로 나타내는데 이를 몰 질량이라 한다. 몰이란 물질의 입자 수를 나타내는 국제단위계의 기본 단위이다. 1몰 속에는 대략 6×10^{23}개의 입자가 들어 있다. 물 18그램 속에는 대략 6×10^{23}개의 물 분자가 있다. 분자량이 1만 이상인 거대분자가 존재할 수 있을까? 소인국 사람들이 거인국 사람들을 만난 것 같은 대사건이 20세기 초 화학 분야에서 일어났다. 이 새로운 발견의 주인공은 미국 듀폰DuPont에서 근무했던 캐러더스Wallace Hume Carothers(1896~1937)였다. 그는 최초의 합성 고무인 네오프렌Neoprene을 합성하였고 폴리에스터의 합성에 관한 연구를 수행하였다. 1934년 그는 폴리에스터의 합성 원료인 글리콜Glycol 대신 다이아민Diamine을 사용하여 폴리아마이드라고 하는 고분자를 생산하였다. 폴리아마이드는 글리콜을 사용하여 만들어지는 폴리에스터보다 훨씬 더 안정하였다. 또한 폴리아마이드는 수소 결합을 통하여 결정성 도메인을 형성하기 때문에 기계적 특성이 증가한다. 따라서 실용적인 합성 실크를 생산할 수 있다. 1935년 2월 28일, 드디어 헥사메틸렌다아민과 아디프산으로부터 나일론(Nylon 6,6)이 탄생하였다.

$$n(HOOC-(CH_2)_4-COOH) + n(H_2N-(CH_2)_6-NH_2) \rightarrow$$
$$[-OC-(CH_2)_4-CO-NH-(CH_2)_6-NH-]_n + (2n-1)H_2O$$

이 폴리아마이드계 고분자는 최초로 상업적 성공을 거둔 합성 고분자로 기록되고 있다. 나일론은 1939년 세계박람회에서 처음 소개 되었으며, 나일론으로 만든 스타킹은 선풍적인 인기를 끌었다. 2차 세계대전 당시에는 낙하산, 방탄복, 로프 등 군용 소재로 사용되었다. 나일론은 열가소성 실크 소재이다. 열가소성이란 열을 가하면 녹고, 온도를 낮추면 고체 상태로 되돌아가는 성질을 말한다. 따라서 나일론은 녹여서 섬유나 필름 등으로 유용하게 사용할 수 있다. 나일론 6,6은 높은 기계적 강도, 강성, 우수한 열 안정성 및/또는 내화학성이 필요할 때 자주 사용된다. 섬유, 카펫 및 성형 부품 용 섬유에 사용된다. 또한 자동차 애플리케이션에서 광범위하게 사용되며, 전기 절연체, 파이프, 기계 부품, 지퍼, 컨베이어 벨트, 호스 등에도 쓰인다.

꿈의 섬유, 아라미드

총알도 뚫지 못하는 강도, 500℃의 고온에서도 타거나 녹지 않는 내열성, 그리고 힘을 가해도 늘어나지 않는 인장강도를 가진 섬유가 있다. 바로 아라미드Aramid(Aromatic polyamide, 방향족 폴리아마이드)이다. 나일론보다 질기고 튼튼한 성질을 보인다. 미국의 화학 기업 듀폰이 1960년대 초에 상업용으로 최초로 도입하였다. 아라미드는 방향족 폴리아마이드로서 같은 중량의 철보다 인장강도가 5배 강하고, 가볍고 내열성이 우수하며 낮은 절단성을 보이는 꿈의 섬유이다. 방탄복, 헬멧, 광케이블, 방호복, 타이어 보강재, 브레이크패드 등 항공우주용, 군용, 그리고 산업용으로 널리 쓰인다. 아라미드는 나일론과 유사하지만 방향족 백본이 있어서 더 단단하고 내구성이 우수한 소재이다. 케블라Kevlar는 미국 듀폰이 1970년대 초에 아라미드 섬유의 상용화에 성공한 파라아마이드 합성 섬유로서, 레이싱 타이어의 강철 대체물로 상업화 되었다. 파라-페닐렌디아민과 테레프탈로일 클로라이드를 축합 반응시켜 얻는다. 강철보다 5배 더 강한 특성을 보인다. 케블라의 녹는점은 500℃나 된다.

노멕스Nomex는 듀폰이 1960년대 초에 개발하여 1967년에 처음으로 상용화한 내염성(flame-resistant) 메타 아라미드meta-Aramid 소재이다. 케블라와 달리 노멕스 가닥은 중합 중에 정렬 할 수 없어서 강도가 약하다. 그러나 폴리머 재료에 대한 내열성 및 내화학성이 우수하다. 최대 370℃의 온도를 견딜 수 있다. 노멕스는 단량체 메타-페닐렌디아민과 이소프탈로일 클로라이드의 축합 반응에 의해 생성된다. 섬유 및 시트 형태로 판매되며 열과 화염에 대한 내성이 요구되는 직물에 쓰인다. 트와론Twaron은 1970년대 악조Akzo에 의해 개발되었다. 1986년에 상업적으로 생산되기 시작하였으며 현재 테이진Teijin에서 제조하고 있다. 국내에서는 코오롱그룹이 헤라크론Heracron이라는 이름으로, 효성이 알켁스Alkex라는 이름으로 생산하고 있다.

금속 섬유

금속은 고유의 광택이 나고, 녹는점이 높으며, 전기전도도와 열전도도가 우수하다. 수은은 모든 금속 중에서 가장 낮은 융점을 가지며 상온 상압에서 액체 상태인 유일한 금속이다. 금속은 또한 전성과 연성이 있다. 철은 지구상에서 가장 풍부한 금속이며 지구 핵심의 많은 부분을 구성한다. 그러나 지각에서 발견되는 가장 흔한 금속은 알루미늄이다. 은은 다른 금속보다 전기를 더 잘 전도한다. 금, 백금과 같은 귀금속은 습한 공기에서 산화 및 부식에 강하다. 많은 금속은 다른 금속과 혼합되어 합금을 형성을 수 있다. 금속은 일반적으로 매우 강하고 내구성이 뛰어나며 일상적인 마모에 대한 저항력이 높다. 따라서 고대부터 많은 용도로 사용되었다. 그리고 오늘날에도 기술의 발전과 다른 많은 요인으로 인해 금속의 사용이 크게 확대되었다. 금속은 경제에서 중요한 역할을 한다. 금속은 건설 산업, 전자 제품, 의학, 기계, 내화물, 자동차, 장식 제품 등에 널리 사용된다.

금속으로 만든 섬유도 있다? 옛날부터 금이나 은으로 만든 금속 섬유(Metallic fiber)가 왕이나 귀족들의 의복과 직물의 장식에 사용되었다. 7세기부터 9세기까지는 비잔틴 직조기에서 직조되었으며 그 이후에는 시칠리아, 키프로스, 베네치아 등지에서 직조되었다. 중국과 일부 중동 지역의 몽골 통치하에 무역이 번성했던 12세기에도 번성했다. 1946년 미국의 도베크뭄Dobeckmum Company은 최초의 현대적인 금속 섬유를 생산했다. 1960년대, 미국의 브런스윅Brunswick Corp.은 금속 필라멘트를 형성하기 위한 경제적으로 실행 가능한 공정을 개발하기 위한 연구 프로그램을 수행하였다. 그들은 실험실 규모의 파일럿 플랜트에서 금속 필라멘트를 생산하기 시작했고, 1964년에는 스테인리스강으로 1μm 크기의 미세 금속 섬유를 생산했다.

금속섬유는 금속 소재를 사람의 머리카락 굵기보다 가는 20~80μm 두께로 방사한 것으로서, 섬유의 유연성과 금속의 기계적 특성, 전기 전도도, 내열, 내식성 등을 보인다. 금속섬유의 대부분은 성형이 용이하고 부식되지 않는 특성을 가지는 스테인리스 스틸로 만들며, 니켈, 구리, 타이타늄 등의 금속을 사용할 수도 있다. 알루미늄박은 높은 온도와 강한 빛에 노출된 공간에서 인체를 보호해주는 우주복, 소방복 등을 만드는데 사용된다. 금속 섬유는 무겁고 열전도율이 높아서 의료용으로는 적합하지 않다. 내부식성이 우수한 금속섬유를 활용하면 연료전지와 전자재료에 활용되는 제품을 만들 수 있다.

형상기억합금에 기반한 금속섬유 라미네이트도 나왔다. 사물인터넷(IoT)에 적용되는 스마트 직물도 있다. 이 소재를 환자의 몸에 부착하면 원격 모니터링이나 진료가 가능해진다. 2020년에는 실온에서 자극에 반응하며 액체 용접이 가능한 스마트 반액체 금속 섬유도 등장하였다. '어플라이드 머티어리얼즈 투데이Applied Materials today'(Volume 20, 2020, 100738)에 게재된 논문에 따르면, 구오Rui Guo 등의 과학자들은 반액체 금속으로 코팅한 전도성이 있고 용접 가능한 섬유를 대량으로 제조하는 방법을 개발했다. 구리-갈륨-인듐을 사용한 Cu-Ga-In/fiber라고 하는 전도성 섬유는 섬유 코어, 접착성 폴리메타크릴레이트Polymethacrylate 코팅 및 반액체 금속으로 구성되어 있다.

5
우주 엘리베이터

잭과 콩나무 / 우주 엘리베이터 / 스페이스라인 / 미래를 바꿀 꿈의 신소재

잭과 콩나무

어머니와 함께 가난하게 살고 있는 잭은 자신과 어머니를 위해 어떤 선택을 할까? 소를 시장에 내다 팔라는 어머니의 말을 잊은 잭은 소를 콩과 바꾸었다. 어머니가 화를 내는 것은 당연했다. 다행히 그 콩은 마술 콩이었다. 콩 장수가 사기꾼이었더라면 어떤 결말로 이어졌을까? 어머니는 잭이 한 어처구니없는 행동에 크게 실망하고 눈물을 흘렸다. 그런데 창밖으로 내 던진 콩은 밤사이에 자라서 하늘에 닿았다. 잭은 콩나무를 타고 하늘로 올라갔다. 잭은 거인이 소유한 하프, 금화, 그리고 황금알을 낳는 암탉에 눈독을 들였다. 거인의 소유물을 들고 아슬아슬하게 탈출에 성공한 잭은 콩나무를 잘라 뒤따라 내려오던 거인을 죽였다.

잭은 영웅일까? 그의 행동은 옳았을까? 그런데도 잭은 어머니와 함께 행복하게 잘 살았다. 잭은 그른 방법을 통해서 가난을 끝냈다. 어머니는 나쁜 짓을 하는 잭을 말릴 수는 없었을까? 어머니는 어린 잭이 악한 짓을 하는 것을 용인한 것인가? 나의 행복을 위해서는 남을 죽여도 된다? 이게 어린이를 위한 동화라고? 미지의 세계로 나아가라, 그리고 빼앗아라? 그래서 영화로 나온 제목도 잭 더 자이언트 킬러Jack the Giant Killer였군! 원한 관계도 아니면서 상대를 죽인다는 설정은 뭐니? 잭과 콩나무는 도적적인 이야기가 아니라 우화적인 이야기로 보아야 한다는 의견도 있다. 쿼라Quora에 기고한 라

슨M. E. N. Larson의 견해를 들어 보자. 그에 따르면, 이야기를 문자 그대로 볼 것이 이니라 인간의 내면에 있는 어떤 상징으로 받아들여야 한다는 것이다. 내용 자체로 보면 도둑질과 살인에 관한 이야기이지만 행위의 합법성 또는 도덕성에 관한 것이 아니다. 소년이 남자로 여행하는 것은 자신의 삶에 대한 권력을 쟁취하는 행위이다. 동화를 해석하는 큰 실마리는 시작 부분을 보고 주인공의 삶에 없는 것을 보는 것이다. 이야기에 나오는 소는 어머니의 사랑과 양육의 상징인 모유를 나타낸다. 소를 시장에 판다는 것은 어린 잭에게 어머니로부터 독립하여 세상에 나아가 모험을 할 때가 되었다는 의미이다. 소를 콩으로 바꾸게 하는 낯선 사람은 잭의 대부이다. 그는 잭의 멘토이자 잭의 더 깊은 자아의 상징이다. 따라서 콩은 잭 안에 있는 잠재력의 씨앗이다. 잭이 돌아왔을 때 어머니는 콩을 창밖으로 던져 버리고 잭을 멍청이라고 비난한다.

많은 어머니들처럼, 잭의 어머니 역시 아들을 사랑하는 동안에는 아들의 잠재력을 실제로 볼 수 없다. 왜냐하면 그녀는 아들을 그녀 자신 또는 존재하지 않는 잭의 아버지와는 다른 독립적인 개인으로 볼 수 없기 때문이다. 콩나무가 밤새 자란다는 것은 잭이 남성으로서 그의 잠재력을 발견하는 모험을 의미한다. 거인의 세계는 잭의 가장 깊은 두려움과 희망이 이해할 수 있는 형태로 제공되는 일종의 꿈의 풍경으로 볼 수 있다. 그래도 어른이 되려면 잭은 이 두려운 남자다운 이미지에 맞서고 어두운 면에 굴복하지 않고 정신적 에너지를 내면화해야 한다. 그래서 잭은 거인의 보물을 훔쳐야 하는 것이다. 보물은 어른으로 자라는데 좋은 점, 즉 내면의 창조적 에너지를 발견하는 것의 상징이다.

황금알을 낳는 닭과 스스로 연주하는 하프는 성숙하고 창조적인 영혼의 상징이며, 이는 말라버릴 수 있는 소와 비교하면 영원한 부와 영양공급원이다. 잭이 거인을 이길 수 있도록 도와주는 거인의 아내는 잭의 성격의 여성적 측면인 아니마Anima(남성의 무의식 인격의 여성적 측면)로 간주될 수 있다. 잭이 보물을 가지고 돌아왔을 때, 어머니는 그를 꾸짖거나 다시 거세하려고 하지 않는다. 왜냐하면 잭은 이제 남자이기 때문이다. 잭이 가져온 부는 성숙의 상징이며, 이는 잭이 어머니를 돌볼 힘을 갖추었고 나중에 좋은 남편이 될 것을 의미한다. 잭은 어른으로의 여행을 마쳤다. 이와는 다른 의견도 제기되었다. 악과 도덕적 모호성에 직면할 때 스스로 결정을 내리는 방법을 배우는 것도 중요하다는 것이다.

우주 엘리베이터

"우주로 향하는 거대한 엘리베이터가 상상보다 빨리 현실화될 수 있다." 2018년 10월, 미국의 NBC 뉴스가 전하는 기사의 제목이다[기고: 스노든(Scott Snowden)]. 지금까지 우주로 가는 유일한 길은 로켓을 타고 가는 것뿐이었다. 그러나 머지않은 미래에, 사람과 화물을 우주로 올려 보내는 새로운 방법이 실현될 수 있을 것으로 예상되고 있다. 그것은 거대한 엘리베이터로, 지구 표면과 고도 36,000km 상공의 정지 궤도 위성 사이를 오르내릴 것이다. NASA는 이러한 우주 엘리베이터(Space elevator)의 기본 개념이 타당하고, 연구원들도 건설을 낙관하고 있다고 전했다. 일본 도쿄에 본사를 두고 있는 글로벌 건설회사 오바야시Obayashi Corp.는 2050년까지 건설할 계획이라고 밝혔으며, 중국은 2045년에 건설을 계획하고 있다. 국제 우주 정거장에서 곧 실시될 실험은 우주 엘리베이터의 실제 가능성을 결정하는 데 도움이 될 것이다.

우주 엘리베이터에 대한 아이디어를 처음 생각해 낸 사람은 1895년 러시아의 우주 계획 선구자인 치올콥스키Konstantin Eduardovich Tsiolkovsky(1857~1935)였다. 우주 엘리베이터는 지상에서 우주로 연결된 밧줄(Tether)에 의해서 올라가고 내려온다. 밧줄은 적도상에 있는 우주 정거장에서 지구 동기 궤도 오버헤드까지 연결된다. 지구 자전에 의한 원심력은 밧줄을 높이 잡아줄 것이다. 여기에 사용되는 밧줄은 무거운 강철 대신 가볍고 강도가 훨씬 우수한 그래핀Graphene이 가장 적합한 것으로 여겨지고 있다. 그래핀은 탄소의 동소체로 강철보다 200배 이상 강한 특성을 보이며 탄소나노튜브Carbon nanotube(CNT)를 능가하는 것으로 평가받고 있는 꿈의 소재이다. 우주 엘리베이터가 현실화된다면 화성, 금성 혹은 태양계 밖으로 향하는 우주선은 지구 상공의 궤도에서 만들어져 엘리베이터에서 발사될 수 있다. 우주 엘리베이터를 상용화하기 위해서는 그래핀을 연속적으로 길게 뽑아내는 기술이 필요하다. 그러나 탄소 나노 소재라 할지라도 안정성, 궤도를 돌고 있는 물체와의 충돌 가능성 등 여러 문제들을 해결해야 한다.

스페이스라인

태양계를 통한 인류의 확장에 가장 큰 장애물은 지구의 중력을 벗어날 때 드는 막대한 비용이다. 지구의 중력에서 벗어나기 위해서는 우주선이 탈출 속도 11.2km/s를 달성해야 하기 때문에 많은 연료를 필요로 한다. 우주 엘리베이터는 이러한 비용을 피할 수 있는 방법을 제공하여 사람과 화물을 지구로부터 일정 궤도까지 이동할 수 있도록 해 줄 것이다. 그러나 현대의 재료는 자체 무게를 지탱할 수 있는 케이블을 만들 정도로 강하지 않다.

천체물리학 연구자인 캠브리지 대학교의 페노이어Zephyr Penoyre와 컬럼비아 대학교의 샌포드Emily Sanford는 우주 엘리베이터와 유사하지만 약간 다른 개념을 수학, 물리학 분야의 논문초고 사이트인 아카이브arXiv에 공개하였다. 그들이 제안한 스페이스라인Spaceline은 지구에서 우주로 이동하는 우주 엘리베이터와는 달리 달 표면에서 지구 정지위성 궤도까지 연결하는 엘리베이터이다. 스페이스라인을 활용하여 물자를 수송한다면 기존 연료비의 3분의 2를 절약할 수 있을 것으로 예측되고 있다. 스페이스라인은 양끝을 지구 표면에서 약 4만 2,164km 떨어진 정지궤도와 달 표면에 고정하여 필요한 모든 것을 운반한다. 스페이스라인을 지구가 아닌 달에 고정하는 이유는 지구의 중력과 회전 속도를 견디기 어렵기 때문이다.

스페이스라인에 들어가는 재료의 강도는 우주 엘리베이터보다 훨씬 낮기 때문에 이미 대량 생산되고 있는 저렴한 섬유로 만들 수 있다. 스페이스라인은 충돌 가능성이 높은 공간을 피해서 설치할 수 있는 장점도 있다. 스페이스라인이 건설되면 라그랑주 점Lagrange point(인공위성 등이 두 개의 큰 천체에 의해 그 위치를 지킬 수 있는 5개의 위치)에 우주 식민지를 건설할 수 있을 것으로 예상된다.

미래를 바꿀 꿈의 신소재

화산 폭발, 운석 충돌, 산소 농도 감소, 이산화탄소 농도 증가. 이것은 지구상의 생명체들이 대량으로 사라져갈 때 나타났던 현상들이다. 지구 온난화로 인한 기후 변화로 온 지구가 몸살을 앓고 있다. 환경오염도 인류가 풀어야할 과제이다. 2020년 초부터는 코로나19가 전 세계적으로 확산되기 시작하였다. 2021년 3월 15일 현재 전 세계에서 1억 2,000만 명이 넘는 확진자가 발생하였고 사망자 수도 260여만 명에 달한다.

그럼에도 불구하고 우리는 인류의 미래를 낙관할 수 있을까? 세상을 변화시킬 우리의 미래는 어떤 모습일까? 일렉트로닉스electronics.howstuffworks.com가 소개하는 미래 기술(기고: Terri Briseno)은 어떤 것들이 있을까? 컴퓨터는 반도체 기술이 진보하면서 더 작은 칩에 더 많은 정보를 담을 수 있게 되었고, 지금은 단일 원자 트랜지스터 장치가 개발되어 원자 규모로 제어할 수 있게 되었다. 사람의 마음을 읽는 기계, 방대한 데이터, 양자 기술, 나노 기술은 공학, 의료 기기, 이미징, 컴퓨터 등에 적용되어 혁신적인 변화를 주도하고, 질병과 장애를 예방하고 치료할 수 있도록 해준다. 만능 번역기가 등장하여 언어가 다른 두 사람이 각자의 언어로 의사소통을 할 수 있다. 로봇은 내 친구? 아니 그 이상이 될 것이다!

2020년 5월 영국의 사이언스 포커스(sciencefocus.com)도 세상을 바꿀 22가지 아이디어를 소개하였다: 땀으로 에너지를 얻는 스마트 워치Smartwatch, 에너지를 저장하는 벽돌, 로봇 안내견, 스스로 치유하는 콘크리트(Self-healing living concrete), 살아있는 로봇(Living robot), 가상현실(Virtual reality, VR), 모두를 위한 인터넷, 시속 1,200km의 초고속 열차, 심장을 모니터링 하는 T-셔츠, 소리로 산불을 진압, 암을 감지하는 스마트 바늘(Smart needle), 스마트 푸드 라벨Smart food label, 자율주행 자동차(Self-driving car), 인공 뉴런(Artificial neuron), 수상 농장(Floating farm), 과학 기술의 발달로 주 4일 근무가 보편화, 홍적세 공원(Pleistocene Park), 거의 완벽한 단열(Insulation) 실현.

상상을 더하다 7

-스파이더맨-

1. 인간과 다른 생명의 능력을 융합하는 사례가 있을까?
2. 스파이더맨의 거미줄은 왜 질긴가?
3. 스파이더맨의 능력을 군사용 무기로 이용할 수 있을까?
4. 스파이더맨이 악한 사람이라면 어떤 일이 벌어질까?
5. 곤충을 조종할 수 있다면 어떤 일에 활용할 수 있을까?
6. 반대로 거미가 사람의 능력을 가질 수도 있을까?
7. 사람도 이종교배가 가능할까?
8. 거미줄에 달라붙지 않는 물질이 있을까?
9. 거미가 거미줄에 달라붙지 않는 이유는 무엇일까?
10. 거미줄은 어떻게 그처럼 탄력적일 수 있을까?
11. 거미줄을 인공적으로 대량생산 할 수는 없을까?
12. 거미줄의 성분으로 실생활에 유용한 물건을 만들 수 있을까?

8장
이상한 나라의 앨리스

1
거울 속으로

거울아 거울아 / 마법의 거울 / 왼손잡이 아미노산 / 거울 우주 /
거울 분자 / 카이랄 의약품

거울아 거울아

앨리스는 거울을 통해서 실제 세계와 가상의 세계를 넘나든다. 앨리스가 거울 앞에 서 있다. 앨리스가 오른 손을 들자 거울 속의 앨리스는 왼손을 든다. 앨리스는 한참동안 거울을 응시하다가 거울 속으로 들어갔다. 이상한 나라로 들어간 것이다. 앨리스가 거울 속에 갇혔다. 거울 속의 세상은 한편으로는 뒤틀려있고 혼란스럽고 이상하지만, 다른 한편으로는 신기하고 마법 같은 세상이다. 앨리스가 들어간 거울 속의 판타지 세계는 루이스 캐럴Lewis Carroll(1832~1898)의 상상력이 만들어낸 원더랜드이다.

〈백설 공주〉는 실존 인물 발데크Margaretha von Waldeck(1533~1554)를 모델로 하여 고대로부터 전해지던 독일 신화를 결합하여 탄생한 동화이다. 1812년 그림 형제의 동화에 수록되었다. 외모는 아름답지만 사악한 마녀가 있었다. 왕비가 된 그녀가 거울에게 물었다. "거울아, 거울아. 이 세상에서 누가 제일 아름답지?" 거울은 백설 공주라고 대답하였다. 왕비는 사냥꾼을 시켜 백설 공주를 죽이라고 명하였다. "거울아, 거울아. 이 세상에서 누가 제일 아름답지?" 거울은 백설 공주라고 대답하였다. 왕비는 독이든 사과를 백설 공주에게 건넸다. "거울아, 거울아. 이 세상에서 누가 제일 아름답지?" 백설 공주라는 말에 왕비는 왕비가 되어 백설 공주를 찾아간다. 그러나 왕비를 기다린 것은 빨갛게 달궈진 쇠구두였다. 사악한 새 왕비는 백설공주가 제일 아름답다는 거울의 대답에 극도의 분노를 표출한다. 그녀는 결코 무덤덤하거나 지기 비하에 빠지는 평범한 인물이 아니다. 자존감을 넘어, 그리고 단순한 분노조절장애를 넘어 백설공주를 죽이는 잔인함을 보인다. 그리고는 종국에는 자신도 끔찍한 파국을 맞는다. 동화에 나오는 왕비는 거울 망상증 환자였나?

나르키소스Narcissus는 하신 케피소스Cephissus와 님프 리리오페Liriope의 아들로 매우 아름다운 외모를 가진 청년이었다. 그러나 그는 그 누구도 사랑하지 않았다. 리리오페는 예언가에게 아들이 오래 살 것인지 물었더니 '자신을 모른다면 오래 살 것'이라는 답변을 들었다. 나르키소스는 자신에게 구애하는 수많은 여자들을 뿌리쳤다. 응보의 여신 네메시스Nemesis가 사랑을 구애하다 멸시를 당한 님프의 기도를 들었다. 어느 날 나르키소스는 물에 비친 자신의 모습을 사랑하게 되었다. 그것이 지신의 반사된 모습인 것을 알아차린 그는 슬픔을 이기지 못하고 자살하였다. 그가 죽은 자리에서 수선화가 피어났다.

나르시시즘Narcissism은 이상화된 자신에 대한 자기애적인 성향을 말한다. 1800년대 후반에 심리학적 용어로 정의되기 시작하였다. 1911년 오스트리아의 심리분석가 랜크Otto Rank(1884~1939)는 나르시시즘과 관련된 최초의 정신 분석 논문을 출판하여 허영심과 자기 칭찬과 연결시켰다. 그로부터 3년 후에는 정신분석학의 창시자로 알려진 오스트리아의 프로이트Sigmund Freud(1856~1939)가 〈나르시시즘에 대하여〉라는 논문을 발표하였다. 나는 누구인가? 나는 다른 사람을 통해서 나를 본다. 나는 다른 사람과의 관계를 통해서 나 자신을 되돌아본다. 다른 사람은 나를 보는 거울이다. 거울 자아(Looking glass self)란 1902년 미국의 사회학자 쿨리Charles Cooley(1864~1929)가 〈인간 본성과 사회 질서〉에서 소개한 용어로, 우리가 다른 사람들에게 어떻게 보이는지에 대한 우리의 반영으로 설명된다. 사람은 사회적 동물이다. 우리는 다른 사람들과의 다양한 상호작용 속에서 살아간다. 거울자아 이론이란 다른 사람들이 바라보는 나의 모습을 자기 모습의 일부분으로 흡수하여 자아를 형성해 간다는 이론이다. 다른 사람이 나를 긍정적으로 평가해 주면 긍정적인 자아가 형성되고, 반대로 부정적으로 평가해 주면 부정적인 자아가 형성된다.

긍정적인 기대는 좋은 결과를 낳는다. 교사나 부모의 기대를 받는 학생은 성적이 향상되는 경향이 있다. 이를 '피그말리온 효과(Pygmalion effect)'라고 부른다. 그리스 신화 속의 피그말리온은 자신이 조각한 여성상을 진심으로 사랑하였는데, 이를 지켜본 미의 여신 아프로디테가 조각상을 인간으로 만들어 주었다. 반면에 부모나 교사가 기대하지 않은 학생은 성적이 떨어지는 경향이 있는데, 이를 '골렘 효과(Golem effect)'라 한다. 비즈니스 분야에서 관리자가 직원에 대해 부정적인 시각을 보이는 경우, 직원은 동기 부여가 줄어들고 업무 생산성이 저하될 수 있다. 관리자는 직원의 귀중한 아이디어를 무시할 수 있다. 이는 관리자, 직원, 회사 모두에게 이익이 되지 않는다.

과도하게 자신이 중요하다고 생각하는 사람이 있다. 이들은 공감 능력이 결여되어 있으며 권력과 성공 또는 외모를 중시한다. 이들이 보이는 행동을 NPD(Narcissistic Personality Disorder, 자기애적 인격 장애)라고 한다. NPD가 나타나는 이유는 무엇일까? 어린 시절에 학대를 당한 사람은 자기애적 성격을 띠고 다른 사람들보다 우월하다고 느낀다. 보상 및 방어 메커니즘이 작동하여 다시는 희생자가 되지 않으려하기 때문이다. 방치된 상태로 자란 경우에도 자신과 세상 사이에 장벽을 세운다. 이 장벽은 자기애이다. 이런 사람은 공감 능력이 결여되어 있다. 부모가 언행이 일치하지 않거나 변덕스러운 경우에도 아이들은 깊은 불안감을 불러일으킨다. 이런 부모는 자녀에 대해 과장되게 칭찬하거나 너무 가혹하게 비판하기도 한다. 이런 환경으로 인한 고통에 대한 반응으로 자기애가 나타난다. 공허한 칭찬은 죄책감을 가지고 있는 부모들에게서 전형적으로 나타난다. 이런 부모는 자신의 결함을 보완하기 위해 과도한 칭찬과 비싼 선물을 한다. 이것은 진정한 애정 부족을 보상하고 은폐하는 방법이다. 이로 인해 아이는 현실과는 거리가 먼 이상화된 자신의 이미지를 구축한다. 과도한 보호도 학대의 한 형태이다. 그것은 두려움과 불안의 메시지를 전달한다. 아이들은 스스로 인생의 어려움에 직면 할 수 없다는 생각을 마음속에 심는다. 그들은 또한 자신 안에 약점이 있다고 생각한다. 이로 인해 불안감과 과장된 나르시시즘이 생겨난다. 시간이 지남에 따라 그는 스스로를 가두기 시작한다. 그들은 자신만의 버블 속으로 들어간다.

마법의 거울

'이것'은 악을 물리치고 행운을 가져오며 심지어 죽음으로부터 보호해준다. 문학 속에 '이것'이 등장하면 모든 것을 가능하게 만드는 판타지로 태어난다. '이것'은 나르키소스가 죽어 수선화가 되었다는 이야기에도 등장한다. 백설공주를 향해 분노하는 새 왕비의 '이것'은 악마로 변신한 나르키소스이다. '이것'은 무엇일까? 바로 거울(Mirror)이다. 루이스 캐럴이 쓴 〈거울 나라의 앨리스, 1871년〉에서는 거실에서 고양이와 놀던 앨리스가 '거울' 안으로 발을 들이밀자 모든 것이 반대인 환상의 세계로 안내된다. 해리포터 시리즈에서는 '소망의 거울(Mirror of Erised)', 말하는 거울, 적을 비추는 거울(Foe-Glass), 양면 거울이 등장한다. 여기서 Erised는 욕망을 뜻하는 'desire'의 철자를 거꾸로 한 것이다. 흡혈귀는 영혼이 없기 때문에 '거울'에 모습이 비치지 않는다. 영화 〈매트릭스〉와 〈블랙 스완〉에서도 '거울'은 중요한 역할을 한다. 셰익스피어의 '거울'은 삶을 있는 그대로 보여주는 거울, 자연을 비추는 거울이다. 민속, 신화, 전설 등에 등장하는 '거울'은 마법 같은 존재이다.

거울은 이미지를 반사한다. 거울에서 반사되는 빛은 거울 앞에 있는 모든 이미지를 보여준다. 거울은 이미지의 방향을 반전시킨다. 거울은 뒤에 있는 물체 또는 시야에서 벗어난 물체를 볼 수 있게 해준다. 거울은 이미지를 왜곡, 확대 또는 축소 할 수 있다. 거울은 망원경, 레이저, 카메라, 잠망경 및 산업 기계와 같은 광학 및 과학 장치에도 사용된다. 거울은 음파를 반사한다. 또한 거울은 빛을 모을 수도 있다. 거울은 빛의 세기를 약화시키지 않고 멀리까지 보낼 수 있다. 거울은 물질을 태울 수도 있다. 거울은 물속에서도 물 밖을 볼 수 있게 해 준다. 거울은 바다 위에서 해저를 보여준다. 거울은 아주 먼 곳의 물체를 볼 수 있게 해준다. 심지어 거울은 홀로그램을 구현해주기도 한다. 거울이 과학을 만나면 상상 이상의 마법이 된다.

왼손잡이 아미노산

이솝 이야기에 욕심 많은 개가 등장한다. 훔친 고기 조각을 입에 물고 개울을 건너고 있던 개가 있었다. 개는 물에 반사된 자신의 모습을 보았다. 다른 개가 입에 고기를 물고 있었다. 욕심 많은 개는 다리 밑에 있는 고기가 더 크고 맛이 있어 보여 빼앗으려고 크게 짖었다. 그러자 입에 물고 있던 고기가 물속으로 떨어졌다. 개는 괜한 욕심을 부리다가 자신의 것도 잃어버리고 만다.

물에 반사된 고기는 실제로는 존재하지 않는 고기이다. 앨리스의 거울을 사용하여 거울 속의 고기를 현실 세계로 가져온다면, 개는 그 고기를 먹을 수 있을까? 먹어도 될까? 먹는다면 어떤 일이 벌어질까?

단백질은 아미노산으로 이루어진 거대분자이다. 자연계에 존재하는 아미노산은 L형[왼손잡이, 라틴어: laevus(left)]과 D형[오른손잡이, 라틴어: dexter(right)]으로 존재한다. 이 둘은 이성질체이다. 이성질체란 분자식은 동일하지만 원자의 배열 상태가 다른 분자들을 가리키는 말이다. L형과 D형의 이 두 이성질체는 서로 거울상 이성질체이다. 두 아미노산은, 오른손과 왼손이 서로 거울상이면서 포개지지 않는 것처럼, 서로 포개지지 않는다. 따라서 이 둘은 별개의 물질이다.

생명체는 입체특이성으로 인해 왼손잡이와 오른손잡이의 두 아미노산 중 하나를 선택하도록 진화했으며 왼손잡이가 승리하였다. 생명체를 구성하는 아미노산의 대부분은 L 아미노산이다. 한편 DNA를 구성하는 당(Sugar) 분자는 오른손잡이 형태로 존재한다. 오른손잡이와 왼손잡이 아미노산이 무작위로 들어 있다면 제대로 기능할 수 없다.

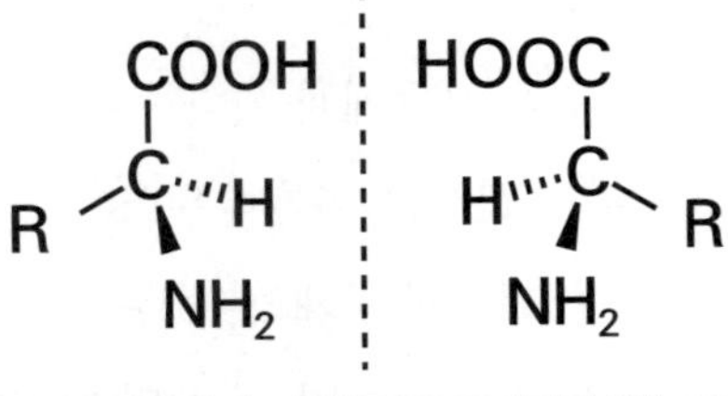

왼쪽과 오른쪽의 두 아미노산은 서로 포개지지 않는 거울상이다.

생명체는 어떻게 해서 L 아미노산을 선택하게 된 것일까? 이에 대해서는 다양한 주장이 제기되고 있다. D와 L 아미노산 중 D 아미노산이 바닷물에 대한 용해도가 낮아서 결정화가 이루어졌다. 따라서 생명체는 바닷물에 풍부하게 녹아 있는 L 아미노산을 이용하는 방향으로 진화하지 않았을까? L 아미노산이 더 안정하여 생명이 탄생되었을 당시의 지구 환경에서 살아남아 생명의 빌딩블록으로 제공되지 않았을까?

우리 은하는 키랄 스핀Chiral spin과 자기적 배향을 가지고 있어서, 우주 먼지 입자들이 하나의 방향으로만 별빛을 편광시키는데, 그 이유는 이 편광에 대해서 L 아미노산이 더 안정하기 때문이다. 결국 더 안정한 L 아미노산으로부터 생명이 만들어지는 것이 더 유리하다. 생명의 씨앗이 지구상에서 시작되었을 가능성도 있지만, 초기 대기에서는 유기 분자들이 생성될 수 있는 환경이 아니었다. 태양의 자외선이 태양계 내의 먼지로부터 유기물 형성을 주도하였고, 이들은 지구에 떨어진 운석이나 혜성을 통해 지구에 안착하였다. 2011년 미국 NASA의 연구진이 운석의 분자 구조를 분석하여 "지구의 생명체가 우주에서 왔을 가능성이 높다."고 주장하였다. 운석에 들어 있는 아미노산인 이소발린Isovaline의 구조가 지구의 유기체를 구성하는 아미노산과 동일한 형태를 하고 있었던 것이다.

2019년 5월 스페이스닷컴space.com에 월Mike Wall이 게재한 기사에 따르면 지구상의 생명은 태양계가 아닌 먼별에서 왔을 수 있다고 한다. "우리 모두는 먼 별에서 온 외계인인가?" 생명체는 이상한 시가 모양의 물체인 '오우무아무아Oumuamua'(하와이어로 '먼 곳에서 온 메신저'라는 뜻)와 같은 성간 방문객을 타고 멀리서 지구로 여행했을 수 있다고 한다. 오우무아무아는 2017년 하와이대학의 팬스타즈Pan-STARRS 팀이 발견한 외계 성간천체이며, 2018년 태양계에서 완전히 벗어났다. 오우무아무아는 천체 관측 사상 최초로 외계에서 날아온 물체로 알려져 있다.

지구에 생존하는 생명체의 기원이 우주에서 왔다는 가설이 있다. 바로 배종발달설(Panspermia)이다. 1903년 스웨덴의 화학자 아레니우스Svante August Arrhenius(1859~1927)가 발표한 이 가설은 생명이 우주 전체에 존재하며, 우주 먼지, 유성체, 소행성, 혜성, 행성 등에 의해 퍼졌다고 하는 우주기원설이다. 수십억 년 전 우주를 떠돌던 박테리아가 지구에 떨어진 후 번식하여 고등생명체로 진화했다는 이론이다.

거울 우주

새 왕비의 거울은 있는 그대로 비춘다. 거울은 진실만을 말한다. 사물이 거울에 보이는 것보다 가까이 있도록 하는 거울도 있다. 자동차의 사이드 미러이다. 또한 거울은 이미지를 실제보다 크게 혹은 작게 만들 수도 있다. 어떤 거울은 외모를 아주 이상하게 보이게 할 수 있다.

거울은 만화경, 미로, 디스코 볼 등에도 사용된다. 거울은 보이지 않는 것을 반사하거나 보이는 것을 왜곡할 수도 있다. 거울은 예술과 오락 등에서도 사용된다. 거울이 없었다면 유명한 자화상도 나오지 않았을 것이다. 거울은 태양광 발전을 위해 햇빛을 모으는 데에도 사용된다. 아폴로 11호는 달에 거울을 남겨 두었다. 이것은 지구에서 보낸 레이저 빛을 반사하는데 사용되며 이를 통해서 지구와 달까지의 거리를 측정할 수 있다. 마술에서도 종종 거울이 사용된다. 거울은 마법이다.

〈거울 나라의 앨리스, 1871년〉에서 앨리스는 거실에서 흰 고양이, 검은 고양이와 놀다가 벽난로에 올라가 벽난로 뒤에 있는 벽걸이 거울을 들여다본다. "거울 속은 어떤 세상이 펼쳐져 있을까?" 앨리스는 거울 안으로 발을 들이밀었다. 그러자 모든 것이 반대인 환상의 세계가 펼쳐졌다. 앨리스의 거울은 다른 세상으로 가는 통로이자 현실의 세계로 되돌아 올 수도 있는 마법의 거울이다.

우리가 생각하지 못한 세상이 있다. 스타트렉Star Trek TV 에피소드에 나오는 우주는 우리의 상상을 초월한다. 바로 '거울 우주(Mirror universe)'이다. 스타트렉 속의 우주는 평화, 협력 및 탐험을 중시하는 낙관적인 미래를 묘사하는 반면, 거울 우주에 설정된 에피소드는 전쟁, 전제주의 및 정복을 대신하는 인간이 지배하는 권위주의적인 제국이다. 거울 속에 비친 내 모습은 나의 원래 모습이 아니다. 내가 오른 손을 들면 거울 속의 나는 왼손을 든다. 거울 속에 비친 천사의 모습은 좌우가 뒤바뀐 천사일 수 있지만 악마일 수도 있다. 스타트렉에 등장하는 거울 우주(악)는 우리 우주(선)와는 정 반대로 설정되어 있다.

거울 우주는 광대한 우주에서 인간이 얼마나 미미한 존재인가를 더욱 실감하게 해 준다. 우리 우주 말고도 또 다른 우주가 존재할까? 거울 우주가 바로 우리 곁에 있을지 모른다고 한다. 2020년 6월 22일자 라이브사이언스[기고: 레츠터(Rafi Letzter)]에 따르면 미국 NASA가 시간이 거꾸로 가는 다른 평행 우주(Parallel universe)를 발견하였다. 평행 우주는 거울 우주의 또 다른 이름으로서 다중 우주(Multiple universe) 혹은 메가우주라고도 한다.

캐나다의 온타리오에 있는 페리미터 연구소(Perimeter Institute)의 물리학자 보일Latham Boyle과 그의 동료들은 2018년 12월 '피지컬 리뷰Physical Reiew'에 게재한 논문에서 시간이 지남에 따라 우리 우주를 반영한 거울 우주를 제안하였다. 과학자들은 그런 우주가 우리 곁에 일을 수 있다는 것을 증명하고자 하고 있다. 우리 우주는 빅뱅의 반대편에 반물질(Antimatter) 파트너가 있다고 한다. 우리 우주가 빅뱅 이전의 시간을 거슬러 올라가는 반물질 우주(Antimatter universe)의 거울 이미지 일 수 있다는 것이다. 캐나다의 물리학자들이 반우주(Antiuniverse)의 존재를 가정하는 새로운 우주 모델을 고안했다. 연구자들은 이 이론이 암흑 물질의 존재를 자연스럽게 설명한다고 말한다.

거울 분자

거울 앞에 섰다. 거울 속에 나의 모습이 보인다. 거울 속의 내가 거울 밖으로 걸어 나왔다. 거울 밖으로 걸어 나온 나는 나일까? 아닐까? 나는 이마의 오른쪽에 점이 있는데, 거울 밖으로 나온 나는 이마의 왼쪽에 점이 있다. 나는 왼 손에 시계를 차고 있었는데, 거울 속의 나는 오른손에 시계를 차고 있다. 나는 오른손잡이인데, 거울 속의 나는 왼손잡이이다. 나와 거울 속의 나는 같은 모습인 것처럼 보이지만 서로 포개지지 않는다. 모든 물체는 거울상을 갖는다. 물체와 물체의 상이 서로 포개지지 않는 경우를 '카이랄Chiral'하다고 말한다. 오른손의 거울상과 오른손은 서로 포개지지 않는다. 카이랄

성Chirality이라는 단어는 "손Hand"을 뜻하는 그리스어 χειρ(Kheir)에서 파생되었다.

빛의 편광에 대한 연구를 수행하였던 프랑스의 비오Jean-Baptiste Biot(1774~1862)는 1832년 타르타르에서 얻은 타르타르산(주석산, Tartaric acid)이 편광면을 오른쪽으로 회전시키는 성질, 즉 '광학 활성(Optical activity)'이 있다는 사실을 발견하였다. 비오가 발견한 광학 활성은 프랑스의 화학자 파스퇴르Louis Pasteur(1822~1895)의 실험에 의해 뒷받침되었다. 1848년 파스퇴르는 타르타르산의 결정을 조사하여, 2종류의 타르타르산을 얻을 수 있었다. 각각의 타르타르산 용액에 면편광(Plane-polarized light)을 쪼여준 결과, 하나는 편광면을 시계방향으로 회전시키는 데 반해서, 다른 하나는 반시계방향으로 회전시킨다는 사실을 발견하였다. 이 두 타르타르산은 편광면을 시계방향 또는 반시계방향으로 회전시키는 (+)-타르타르산과 (-)-타르타르산으로 알려져 있다. 파스퇴르는 키랄 분자의 존재를 최초로 보여주었다. (+)-타르타르산과 (-)-타르타르산이 동량 섞인 용액의 경우에는 편광면을 회전시키지 않는데, 이를 '라세미 혼합물(Racemic mixture)'이라 부른다. 파스퇴르의 이러한 발견은 입체화학의 발전에 크게 기여하였다.

오렌지와 레몬 껍질에는 모두 리모넨Limonene이라는 분자가 들어 있다. 그러나 오렌지 껍질에 들어 있는 리모넨 분자는 레몬 껍질에 들어 있는 리모넨 분자와 구조가 서로 다르다. 또한 구조에 따라 냄새도 다르다. (+)-리모넨은 오렌지에 들어 있는 리모넨이고, (-)-리모넨은 레몬에 들어 있는 리모넨이다. 오렌지에 들어 있는 리모넨 분자는 우선성(Right-handed)이고, 레몬에 들어 있는 리모넨 분자는 '좌선성(Left-handed)'이다.

스피아민트Speamint와 캐러웨이Caraway에는 카본Carvone이라는 분자가 들어 있다. 그러나 스피아민트와 캐러웨이에 들어 있는 카본 분자는 동일하지 않다. 이들은 서로 거울상 분자(Mirror molecule)이다. (-)-카본은 스피어민트에 들어 있는 카본이고, (+)-카본은 캐러웨이에 들어 있는 카본이다. 스피어민트에 들어 있는 카본 분자는 좌선성이고 케러웨이에 들어 있는 카본 분자는 우선성이다.

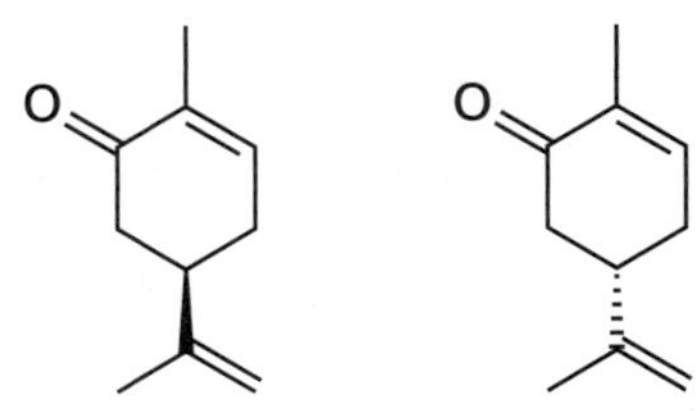

(−)−카본(좌)과 (+)−카본(우)

사람의 손(Hands)은 분자의 'Handedness'라는

개념에 대한 좋은 예를 제공한다. (+)-카본이 오른손이라면 (-)-카본은 왼손이다. 분자의 'Handedness'가 어떻게 냄새에 영향을 미칠까? 코의 신경 말단 수용체가 분자를 흡수하면 자극이 뇌에 전달된다. 그러면 뇌가 냄새를 해석한다. 오렌지에 들어 있는 (+)-리모넨과 레몬에 들어 있는 (-)-리모넨은 우리의 오른손과 왼손처럼 분자의 구조가 다르다(서로 거울상이다). (+)-리모넨과 (-)-리모넨을 인식하는 수용체의 구조는 서로 거울상으로 존재한다. 따라서 (+)-리모넨을 인식하는 수용체는 (-)-리모넨은 인식하지 못한다. 오른손은 오른쪽 장갑에만 들어가고 왼손은 왼쪽 장갑에만 들어간다. 마찬가지로, 오른손 모양의 수용체는 오론손 모양의 분자[(+)-리모넨]와만 상호작용하고, 왼손 모양의 수용체는 왼손 모양의 분자[(-)-리모넨]와만 상호 작용한다.

카이랄 의약품

생명은 L-아미노산과 같이 카이랄한 기본 요소를 기반으로 탄생되었다. L-아미노산과 D-아미노산은 언뜻 보기에는 비슷해 보이지만 생명의 입체 특이성은 둘 중에서 하나만을 선호한다. 화학 물질의 구조는 그 물성에 지대한 영향을 미친다. 따라서 화학에서 입체화학은 가장 기본적이고 중요한 분야이다. 의약품에서 거울상 이성질체가 존재하는 경우에는 "카이랄 의약품(Chiral drug)"으로 분류하고 있다.

리모넨($C_{10}H_{16}$)은 고리 구조를 가지는 모노테르펜Monoterpene(이소프렌 2단위로 이루어짐)으로 분류되는 지방족 탄화수소이다. 리모넨 분자는 R-리모넨과 S-리모넨으로 존재하는데, R-이성질체는 오렌지 냄새를 내고, S-이성질체는 레몬 냄새를 낸다.

서로 거울상인 두 이성질체를 구분하기 위해서는 (+)와 (-)로 표기하거나 R과 S로 표기한다. 여기서 두 이성질체는 이성질체의 용액이 편광면을 시계 방향 또는 반시계 방향으로 회전시키는 지에 따라 (+) 또는 (-)로 표기 한다. 예를 들면, 고혈압과 협심증 치료에 쓰이는 암로디핀Amlodipine의 두 거울상 이성질체는 (+)-암로디핀 혹은 (-)-암로디핀으로 표기한다. 서로 거울상인 두 이성질체를 R과 S로 표기하기도 하는데, 여

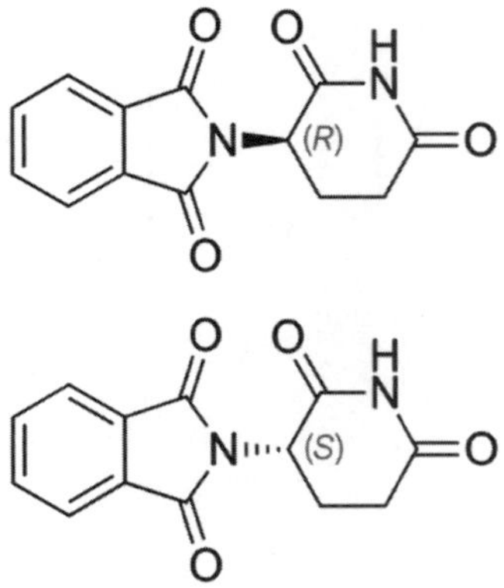

탈리도마이드의 두 거울상 이성질체

기서는 탄소 원자에 붙은 치환기를 순위 규칙에 따라 순위를 붙이고 나서, 순위가 감소하는 방향이 시계 방향(R, Rectus, Latin: Right) 또는 반시계 방향(S, Sinister, Latin: Left)에 따라 R 또는 S로 명명한다. 예를 들면, 심장 박동을 조절하여 고혈압, 부정맥 치료 등 심혈관계 질환을 치료하는데 사용되는 프로프라놀롤Propranolol의 두 거울상 이성질체는 (R)-프로프라놀롤과 (S)-프로프라놀롤로 표기한다.

처방전 없이 구입할 수 있는 진통제인 이부프로펜Ibuprofen은 현재 R-과 S-의 두 거울상이성질체의 혼합물로 판매되고 있는데, S 거울상 이성질체만 효과적이며, R 이성질체는 억제 효과를 나타내지 않는다. 다행히 R-이부프로펜은 명백한 부작용을 나타내지 않으며, 신체 효소에 의해 S-이부프로펜으로 점진적으로 이성질화된다. 의약품 역사상 가장 비극적인 사례는 탈리도마이드Thalidomide에서 나타났다. 탈리도마이드는 1950년대 후반부터 1960년대까지 임신부의 입덧 방지제로 시판되었는데, 두 거울상 이성질체의 혼합물 형태로 판매되었다. 그런데 R-탈리도마이드는 진정작용을 하였으나, S-탈리도마이드는 태아 기형을 유발하였다. 탈리도마이드에 의해서 팔다리가 극단적으로 짧아진 기형아 출산은 전 세계에서 10,000명이 넘었으며, 특히 유럽에서만 8,000명이 넘었다. 역사상 최악의 의약품이었던 탈리도마이드가 최근에는 한센병과 암의 치료에 쓰일 수 있다는 것이 알려져 재조명을 받고 있다.

카이랄 의약품의 두 이성질체는 서로 다른 생리활성을 보인다. 페니실아민Penicillamine의 D-이성질체는 관절염 치료제로 사용되고 있으나, L-형은 심한 독성을 유발한다. 티록신Thyroxine의 (S)-이성질체는 갑상선 호르몬으로 사용되는 반면, (R)-형은 고콜레스테롤 치료제이다. 에탐부톨Ethambutol의 (S,S)-형은 결핵 치료제로 사용되지만 (R,R)-형은 실명을 유발할 수 있다.

2
LSD

LSD / 앨리스의 심리학 / MRI 속으로 들어간 앨리스

LSD

이상한 나라의 앨리스는 수학자였던 루이스 캐롤의 수학적 유희가 잘 드러난 동화이다. 한편, 이 동화에 나오는 약이나 정체불명의 음료를 마시고 키가 커지거나 작아지는 등의 내용을 보면 환각제를 먹고 영감을 받아 쓴 것이라는 논란도 불러 일으킬 만하다. 1967년 사이키델릭 록Psychedelic rock의 대표 주자였던 제퍼슨 에어플레인Jefferson Airplane은 〈이상한 나라의 앨리스〉 같은 판타지 동화를 바탕으로 상상의 나래를 펼쳤다. 그가 부른 "흰 토끼"에 나오는 가사를 보자. "알약 하나를 먹으면 커지고, 하나를 먹으면 작아져. 물담배를 피우는 애벌레가 널 부른다고 말해. 네가 어떤 버섯을 먹고 정신이 나른해 지면. 앨리스에게 물어봐. 그녀는 알거야……."

1938년 스위스의 화학자 호프만Albert Hofmann(1906~2008)은 리세르그산(Lysergic acid)의 유도체를 연구하던 중에 LSD(Lysergic acid diethylamide, 리세르그산 디에틸아마이드)를 합성하였다. 합성의 주요 목적은 분만촉진제를 개발하는 것이었다. 1943년 그는 LSD를 재합성하던 중에 실수로 소량을 흡입하게 되었는데, 대단한 효력이 나타났다. 경미한 현기증과 함께 불안하고 초조한 증세가 나타난 것이다. 그는 불쾌하지 않으면서 술에 취한 것 같은 상태에 빠져 들었다. 그리고 꿈같은 상태에서 환상적인 그림들이 나나타났다. 이러한 증세는 약 2시간 동안 지속되었다.

3일 후 호프만은 의도적으로 250μg의 LSD를 섭취했다. 이날은 자전거를 타고 집에 갈 때 약물의 효과를 느끼기 시작했기 때문에 "자전거의 날"로 알려져 있다. 이것은 최초의 의도적인 'LSD 여행'이었다. 호프만은 평생 동안 소량의 LSD를 계속 복용했으며 항상 그 용도를 찾기를 희망하였다. 회고록에서 그는 LSD를 "신성한 약물"이라고 강조했다.

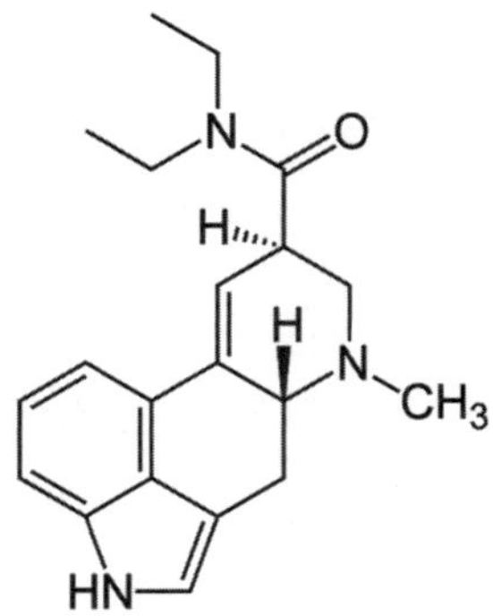

LSD

환각을 유발하는 물질은 버섯, 선인장 및 기타 다양한 식물에서 발견되며 의학, 종교 및 오락 분야에서 사용되어 온 약물 중 하나이다. 1970년 이전 까지만 해도 많은 사람들이 LSD 같은 환각제를 기적의 신약으로 여겼다. LSD는 히피, 록 음악가, 문학, 영화 등 예술의 중심으로 들어왔다. 1960~1970년대 미국에서 사이키델릭 열풍은 대단했다. 사이키델릭 록은 1960년대 중, 후반의 주류를 형성한 음악으로, 현란한 조명효과에 마약을 한 상태에서 연주하는 것 같은 환각적인 분위기를 특징으로 한다.

사이키델릭 록을 부른 대표적인 가수로는 그레이트풀 데드Grateful Dead, 더 좀비스The Zombies, 아프로디테스 차일드Aphrodite's Child, 지미 핸드릭스 익스피리언스The Jimi Hendrix Experience, 핑크 플로이드Pink Floyd, 스피릿Spirit, 무디 블루스The Moody Blues 등이 있다. 그러나 젊은 계층을 중심으로 많은 사람들이 LSD를 대거 복용하면서 사회문제로 등장하기 시작하였다. 오늘날 대부분의 선진국에서 환각제를 소지하는 것은 범죄로 간주되고 있다.

LSD는 20~30mg으로도 환각 효과를 유발하는 강력한 환각제이다. 환각 효과는 코카나무 잎에서 추출한 코카인Cocaine의 100배나 되며, 중추신경계 각성제인 메스암페타민Methamphetamine의 300배에 달한다. LSD는 1943년 스위스의 화학자 호프만이 맥각 균에서 합성한 알칼로이드Alkaloid 계열의 화합물로서 무미, 무취, 무색의 분발 형태로 얻어진다.

사이키델릭은 환각 마약류를 지칭하는 용어로 LSD의 은어로 사용되기도 한다. LSD

를 복용하면 수많은 자극이 인체의 감각 기관으로 동시에 밀려오는 느낌을 받는다. 그러나 LSD를 남용하면 뇌 손상을 유발하며 눈동자가 풀리고 창백해지며 심박동과 혈압이 빨라지고 수전증이나 오한 등이 나타난다.

실로시빈Psilocybin은 200여 종의 환각 버섯에 들어 있는 환각제로서 이것을 섭취하면 환각, 정신 착란, 지각 상실 등의 증상이 나타난다. 실로시빈은 체내에서 사일로신Psilocin으로 전환되는데, 이는 LSD나 DMT(*N,N*-dimethyltryptamine, 디메틸트립타민)와 유사한 정신 변화 효과를 나타낸다. 일반적으로 행복감, 시각적 정신적 전환, 지각 변화, 왜곡된 시간 감각 및 영적 경험을 유발하며 메스꺼움이나 공황 발작 같은 부작용이 나타날 수 있다.

메스칼린Mescaline은 LSD와 실로시빈에 맞먹는 환각효과를 내는 것으로 알려진 페네틸아민Phenethylamine 계열의 화합물로, 페요테 선인장(Peyote cactus), 산페드로 선인장(San Pedro cactus), 페루 토치 선인장(Peruvian torch cactus) 등에 들어 있다. 이들 선인장은 멕시코, 페루, 에콰도르 등의 원주민에 의해 오랫동안 사용되어 왔다. 페요테는 멕시코의 아메리카 원주민에 의해 5,700년 동안 사용되었다. 메스칼린은 1897년 독일의 화학자 헤프터Arther Heffter(1859~1925)에 의해 최초로 분리되었고, 1918년 오스트리아의 화학자 슈패트Ernst Späth(1886~1946)에 의해 처음으로 합성되었다.

그런데 반문화 약물로 악명이 높았던 강력한 환각제인 LSD를 새로운 용도로 사용할 수 있다는 연구 결과도 나왔다. 환각제는 뇌의 기능과 구조에 영향을 미치고 뉴런 성장을 촉진할 수 있다. 정확히 LSD가 뇌에 미치는 영향은 복잡하지만 세로토닌 및 도파민과 같은 여러 수용체와 상호 작용하는 것으로 보인다. 과학자들은 새로운 사고방식을 장려하고 뇌의 습관적 사고 패턴을 리셋하기 위한 LSD의 잠재력을 탐구하고 있다. LSD에 대한 새로운 관심은 40년 전에 수행된 연구를 기반으로 하고 있는데, 주로 우울증 치료, 외상 후 스트레스 장애, 약물 의존성, 생명을 위협하는 질병 환자의 불안 감소에 초점을 맞추고 있다. 런던에서 진행된 2016년 연구에 따르면 LSD는 확고한 사고 패턴을 바꿀 수 있는 잠재력이 있으며 우울증과 불안 증세를 치료할 수 있는 잠재력을 가진 것으로 나타났다. 알코올 의존에 대한 치료제로서의 LSD에 대한 연구에서도 비슷한 결과를 보여주었다. 생명을 위협하는 심각한 질병에 직면한 환자에게 LSD를 투여하면 자기 확신, 이완 및 정신력이 개선되었고 이 효과가 약 12개월 동안 지속되었다.

앨리스의 심리학

어린이들을 환상의 세계로 안내하며 다양한 꿈을 키울 수 있도록 해주는 동화 〈이상한 나라의 앨리스〉에 등장하는 캐릭터들은 다양한 정신장애를 가지고 있다. 동화의 주인공 앨리스에게서는 악몽 장애(Dream Anxiety Disorder, DAD, 꿈 불안 장애), 정신 분열증, 심지어 정신병의 징후가 보인다! 정상이 아닌 앨리스 덕분에 우리는 토끼를 따라 어두운 굴속으로 들어가 새롭고 경이로운 세상을 구경할 수 있다. 그러나 현실에서 이러한 증세를 보인다면 개인의 삶이나 안전을 위태롭게 한다. 말하는 동물, 미소를 지으며 사라지는 고양이, 물담배를 피우는 애벌레, 몸을 자라게 하는 케이크, 몸을 작아지게 하는 음료는 비정상적이며 현실과 동떨어져 있는데, 이는 정신 분열증의 징후이다. 모든 게 혼란스럽고 환각과 망상을 헤맨다. 그러나 꿈속에서 만나면 판타지 세상이 된다.

모자장수(매드해터, Mad Hatter)는 양극성 장애(Bipolar Disorder)와 외상후 스트레스 장애(Post-traumatic Stress Disorder, PTSD)를 가진 환자이다. 모자장수는 우울해 하다가 행복해 하다가를 반복한다. 양극성 장애를 가진 모자장수는 기분이 수시로 바뀌고 충동 조절에 어려움을 느낀다. 모자장수는 하트 여왕의 징계로 영원히 다과 시간에만 머물러 있어야 하는 벌을 받는다. 모자장수는 이처럼 충격적이거나 두려운 사건을 당하는 극심한 정신적 외상을 경험하고 나서 발생하는 불안장애, 즉 외상후 스트레스장애로 분노한다.

당시 모자 장수들은 펠트를 제조하는 과정에서 수은을 사용하였다. 따라서 수은 중독에 걸리는 경우가 많았다. 이런 이유로 수은 중독에 의한 공해병인 미나마타병을 모자장수의 손떨림증(Hatter's shake)이라고도 부른다. 수은 노출로 인해 환경이 오염되거나 사람들이 중독된 사례는 전 세계적으로 광범위하게 나타났다. 1956년부터 발생하여 일본 사회에 커다란 파장을 불러 일으켰던 메틸수은에 의한 수은중독으로 발생한 미나마타 병은 대표적인 환경 재앙의 하나로 기록되고 있다. 1970년대 초 이라크에서는 메틸수은 살균제로 처리한 곡물이 멕시코와 미국에서 수입되었다. 독성이 있는 이 곡물을 농촌 지역 주민들이 식량으로 소비하였는데 이 사고로 수백 명의 주민이 사망하였고 10만 명이 뇌손상을 입은 것으로 보고되었다.

애벌레(Absolem, the Caterpillar)는 환각제 지속성 지각장애(Hallucinogen persisting perception disorder, HPPD)를 앓고 있다. 애벌레는 항상 물담배를 피우고 있다. 물담배는 원래 담배를 피우는 도구가 아니라 아편이나 대마초 같은 마약을 피우기 위한 도구였다. 대마초를 피우면 향정신성 화합물인 THC(Tetrahydrocannabinol, 테트라하이드로칸나비놀)가 환각 작용을 유발하여 대뇌 피질과 소뇌에 영향을 미쳐 기억력을 감퇴시키고 정상적인 감정 조절을 방해한다. 대마초는 오래전부터 종교 의식에 사용되었다. 기분이 좋아지는 이유는 세로토닌Serotonin을 분비시켜 행복감을 주기 때문이다. 그러나 대마초를 사용하면 정신적, 신체적 능력을 저하시키고 중독을 유발할 수 있다. 심각한 경우 망상, 환각, 정신 착란, 불안 등을 일으킬 수 있다.

붉은 여왕(Red Queen)은 믿을 수 없을 정도로 무자비하고 성미가 나쁘며 시끄러운 독재자이다. 붉은 여왕은 사람들이 처형당하는 모습을 보는 것을 즐기고 타인의 고통을 보는 것을 즐기는 극도의 가학성을 보여준다. 그녀는 믿을 수 없을 정도로 참을성이 없고 고함을 지르며 단 1초도 기다리지 않는 무례함을 보인다. 한편, 붉은 여왕은 불쌍한 존재이다. 붉은 여왕은 자기애적 인격장애(Narcissistic personality disorder, NPD), 편집성 인격장애(Paranoid personality disorder, PPD), 반사회적 인격장애(Antisocial Personality Disorder, APD) 및 경계성 인격장애(Borderline Personality Disorder, BPD)로 고통을 받고 있다.

NPD를 가진 사람은 과도하게 자신이 중요하다고 생각하며, 자신을 존경하도록 과도하게 요구하며, 타인에 대한 공감이 결여되어 있다. 이들은 권력과 성공 혹은 외모에 대하여 오랫동안 생각하는 경향이 있다. 또한 이들은 일반적으로 주변사람들을 이용한다. PPD는 타인에 대한 지속적인 불신과 의심을 특징으로 하는 인격장애를 말한다. 편집증적 증세로 항상 주변의 행동이나 상황에 악의가 있을 것으로 의심하여 일상생활과 사회생활에 여러 문제를 겪는다. APD는 개인이 타인의 권리를 무시하거나 위반하는 증세를 말한다. 이런 감정을 가지고 있는 사람은 범죄의 역사와 충동적이고 공격적인 행동으로 인해 도덕 감각이 약하다. BPD는 불안정한 기분, 행동 및 관계로 나타나는 정신 질환이다. 붉은 여왕은 머리가 커서 슬픈 여인이다. 성격이 포악한 그녀는 원더랜드Wonderland를 차지하여 언더랜드Underland라는 우울한 세계로 뒤집어 놓는다.

한편 붉은 여왕에게 왕좌를 빼앗기고 마모레알Marmoreal 왕국으로 쫓겨난 하얀 여왕(White Queen)은 완벽주의로 인해 고통을 받는다. 회중시계를 들고 정장을 입은 모습을 하고 있는 흰토끼(The White Rabbit)는 일반 불안장애(Generalized Anxiety Disorder, GAD)를 가지고 있다. 삼월 토끼[The March Hare, 'As mad as a march hare(삼월 토끼처럼 미친)'에서 유래]는 투렛 장애(Tourette's disorder) 혹은 틱 장애(Tic disorder)를 가지고 있다. 그리고 '이상한 다과회(A Mad Tea-Party)'에 등장하는 겨울잠쥐(도르마우스, Dormouse)는 간헐적 폭발성 장애(Intermittent explosive disorder, IED)를 가지고 있다. 특별한 이유 없이 폭발적인 분노를 표출한다. 주인공인 앨리스는 물론, 매드해터, 애벌레, 붉은 여왕, 하얀 여왕 등 동화 속에 등장하는 캐릭터들은 하나 같이 '비정상'이다. 그러나 이 '비정상'이 루이스 캐럴의 동화를 특별하게 만들었고, 상식을 뛰어 넘는 흥미로운 세계를 보여준다. 꿈은 판타지를 선사한다!

MRI 속으로 들어간 앨리스

'열 길 물속은 알아도 한 길 사람 속은 모른다.'는 말이 있다. 물속 깊이는 알 수 있으나 사람의 속마음은 헤아리기가 어렵다는 뜻이다. 바다 속에 보물선이 침몰하였다. 보물을 건져 올리려면 우선 바다 깊이를 알아야 한다. 긴 줄에 무거운 추를 달아맨 후에 바닥에 떨어뜨려 깊이를 잴 수 있다. 음파를 이용하여 해저면에서 되돌아오는 시간을 측정하여 깊이를 잴 수 있는 에코사운더도 있다. 바다 속이 궁금하다면 무인 또는 유인 잠수정을 타고 바다 밑까지 내려갈 수도 있다. 그런데 사람의 속마음은 도저히 헤아리기 어렵다. 과연 그럴까?

뇌 속을 들여다 볼 수 있는 장치가 출현하였다. 자기공명영상(Magnetic Resonance Imaging, MRI)과 동일한 원리를 이용하면서도 MRI와는 차별화된 기술이 등장한 것이다. 바로 fMRI(Functional Magnetic Resonance Imaging, 기능적 자기공명영상)이다. MRI는 해부학 구조를 스캔하는 반면 fMRI는 대사 기능을 스캔한다. MRI 스캔으로 생성된 이미지는 해부학적 구조의 3차원 사진과 같은 반면에, fMRI 스캔으로 생성된 이미지는 이러한 해부학적 구조 안에서 일어나는 대사 활동 이미지이다.

MRI는 뇌의 지도를 제공한다. 이 구조적 정보는 뇌에 비정상적인 것이 있는지 결정하는 데 유용하다. 반면에, fMRI는 뇌 활동과 함께 시간이 지남에 따라 발생하는 혈류의 작은 변화를 측정한다. 뇌의 특정 부분이 어떤 활동을 증가시켜 이 행동을 완수하라는 메시지를 보내면 뇌의 그 부분은 산소가 더 풍부한 혈액을 받게 된다. 따라서 뇌의 특정 부분에 산소가 더 풍부한 혈액이 있으면 이 뇌 영역이 더 활동적일 가능성이 있다. 이것은 혈중 산소치 의존 반응[Blood oxygen level-dependent(BOLD) response]으로 알려져 있다. BOLD는 우리가 fMRI로 보는 데이터이다.

MRI는 자기장을 사용하여 신체 기관의 영상을 생성하는 의료 영상의 한 유형이다. MRI는 신체의 여러 부분에서 다양한 상태를 평가하는 데 사용된다. 예를 들어, 뇌와 척수의 MRI는 뇌 손상, 뇌졸중, 혈관 손상, 암, 다발성 경화증, 척수 손상의 증거를 나타낼 수 있다. 심장과 혈관을 스캔하면 심장 질환, 혈관 막힘, 비정상적인 심장 구조가 나타날 수 있다. MRI 기술을 사용하여 뼈와 관절을 촬영하여 암, 관절 장애, 추간판 문제, 뼈 감염을 감지 할 수도 있다. MRI는 또한 간, 신장, 유방, 췌장, 골반 및 전립선과 같은 기관을 진단하는 데 사용할 수 있다.

fMRI는 뇌의 기능적 활동을 측정하고 매핑하는 데 사용되는 MRI의 특수한 형태이다. fMRI는 활동 영역을 감지하기 위해 뇌에서 발생하는 혈류의 변화를 측정하여, 뇌의 어느 부분이 말하기, 운동하기, 듣기 등과 같은 중요한 기능을 처리하고 있는지 알 수 있다. fMRI 정보는 의사가 뇌졸중 환자의 뇌수술 전에 뇌의 활성화된 영역을 식별하도록 도와주는 등 유용하게 활용된다. fMRI를 이용하면 정상적인 뇌와 질병 혹은 부상당한 뇌가 어떻게 기능하는지를 알 수 있다. 또한 언어, 운동, 감각, 기억 등의 기능을 수행하는 뇌의 영역을 식별할 수도 있다. 이 뿐만 아니라, fMRI를 이용하여 뇌를 해부학적으로 매핑하여 종양, 뇌졸중, 머리 및 뇌 손상, 알츠하이머병 같은 다양한 질병, 그리고 자폐증 같은 발달 장애 등의 영향을 탐지할 수도 있다.

"AIWS(이상한 나라의 앨리스 증후군)"는 일시적인 변형시증(Metamorphopsia)을 포함하는 지각 장애이며 특정 바이러스 감염과 함께 발생할 수 있다. 과학자들이 fMRI를 사용하여 이상한 나라의 앨리스 증후군을 앓고 있는 12세 소년의 소시증(Micropsia, 물체의 크기가 작아 보이는 증세)의 뇌를 검사하였다. 그 결과 이상한 나라의 앨리스 증후군을 앓고 있는 아동은 시각 피질 영역에서 활성화가 감소했지만 두정엽 피질 영역에서 활성화가 증가했다. AIWS는 대부분 어린이에서 발생하지만, 모든 연령대에서 발생할 수 있는 질병이다. AIWS를 앓고 있는 앨리스의 뇌를 들여다볼 수는 없을까? fMRI를 이용하면 AIWS로 힘들어 하는 앨리스의 뇌를 정상인의 뇌와 비교할 수 있다.

또한 fMRI를 이용하면 "이상한 나라의 앨리스" 영화를 보는 동안 조현병 환자의 뇌 활동을 정상인의 뇌 활동과 비교 연구하는 것도 가능하다. 핀란드의 연구자들은 앨리스 영화를 정보가 풍부한 자극제로 활용하여 대뇌 설전부 영역을 모니터링하였다. 각 뇌 반구의 중간 표면에 위치한 설전부는 어떤 현상이나 사람을 볼 때 그를 객관적으로 판단, 분석하는 관찰적 자아를 담당하며, 기억, 자기 인식, 그리고 의식과 관련이 있는 부위이다. 흥미롭게도 뇌의 설전부에 대한 fMRI를 활용하여 정신병 환자의 80%를 정확하게 확인할 수 있었다.

3
체셔 고양이

체셔 고양이

"저 고양이는 왜 저리 웃고 있는 거지?" "고양이는 웃을 수 있어. 그리고 내키면 늘 웃지." 고양이는 사라졌다 갑자기 다시 나타났다. 그리고는 다시 사라졌다가 나타났다. 이번엔 아주 천천히 사라졌다. 꼬리부터 점점 사라져 가면서 마지막으로 미소 짓는 입만 보이다가, 이윽고 아주 사라졌다. "웃지 않는 고양이야 많이 보았지만, 웃는 고양이라니! 이렇게 신기한 것은 난생 처음 봐!" 루이스 캐럴의 '이상한 나라의 앨리스'에 나오는 체셔 고양이(Cheshire cat)는 여왕의 크로케 경기장에 나타날 때 사라질 때와는 반대로 미소가 먼저 허공에 나타난 후에 아주 천천히 얼굴이 드러난다. 체셔 고양이는 독특한 장난스러운 미소로 유명하다. 체셔 고양이는 원래는 영국의 체셔(체스터) 지방에서 고양이 모양의 조각이나 치즈 틀을 부르던 말이다.

나무 위에 앉아서 아래를 내려 보며 앨리스와 대화를 나누는 장면으로 잘 알려져 있는데, 대사는 루이스 캐럴 특유의 말장난으로 이루어져 있다. 앨리스가 미소만 남기고 사라진 체셔 고양이를 보면서 하는 말은 "내가 본 것이 고양이였나? Was it a cat I saw?"이었는데, 이 문장은 철자를 뒤집어 나열해도 똑같은 문장이다. 앞으로 읽어도 뒤로 읽어도 같은 구조를 가진다. 이를 회문回文(Palindrome)이라 부른다. 팰린드롬이라는 말은 1638년 영국의 시인 피치맨Henry Peacham(1578~1644)에 의해 소개되었다.

서기 79년에 화산재로 묻힌 이탈리아의 고대 도시 헤르쿨라네움Herculaneum에서 발견된 회문도 있다. Sator Square라고 불리는 이 회문은 라틴어로 쓰여진 문장으로 구성되어 있다. 총 25자로 된 이 회문은 다섯 글자로 된 다섯 단어가 다섯 줄로 씌어져 있다: "SATOR AREPO TENET OPERA ROTAS"["파종하는 사람(sower) Arepo가 노력으로 바퀴를 잡는다(The sower holds with effort the wheels)"]. 가로로 읽어보면, 다섯 번째 줄에 있는 단어는 첫 번째 줄에 있는 단어의 역순이다. 네 번째 줄에 있는 단어는 두 번째 줄에 있는 단어의 역순이다. 세 번째 줄에 있는 단어는 앞으로 읽어도 뒤로 읽어도 같다. 세로로 읽어도 마찬가지이다! 비잔틴 그리스인들은 종종 "ΝΙΨΟΝ ΑΝΟΜΗΜΑΤΑ ΜΗ ΜΟΝΑΝ ΟΨΙΝ"라는 회문을 새겼다.[당신의 얼굴뿐만 아니라 죄도 씻으시오(Wash [thy] sins, not only [thy] face.]

흥미롭게도 대부분의 게놈 또는 일련의 유전 정보에서도 회문 패턴이 발견된다. 생명체의 유전정보를 담고 있는 DNA는 네 개의 염기들이 항상 동일한 방식으로 염기쌍을 이루어 이중 나선을 형성한다. 아데닌Adenine(A)은 티민Thymine(T)과 쌍을 이루고 구아닌Guanine(G)은 시토신Cytosine(C)과 쌍을 이룬다. DNA 이중나선을 형성하고 있는 단일 가닥 서열과 이것의 상보적인 서열은 회문 서열을 이루고 있다. 예를 들어, 서열 ACCTAGGT는 상보적인 서열 TGGATCCA와 쌍을 이룬다. DNA 이중나선을 구성하는 한 가닥과 다른 가닥의 염기 서열을 보면 서로 역순으로 배열되고 있음을 알 수 있다.

5'-GGATCC-3'과 상보적인 서열 3'-CCTAGG-5'이 쌍을 이룬 부분을 인식하고 절단하는 효소가 있다. BamHI 라는 제한 효소(Restriction enzyme)는 이 부분만 찾아서 역할을 수행한다. EcoR1이라 부르는 제한효소는 5'-GAATTC-3과 3'-CTTAAG-5'이 쌍을 이룬 부분을 인식하고 절단하는 역할을 한다. 이러한 DNA 회문 서열(Palindromic sequence)이 특정 암과 연관성이 있다는 사실이 밝혀졌다. 연구에 따르면 회문은 특히 8번과 11번 염색체에서 유방암 게놈의 증폭된 영역에 군집되어 있음을 보여준다. 암에서 자주 나타나는 DNA 회문을 연구하면 게놈의 불안정성에 대한 원인을 밝힐 수 있을 것으로 기대되고 있다. 암 진단을 위한 새로운 표적으로 DNA 회문이 주목받고 있다.

양자 체셔 고양이

체셔 고양이가 나무에 앉아 있다. 체셔 고양이는 장난스럽게 미소 짓는다. 그리고 서서히 사라진다. 고양이가 사라진 자리에 미소만 남아있다. 고양이가 없는 미소라니! 2014년 과학자들이 1970년대에 개발된 중성자 간섭법(Neutron interferometry)을 이용하여 "양자 체셔 고양이"를 실험적으로 입증하는 데 성공했다고 발표하였다. 주인공은 오스트리아의 덴크마이르Tobias Denkmayr, 프랑스의 매츠킨Alexandre Matzkin, 그리고 미국의 톨락슨Jeff Tollaksen이다. 양자 체셔 고양이는 광자나 중성자와 같은 입자에서 그 입자가 갖는 스핀이나 질량과 같은 물성만 따로 분리할 수 있다고 하는 이론이다.

입자는 어떤 성질을 가지고 있다. 그런데 체셔 고양이처럼 성질만 남겨 놓고 입자를 사라지게 할 수 있을까? 연구자들은 중성자를 가지고 실험을 하였다. 입자가 2개의 경로로 이동한다면, 단 하나 밖에 없는 입자라도 두 경로가 존재할 수 있다. 둘로 나뉜 한쪽으로 '약한 측정'이라는 양자역학적 방법으로 자기모멘트를 측정한 결과, 이는 다른 경로의 입자에도 반영되어 입자 본체에서 그 성질만 분리할 수 있는 양자 체셔 고양이를 입증할 수 있었다. 양자 체셔 고양이는 광자나 중성자와 같은 입자에서, 입자의 본체가 없어도 그 입자가 갖는 스핀이나 질량과 같은 물성만을 분리할 수 있다는 양자역학의 이론이다.

전자는 입자-파동 이중성을 가진다. 전자는 입자인 동시에 파동이다. 빛은 파동-입자 이중성을 가진다. 빛은 파동인 동시에 입자이다. 양자 체셔 고양이는 전자가 가진 파동만을 분리해 낼 수 있을까? 양자 체셔 고양이는 빛이 가진 입자만을 분리해 낼 수 있을까? 양자 체셔 고양이가 현실 속으로 나타나는 그날을 위하여!

슈뢰딩거의 고양이

기원전 44년 로마의 정치인이자 라틴어 작가였던 키케로Marcus Tullius Cicero(106~43 BCE)는 다음과 같이 말하였다. "모든 원인의 상호 연결을 마음으로 관찰할 수 있는 사람이 있다면 실제로 그를 피할 수 있는 것은 아무것도 없다. 왜냐하면 원인을 아는 사람은 필연적으로 일어날 모든 일을 알고 있기 때문이다." 그는 모든 것을 아는 신과 함께 결정론적 스토아 이론을 설명하였다. 독일의 철학자 라이프니츠Gotfried Leibniz(1646~1716)는 모든 시간의 사건을 볼 수 있는 신과 동격인 존재(과학자)를 상상하였다. "누군가가 사물의 내부를 볼 수 있는 통찰력을 가지고 있고 모든 상황을 생각하고 고려할 수 있는 기억력과 지식을 가지고 있다면, 그는 미래를 볼 수 있을 것이다."

1814년 '프랑스의 뉴턴'으로 알려진 라플라스Pierre-Simon Laplace(1749~1827)는 다음과 같이 말하였다. "우주에 있는 모든 원자의 정확한 운동량과 위치를 알고 있는 존재가 있다면, 그는 과거, 현재의 모든 현상을 설명하고 미래까지 예언할 수 있다." 그가 상상한 가상의 존재를 가리켜 '라플라스의 도깨비(Laplace's demon)'라 부른다. 라플라스는 현재까지의 모든 사건과 자연 법칙에 대해 알고 있는 존재를 상상하였다. 만약 누군가가 전 우주의 모든 원자들의 정확한 위치와 운동량을 알고 있다면 고전 역학의 법칙들로 그 원자들의 과거나 미래의 물리 값도 알아낼 수 있다는 것이다.

1927년 독일의 물리하자 하이젠베르크Werner Karl Heisenberg(1901~1976)는 다음과 같이 말하였다: "한 물체에 대해서 위치와 운동량을 동시에 정확하게 아는 것은 불가능하다." 이것은 '불확정성의 원리(Uncertainty Principle)'로 알려져 있는데, 이로 인해 자연에는 우리가 넘을 수 없는 측정의 한계가 있으며, 그것은 기술이나 방법상의 문제가 아니라 자연의 본질임이 밝혀졌다. 이로 인해 라플라스의 도깨비라는 개념은 고전물리와 함께 폐기된 이론이 되었다. 그러나 최근 들어 무한한 양의 정보를 계산하기 위해서 라플라스의 도깨비가 가져야 할 계산능력이 제안되기도 하였다.

1935년 오스트리아의 물리학자 슈뢰딩거Erwin Schrödinger(1887~1961)는 다음과 같은 사고 실험을 고안하였다. 고양이 한 마리와 청산가리(KCN)가 들어 있는 유리병, 방사성 물질 라듐, 방사능을 검출하는 가이거 계수기, 망치가 상자 안에 들어 있다. 상자는 외부 세계와 차단되어 있고, 밖에서는 내부를 볼 수 없다. 라듐 핵이 붕괴하면 가이거 계수기가 그것을 탐지한다. 그러면 망치가 유리병을 내리쳐 깨지게 되고 청산가리가 유출된다. 청산가리를 마신 고양이는 죽게 된다. 라듐이 붕괴할 확률은 1시간 뒤 50%이다. 1시간 뒤 고양이는 죽었을까? 살았을까? 요약하면 "1시간 후에 50%의 확률로 상자 안의 고양이가 죽는다. 당신은 그 상황을 전혀 볼 수 없다."라는 것으로서, 이는 양자역학의 역설을 제기하기 위한 사고 실험이다.

양자역학에 따르면, 관측하지 않은 핵은 '붕괴한 핵'과 '붕괴하지 않은 핵'의 중첩으로 설명된다. 즉, 두 가능성을 동시에 갖는다. 그러나 한 시간 후 상자를 열었을 때 관측자가 볼 수 있는 것은 "붕괴한 핵과 죽은 고양이" 또는 "붕괴하지 않는 핵과 죽지 않은 고양이" 뿐이다. 슈뢰딩거는 "죽기도 하고 살기도 한 고양이"가 진짜로 존재한다고 주장했던 것은 아니다. 오히려 그는 양자역학은 불완전하며 현실적이지 않다고 생각했다. 고양이는 반드시 살아 있거나 죽은 상태여야하기 때문에, 그 사이의 어디쯤이 아닌, 원자 역시 붕괴했거나 붕괴하지 않았거나 둘 중 하나라는 것이다.

19세기 후반부터 20세기 초반 사이에는 전자, 양성자 같은 아원자(Subatom)와 관련된 실험 결과들이 발표되기 시작하였다. 그러나 실험 결과는 뉴턴의 고전 역학으로는 설명할 수 없는 한계에 직면하였다. 양자 역학은 이러한 모순을 해결하기 위해 등장한 새로운 체계이다. 독일의 물리학자 플랑크Max Planck(1858~1947)의 양자 가설을 바탕으로, 원자의 구조와 양자역학의 성립에 기여한 덴마크의 물리학자 보어Niels Bohr(1885~1962)와 전자의 파동이론을 제안한 프랑스의 물리학자 드 브로이Louis de Broglie(1892~1987)가 등장하였다.

그 후 드 브로이의 전자의 파동이론을 발전시켜 슈뢰딩거 방정식을 도입하여 파동역학을 수립한 오스트리아의 물리학자 슈뢰딩거Erwin Schrödinger, 불확정성 원리를 발견한 독일의 물리학자 하이젠베르크Werner Heisenberg, 슈뢰딩거와 함께 원자이론의 새로운 형식을 발견한 영국의 물리학자 디랙Paul Dirac(1902~1984) 등에 의해 틀을 갖추게 되었다.

상대성이론을 발표하고 광전효과를 설명한 아인슈타인은 당시 점차 표준으로 받아들여지고 있던 양자역학의 코펜하겐 해석에 대해 여러 차례에 걸쳐 이의를 제기하고, 이에 대해 보어가 반박을 하는 사건이 벌어졌다. 1935년 아인슈타인은 포돌스키 및 로젠과 함께 양자역학이 불완전한 이론임을 보이기 위한 소위 EPR 역설(Einstein Poldolsky Rogen Paradox)을 발표하였다. 1935년 보어는 곧바로 이들의 논증이 잘못되었음을 밝히는 논문을 '피지칼 리뷰Physical Review' 48호에 발표하였다. "신은 주사위 놀이를 하지 않는다."

아인슈타인이 한 말에 대해서, 보어는 다음과 같이 응수하였다, "신이 왜 주사위 놀이를 하지 않는지 생각해보라." 보어는 원자에서 연속적인 파장의 빛이 아닌 특정한 파장의 빛만 나오는 것을 발견하였다. 전자는 불연속, 즉 양자화된 특정한 에너지 상태로만 존재할 수 있으며, 한 상태에서 다른 상태로 전이될 때에는 해당되는 에너지 차이만큼의 빛(광자)을 내보내거나 흡수한다는 사실을 알았다. 1913년 보어는 새로운 원자 모형을 제시하였다. 보어는 코펜하겐 학파의 리더로서 양자역학의 완성에 결정적인 역할을 하였다.

앨리스와 양자 컴퓨터

이상한 나라의 앨리스에 나오는 체셔 고양이는 아무리 봐도 믿기 힘든 존재이다. 미소만 남기고 사라지다니? 체셔 고양이는 장난스러운 미소를 앞세우고 아주 천천히 나타나기도 한다. 체셔 고양이 은하단(Cheshire cat galaxy group)은 또 우리에게 어떤 힌트를 주는 것일까? 그렇다면 우리 선조들의 미소도 어디엔가 남아 우리를 격려하고 있지 않을까? 우리가 만나고 대화하고 스쳐 지나가는 사람들도 무언가를 남긴다. 형체는 사라졌지만 일부는 남아 있다. 무언가를 남긴 사람들이 언젠가는 우리 앞에 나타날까? 오랫동안 사귀던 친구가 추억을 남기고 떠나갔다. 남아 있는 추억은 떠나간 친구를 불러올까? 매미는 날아갔지만 오래도록 소리를 남긴다. 매미 소리는 날아간 매미를 다시 불러올까?

지금 우리가 쓰고 있는 컴퓨터는 0과 1로 이루어진 2진법을 기반으로 데이터를 처리하기 때문에 용량을 늘리는 데에는 한계가 있다. 그런데 슈퍼컴퓨터로 수십 년 걸리는 250자리 암호체계도 단 몇 분이면 풀 수 있는 새로운 컴퓨터가 나타났다. 2048비트를 현재의 슈퍼컴퓨터로 인수분해하려면 10년이 걸리는 데, 이 컴퓨터를 이용하면 단 16시간이면 가능해진다. 비트코인 같은 가상화폐 '채굴'도 지금과는 비교가 되지 않을 정도로 쉬워진다. 주인공은 얽힘(Entanglement)이나 중첩(Superposition)과 같은 양자역학적인 현상을 이용하여 자료를 처리하는 양자 컴퓨터(Quantum computer)이다. 양자 컴퓨터는 0과 1뿐만이 아니라 0과 1을 동시에 구현하는 큐비트Qubit(Quantum bits)를 사용하여 상상을 초월하는 속도록 연산을 처리하고 전송한다.

2018년 IBM이 개발한 양자 컴퓨터 '퀀텀'은 절대온도 0도(0K, -273.1℃)에 가까운 극저온에서 작동한다. 전도율이 높은 순금으로 제작되며 초전도 회로가 들어가기 때문에 냉각장치는 필수적이다. 퀀텀은 샹들리에 모양의 층층구조가 공중에 매달려 있으며, 맨 아래에 양자가 1초 안에 계산을 끝내고 결과 값을 낸다. 양자 컴퓨터는 기존 컴퓨터의 기술적 한계를 극복하기 위해 개발되었다. 세계에서 가장 빠른 IBM 슈퍼컴퓨터 '서밋Summit'은 수만 개의 이미지처리 반도체(GPU)와 수천 개의 중앙연산처리장지(CPU), 10페타 바이트(1페타는 1,000조, 10^{15})의 메모리를 가진 초대형으로 소자 수는 메모리만으로 1경(조의 1만배)을 넘는다. 구글이 개발한 양자 컴퓨터는 $0.2mm^2$의 초전도 소자를 53개 나열한 양자칩 '시카모어Sycamore' 1개로 이루어져 있다. IBM의 슈퍼컴퓨터가 1만년 걸리는 계산을 구글의 양자 컴퓨터는 단 200초 만에 실행할 수 있다. 양자 컴퓨터는 양자 시뮬레이션을 통해 신약, 에너지, 소재, 배터리 등의 개발 시간을 현저히 앞당길 것으로 예상된다. 2019년 구글은 과학 전문지 '네이처' 150주년 기념호에서 '양자 우위(Quantum Supremacy)'를 입증했다고 주장하였다. '니스크(NISQ, Noisy intermediate Scale Quantum Computer)'의 시대가 성큼 다가오고 있다. 이는 양자 오류가 줄어든 시대란 의미이다. 큐비트 개수가 100~1000개 사이인 것을 니스크라 부른다. 양자의 승리로 새로운 시대가 오고 있다.

4
4×5=12

4×5=12 / 42 / 수학 나라의 앨리스

4 × 5=12

"4 곱하기 5는 12이고, 4 곱하기 6은 13, 그리고 4 곱하기 7은……, 안돼! 이런 식으로 가면 20까지는 절대 도달하지 못할 거야!" 앨리스는 '이상한 나라의 앨리스' 제2장 '눈물 연못'에서 이렇게 혼잣말을 한다. 앨리스는 자신의 몸이 작아졌다 커졌다 하자 혼란을 느낀다. 키가 너무 커져 앨리스는 자신이 과거의 자신인지 확인하기 위해 과거에 알던 지식을 구구단으로 테스트한다.

4 곱하기 5는 20인데, 12라고?
4 곱하기 6은 24인데, 13이라고?
4 곱하기 7은 28인데, 14라고?
4 곱하기 8은 32인데, 15라고?
4 곱하기 9는 36인데, 16이라고?

10진수 20을 18진법으로 계산하면 12가 되는군.
10진수 24를 21 (=18+3) 진법으로 계산하면 13이 되는군.
10진수 28을 24 (=18+3+3) 진법으로 계산하면 14가 되는군.

10진수 32을 27 (=18+3+3+3) 진법으로 계산하면 15가 되는군.

10진수 36을 30 (=18+3+3+3+3) 진법으로 계산하면 16이 되는군.

어떤 수를 n진법으로 변환하려면 그 수를 0이 될 때까지 n으로 나누고, 그 나머지를 거꾸로 읽어 올라가면 된다. 예를 들어, 10진수 13을 2진수로 변환하면 1101이 된다.

코로나19로 시작해서 코로나19로 끝난 2020년 쥐의 해(경자년, 庚子年)가 가고 희망의 2021년 소의 해(신축년, 辛丑年)가 시작되었다. 2022년 호랑이의 해(임인년, 壬寅年)에는 어떤 일들이 일어날까? 경자, 신축, 임인 등은 10개의 천간天干과 12개의 지지地支를 배합하여 만들어지는 60간지干支의 일부이다. 60간지는 60갑자(Sexagenary cycle)라고도 한다. 천간天干(十干)은 하늘의 기운을 상징하는 것으로 갑甲, 을乙, 병丙, 정丁, 무戊, 기己, 경庚, 신辛, 임壬, 계癸로 구성된다. 지지地支(十二支)는 땅의 작용을 뜻하며 자子(쥐), 축丑(소), 인寅(호랑이), 묘卯(토끼), 진辰(용), 사巳(뱀), 오午(말), 미未(양), 신申(원숭이), 유酉(닭), 술戌(개), 해亥(돼지)로 구성된다. 십간과 십이지를 차례로 조합하면 다음과 같은 60개의 간지가 만들어 지는데 이를 60갑자라 한다: (1)갑자甲子, (2)을축乙丑, (3)병인丙寅, (4)정묘丁卯, … (29)임진壬辰, … (60)계해癸亥.

동양에서 사용해온 십간과 십이지는 각각 10년과 12년마다 순환하며, 두 숫자의 최소공배수는 60으로, 하나의 간지는 60년마다 돌아오게 된다. 즉 태어나서 만60세 생일이 되는 해는 자신이 태어난 해와 같은 간지, 즉 갑자를 가진다고 하여, 환갑(還甲-갑자가 돌아옴) 혹은 회갑回甲이라고 한다. 아시아의 많은 지역에서 여전히 사용되고 있는 전통적인 계수 시스템(Counting system)은 12와 60을 기반으로 한다. 이처럼 60진법은 오랜 역사를 가지고 있다. 기원전 3000년 이상으로 거슬러 올라가는 메소포타미아 문명의 주역인 수메르 인들은 60진법(Sexagesimal)에 토대를 둔 천문학을 발전시켰다. 그들은 숫자 60개를 이용하여 자릿수를 늘려가는 60진법을 사용했고, 이것을 기초로 태음력이라는 달력을 만들었다. 태음력은 1년에 12번, 달이 차고 기우는 것을 토대로 1년을 12달, 1일을 24시간, 1시간을 60분, 1분을 60초로 정한다. 60을 한 묶음으로 하여 자릿수를 올려가는 60진법은 고대 바빌로니아에서도 사용되었다. 1년은 360일로 나누었다. 1년을 12개월로 정한 이유는 12개의 별자리와 관련이 있다. 사람들은 한 손으로 손가락을 12까지 셀 수 있다. 엄지손가락을 나머지 손가락의 뼈마디를 가리키면서 12개의 숫자를 세는 것이 가능하다. 60은 12개의 인수(1, 2, 3, 4, 5, 6, 10, 12, 15, 20, 30, 60)를 가지며, 그 중 2, 3, 5가 소수이다. 60진법을 사용하면 1시간을 30분, 20분, 15분, 12분, 10분, 6분, 5분, 4분, 3분, 2분, 1분의 섹션으로 균등하게 나눌 수 있는 장점이 있다. 60은 1에서 6까지의 모든 숫자로 나눌 수 있는 가장 작은 숫자이다. 즉, 1, 2, 3, 4, 5, 6의 최소 공배수이다.

플라톤의 저서 〈공화국〉에는 숫자 $60 \times 60 \times 60 \times 60 = 60^4 = 12,960,000$과 그 제수(Divisor)를 중심으로 한 결혼의 우화(Allegory of marriage)가 들어 있다. 이 숫자는 단순한 60진수 표현이다. 후기 학자들은 바빌로니아 수학과 음악 이론을 사용하여 이것을 설명하였다. 고대 그리스의 수학자이자 천문학자였던 프톨레마이오스Ptolemy(c. 100~c. 170 CE)는 별과 행성 경로의 겉보기 운동에 대한 그리스 수학과 천문학의 논문인 〈알마게스트〉를 편찬하였다. 천문학의 빼어난 저작으로 손꼽히는 이 저서에는 천동설(지구 중심설)에 의한 천체 운동이 수학적으로 기술되어 있다. 특히 고대 그리스 천문학자 히파르코스Hipparchus(190~120 BCE)의 것을 발전시킨 삼각표를 설명하는 부분에서는 원의 반경을 60등분한 다음 그 한 등분을 단위로 하여 각 현의 길이를 60진법으로 표현하고 있다. 중세 천문학자들도 시간을 기록하기 위해 60진수를 사용했다. 이슬람 황금기의 가장 위대한 학자의 하나로 측지학의 아버지로 추앙받는 알 비루니Al-Biruni(973~1048)는 지구의 반지름(6,321km, 현재 측정값: 6,371km)과 둘레를 구하였다. 또한 시간의 단위를 '60진법'으로 체계화하였다. 기하학에서 한 원은 360도로 나타낸다. 시간의 단위에서도 1시간을 60분으로, 1분을 60초로 정하고 있다. 미얀마, 미국 등지에서 사용하고 있는 화씨 온도 역시 60진법을 기반으로 하여 만들어졌다. 화씨 온도계는 순수한 물의 어는점과 끓는점을 각각 32도, 212도로 정하고, 그 사이의 온도는 180등분 된다.

중앙아메리카에서 번성하였던 마야 문명에서는 19개의 기호를 사용한 20진법을 사용하였다. 0에서 19까지에서는 점 하나가 1을 가로 막대 하나는 5를 나타낸다. 숫자에 사용된 기호는 0을 뜻하는 조개 모양의 기호, 기본 단위를 뜻하는 점(●), 그리고 기본 단위의 다섯 배를 뜻하는 가로 막대로 이루어져 있다. 20이상의 수는 아라비아 숫자와 같이 자리수를 달리하여 나타내었다.

10진법은 기원전 3000년 경 고대 이집트 문명에서 비롯되었는데, 1, 10, 100, 그리고 1,000 같은 숫자들을 특정한 기호로 표시하였다. 오늘날 10진법이 세계적으로 정착된 이유는 사람의 손가락이 10개이기 때문이다. 기수법의 발전에서 중요한 역할을 한 것은 인도 문명이었는데, 1에서 9까지의 단위 수들을 각기 다른 단순한 기호로 표현하였을 뿐만 아니라, 위치의 공백과 무의미한 양을 통합적으로 나타낸 기호 '0'을 발명하였다. 인도 문명의 기수법 체계는 아라비아 숫자의 기원이 되었다.

2진법은 두 개의 숫자만을 이용하는 수 체계이다. 관습적으로 0과 1의 기호를 쓴다. 이 2진법은 1679년 독일의 수학자 라이프니츠Gottfried Wilhelm Leibniz(1646~1716)가 음양사상의 영향을 받아 고안하였다. 10진법의 0, 1, 2, 3, 4, 5, 6, 7은 2진법에서는 각각 000, 001, 010, 011, 100, 101, 110, 111로 나타낸다. 컴퓨터에서는 논리의 조립이 간단하고 내부에 사용되는 소자의 특성상 2진법이 편리하기 때문에 2진법을 사용한다. 디지털 신호는 기본적으로 2진법 수들의 나열이며, 컴퓨터 내부에서 처리하는 숫자는 기본적으로 2진법을 이용하기 때문에 컴퓨터가 널리 쓰이는 현대에 그 중요성이 커졌다.

42

오랜만에 친구들과 저녁 모임을 갖기로 약속하였다. 주간 날씨를 보니 약속한 날에는 비도 내리지 않고 기온도 적당하다. 그런데 달력을 보니 13일이다. 앗, 게다가 금요일이군? 영화 '13일의 금요일'이 떠올라! 핑계를 대고 빠질까? 서양에서는 숫자 13은 공포의 숫자 혹은 불길함의 상징이다. '13 공포증'이란 말이 생겨났을 정도다. 한낱 미신일 뿐인데도 왠지 나쁜 것은 피하고 싶어진다. 중국에서 가장 기피하는 숫자는 4이다. 죽을 사死와 발음이 같다는 것이다. 그러나 우리나라에서는 숫자 4를 행운을 가져오고 성스러운 숫자로 여겼다. 숫자 4는 여러 종교에서 성스러움을 상징하는 완전수이다. 한편, 수학에서 완전수란 6, 28, 496 등과 같이 자기 자신을 제외한 양의 약수를 더했을 때 자기 자신이 되는 양의 정수를 말한다.

$$6=1+2+3$$

$$28=1+2+4+7+14$$

$$496=1+2+4+8+16+31+62+124+248$$

사람들이 가장 좋아하는 숫자는 무엇일까? 2014년 미국의 시사 주간지 타임TIME이 보도한 자료에 따르면, 세계에서 가장 좋아하는 숫자는 7이라고 한다. 수학에서 7은 마법의 수로 불린다. 2와 10 사이의 수중에서 서로 다른 두 수의 곱으로 표현되지 않으며 나누어지지 않는 유일한 수이기 때문이다. 중국인들은 숫자 8을 유난히 좋아한다. 8자의 발음이 '돈을 번다'는 파차이發財의 발發과 비슷하기 때문이다. 2008년 베이징 올림픽의 개막식은 8월 8일 오후 8시 8분에 열렸다.

'이상한 나라의 앨리스'의 저자 루이스 캐럴이 좋아하는 숫자가 있다. 42이다. 제8장 '여왕의 크로케 경기장'에서 장미에 빨간색을 칠하고 있는 카드 정원사들의 숫자는 각각 2, 5, 7이다. 2+5+7=14이다. 그런데 10이하의 소수 중에서 빠진 것은 3이다. 14×3=42이다. 왕은 자신의 공책에 무언가를 열심히 적었다. 그러고 나서 "조용히!"하고 소리친 뒤, 자신이 쓴 것을 읽었다. "규칙 42. 누구든 키가 1마일이 넘는 사람은 법정을 떠나야 한다." 모두가 앨리스를 바라보았다. 앨리스는 "난 키가 1마일이 되진 않아요."하고 말했다. "돼."하고 왕이 말했다. 여왕은 "거의 2마일은 되어 보이는 걸."하고 덧붙였다. 앨리스는 "어찌되었든 나는 안 가요. 그건 정당한 규칙도 아니잖아요. 방금 지어낸 거니까."하고 대꾸하였다.

여왕의 나이를 윤년을 고려해 101살 5개월 하루를 모두 계산하고, 붉은 여왕과 흰 여왕의 나이를 합하면 74,088일이 된다. 이는 42×42×42이다. 달리 말하면 42의 세제곱, 즉 42^3이다. 테니얼John Tenniel(1820~1914)은 영국의 삽화가이다. 그는 루이스 캐럴이 쓴 '이상한 나라의 앨리스'의 삽화를 그렸는데, 모두 42장이다. 1874년 루이스 캐럴은 넌센스 시인 '스나크 사냥: 여덟 소절의 사투'를 구상한다. 이때 그의 나이는 42살이었고, 여기에도 상자 42개가 나온다. 소름이 돋는군!

무지개는 물방울에 빛이 반사되고 굴절되고 분산되어 하늘에 빛의 스펙트럼이 나타나는 기상 현상이다. 태양빛이 공기 중에 떠 있는 물방울에 입사되면 굴절, 반사, 굴절 과정에 의해 보라색이 제일 많이 꺾이고 붉은색이 제일 조금 꺾여서 빛을 분산시키게 된다. 이때 태양빛과 이루는 붉은색의 각도는 42도이고 제일 많이 꺾인 보라색은 40도이다. 굴절률이 큰 물질에서 굴절률이 작은 물질로 빛이 진입할 때 입사각이 어떤 한계치, 즉 '임계각'을 넘으면 100% 반사돼 제 2매질 안에 들어가지 않는다. 이 현상을 전반사라고 한다. 빛이 유리에서 공기로 나아갈 때 임계각은 '42도'이고 입사각이 이보다 크면 빛이 모두 유리 내면에서 반사되어 공기 속으로는 나가지 않게 된다.

고대 이집트 영토는 42개의 놈Nome(District를 의미하는 고대 그리스어에서 유래)으로 분할되어 있었다. 각 놈은 노마치Nomarch에 의해 통치되었다. 놈의 수는 시기에 따라 바뀌었다. 〈사자의 서〉는 고대 이집트 시대에 관 속의 미라와 함께 매장한 사후세계에 관한 안내서이다. 파피루스나 피혁에 교훈이나 주문 등을 상형문자로 기록한 것이다. 사자의 서에 나오는 심장 무게 달기 의식에서 마트는 저울의 한쪽에 자신의 깃털을 올려놓고 이를 감독하는 역할을 한다. 또한 사자의 서에 적힌 42가지의 부정 고해 목록은 "마트의 고백진술"로도 불린다: (1) 나는 죄를 범하지 않았다. (2) 나는 강도질을 하지 않았다. (3) 나는 물건을 훔치지 않았다. … (42) 나는 신의 가축을 죽이지 않았다.

수학 나라의 앨리스

'이상한 나라의 앨리스'와 '거울 나라의 앨리스'의 작가 루이스 캐럴은 매우 창의적이고 상상력이 풍부한 작가였다. 그는 훌륭한 이야기꾼일 뿐만 아니라 예리한 수학자였다. 그의 동화 속에는 숫자, 시간, 진법, 도형, 가로와 세로, 행과 열, 대수학, 연산 등 다양한 수학적 재치와 유희로 가득하다. 캐럴이 동화를 쓰던 19세기는 수학에 대한 격동의 시기였고, 허수와 같은 새롭고 논쟁적인 개념이 수학계에 널리 받아들여지고 있던 시기였다. 일부 수학자들이 기괴한 대수학을 발전시키고 있던 때였다. 보수적이고 전통적인 수학자였던 찰스 도지슨Charles Dodgson(캐롤의 본명)은 수학적 유희를 통해서 이러한 급진적인 새로운 아이디어를 풍자하고자 하였다. 그는 모든 복잡성을 제거하고, 2,000년 동안 유클리드 이후 우리가 경험하였던 친숙하고 오래된 기하학으로 돌아가길 원했다.

이야기를 하는 토끼와 담배를 피우는 애벌레 사이에도 숫자가 숨어있다고 알려져 있다. 당시에 아일랜드의 수학자 해밀턴William Hamilton(1805~1865)은 사원수(Quaternion)를 발견하였는데, 이것은 3차원 공간에서 회전변환을 기술하기 위한 것이었다. 넷 중 하나는 시간이다. 그런데 캐롤은 티 파티Tea Party에서 매드해터Mad Hatter, 삼월 토끼(March Hare), 겨울잠쥐Dormouse를 등장시키지만, 의도적으로 한 캐릭터, 즉 시간은 제외시켰다. 그리고 동화 속에 나오는 수수께끼는 있지만 정답은 알려주지 않는다. "왜 까마귀와 책상은 닮았지?" 이 뿐만이 아니라 해학, 넌센스, 부조리, 초현실주의, 논리의 왜곡 혹은 논리의 부재가 가득하다. 무엇보다도 수준 높은 독자들에게 있어서 캐롤의 동화는 독특한 수학 풍자 장르의 작품임에 틀림없다.

모자장수가 말했다: "나는 내가 먹는 것을 본다."는 "나는 내가 보는 것을 먹는다."와 같아. 삼월 토끼가 말했다: "나는 자고 있을 때 숨을 쉰다."는 "나는 숨을 쉴 때 잠을 잔다."와 같아. 하얀 여왕이 앨리스에게 말했다: "하나 더하기 하나 더하기 하나 더하기 하나 더하기 하나 더하기 하나 다하기 하나 더하기 하나 더하기 하나 다하기 하나는 얼마니?" 붉은 여왕이 앨리스에게 말했다: "그럼 뺄셈은 할 수 있겠지. 8에서 9를 빼면 얼마지?" 하얀 여왕이 말했다: "나눗셈을 할 수 있겠지. 빵 한 조각을 칼로 나눠봐. 답은 뭐지?"

5
싱크홀

토끼 굴속으로 / 싱크홀 / 카르스트 동굴 / 지구 속의 생명체

토끼 굴속으로

더운 여름날 앨리스가 풀밭에서 쉬고 있었다. 그때 조끼를 걸친 흰토끼가 주머니에서 시계를 꺼내며 발걸음을 재촉하고 있었다. 앨리스는 토끼를 쫓아 들판을 가로 질러 달려갔다. 그리고 토끼를 따라 굴속으로 뛰어들었다. 앨리스는 아주 깊은 우물 속으로 떨어졌다. 앨리스를 새로운 세계로 안내한 흰토끼는 앨리스를 가정부 앤으로 착각할 때 다시 만나게 된다. 마지막 장에서 흰토끼는 왕과 여왕의 종으로 등장하면서 만난다. 흰토끼가 왕과 왕비 앞에서 시를 읽는 사이에 앨리스의 몸은 더욱 커져서 원래의 크기로 돌아왔다. "앨리스야 일어나! 참 오래도 잔다." "언니, 나 정말 이상한 꿈을 꾸었어!" 앨리스는 언니에게 꿈에서 겪은 이상한 모험 이야기를 들려주었다. 앨리스의 언니는 저무는 해를 바라보며 그 이상한 모험을 생각했다. 그리고는 깜빡 잠이 들어 꿈을 꾸었다. 언니는 앨리스가 자라나 성숙한 여인이 되어서도 어린 날의 천진하고 사랑스런 마음을 간직하고 행복했던 여름날들을 기억하길 빌었다.

토끼굴은 앨리스를 이상한 나라로 안내하는 문이다. 그 곳에 있는 수많은 상징을 감상하는 것도 즐겁다. 토끼 굴로 들어간 앨리스는 믿을 수 없는 신기한 나라에서 노래하는 꽃, 담배를 피우는 애벌레 등 온갖 기묘한 것들과 만나면서 환상 여행을 한다. 흰토끼는 앨리스가 처음으로 만나는 대상이자 두려움으로 가득한 세상에 대한 호기심을

북돋워 주는 존재이다. 이상한 나라는 모든 것이 가능한 나라이다. 루이스 캐롤은 다양한 언어유희를 통해서 그 가능성을 보여준다. 현실과 모순되는 세계로 모험하는 앨리스는 여전히 혼란스럽다. 그러나 온갖 고난을 통해서 성숙해 나간다.

싱크홀

기우杞憂라는 말이 있다. 이는 '쓸데없는 걱정'을 뜻한다. 중국 춘추시대의 소국이었던 기杞 나라에 살던 사람이 하늘이 무너지고 땅이 꺼지지 않을까 전전긍긍하던 이야기에서 유래하였다. 그런데 정말 쓸데없는 걱정일까? 하늘도 무너진다. 6,600만 년 전 유카탄 반도에 떨어진 소행성은 공룡을 비롯한 생물종의 75%를 절멸시켰다. 초신성이 폭발하면 다량의 고에너지 입자들과 방사선이 지구로 쏟아져 생명체를 위협한다. 땅도 꺼진다. 지구 곳곳에서 일어나는 지진은 진도에 따라 피해 규모가 천문학적으로 늘어난다. 최근에는 한반도에도 지진이 발생하고 있다. 2016년에는 진도 5.8의 지진이 발생한 적도 있어서 지진 안전지대라는 말이 무색해지고 있다. 지진과 함께 주목 받고 있는 것이 있다. 바로 싱크홀Sinkhole이라는 땅 꺼짐 현상이다. 싱크홀은 집중호우로 지반이 연약 해질 때 나타나는데, 부실 공사 혹은 노후 하수관으로 인해 그 빈도가 증가하고 있다.

영국 노스 요크셔North Yorkshire의 유서 깊은 도시인 리펀에서 캐롤에게 영감을 준 것은 리펀 대성당만이 아니다. 리펀에는 앨리스가 땅 밑으로 들어가 환상여행을 하는 모티브가 만들어진 지질 구조가 있다. 바로 싱크홀이다. 2016년 11월 영국지질조사국(British Geological Survey)은 리펀의 막달렌 로드Magdalen Road에서 싱크홀이 생겼다는 보고를 받았다. 싱크홀의 직경은 10m 정도이고 깊이는 5m로 추정되었다. 싱크홀은 우레Ure 강에서 가까운 곳에 위치해 있으며, 지질학적으로는 이회암(Marl), 석회석, 그리고 석고로 구성되어 있다. 석고(황산칼슘의 이수화물, $CaSO_4 \cdot 2H_2O$)로 이루어진 카르스트Karst는 물로 채워진 동굴 시스템을 형성할 수 있다. 석고는 물에 빠르게 용해되는 특성을 가지고 있기 때문에 카르스트 지형은 짧은 기간에도 복잡다단하게 진화할 수 있다. 지하수는 리펀의 서쪽 고지 안으로부터 바위를 통해 석고로 이루어진 지역으로 흐른다. 물은 석고를 통과하면서 석고를 녹인다. 그런 다음 우레 강을 따라 낮은 지대에서 황산염이 풍부한 샘물로 나타난다. 싱크홀은 2014년, 1980년, 1979년에도 발생한 적이 있었다. 1980년대와 1990년대에는 2년에서 3년마다 싱크홀이 생겼다.

카르스트 지형은 지하에 묻은 배관의 누수 혹은 파열, 관개 또는 지하수 수위의 변화에 민감하다. 리펀은 수용성 암석 위에 위치하여 커다란 지하 동굴이 형성되기 쉬운 도시이다. 리펀에서는 2016년에도 6m 깊이의 싱크홀이 발생하여 다수의 주택이 피해를 입었다. 2018년에도 세인즈버리Sainsbury에 싱크홀이 발생하여 슈퍼마켓이 폐쇄되었다. 2019년 3월 영국 BBC는 싱크홀이 발생하기 쉬운 도시인 리펀의 3차원 지도를 공개하였다. 지질 지도가 완성되면 싱크홀에 취약한 지형을 피해서 주택이나 빌딩 혹은 시설을 짓는 데 중요한 자료로 활용될 수 있을 것이다.

미국지질조사국(United States Geological Survey, USGS)도 싱크홀이 발생하기 쉬운 지역을 보여주는 지도를 공개하고 있다. 지도는 물에 용해되기 쉬운 특정 암석이 있는 지역을 보여주는데, 이 지역에서는 지하 공동이 형성될 수 있으며 치명적인 싱크홀이 발생할 수 있다. 유의해야할 암석은 증발암, 석고, 경석고 등이다. 증발암은 수용액에서 증발하여 농축 및 결정화되어 생성되는 수용성의 미네랄 퇴적물을 말하며, 미국 지형의 35~40%를 차지하고 있다. 미국에서 싱크홀이 발생할 위험이 가장 큰 지역은 플로리다이며, 그 다음으로는 텍사스, 앨라바마, 미주리, 켄터키, 테네시 순이다. 2015년에는 우리나라의 '땅 꺼짐 위험 지도'가 처음으로 공개되었다. 이 지도에는 전국적으로 144곳이 땅 꺼짐 우려 지역으로 나타나 있다. 땅속 지도의 정확도를 높이기 위한 추가적인 조치가 필요하다.

카르스트 동굴

싱크홀과 동굴이 있는 배수 시스템을 가지고 있는 지형이 있다. 바로 카르스트 지형이다. 이것은 석회암[주로 탄산칼슘($CaCO_3$)으로 이루어진 퇴적암], 백운석[$CaMg(CO_3)_2$으로 이루어진 퇴적 탄산염암] 그리고 석고[황산칼슘($CaSO_4$)을 주성분으로 하는 황산염 광물] 같이 물에 잘 용해되는 성질이 있는 암석이 용해되어 형성된 지형이다. 카르스트에 대한 연구는 석유 탐사 분야에서도 중요한데, 그 이유는 세계 탄화수소 매장량의 50%가 다공성의 카르스트 지형에 들어있기 때문이다. 카르스트 지형이 만들어지는 데에는 지구 대기 중의 이산화탄소가 물에 녹아들어 형성되는 탄산(H_2CO_3)이 중요한 역할을 한다. 석회암의 성분인 탄산칼슘은 탄산에 의해 용해된다. 산소가 풍부한 지표수가 카르스트에 스며들면, 황화물과 반응하여 황산(H_2SO_4)을 형성하기도 한다. 황산은 탄산칼슘과 반응하여 침식을 가속화한다.

세계에서 가장 큰 석회암 카르스트 지형은 호주 남부의 눌라보 평원(Nullarbor Plain)이다. 이 지역은 평평하고 나무가 없는 건조 지대로서 약 20만 km^2에 달하는 석회암 기반암이 노출되어 있다. 슬로베니아는 세계에서 싱크홀이 생길 위험성이 가장 큰 나라이며, 두 번째로 위험성이 큰 지역은 미국 동부에 있는 웨스턴 하일랜드 림Western Highland Rim이다. 멕시코 유카탄Yucatan 반도와 치아파스Chiapas 역시 대표적인 카르스트 지형이다. 유카탄 반도에는 물에 약간 용해되는 탄산칼슘과 탄산마그네슘을 포함하는 석회암 혹은 사스카브Saskab["백색 토양(Tierra blanca)"을 뜻하는 마야어]로 구성된 지형이 널리 퍼져있다. 중국 구이저우성, 광시성, 윈난성에 있는 중국 남방 카르스트는 다양한 카르스트 지형의 대표적인 예로서, 2007년에 유네스코 세계문화유산으로 등재되었다. 이 지역은 칼날과 같은 형태를 한 무수한 바위들이 우뚝 솟아 있는 경승지이다. 이것들은 페름기의 석회암층이 용식되어 형성되었다.

카르스트 지형에서는 다음과 같은 다양한 형상이 만들어진다. 아빔Abîme은 싱크 홀이 수직으로 깊게 만들어진 지형을 말한다. 심연(Abyss) 또는 틈(Chasm)을 뜻하는 프랑스어에서 유래하였다. 세노테Cenote는 바닥에 물이 차 있는 수직으로 뚫린 싱크 홀을 말한다. 마야 언어로 물이 가득 찬 구멍이란 뜻을 가지고 있다. 멕시코 유카탄 반도에 있는 익킬Ik Kil이 유명하다. 돌리네Doline는 슬로베니아의 카르스트 지방에서 유래된 용식지형의 기본형으로 통상 원형 내지 타원형을 이룬다. 포이바Foiba는 자연적으로 생긴 역 깔때기 모양의 싱크 홀을 말한다. 이탈리아와 슬로베니아가 공유하는 카르스트 지역과 보스니아와 헤르체고비나, 몬테네그로, 크로아티아의 디나릭 알프스Dinaric Alps 카르스트에서 흔히 볼 수 있다.

카르스트 창(Karst fenster)은 지하에서 나와 물을 방출하고 갑자기 지하의 구멍을 통해 사라지는 샘을 말한다. 대표적인 예로 미국 켄터키의 매머드 케이브 국립공원에 있는 시더 싱크Cedar Sink(삼나무 싱크대)가 있다. 지표 토양의 붕괴로 인해 발생되었으며 싱크의 깊이가 91m에 달한다. 카르스트 샘(Karst spring)은 지하수를 배수하는 곳에 위치하여 물이 솟아나는 곳을 말한다. 세계에서 가장 큰 것은 파푸아 뉴기니에 있으며, 그밖에 보스니아, 크로아티아, 터키, 슬로베니아 및 이탈리아와 같은 지중해 국가에 위치해 있다. 석회암 포장(Limestone pavement)은 노출된 석회암의 평평하고 절개 된 표면으로 구성된 천연 카르스트 지형을 말한다. 주로 영국과 아일랜드에서 사용되는 용어이며, 이러한 지형의 대부분은 포장 블록과 유사한 독특한 표면 패턴을 보인다. 세계의 다른 지역에 있는 지형은 알바Alvar로 알려져 있다.

사라지는 개울(Losing stream)은 하류로 흘러가면서 사라지는 개울 또는 강을 말한다. 지하수면이 하천의 바닥 아래에 있기 때문에 물은 지하수를 땅 속으로 침투하여 지하수를 채운다. 하천이 동굴 시스템으로 내려가 지하의 강이 되는 카르스트 지형 지역에서 흔히 발생한다. 폴리에Polje는 카르스트 지질 지역에서 발견되는 넓은 평지를 말한다. 필드Field를 의미하는 슬러브어에서 유해하였다. 영어에서 Poljie는 특히 카르스트 평야를 말한다. 일반적으로 테라로사라고 하는 두꺼운 퇴적물로 덮여 있으며 농업용으로 광범위하게 사용된다. 포노Ponor는 지표수가 지하 통로로 들어가는 개구부를 말한다. 이 용어는 일반적으로 다공성 석회암 암석으로 이루어진 카르스트 지형에서 발견된다.

스콜Scowle은 무정형의 얕은 구덩이에서 최대 수 미터 깊이의 불규칙한 미로 구멍에 이르기까지 다양한 모습으로 나타난다. 영국 글로스터셔Gloucestershire의 포레스트 오브

딘Forest of Dean에서만 볼 수 있다. 털로Turlough는 아일랜드의 섀넌Shannon 강 서쪽에 있는 석회암 지역에서 발견되는 사라지는 호수의 일종이다. 이름은 "마른(Dry)"을 의미하는 아일랜드어 Tur에서 유래하였으며 접미사 -lach는 "장소(Place)"를 의미한다. 이 지형은 아일랜드 카르스트 지역에서 발견된다. 우발라Uvala는 작은 개별 싱크 홀이 합쳐져서 만들어진 복잡한 형태의 카르스트 함몰 지형을 말한다. 형태는 일반적으로 길거나 복합적인 구조이며 돌리네보다 크기가 더 크다. 우발라가 이어지면 폴리에가 된다.

지구 속의 생명체

내 발 밑에 거대한 산이 존재한다고? 그것도 에베레스트보다 더 큰 산이 존재한다? 지구 맨틀의 상부와 하부 사이에 존재하는 전이대의 가장 밑인 656km 층에서 산을 비롯한 복잡한 지형이 발견되었다. 미국 프린스턴 대학교의 지구물리학자 어빙Jessica Irving과 공동연구자들이 지진파 등을 이용하여 발견한 연구 결과가 2019년 '사이언스' 저널에 발표되었다. 지각을 떠받치고 있는 맨틀은 고체 상태로 존재하지만, 고온과 고압의 분위기 속에서 대류를 하고 있다. 지각 판에서 아래로 밀려들어간 지각은 맨틀의 하부까지 이동하고 다시 위로 올라오는 과정을 반복한다. 지진파를 이용하여 얻은 연구 결과에 따르면, 맨틀에는 거대한 대륙 2개가 존재한다.

지구의 내부에 거대한 바다가 존재한다? 맨틀은 지구 부피의 약 70%를 차지하고 있으며, 410~660km에는 전이대가 존재하고 이 구역에 제2의 바다가 존재한다는 것이다. 2014년 캐나다 앨버타 대학교의 피어슨Graham Pearson과 공동연구자들은 링우다이트Ringwoodite[고압 상태의 규산마그네슘(Mg_2SiO_4)] 결정을 발견하였는데, 이 속에는 약 1%의 물이 포함되어 있었다. 미국 노스웨스턴 대학교의 제이콥슨Steve Jacobsen과 뉴멕시코 대학교의 슈만트Brandon Schmandt는 학술지 '사이언스Science'에 '제2의 바다' 가설을 뒷받침하는 실험 결과를 제시하였다.

2016년 제이콥슨은 국제학술지 '암석(Lithos)'에서 지구 핵에 가까운 하부 맨틀에 엄청난 양의 물이 있다는 증거를 찾았다고 밝혔다. 연구자들은 브라질에서 발견한 다이아몬드에서 증거 자료를 얻었다. 9,000만 년 전 화산 폭발과 함께 지상으로 올라온 이 다이아몬드에는 링우다이트라는 광물이 들어 있었는데, 그들은 여기에서 수산기(OH)를 발견하였다. 이는 다이아몬드가 물이 있는 곳에서 만들어졌음을 의미한다. 그들은 여러 자료를 바탕으로 하부 맨틀의 고온 고압 환경에서 다이아몬드가 만들어졌을 것이라고 추론하였다.

내 발 밑에 거대한 산맥이! 내 발 밑에 어마어마한 바다가! 내 발 밑에 드넓은 빈 공간이! 내 발 밑 어두운 세상에는 어떤 생명이 있을까? 미국 테네시 대학교의 미생물학자 로이드Karen Lloyd는 10여 년 전에 생명체를 발견할 수 있을 것으로 예상되는 장소 중 일부만을 선정하여 샘플을 채취하여 조사하였다. 많은 과학자들과 공동으로 연구한 결과, 조사 대상을 극히 일부분으로 한정했음에도 불구하고 거의 모든 곳에서 생명체가 발견되었다. 연구 결과는 심층 생물권(Deep biosphere)이 예상 외로 무수히 많은 생명체의 풍부한 원천임을 말해준다. 이 지하 세계는 박테리아와 고세균이 지배하고 있는 것으로 확인되었다. 지구에서 탄소의 역할을 연구하고 있는 글로벌 연구팀인 '심층 탄소 관측팀(Deep Carbon Observatory, DCO)'에 따르면, 땅 속 미생물의 무게를 다 합치면 70억 인류 전체 몸무게의 수백 배에 달한다.

"심층 생물권은 아마존의 열대우림과 같다." "생명은 어디에나 있다. 예상치 못한 특이한 유기체는 경외심을 불러일으킨다." 이는 매사추세츠의 우즈 홀에 있는 해양 생물학 연구소에서 단일 세포 유기체의 진화와 다양성을 연구하고 있는 미생물학자 소진Mitchell Sojin의 말이다. 지하 세계의 생명체는 매우 느리고 긴 수명 주기를 가지고 있으며, 햇빛이 들어오지 않기 때문에 주위로부터 얻는 최소한의 '화학 에너지'를 사용하여 살아간다. 지구의 맨틀에 생명체가 존재할까? 2016년 다국적 팀으로 이루어진 과학자들이 대서양 해저를 탐사하여, 아틀란티스 대산괴(Atlantis Massif)라고 불리는 깊고 바위가 많은 지역에서 샘플을 수집하였다. 이 지역은 새로운 해양 지각이 탄생하는 곳이다. 이들은 샘플 속에서 수소와 메탄에 대한 증거를 찾아냈다. 미생물들은 해저 깊은 곳의 혹독한 환경에서도 생존할 수 있는 방법을 터득하고 있었다.

상상을 더하다 8

-이상한 나라의 앨리스-

1. 꽃도 감정이 있을까?

2. 루이스 캐럴은 몸의 크기를 조절할 수 있는 음식을 왜 버섯으로 정했을까?

3. 앨리스의 몸이 커질 때 옷이 같이 커지는 것이 가능할까?

4. 스스로 몸의 크기를 조절할 수 있는 동물이 있을까?

5. 몸이 작아지고 커질 수 있는 화학물질이 개발될 수 있을까?

6. 체셔 고양이는 갑자기 사라졌다 갑자기 나타난다. 고양이가 다른 곳으로 이동하는 것일까, 그곳에 존재하지만 눈에 보이지 않게 투명해 지는 것일까, 카멜레온처럼 주변의 색과 동일해 지는 것일까? 물체는 사라졌는데 머릿속에 인상이 남아있는 이유는 무엇일까?

7. 실제로 투명화가 이루어지기 위해서는 어떤 기술이 필요할까?

8. 인체에 무해하면서 긍정적인 정서를 유발하는 화학물질은 없을까?

9. 현실 세계와 구분하기 어려울 정도의 가상현실 세계를 언제쯤 구현할 수 있을까?

10. 사람이 꿈을 꾸는 이유는 무엇일까?

11. 동물의 생각을 읽을 수 있을까?

12. 식물과 소통하는 방법이 있을까?

9장
겨울왕국

1
겨울왕국

겨울왕국 / 겨울의 전설 / 빙하 속 바이러스의 부활 / 초유체 헬륨의 신비 / 화성에서 물 구하기

겨울왕국

동지冬至는 일 년 중에서 밤이 가장 길고 낮이 가장 짧은 날이다. 24절기 중 22번째 절기로 대설大雪과 소한小寒 사이에 있다. 동지 다음날부터는 밤보다 낮이 점점 길어진다. 고대인들은 이날을 태양이 죽음으로부터 부활하는 날로 생각하고 축제를 벌여 태양신에 대한 제사를 올렸다. 중국 주나라에서는 동지에 생명력과 부활의 의미를 부여하고 동지를 설로 삼았다. 동짓날에는 팥죽을 먹는 풍습이 오늘날까지 전해져 내려오고 있다. 팥죽을 집안의 여러 곳에 놓는 것은 악귀를 쫓아내기 위함 이었다. 민간에서는 동짓날 눈이 많이 오고 날씨가 추우면 풍년이 들 징조라고 여겼다.

페르시아 문화에서 동지는 얄다Yalda('출생'이라는 뜻)라 불리며 수천 년 동안 축하해온 날이었다. 동지는 빛, 선함, 지상의 힘을 상징하는 미트라Mithra의 탄생 전날로 불렸다. 미트라는 브라만교, 조로아스터교, 미트라교의 태양신이다. 미트라는 고대 로마의 컬트 종교에서도 태양신으로 숭배되었다. 3세기경에는 수 백 개의 사원들이 제국 전역으로 퍼져 나갔다. 그리스 신화에서 데메테르Demeter는 곡물과 수확의 여신이며 올림포스 12신 중의 하나이다. 계절의 변화와 결혼의 유지를 관장하는 것으로도 여겨졌다. 데메테르는 신들의 신인 제우스와의 사이에 딸 페르세포네Persephone를 낳았다. 후에 저승의 신 하데스Hades가 페르세포네를 납치하여 아내로 삼았다. 제우스는 형 하데스

에게 페르세포네를 데메테르에게 돌려보내라고 명령하였다. 그러나 하데스는 페르세포네에게 저승의 과일 석류를 먹게 하여 그곳을 떠날 수 없게 만들었다. 제우스는 페르세포네가 6개월은 하데스와, 6개월은 데메테르와 함께 살게 하였다. 페르세포네가 하데스와 지내는 동안 데메테르의 분노와 슬픔은 대지를 황폐하게 하고 세상을 추운 겨울로 만들었다.

전 세계에는 겨울의 신 혹은 화신으로 숭배되는 존재들이 다수 있다.

베이라Beira는 겨울의 화신이자 스코틀랜드 신화에서 모든 신과 여신의 어머니이다. 그녀는 켈트족 창조신화와 관련이 있으며, 그리스 신화에 나오는 가이아Gaea와 북유럽 신화에 나오는 대지의 여신 요르드Jord와 유사한 역할을 한다. 20세기 스코틀랜드의 민속학자 맥킨지Donald Alexander Mackenzie(1873~1936)에 따르면, 베이라는 흰 머리카락, 짙은 파란색 피부, 녹綠(rust) 빛깔의 이빨을 가진 외눈박이 거인이었다. 베이라가 한쪽 눈을 갖는 것은 이중성을 넘어, 모든 존재의 일체성을 꿰뚫어 보는 능력을 상징한다고 한다. 베이라가 하그Hag(노파 형상을 한 정령)로 묘사되는 이야기에서 겨울의 여왕은 영웅과의 사랑을 추구한다. 만약 영웅이 그녀를 받아들인다면, 그녀는 아름다운 젊은 처녀로 변신할 것이다. 이 변신은 봄이 오면서 싹이 트기 시작하는 겨울 동안 땅 속에 잠복해 있는 씨앗을 상징하기 위한 것이다.

다른 버전에서는 베이라가 땅을 얼리는 마법의 지팡이를 들고 다닌다. 매년 겨울이 끝날 때, 그녀는 지팡이를 호랑가시나무와 덤불 밑에 던지곤 했다. 그러고 나서 여신은 회색 돌로 변신하는데, 이것은 겨울이 끝났다는 신호이다. 또 다른 버전에서 베이라는 생명의 수호자로 등장한다. 여기서 그녀는 땅에 묻힌 씨앗을 찾아 영양을 공급하여 봄철에 그 씨앗을 살려내곤 했다. 따라서 베이라 역시 죽음과 재탄생의 여신으로 간주된다. 베이라와 자연계의 또 다른 연결고리는 그녀가 이 혹독한 계절 동안 동물들을 보호하는 존재이며 겨울 동안 동물들의 수호자라는 것이다.

베이라를 특정 장소와 연결시키는 이야기도 있다. 그러한 이야기 중 하나는 스코틀랜드 고원에 있는 담수체인 로치 어Loch Awe의 창조에 관한 것이다. 이 이야기에서 베이라는 아르길Argyll의 벤 크루아찬Ben Cruachan 산꼭대기에 있는 우물을 담당하고 있다. 베이라는 매일 저녁 우물 입구를 돌로 덮어서 물이 흐르는 것을 막았다. 다음날 아침 해가 뜨면 그녀는 덮개를 제거하여 물이 다시 흐르도록 했다. 어느 날 저녁, 베이라가 탈진하여 우물가에서 잠이 들었고, 그것을 덮는 것을 잊었다. 그 결과 밤새도록 물이 흘러 브랜더의 고갯길을 뚫고 들어가 로치 어 라는 담수체를 만들어냈고, 많은 사람과 동물이 이 호수에 빠져 죽었다. 베이라가 깨어났을 때, 그녀는 자신이 한 일에 너무나 소름이 끼쳐 돌로 변했다.

북유럽에는 오딘, 프라우 홀레, 프리그, 그리고 호드르 같은 여러 신들이 있다. 오딘Odin은 게르만 신화에서 널리 존경받는 신이다. 그에 대해 북유럽의 신화에는 오딘을 지혜, 치유, 죽음, 지식, 전쟁, 전투, 승리, 주술, 시, 광란 등과 연관시켜 프리그 여신의 남편으로 투영한다. 신들의 아버지로 불렸던 오딘은 기후의 신으로도 숭배되었다. 12월 하면 떠오르는 산타클로스는 성 니콜라우스Saint Nicholas(270~343)와 말을 타고 선물을 나눠 주었다는 오딘의 신화가 융합되어 탄생했다고 전해진다. 프라우 홀레Frau Holle는 그림 형제가 1812년 어린이와 가정 이야기에서 수집한 독일 동화에 등장한다. 프라우 홀레는 초기에는 기독교 이전의 전설적인 여성으로 19세기까지 대중적인 믿음 속에서 살아남았다. 독일의 언어학자이자 동화수집가였던 그림Jacob Grim(1785~1863)은 그녀를 게르만족의 여신으로 세우려고 시도했다. 프리그Frigg는 게르만 신화에 나오는 여신이다. 그녀에 대한 가장 많은 정보의 원천인 북유럽 신화에서 그녀는 선견지명과 지혜와 연관되어 있으며, 펜살리르Fensalir의 습지에 거주하고 있다. 그녀는 거의 모든 출처에서 오딘의 아내로 묘사되고 있다. 금요일Friday이란 말은 'Frigg's Day'에서 유래하였다.

호드르Höðr는 눈먼 신이며 오딘과 프리그의 아들이다. 로키의 속임수에 이끌려, 그는 겨우살이 화살을 쏘았는데, 그것은 무적의 발드르Baldr를 죽이기 위해서였다. 〈산문 에다(Prose Edda)〉와 〈운문 에다(Poetic Edda)〉에 따르면 발드르의 어머니인 여신 프리그가 발드르에게 부탁하기에는 너무 중요하지 않다고 판단하여 겨우살이를 제외하고는 현존하는 모든 것을 발드르에게 결코 해치지 않을 것을 맹세하게 했다. 신들은 발드르에게 무기를 겨누고 그것들이 아무런 해를 끼치지 못하는 것을 보며 즐거워했다. 장난꾸러기 로키는 발드르의 단점을 알고 겨우살이로 창을 만들었고, 호드르가 발드르를 향해 쏘는 것을 도왔다. 이에 대한 대응으로 오딘과 린드Rindr 여신은 바알리Váli를 낳았다. 바알리는 태어난 지 하루만에 완전한 성인이 되어 호드르를 죽였다.

겨울의 전설

긴 장마가 물러갔다. 무더위가 기승을 부리고 있다. 바다가 부른다. 산이 손짓한다. 바로 뒤에서 겨울이 웃고 있다. 얼어붙은 논에서 아이들이 썰매를 탄다. 눈이 내린다. 예티가 걸어온다. 세계 각지에 퍼져 있는 겨울, 얼음, 눈과 관련된 무시무시한 상상 속의 존재들을 만나보자. 영국 스코틀랜드 그레이트브리튼 섬 북쪽에 있는 오크니 제도에는 '겨울'이 되면 나타나는 괴물이 있다. 바로 누켈라비Nuckelavee이다. 누켈라비는 반인반마의 사악한 존재이다. 여름 동안에는 여름의 정령인 바다어미(Sea Mither)에 의해 바다 속에 갇혀 있다가 '겨울'이 되면 뭍으로 올라온다. 누켈라비는 강력한 힘을 가지고 있어서 오크니 전체에 영향을 미친다. 누켈라비의 숨결은 곡식을 말라 죽게 하고 가축을 병들게 한다고 전해진다. 오크니에 전염병이 돌고 가뭄이 들면 사람들은 누켈라비 때문이라고 생각했다. 해마다 봄철이 되면 바다어미는 그녀의 맞수인 겨울의 정령 테란Teran과 바다와 날씨의 지배권을 놓고 싸움을 벌인다. 두 정령의 싸움으로 강풍이 불고 바다는 요동친다. 바다어미가 테란을 이겨서 그를 바다 깊숙이 처박아 버리지만, 바다어미는 기력을 소진하고, 가을이 되면 테란이 바다어미를 이기고 바다와 날씨를 자신의 손아귀에 넣게 된다. 바다어미와 테란의 싸움 이야기는 오크니의 전설들 중에서도 가장 오래된 것으로, 날씨의 변화 및 다른 자연현상을 설명하기 위해 섬사람들이 만들어낸 이야기로 생각된다. 셰틀랜드 제도의 어부들은 자신들을 악마에게서 지켜달라고 바다어미에게 기원을 드렸다.

알래스카, 캐나다 북부, 시베리아 등지에 사는 에스키모족 원주민 이누이트Inuit 사이에 전해 내려오는 광적인 악마가 있다. 마하하Mahaha라고 불리는 이 괴물은 옅은 푸른색을 띠며 촉감이 차갑다. 눈은 하얗고 머리카락이 길다. 이 악마는 항상 웃고 있다. 또한 길고 날카로운 손톱을 가지고 있다. 마하하에 희생된 사람들의 얼굴은 일그러진 채 웃는 모습을 한 채 얼어있었다고 한다. 미국 북동부 와바나키Wabanaki 부족에서 전해져 내려오는 사람을 먹는 사악한 얼음 거인이 있었다. 바로 케누Chenoo이다. 이 거인은 한때 사람이었는데 악령에 사로잡혀 끔찍한 죄를 저질러 심장이 얼음으로 변하였다. 케누는 늑대 같은 눈을 가지고 있으며 바싹 마른 노인의 모습을 하고 있다. 얼어붙은 북쪽에 살며 배가 고프면 사람을 찾아 내려온다. 사람 모양의 심장을 하고 있는 케누를 처치하기 위해서는 소금을 주면 되는데, 소금은 얼어붙은 심장을 빨리 녹이기 때문이다(앗, 빙점 강하의 원리가 숨어 있군!). 이 전설은 혹독한 겨울에 먹을 것이 부족한 상황에서도 폭력적인 식인 풍습을 가져서는 안 된다고 하는 경고의 메시지를 전달하기 위한 것이라고 한다. 극한 상황에서 다른 부족 사람들을 잡아먹고 생존한 사람들의 이야기가 전설로 남아 있는 것을 수도 있다. 이누이트 전설에 나오는 괴물이 또 있다. 바로 이쿠테이유Ikuutayuq인데, 이것은 사람을 잡아서 죽을 때까지 피해자의 몸에 구멍을 뚫고 얼음 기둥 아래에 묻는 무시무시한 존재이다. 지금은 북극 여행을 가더라도 공포에 떨 필요는 없다. 전설에 따르면, 한 영웅이 이쿠테이유를 죽였고, 그녀의 오빠는 공포에 빠져 도망쳐서 다시는 돌아오지 않기 때문이다. 이 전설은 북극 얼음에서 발견된 얼어붙은 인간의 시체를 설명하는 방편일 수 있다고 한다. 얼음 속에 갇힌 동물의 사체는 얼고 팽창하고 다시 녹으면서 몸에 구멍이 생길 수 있다. 이누이트 전설에는 이지라크Ijiraq 라고 불리는 괴물도 등장하는데, 이 존재는 방황하다가 추운 북쪽으로 너무 멀리 가서 삶과 죽음 사이에 갇힌 사람의 정령이라고 한다. 여행자를 노리고 있는데, 목적지가 눈에 들어오더라도 혼란스럽게 만든다. 때로는 죽은 자들의 영역으로 끌어들이기도 한다. 이는 북극에서 녹는 얼음에서 발생하는 황화수소(H_2S) 때문이라는 해석도 있다.

황화수소는 썩은 달걀 특유의 악취가 나는 무색 가스로 독성, 부식성 및 인화성이 있다. 늪이나 하수구와 같이 산소가 없는 상태에서 유기물의 미생물 분해로 생성되는 경우가 많다. 이 독성 가스는 길을 쉽게 찾을 수 있는 상황에서도 방향감각을 잃게 만들 수 있다. 이 가스와 유황 연기로 인해 신기루를 보게 될 수도 있다. 바베가지Barbegazi는 스위스와 프랑스 신화에 등장하는 요정 혹은 난쟁이이다. 이 단어는 "얼어붙은 수염"

을 의미하는 프랑스어 Barbe-glacée에서 유래하였다. 몸은 흰 털로 덮여 있으며 뾰족한 귀, 긴 수염, 그리고 거대한 발을 가지고 있다. 바베가지는 거대한 발로 스키를 타거나 스노우 슈즈를 신고서 산을 여행한다. 여름에는 동굴과 터널에서 지내다가 첫 눈이 오면 밖으로 나온다. 사람에게는 보통 친절하고, 목자들이 잃어버린 양을 찾도록 도움을 주며, 눈사태 속에 있는 사람들에게는 휘파람을 불어 주의를 주기도 한다.

빙하 속 바이러스의 부활

2020년은 전년도 12월 중국에서 발생한 코로나19로 인해 전 세계가 공포에 떨었던 한 해였다. 2021년 3월 15일 현재 전 세계 코로나-19 확진자는 1억 2,000만 명을 넘어섰고, 사망자도 260여만 명에 이른다. 코로나19의 원인은 코로나바이러스인 SARS-CoV-2(Severe acute respiratory syndrome coronavirus 2, 중증급성호흡기증후군 코로나바이러스 2)가 병원체라고 알려져 있다. 이 신종 코로나바이러스는 단일 가닥의 RNA 바이러스이다.

지구 온난화로 빙하나 영구 동토층이 녹으면 그 속에 갇혀 있던 대량의 메탄(CH_4) 가스가 방출되어 지구 온난화를 가속시킬 수 있다. 이 뿐만이 아니라 오랫동안 땅 속에서 동결된 상태로 잠들어 있던 고대 바이러스들이 부활할 수 있다. 영구동토층은 2년 이상의 기간 동안 토양 온도가 0℃ 이하로 유지되는 토양을 말한다. 대부분 고위도에 존재하지만 저위도의 고지대에 존재하기도 한다. 영구동토층은 지구 표면의 약 14%를 차지하고 있다. 2016년 러시아 시베리아에 위치한 야말로네네츠Yamalo-Nenets 자치구에서 12세 목동이 탄저병으로 숨지는 사건이 발생하였다. 지역 주민 90여 명을 검사한 결과 8명이 탄저병에 감염되었다는 판정을 받았다. 순록 2,300여 마리도 떼죽음을 당했다. 기후 변화가 새로운 공포를 불러오고 있는 것이다. 전문가들은 지구 온난화로 인해 이상고온 현상으로 영구 동토층이 녹으면서 탄저균에 감염된 동물 사체가 지상에 노출되어 병이 퍼진 때문으로 판단하였다.

2014년 러시아와 프랑스 연구진은 시베리아 영구 동토층에서 30,000년 동안 잠들어 있던 피토바이러스Pithovirus를 발견하였다. 몸집이 1.5μm나 되는 이 거대 바이러스는 고대 그리스 신화에서 제우스 신이 판도라에게 건넨 항아리(Pithos)라는 뜻으로 붙여진 이름이다. 피토바이러스는 인플루엔자 바이러스보다 몸집이 훨씬 큰데, 다행히 아메바만을 감염시키는 것으로 밝혀졌다. 2003년 최초의 거대 바이러스로 보고된 미미바이러스Mimivirus와 유사 변종들은 광학현미경으로도 관찰할 수 있는 정도인 최대 지름 0.5μm에 최대 125만 염기쌍의 게놈을 지녔다. 2013년에 보고된 판도라 바이러스Pandoravirus는 이보다 더 큰 1μm 길이에 280만 염기쌍의 게놈을 지니고 있는 거대 바이러스이다.

고대 바이러스는 티베트 고원의 빙하에서도 발견되었다. 미국과 중국의 공동 연구진이 티베트 고원에서 땅속의 빙핵을 채취하여 조사한 결과 15,000년 전에 형성된 빙핵에서 33가지의 바이러스 유전 정보를 발견하였는데, 이 중 28개는 완전히 새로운 것으로 확인되었다. 지구 온난화로 인해 수만 년 동안 존재해 왔던 영구 동토층이 빠르게 줄어들고 있다. 판도라의 질병 상자가 열리고 있다. 바이러스를 가두고 있던 냉동 창고의 문이 열리고 있는 것이다.

초유체 헬륨의 신비

'이것'은 우주에서 두 번째로 풍부한 원소이다. '이것'은 지구에서 발견되기 전에 태양의 대기에서 발견되었다. '이것'은 1928년에 처음으로 공개 시장에 선을 보였다. '이것'은 바로 헬륨(He)이다. 헬륨은 너무 가벼워서 지구의 중력이 그것을 붙잡을 만큼 충분히 강하지 않다. 그런데도 헬륨이 지구 대기에 존재하는 이유는 무엇일까? 그것은 지구상의 방사성 원소가 붕괴하면서 헬륨이 생성되고, 화산 활동에 의해 행성 지각에서 헬륨이 방출되며, 지구로 오는 우주선의 약 9%가 헬륨의 핵이기 때문에 대기 중에서 고갈되지 않고 계속 공급되기 때문이다. 현재 다양한 용도로 사용되고 있는 헬륨은 지각의 방사성 원소(주로 토륨과 우라늄)의 자연적인 붕괴에 의해 생성된다. 우라늄과 토륨의 방사능 붕괴로 연간 약 3,000톤의 헬륨이 생산되고 있다. 현재 세계 헬륨의 생산량은 연간 30,000톤 이상이다(헬륨은 몇 개의 천연 가스전에서 수백만 년 동안 축적되어 왔기 때문에 현재 우라늄과 토륨 붕괴로 생성되는 것보다 더 많은 양을 추출할 수 있다).

절대 온도 0도(0K)에 가까운 온도에서 헬륨은 액체로 응축되어 놀라운 특성을 나타낸다. 정상 대기압에서는 고체로 변화되지 않으며, 25기압, 0.95K의 상태에서는 고체로 존재한다. 압력을 약 114,000기압으로 올려주면 실온에서 고체로 만들 수 있다. 이 압력은 바다에서 가장 깊은 마리아나 해구에 있는 '챌린저 딥Challenger Deep(깊이: 10,916m)'의 압력보다 100배 이상 더 높다. 정상적인 유체 헬륨은 람다 점(Lambda point)이라는 특정한 지점을 지나면 초유체 헬륨 II로 전이되어 매우 흥미로운 특성을 보인다. 람다 점(1기압에서 약 2.17K)에서 헬륨이 나타내는 것은 '초유동(Superfluidity)' 현상이라고 알려져 있다. 갑자기 점성이 전혀 없는 유체로 변화하는 것이다. 이 상태에서의 헬륨은 마찰을 거의 무시하며 분자 상호간 인력도 사라진다. 대신 액체를 가두는 분자와의 인력이 더 커서 얇은 박막 상태로도 흐르며, 심지어 용기를 타고 올라 바깥으로 떨어지기도 한다. 작은 구멍도 통과하고, 물결도 치지 않는다. 이로 인해 헬륨은 중력, 빛 등의 작은 원인에도 민감한 움직임을 보인다. 헬륨 II를 담은 용기 안에 작은 용기를 넣으면, 용기가 완전히 잠기지 않았는데도 헬륨이 작은 용기 안에서 용기의 외부 면을 넘어 흘러 들어간다.

^{4}He의 상평형 곡선에는 람다 라인λ-line이 나타나며, 이것은 He-I와 He-II의 두 유체 영역을 분리한다. He-I 영역에서 헬륨은 정상적인 유체처럼 행동하는 반면, He-II 영역에서 헬륨은 초유체(Superfluid)의 거동을 보인다. 보통의 기체를 냉각시키면 고체로 변하지만, 양성자 2개와 중성자 2개로 구성된 핵을 갖는 헬륨(^{4}He) 기체는 극저온까지 냉각시켜도 액체 상태로 존재한다. 그러다가 2.17K(-271℃) 이하로 냉각시키면 점성이 0인 매우 특이한 유체가 된다. 이 상태의 헬륨은 점성이 전혀 없기 때문에 지구의 중력을 받는 환경에서도 열린 용기에 담으면 '모세관 현상'에 의해 열린 부분을 따라 밖으로 스스로 기어 나온다!

초유체 헬륨을 이용하면 분수를 구현할 수도 있다. 밑 부분이 뚫린 모세관의 바닥 부분에 탄소 가루를 넣고 탈지면으로 마개를 한 다음 초유체 상태의 헬륨에 담그고, 외부에서 빛을 쪼여주면 모세관의 끝에서 액체 헬륨이 분수처럼 분출된다. 초유체 상태의 헬륨을 모세관이 아래쪽으로 향한 유리 용기에 넣고, 상부의 액체 헬륨에 약간의 열을 가하면 액면이 상승한다. 이런 현상을 설명하는 이론은 '보스-아인슈타인 응축(Bose-Einstein condensate)'이라 부른다. 이것은 '입자의 파동성'으로 설명할 수 있다. 양자 역학적 관점에서 입자는 파동의 성질도 갖는다. 온도가 낮아질수록 파장은 길어지고 온도가 극도로 낮아지면 파장은 입자 사이의 거리를 넘어서면서 물질파들이 중첩되기 시작한다. 질량수가 3인 헬륨(^{3}He)은 0.0027K(2.7mK) 이하에서 초유체가 된다.

2017년 미국 버몬트 대학교의 과학자들은 초유체 헬륨-4(^{4}He)를 차세대 양자컴퓨터의 연료로 사용할 수 있음을 보여주는 연구 결과를 '네이처 피직스Nature Physics'에 발표하였다. 연구자들은 이 차가운 헬륨 원자들이 블랙홀에서 관찰되는 '얽힘 법칙'을 따른다는 것을 확인하였다. 양자 얽힘이란 두 부분 계 사이에 존재할 수 있는 일련의 비고전적인 상관관계를 말하며, 얽힘은 두 부분계가 공간적으로 서로 멀리 떨어져 있어도 존재할 수 있다. 이는 정보를 순식간에 한 계에서 다른 계로 이동시킬 수 있다는 의미이다. 이러한 양자 얽힘 이론이 등장한 이후 양자암호, 양자컴퓨터, 양자전송 실험 등이 꾸준히 연구되고 있다.

화성에서 물 구하기

드디어 화성에 도착하였다. 저녁 식사를 위해 라면을 끓였다. 그런데 지구에서 끓일 때와는 다르다! 화성은 지구에 비해 대단히 추운 행성이다. 대기압도 매우 낮다. 지구에서 가져간 물을 컵에 담았더니 얼어버렸다. 땅을 파내려 가니 물이 발견되었다. 그런데 물이 폭발적으로 끓는다! 지구에서 물은 0℃에서 10℃ 사이에서는 액체 상태로 존재하지만, 화성에서는 10℃ 에서 끓는다. 화성의 대기에 있는 수증기를 모두 모아서 액체 상태로 만든다 해도 그 양은 작은 연못을 겨우 채울 수 있을 정도로 적은 양이다. 그러나 극지방에는 많은 양의 물이 고체 상태로 존재한다. 북극에는 폭 1,200km의 얼음이 존재하는데, 어떤 곳은 얼음 깊이가 3km에 달한다.

인간이 화성에 정착하기 위해서는 물이 필요하다. 가열하지 않고 물을 얻을 수 있는 방법은 없을까? 화성의 조건은 물의 삼중점과 매우 유사한 상황이다. 순수한 물, 순수한 얼음 및 순수한 수증기가 평형에서 공존할 수 있는 온도와 압력은 0.01℃(273.16K) 및 0.006기압[611.7Pa(파스칼), 약 6.1173mbar(밀리바)]이다. 삼중점은 고체, 액체, 기체의 3상이 서로 열역학적 균형을 유지하는 상태의 압력과 온도를 말한다. 액체 상태의 물을 얻기 위해서는 압력을 약간만 올려주면 된다. 화성 표면에서의 평균 대기압은 6.1mbar보다 약간 낮다. 평균치보다 높은 대기압을 갖는 곳에서는 액체 상태의 물이 존재할 수 있다. 물의 상평형 곡선을 보면 액체 상태의 물은 6.1밀리바 미만에서는 존재할 수 없다. 화성 표면의 대기압은 이 값 바로 아래에 있다. 따뜻한 오후에 얼음이 물로 녹는다 해도 그것은 건조한 화성 대기에서 금방 사라진다.

화성 표면에서의 대기압은 물의 삼중점의 압력인 6.1mbar에 매우 가깝다. 기막힌 우연의 일치일까? 화성의 대기압이 이보다 더 높다면 표면에 물이 존재할 것이고, 대기 중의 이산화탄소가 물에 녹아 규산염 광물과 반응할 것이다. 이렇게 되면 대기 중의 이산화탄소가 줄어들어 대기압은 삼중점 아래로 내려가게 된다. 이런 분위기에서는 화성 표면에서 물이 액체 상태로 존재할 수 없다. 액체 상태의 물이 존재할 수 있는 최대한의 요건은 삼중점 위와 끓는점 아래의 값을 갖는 것이다. 연구자들은 헬라스 분지(Hellas Basin, 고대의 소행성이 떨어져 생성된 깊은 지역)의 바닥에서 대기압이 12.4mbar인 곳을 찾아냈다. 문제는 끓는점이 겨우 영상 10℃라는 점이다. 화성의 건조한 대기와 접촉하여 물이 증발하는 것도 문제이다.

화성에서 때때로 지표수를 발견할 수 있는 지역이 다섯 군데 있다: 아마존 평원(Amazonis Planitia), 크리세 평원(Chryse Planitia), 엘리시움 평원(Elysium Planitia), 헬라스 분지(Hellas Basin), 아르기레 분지(Argyre Basin). 물을 얻을 수 있는 조건은 낮에만 가능하다. 밤에는 기온이 급격히 떨어져 액체가 얼게 된다. 0℃ 이하에서도 물이 얼지 않는 조건은 없을까? 물에 염이 녹아 있다면 그 물은 낮은 온도에서도 액체로 존재할 수 있다. 남극 대륙의 돈후안 연못(Don Juan Pond)에는 -24℃의 낮은 온도에서도 액체 상태의 물이 존재한다.

2
올라프

올라프 / 눈사람 / 눈송이

올라프

'이것'은 특별한 눈사람이다. '이것'은 월트 디즈니 애니메이션 스튜디오가 제작한 영화에 등장하는 캐릭터이다. '이것'은 바로 올라프Olaf이다. 올라프는 2013년에 개봉한 《겨울왕국(Frozen)》에서 엘사와 안나가 만든 스스로 움직이는 눈사람이다. 올라프는 안나가 얼어버린 왕국을 녹이기 위해 사라진 언니를 찾아갈 때 다시 등장한다. 올라프는 안나와 크리스토프가 엘사를 찾는 것을 돕고 왕국으로 함께 돌아간다. 귀여운 유니콘처럼 생겼다. 올라프는 따뜻한 포옹을 좋아하며 작중 분위기를 풀어주는 캐릭터이다. 또한 올라프는 단순한 조연에 그치지 않고 겨울왕국의 핵심 주제인 가족애를 상징하는 존재이다. 중요한 역할과 대사의 많은 부분을 올라프가 맡고 있다.

올라프는 다음과 같은 멋진 말도 한다. "사랑이란 상대가 원하는 것을 네가 원하는 것보다 먼저 생각하는 거야.", "물은 기억을 갖고 있어.", "진정한 사랑이 얼어붙은 심장을 녹였어." 올라프는 겨울왕국 외에도 겨울왕국 열기(Frozen Fever, 2015년), 올라프의 겨울왕국 어드벤처(Olaf's Frozen Adventure, 2017년), 겨울왕국 2(Frozen II, 2019년)에도 등장하여 핵심적인 역할을 한다.

눈사람

"한겨울에 밀짚모자 꼬마 눈사람. 눈썹이 우습구나 코도 삐뚤고. 거울을 보여줄까 꼬마 눈사람. 하루 종일 우두커니 꼬마 눈사람. 무엇을 생각하고 혼자 섰느냐. 집으로 들어갈까 꼬마 눈사람." 이 노래는 국정음악교과서 1학년용에 수록되었고 유치원 교재에서도 널리 활용되고 있는 동요 '꼬마 눈사람'(강소천 작사, 한용희 작곡, 1955년)이다. 4분의 2박자의 단순한 노래 가락이지만 우리 고유의 5음계에 의한 노래 가락이다. 동요가 너무 서양가락을 닮아가는 것이 안타까워 우리의 정서에 맞는 우리 고유의 5음계 가락을 사용해야 된다고 주창한 작곡자가 만든 작품이다.

정월대보름에 하는 불놀이는 나쁜 기운을 물리치고 풍년을 기원하는 행사이다. 불놀이에는 매서운 추위가 빨리 물러가고 봄이 오기를 바라는 마음도 들어있다. 1년 내내 병이 없고 재앙을 물리치기를 기원하는 쥐불놀이는 논두렁이나 밭두렁에 불을 붙이는 정월의 민속놀이이다. 여기에는 잡토를 태움으로써 해충을 박멸하여 풍작을 이루려는 의미도 담겨 있다. 특히 긴긴 겨울을 보내야 하는 북유럽 사람들에게 불놀이는 더욱 의미가 있는 축제로 치러진다. 불놀이는 우울하고 죽음의 시간인 겨울이 끝났음을 알리고 봄을 맞이하는 축제이다. 스위스 취리히의 지역 주민들은 해마다 열리는 봄 축제에서 특별한 목적으로 눈사람을 만든다. 밀짚과 면화로 만든 빨간 코의 눈사람은 흰 옷을 입고 모자를 썼다. 그런데 눈사람의 아래에 짚단이 있다. 사람들은 짚단에 불을 붙인다. 눈사람의 몸속에는 다이너마이트가 들어 있다. 불쌍한 눈사람의 몸에 불이 붙는다. 구경꾼들이 환호하고 눈사람은 검게 변한다. 그리고 시뻘건 불꽃과 함께 폭발하며 산산이 부서져 나간다. 사람들은 그 속에서 새 봄이 오는 소리를 듣는다. 사람들은 눈사람의 머리가 빨리 폭발할수록 봄이 빨리 찾아온다고 믿는다.

세계에서 가장 작은 눈사람이 만들어졌다. 2009년 웨스트 런던에 있는 국립 물리연구소(National Physical Laboratory)의 과학자들은 세계에서 가장 작은 눈사람을 만들었다. 키가 10μm(0.01mm)에 불과한 눈사람은 전자현미경 비점수차를 교정하는 데 사용되는 두 개의 주석 비드로 만들었다. 눈과 미소는 이온 빔으로 밀링하여 만들었고, 너비가

1μm 보다 작은 코는 이온빔으로 증착된 백금이다. 나노 조작 시스템을 이용하여 부품을 수동으로 조립하고 백금 증착을 이용하여 모든 요소를 용접하였다. 2016년에는 작은 눈사람의 기록이 깨졌다. 캐나다 웨스턴 대학교에 있는 연구자들은 SEM(Scanning Electron Microscope, 주사전자현미경)을 사용하여 키가 3μm에 불과한 눈사람을 탄생시켰다. 세 개의 구로 이루어진 눈사람은 가운데 구에 팔이 있으며 맨 위의 구에 눈, 코, 입이 있다. SEM은 고에너지 전자의 집중된 빔으로 표면을 스캔하여 샘플 이미지를 생성하는 전자 현미경의 일종이다. 시료의 토폴로지, 형태, 조성 및 결정 상태를 나노 수준에서 관찰할 수 있는 대표적인 측정기법이다. 물체의 형상을 30만 배까지 확대하여 관찰할 수 있다.

눈송이

모든 눈은 단일 눈 결정으로 시작하여 만들어 진다. 이 결정은 수증기가 얼 때 형성되며 떨어지면서 독특한 육각형 모양을 취한다. 눈의 결정은 다른 것들과 부딪치면서 눈송이가 된다. 눈송이를 현미경으로 보면 모두 서로 다르지만 유사한 특성을 공유하는데, 크게 8가지로 분류할 수 있다. 1637년 프랑스의 철학자이자 수학자인 데카르트 René Descartes(1596~1650)는 〈방법서설〉 및 이를 서론으로 하는 〈굴절광학〉, 〈기상학〉, 〈기하학〉을 출간하였다. 그는 자신의 기계적 철학에 기초하여 자연현상을 설명한 〈기상학〉에 눈송이 결정을 자세히 관찰하여 그림을 남겼으며 눈 결정 형태에 대해 합리적으로 정확하게 설명하였다. 여기에는 다소 드문 형태인 뚜껑이 달린 기둥과 12면 눈송이도 포함되어 있다.

19세기에는 현미경을 이용하여 눈송이의 모양을 기록하기 시작하였다. 미국의 기상학자이자 사진작가였던 벤틀리Wilson Bentley(1865~1931)는 최초의 눈송이 사진을 남겼는데, 그는 1885년부터 현미경으로 수천 장의 눈송이를 촬영하였다.

1930년대에 일본의 나카야Ukichiro Nakaya(1900~1962)는 별, 판, 프리즘, 기둥 모양의 눈송이를 발견하고 온도와 습도가 눈송이의 형성에 미치는 영향을 연구하였다. 그는 별 모양의 결정이 가장 낮은 온도에서 형성되며, 습도가 높으면 가지가 만들어진다는 사실을 발견하였다. 또한, 결정 형태가 만들어지는 온도 및 습도 조건과 관련 지어 눈송이의 결정 형태 다이어그램을 개발하였다. 그에 따르면, 가장 크고 별 모양의 눈 결정은 -15℃ 정도의 좁은 온도 범위에서만 자란다. 바늘과 기둥 형태의 눈송이는 -6℃ 근처에서 가장 잘 자란다. 습도가 높을수록 더 정교하고 분지된 결정이 자란다. 습도가 낮을 때(또는 결정이 작을 때)에는 단순한 프리즘 결정이 자란다. 1966년 일본 홋카이도대학의 마고노Choji Magono와 리Chung Woo Lee는 눈 결정을 모양에 따라 80개로 분류하였다.

벤틀리의 눈송이 사진(1902년 경)

눈은 쉽게 공기를 가두어 인간과 동물 모두에게 훌륭한 절연체 역할을 한다. 추운 기후에서 동면을 하는 동물은 눈 동굴 안으로 들어가 겨울 내내 따뜻하게 몸의 열을 가두어 둔다. 눈으로 만든 이글루 역시 열을 가둘 수 있다. 안에다 불을 피우면 외부 공기보다 최대 21℃까지 안을 따뜻하게 할 수 있다. 지상의 기온이 5℃ 정도로 따뜻하면 눈이 내리고 쌓이기 시작하지만 더 따뜻하면 쌓이지 않고 녹는다. 지상의 공기가 상대적으로 따뜻하면 폭설이 내릴 가능성이 증가한다. 큰 호수가 옆에 있으면 눈이 많이 내리는데, 이를 호수 효과라고 부른다. 차갑고 건조한 공기가 따뜻한 물 위로 지나가면 표면의 공기를 냉각시켜 구름이 되는 습기를 흡수한다. 구름이 충분히 커져 땅 위로 움직이면 눈이 내리게 된다.

눈송이가 별 모양이라는 사실은 유럽인들은 13세기에서야 알았지만 중국인들은 기원전 2세기에 이미 "눈송이는 언제나 육각형"이라는 사실을 알고 있었다. 그러나 육각형에 대한 비밀의 단서는 1922년 영국의 물리학자 브래그William Lawrence Bragg(1890~1971)에 의해 밝혀졌다. 눈송이의 형태를 분자 수준에서 이해할 수 있게 된 것이다. 그는 얼음 속 물 분자들이 약한 화학결합을 통해서 육각형 고리를 이루고 있다는 사실을 발견하였다. 엑스선 결정학이 이룬 개가였다. 헨리William Henry Bragg(1862~1942)와 그의 아들 로렌스는 X-선을 이용한 결정 구조 분석으로 1915년 노벨 물리학상을 수상하였다. 오늘날 약한 결합은 수소결합(Hydrogen bond)로 알려져 있다. 수소 결합은 분자량이 18g/mol에 불과한 물 분자의 끓는점이 비정상적으로 높은 이유와 DNA 이중나선의 구조를 설명하는 핵심 원리이다. 눈송이 역시 물 분자와 동일한 형태를 이루면서 성장한다. 눈송이의 육각형 대칭은 각 물 분자에 대한 수소 결합의 4면체 배열로부터 발생한다.

인공 제설기는 -5℃ 이상의 온도에서 물이 더 빨리 얼게 하기 위해 높은 곳에서 핵을 생성하는 아이디어를 빌려 왔다. 덴버에 있는 스노맥스 인터내셔널Snomax International에서 판매하는 동결 건조 단백질 분말인 스노맥스는 농작물 및 기타 식물과 대기에서 흔히 발견되는 박테리아인 슈도모나스 시링가에Pseudomonas syringae를 기반으로 하는 눈 유도제이다. P. syringae는 세포 표면에 강력한 핵 형성 단백질을 가지고 있어서 결정화 및 핵 형성 과정에 도움을 준다. 2001년 뉴저지 주에 있는 아쿠아트롤스Aquatrols에서 출시한 제설 첨가제 드리프트Drift는 계면 활성제 역할을 하는 액체인 폴리에터가 치환된 트리실록산(Trisiloxane)이다. 이 계면 활성제는 눈총에서 분사되는 물의 표면 장력을 줄임으로써 물방울이 서로 뭉치지 않고 더 빨리 얼게 도와준다. 이 능력은 제설 한계를 약 1℃까지 높이고 저온에서 눈의 질을 향상시킬 수 있다.

최근 중국이 시도한 인공 강설에 대한 YTN의 기사를 보자. 2019년 2월 13일부터 이틀간 중국 산둥성에 폭설이 내렸다. 겨울 가뭄 해소를 위해 산둥성 기상국이 인공 강설을 실시한 것이다. 그 결과 우리나라 면적의 1.5배가 넘는 산둥성 전역에 눈이 내렸다. 2월 중순과 하순에 걸쳐 중국의 9개 성/시가 일제히 인공강설을 실시했는데 모두 성공하였다. 허베이성과 산시성, 내몽고 등 9개 성/시에서 일제히 실시해 가뭄 해소에 어느 정도 역할을 했다. 인공 강설은 구름에 요오드화은(AgI)을 뿌리는 방식인데, 비행기로 뿌리기도 하고 로켓이나 대공포를 이용하기도 한다. 요오드화은과 드라이아이스(고체 이산화탄소)를 인공 핵으로 구름에 뿌려주어 침전을 자극하여 인공 눈을 만들 수도 있다.

구름 방울의 균일한 핵은 -35℃ 이하에서만 생성된다. 요오드화은과 액체 질소를 이용하여 인공눈을 만들 수도 있다. 인공눈을 만들기 위해서는 수분이 풍부한 구름이 하늘 위에 떠 있어야 한다. 수분을 품은 구름에 '구름 씨앗' 역할을 하는 요오드화은, 드라이아이스, 염화칼슘 등을 살포하면 구름 입자가 뭉쳐 떨어지게 된다.

3
얼지 않는 물

조선의 얼음 창고, 빙고 / 사막에서 얼음 얻기 / 냉각의 기술 / 타이탄의 바다 / 얼지 않는 물

조선의 얼음 창고, 빙고

옛날 사람들도 얼음을 사용하였을까? 전기가 발명되기 이전이니 얼음을 만들어 사용하지는 않았을 터인데… 많은 사람들은 얼음 창고 하면 석빙고石氷庫를 떠올릴 것이다. 석빙고는 한겨울 강물이 얼면 얼음을 캐서 저장해 두었다가 사용하는 얼음 창고이다. 석빙고는 하천 가까운 곳에 자리하였는데, 반 지하 공간에 반원 모양의 천장을 만들고 바닥은 경사지게 하여 얼음 녹은 물을 배출하도록 하였다. 더워진 공기는 환기구를 달아 배출하였다. 강에서 얼음을 채취하고 이를 빙고까지 운반하여 저장하는 것을 '장빙'이라 하였다.

조선시대에는 동빙고, 서빙고, 내빙고를 두어 얼음을 관리하였는데, 얼음의 저장과 반출은 엄격히 규제되었다. 동빙고는 제사용 얼음을 보관하는 저장 시설이었고 서빙고는 왕실 종친, 높은 벼슬아치, 사대부 등에게 나눠주는 얼음을 보관하는 시설이었다. 내빙고는 궁중용 얼음 보관 시설이었다. 조선의 동빙고와 서빙고는 처음에는 나무로 만든 목빙고木氷庫였고 단열성이 우수한 갈대와 솔가지, 짚 등을 이용하여 얼음을 보관하였다. 동빙고와 서빙고는 세종 2년에 석빙고로 개조되었다. 18세기 이후에는 상업이 발달하고 수요가 늘어나면서 일반 백성들도 얼음을 사고 팔 수 있게 되었다.

실물로 남아 있는 빙고의 가장 오래된 흔적은 백제 시대 유적에서 발견되었다. 무

령왕릉이 자리하고 있는 공주 송산의 북쪽 끝에 있는 정지산(艇止山) 유적에서 빙고로 추정되는 유구가 발견되었다. 충남 부여 백마강을 낀 구드레는 백제시대에 도성인 사비성을 출입하는 큰 나루였는데, 이 일원에서도 빙고 유적이 발견되었다. 경주에서도 통일 신라 시대의 빙고 터가 발견되는 등 삼국시대의 빙고 터가 여러 곳에서 확인되었다. 2005년에는 목재로 만든 목빙고가 충남 홍성에서 발견되었다. 경주 석빙고(보물 66호) 보다 1세기 앞서 만든 것으로 추정되는 목빙고는 암반층을 직사각형으로 파고 만들었는데, 남아 있는 바닥의 길이는 23m 86cm이고 너비는 5m 50cm이다. 목빙고는 내부로 들어갈수록 경사면이 형성되어 있었고 배수시설도 설치되어 있었다. 또한 얼음을 오래 보관하기 위하여 사용된 것으로 추정되는 짚, 갈대, 왕겨가 포함된 유기물층도 발굴되었다.

사막에서 얼음 구하기

사막에서 얼음을 만들 수 있을까? 전기 없이 얼음을 만든다고? 상상 속에서는 가능하겠지! 그런데 이를 현실로 구현한 주인공이 있었다. 2,400년 전 페르시아인들은 사막에 돔 구조물을 지어 1년 내내 식품과 얼음을 보관하였다. 이 건축물을 야크찰 Yakhchal이라 부른다. 그들은 지하로 파 내려간 구덩이 위에 모래, 점토, 염소털 등으로 높은 돔 형태의 원형 탑을 세웠다. 외벽은 단열이 좋은 진흙으로 덮고 지하에는 수로가 지나가게 하여 더운 기후에 의해 물이 증발하도록 하였다. 액체 상태의 물이 기체 상태로 변하면 주위에서 열을 빼앗아 간다. 차가워진 공기는 야크찰로 연결되어 내부 지하 공간으로 흘러 들어가 물을 얼게 한다. 지붕을 높게 만든 이유는 더운 공기를 밖으로 빼내기 위함이었다. 그들은 '카나트Qanat'라는 지하 수로를 통해서 물을 끌어들이는 기술도 확보하고 있었다. 사막은 물이 귀하고 한 낮에는 60℃까지 올라가며 먹을 것도 귀한 극한의 지역이다. 그들은 사막의 건조한 기후와 강한 바람을 이용하여 물을 얼음으로 바꾸는 마법을 선보였다.

액체가 기체로 변하는 과정을 '기화(Vaporization)'라 하는데, 이 과정은 열을 흡수하는 과정(흡열 과정)이다. 이와는 반대로 기체가 액체로 변하는 응축 과정에서는 열을 방출한다. 물은 기화열(Heat of vaporization)이 매우 크다(40,660J/mol). 물 1g 당 기화열은 2257J(Joule, 줄)이나 된다. 물의 기화열(ΔH_{vap})은 두 온도에서의 증기압(P)을 알면 간단히 측정할 수 있다:

$$\ln (P_1/P_2) = (\Delta H_{vap}/R)\ (1/T_2 - 1/T_1)$$

여기서 P와 T는 증기압(증기 압력)과 온도(절대온도)이고, R은 상수(기체 상수)이다. 위의 식은 독일의 클라우지우스Rudolf J. E. Clausius(1822~1888)와 프랑스의 클라페이롱Benoit P. E. Clapeyron(1799~1864)에 의해 완성되었다.

냉각의 기술

냉장고의 핵심은 냉각 기술에 있다. 냉각은 물질의 액체 상태가 기체 상태로 변하면서 주변의 열을 흡수하는 현상을 이용한다. 프레온 가스Freon gas 같은 냉매는 낮은 온도에서 증발하면서 주변 온도를 낮추어 물이 얼게 된다. 냉장고에 들어 있는 압축기는 냉장실을 거쳐 오는 동안 열을 흡수한 냉매를 압축한다. 높은 압력을 받은 냉매는 자신이 가진 열을 발산시키면서 액체로 바뀌게 된다. 압축된 냉매는 확장 밸브를 지나 팽창하면서 다시 냉장실을 통과한다. 냉장실을 지나면서 열을 빼앗아 냉장고 안의 온도가 낮아진다. 이 과정이 반복되면 온도를 더 낮출 수 있다.

냉장고는 압축하는 과정에서 방출되는 열은 밖으로 내보내고 압축된 냉매를 팽창시켜 안을 냉각시킨다. 이 과정을 반복하면 냉각 온도를 조절할 수 있다. 다양한 기술을 사용하여 만들어지는 냉장고를 만나보자. 컴프레서 냉장고(Compressor refrigerator)는 압축기를 이용하여 냉매를 압축하고 팽창시키는 사이클을 통해서 작동하는 냉장고이다.

액화된 냉매를 증발시키면 내부가 차가워진다. 두 칸 디자인(Dual compartment design)은 격실이 2개인 냉장고가 냉장고 또는 냉동고의 냉각을 제어한다. 흡수식 냉장고(Absorption refrigerator)는 화석 연료, 태양 에너지 또는 공장에서 나오는 폐열과 같은 열원을 사용한다. 일반적인 압축기 모터보다 훨씬 조용하다. 대형 시스템으로 사무실 건물이나 병원 및 대학 같은 시설에 사용할 수 있다. 펠티에 효과를 이용한 냉장고(Peltier effect refrigerator)는 전기를 사용하여 열을 직접 펌핑하며, 에너지 효율은 다소 떨어진다. 펠티에 효과란 전위차를 주었을 때 한쪽은 발열 현상이 다른 한쪽은 흡열 현상이 동시에 일어나 온도차를 발생시키는 효과를 말한다. 1834년 프랑스의 물리학자 펠티에 Jean-Charles-Athanase Peltier(1785~1845)에 의해서 발견되었다. 구리(Cu)와 비스무트(Bi)로 구성된 배터리에서, 전류가 구리에서 비스무스로 전달되는 접합부에서는 온도가 상승하고, 비스무트에서 구리로 전달되는 접합부에서는 온도가 하강한다. 초저온 냉장고(Ultra-low temperature refrigerator)는 생물학적 시료를 초저온(예: -80℃)으로 저장하는 데 사용하는 냉장고이다. 일반적으로 2단계로 냉각되는데, 낮은 온도로 냉각하기 위한 냉매로는 메탄(CH_4) 혹은 이와 유사한 가스를 사용한다. 실험실에서 훨씬 더 낮은 온도(약 -196℃)가 필요한 경우에는 액체 질소(N_2)를 사용한다.

타이탄의 바다

아름다운 고리를 가지고 있어서 태양계의 보석이라 불리는 토성은 태양으로부터 여섯 번째에 있는 행성이다. 태양계 내의 행성 중에서 목성에 이어 두 번째로 크다. 토성은 82개의 위성을 가지고 있는데 그 중 가장 큰 위성은 타이탄Titan(반지름: 2,575km)이다. 타이탄은 태양계에서 두 번째로 큰 위성이다.

2017년 미국 NASA의 탐사선 카시니Cassini는 타이탄의 북극을 촬영한 이미지를 지구로 보내왔는데, 여기에는 호수와 바다가 보인다. 타이탄의 바다는 탄화수소(Hydrocarbon)의 바다이다. 하늘에서는 비가 내리고 강과 호수 그리고 바다로 모인다.

탄수화물의 정체는 메탄(CH_4)과 에탄(CH_3CH_3)이다. 하늘에서 내리는 비는 질소(N_2)이다. 질소가 비로 내린다는 것은 -196℃ 이하의 환경이라는 의미이다. 에탄의 바다라면 -88℃ 이하일 것이다. 메탄의 바다라면 -161℃ 이하일 것이다. 그런데 메탄과 에탄이 섞여있다면 상황은 달라진다. 연구 결과에 따르면, 메탄이 풍부한 액체가 에탄이 풍부한 액체와 섞이면 그 속에 녹아 있는 질소는 용액 중에 머무르기 어려워진다는 것이 밝혀졌다. 그 결과 메탄의 거품이 발생한다. 탄산음료 병을 열면 이산화탄소 기체가 빠져 나오는 것과 같은 이치이다. 또한 에탄이 얼면 밀도가 높아 밑바닥으로 가라앉게 된다. 이는 물이 얼음으로 변하면 물에 뜨는 것과는 대조적이다. 에탄이 결정화될수록 녹아 있는 질소를 위한 공간은 줄어든다. 따라서 질소는 밖으로 빠져 나간다. 바다에서 증발된 물이 다시 응축되어 바다로 되돌아오는 것처럼, 타이탄의 탄화수소의 바다에 있는 질소 역시 증발과 응축 과정을 반복한다. 탄화수소의 바다는 식으면 더 많은 질소를 흡수하고 따뜻해지면 질소를 방출한다.

2017년 저널 '아카루스Icarus'에 연구결과를 발표한 과학자들은 이 광경에 대해서 "타이탄의 호수가 마치 숨을 쉬는 것 같다."고 말했다. 북극의 표면 온도는 약 93K(-180℃)이다. 질소의 어는점은 -210℃이다. 질소에 메탄과 에탄이 섞여 있다면 어는점은 달라진다. 미국은 타이탄에서 탄화수소가 풍부한 바다의 깊이를 탐사하기 위한 무인 잠수정을 개발하고 있다. 2030년 타이탄에 착륙할 예정인 잠수정은 에탄, 메탄, 그리고 질소로 이루어져 있는 타이탄의 바다 환경에 견딜 수 있어야 할 것이다. 이 잠수정의 그 다음 여정은 목성의 위성 유로파Europa(반지름: 1,561km)와 토성의 위성 엔셀라두스Enceladus(반지름: 252km)가 될 것이다. 유로파와 엔셀라두스에는 거대한 액체 물의 바다가 있다. 그러나 이 두 수역은 얼음 층 아래에 묻혀 있기 때문에 잠수정을 이용하여 탐사하는 것은 타이탄의 바다를 탐사하는 것보다 어려울 것이다.

얼지 않는 물

토성의 위성인 타이탄은 메탄과 에탄으로 이루어진 바다를 가지고 있다. 여기에서는 질소가 끓어올라 바다에서 빠져 나갔다가 다시 응축하여 바다로 되돌아오는 순환이 반복되고 있다. 미국 NASA는 무인 잠수정으로 타이탄의 바다를 탐사하기 위한 예비 연구를 수행하고 있는 것으로 알려져 있다. 이와 관련한 주요 관심사는 질소의 비등沸騰 현상이 잠수정의 작전에 어떤 영향을 미칠 것인가 하는 것인데, 이는 잠수정의 밸러스트 시스템, 과학 장비, 그리고 프로펠러에 영향을 미칠 것이다. 연구자들이 수행한 연구 중에는 다양한 조성을 가지는 메탄-에탄 혼합 용액에 질소 가스가 녹아 있는 시스템에 대한 어는점 측정 실험도 있다. 액체 상태의 에탄이 90K(-183℃)에서 먼저 얼고 이어서 곧바로 메탄이 어는데, 혼합 용액의 어는점은 메탄 혹은 에탄 용액의 어는점보다 낮았다. 메탄, 에탄, 질소, 물, 암모니아 같은 작은 분자들은 타이탄과 같이 태양계의 바깥 지역에 있는 행성에서 지질활동을 가능하게 해주는 중요한 물질이다. 이것이 이러한 분자들의 유동성과 독특한 성질을 연구하는 이유이다.

한편, 빙점 강하(Freezing point depression) 현상은 휘발성 액체(용매)에 비휘발성 고체(용질)가 녹아 들어간 경우에 두드러지게 나타난다. 물은 0℃에서 언다. 물에 소금(NaCl)이 녹아 있는 용액은 몇 도에서 얼까? 물 220.0mL에 소금 31.65g을 녹여 만든 용액은 -9.21℃에서 언다. 순수한 물의 어는점과 용액의 어는점의 차이(9.21-0=9.21)를 어는점 내림이라 한다. 어는점 내림 값은 용매(예: 물)에 녹아 있는 비휘발성 용질(예: 소금)의 몰랄 농도(Molality, m)에 비례한다. 여기서 m은 용매 1kg에 녹아 있는 용질의 몰수를 말한다. 추운 겨울날 아침에 눈이 내리고 있다. 길이 얼어붙으면 도시에서는 출근대란을 피할 수 없다. 이때 도로에 해결사가 나타났다. 염화칼슘($CaCl_2$)을 뿌리는 차량이 등장한 것이다.

자동차의 라디에이터에는 물과 에틸렌글라이콜Ethylene glycol[$(CH_2OH)_2$]의 혼합 용액이 들어 있다. 물 10.0L에 에틸렌글라이콜 7.76kg을 녹여 만든 용액은 -23.3℃에서 언다. 어는점 내림 현상을 이용하면 화합물의 분자량도 측정할 수 있다. 어떤 호르몬

0.546g을 벤젠 용매 15.0g에 녹인 다음, 어는점 내림 값(벤젠의 어는점과 혼합 용액의 어는점의 차이)을 측정하였더니 0.24℃의 값을 얻었다. 어는점 내림 값은 호르몬의 몰랄농도에 비례한다는 사실로부터 호르몬의 분자량을 계산하면 776g/mol의 값을 얻을 수 있다.

타이록신Thyroxine(T4)은 아이오딘(화학기호: I) 4개를 가진 호르몬이다. 구조상으로 T4는 아미노산 유도체이다. T4는 갑상선에서 분비되며 산소의 소비를 자극하여 신체의 모든 세포와 조직의 신진대사를 자극하는 호르몬이다. 신체에서 타이록신 분비가 부족하면 갑상선 기능저하증이, 과도하게 분비되면 갑상선 기능항진증이 생긴다. 어는점 내림 값만 알았을 뿐인데 특정 용매에 녹아 있는 물질의 정체를 알 수 있다니!

물이 얼음으로 변하지 않으면서 -263℃까지 내려갈 수 있을까? 물을 나노미터 크기의 지질 채널(Lipid channels)에 가둘 수 있다면 가능하다. 스위스 취리히 대학교의 메젠가Raffaele Mezzenga와 란다우Ehud Landau가 이끄는 연구팀은 물이 극저온의 온도에서도 얼음 결정을 형성하지 않고 비정질 특성을 유지하는 방법을 찾아냈다. 이들은 새로운 종류의 지질(Lipid, 지방 분자)을 디자인하고 합성하여 지질 메조상(Mesophase)이라고 하는 새로운 물질을 만들었다. 여기서 지질은 스스로 자기 조립되고 응집되어 막을 형성한다. 막은 균일하게 배열하여 직경이 1nm 미만의 채널 네트워크를 형성한다. 이 구조 속에서는 물이 얼음 결정을 형성할 공간이 없기 때문에 극한의 저온에도 얼음을 형성하지 않고 무질서한 상태를 유지한다. 연구진은 액체 헬륨을 사용하여 화학적으로 변형된 모노아실글리세롤Monoacylglycerol로 구성된 지질 메조상(Mesophase)을 -263℃까지 냉각 할 수 있었다. 놀랍게도 절대 영도보다 10도 높은 상태에서도 여전히 얼음 결정이 형성되지 않았다. 이 온도에서 물은 얼음 결정이 아닌 "유리 상태(Glassy state)"로 존재한다. 이 연구 결과는 2019년 '네이처 나노테크놀로지Nature Nanotechnology'에 발표되었다.

4
남극 빙어의 비밀

혹한 속 그들의 생존법 / 남극 빙어의 비밀 / 오이먀콘에 가다 / 남극 빙핵에 숨은 비밀

혹한 속 그들의 생존법

생명체는 생존을 위해서 최적의 상태를 유지하려고 하는 특성을 보인다. 우리의 몸은 정상 체온을 유지하려는 방향으로 신체의 메커니즘이 작동되고 있다. 정상 체온에서 벗어나면 간뇌 시상하부의 조절을 받아 체온 조절 기구가 작동한다. 그러나 체온이 41℃를 넘어서면 신체의 기능이 저하되며 44℃ 이상에서는 대부분 사망한다. 체온이 33℃로 떨어지면 혼수상태에 이를 수 있고 26℃ 이하에서는 대부분 사망한다. 혈액의 pH도 7.35~7.45 범위를 유지하는 것이 중요한데, 이 역할을 하는 것은 바로 완충용액이다.

완충용액이란 pH를 일정하게 유지시켜 주는 용액을 말하는데, 약산과 그 짝염기 혹은 약염기와 그 짝산으로 구성된 용액이다. 혈액 속에 산이 추가로 들어오면 염기가, 염기가 들어오면 산이 반응하여 제거하는 역할을 함으로써 혈중 pH의 변화를 최소화시킨다. 혈당 역시 인슐린과 글루카곤을 통하여 일정하게 조절이 되며, 체내의 수분과 이온의 균형은 신장이 담당한다. 우리의 몸은 생존을 위한 최적의 상태를 유지하려고 하는 항상성(Homeostasis)을 가지고 있어서 더위나 추위를 극복할 수 있다. 비상시에 우리의 몸은 비축한 체지방을 사용하여 버티며, 혈당이 부족해지면 간이나 근육에 저장해 둔 글리코겐을 꺼내 혈당을 높인다. 우리의 생존에서 물은 대단히 중요한 역할을 하

는데, 물을 먹지 못하면 보통 3~4일 밖에 살지 못한다.

지구상에는 혹한의 기후에서도 생존하는 동물들이 있다. 미국 유타대학교의 몰리네로Valeria Molinero와 공동 연구자들이 'JACS(미국화학회지)'에 발표한 연구에 따르면, 박테리아와 곤충들은 얼음 형성을 촉진하거나 억제하는 능력이 있다는 사실을 발견하였다. 비밀은 이들이 가진 AFP(Antifreeze protein, 결빙방지 단백질)라고 하는 특별한 단백질에 있었다. 박테리아와 곤충 이외에도 어류와 식물들도 AFP를 이용하여 추운 환경에서 생존한다. 식물 병원체, 특히 박테리아 슈도모나스 시링가에Pseudomonas syringae는 얼음 형성을 촉진하는 단백질로 숙주의 몸에 손상을 입히는 것으로 밝혀졌다.

순수한 물은 -35℃에 도달하기 전까지는 얼지 않을 수 있다. 이 온도가 되면 물 분자는 자발적으로 결정격자로 배열하여, 결합할 다른 분자들을 모집하기 시작한다. 그러나 더 따뜻한 온도에서 결빙이 되려면 물 분자들은 먼지, 그을음 혹은 다른 불순물이 있어야 결정격자가 만들어지기 시작한다. 이 과정을 핵화(Nucleation)라고 부른다. 슈도모나스 시링가에에 있는 것과 같은 얼음 핵형성 단백질은 초기 단계에 생성된 얼음 결정과 결합함으로써 추가로 결빙하는 데 들어가는 에너지를 절약한다. 또한 이 단백질은 함께 응집하여 핵형성 능력을 더 향상시킨다. 마치 무리지능을 통해 임무를 완수하는 인공지능을 보는 것 같다! 빙핵 단백질은 -2℃의 따뜻한 온도에서도 얼음을 생성할 수 있다. 많은 스키 리조트에서는 이미 슈도모나스 시링가에의 빙핵 단백질을 이용하여 눈을 만들고 있다. AFP 역시 얼음과 결합하지만 곡면을 형성한다. 곡면이 만들어지면 추가적인 결빙을 어렵게 하고 얼음이 자라기 위해서는 더 낮은 온도가 요구된다. 또한 AFP는 서로 응집하지 않는다. 일부 곤충들이 -8℃에서도 생존할 수 있는 비밀은 AFP에 있다. AFP는 추운 지역에 분포하는 식물뿐만 아니라 곰팡이, 이끼, 그리고 동물의 생존에도 매우 중요한 역할을 한다.

추운 겨울이 오면 대부분의 식물은 겨울에 자라지 않고 휴면 상태에서 살아남는다. 식물은 0~15℃ 범위의 온도에서 냉각 스트레스를 받고 0℃ 미만의 온도에서 동결 스트레스를 받는다. 식물의 일부는 땅 속에서 보호를 받으며 구조의 많은 부분을 잃지만 생존하고 회복할 수 있다. 식물은 저온 자체뿐만 아니라 물, 영양소 및 산소의 가용성과 관련된 문제로 인해 어려움을 겪는다. 열대 및 아열대 식물은 15℃ 이하의 온도에서 저온 스트레스를 받는다. 그러나 많은 식물은 추운 북부 온대 조건과 고산 및 북극 툰드라에서 성공적으로 자란다.

기온이 때때로 -60℃까지 떨어지는 겨울에는 어떻게 살아남을까? 땅 밑에 있는 식물의 뿌리와 눈이나 잎으로 덮여있는 식물의 일부는 대부분 동결되지 않는다. 식물의 솜털 덮개, 빽빽한 죽은 잎사귀 또는 두꺼운 나무껍질은 단열재 역할을 한다. 일부 식물은 낮에 흡수된 열을 저장하여 밤에 얼지 않도록 한다. 식물은 잎과 꽃이 방사상으로 무더기로 피어난 형태(Rosette)를 취함으로써 환경으로부터 열 흡수를 극대화시킨다. 식물은 겨울 동안 휴면 종자, 구근, 뿌리줄기 등으로 겨울을 맞이한다. 일부 식물은 대사 활동에서 열을 생성하기도 한다. 이러한 다양한 전략에도 불구하고 많은 식물은 구조의 일부가 지상에 노출된 상태로 겨울을 보낸다. 그들은 내한성이거나 과냉각에 의해 동결을 방지한다. 그러나 이들은 일반적으로 다량의 물을 포함하고 있으며 동결된 토양 또는 서리와 직접 접촉하기 때문에 대부분의 식물은 내부에서 얼음 형성을 견디어 살아남는 전략을 취한다. 많은 식물은 어느 정도 과냉각이 가능하고 조직의 녹는점보다 몇도 낮은 온도에 잠깐 노출되어도 살아남을 수 있다. 일부 상록 식물의 잎은 -20℃ 이하로 과냉각 할 수 있다. 과냉각은 그들이 살아남기 위한 전략 중 하나이다.

식물은 영하의 날씨 속에서 얼음 형성을 견뎌낸다. 식물 조직 내에서 얼음이 형성되면 식물 조직 자체에서 물이 빠져 나간다. 식물 조직의 탈수는 조직 내 물의 증기압이 인접한 얼음의 증기압보다 높기 때문에 발생한다. 이 부분적인 탈수는 식물 조직이 얼지 않도록 해준다. 식물은 겨울을 견뎌내고 봄에 성장을 재개하기 위해 식량을 저장하는데, 당(Sugar)이 동결 방지제로 작용할 수 있다. 단백질은 동결 손상을 방지하는 역할을 한다. AFP는 식물에서 형성되는 얼음 결정의 크기와 모양을 제어하여 세포가 손상되는 것을 방지한다. 또한 재결정을 억제한다. 미생물은 대부분의 식물이나 동물보다 작고 단순하기 때문에 주변 조건에 더 많이 의존한다. 추운 환경에 있는 박테리아, 고세균, 진균, 단세포 조류, 원생생물 등 다양한 미생물이 발견되었다. 저온에서 성장 및 번식이 가능한 미생물들은 불포화 지방산과 지질을 통해 막이 유동적으로 유지되고 기능을 유지할 수 있도록 해준다. 효소도 저온에서 잘 작동한다.

남극 빙어의 비밀

척추동물의 경우 세포에 산소를 공급하는 메커니즘은 동일하다. 붉은 색을 띠는 적혈구는 가운데가 움푹 패인 원반 모양을 하고 있다. 혈액 속에 들어 있는 적혈구는 허파에서 몸의 모든 세포들로 산소를 운반하기 위해 특화된 세포로, 산소 보유능력을 가진 헤모글로빈이라는 단백질을 포함하고 있다. 그런데 척추동물 중 유일하게 흰 피를 가지고 있는 신비한 생명체가 있다. 바로 남극 빙어(Icefish)이다. 적혈구 세포와 헤모글로빈이 없는 이 물고기는 차가운 남극 바다에서 어떻게 살아남았을까? 남극 빙어는 아가미와 매우 얇은 피부를 통하여 찬 바닷물에 있는 많은 양의 용존 산소를 흡수하였기 때문에 적혈구를 버리는 선택을 하였을 것이다. 피가 적어지면 몸속을 순환시키는 노력을 줄일 수 있고, 에너지를 절약할 수 있다는 것은 극한의 환경에서 생존할 때 유리한 요소가 된다. 한편 헤모글로빈을 잃은 남극 빙어는 정상적인 어류가 운반하는 산소량의 10%만 운송할 수 있기 때문에 생존 전략을 위해 몸의 형태를 극적으로 변경해야 했다. 대부분의 물고기들에게는 치명적일 수 있는 이러한 진화론적 실수에도 불구하고, 남극 빙어의 이러한 전략은 결과적으로 스스로를 구해냈다. 남극 빙어는 남극을 둘러싸고 있는 남극해에 서식하고 있다. 남극을 돌고 있는 해류로 인해 남극해는 따뜻한 바다와 격리되어 있다. 이들은 결빙방지 단백질을 생성하여 혈액 중에 얼음 결정이 형성되는 것을 차단한다. 노토테니아목(Notothenioids)에 속한 남극 빙어는 남극해에 사는 어종의 35%를 차지하고 있다.

2019년 과학저널 '네이처 생태와 진화(Nature Ecology & Evolution)'에 발표된 연구에 따르면, 과학자들은 남극 빙어의 유전자를 확인하여 다른 어류와의 비교 분석을 통하여 차가운 바다 환경에서 남극 빙어의 생존 전략을 찾아냈다. 이는 극지연구소 극지유전체사업단이 이룬 쾌거이다. 남극빙어는 세포에 에너지를 공급하는 미토콘드리아의 밀도가 일반 어류에 비해 높아 활성산소를 많이 발생한다. 연구팀은 게놈 연구를 통해 활성산소 억제 유전자를 일반 어류보다 더 많이 가지고 있다는 사실을 알아냈다. 치어 때부터 극저온의 바다를 견딜 수 있는 유전자도 일반 어류보다 4배 이상 많았다. AFP는 얼음 구조 단백질이라고도 하며 특정 동물, 식물, 곰팡이 및 박테리아에 의해 생성되어 물의 어는점 이하의 저온에서 생존할 수 있는 폴리펩타이드를 말한다. AFP는 작은 얼음 결정에 결합하여 얼음의 성장과 재결정을 억제한다. 얼음 결정이 생성되고 성장할 때 나타나는 치명적인 효과를 막아주는 것이다. 또한 포유류의 세포막과 상호작용하여 추위로 인한 손상을 받지 않도록 해준다.

동결에 의한 조직 손상을 막아주는 기술은 다양한 분야에 활용할 수 있다. 추운 기후에서는 작물의 동결 내성을 증대하고 수확 시즌을 연장할 수 있다. 또한 양식 어종 생산을 증대할 수도 있다. 아이스크림 및 냉동 요구르트 생산에서 얼음 결정의 성장을 제어하는 데 사용될 수도 있다. 이 뿐만 아니라, 냉동식품의 유통 기한을 연장할 수도 있다. 의학 분야에서 이식 또는 수혈을 위한 조직의 보존, 저체온증의 치료, 냉동수술, 인간 냉동 보존 등에도 적용할 수 있다.

오이먀콘에 가다

2020년 여름은 무더위, 태풍, 홍수, 코로나 바이러스 등으로 힘든 시간의 연속이었다. 추석이 성큼 다가왔지만 아직도 한 낮의 햇살은 뜨겁다. 추운 곳으로 여행을 떠나는 상상을 해 보자. 오미먀콘Oymyakon으로 여행을 떠나볼까?

2020년 9월 30일. 흐린 날씨에 강수 확률은 46%, 습도는 79%, 기온은 최고 8℃, 최저 0℃이다. 주간 날씨를 보니 최저 온도는 -8℃이다. 아니 벌써 영하권으로 떨어지는군! 러시아 연방 사하공화국에 위치한 오이먀콘은 북반구에서 가장 추운 지역이다. 오미먀콘의 겨울 날씨는 컵의 뜨거운 물을 공중에 뿌리면 순식간에 얼음이 되어 버릴 정도로 춥다. 1926년 1월 26일에는 기온이 무려 -71.2℃를 기록하였고, 이를 기념하는 동판도 세워져 있다. 시베리아에 있는 오미먀콘의 연교차는 보통 60도나 된다. 북극권에도 들어가 있지 않은 오미먀콘이 이처럼 추운 이유는 거대한 두 개의 산 사이 계곡에 위치하기 때문이다. 2,000m급인 세 개의 산맥에 둘러싸여 북극에서 내려온 찬 공기가 머무르며 매우 추운 기후를 만들어 낸다. 겨울철에는 -71.2℃까지 기온이 떨어져 남극을 제외한 세계의 한극이라고 불린다.

오이먀콘의 겨울은 모든 것을 얼어붙게 한다. 파이프가 얼기 때문에 대부분의 화장실은 배관이 없는 실외에 있다. 땅이 얼고 농작물이 거의 자라지 않기 때문에 식단은 대부분 고기와 생선이고, 때로는 언 것을 먹는다. 자동차 엔진도 너무 빨리 얼기 때문에 많은 자동차들은 항상 시동을 켜 둔다. 사람들이 외출을 하면 속눈썹과 침이 얼어붙는다. 보드카도 실외에 두면 얼어붙는다. 오이먀콘이란 이름은 야쿠트어로 '얼지 않는 물'이란 단어에서 유래하였는데, 이는 근처에 자연 온천이 있기 때문이다. 1920년대에 겨울 목동이 이곳의 온천에서 순록에게 물을 주면서 마을이 형성되기 시작하였다. 한 겨울 낮이 가장 짧은 날에는 밤의 길이가 21시간이나 된다. 어두운 겨울이 끝날 때마다 마을에서는 "서리의 제왕(Lord of Frost)"인 치스 칸Chys khan이 주최하는 "냉극 축제(Cold Pole Festival)"가 열린다. 매년 3월에는 순록 경주, 개썰매 타기, 얼음낚시 같은 많은 즐길 거리를 보기 위해 전 세계 사람들이 이곳을 방문한다. 오미먀콘에서 차로 이틀 걸리는 곳에 위치한 야쿠츠크Yakutsk 공항을 이용하면 관광비용을 줄일 수 있다.

그러나 시베리아에도 얼음이 녹을 정도의 폭염이 나타나기도 한다. 2018년 1월 오이먀콘의 기온은 -66℃를 기록하여 1924년의 추위 기록에 근접하였다. 그러나 불과 2주 후, 비교적 따뜻한 날씨가 이어져 온도계가 -8℃까지 치솟았다. 단 2주 만에 오이먀콘의 기온이 58도나 변한 것이다! 지구 온난화로 인해 북극의 극심한 온도 변화는 더 흔해질 수 있다고 한다. 2020년 6월에는 기후변화로 인한 이상 기온 현상으로 세계에서 가장 추운 거주지로 알려진 러시아 베르호얀스크의 기온이 40℃ 가까이 치솟기도 하였다.

남극 빙핵에 숨은 비밀

남극 빙핵(Ice core) 속에 고대 지구 기후의 단서가 들어 있다? 빙핵이란 과거의 기후 상태를 분석하기 위해 빙하지역에서 시추한 얼음 샘플을 말한다. 해마다 눈이 쌓이면서 얼음이 형성되기 때문에 아래층이 위층보다 오래 된 것이며 얼음 코어에는 몇 년 동안 형성된 얼음이 포함되어 있다. 코어는 핸드 오거 또는 전동 드릴로 뚫는데, 지하 3.2km 이상의 깊이까지 도달할 수 있으며 여기에는 최대 80만 년 된 얼음을 포함하고 있다.

얼음과 그 안에 갇힌 물질의 물리적 특성은 코어의 연령대에 걸친 기후를 재구성하는 데 사용될 수 있다. 서로 다른 산소와 수소 동위 원소의 비율은 고대 온도에 대한 정보를 제공하며, 작은 버블에 갇힌 공기를 분석하면 이산화탄소와 같은 대기 가스의 수준을 결정할 수 있다. 큰 빙상의 열 흐름은 매우 느리기 때문에 시추공의 온도는 과거의 또 다른 온도 지표이다. 이러한 데이터를 종합하면 가장 적합한 기후 모델을 찾을 수 있다. 얼음 코어에 들어 있는 불순물은 위치에 따라 달라질 수 있다. 해안 지역의 빙핵은 바다에서 기원한 염 이온을 포함하고 있을 가능성이 더 높다. 그린란드의 빙핵에 들어 있는 먼지 층은 과거의 춥고 건조한 시기를 알려줄 수 있다. 또한 방사성 원소는 얼음 층의 연대 측정에 사용될 수 있다. 강력한 화산 분출 역시 중요한 단서로 활용될 수 있다.

빙핵은 20세기 초부터 연구되어 왔으며, '국제 지구물리학의 해'(1957~1958)를 맞이하여 몇 개의 빙핵이 시추되었다. 빙핵의 깊이는 수심 400m 이상에 도달했으며 1960년대 남극의 버드 스테이션Byrd Station에서는 2,164m까지 도달하였다. 러시아의 남극 관측 기지인 보스토크 기지(Vostok Station)에서는 3,769m까지 도달하였다. 빙핵 시추와 관련해서는 '남극 빙상 프로젝트', '영국 남극 조사', '국제 남극 과학 탐험'에서 심층 코어 프로젝트가 진행되었다. 그린란드에서는 1970년대에 '그린란드 빙상 프로젝트'와 함께 일련의 협력 프로젝트가 시작되었다.

빙핵 시추의 목표는 남극 얼음에 기록된 기후 및 대기 기록을 확보하는 것이다. 이러한 기록을 조사하면 마지막 빙하기 동안의 기후 변화에 대한 정보와 메커니즘을 알아낼 수 있을 것이다. 미국 국립 빙핵 연구소에도 남극에서 시추한 빙핵이 보관되어 있으며 이를 통해서 지난 수십 만 년 전의 지구 역사를 알게 되었다. 빙핵 기록을 통해 우리는 최소 80만 년 전으로 거슬러 올라가는 과거 기후를 연속적으로 재구성할 수 있다. 과학자들은 빙핵 층에 있는 온실 가스의 과거 농도를 살펴봄으로써 현대의 이산화탄소와 메탄의 양을 과거와 비교하여 계산하고, 본질적으로 과거의 온실 가스 농도와 온도를 비교할 수 있다. 특히 점점 빈번해지는 화산 분출과 지진에 대한 원인을 밝혀 이에 대한 대책을 수립하기 위한 연구가 이루어지고 있다. 뉴욕 대학교의 람피노Michael R. Rampino와 공동연구자들은 빙핵에서 발견한 황산 성분을 통해서 11,000년 전에 화산폭발이 있었다는 사실을 알아냈다. 화산 분출 시 화산재 기둥에 섞여 분출되는 이산화황은 대기 중의 수증기와 결합하여 황산이 된다. 황산 성분이 최근에 형성된 빙핵에서도 급증한다는 사실은 세계에서 가장 위험한 환태평양 화산대가 활동을 시작하고 있다는 것을 의미한다.

5
생존의 키, 온도

온도의 척도

우주에서 관측된 가장 뜨거운 온도는 약 3,500,000,000도이다(초신성). 태양의 평균 표면 온도는 5,600도이다. 이론상 가장 낮은 온도는 0도이다. 지구상에서 기록된 가장 뜨거운 온도는 136도이다(리비아 Al 'Aziziyah, 1922년). 지구상에서 기록된 가장 추운 온도는 -128도이다(남극 보스토크 기지, 1983년). 생후 백일이 지난 아기의 체온이 102도까지 올랐다.

위 문장은 다양한 상황에서 관측된 온도를 표현하고 있다. 그러나 온도의 단위를 표시하지 않았기 때문에 애매모호한 표현이 되고 말았다. 처음 세 문장에서 온도의 단위는 절대온도이며 마지막 세 문장에서의 온도 단위는 화씨이다. 따라서 정확하게 표현하기 위해서는 3,500,000,000K, 5600K, 0K, 136°F, -128°F, 102°F로 나타내야 한다. 우리는 화씨를 사용하고 있지 않으므로 섭씨로 환산하여 표시하는 것이 훨씬 낫다.

온도는 뜨겁고 차가운 것을 정량적으로 표현하는 물질의 물리적 성질이다. 온도는 여러 척도로 나타낼 수 있는데, 대표적인 것으로는 섭씨(℃)와 화씨(℉) 온도가 있으며 절대온도(Kelvin, K)는 과학적인 목적으로 사용하는 온도의 국제단위이다.

절대온도의 단위인 K는 영국의 물리학자이자 엔지니어였던 켈빈William Thomson, Kelvin 경(1824~1907)에서 따왔다. 물의 삼중점의 온도를 273.16K로 하고, 이상 기체의 부피가 0이 되는 온도(절대영도)를 0K로 정의한다. 0℃는 273.15K에 해당한다. 섭씨온도는 1기압에서 물의 어는점을 0도, 끓는점을 100도로 정한 온도 체계이다. 1742년 스웨덴의 천문학자 셀시우스Anders Celsius(1701~1744)가 제안하였다. 섭씨攝氏라는 이름은 셀시우스의 중국어 '섭이수사攝爾修斯'에서 유래하였다. 화씨온도는 1기압에서 물의 어는점을 32도, 끓는점을 212로로 정한 온도 체계이다. 독일의 파렌하이트Daniel Gabriel Fahrenheit(1686~1736)의 이름을 딴 온도 단위이다. 화씨華氏라는 이름은 파렌하이트의 중국어 '화륜해특華倫海特'에서 유래하였다.

온도 척도는 그밖에도 랜킨온도(Rankine, °R), 들릴온도(Delisle, °De), 뉴턴온도(Newton, °N), 레오뮈르온도(Réaumur, °Ré), 뢰머온도(Rømer, °Rø) 척도가 있다. 각각의 온도를 섭씨로 환산하려면 아래의 식을 참고하면 된다.

℃ = (℉ - 32) × (5/9)　　℃ = K - 273.15

℃ = (°R - 491.67) × (5/9)　　℃ = 100 - °De × (2/3)

℃ = °N × (100/33)　　℃ = °Ré × (5/4)

℃ = (°Rø - 7.5) × (40/21)

이상기체(Ideal gas)는 탄성 충돌 이외의 다른 상호작용을 하지 않는 점 입자로 이루어진 기체 모형을 말한다. 이상적인 온도와 압력 하에서 많은 실제 기체들은 이상 기체와 거의 비슷한 거동을 보인다. 이상기체의 온도는 기체의 압력, 부피, 그리고 몰수의 함수로서 주어진다: $T = PV/nR$. 여기서, T는 절대 온도, P는 압력, V는 부피, n은 기체의 몰수, R은 기체 상수이다. 이상기체에서 압력과 온도의 관계식은 양의 기울기를 갖는 선형 관계식으로 나타낼 수 있는데, 압력이 0이 되는 지점으로 외삽할 때 얻어지는 온도는 -273.15℃(0.00K)이다. 단원자 이상기체가 가지는 평균 운동에너지는 다음과 같이 절대 온도(K)에 비례한다: $E_k = (1/2)\ mv^2 = (3/2)\ k_B T$. 여기서, E_k는 평균 운동에너지, m은 입자의 질량, v는 근평균제곱속도, k_B는 볼츠만 상수, T는 절대온도이다. 이 식은 절대 영도에서는 입자들의 운동이 멈춘다는 것을 보여준다.

눈덩이 지구

지구의 역사에서 무려 8분의 7을 차지하고 있는 시대가 있다. 바로 선캄브리아 시대이다. 약 34억년 동안 지속되었던 이 시대는 명왕누대(Hadean, 46억 년 전~40억 년 전), 시생누대(Archaean, 40억 년 전~25억 년 전), 원생누대(Proterozoic era, 25억 년 전~5억 4,200만 년 전)로 구분한다. 시생누대는 지구상에 최초로 생명체가 탄생한 시기이다. 그러나 이 시기에 존재했던 생명체는 핵이 없는 단세포 생물 또는 원핵생물이었다. 바다는 철로 가득했고 대기는 질소, 수증기, 이산화탄소 그리고 메탄가스로 넘쳐났다. 산소는 존재하지 않았다. 바다 속에서 살아가던 생명체들은 황화철, 황화수소 등을 산소 없이 분해해 에너지를 얻었고, 이산화탄소나 수소 기체를 배출했다. 24억 년 전 지구의 바다는 산소 없이 살아가는 작은 생명체들의 세상이었다. 그때 시아노박테리아Cyanobacteria라고 하는 광합성 박테리아가 태어났다. 남조류(Blue-green algae)라고도 부르는 이 세균이 산소를 만들어 내기 시작하면서 바다가 처음으로 산소 상승을 경험하게 되었다. 고원생대 기간 중에서 약 24억년 전에 일어난 이 사건을 '대산화사건(Great Oxidation Event)' 또는 '산소대폭발 사건(Great Oxygenation Event)'이라 부른다. 때로는 산소 재앙 또는 산소 혁명이라고도 부른다.

지질학적 증거와 동위 원소 및 화학적 증거에 따르면, 이때는 생물학적으로 생성된 산소 분자(O_2)가 지구 대기에 축적되기 시작하여 약한 환원성 대기에서 산화성 대기로 전환되었다. 대기 중 산소 농도가 증가하면서 지구의 대기 중 원소 비율의 균형이 깨졌다. 활성산소는 혐기성 미생물에게 매우 유독하며 이들 유기체 대부분은 절멸하였다. 대신 산소를 소비하는 호기성 생물이 진화하면서 새로운 균형을 이루었다. 한편, 산소 농도가 증가하면서 지구 온난화의 주범인 메탄가스가 파괴되기 시작하였다. 온실 가스가 줄어들자 지구는 극지방부터 얼기 시작하였고 얼음은 적도를 향하여 퍼져 나갔다. 얼음으로 덮인 지구는 태양빛을 반사하였고, 더 차가워진 지구에는 더 많은 얼음이 생겨났다. 지구 표면은 -60℃ 부근까지 내려갔다. 파란 지구는 하얗게 변하여 '눈덩이 지구(Snowball earth)'가 되었는데 이 시기를 휴로니안 빙기라고 부른다. 지구는 이러한 격변을 최소한 세 번 더 겪었다.

얼어붙은 지구에서 생명은 어떻게 생존하였을까? 깊은 바다에서는 화학합성(Chemosynthesis)을 하는 박테리아가 해양 동물의 생존에 필요한 식량을 생산하였다. 화학 합성이란 하나 이상의 탄소를 함유하고 있는 분자(예: 이산화탄소 또는 메탄)와 영양소를 무기 화합물(예: 수소 가스, 황화수소) 또는 철 이온을 에너지원으로 활용하여 유기물로 변환하는 생물학적인 과정을 말한다. 거대관벌레(Giant tube worm)와 같이 심해 열수구 근처에 사는 생물은 빛이 없는 심해에서 화학합성 박테리아와의 공생을 통해 에너지를 얻는다. 이 생명체는 1977년 세계 최초의 심해 잠수정 앨빈Alvin 호가 갈라파고스 근처의 해저 열수구를 탐사하던 중에 발견되었다. 화학합성 박테리아는 황화수소를 에너지원으로 활용하여 이산화탄소를 고정하고 탄수화물($C_6H_{12}O_6$)을 생산한다.

$$18H_2S + 6CO_2 + 3O_2 \rightarrow C_6H_{12}O_6 + 12H_2O + 18S$$

혐기성 화학합성에 근거하여 화성, 목성의 위성인 유로파 및 기타 행성에 생명체가 존재할 수 있다는 가설이 제안되었다. 특히 주목을 받고 있는 것은 화성의 생명체의 가능성이다. 화성은 초기 지구와 유사하며 대륙 이동이 없는 행성이다. 화성 표면에는 과거에 물이 흘렀다는 증거도 있다. 화성 탐사선 등을 통한 화학합성을 기반으로 한 화성 생명체의 존재를 찾는 것은 NASA 및 ESA(유럽우주국)의 중요한 목표가 되고 있다. 퇴적암 내부에서 유기화합물이 발견되었다. 그러나 화성 표면은 방사선으로 가득 차 있다. 따라서 화성에 생명체가 존재한다면 지하에서 발견될 것이다.

햇빛이 들어오지 않는 심해에서 광합성이 가능할까? 광합성은 식물 및 다른 생명체가 빛 에너지를 화학 에너지로 전환하기 위해 사용하는 과정이다. 이 과정에서 산소와 탄수화물이 생성된다. 심해에서 광합성이 불가능할 것이라는 예측은 빗나갔다. 광합성의 주인공은 심해저 열수구(Hydrothermal vent) 주변에서 나오는 희미한 빛을 이용하는 녹색 유황 세균(Green sulfur bacteria, GSB)이었다. GSB는 바다 속 2,400m의 무산소 환경에서 황화물 혹은 원소 황을 이용하여 광합성을 한다. 지구상의 생명체가 지구 표면에 아닌 바다 깊은 곳에서 시작되었을 것이라는 주장이 힘을 얻고 있다.

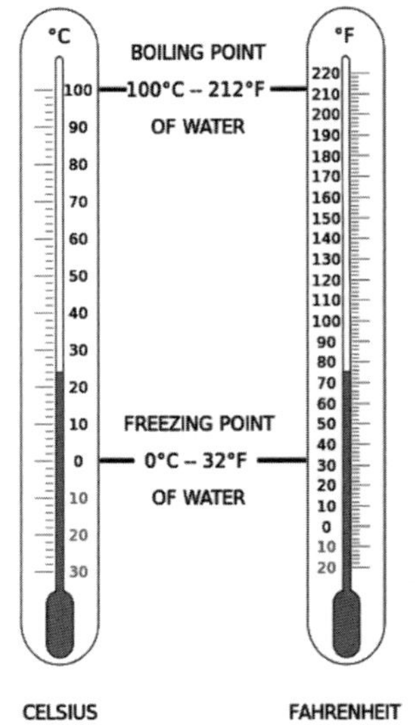

섭씨와 화씨 온도를 표시하는
두 개의 온도계

한편, 생명이 얼어붙은 지구 밖으로 나올 수 있도록 도움을 준 것이 있다. 바로 화산이다. 분출하는 화산은 얼음을 녹이고 워터 포켓을 만들었다. 화산은 이산화탄소를 내뿜었고, 이 온실 가스로 인해 지구가 다시 따뜻해지기 시작하였다. 6억 4,000만 년 전의 마지막 '눈덩이 지구' 시대가 끝이 났다. 살아남은 생명은 새로운 세계에서 진화를 계속하였다. 생명은 지난 35억년 동안 다섯 번의 대멸종을 버티고 살아남아 다양한 형태로 번성해왔다.

빙하기가 올까?

빙하가 줄어들고 있다고 한다. 그런데 빙하기가 올까? 지금까지 지구는 5번의 빙하기를 겪었다. 가장 오래된 빙하기는 원생대 초기의 휴로니안 빙하기(약 24억 년 전~21억 년 전)로서 고원생대의 시데리아기와 리아시아기 동안 발생된 빙하기였다. 휴로니안 빙하기는 증가된 대기 중의 산소가 메탄을 감소시키는 시기인 대산소화 사건 이후에 발생했다. 산소는 메탄과 결합하여 이산화탄소와 물을 형성하는데 메탄만큼 열을 유지하지 못하였다. 그 결과 빙하는 지구에서 대량 멸종을 초래했다.

지구는 시원생대 동안 많은 빙하를 겪었다. 후기 신원생대 동안 세 번(또는 네 번) 중요한 빙하기가 있었다. 표면이 거의 완전히 빙하로 덮여 있었던 지구를 종종 "눈덩이 지구"라고 하는데, 이때 지구는 두께 1~2km의 얼음으로 덮여 있었을 것이다. 이 빙하

중 스타티안 빙하가 가장 중요한 반면, 마리노안 빙하는 더 짧았지만 여전히 전 세계적으로 빙하가 발생하였다. 마리노안 빙하기 동안 나타났던 특징적인 빙하 퇴적물은 지구가 역사상 가장 심각한 빙하기 중 하나를 겪었음을 보여준다. 빙하는 일련의 리드미컬한 펄스로 확장되고 축소되면서 적도까지 도달하였다. 눈덩이 지구가 녹음에 따라 대기에 높은 수준의 이산화탄소가 축적되어 온실효과에 의한 온난화를 유발하였다.

안데스-사하라 빙하기(4억 6,000만 년 전~4억 2,000만 년 전)는 오르도비스기 후기와 실루리아기 중의 고생대에 발생하였는데, 이 시기는 육상 식물의 진화에 의한 산소의 증가 및 이산화탄소의 감소에 의해 나타났다. 카루 빙기(약 3억 6,000만 년 전~2억 6,000만 년 전)에는 적도 부근에서는 삼림이 발달하여 두터운 석탄층이 형성되었고 극지방에는 빙하가 덮여 있었다. 빙하기가 형성되는 이유는 밀란코비치 주기로 설명한다. 세르비아의 밀란코비치Milutin Milanković(1879~1958)는 지구의 공전 궤도의 변화에 따라 지구에 빙하기가 온다고 주장하였는데, 구체적으로는 공전궤도 이심률, 지구 자전축 기울기, 그리고 세차운동으로 인한 태양빛의 강도가 변화된다는 것이다. 제4기라 불리는 마지막 빙하기는 260만 년 동안 50여 번에 걸쳐 빙하기와 간빙기가 반복되어 왔으며, 지금은 따뜻한 기후가 이어지는 간빙기에 머물고 있는 중이다.

다음 빙하기는 언제 올까? 2020년 1월 미국 NASA는 향후 수십 년 간 태양 에너지 출력이 감소할 경우에도, 임박한 빙하기 또는 소빙하기는 없다고 주장하였다. 태양은 11년 주기로 흑점과 태양 플레어의 빈도가 적어지는 태양 극소기를 보인다. 자료는 1880년 이후 지구가 받는 태양 에너지의 양과 지구 표면 온도 변화의 추이를 보여주는데, 전자는 1950년대 이후 자연적인 11년 주기를 따랐으나 후자는 눈에 띄게 상승하였음을 보여주었다. 이는 태양이 지난 반세기 동안 관측된 지구 온난화의 원인이 아니라는 점을 의미하며, 인간이 유발한 온실 가스 배출이 지구 온난화의 주범이라는 것을 의미한다. 한편, 2020년 5월말 최근 몇 년간 잠잠했던 태양이 2년 만에 표면에서 최대 폭발을 일으켰다. 전문가들은 이것이 새로운 태양 활동주기의 시작을 알리는 전조가 아닌지 주목하고 있다.

남극 기지에 가다

한 번 쯤 남극에 가고 싶다. 남극에 가면, 가장 보고 싶은 동물은 펭귄이다. 남극을 대표하는 펭귄을 만나보자. 아델리 펭귄은 머리와 등 부위의 검은색 깃털과 배 부분의 흰 깃털이 극명한 대비를 이루고 있는 귀엽고 멋진 펭귄이다. 깃털은 방수와 단열 기능이 있다. 두꺼운 피하 지방층은 주로 열을 빼앗기지 않도록 해 주는 기능보다는 비상시를 위해 축적한다. 부모가 알이나 새끼를 품으면 부모의 열을 주고받을 수 있어서 새끼들은 혹한으로부터 안전할 수 있다. 킹 펭귄 역시 남극을 대표하는 펭귄이다. 머리와 목 주위의 황금색 깃털이 눈부시게 빛난다. 황제 펭귄은 남극 대륙을 대표하는 펭귄이다. 황제 펭귄은 세계에서 가장 큰 펭귄으로 무게는 평균 30kg이다. 머리 옆에 황금색 깃털이 달려있어 쉽게 식별 할 수 있다. 지금까지 지구상에 살았던 것 중 가장 큰 동물인 남극 대왕 고래를 만날 수 있다면 더 없는 행운이다. 이 고래는 최대 200톤에 달하고 길이가 최대 30m에 이르며 작은 자동차 크기의 심장을 가지고 있는 포유류이다.

남극 대륙은 지구상에서 가장 높고, 가장 건조하고, 가장 춥고, 바람이 가장 많이 부는 대륙이다. 남극 대륙은 한반도의 62배, 중국과 인도를 합친 크기의 거대한 대륙이다. 남극 빙상은 지구상에서 가장 큰 얼음 저장소이다: 면적−1,400만km^2. 부피−3,000만km^2. 최대 수심−4,776m. 평균 수심−2,160m. 남극 빙상은 남극 대륙의 98%를 차지하며, 지구상 얼음의 90%를 함유하고 있다.

전 세계 담수의 약 70%는 남극 대륙의 광대한 빙상에 잠겨있다. 가장 깊은 곳의 남극 대륙의 얼음 두께는 4.5km로 에베레스트 산 높이의 절반이나 된다. 남극 빙상이 모두 녹으면 지구 해수면이 약 60m 상승한다. 남극 대륙의 역대 최저 기온은 -89.2℃였다. 하지만 남극 대륙이 항상 거대한 빙상에 갇힌 얼음 땅이었던 것은 아니다. 연구자들은 4,000만~5,000만 년 전 남극 대륙의 기온이 17℃까지 치솟았다고 추정했다. 과학자들은 또한 남극 대륙이 한때 푸른 숲으로 덮여 있었고 공룡이 살고 있음을 보여주는 화석을 발견했다! 남극에서 무게가 15톤에 달하는 엘라스모사우르스Elasmosaurs 화석이 발견되었다. 엘라스모사우루스는 약 8,050만 년 전인 백악기 후기에 북아메리카에 살았던 수장룡 속의 공룡이다. 이는 공룡의 대량 멸종 직전에 활기찬 해양 생태계가 존재했다는 또 다른 증거를 보여주는 사례이다.

식물의 개화 시기가 변하고 있다. 높은 산에 있는 빙하가 줄어들고 있다. 그린란드와 북극의 빙하가 빠르게 녹고 있다. 이는 인간의 활동, 특히 온실가스의 배출이 중요한 원인으로 지적되고 있다. 연구에 따르면 남극 지역은 지구상에서 가장 빠르게 온난화되고 있는 지역 중 하나이다. 남극 대륙에는 여러 화산이 있으며 그중 두 개가 활동하고 있다. 남극 대륙에서 두 번째로 높은 화산인 에레부스 산은 지구상에서 가장 남쪽에 있는 활화산이다. 두 번째 활화산은 사우스셰틀랜드 제도의 화산 칼데라인 디셉션 아일랜드에 있다.

남극 대륙은 지구의 기후와 해양 시스템에 큰 영향을 미치는 대륙이다. 남극 대륙 상공의 오존홀(Ozone hole)을 연구한 결과 인간의 활동이 지구 대기에 가한 피해 내역이 밝혀지기도 했다. 이제 과학자들은 4km 두께의 빙상을 연구하여 지난 100만 년 동안 지구의 기후에 대한 비밀을 풀고 있다. 20세기 이래로 인류는 남극을 탐사하고 남극을 통해 지구를 연구하고자 과학 연구시설을 구축하였다. 바로 남극 기지이다. 많은 국가들이 남극 대륙에 영구적인 연구 기지(Research station)를 설치하였다. 북극에 설치된 유빙 관측소와 달리 남극의 연구 기지는 실용적인 목적으로 고정된 얼음 위에 건설된다. 모든 나라가 남극 조약에 가입하고 있으며, 연중 혹은 여름에 남극 또는 그 주변 해역 및 도서에서 과학적 조사를 실시하고 있다. 많은 기지에는 연중 직원이 상주해 있다. 남극 조약의 모든 서명국인 총 42개국(2006년 10월 현재)이 대륙에서 계절(여름) 및 연중 연구 기지를 운영하고 있다. 대륙과 인근 섬에서 과학 연구를 수행하고 지원하는 사람들의 인구는 여름철에는 약 4,000명에서 겨울에는 1,000명(6월)까지 다양하다. 이러한 영구 기지 외에도 특정 프로젝트를 지원하기 위해 매년 여름에 약 30개의 필드 캠프가 설치된다.

19세기 말 남극탐험의 영웅시대에 남극 최초의 기지가 세워졌다. 1898년 극지 탐험가 보르크그레빙크Carsten Borchgrevink(1864~1934)는 영국 남극탐험대를 이끌고 리들리 해변에 최초의 남극 기지를 세웠다. 원정대는 원정선 이름을 따서 현재 남십자원정대라고도 한다. 10명의 원정대원은 케이프 어데어의 서쪽에 있는 로버트슨 베이를 탐험했고, 나중에 로스 빙붕에 상륙했다. 남극 탐험 오두막은 여전히 양호한 상태이며 관광객들이 자주 방문한다. 1903년 영국의 브루스William S. Bruce(1867~1921)가 이끄는 스코틀랜드 국립남극탐험대는 이 지역에 기상 관측소를 세우는 것을 목표로 남극으로 출발했다. 원정대가 땅을 찾지 못한 후 브루스는 사우스오크니의 로리 섬으로 돌아가 그곳에 정박지를 찾기로 결정했다. 이 섬은 기상 관측소 위치로 적당한 곳에 자리 잡고 있으며 남미 본토와의 상대적인 근접성을 통해 영구적인 관측소를 설립할 수 있었다. 브루스는 기상 판독, 해양 샘플 트롤링, 식물 탐사 여행, 생물학적 및 지질학적 표본 수집과 관련된 포괄적인 작업 프로그램을 수립했다.

미국은 남극 대륙에서 최남단 기지이자 가장 큰 기지 및 연구 기지인 아문센-스콧 남극 기지를 운영하고 있다. 해발 2,835m의 남극 대지에 있다. 1900년대 초에 처음으로 남극에 도전한 두 팀을 이끌었던 노르웨이의 아문센Roald Amundsen(1872~1928)과 영국의 스콧Robert F. Scott(1868~1912)의 이름을 따서 명명되었다. 이 기지에서는 빙하학, 지구 물리학, 기상학, 대기 상층 물리학, 천문학, 천체 물리학 및 생물 의학을 연구한다. 기지에 있는 작은 온실에서는 다양한 채소와 허브를 토양 없이 물과 영양분만 사용하여 수경 재배로 생산된다. 로스 섬 남단부에 위치한 맥머도 기지는 남극연구의 허브 역할을 하고 있다. 영국은 남극 대륙에 5개의 영구 연구 기지를 운영하고 있다: 애들레이드 섬에 위치한 로데라 연구기지, 브런트 빙붕에 위치한 핼리 연구기지, 시그니 아일랜드에 위치한 시그니 연구기지, 알렉산더 아일랜드에 위치한 블러프 화석지 물류 시설, 엘스워드 랜드에 위치한 스카이 블루 물류 시설. 중국의 쿤룬 기지는 남극 대륙에 있는 4개의 중국 연구기지 중 최남단에 위치해 있다. 동 남극 빙상의 해발 4,087m에 위치하여 남극에서 가장 높은 기지이다. 2009년에 세워졌다. 이 지역은 세계에서 가장 추운 곳 중 하나이며 겨울에는 기온이 때때로 -80℃까지 내려간다. 자동기상관측소가 설치되어 있다. 러시아의 보스토크 기지는 남극 대륙의 프린세스 엘리자베스 랜드에 있는 러시아 연구소이다. 1957년 소련이 설립하였다. 지구상에서 가장 낮은 온도(-89.2℃)가 측정되었다. 빙핵 드릴링, 자기 측정 등을 연구한다.

우리나라는 세종기지와 장보고기지를 운영하고 있다. 세종 과학기지는 조선 세종대왕의 이름을 딴 남극 연구기지이다. 세종기지는 1988년에 준공되었다. 바튼 반도(킹조지 섬)에 위치하고 있다. 주요 연구 내용은 자연 환경의 전반적인 변화를 추적하는 것이다. 한국의 연구원들은 세계 기상기구, 지구 해수면 관측 시스템, 국제 지진 센터, 인터마그넷 프로젝트 분야에서 남극 대륙 및 세계의 다양한 연구소들과 지속적으로 협력하고 있다. 2014년에는 동남극 북빅토리아랜드의 테라노바 만 연안에 두 번 째 기지인 장보고과학기지를 준공하였다. 현대 건설이 2년간의 공사 끝에 완성하였다. 8세기 남북국시대 청해진을 설치하여 당나라와 신라, 일본 간 해상무역을 주도한 장보고의 이름을 딴 이 기지는 동남극의 빅토리아랜드 북쪽에 위치한 테라노바만에 위치해 있다. 겨울에는 15명, 여름에는 60명을 수용할 수 있는 큰 영구 기지 중 하나이다. 장보고과학기지는 남극 중심부와 해안으로의 접근성이 용이하여 기후변화연구, 지형 및 지질 조사, 고층대기, 우주과학연구 등 다양한 자료 확보와 특성화된 연구 수행이 가능하다.

상상을 더하다 9

-겨울왕국-

1. 엘사가 낀 장갑은 어째서 얼지 않는 것일까?
2. 올라프가 여름에도 녹지 않는 것처럼 녹지 않는 얼음, 녹지 않는 눈을 만들 수 있을까?
3. 온 세상이 얼면 어디에서 살아야 할까?
4. 이글루 안에서 불을 피우면 녹지 않을까?
5. 안나의 몸이 얼었다가 해동되는데, 이때 몸의 세포들이 손상되지 않았을까?
6. 안나의 심장은 사랑의 키스로 녹는데, 현실 속에서 냉동인간은 어떻게 녹일까?
7. 엘사는 마법의 능력을 가지고 태어났는데, 이는 유전될 수 있을까?
8. 겨울왕국에서는 농작물을 어떻게 기를까?
9. 엘사의 체온이 낮다면 엘사는 노화가 보통 사람들보다 느리게 진행될까?
10. 얼음을 만들어 내는 능력이 있다면 지구 온난화를 막을 수 있을까?
11. 지구에 다시 빙하기가 찾아온다면 인류는 잘 대처할 수 있을까?
12. 초저온에서 액체 헬륨은 스스로 벽을 타고 넘는다는데, 그 속에는 어떤 원리가 숨어 있을까?

10장
붉은 수수밭

1
신들의 넥타르

신들의 넥타르 / 디오니소스 / 와인의 신들 / 수메르의 맥주 여신, 닌카시 / 알코올 발효

신들의 넥타르

젊게 살고 싶다. 그리고 영원한 생명을 얻고 싶다. 불가능한 이야기라고? 고대 그리스 신화에는 불멸을 가져다주는 '이것'이 등장한다. 이것은 그리스 신들의 음식이나 음료를 말하며, '이것'을 먹거나 마신 사람은 불멸의 존재가 된다. '이것'은 바로 암브로시아Ambrosia이다. 비둘기가 올림포스 신들에게 암브로시아를 가져다주었다고 한다. 고대 이집트의 아누비스Anubis 조각상에는 "나는 '죽음'이다 …… 나는 암브로시아를 먹고 피를 마신다."라고 쓰여 있다. 이것은 암브로시아가 일종의 음식임을 암시한다.

제우스 신은 크레타 섬에서 암염소 아말테이아Amalthea의 젖(암브로시아)을 먹고 자랐다. 제우스는 올림포스 산의 신들을 이끌고 거대하고 강력한 신의 종족인 티탄족과 싸울 때 손이 100개 달린 헤카톤키레스Hecatonchires(백수거신, 百手巨神)를 자기편으로 끌어들이고 넥타르를 마시게 하여 힘을 돋우었다. 결국 이 싸움은 제우스의 승리로 끝났다. 탄탈로스Tantalus는 제우스와 요정 플루토의 아들이다. 그는 신들의 초대를 받아 올림포스 연회에 참석하였다. 그러나 그는 신들을 시험하고 신들이 먹는 암브로시아를 훔쳐서 인간에게 나눠주었다. 이로 인해 그는 제우스에게 벌을 받아 지옥 타르타로스Tartarus에 떨어졌다. 그는 물웅덩이에 서서 과일 나무 가까이에 있음에도 불구하고 하데스에서 영원히 목마르고 굶주림에 시달리는 형벌을 받았다.

레토Leto는 제우스가 헤라를 아내로 맞이하기 전에 사랑한 여신이었다. 그녀는 헤라의 눈을 피해 가까스로 제우스의 아들 아폴론을 낳았다. 그 후 갓 태어난 아기 아폴론을 맡아 기르게 된 여신 테미스Themis는 암브로시아와 넥타르를 먹여 아폴론을 수일 만에 청년으로 자라게 하였다. 암브로시아는 아킬레스Achilles의 탄생 이야기에도 등장한다. 아킬레스는 인간 펠레우스와 바다의 여신 테티스 사이에서 태어난 고대 그리스의 영웅이다. 테티스는 아들 아킬레스에게 암브로시아를 바르고 불에 통과시켜 그를 불멸로 만들지만, 아킬레스의 발꿈치 부분은 불멸하지 않은 채로 남겨져 그의 유일한 약점이 되었다.

고대 그리스의 시인 호메로스Homer는 '넥타르는 음료이고 암브로시아는 신의 음식'으로 나타냈다. 알크만Alcman(기원전 7세기 경)은 넥타르를 음식으로, 사포Sappho(c.630~c.570 BCE)와 아낙산드리데스Anaxandrides는 암브로시아를 음료로 나타냈다. 그리스 신화에는 암브로시아라는 요정도 등장한다. 니사 산에 살았던 암브로시아는 어린 디오니소스Dionysus를 길러준 유모였으며, 디오니소스를 모시는 여사제들 중의 한 명이었다. 제우스와 페르세포네 사이에서 태어난 디오니소스는 고대 그리스 신화에 나오는 포도 수확, 포도주, 다산, 광기, 종교적 엑스터시, 축제의 신이다. 포도주는 그리스 문화에서 중요한 역할을 했으며 그 중심에는 디오니소스가 있다. 포도주는 물론 그것을 생산하는 포도나무와 포도도 신의 선물 일뿐만 아니라 지상에서 디오니소스의 상징적인 화신으로 여겨졌다.

디오니소스

올림포스 12신 중 유일하게 인간 부모를 둔 신이 있다. 바로 포도 수확, 포도주 양조 및 포도주의 신 디오니소스이다. 디오니소스는 다산, 과수원 및 과일, 초목의 신이었으며 광기와 종교적 엑스터시, 그리고 축제의 신이었다. 로마 신화의 바쿠스Bacchus에 해당한다. 디오니소스는 제우스와 테베의 공주 세멜레 사이에서 태어났다. 제우스의 아내이자 누이였던 헤라의 질투로 세멜레가 죽자 제우스는 어린 핏덩이인 디오니소스를 자신의 허벅지에 넣고 기른다. 디오니소스가 태어나고 헤라가 어린 다오니소스를 해치려 하자 도둑과 여행자와 상인의 신 헤르메스가 몰래 구출하여 니사Nysa 산의 님프들에게 양육을 부탁하였다.

프리기아Phrygia의 왕 마이다스는 술의 신 디오니소스에게 손에 닿는 것은 모두 황금으로 변하게 해달라고 간청하였다. 술에 취한 상태에서 그의 소원을 들어 주었고 마이다스는 모든 것을 황금으로 바꾸었다. 그러나 사랑하는 딸마저 금으로 변하였다. 음식조차 금으로 변하자 그는 디오니소스에게 원래대로 되돌려 달라고 간청하였다. 마이다스는 팍톨로스 강물에 목욕을 하고 원래대로 돌아왔다. 금조각상이 되었던 딸도 다시 인간이 되었다. 그러나 후에 음악의 신 아폴로의 리라 연주와 목신 판의 피리 연주 대결에서 판의 편을 드는 바람에 아폴로의 응징을 받아 두 귀가 나귀 귀로 변하였다. 이 이야기는 실크로드를 타고 신라에 전해져서 신라 경문왕의 귀 설화 '임금님 귀는 당나귀 귀'가 만들어졌다. 경문왕의 귀는 나귀의 귀처럼 길었는데 이 사실은 왕의 머리에 쓰는 복두를 만드는 복두장이만 알고 있었다. 그는 평생 이 사실을 발설하지 못하다가 죽을 때가 되어서 대나무 숲으로 가 '임금님 귀는 나귀 귀다."고 외쳤다. 그 후로 바람이 불면 대밭에서 같은 소리가 났다. 이와 유사한 이야기는 프랑스, 러시아, 아일랜드, 칠레, 인도, 몽골 등지에도 전해 내려오고 있다.

그리스 문화에서 포도주, 포도나무, 그리고 포도는 신의 선물이자 신의 상징적 화신으로 여겨질 만큼 주요한 위치를 차지하였다. 디오니소스의 숭배는 곧 "영혼의 숭배"였다. 디오니소스를 따르는 여사제들이 피 제물을 통해서 죽은 자를 먹이고, 그는 산 자와 죽은 자 사이의 신성한 의사 소통자 역할을 하였다. 고대 그리스인들은 디오니소스를 고대 이집트의 죽음과 부활의 신 오시리스와 동일시하였다. 많은 사람들은 디오니소스를 살해되었다가 다시 태어난 부활의 신으로 믿었다.

고고학적 증거에 따르면, 인류가 와인을 마시기 시작한 것은 대략 8,000년 전부터이다. 기원전 1100년 경 와인을 제조하기 시작한 페니키아인들이 포도와 와인을 그리스에 전파하였다고 전해진다. 와인은 술의 신 디오니소스 신화와 함께 축제, 공연, 예술을 꽃피우는 데 기여했다. 플라톤에게 와인은 신이 인간에게 내려준 선물이었다. 의학의 아버지로 불리는 고대 그리스의 히포크라테스는 적당량의 와인은 질병을 치료할 수 있다고 믿었다. 그리스 신화의 주신 디오니소스에 대한 의식은 로마에서는 바쿠스 의식으로 이어졌고 기독교의 성찬식에 양향을 미쳤다. 18세기 영국의 역사가 기번 Edward Gibbon(1737~1794)에 따르면, 게르만족이 로마를 침략한 것은 와인 때문이었다. 로마인들이 프랑스에 전파한 와인은 오늘날 전 세계 와인의 상징이 되었다.

최근 프랑스, 이탈리아, 스페인 등지에서 생산되는 와인과 차별화된 맛을 지닌 그리스 와인이 등장하고 있다. 그리스 남쪽 에게해에 자리 잡고 있는 화산섬 산토리니에서는 가지를 둥글게 말아서 포도나무를 키우는데, 여기서 생산된 아시르티코Assyrtiko는 그리스를 대표하는 화이트 와인이다. 아기오르기티코Agiorgitiko는 펠로폰네소스 반도 북동쪽에 위치한 네메아 계곡에서 생산되는 레드 와인이다. 이 와인에는 헤라클레스의 전설이 깃들어 있다. 헤라가 내린 광기로 자신의 아들을 죽인 헤라클레스는 죗값을 치르기 위해 12과업을 이행해야 했다. 첫 번째 과제로 그는 네메아의 사자를 퇴치해야 했는데, 이때 사자가 흘린 피가 포도를 붉게 물들였는데, 그 포도가 아기오르기티코라고 전해진다.

와인의 신들

와인 축제로 알려진 고대 그리스의 디오니소스 축제는 고대 로마에서도 이어진다. 바로 바쿠스 축제이다. 처음에는 여성들이 참여하여 비밀리에 행해졌다. 기원전 186년에는 바쿠스 축제를 금지하는 칙령이 발호되었으나, 그 후에도 축제는 이어졌고 기원후 1세기 무렵에는 크게 성행하였다. 바쿠스는 엑스터시를 불러일으키고 창의력과 종교적 헌신과 같은 열광적인 상태를 유도하는 신이었다. 이 축제를 통해 사람들은 와인에 취해 사회적 관습에서 해방되어 자유롭고 새로운 사고와 행동을 할 수 있었다. 바쿠스라는 라틴어 이름은 디오니소스의 별명인 Bákkhos에서 유래되었는데, 이 단어는 광란의 황홀한 상태를 설명하는 데 사용되는 그리스어 Bakkheia라는 용어에서 파생되었다.

바쿠스는 "베리" 또는 "나무 혹은 관목의 열매"를 의미하는 라틴어 bacca 와도 관련이 있다. 이러한 맥락에서 바커스라는 단어는 와인의 핵심 성분인 포도를 가리키는 것일 수 있다. 바쿠스는 두 번 태어난 신이다. 그의 첫 번째 아버지는 주피터Jupiter이고 첫 번째 어머니는 플루토에게 납치 된 것으로 유명한 세레스의 딸 프로세르피나였다. 그는 나중에 주피터와 세멜레의 도움으로 다시 태어났다. 바카날리아Bacchanalia는 고대 로마의 술의 신 바쿠스를 기리는 축제이다. 고대 그리스의 디오니소스 축제가 이탈리아 남부에 전파된 뒤 캄파니아를 거쳐 로마에서 성행하게 된 축제이다. 바쿠스 축제에 참가한 사람들은 포도주를 마시고 황홀한 상태에서 흥겨운 춤을 추었다.

바쿠스 말고도 디오니소스와 동일한 신으로 알려진 신이 또 있다. 바로 포도 재배와 포도주, 다산과 자유의 신으로 알려진 리베르Liber이다. 고대 로마의 종교와 신화에서 Liber(라틴어: "자유로운 자")는 Liber Pater("자유로운 아버지, the free father")라고도하며 포도 재배와 포도주, 다산과 자유의 신이었고 로마 평민의 수호신이었다. 그의 리베랄리아Liberalia 축제는 언론의 자유 및 성인의 권리와 관련이 있다. 매년 3월 17일에는 리베르와 그의 부인 리베라Libera에게 봉헌하는 리베랄리아 축제가 열렸다. 제사와 행진, 야한 노래, 그리고 디오니소스의 가면을 나무에 걸어두는 등 다양한 행사가 이어졌다. 사람들은 평민들의 수호신이자 자유를 주는 신을 위한 축제에서 와인을 마시고 자유를 만끽하였다. 바쿠스, 리베르, 디오니소스는 로마 후기 공화정(BCE 133년 이후)에는 동일 신으로 추앙되었다. 리베르가 인간의 모습을 하고 캄파니아 지방을 지나다가 마씨코 산기슭에 사는 팔레르누스Falernus라는 늙은 농부의 집에 들렀다. 농부는 누추한 옷차림의 리베르를 정성껏 환대하였으나, 음식은 초라했고 포도주도 없었다. 리베르는 우유를 포도주로 바꾸었고 이것을 마신 팔레르누스는 잠이 들었다. 그가 깨어나 보니 산은 온통 포도나무로 뒤덮여 있었다. 로마 제국의 명주 팔레르노 포도주는 이렇게 하여 탄생하였다.

세계의 곳곳에 존재하는 다른 주신들을 만나보자. 오군Ogun은 여러 아프리카 종교에 나타나는 영(Spirit)이다. 럼주와 럼주 만들기 뿐만 아니라, 전사와 강력한 금속 세공의 영이었다. 요루바Yoruba 종교, 아이티의 부두교Vodou, 서아프리카의 보둔Vodun에서 나타난다. 야시기Yasigi는 아프리카의 맥주의 여신이다. 맥주 국자를 들고 밤새 춤을 추는 큰 가슴을 가진 여성으로 묘사된다. 라데가스트Radegast는 슬라브 신화의 환대의 신이었다. 일부 문학 자료에서는 전쟁, 밤, 불, 저녁 하늘의 신으로 등장하기도 한다. 라데가스트는 창과 헬멧으로 무장하고 있으며 연회에 초대되는 것을 기쁘게 생각한다. 수켈로스Sucellus는 큰 망치와 통을 들고 있는 것으로 묘사된 신이었다. 원래 켈트 신이었던 그의 숭배는 갈로로마인들 뿐만 아니라 이웃하는 라이티아Raetia와 영국인들 사이에서도 번성했다. 그는 특히 아이두이Aedui 지역에서 농업 및 포도주와 관련이 있다.

테즈카트존테카틀Tezcatzontecatl은 아즈텍 신화에서 용설란을 발효시켜 만든 알코올성 음료인 펄크Pulque의 신이었다. 우유 색깔을 띠고 다소 점성이 있으며 효모 맛이 나는 이 음료는 중앙아메리카에서 수천 년 동안 신성한 음료로 간주되어져 왔다. 테즈카트존테카틀은 술 취함과 다산의 신이기도 하였다. 테슈브Teshub는 고대 소아시아 지역에 살았던 후르리인Hurrian의 하늘, 천둥, 폭풍의 신이었다. 황소에 올라 탄 모습으로 묘사된다. 히타이트의 폭풍의 신 타르훈Tarhun은 테슈브와 동일시된다. 북유럽 신화에 등장하는 에기르Aegir는 바다의 신이자 해양생물의 왕이었다. 〈노르웨이 건국사〉에 따르면 에기르는 핀란드와 크벤란드와 고클란드의 왕이자 거인인 표른요트의 아들이다. 또한 로기Logi("불")와 카리Kari("바람")의 형제이다. 에기르는 바다의 여신 란Ran과의 사이에서 파도와 관련된 9명의 딸을 낳았다. 에기르는 천둥의 신 토르Thor와 전쟁의 신 튀르Tyr가 히미르Hymir에게서 빼어온 거대한 솥으로 최고의 맥주를 양조해서 다른 신들을 초대해서 연회를 벌인다.

맥주를 최초로 발명한 사람들은 수메르인이었다. 닌카시Ninkasi는 맥주의 여신이었다. 수메르에서는 맥주를 마시는 일이 일상화되었으며 원시인도 맥주를 마시면 문명화된다는 기록이 길가메시 서사시에 기록되어 있을 정도로 맥주는 중요한 위치를 차지하고 있었다. '눈에는 눈, 이에는 이'라는 법으로 유명한 세계에서 가장 오래된 성문법인 함무라비 법전에는 맥주에 대한 최초의 조항이 있다. 매일 맥주가 배급되었으며 맥주를 사고 팔 때 대금은 보리로만 지불하고 품질을 속일 경우 엄벌에 처한다고 기록하고 있다. 고대 이집트인들은 수메르의 영향을 받아 맥주를 제조하기 시작하였다. 맥주는 신에게 바치는 공물이자 일상의 음료였다. 맥주는 수메르인들과 마찬가지로 고대 이집트인들에게도 주식이었고 그 생산의 비밀은 풍요, 농업, 내세의 신 오시리스가 그들에게 물려주었다고 한다. 오시리스는 포도와 와인뿐만 아니라 생명의 부활까지 관장하였다. 와인은 죽음과 부활을 상징하는 오시리스의 피였으며 새 세상에서 영생을 보장하는 것으로 믿어졌다. 오시리스의 아내 이시스가 이집트인들에게 맥주의 제조법을 전해주었다고 하며 테네네트Tenenet라는 맥주의 여신이 있었다.

수메르의 맥주 여신, 닌카시

고대 그리스에 와인의 신 디오니소스가 있다면 고대 로마에는 바쿠스가 있다. 이 두 신들은 대지의 풍요로움과 다산과 쾌락의 신이었다. 고대 그리스인들은 디오니소스의 고난과 죽음 그리고 부활을 신성한 의식을 통해서 재연하였다. 와인의 신은 고대 그리스 이전에도 존재하였는데, 고대 이집트에서는 오시리스를 와인의 신으로 섬겼다. 오시리스가 살해당했다가 다시 살아난 것처럼, 디오니소스 역시 부활하였다.

세계에서 가장 오래된 수메르 문명이 탄생한 메소포타미아 지역에도 맥주의 수호자가 있었다. 바로 닌카시Ninkasi이다. 그녀에 대한 찬송가는 수메르의 맥주 여신 닌카시를 찬양하는 노래이자 고대 양조법이다. 맥주 양조에 대한 증거는 기원전 3500~3100년으로 거슬러 올라간다. 1992년 오늘날의 이란 서부에 있는 고고학 유적지인 고딘 테페Godin Tepe에서 항아리 조각이 발견되었다. 수메르 정착촌으로 확인된 이곳에서 맥주의 화학적 흔적이 발견되었다. 포도주 양조에 대한 증거도 나왔다.

맥주의 제조는 기원전 4000년 후반 기록관에 의해 기록되고 통제될 정도로 중요한 것이었다. 맥주를 만들 때에는 담수만 사용하였고 끓여야 했기 때문에 오염된 운하의 물보다 훨씬 건강에 좋았다. 또한 발효 과정이 박테리아와 수인성 병원균을 죽이는 효과적인 방법이었기 때문에 맥주는 선사시대부터 수메르인의 필수품이었다. 맥주는 모든 계층의 사람들이 소비하였고 헌주의식에서 신과 죽은 자들에게 제공되었다. 맥주는 다른 음료에는 들어 있지 않은 영양소를 포함하고 있어서 일상 식단에서 필수품으로 간주되었다. 수메르인은 빨대를 사용하여 맥주를 마셨다. 기원전 2050년 수메르의 알룰루 태블릿Alulu Tablet에 양조업자 알룰루가 맥주를 배달하고 영수증을 발행하였다는 기록이 있는 것으로 보아 4,000년 전부터 맥주가 상업화되었음을 알 수 있다. 수메르 속담에 "맥주를 모르는 사람은 무엇이 좋은지 모른다."는 말이 있을 정도로 맥주는 수메르인이 가장 좋아하는 음료였다. 수메르 설형문자에서 발견되는 가장 흔한 설형문자 중 하나는 '맥주'이다. 바빌론에서만 70가지가 넘는 맥주가 있었다고 한다. 그들은 맥주를 매일 소비하였고 종교 축제와 축하 행사 때에는 다량으로 마셨다. 맥주는 신성하고 숭고한 음료였다. 수메르인은 맥주가 자신의 삶을 향상시킬 수 있는 치유와 고양의 효과를 지녔다고 믿었다.

알코올 발효

이 음료는 아마도 선사시대부터 사용되었을 것이다. 이 음료는 단순히 마음을 바꾸는 음료가 아니다. 이 음료는 인간 문화의 원동력이 되어 예술, 언어 및 종교의 발전을 촉진하였다. 이 음료는 무엇일까? 바로 알코올성 음료 즉, 술이다. 최근 화학 분석에 의하면, 9,000년 전 중국인들은 쌀, 꿀, 과일로 와인을 만들었다. 코카서스 산맥(현재의 조지아)과 자그로스 산맥(이란, 이라크 및 터키에 걸쳐 있는 산맥)에서 포도는 가장 먼저 길들여진 과일 중의 하나였고, 7,400년 전에 와인이 만들어졌다.

인간은 술을 마시기 위해 나무에서 내려왔는가? 나무에서 내려온 영장류는 새로운 식량 원에 접근할 수 있었다. 알코올 냄새를 맡고 더 빨리 과일을 찾을 수 있었다. 그 결과 경쟁에서 이기고 더 많은 칼로리를 얻었다. 따라서 번식에 성공할 가능성이 높아졌다. 더구나 뇌에서 부드러운 쾌락을 경험했다. 알코올은 동물들에게 에너지를 보다 효율적으로 얻을 수 있는 수단이 되었다. 이러한 알코올에 탐닉하는 습성은 자연선택으로 인해 현 인류에게까지 전해져 내려 왔다. 이러한 스토리는 캘리포니아 대학교 UC 버클리의 생리학자 더들리Robert Dudley가 제안한 "술 취한 원숭이 가설(Drunken monkey hypothesis)"을 통해서 제시되었다.

술이 잘 익은 과일을 먼저 찾아내는 중요한 수단이라면 술은 인간만의 전유물은 아닐 것이다. 술을 마시는 동물들이 있을까? 2016년 6월 허프포스트Huffpost가 소개하는 동물들을 만나보자. 말레이시아에 사는 '나무두더지'는 매일 밤술을 즐긴다. 게다가 취하지도 않는다. 열대 우림의 야자나무 꽃이 자연 발효되면 3.8% 정도의 알코올 음료가 만들어진다. 나무두더지는 하루 평균 두 시간 정도, 사람으로 치면 와인 아홉 잔 분량의 술을 마신다. 약 300년 전 아프리카에서 노예선을 타고 캐리비안 섬으로 이주한 버빗원숭이는 주정뱅이로 유명하다. 사탕수수가 발효되어 알코올을 함유하게 되는 경우가 있는데, 많은 버빗원숭이들이 이것을 즐긴다. 전체 원숭이 중 5%는 알코올 중독에 빠져 산다고 한다. 흥미로운 점은 나이가 들수록 술을 적게 마신다고! 카리브해 세인트마틴섬의 사바나 원숭이도 사탕수수에서 알코올이 만들어진다는 사실을 알고 있었다고 한다. 인도코끼리는 과일이 자연 발효되면서 만들어지는 알코올을 선호한다고 하며, 1985년 벵골 지방에서는 밀주 공장을 습격해 술을 마신 사건이 일어나기도 했다.

2015년 영국의 과학 저널 '로열 소사이어티 오픈 사이언스Royal Society Open Science'에는 아프리카 기니의 침팬지들이 야자주 3L를 다 마셔 버린 사례가 보도되었다. 붓꼬리 나무두더지들은 매일 도수 4도가 넘는 야자주를 즐기는데, 이는 알코올을 잘 분해하는 방향으로 진화해 왔기 때문으로 보고 있다. 발효된 과일을 즐기던 인간은 다른 동물과는 다른 대 발견을 하게 된다. 알코올 발효(Ethanol fermentation)를 통해서 다양한 종류의 술을 만들 수 있게 된 것이다. 모든 알코올성 음료에 공통인 활성 성분은 효모에 의해 만들어진다. 효모는 다양하고 어디에나 존재한다. 효모는 최초의 과일이 지구에 생겨난 이래로 약 1억 2,000만 년 동안 야생 과일을 발효시켰을 것이다. 효모는 설탕을 먹고 이산화탄소와 에탄올을 배출하는 단세포 유기체이다.

알코올 발효란 포도당, 과당, 그리고 설탕 같은 당류가 에탄올과 이산화탄소로 분해되면서 에너지를 방출하는 생물학적 대사과정을 말한다. 이때 효모는 산소가 없는 상태를 선호한다. 당($C_6H_{12}O_6$)에서 알코올(에탄올, C_2H_5OH)이 생성되는 알코올 발효를 화학식으로 나타내면 다음과 같다.

$$C_6H_{12}O_6 \rightarrow 2C_2H_5OH + 2CO_2$$

2
세상의 모든 레드

붉은 수수밭 / 프렌치 패러독스 / 붉은 악마 / 붉은 여왕 / 붉은 언덕

붉은 수수밭

가난한 농가에서 태어난 여인의 생을 그린 소설이 있다. 2012년 노벨문학상 수상자인 중국의 모옌莫言이 1985년에 펴낸 "붉은 수수밭(紅高粱, Red Sorghum)"이다. 지우얼은 가난한 집안의 아홉째이자 생일이 9월 9일이라 지우얼(九兒)로 부른다. 그녀는 18세가 되는 해에 나귀 한 마리에 팔려, 50이 넘도록 독신으로 있는 양조장 주인인 문둥이 노인에게 시집을 간다. 붉은 옷을 입고 붉은 신발을 신고 붉은 가마를 타고서. 신랑이 있는 십팔리파十八里坡라는 외진 마을로 향하는 일행. 드넓은 붉은 수수밭을 지나는 도중 도적의 습격을 받게 되고 젊은 가마꾼이 지우얼을 구해낸다. 그렇게 지우얼과 가마꾼의 인연이 시작된다.

이 소설은 1987년에 장이머우张艺谋 감독이 만든 영화로도 소개되었으며, 1988년 베를린 국제영화제에서 황금곰상을 수상하면서 모옌, 장이머우, 그리고 지우얼 역을 맡은 배우 궁리巩俐가 국제적으로 주목을 받았다. 중일전쟁이 발발하고 산둥지방에 진출한 일본군은 붉은 수수밭을 제거한다. 그 과정에서 마을 사람들이 잔인하게 죽임을 당한다. 지우얼과 양조장 식구들은 붉은 고량주를 함께 들며 복수를 다짐한다. 드디어 수수밭에 폭탄이 설치되고 고량주에 불을 붙인다. 도로는 피로 물들고 수수밭은 시뻘건 불길에 휩싸인다. 붉은 수수는 민중의 피와 살이다. 붉은 수수밭은 바람에 물결치

는 시뻘건 수수밭처럼 약동하는 야성의 외침이다. 붉은 수수밭은 강인한 생명력으로 일본의 압제와 봉건제도에 저항한 민초들의 역사이다(문학과지성사, 2014년, 심혜영). 스웨덴 왕립과학원 노벨위원회는 모옌을 "토속적 이야기와 역사, 컨템포러리를 한 데 융합한 환각적 리얼리즘의 소유자"로 평하였다.

영화 "붉은 수수밭"은 온통 붉다. 중국에서 붉은 색은 액운을 내쫓고 복과 재물을 불러오는 상서로운 색이다. 설 명절인 춘절春节을 맞으면 중국의 거리는 온통 붉은색으로 물 든다. 중국의 국기 오성홍기五星紅旗의 바탕 역시 붉은색이다. 붉은 색은 가시광선 중의 일곱 가지 색 중 파장이 가장 길다(약 625~750nm). 붉은 색은 정열, 사랑, 생명을 상징하는 동시에 폭력을 상징한다. 상황에 따라서는 금지, 경고, 위험 등을 뜻하기도 한다. 강렬한 이미지를 가진 붉은 색은 인류가 아주 오래 전부터 사용해 온 가장 원초적인 색이다.

프렌치 패러독스

한국의 식탁에서 김치가 빠질 수 없듯이 프랑스 식탁에서 빠질 수 없는 것이 하나 있다. 바로 치즈이다. 프랑스 역사와 치즈의 역사는 불가분의 관계라고 할 정도로 오래되었다. 프랑스는 로마시대부터 최상의 치즈를 생산하는 국가였다. 생산되는 치즈는 로크포르Roquefort 치즈, 카망베르 치즈, 브리 치즈, 블루 치즈, 리바로 치즈, 콩테 치즈 등을 포함하여 500여 가지가 넘는다. 브리 드 모는 포화지방이 풍부한 치즈이다. 프랑스인들이 포화지방이 풍부한 음식을 섭취하면서도 관상동맥 심장질환의 발병률이 상대적으로 낮은 이유는 무엇일까? 기름기가 많은 음식을 주로 먹는 나라에서 심혈관계 질병으로 인한 사망률이 높다는 것이 일반적인 견해인데, 프랑스인들은 육식을 좋아하지만 심장병에 의한 사망률은 낮다. 이러한 모순을 프렌치 패러독스French Paradox라 부른다. 이 용어는 1986년에 처음으로 사용되었는데, 특히 1991년 미국 CBS의 'Sixty Minutes(60분)'라는 프로그램에 초대받은 프랑스의 과학자 르노Serge Renaud(1927~2012)

가 사용하여 유명해 졌다. 르노에 따르면 프랑스인은 콜레스테롤 수치도 높고 알코올 섭취도 많은데도 불구하고 심장병 발명이 적은 것은 적당량의 포도주를 규칙적으로 마시기 때문이라는 것이다. 그 후 적포도의 소비량은 급증하였고, 적포도주가 건강식품이라는 홍보도 넘쳐나기 시작하였다.

적포도주 속에 들어 있는 레스베라트롤은 항산화 물질 중 하나이다. 항산화 물질이란 노화, 동맥경화, 암 등을 유발하는 유해 산소를 없애 주는 물질이다. 레스베라트롤은 심장 질환을 예방해 주며 암세포의 증식을 억제한다고 알려져 있다. 적포도주에는 안토시아닌Anthocyanin 같은 폴리페놀Polyphenol이 들어 있는데, 이 물질 역시 대표적인 항산화제이다. 체내에서 생성되는 활성 산소는 세포를 손상시켜 다양한 질병을 유발한다. 폴리페놀은 활성 산소로 인한 세포 손상을 막아준다.

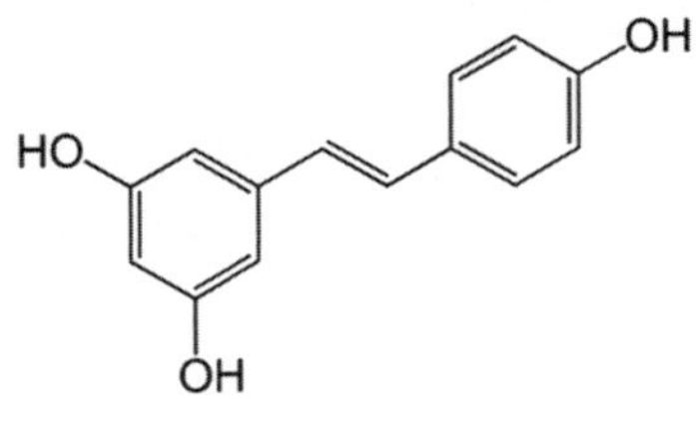

레스베라트롤

사실 치즈는 칼슘, 아미노산, 비타민 등의 영양소가 풍부하고 칼로리가 높은 식품이다. 한동안 치즈는 포화지방/콜레스테롤과 관련된 허위 사실로 인해 비만과 심장병을 야기하는 유해한 존재라고 인식되어 왔다. 그러나 최근의 연구 결과에 의하면, 포화지방은 심장병과 직접적인 관련이 없으며 실제로 심장 건강 개선과 관련이 있다. 문제는 부적절한 포화 지방을 섭취하고 있다는 점이다. 그리스인, 프랑스인, 독일인들은 평균적으로 미국인들보도 더 많은 치즈를 섭취하지만 고혈압과 비만 수치는 더 낮다. 문제는 다른 곳에 있었다. 과도한 설탕, 정제된 곡물, 가공 식품 등이 문제였던 것이다. 트랜스 지방은 주의하자. 식물성 기름은 불포화 지방산 함량이 높아 불안정하여 변질이 쉽다. 이런 이유로 식물성 기름을 고체 상태의 포화 지방산으로 만들어 사용한다. 이 과정에서 생성되는 것이 트랜스 지방이다. 트랜스 지방을 섭취하면 LDL(Low-density lipoprotein, 저밀도 지단백질) 수준을 높이고 HDL(고밀도 지단백질) 수준을 낮춤으로써 심장병, 심근경색, 협심증 같은 심혈관 질환의 위험성을 증가시키는 것으로 알려져 있다.

붉은 악마

세상에는 다양한 종류의 붉은 악마가 존재한다. 첫 번째로 소개하는 붉은 악마는 몸집이 커서 대왕 오징어라고 불리는 훔볼트 오징어(Humboldt squid)이다. 동태평양의 훔볼트 해류에 서식하는 훔볼트 오징어는 흉폭한 성질을 가지고 있고 인간에 대한 공격성으로 널리 알려져 있다. 훔볼트 오징어는 근육 부분에 빛을 생성하는 기관인 생물발광단을 가지고 있으며, 빠르게 체색 패턴을 변화시켜 서로 소통한다. 사냥하는 동안 특히 빠르게 빨간색과 흰색으로 깜박이며 어부들 사이에서 디아블로 로조Diablo rojo(스페인어로 "붉은 악마")라는 이름을 얻었다.

두 번째로 소개하는 붉은 악마는 한국 축구 국가대표팀을 응원하기 위해 1995년 12월에 축구팬들에 의해 자발적으로 결성된 응원단체이다. '붉은 악마'라는 명칭은 1983년 멕시코 세계 청소년축구대회에서 4강 신화를 이룩해 세계를 놀라게 했던 한국 청소년 축구대표팀을 현지 언론에서 붉은 악령(Red Furies)이라고 부른데서 유래한다. 1995년 PC통신 하이텔의 축구동호회 운영자 10여명이 한국축구발전을 위한 회의를 갖고 축구경기를 단체 관람하는 형태로 응원활동을 시작했으며, 1997년 8월, 인터넷 통신을 통해 붉은 악마로 정식 출범하였다. 붉은 악마는 비상업적이고 비정치적인 활동을 지향하는 응원조직으로 2006년 독일월드컵 이후부터는 가입회원 위주로 운영되고 있으며, 지역과 연령 등에 따라 자발적으로 결성된 각종 모임으로 구성되어 있다.

마지막으로 소개하는 붉은 악마는 아드리아마이신Adriamycin이라는 상품명으로 판매되는 독소루비신Doxorubicin으로서 유방암, 방광암, 카포시 육종 및 급성 림프구성 백혈병의 치료에 사용되는 화학요법 물질이다. 정맥 주사로 투여되며, 종종 다른 화학요법제와 함께 사용된다. 독소루비신은 원래 박테리아 스트렙토마이세스 퓨세티우스Streptomyces peucetius에서 만들어 졌다. 1950년대 이탈리아의 연구회사 Farmitalia Research Laboratories는 토양 기반 미생물에서 항암 화합물을 찾기 시작하였다. 13세기에 만들어진 카스텔델몬테Castel del Monte 성 지역에서 토양 샘플이 얻어졌다. 여기서 붉은 색소를 생성하는 새로운 스트렙토마이세스 퓨세티우스 균주가 분리되었고 이 박테리아가 만들어 내는 항생제가 생쥐의 종양에 효과적이라는 것이 밝혀졌다. 거의 동일한 시기에 프랑스 연구진도 이 화합물을 발견하였기 때문에 두 연구진은 화합물이 분리된 이탈리아 지역을 점령한 로마 이전의 부족인 다우니Dauni라는 이름을 프랑스어 루비, 루비스Ruby, Rubis와 결합하여 다우노루비신Daunorubicin이라고 명명하였다.

1960년대에 임상시험이 시작되었고 이 약물은 급성 백혈병과 림프종 치료에 성공적이었다. 후속 연구를 통해 다른 많은 안트라사이클린 항생제 또는 유사체가 개발되었으며 현재 알려진 독소루비신 유사체는 2,000개가 넘는다. 1991년까지 이들 중 553개가 NCI(국립 암 연구소)에서 평가되었다. 2016년 독소루비신 유도체 GPX-150은 미국 FDA에 의해 희귀 의약품 지정을 받았다. 독소루비신은 안트라사이클린 및 항종양 항생제 계열에 속한다. 1974년 미국에서 의료용으로 승인되었으며 세계보건기구의 필수 의약품 목록에 있다. DNA의 기능을 방해함으로써 작동하는 것으로 알려져 있다. 일반적인 부작용으로는 탈모, 구토, 발진, 구강 염증 등이 있다. 다른 심각한 부작용으로는 아나필락시스, 심장 손상, 주사 부위의 조직 손상 등이 있다. 사람들은 종종 며칠 동안 소변의 붉은 변색을 경험한다.

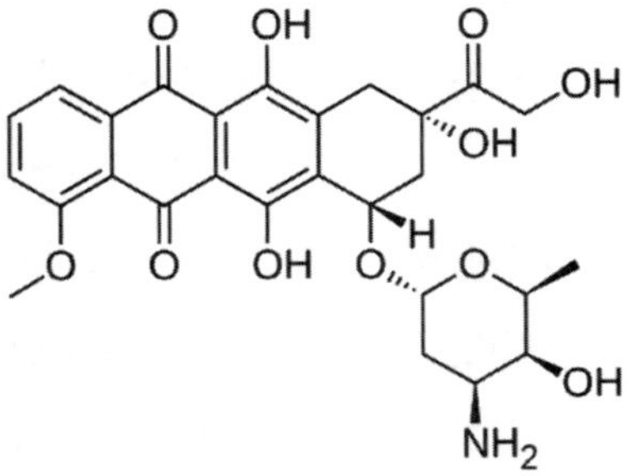

독소루비신

붉은 여왕

루이스 캐럴의 소설 '이상한 나라의 앨리스'의 속편 '거울 나라의 앨리스'의 한 장면을 보자. 붉은 여왕은 앨리스를 데리고 빠르게 달렸다. 아무리 달려도 주위 풍경도 똑같이 빠르게 움직여서 그들의 위치는 변하지 않았다. 이때 붉은 여왕이 말했다. "여기서는 같은 곳에 있으려면 쉬지 않고 힘껏 달려야 해. 어딘가 다른 데로 가고 싶으면 적어도 그보다 두 곱은 빨리 달려야 하고."

진화학에서 거론되는 원리가 있다. '붉은 여왕 가설(Red queen hypothesis)'이다. 이것은 주변 자연환경이나 경쟁자보다 빠른 속도로 변화하려는 속성 때문에 어떤 생물이 진화를 하게 되더라도 상대적으로 적자생존에 뒤처지게 되며, 이를 보상하기 위해 끊임없이 서로 다시 시도를 하는 과정에서 결국 자연계의 진화경쟁에서는 어느 한쪽이 일방적인 승리를 거두지 못한다는 것을 말한다. 시카고 대학교의 진화생물학자 반 발렌 Leigh Van Valen(1935~2010)은 이러한 이야기를 생태계의 쫓고 쫓기는 평형 관계를 설명하는 데 사용하였는데, 그는 이러한 진화학적 원리를 "붉은 여왕 효과(Red queen effect)"라고 불렀다. 많은 종들은 생존을 보장하기 위해 서로 밀접하고 중요한 관계를 맺고 있다. 포식자-먹이 관계와 같은 공생 관계는 생물권이 올바르게 나아갈 수 있도록 하며 또한 종이 멸종되는 것을 방지한다. 이것은 한 종이 진화함에 따라 다른 종에 영향을 미친다는 것을 의미한다. 이러한 종의 공진화(Coevolution)는 관계된 다른 종도 생존하기 위해 진화해야 한다고 주장하는 진화론적 군비경쟁(Evolutionary arms race)과 같다.

치타와 톰슨가젤 같은 포식자-먹이 관계에 있는 종의 경우, 가젤이 더 빨라진다면 치타는 멸종될 수밖에 없다. 따라서 치타는 생존을 위해 더 빨라지거나 보다 은밀하거나 더 나은 사냥꾼으로 거듭나야 한다. 치타가 달라지는 만큼 가젤 역시 변할 것이다. 결국 둘은 제자리에 머물러 있는 것처럼 보인다. 군비경쟁의 경우, 한 국가가 신무기를 개발하면 다른 국가도 그에 대한 방어책으로 신무기를 개발한다. 따라서 국가 간의 무기 개발 경쟁에서 우위를 유지하기 위해서는 끊임없이 군비 경쟁을 해야 한다. 이 원리는 경영학의 적자생존을 설명할 때에도 유용하게 사용된다. 기업에서 발전이 없다면 그 자체가 퇴보를 의미한다. 이러한 논리는 자본주의 시장 경제 하에서의 무한 경쟁 상황을 적나라하게 나타낸다. 입시 경쟁도 예나 지금이나 달라지지 않았다. 다른 사람만큼 노력하는 것은 제자리걸음을 하고 있는 것이다. 세상 살기 참 피곤하다!

1859년 찰스 다윈이 그의 저술 〈종의 기원에 대하여〉에서 제시한 개념이 있다. 공작, 꿩, 사슴, 극락조, 사자 등에서 보이는 암수의 차이를 설명하는 성선택(Sexual selection) 이론이다. 짝을 찾는 것은 매우 번거롭고 힘든 일이다. 짝을 유혹하려 현란한 춤을 추거나 멋진 집을 짓거나 멋진 뿔을 가져야 한다. 암수한몸이거나 단성생식(처녀생식)이 훨씬 편하지 않을까? 단성생식은 단순한 복제에 불과하기 때문에 새로운 환경에 대한 적응력이 떨어진다. 진화가 이루어질 여지도 적다. 유성생식은 서로 다른 유전자와의 결합이다. 이를 통해서 새로운 유전자를 가진 생명체가 태어난다. 따라서 변화하는 환경에 적응할 수 있는 가능성이 훨씬 높아진다. 치열한 경쟁 속에서 살아가는 것이 아무리 힘들어도 뛰고 또 뛰어야 하는 것은 지구상 모든 생명체의 운명이다.

붉은 언덕

미국 펜실베니아 클린턴 카운티에는 1km 길이의 도로 가에 절단되어 노출된 지형이 있다. 바로 '붉은 언덕(Red Hill)'이라 부르는 곳이다. 지질학적 연대 측정 결과 데본기 후기 지층으로 밝혀진 붉은 언덕은 반복된 건기와 우기에 의해 형성된 퇴적층으로 이루어진 삼각주 지형이다. 특징적인 붉은 이암(Mudstone)이 붉은 언덕의 암석 대부분을 이루고 있다. 이 지역에서 다수의 화석이 발견되었는데, 그 중 특별한 것으로는 지구 최초의 나무로 밝혀진 아키옵테리스Archaeopteris의 화석이다. 아키옵테리스는 데본기 말기에 지구 표면에 대부분의 숲을 이루었다가 멸종한 것으로 간주되고 있으며, 데본기 후기에서 석탄기 초기(3억 8,300만 년 전~3억 3,000만 년 전)의 지층에서 발견된다.

아키옵테리스는 다년생 식물로서 고사리 모양의 잎을 가지고 있으며 최대 1m의 몸통에 30m 높이까지 자랐을 것으로 보고 있다. 어떤 나무는 적어도 40~50년 동안 살았을 것으로 여겨진다. 오늘날의 나무와 달리 씨앗 대신 포자를 퍼뜨려 번식하였다. 아키옵테리스가 우세한 숲은 유라메리카Euramerica(북미 및 서유럽), 곤드와나Gondwana(아프리카, 남극, 호주 및 남미), 중국 및 시베리아의 후기 데본기 지역에서도 흔히 볼 수 있다. 적도에서 극지방에 이르는 지역에서도 발견되었다.

아키옵테리스는 나뭇가지와 잎사귀를 뻗어 개울의 생명을 키웠다. 썩은 줄기와 잎

그리고 바뀐 이산화탄소/산소 대기는 지구 전체의 생태계를 변화시켰다. 개울에 떨어진 썩은 줄기와 잎은 수중 생태계의 먹이가 되었고 민물고기의 진화에 주요 요인으로 작용하였다. 광범위하고 깊게 뻗은 뿌리는 토양 화학에 큰 영향을 미쳤다. 아키옵테리스가 수중 생태계에 미친 영향은 바다에 살던 어류가 이 지역에서 네발동물(Tetrapod)로 진화하는 과정의 초기 단계에 기여했다.

약 4억 5,000만 년 전의 지구는 어떠하였을까? 2004년 NHK가 제작한 경이로운 지구에 따르면, 육상엔 동식물의 그림자조차 보이지 않았다. 반면 바다는 생명 넘치는 세계였다. 그런데 대륙이동이라는 대 격변으로 해저가 융기하자 물고기들이 어쩔 수 없이 바다를 벗어나기 시작하였다. 아키옵테리스에서 떨어지는 나뭇가지들은 물고기들의 활동을 방해하였다. 그러나 이런 환경으로 인해 아키옵테리스가 있는 개울로 올라온 물고기들은 커다란 포식자를 피할 수 있게 되었다. 폐로 호흡하는 물고기가 생겨나고 사지를 지닌 생명체가 생겨났다. 생명은 시련을 통해 새로운 도약을 이루었다.

3
오버 더 레인보우

신화 속의 레인보우 / 무지개의 색 / 가장 오래된 색, 레드 / 레드의 심리학

신화 속의 레인보우

'이것'은 빛이 연출한 원(Circle)이다. 그러나 대부분의 사람들이 지상에서 '이것'을 보기 때문에 우리는 반원 또는 호만 볼 수 있다. '이것'은 비뿐만 아니라 안개, 물보라, 이슬 등에서도 볼 수 있다. '이것'은 달빛에 의해서도 형성된다. '이것'은 바로 무지개(Rainbow)이다. 그리스의 서사시인 호메로스Homer는 무지개가 보라색의 단색으로 만들어 졌다고 믿었다. 그리스의 철학자 크세노파네스Xenophanes(c. 570~c. 478 BCE)는 무지개가 보라색, 황록색, 붉은 색으로 구성되어 있다고 말하였는데, 아리스토텔레스도 그의 의견에 동의하였다. 르네상스 시대에는 빨강, 파랑, 녹색, 노랑의 네 가지 색상이 있다고 믿었고, 17세기까지 서양 사상가들은 빨간색, 노란색, 녹색, 파란색, 보라색의 다섯 가지 색상으로 구성되었다고 믿었다.

1637년에 프랑스의 철학자 데카르트René Descartes(1596~1650)는 무지개가 비에 의해 태양의 빛이 다른 색으로 분리되어 발생한다는 것을 발견했다. 1666년에 잉글랜드의 수학자이자 물리학자였던 뉴턴Isaac Newton(1642~1726)은 인디고와 오렌지 색깔을 포함하여 7가지 색깔로 구성되었다고 하였다. 그러나 중국에서는 무지개가 다섯 가지 색상으로 이루어 졌다고 믿었다. 사실 무지개가 몇 개의 색깔로 이루어진 것인지에 대한 논의는 무의미하다. 무지개는 그것을 보는 사람과 그것을 정의한 문화에 따라 다르게 해

석하였다. 무지개는 아름다움과 신비스러운 모습 때문에 신화와 문학에서 가장 좋아하는 구성 요소의 하나였다. 무지개는 수천 년 동안 하늘로 가는 다리, 메신저, 약속, 궁수의 활, 뱀 등의 다양한 상징으로 사용되어 왔다.

북유럽 신화에는 미드가르드Midgard(인류의 거처)와 아스가르드Asgard(신의 거처)를 연결하는 무지개 다리가 등장한다. 바로 비프로스트Bifröst이다. 이 다리는 전투에서 죽은 자들만 건널 수 있는데, 라그나로크Ragnarok 때문에 산산조각이 났다고 한다. 라그나로크는 스칸디나비아의 말세 신화로서, 미래에 일어날 것이라고 예언되는 일련의 사건들로, 거대한 전쟁이 일어나 신화 속의 주요 등장인물 대부분이 죽고, 온갖 자연재해가 닥치며, 최종적으로 세계가 물에 잠겨 멸망한다. 그 뒤 풍요로운 신세계가 물속에서 솟아나고, 살아남은 신들이 재회하며, 두 명의 인간 생존자로부터 인간들이 넘치는 세상이 될 것이라고 한다.

아메리카 원주민 나바호족(Navajo)의 전통에서 무지개는 성령의 길을 상징한다. 자주 신성한 샌드 페인팅Sand painting(나바호족의 전통 예술형식)으로 묘사된다. 샌드 페인팅은 나바호 어로 "신이 오고 가는 장소"라고 불린다. 수확과 치유를 위해 신의 도움을 요청하는 치료 의식에 사용되며, 신들이 사는 신성한 산이나 의식에서 행해지는 춤이나 노래 등을 묘사한다. 무지개는 유타, 콜로라도, 애리조나 및 뉴멕시코가 만나는 지점(Four corners)에 있는 아메리카 원주민 통지국가인 나바호 자치국(Navajo Nation)의 공식 국기(1968년에 채택)에도 등장한다. 한편, 뉴질랜드의 원주민 마오리족(Maori)에는 달의 여신 히나Hina 이야기가 전해 온다. 히나는 남편이 땅으로 돌아올 수 있도록 무지개 다리를 놓아 준다.

무지개는 메신저Messenger 역할도 한다. 그리스 신화에서 아이리스Iris는 무지개의 의인화이며 신과 인류를 연결하는 메신저를 상징한다. 아이리스는 호메로스Homer가 쓴 일리아드Iliad에서도 신성한 메신저로 언급된다. 그녀는 카두케우스Caduceus를 가지고 있다. 카두케우스란 뱀 두 마리가 위로 올라가고 있는 형상을 한 지팡이를 말한다. 두 마리 뱀은 땅속과 지상을 마음대로 오갈 수 있는 메신저를 상징한다.

인드라Indra는 힌두교의 고대 베다 신이며, 불교의 수호신이며, 자이나교의 가장 높은 하늘의 왕이다. 힌두 신화에서 무재개는 궁수의 활(Archer's bow)로 묘사된다. 하늘, 폭풍, 비, 천둥, 번개, 전쟁의 신 인드라는 무지개를 사용하여 번개로 만든 화살을 쏜다. 인드라는 악마를 물리치고 비와 햇빛을 가져온다.

오스트레일리아에는 유럽인이 이주하기 전부터 살았던 원주민이 있었다. 바로 애보리진Aborigine이다. 애보리진 신화에서 무지개 뱀은 세계의 창조와 함께 시작되었고 영원한 존재로서 원주민들의 일상생활에 영향을 미쳤다. 비를 내려 비옥함을 줄 수도 있었고 질병을 가져다 줄 수도 있었다.

아브라함 신화에서 노아는 이스라엘과 아랍의 전설에 등장하는 인물이자 구약성경의 창세기의 홍수이야기에 나오는 인물이다. 구약 창세기에 따르면, 노아는 아담과 하와의 셋째 아들인 셋의 후손이다. 무지개는 노아가 대홍수로부터 동물을 구한 후에도 나타난다. 무지개는 신이 다시는 홍수로 지구를 멸망시키지 않고 모든 생명체가 홍수 속에서 죽지 않을 것이라는 약속을 상징하게 되었다.

고대 수메르의 왕(기원전 3000년경) 길가메시를 노래한 길가메시 서사시(Gilgamesh epic)는 인류 문명에 대한 최초의 상세한 기록으로 알려져 있다. 길가메시의 변형인 해밀턴(Leonidas Le Cenci Hamilton)의 '이슈타르와 이즈두바르 서사시(Epic of Ishtar and Izdubar)'에서 이즈두바르는 엘람Elam의 불멸의 나무 옆에 있는 생명의 샘에서 반짝이는 무지개 색깔을 보게 된다. 수메르에서 농업, 치유, 사냥, 법, 그리고 전쟁의 신이었던 니누르타Ninurta는 활과 화살로 수메르를 방어하고 무지개로 묘사된 왕관을 쓰고 있다.

무지개는 다른 여러 신화에서도 등장한다. 아르메니아 신화에서 무지개는 원래 태양의 신이었던 티르Tir의 벨트였다. 티르는 지식, 지혜 및 예술의 신이었으며, 사람의 선행과 악행을 기록하고 영혼을 지하 세계로 인도하는 존재였다. 중국 설화에서 시엔포Hsienpo와 잉타이Yingt'ai는 무지개가 함께 있을 때까지 기다려야하는 별 연인들이다. 시엔포는 무지개의 빨간색이고 잉타이는 파란색이다. 홍Hong, 虹은 쌍두용(Two-headed dragon)으로서 다양한 전설을 가진 '무지개'의 또 다른 이름이다. 쿠자Quzah는 이슬람 이전의 아랍 날씨의 신으로 사우디아라비아의 무즈달리파 사람들이 숭배하는 신이었다. 무지개는 쿠자의 활로 묘사된다. 구조적으로 안정되고 미관이 아름답기 때문에 오래 전부터 건설된 다리가 있다. 바로 무지개 다리(虹霓橋, 아치교)이다. 불교에서 무지개는 "열반(Nirvana)에 도달하기 전에 달성 할 수 있는 가장 높은 상태이며 개인의 욕망과 의식이 소멸되는 곳"이다. 무지개(홍예, 虹霓)는 하늘과 땅을 연결하는 가교로 인식되었다. 사찰 앞에 무지개 다리가 많은 것도 이 때문이다.

무지개의 색

천둥 번개와 함께 요란스럽게 내리던 소나기가 그쳤다. 비가 그친 하늘에 무지개가 떴다. 가시광선(백색광)을 프리즘으로 분리해 보면 빨주노초파남보(Red, Orange, Yellow, Green, Blue, Indigo and Violet)의 일곱 가지 색으로 갈라지는 것을 볼 수 있다. 뉴턴은 무지개를 일곱 가지 색으로 표현하였다. 무지개 색을 일곱 가지로 표현한 것은 숫자 7이 행운을 불러온다고 생각하였기 때문일까? 수학자 피타고라스는 7을 완전수라 하여 좋아하였는데, 음표와 천체를 숫자 7과 연계하여 설명하고자 하였다. 7은 마법의 숫자였던 것이다.

무지개 색은 나라마다 다르게 표현하고 있다. 미국에서는 무지개를 남색을 빼고 여섯 가지 색으로 나타낸다. 이는 파란색을 남색과 같은 색으로 보는 문화적 차이 때문이다. 독일과 멕시코 마야 문명에서는 다섯 가지 색으로 나타낸다. 이슬람권에서는 빨강, 노랑, 초록, 파랑의 네 가지 색으로 표현한다. 아프리카에서는 두, 세 가지 또는 서른 가지 색으로 나타내기도 한다. 우리나라에서는 오색 무지개라고 하여 빨강, 노랑, 파랑, 흰색, 검정의 다섯 가지 색 으로 표현했다. 이는 동양 사상의 근간이 되는 음양오행 사상의 영향을 받은 때문으로 보인다. 오색을 모든 방위와 우주 만물을 포함하는 색깔, 즉 세상의 모든 색깔이라 여긴 것이다.

무지개는 태양 빛이 공기 중의 물방울을 통과하면서 꺾이고 반사되어 나타나는 현상이다. 무지개는 비뿐만 아니라 안개, 이슬, 안개 속에서도 볼 수 있다. 굴절되는 각도는 파장이 가장 긴 빨간색이 가장 작고 파장이 가장 짧은 보라색이 가장 크다.

무지개 색은 최대 207가지 색으로 이루어져 있다고 주장하기도 한다.

눈의 간상체(Rod)는 색상을 전혀 식별할 수 없지만 단일 광자만큼 적은 빛에도 민감하므로 매우 낮은 조명 조건에서 가장 유용하다. 밤에는 망막이 눈의 앞쪽으로 위치하고 쓸모없는 원추체(Cone)는 뒤에 위치한다. 그러나 더 밝은 조건에서는 원추체가 앞으로 이동한다. 각 원추체 세포는 가시광선의 특정 파장 세트에 민감하여 해당 색상의 약 100가지 음영을 식별할 수 있다. 정상적인 사람은 세 가지 유형의 원추체를 가지고 있어서 100^3 즉 100만 가지 색을 식별할 수 있다.

다른 동물들이 보는 무지개 색은 몇 가지나 될까? 개는 노랑과 파랑 두 타입의 원추체를 가지고 있어서 시력이 형편없다. 참새는 자외선을 볼 수 있는 또 다른 원추체를 가지고 있다. 나비는 5~6개의 원추체를 가지고 있다. 가장 놀라운 동물은 갯가재(Mantis shrimp)이다. 서태평양 일대에서 발견되는 육식성 해양 갑각류인 갯가재는 무려 16개의 원추체를 가지고 있다! 따라서 인간의 눈으로 볼 수 있는 한계가 100만 가지라면 갯가재는 무려 10^{32}가지 색상을 식별할 수 있다.

가장 오래 된 색, 레드

양귀비, 홍관조(Cardinal), 루비, 산화철(Fe_2O_3), 딸기, 그리고 알리자린Alizarin. 세상이 온통 붉다. 붉은 색은 고대 이집트에서도 생명, 건강, 승리의 상징이었다. 중국에서 붉은 색은 행운을 가져다주는 상서로운 색이다. 특히 명절 때에는 온 나라가 붉게 물든다. 붉은 색은 인류 역사에서 가장 오래된 특별한 색이었다. 가장 오래된 형태의 붉은 색은 적철광 때문에 붉은 색을 띠는 점토에서 나왔다. 후기 구석기 시대의 사람들은 붉은 황토를 갈아서 몸을 치장했다. 빨강은 자연에서 쉽게 구할 수 있었기 때문에 구석기 시대의 예술가들이 애용하는 색이었다. 기원전 15000년에서 16500년 사이의 것으로 알려진 스페인 알타미라에 있는 선사 시대 동굴 벽화는 붉은 황토색으로 그린 대표적인 예이다. 빨강 색은 고대 중국에서도 두드러졌는데, 기원전 5000년에서 3000년 사이에 만들어진 것으로 알려진 도자기는 검정색과 빨강색이 채색되어 있었다. 이집트의 파라오 투탕카멘의 무덤 안에 있는 화가의 팔레트에서도 붉은 황토의 흔적이 발견되었다.

진사(신나바, Cinnabar)의 붉은 색은 화려한 주홍색에서 깊은 벽돌색에 이르기까지 다양한 색조로 구성되어 있다. 진사에 들어 있는 황화수은(HgS)은 독성이 강하지만 고대 이집트 이래로 사용되어 왔다. 폼페이 벽화에서 볼 수 있듯이, 고대 로마인들도 붉은 색을 선호하여 장식에 광범위하게 사용하였다. 12세기부터 진사는 중국 칠기에도 널리 사용되었다.

주홍색(버밀리온, Vermilion)은 기원전 4세기에 중국인이 처음 생산한 것으로 알려져 있다. 이 안료는 아랍 연금술사들에 의해 유럽에 전해져 르네상스 화가들에 의해 널리 사용되었다. 특히 이탈리아의 전성기 르네상스 시대에 활약했던 화가 티치아노Tiziano Vecelli, Titian(1488~1576)가 그린 "페사로 마돈나Pesaro Madonna"는 화려한 붉은 색상의 레이어링으로 유명하다. 주홍색은 20세기에 가장 인기 있는 붉은 안료로 사용되었으나 독성이 있고 비싸서 카드뮴 레드Cadmium red로 대체되었다. 버밀리온은 중국에서는 '차이니즈 레드Chinese red'로 알려졌다. 이 색은 생명과 행운을 상징하는 것으로 여겨졌으며 사원과 황제의 마차를 칠하는 데 사용되었다(예: 중국의 자금성).

진홍색(크림슨, Crimson)은 보라색에 가까운 진한 빨간색이다. 참나무 수액을 먹고 사는 연지벌레(커미스, Kermes)를 말려서 얻는다. 고대 그리스와 로마인들은 연지벌레로부터 붉은 색 염료를 만들어 사용하였다. 연지벌레는 중세 시대에 실크와 양모를 염색하는 데에 사용되었지만, 이후에는 카민Carmine 염료로 대체되었다.

선홍색(카민, Carmine)은 선인장에 서식하는 작은 곤충 코치닐Cochineal에서 얻어지는 카르민산Carminic acid으로부터 생산된다. 카민은 이미 아즈텍 민족이 사용하고 있었는데, 16세기 초에 스페인 정복자들이 이 화려한 붉은 색 색소를 발견

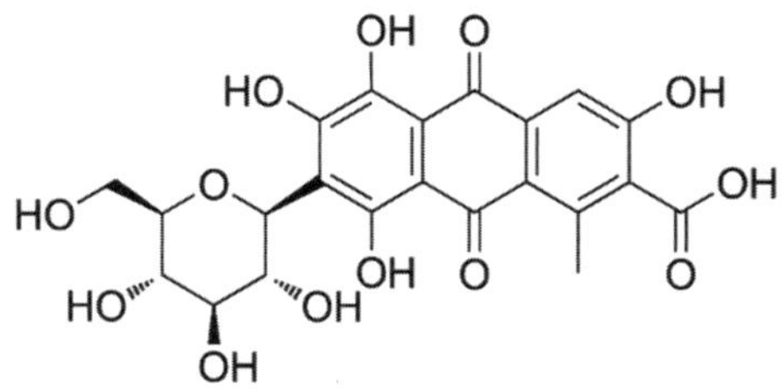

카르민산

하면서 유럽으로 퍼졌다. 15세기 및 16세기의 화가들은 아름답고 깊은 진홍색 물감으로 카민을 사용하였다. 카민은 페인트, 잉크, 립스틱 , 화장품, 의약품 등에 착색제로 사용된다.

붉은 납[레드 레드, Red lead, 연단(Minium), Pb_3O_4]은 납 안료를 로스팅하여 만들어진 최초의 합성 안료 중의 하나이다. 중국의 한나라 때 최초로 제조되었다. 진사로 만든 안료보다 저렴하며 중세, 페르시아 및 인도에서도 사용되었다. 독성이 강한 붉은 납은 고대 로마 시대부터 사회가 납 화합물의 건강 위험을 인식한 20세기까지 수천 년 동안 안료로 사용되었다. 반 고흐Vincent van Gogh(1853~1890)가 그의 작품(예: The Night Café, 1888년)에서 사용한 것으로 알려져 있다. 안타깝게도 그가 사용한 붉은 색 물감에 들어 있는 화합물은 빛에 의해 빠르게 분해되는 성질을 가지고 있다.

카드뮴 화합물은 1817년 독일 화학자 스트로마이어Friedrich Stromeyer(1776~1835)가 카드뮴을 발견한 이래로 색의 원천으로 사용되었다. 카드뮴 레드가 등장하기 시작한 것은 카드뮴 옐로우가 도입된 지 얼마 후였다. 초기에는 셀레늄과 함께 카드뮴 황색을 가열하여 만들었다. 1919년 카드뮴 레드Cadmium Red 생산에 대한 특허가 등록되고 상용화되면서 인기를 얻었다. 주홍색을 띠는 카드뮴 레드는 견뢰도가 우수하다. 야수파의 거장 마티스Henri Matisse(1869~1954)는 화려한 이 안료를 사용하여 명작을 남겼다(예: Interior with Black Fern, 1948년).

차이니스 레드Chinese red는 패션 디자이너 루부탱Christian Louboutin이 만든 강렬한 빨간 색소이다. 새빨간 신발 바닥은 고급스러움과 우아함을 더해주며 부와 스타일의 상징이 되었다. 빨간색은 중국의 상징 색이다. 국기인 오성홍기 속에 있는 다섯 개의 노란별은 빨강 바탕에 의해 더욱 빛난다. 빨간색은 악귀를 쫓아내고 흉사를 막고 행운과 복을 불러들이는 색이다.

레드의 심리학

'이것'은 우리 행동의 결정요인으로 작용한다. 뿐만 아니라 '이것'은 우리의 특정한 감정을 유발시킬 수 있다. '이것'은 소비자의 감정과 인식에 영향을 미칠 수 있기 때문에 마케팅 및 브랜딩에도 널리 사용된다. '이것'은 음식에도 큰 영향을 미친다. '이것'은 무엇일까? 바로 '색'이다. 색은 위약 효과를 향상시킬 수도 있다. 빨간색과 노란색 위약은 자극제로 분류되고 파란색 위약은 우울제로 분류된다. 각성제라면 뜨거운 색깔의 알약이, 진정제라면 차가운 색깔의 알약이 더 잘 작용한다.

색에 대한 선호도는 나라마다 다르다. 미국인이 가장 좋아하는 색은 파란색(35%)이고 그 다음으로는 녹색(16%), 보라색(10%), 빨간색(9%) 순으로 나타났다. 반면에 중국인이 가장 선호하는 색은 빨간색이다. 그들은 빨간색이 행운을 불러오고 액운을 쫓는다고 믿는다. 한국인은 푸른 계열의 색을 가장 선호한다. 색상 선호도는 주변 온도에 따라 달라질 수 있다. 차가운 사람은 빨간색이나 노란색 같은 따뜻한 색을 선호하고, 더운 사람은 파란색과 녹색과 같은 시원한 색을 선호한다. 내향적인 사람은 차가운 색에 더 끌리는 반면, 외향적인 사람은 따뜻한 색을 선호한다. 성별에 따라 색상 선호도가 다르다는 연구 결과도 있다. 여성은 따뜻한 색을 남성을 차가운 색을 선호한다. 검정색, 흰색, 회색은 여성보다는 남성이 더 긍정적으로 받아들이는 것으로 나타났다. 문화적 배경도 색상 연관 및 선호도에 큰 영향을 미친다.

일반적으로 색이 가지는 의미는 다음과 같이 나타낼 수 있다. 노란색은 능력과 행복을, 녹색은 건강과 친환경을, 파란색은 남성성과 능력과 신뢰를, 분홍색은 여성성과 성실을, 보라색은 권위와 힘을, 주황색은 따뜻함과 흥분을, 갈색은 견고함을, 검정색은 고통과 무서움과 죽음을, 흰색은 행복과 성실과 순수를 나타낸다. 한편, 빨간색은 힘, 정욕, 흥분, 사랑, 속도, 분노 등을 나타낸다.

빨간색은 극단의 색이다. 열정적인 사랑, 유혹, 폭력, 위험, 분노, 공격성, 에너지, 열정, 힘, 모험의 색이다. 선사 시대의 조상들은 빨간색을 불과 피가 가진 에너지와 생명력으로 보았다. 오늘날 빨간색의 상징은 먼 옛날 사람들의 생각과 연결되어 있다. 빨간색은 또한 마법적이고 종교적인 색이다. 그것은 그리스인에게 초인간적 영웅주의를 상징한다.

빨간색은 따뜻하다. 빨간색은 우리의 신체적 욕구를 자극하며 우리의 의지를 강하게 해준다. 빨간색은 강한 남성적 에너지를 가지고 있다. 빨간색은 감정을 자극하고 사람들이 행동하도록 동기를 부여하며 개척 정신과 리더십 자질을 나타내며 야망과 단결력을 촉진한다. 빨간색은 삶과 사랑과도 관련이 있다. 발렌타인데이에 연인에게 줄 선물을 고민하고 있다면 빨간 선물을 고르면 된다. 빨간색은 에너지와 공격성과 관련된 색이다. 빨간색은 심장 박동수를 높이고 호흡을 더 빠르게 하며 생리적 상태에 영향을 미친다. 중립적인 배경에 빨간색 액센트를 주면 한 곳으로 주의를 끌 수 있다.

빨간색은 공격성을 유발할 수 있다. 권투, 레슬링, 펜싱, 태권도 같은 격투 스포츠에서 빨간색 유니폼을 입은 선수가 파란색 유니폼을 입은 선수보다 승리할 확률이 더 높은 것으로 나타났다. 빨간색은 사람을 더 공격적이고 강력하게 느끼게 하여 남성 호르몬인 테스토스테론을 증가시킨다. 빨간색은 섹슈얼리티와 욕망과 관련이 있다. 사람들은 빨간색 옷을 입은 사람을 더 매력적이라고 평가하는 경향이 있다.

한편 빨간색은 위험과도 관련이 있다. 금지의 표시 혹은 주의를 끌기 위한 경고 표시에 사용한다. 빨간색은 투쟁 혹은 도피 반응과 관련이 있으므로 빨간색을 너무 많이 사용하면 경계심을 느끼는 대신 스트레스를 받는 느낌도 든다. 빨간색은 긍정적인 의미와 함께 부정적인 의미도 내포하고 있다. 긍정적인 의미로서의 빨간색은 사랑, 활동, 에너지, 주의력 및 힘을 나타낸다. 부정적인 의미로서의 빨간색은 두려움, 위험, 스트레스를 주입하는 공격성과 지배력을 나타낸다. 빨간색은 매우 기본적이고 중요한 색상이지만 지나치게 사용하면 문제가 될 수도 있는 신비로운 색이다.

4
색과 빛

별 헤는 밤 / 빛의 색 / 색을 듣다

별 헤는 밤

계절이 지나가는 하늘에는 가을로 가득 차 있습니다. (중략) 별 하나에 추억과 별 하나에 사랑과 별 하나에 쓸쓸함과 별 하나에 동경과 별 하나에 시와 별 하나에 어머니, 어머니. 윤동주(1917~1945)의 '별 헤는 밤'을 읽어 내려가다 보면 가슴이 먹먹해진다. 시인은 고향을 떠나 밤하늘에 있는 별들을 올려다보며 북간도에 계신 어머니를 떠올린다. 구름 걷힌 밤하늘을 올려다보자. 그 곳에서 셀 수 없이 많은 별들이 우리를 내려다보고 있다.

변광성, 천문학, 분광학 등을 연구한 예일 대학의 천문학자 호플리트Dorrit Hoffleit(1907~2007)는 수십 년 전에 〈밝은 별 목록(Yale Bright Star Catalog, YBS)〉을 편집했다. YBS는 겉보기 등급이 6.5 이상인 모든 별들의 목록으로, 지구에서 육안으로 볼 수 있는 거의 모든 별들이 기록되어 있다. YBS에는 9,110개의 천체가 나열되어 있으며, 그 중 9,095개는 별이고 11개는 신성 또는 초신성이며 4개는 성단이다. 천문학자들은 크기 척도를 사용하여 별과 행성의 밝기를 측정한다. 각 등급은 그 아래의 등급보다 2.5배 더 밝다. 1등급의 별은 6등급의 별보다 약 100배(2.5×2.5×2.5×2.5×2.5) 더 밝다.

겉보기등급(안시등급)은 별의 밝기를 측정하는 단위이다. 기원전 2세기 경 고대 그리스의 천문학자 히파르코스Hipparchus(c.190~c.120 BCE)가 눈으로 보았을 때 가장 밝은 별을 1등급으로, 가장 어두운 별을 6등급으로 구분한 것이 시초이다. 19세기에 이르러 영국의 천문학자 포그슨Norman Robert Pogson(1829~1891)이 빛 측정 장치를 이용하여 1등급 별의 밝기가 6등급 별의 밝기의 약 100배임을 밝혀냈다. 이를 근거로 현대 천문학에서는 6등급을 1등급보다 100배 어두운 별로 정의한다. 즉, 2등급별은 1등급별보다 $100^{1/5}$=약 2.5배 어둡다. 태양의 겉보기등급은 -26.7로서 보름달보다 400,000배 밝다. 겉보기 등급으로는 그 별의 실제 밝기를 알 수 없고 다른 별과의 밝기도 비교할 수 없다. 천문학자들은 이와 같은 문제점을 해결하고자 절대등급이라는 것을 사용한다. 절대등급은 항성의 본래의 밝기이며, 지구로부터 10파섹parsec(약 32.6광년)의 거리에 두었다고 가정했을 때의 밝기이다. 예를 들어, 가장 가까이에 있는 태양의 겉보기 등급은 대략-26.7등급 정도로 매우 밝다. 그러나 10파섹 거리에 두고 절대 등급으로 계산하면, 4.38등급 정도 밖에 되지 않는다.

별의 색깔이 다른 이유는 무엇 때문일까? 육안으로는 대부분의 별이 하얗게 보이지만 별은 다양한 색을 띠고 있다. 빨간 별과 파란 별은 어떤 차이가 있을까? 빨간 별은 상대적으로 더 차가운 별이고 파란 별은 더 뜨거운 별이다. 빨간 별보다는 주황 별이 더 뜨겁고, 주황 별보다는 노란 별이 더 뜨겁고, 노란 별보다는 녹색 별이 더 뜨겁고, 녹색 별보다는 파란 별이 더 뜨겁다. 가장 차가운 붉은 별의 온도는 3,000℃ 정도이다. 주황색/노란색으로 빛나는 우리의 태양의 온도는 약 6,000℃ 이다. 녹색 별은 약 10,000℃이며 가장 뜨거운 파란 별의 온도는 약 25,000℃ 이다. 별의 색은 표면 온도를 나타낸다. 밤하늘을 올려다보면 육안으로 4,548개의 별이 각기 다른 색으로 나타난다. 별의 스펙트럼을 연구하면 온도, 거리, 나이, 광도, 질량 등에 관한 정보를 얻을 수 있다. 우주에서 가장 뜨거운 별은 청색거성이다. 오리온자리에 있는 청색거성인 리겔Rigel(학명: β Orionis)의 광도는 우리 태양의 40,000배나 된다.

별은 스펙트럼의 특징에 따라 7가지 형으로 분류되는데, 이것을 별의 분광형 또는 스펙트럼형이라고 한다. 별은 O형으로 갈수록 표면온도가 높고, M형으로 갈수록 표면온도가 낮다. 별은 뜨거운 것부터 차가운 순서대로 O > B > A > F > G > K > M으로 나눈다.

	표면 온도(K)	광도(태양=1)
O (Blue)	> 30,000	1,400,000
B (Blue white)	11,000 ~ 30,000	20,000
A (White)	75,000 ~ 10,000	80
F (Yellow white)	6,000 ~ 75,000	6
G (Yellow)	5,200 ~ 6,000	1.2
K (Light orange)	3,700 ~ 5,200	0.4
M (Orange red)	2,400 ~ 3,700	0.04

대부분의 별들은 K형과 M형의 차가운 별이다. 태양 같은 G형의 별들은 약 8%에 불과하다. 한편 가장 뜨거운 O형의 별들은 3백만 개 중에서 단 한 개에 불과하다. 밤하늘에 보이는 윈터 서클Winter Circle(또는 Winter Hexagon)에는 맨 위로부터 시계 방향으로 카펠라, 알데바란, 리겔, 시리우스, 프로키온, 폴룩스, 카스토르가 있다. 카펠라Capella('새끼 염소'라는 뜻)는 마차부자리(Auriga)에서 가장 밝은 별이다. 맨눈으로는 홑별처럼 보이나 사실은 밝은 별 두 개와 어두운 별 두 개가 각각 쌍성을 구성하고, 이 두 계가 다시 서로에 대해 공전하는 복잡한 구조이다. 알데바란Aldebaran[또는 황소자리 알파(α Tau)]은 황소자리에서 가장 밝은 항성이다. 별자리에서 황소의 머리 부분에 위치하고 있기 때문에 '황소의 눈'으로 불렸다. 히파르코스 위성이 측정한 바에 따르면 우리로부터 약 20파섹(약 65광년) 떨어져 있다. 알데바란의 표면온도는 3,900K로 태양보다 차갑다. 그러나 반지름이 태양의 약 44배이기 때문에 전체 광도는 태양의 400배 이상이다. 리겔Rigel(학명: β Orionis)은 오리온자리에 있는 초거성이다. 오리온자리 베타로 표기하지만 실제로는 알파별인 베텔게우스보다 더 밝다. 알파별인 베텔게우스와 달리 푸른색을 띤다. 태양으로부터 773광년 떨어져 있다. 시리우스Sirius(큰개자리 알파)는 밤하늘에서 가장 밝은 별이다. 시리우스는 겉보기 등급이 -1.47로 두 번째로 밝은 카노푸스보다 두 배 정도 더 밝으며, 태양을 제외하고는 가장 밝은 별이다. 히파르코스 위성이 측정한 시리우

스까지의 거리는 8.6광년(2.6파섹)이며 태양계에서 가까운 이웃 항성계이다. 프로키온Procyon은 작은개자리에 있는 항성계이다. 겉보기등급은 0.34로 밤하늘에서 여덟 번째로 밝게 보인다. 태양으로부터 약 11.46광년(3.51파섹) 거리에 있어 지구와 매우 가까운 편에 속한다. 지구로부터 약 34광년 떨어져 있는 폴룩스Pollux는 주황색을 띠는 거성으로 쌍둥이자리에서 가장 밝은 별이다. 1943년 이래로 다른 별들을 분류하는 기준이 되었다. 카스토르Castor는 쌍둥이자리에서 두 번째로 밝은 별이며, 밤하늘에서 가장 밝은 별 중의 하나이다. 육안으로는 하나로 보이지만 세 개의 쌍성으로 이루어진 6중 별 시스템(Sextuple star system)이다.

빛의 색

빛을 하나의 물질로 본다면 빛은 파장이 다른 여러 빛들의 혼합물이라고 말할 수 있다. 빛은 전기와 자기적 성질을 가지는 전자기파이다. 빛은 파장에 따라 감마선, X-선, 자외선, 가시광선, 적외선, 마이크로파, 그리고 라디오파로 부른다. 감마선은 파장이 가장 짧다. 빛이 가진 에너지는 파장에 반비례한다. 따라서 감마선은 가장 위험한 빛이다. 가시광선은 우리가 볼 수 있는 유일한 전자기파로 400nm에서 750nm 사이의 빛을 말한다. 프리즘으로 가시광선을 분해해 보면 빨간색, 주황색, 노란색, 녹색, 파란색, 남색, 보라색의 일곱 가지 색이 나타난다. 모든 색이 합쳐지면 흰색(백색광)이 된다. 파장이 가장 긴 것은 빨간색이며 가장 짧은 것은 보라색이다. 프리즘에서는 파장이 짧을수록 많이 굴절된다. 물체는 일부 색상(파장)을 흡수하고 다른 색상을 반사하거나 투과한다. 물체가 빨간색으로 보인다는 것은 빨간색을 제외한 다른 색상을 모두 흡수하고 빨간색만 반사하기 때문이다. 흰색 물체는 모든 색상을 반사하기 때문에 흰색으로 보인다. 검은색은 모든 색상을 흡수하고 반사하지 않는다.

빛의 기본 색상은 빨강, 노랑, 파랑이다. 이러한 색상을 서로 다른 비율로 혼합하면 우리가 보는 빛의 모든 색상을 만들 수 있다. 이것이 TV와 컴퓨터 화면이 작동하는 방

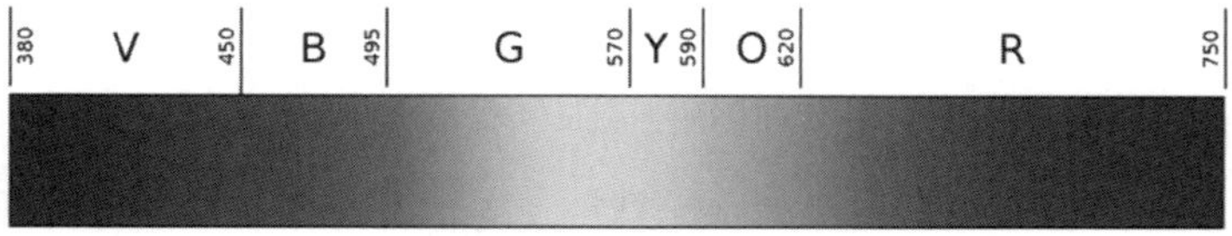

빛(가시광선)의 스펙트럼 색상

오른쪽에서 왼쪽 방향으로, R(Red, 빨강), O(Orange, 주황), Y(Yellow, 노랑), G(Green, 초록), B(Blue, 파랑), I(Indigo, 인디고, 그림에는 표시되지 않음), V(violet, 바이올렛). 왼쪽으로 갈수록 빛의 파장이 짧아진다.

식이다. 화면을 확대해 보면 이 세 가지 색상만 사용되고 있음을 알 수 있다. 예를 들어, 빨간색과 녹색 불빛은 우리의 뇌가 이미지를 노란색으로 인식하게 만드는 데 사용된다. 빨간색과 파란색 불빛은 자홍색(마젠타, Magenta)으로, 녹색과 파란색 불빛은 청록색(시안, Cyan)으로 인식하게 해준다. 빨간색과 녹색과 파란색 불빛을 동시에 화면에 비추면 흰색으로 표시된다.

우리 눈의 망막에는 간상체와 원추체라고 하는 두 유형의 광수용체가 있다. 원추체는 색상을 감지한다. 간상체는 사물을 검정색, 흰색, 회색으로만 볼 수 있게 한다. 원추체는 빛에 충분히 밝을 때에만 작동하고 빛이 매우 어두울 때에는 작동하지 않는다. 따라서 어두운 밤에는 색을 식별할 수 없다. 사람의 눈에는 가시 스펙트럼에서 빛의 단파장(Short, S), 중간파장(Medium, M), 장파장(Long, L)에 민감한 세 가지 유형의 원추체가 있다. 이들 원추체는 전통적으로 빨간색(Red), 녹색(Green), 파란색(Blue)에 민감한 것으로 알려져 각각 R, G, B라고 나타냈지만, 실제로는 일정 영역대의 빛에 민감하기 때문에 L, M, S로 사용하기도 한다. 이 세 가지 유형의 색 수용체는 뇌가 망막의 신호를 다른 색으로 인식하도록 한다. 어떤 사람들은 약 천만 가지의 색상을 구별할 수 있다고 추정되고 있다.

색을 듣다

우리가 색을 들을 수 있을까? 약 4%의 사람들은 소리를 들으면서 자동으로 색깔을 볼 수 있는 능력을 가지고 있다. 소리를 색깔로 읽어낼 수 있다니! 또 어떤 사람들은 단어를 읽고 특정 색상이 마음의 눈에 들어온다. 이들이 색깔을 들을 때에는 뇌의 시각과 청각을 담당하는 부분이 활성화된다. 이러한 능력을 공감각(Synesthesia)이라 하는데, 이는 인간의 오감 중 한 영역의 감관에 자극이 주어졌을 때 그 자극이 다른 영역의 자극을 불러일으키는 현상을 말한다.

네덜란드 막스 플랑크 심리학 연구소의 피셔Simon Fisher 등은 MRI를 이용하여 수행한 연구 결과를 2018년 3월 'PNAS(미국 국립과학원회보)'에 발표하였다. 실제로 공감각을 가진 사람들의 뇌는 보통 사람들의 뇌보다 다른 영역들이 더 많이 연결되어 있는 것으로 밝혀졌다. 소리가 색에 대한 인식을 불러일으키는 현상을 음-색 공감각 혹은 색환각(Sound-to-color synesthesia, Chromesthesia)이라고 한다. 이것은 소리가 무의식적으로 색상, 모양 및 움직임의 경험을 불러일으키는 일종의 공감각을 말한다. 콘서트에서 유명한 가수의 노래를 듣고 있다. 그런데 바로 옆자리에 앉은 친구가 귓속말로 나에게 다음과 같이 말했다: "이 노래는 무슨 색이지?" 참 엉뚱한 질문이다. 그런데 공감각의 세계에서는 이상할 게 하나도 없다. 색환각은 상대적으로 드물며 3,000명 중 단 한 명에서만 나타난다.

서양 미술사상 가장 위대한 화가 중 한 사람으로 평가받고 있는 네덜란드의 고흐Vincent van Gogh(1853~1890), 초상 미술의 대표 화가인 러시아의 칸딘스키Wassily Kandinsky(1866~1944), 러시아의 작곡가 림스키코르사코프Nikolai Rimsky-Korsakov(1844~1908) 등은 이러한 능력을 가졌다고 한다. 우리는 보통 음악을 들으면서 다양한 색깔로 연출하는 빛의 쇼를 경험하지 않는다. 그러나 최근 연구에 따르면 공감각자가 아니더라도 음악을 색으로 연관 지을 수 있다고 한다. 연구자들은 인간의 두뇌가 놀라울 정도로 연결하는 힘을 가지고 있다는 사실을 발견하였다. 우리의 정신생활에서 감정이 중심 역할을 하고 있다는 것이다.

5
색으로 치료하다

색으로 치료하다 / 빛으로 치료하다, 신생아 황달 / 빛으로 치료하다, SAD / 빛으로 치료하다, PDT

색으로 치료하다

한 달 넘게 이어지는 장마에 기록적인 폭우가 일상을 뒤흔들고 있다. 어두운 하늘이 원망스럽군! 우울한 기분을 어떻게 달랠까? 우리 몸에서 부족해진 에너지의 균형을 맞추기 위해 색을 사용할 수 있다? 소위 색채요법(Color therapy, Chromotherapy)으로 치료가 가능하다고 주장하는 사람들이 있다. 바로 색치료사들이다. 그들은 상황에 따라 특정한 색깔을 가지는 빛을 사용하면 신체적으로나 정신적으로 개선될 수 있다고 주장하며 많은 실험적인 증거를 제시하고 있다. 사실 색채 요법은 과학적으로 검증을 받아 의학적으로 사용되고 있는 신생아 황달 치료나 혈액 조사 요법 같은 광요법(Light therapy)과는 다르지만 오랫동안 많은 주목을 받아온 분야이다.

1025년 페르시아 제국의 철학자이자 의사였던 이븐시나Ibn Sina 혹은 Avicenna(980~1037)는 5권으로 된 〈의학전범(Canon of medicine)〉을 펴냈다. 이 책은 생리학, 병리학, 약물학 등을 다룬 의학 백과사전으로 동양과 서양의 의학사에서 가장 큰 영향력을 미친 서적으로 평가받고 있다. 진단과 치료 모두에서 색상을 매우 중요하게 생각하였던 이븐시나는 이 책에서 색채요법을 논하였다. 그는 신체의 질병은 색을 보면 알 수 있다고 하였으며 체온과 신체 상태와 색상을 연관 짓는 차트를 개발하였다. 이븐시나의 견해에 의하면 빨간색은 피를 흐르게 하고 파란색 또는 흰색은 피를 식히며 노란색은 근육통과 염증을 감소시킨다.

미국 남북전쟁 때의 장군 플리손톤Augustus Pleasonton(1801~1894)은 실험을 수행하여 1877년에 〈햇빛의 파란 광선과 하늘의 파란색의 영향〉이라는 책을 출판하였다. 이 책에서 그는 파란 광선과 파란색이 농작물과 가축의 성장을 돕고 인간의 질병을 치료할 수 있다고 주장하였다. 이는 현대 색채요법을 태동하게 하였고 그 영향을 받은 팬코스트Seth Pancoast(1823~1889)와 바빗Edwin Dwight Babbit(1828~1905)은 각각 〈파란빛과 빨간빛: 혹은 의약으로서의 빛과 그 광선, 1877년〉과 〈빛과 색의 원리, 1878년〉를 출판하였다. 1933년 인도 태생의 미국 시민 과학자 가디알리Dinshah P. Ghadiali(1873~1966)는 색치료에 관한 백과사전 〈The Spectro-Chrome Metry Encyclopedia〉를 출판하였다. 그는 서로 다른 색의 광선이 유기체에 다양한 효과를 미치는 이유와 방법을 발견했다고 주장하였다. 그는 또한 신체의 여러 기관에 대한 다양한 색상의 작용을 이해한다면 적절한 색상을 이용하여 비정상이 된 기관이나 시스템의 작용을 균형 있게 조정할 수 있을 것이라고 생각하였다. 아유르베다 의학의 전문가들은 신체에 일곱 가지 차크라Chakra(산스크리트 용어로 원 또는 바퀴를 의미)가 있다고 믿고 있는데, 일부는 영적 중심이라고 주장하며 척추를 따라 위치한다고 한다. 뉴 에이지 사상은 각각의 차크라를 기능 및 기관 혹은 신체 시스템과 함께 가시광선 스펙트럼의 단일 색과 연관시킨다. 이 견해에 따르면 차크라의 균형이 깨지면 신체적 질병을 초래할 수 있지만 적절한 색상을 적용하면 불균형을 바로 잡을 수 있다고 한다.

그러나 색채요법이 의사과학(Pseudoscience)이라는 비판을 극복하기 위해서는 과학적인 근거 자료가 충분히 확보되어야 할 것이다. 그럼에도 불구하고 색채요법은 병원에서 환자를 치료하는 중요한 측면이기도 하다. 방의 색상이나 의사와 간호사가 착용하는 색상과 환자의 기분 사이의 상관관계를 보여 주기 때문이다. 이러한 관점에서 색채요법은 특히 장기 요양 상황, 요양원 그리고 호스피스 케어에서 중요하다. '색 치료'가 정신 질환에 대해 1세기 이상 지속적으로 사용되고 있다는 것은 기존 치료법의 약점을 보여준다. 과학은 아직까지도 마음을 위한 명백한 이론과 치료법을 제시하지 못하고 있다. 2021년 3월 18일 현재, 구글 창에서 color therapy(컬러테라피)를 치면 무려 11억

빛으로 치료하다, 신생아 황달

신생아에게 황달이 발생하는 경우가 있다. 황달이란 빌리루빈Bilirubin이라는 물질이 축적되어 피부가 노랗게 변하는 것을 말한다. 임신 중에는 산모의 간이 아기를 위해 빌리루빈을 제거하지만 출생 후에는 아기의 간에서 빌리루빈을 제거해주어야 한다. 일부 아기의 경우 빌리루빈을 효율적으로 제거할 만큼 간이 발달하지 않을 수 있다. 아기의 몸에 빌리루빈이 너무 많이 축적되면 피부와 눈의 흰자가 노랗게 변한다. 황달이 있는 대부분의 아기는 혈중 빌리루빈 수치가 낮기 때문에 치료가 필요치 않다. 이 경우 상태는 일반적으로 10~14일 이내에 호전되며 아기에게 해를 끼치지 않는다. 아기의 황달이 시간이 지나도 개선되지 않거나 검사 결과 핼액 내의 빌리루빈 수치가 높은 경우에는 입원하여 광선 요법(Light therapy 혹은 Phototherapy)으로 치료할 수 있다. 광선 요법은 신생아의 뇌 손상을 유발할 수 있는 핵황달이 라고 하는 심각한 합병증의 위험을 줄이기 위해 권장되는 치료법이다. 핵황달이란 혈액 내에 적혈구 파괴 산물인 간접 빌리루빈이 심하게 상승된 경우 알부민과 분리된 유리 빌리루빈이 혈액과 뇌 사이의 장벽을 넘어서 뇌세포 내로 확산되고, 이로 인해 뇌의 구조물에 침착되어 신경학적 증상을 일으키는 질환을 말한다. 핵황달은 또한 시력과 치아에 문제를 발생시키고 지적 장애를 일으킬 수 있다.

신생아 황달 치료를 위해서 사용되는 광선 요법은 특수한 유형의 빛(가시광선)을 사용하여 치료하는 것으로, 두 가지 유형이 있다. 기존의 광선 요법은 신생아의 눈을 안대로 가리고 할로겐 혹은 형광등 아래에 눕혀 치료한다. 광섬유 광선 요법은 아기를 광섬유 케이블이 있는 담요 위에 눕히고 광섬유 케이블을 통해 아기의 등에 빛을 조사한다. 광선 요법은 일반적으로 신생아 황달에 매우 효과적이며 아기에게 일시적인 발진과 설사가 발생할 수 있지만 부작용이 거의 없다. 적혈구는 수명이 있어서 매일 소량이 파괴되는데, 이때 헤모글로빈은 헴과 글로빈으로 분해되고 헴은 효소의 작용으로 빌리루빈으로 변한다. 유리된 빌리루빈은 독성이 있다. 보통 신생아의 경우에는 별 문제가 없으나 빌리루빈 농도가 매우 높으면 치료를 받아야 한다. 광선 요법의 핵심은 청색광(460~490nm)을 사용하여 빌리루빈의 화학 구조를 변화시켜 수용성의 이성질체로 바꿔주는 것이다. 이렇게 해주면 소변 등을 통해서 체외로 배출이 되어 치료가 된다. 빛을 받아 빌리루빈의 구조가 변화하는 반응을 광이성질화(Photoisomerization) 반응이라고 한다.

신생아 황달에 대해서 빛이 효과가 있다는 사실은 1950년대에 영국의 에섹스Essex에 있는 로치포드Rochford 종합병원에서 우연히 발견되었다. 햇빛에 노출된 아기들이 황달이 더 빨리 사라지는 현상을 유심히 관찰한 결과였다! 황달에 걸린 아기의 혈청을 직사광선이 비치는 창가에 두면 24시간 만에 노란색 황달 혈청이 녹색을 띠는 빌리베르딘Biliverdin으로 전환된다. 빌리베르딘은 테트라피롤성 담즙 색소이며 헴 이화작용의 물이다. 때때로 타박상에서 볼 수 있는 녹색을 띠는 색소이다.

빛으로 치료하다, SAD

인생을 살다보면 기쁠 때도 있고 노여워할 때도 있고 슬플 때도 있고 즐거울 때도 있다. 늘 기쁘고 즐거울 수는 없다. 때로는 슬픔이 밀려올 때가 있다. 우리는 다양한 방법으로 슬픔을 이겨낼 수 있다. 그러나 슬픔을 극복하지 못하면 우울증으로 이어질 수 있다. 우울증을 치료하지 않고 방치하면 생명을 위험에 빠뜨리는 등의 심각한 문제를 야기할 수 있다. 다양한 형태로 나타나는 여러 형태의 우울증 중에서 계절적 변화의 영향을 받아 나타나는 경우가 있다. 이를 SAD(Seasonal affective disorder, 계절성 정동장애)라 부르는데, 이것은 특정 계절에만 우울증과 유사한 증상을 보이는 장애를 말한다. 겨울이 되면 우울해진다하여 '윈터 블루스Winter blues'라고도 불리는 SAD는 극지방에 가까운 곳에서 가장 흔하고 심각하게 나타난다. 겨울이 되면 많은 북유럽 사람들이 무력감과 우울감을 느끼는 경우가 많다. SAD는 낮이 짧고 빛이 적은 계절에 발생하는 일시적인 우울증의 한 형태이다. 주요 우울증과 마찬가지로 SAD는 삶의 모든 측면에서 심각한 증상을 유발할 수 있다.

SAD와 관련된 증상은 경증에서 중증까지 다양하며 다음을 포함할 수 있다: 슬픔 또는 우울감, 즐기던 활동에 대한 관심 상실, 식욕의 변화, 수면 변화, 에너지 손실 또는 피로 증가, 안절부절 하거나 움직임과 말이 느려짐, 무가치 또는 죄책감을 느낌, 집중하거나 결정을 내리기 어려움, 죽음이나 자살을 생각하거나 자살을 시도함.

최소 2년 동안 매년 이런 증상을 경험하는 사람들은 공식적으로 SAD 진단을 받을 필요가 있다. SAD의 원인은 빛의 부족에서 온다고 알려져 있다. 빛이 부족한 것만으로 이처럼 심각한 증상을 유발할 수 있을까? 태양에 규칙적으로 노출되는 것은 일주기 리듬(Circadian rhythm)을 조절하는데 도움이 되는 뇌의 특정 부분을 자극한다. 이것은 24시간 주기의 수면-각성 주기(Sleep-wake cycle)이다. 빛이 부족하면 일주기 리듬이 깨진다. 이로 인해 뇌가 수면 호르몬 멜라토닌Melatonin을 너무 많이 분비할 수 있다. 동시에 뇌는 기분을 좋게 해주는 신경전달 물질 세로토닌Serotonin을 적게 분비한다.

SAD를 가진 사람들에게 광선 요법을 사용하면 우울해진 기분을 상당히 개선시킬 수 있다. 보통 매일 아침 약 30분에서 한 시간 동안 라이트 박스Light box라고 하는 특수 램프 옆에 앉아 있으면 된다. 라이트 박스는 매우 밝은 빛을 생성하며 빛의 강도는 럭스lux 단위로 측정된다. 럭스란 단위 면적당 광속(Luminous flux)을 측정하는 SI 단위로서 1럭스는 평방미터당 1루멘lumen과 같다. 라이트 박스에서 생성된 빛은 어두운 겨울철에 모자란 햇빛을 보충해주는 역할을 한다. 빛은 뇌가 수면 유도 호르몬인 멜라토닌의 생성을 줄이고 세로토닌의 생성을 촉진하여 SAD를 개선시켜준다.

대부분의 사람들은 광선 요법을 안전하게 사용할 수 있다. 라이트 박스에는 유해한 자외선을 제거하는 필터가 있어서 피부나 눈 손상의 위험이 없다. 그러나 눈이 빛에 민감하거나 눈 손상이 있는 경우 또는 특정 항생제 및 항정신병 약 같은 빛에 대한 민감도를 높이는 약을 복용하는 경우에는 매우 밝은 빛에 노출되는 것은 좋지 않다. 광선 요법을 사용하는 사람들이 부작용을 일으키는 경우는 드물다. 그러나 일부 사람들은 동요 또는 과민반응, 두통 또는 눈의 피로, 수면 문제, 피로, 흐린 시야 같은 부작용을 경험 할 수 있다. 일반적으로 부작용은 경미하거나 일시적이지만 심한 경우에는 상담을 받아야 한다. 광선 요법은 SAD 뿐만 아니라 다음과 같은 경우에도 사용할 수 있다: 계절적으로 발생하지 않는 우울증, 시차(Jet lag), 수면 장애, 야간 근무 스케줄로 바꾸는 경우, 치매 등.

2018년 메디칼 뉴스(news-medical.net)에 따르면, 광선 요법은 일반적으로 SAD 치료를 위한 것이지만, 양극성 우울증, 만성 우울 장애, 일주기성 수면 장애, 산후 우울증, 불면증 및 유기성 치매의 행동 장애와 같은 다른 증세를 치료하는 데에도 사용되었다. 현재 광선 요법은 치매 환자를 도울 수 있는 유망한 새로운 치료법으로 알려져 있다. 빛은 기분 및 수면과 관련된 뇌 화학 물질에 영향을 미치는 것으로 생각된다. 치매 환자는 수면에 문제가 있을 수 있다. 기상-수면 주기를 담당하는 뇌 부분은 교착상핵이다. 치매 환자의 경우 이 부분이 손상되어 수면 장애가 발생할 수 있다. 광선 요법은 수면-각성 패턴을 정상화하는 데 사용되었다.

한 연구에 따르면 수면 장애는 치매, 특히 알츠하이머병 관련 치매(ADRD) 환자에게 흔하다. 결과적으로 그들은 주간 기능을 유지하는 데 어려움을 겪고 환자와 간병인의 삶의 질에 타격을 입힌다. 실제로 밝은 빛은 ADRD 환자의 공격적인 행동에 대한 잠재적인 치료 수단이 될 수 있다. 또 다른 연구에 따르면 수면 장애에 대한 광선 요법은 경증에서 중증의 알츠하이머병 환자에게 가장 효과적이다. 아침에 밝은 빛 요법을 시행하면 치매 환자의 수면 장애 치료에 도움이 될 수 있다.

2019년 영국의 가디언이 보도한 바에 따르면, 광선 또는 소리의 특정 파동이 알츠하이머형 치매 증상 개선에 도움이 된다는 보고가 나왔다. 미국 MIT의 피카우어 학습 및 기억연구소(Picower Institute for Learning and Memory)의 차이Li-Huei Tsai와 공동연구자들은 생쥐를 대상으로 음파-광선요법의 치매 치료 효과를 확인하였고 치매 환자를 대상으로 임상시험을 진행하고 있다. 2020년 에이징케어(agingcare.com)도 SAD와 치매 환자 등을 위한 광선 요법에 대한 자료를 게시하였다.

빛으로 치료하다, PDT

빛으로 암세포를 죽일 수 있다? 바로 PDT(Photodynamic therapy, 광 역학 요법)이다. PDT는 빛과 약물과 산소를 이용하여 암을 치료하는 기술이다. PDT는 빛이 약물을 활성화시키고, 활성화된 약물이 산소를 활성화시고, 활성화된 산소가 암세포를 파괴하는 원리로 작동한다. PDT에서 사용되는 약물은 광증감제Photosensitizer라고 부르며, 일반적으로 레이저에서 나오는 특정 파장의 빛 에너지에 의해 활성화된다. 광증감제는 빛에 의해 활성화 될 때까지는 활성(독성)을 띠지 않는다. 그러나 빛에 의해 활성화된 후에는 표적 조직에 독성을 나타낸다. 치료할 신체 부위에 따라 광증감제는 정맥을 통해 혈류로 들어가거나 피부에 부착된다. 일정 시간 동안 약물은 암 세포에 흡수된다. 그런 다음 치료할 부위에 빛을 쪼여준다. 빛은 혈액 속의 산소를 들뜨게 하여 반응성이 큰 산소로 바꾸어 놓게 되는 데 이것이 암세포를 공격하는 것이다.

PDT를 위해 개발된 광증감제로는 포르피린Porphyrin, 클로린Chlorin 및 다양한 염료가 알려져 있다. 상업적으로 이용 가능한 광증감제로는 포토프린Photofrin(Photofrimer sodium), 알루메라Allumera, 비수다인Visudyne, 레부란Levulan, 포스칸Foscan, 메트빅스Metvix, 헥스빅스Hexvix, 시스뷰Cysview, 레이저피린Laserphyrin 등이 있다. PDT에 사용되는 빛은 레이저Laser 또는 발광 다이오드(LED)에서 나온다. 사용되는 빛의 종류는 암의 유형과 신체의 부위에 따라 달라진다. PDT의 장점은 환자가 입원하지 않고 통원치료가 가능하다는 점이다. PDT는 일반적으로 외래 환자 시술 형태로 이루어지지만, 때로는 수술, 화학 요법 또는 방사선 요법과 병행하기도 한다. 오늘날 여드름, 건선, 노화 관련 황반 변성 및 피부, 폐, 뇌, 방광, 췌장, 담관, 식도 및 두경부에 발생한 암을 포함한 다양한 질병을 치료하기 위한 다양한 광증감제가 개발되었다. PDT는 이러한 상태를 치료하는 것 외에도 박테리아, 곰팡이 및 바이러스 감염을 치료하는 데에도 도움이 된다. 연구에 따르면 이러한 빛 기반 요법은 신체의 면역 반응을 촉발하여 신체가 암세포를 파괴하는 데 도움이 되는 또 다른 수단을 제공한다.

PDT는 다음과 같은 장점을 가지고 있다: 장기적인 부작용이 없다. 치료 시간이 짧다. 대부분 외래 시술로 시행된다. 환부를 매우 정확하게 타격할 수 있다. 동일한 부위에서 여러 번 반복할 수 있다. 일반적으로 치유된 후 흉터가 거의 또는 전혀 없다. 보통 다른 암 치료 방법보다 비용이 적게 든다. 그러나 PDT에도 한계는 있다. 빛이 도달할 수 있는 부분만 치료할 수 있다. 여러 부위로 퍼진 암 치료에는 사용할 수 없다. PDT에 사용되는 약물은 한 동안 빛에 민감하므로 약물을 투입한 후에는 예방 조치를 취해야 한다. 특정 혈액 질환이 있는 사람에게는 사용할 수 없다.

현재 미국 FDA(식품의약국)는 특정 암이나 전암을 치료하기 위한 여러 광증감제를 승인하였다. 가장 널리 사용되는 약물은 포토프린과 레부란이다. 포토프린은 빨간색 레이저에 의해 활성화되는 광증감제이다. 특정 종류의 식도암과 폐암 환자를 치료하기 위해 FDA의 승인을 받았으며 다른 유형의 암에 대한 연구도 진행 중이다. 레부란은 피부에 바르는 약물이다. 암이 될 수 있는 피부 질환인 광선 각화증을 치료하는 데 사용되며, 얼굴이나 두피에만 사용된다. 이 약물은 레이저 광선이 아닌 특수한 파란색 광이 사용된다. PDT의 가장 흔한 부작용으로는 빛에 대한 민감성이다. 약물을 피부에 바른 경우에는 치료 후 일정 기간 동안 치료 부위가 빛에 노출되지 않도록 주의해야 한다. 강한 직사광선을 피하고 가능한 실내에 머물러야 한다.

상상을 더하다 10

-붉은 수수밭-

1. 중국 사람들은 왜 빨간색을 좋아할까?
2. 영화에서 빨간 색이 가지는 의미는?
3. 수수를 발효시키는 원리는?
4. 술은 왜 오래 발효시킬수록 맛이 좋아질까?
5. 술을 만들 수 있는 곡물은 몇 가지나 될까?
6. 술을 마시면 왜 취하게 될까?
7. 술을 마시면 골치가 아픈 이유는 무엇일까?
8. 취하지 않는 술을 만들 수는 없을까?
9. 적포도주 속에 들어 있는 레스베라트롤이 항산화제라는데, 세포 손상을 막아주는 원리는 무엇일까?
10. 저녁노을이 붉은 색으로 보이는 이유는?
11. 무지개 속에는 몇 가지 색이 있다고 해야 하나? 몇 가지가 있다고 이야기하는 것은 넌센스가 아닐까?
12. 포토프린과 레이저를 사용하여 수술 없이 몸속의 암을 치료하는 원리는 무엇일까?

11장
잃어버린 제국

1
아틀란티스

플라톤의 잃어버린 제국, 아틀란티스 / 잃어버린 문명, 무 대륙 / 숨겨진 제8대륙, 질랜디아

플라톤의 잃어버린 제국, 아틀란티스

소크라테스Socrates(c.470~399 BCE)의 제자였으며 아리스토텔레스Aristotle(384~322 BCE)의 스승이었던 플라톤Plato(428~348 BCE)이 서양의 학문에 미친 영향은 실로 지대하다. 영국 철학자 화이트헤드Alfred Whitehead(1861~1947)는 "서양의 2,000년 철학은 모두 플라톤의 각주에 불과하다."라고 말했다. 미국의 시인 에머슨Ralph Emerson(1803~1882)은 "철학은 플라톤이고 플라톤은 철학이다."라고 평하였다. 플라톤의 대화 〈티마이오스Timaeus〉와 〈크리티아스Critias〉에서 언급된 신화적인 섬나라가 있다. 바로 아틀란티스Atlantis이다. 아틀란티스는 2,300여 년 동안 서양 철학자들과 역사가들을 매료시킨 대상이었다. 플라톤에 따르면, 한때 번영했던 왕국 아틀란티스는 신들의 분노로 기원전 9600년경에 바다 속으로 사라져 버렸다고 한다. 플라톤이 그의 할아버지에게서 얻은 이집트의 보고서를 인용하여 소개한 아틀란티스는 리비아와 소아시아를 합친 것보다 큰 섬으로, 헤라클레스 기둥 바로 너머 대서양에 위치한 섬이었다. 아틀란티스는 발전된 문화와 헌법도 가지고 있었다. 아틀란티스는 바다, 지진, 돌풍의 신 포세이돈의 보호를 받고 있었다. 포세이돈과 클레이토 사이에서 다섯 쌍의 쌍둥이 남자 아이가 태어났다. 포세이돈은 장남을 아틀라스Atlas라고 이름 지었고, 그의 이름을 따서 섬 전체와 바다를 아틀란티스라 칭했다. 그러나 국력이 강해지자 탐욕과 교만이 심해졌고, 이에

분노한 포세이돈이 벌을 내려 바다 속으로 가라앉았다.

고대 그리스인들은 플라톤의 아틀란티스를 역사로 볼 것인가 아니면 은유로 받아들일 것인가를 두고 의견이 나뉘어 졌다. 19세기 이후 비극적인 이야기를 간직한 아틀란티스를 찾기 위해 많은 사람들이 도전에 나섰다. 1967년 지중해에 있는 크레타 섬으로부터 약 100km 떨어진 산토리니 섬에서 새로운 유적이 발견되었고 이것을 아틀란티스와 연관 지으면서 아틀란티스에 대한 관심이 다시 증가하기 시작하였다. 많은 사람들은 이 전설의 근원을 기원전 1640년에 일어난 산토리니의 미노스 분화서 찾는다. 플라톤은 동심원 구조의 원형 섬에 대해 이야기 하였는데, 오늘날의 산토리니는 인상적인 동심의 지리적 배치를 하고 있다. 그것은 79년에 발생한 베수비오 분화보다 훨씬 더 강력한 분화였다. 30~40km 높이까지 치솟은 구름은 수백 km 떨어진 곳에서도 보였을 것이다. 재와 부석이 지중해 전역에 떨어지고 쓰나미가 발생하여 크레타 해안과 다른 주변 섬들을 황폐화시켰을 것이다.

플라톤은 아틀란티스가 "헤라클레스의 기둥" 너머 바다에 있다고 기록하였는데, 이는 오늘날의 지브롤터 해협에 있는 바위산을 가리킨다. 이를 근거로 많은 사람들은 아틀란티스가 대서양 어딘가에 존재한다고 믿었다. 또한 플라톤이 아틀란티스가 리비아와 아시아를 합친 것보다 더 컸다고 말한 것을 근거로 아틀란티스가 지중해 지역 밖에 있다고 믿기도 하였다. 1626년 영국의 철학자이자 과학자였던 베이컨Francis Bacon(1561~1626)은 유토피아 소설 〈뉴 아틀란티스〉를 출간하였다. 여기서 베이컨은 태평양에 위치한 섬 벤살렘Bensalem에 관대함과 깨달음, 존엄성과 화려함, 경건함과 공적인 정신을 가진 주민들이 사는 유토피아를 건설하였다. 그는 이상적인 대학인 '살로몬의 집'을 구상하였는데, 이것은 오늘날의 응용과학과 순수과학을 아우르는 대학이다. 뉴 아틀란티스는 왕립 학회의 형성에 영향을 주었다.

아틀란티스는 공상과학 소설, 만화책, 영화 등 오늘날의 문학에도 많은 영향을 주었는데, 이 이름은 역사 시대 이전의 잃어버린 선진 문명을 이르는 표현이 되었다. 플라톤의 대화의 주요 목적은 사람들을 교육하고 아테네와 그 미덕을 영화롭게 하는 것이었다. 여기에서 아틀란티스의 신성한 기원과 번영에서 완전한 파괴에 이르는 아틀란티스의 타락은 아테네에 대한 대위법이자 경고의 역할을 한다. 많은 사람들은 아틀란티스가 어딘 가에 존재했을 거라고 믿었고 여러 이론을 제시하였다. 지중해, 스페인 연안, 터키, 카리브해, 남극 대륙 등 지구상의 많은 장소가 아틀란티스였다고 거론되며, 심지어 아틀란티스의 주민들이 외계인이라고 믿는 사람들도 있다. 아틀란티스가 실제로 존재했다고 믿는 과학자는 거의 없다. 그럼에도 불구하고 아틀란티스에 대한 이야기는 오늘날에도 살아남아 온갖 상상력과 호기심을 자극하고 있으며 여전히 매력적이고 인기 있는 주제 중의 하나이다.

잃어버린 문명, 무 대륙

먼 옛날 태평양에 무Mu라는 대륙이 있었다. 전설적인 이 대륙은 유카탄 반도의 마야Maya 문명을 연구한 영국계 미국인 고고학자이자 사진작가였던 플롱종Augusts Le Plongeon(1826~1908)이 소개하였다. 그 후에 영국의 오컬트 작가, 발명가, 엔지니어 및 어부였던 처치워드James Churchward(1851~1936)는 가상의 땅 레무리아Lemuria로 소개하면서 태평양상에 고도의 문명을 이룩한 무 대륙이 존재하였다고 주장하였다. 무 대륙은 지진과 화산 폭발로 순식간에 바다 속으로 가라앉았다고 한다. 1926년에 그는 〈잃어버린 무 대륙〉을 펴내면서 대중의 주목을 받았다. 공상과학, 판타지 및 소설 작가였던 미국의 드캠프L. Sprague de Camp(1907~2000)는 1954년 〈잃어버린 대륙(Lost Continents)〉에서 무의 위치를 자세히 소개하였다. 이외에도 여러 사람들이 무 대륙의 존재에 대한 나름의 주장을 소개하였다. 무 대륙에 대해서는 플롱종, 처치워드 이외에도 여러 사람들이 고고학적 증거를 바탕으로 무 대륙의 존재를 입증하려 노력해왔다. 무 대륙의 존재 자체를 부정하기에는 세계 도처에서 발견된 흔적들이 많고 광범위하게 퍼져 있다.

그러나 지질학자들은 무와 아틀란티스가 물리적으로 불가능하다고 일축하였다. 전설, 민속, 문학에 나오는 것처럼 단기간에 대륙이 가라앉거나 파괴될 수 없다는 것이다. 1970년대 이후 광범위하게 확인된 '판구조론(Plate tectonics)'에 따르면, 지각은 더 무거운 '시마Sima' 층에 '시알Sial' 층이 떠 있는 형태로 구성되어 있다. 시마 층은 규산 마그네슘이 더 풍부한 해양 지각이고, 시알 층은 규산알루미늄이 더 풍부한 대륙 지각이다. 지각의 두께가 몇 km에 불과한 해저에는 시알 층이 없다. 반면에 대륙은 수십 km 두께의 거대하고 단단한 블록이다. 빙산이 물에 떠 있는 것처럼 대륙이 시마 층에 떠 있기 때문에 대륙이 단순히 바다 아래로 침몰할 수는 없다. 대륙의 표류와 해저의 확산은 대륙의 모양과 위치를 바꾸고 때때로 대륙을 두 개 이상의 조각으로 나눌 수 있다는 것은 사실이다. 그러나 이것은 지질학적 시간 규모(수억 년)에서 발생하는 매우 느린 과정이다. 수 만년의 스케일에서 보면 시마 층은 단단한 것으로 간주 될 수 있으며, 대륙은 기본적으로 그 위에 떠 있다. 대륙과 해저가 인간 역사의 짧은 스케일에서 보면 현재 위치와 모양을 유지하고 있다는 것은 거의 확실하다.

숨겨진 제8대륙, 질랜디아

아시아, 유럽, 아프리카, 북아메리카, 남아메리카, 오세아니아, 남극에 이어 8번째 대륙이 발견되었다. 그것은 바로 '질랜디아Zealandia'이다. 질랜디아는 거의 대부분이 바다 속에 잠겨 있는 작은 대륙으로, 8,500만 년~1억 3,000만 년 전에 남극으로부터 분리되고 나서 6,000만~8,500만 년 전에 호주로부터 떨어져 나왔다. 질랜디아라는 이름은 1995년에 미국의 지구물리학자이며 UC 산타바바라 대학교의 명예교수인 루옌딕Bruce Peter Luyendyk에 의해서 제안되었다. 육지는 약 2,300만 년 전에 완전히 가라앉았을 것으로 보이며, 대부분(93%)이 태평양 아래에 잠겨 있다. 질랜디아는 총 면적이 4백92만km^{2}인 세계 최대 규모의 미대륙(Microcontinent)으로서 호주 대륙 크기의 절반 이상이나 된다. 질랜디아는 거의 평행한 두 개의 능선으로 구성되어 있다. 능선은 해저에서 1,000~1,500m 높이까지 솟아 있으며 해수면 위로 올라온 바위섬은 거의 없다. 질랜디아의 총 육지 면적은 약 286,600km^{2}이다. 이중 뉴질랜드가 93%를 차지하며, 그밖에 뉴칼레도니아와 작은 섬들이 있다.

질랜디아는 근해 어업의 터전이며 가스전을 포함하고 있다. 그 중 가장 큰 것은 뉴질랜드의 마우이Maui 가스전이다. 근해에는 사철(Iron sand), 화산성 황화물, 망간단괴와 같은 광물자원도 있다. 질랜디아는 남극 대륙에서 분리된 시점부터 맨틀에 대해 북서쪽으로 약 6,000km 이동했지만, 반복되는 대륙 내 화산 활동은 이전에 인접해 있던 남극 대륙과 호주의 화산과 유사한 마그마 조성을 보인다. 질랜디아는 '불의 고리'로 불리는 환태평양 조산대에 위치하여 화산이 매우 많다. 화산활동은 초대륙 곤드와나에서 분리되기 전, 도중 및 후에 반복적으로 발생했다. 뉴질랜드는 호주판과 태평양판이 서로 만나는 경계부에 있어서 화산과 지진 활동이 매우 활발하다.

2 영구동토층

영구동토층 / 영구동토층이 녹으면, 온실가스의 화약고 / 영구동토층이 녹으면, 바이러스의 부활 / 남극이 녹으면, 해수면 상승

영구동토층

영구동토층은 2년 이상 연속으로 동결된 토양 및 퇴적물을 말하며, 활성층은 매년 여름에 녹고 가을에 다시 얼어 붙는 토양의 최상층이다. 실제로 이것은 영구 동토층이 -2℃ 이하의 평균 기온에서 발생함을 의미한다. 활성층의 두께는 계절에 따라 다르지만 평균 두께는 0.3~4m이다. 북반구에서는 얼음이 없는 땅의 24%(1,900만km^2)가 영구 동토층의 영향을 다소 받고 있다. 이 지역의 대부분은 시베리아, 캐나다, 알래스카 및 그린란드에서 발견된다.

영구동토층에는 1조 7,000억 톤의 유기물이 포함되어 있다. 이것은 모든 토양에 있는 유기물의 거의 절반에 해당한다. 이것은 수천 년에 걸쳐 만들어 졌으며 북극의 추운 환경에서는 매우 천천히 분해된다. 영구동토층에 들어 있는 탄소의 양은 현대 인간 활동으로 인해 대기로 방출된 탄소의 4배나 된다. 이에 따라 북극 기온은 지구 평균의 약 2배의 속도로 상승할 것으로 예상되고 있다. IPCC(Intergovernmental Panel on Climate Change, 기후 변화에 관한 정부 간 협의체)는 북극의 온도가 2040년까지 1.5~2.5℃, 2100년에는 2~7.5℃ 상승할 것으로 예상하고 있다. 기후가 더워지면 영구동토층이 일부 또는 전체가 녹는다. 만년설이 녹고 빙하가 후퇴하는 지역에서는 영구동토층이 다시 형성되기도 한다. 영구동토층에는 토양과 단단한 암석이 포함되어 있다. 암석에는 유기물

이 포함되어 있지 않지만 토양에는 다량의 유기물이 포함되어 있다. 따라서 지구 온난화로 인해 토양층이 해동되면 미생물에 의한 유기물의 분해가 증가할 것이다.

영구동토층으로 덮인 지역에는 종종 초본 식물, 관목, 습지, 연못, 개울 등이 있다. 북극 영구동토층과 접하는 지역에서는 자작나무, 소나무, 낙엽송, 가문비나무 같은 수종이 있다. 그린란드에 있는 영구동토층은 북극 버드나무, 헤더Heather, 바위취, 담자리꽃, 이끼, 풀, 사초와 같이 강건한 식물이 지배하고 있다. 북극 근처의 지역에서는 100년 된 북극 버드나무조차도 높이가 몇 cm에 불과 하다. 러시아, 스칸디나비아 및 캐나다에서는 영구동토층의 넓은 지역이 소나무와 자작나무 숲으로 덮여 있다. 지구의 온난화로 인해 북극의 식물 성장이 증가하고 수목이 북쪽으로 이동하고 있다. 영구동토층이 녹으면 미생물들이 이산화탄소(CO_2), 메탄(CH_4), 아산화질소(N_2O) 및 다른 온실 가스를 만들어 낸다. 이산화탄소는 토양에서 곰팡이와 박테리아가 식물을 분해하는 과정에서 형성된다. 메탄은 특정 집단의 고세균에 의해서만 형성되며 특정 박테리아에 의해 이산화탄소로 전환된다. 아산화질소는 특정 박테리아에 의해 형성되는데, 이 박테리아는 아산화질소를 질소로 전환할 수 있다.

100년 동안 측정된 대기 중 메탄의 온난화 잠재력은 이산화탄소보다 25배 더 높다. 깊은 토양층에서 형성된 메탄은 토양 표면에서 대기로 방출되기 전에 토양 상층의 미생물에 의해 이산화탄소로 전환될 수 있다. 해동된 영구동토층의 토양에서 얼마나 많은 온실 가스가 방출되는지는 확실히 알 수 없지만 최근 1,100억~2,300억 톤의 이산화탄소 환산량(CO_2 equivalent)(약 절반은 이산화탄소에서 나머지 절반은 메탄에서)은 2100년까지는 8,500억~1억 4,000만 톤에 달할 것으로 추정된다. 참고로 2010년 인간 활동에 의한 모든 온실가스 배출량은 약 480억 톤에 달한다. 해동된 영구동토층에서 대기로 배출되는 온실가스는 지구 온난화를 가속화시킬 수 있다.

활성층의 토양 1g 에는 10억 마리 이상의 박테리아가 포함되어 있을 수 있다. 이것을 한 줄로 늘어놓으면 1kg의 활성층 토양에서 나온 박테리아가 1,000km 길이의 사슬을 형성할 수 있을 정도로 많다. 영구동토층의 토양에 있는 박테리아의 수는 일반적으로 토양 1g 당 100만에서 10억까지 다양하다. 영구동토층의 토양에 있는 이러한 박테리아와 곰팡이의 대부분은 실험실에서 배양할 수 없지만 DNA 기반 기술을 활용하면 미생물의 정체를 밝힐 수 있다. 영구동토층은 다량의 얼음을 포함할 수 있으며 영구동토층이 녹을 때 물로 방출된다. 이것은 토양 붕괴를 일으키고 유기물, 영양분 및 오염을 포함한 용질의 수송을 증가시킬 수 있으며, 강이나 바닷물을 통해 장거리까지 운반될 수 있다. 영구동토층은 표면이나 위상 이미지로는 평가할 수 없기 때문에, 분포와 상태를 측정하기 위해서는 영구동토층을 뚫어야 한다. 기후가 더 따뜻해지고 영구동토층이 작아지면 그린란드 사람들에게는 농업, 광물 추출 등과 관련해서는 이점을 제공할 수 있다.

영구동토층이 녹으면, 온실가스의 화약고

북극의 영구동토층이 녹고 있다. 기후 변화는 대재앙의 전조인가? 2020년은 코로나19 사태로 모든 것이 달라진 해로 기억되고 있다. 그런데 설상가상으로 기록적인 폭우로 전국에서 심각한 인적 물적 피해가 나타나고 있다. 특히 중국은 5월 말부터 두 달이 넘도록 이어진 폭우에 의해 발생한 홍수로 6,000만 명의 이재민이 발생하였으며 막대한 물적 피해가 초래되었다. 기후 변화의 증거는 지구상의 모든 곳에서 찾을 수 있다. 특히 북극 지역은 지구 평균보다 두 배 빠른 속도로 온난화가 진행되고 있다. 매년 여름 북극 해빙의 크기가 줄어들고 있다. 그린란드 빙상 역시 불안정해지고 바다로 빠르게 녹아들고 있다.

북극에서 일어나고 있는 많은 변화는 불길한 신호이다. 가장 문제가 되는 것은 지표 아래의 영구동토층에서 발생한다. 영구동토층은 북반구의 25%를 덮고 있는 얼어붙은 토양층을 말한다. 그것은 미생물, 탄소, 수은 및 토양을 가두고 있는 거대한 냉동고이다. 북국이 녹고 있다. 상황이 악화되고 있다. 땅이 뒤틀리고 접히고 동굴이 생기고 있다. 영구동토층 위에 건설된 도로는 툰드라를 통과하는 물결 모양의 롤러코스터처럼 변했다. 수만 년 동안 얼음 속에 갇혀 오랫동안 잠들어 있던 미생물이 깨어나기 시작하여 이산화탄소를 방출하며 인간에게 치명적인 질병을 감염시킬 수 있다. 녹고 있는 얼음은 수만 년 동안 태양을 보지 못한 얼어붙은 식물을 드러내고 있다.

영구동토층 해동은 시한폭탄이다. 영구동토층에는 대기보다 더 많은 양의 탄소가 저장되어 있다. 이것이 녹으면 지구 온난화가 더욱 가속화될 것이다. IPCC(UN의 기후 변화에 관한 정부간 협의체)는 전 세계 바다의 얼음 지역이 기후 변화로 인해 위협받고 있는 상황에 대한 증거를 모은 1,000페이지 이상의 보고서를 발표했다. 영구동토층의 온도는 계속 상승하고 있으며 보고서는 암울한 미래를 그리고 있다. 세계가 2100년까지 지구 온난화를 2℃까지 제한하는 IPCC의 목표를 달성하더라도 지표 근처 영구동토층의 약 25%가 녹을 것이라고 보고서는 밝혔다. 또한 영구동토층의 변화는 돌이킬 수 없을 것이라고 보고서는 설명하고 있다. 세계가 계속해서 배출량을 늘리고 기온이 5도 상승한다면 상황은 더 악화되어 영구동토층의 약 70%가 손실될 것이다. 영구동토층은 수천 년 동안 얼어 있었다. 이것이 녹으면 엄청난 혼란을 야기할 것이다. 영구동토층의 상단에 있는 활성층은 매년 계절적 변화에 따라 녹으며 번성하는 생태계의 본거지이다. 영구동토층은 북극의 기반암과 같다. 그러나 이 지역의 기온 상승으로 인해 이 기반암이 떨어져 나가고 있다. 영구동토층이 녹으면 물이 흘러나온다. 물은 아래로 흐르거나 물의 부피가 얼음보다 작아서 결국 땅이 무너져 내린다.

더 큰 위협은 탄소이다. 북극의 영구동토층은 거대한 냉동고이다. 따라서 이것이 녹으면 박테리아가 유기물을 분해하여 이산화탄소, 메탄 및 다른 가스 등을 생성한다. 수만 년 동안 영구동토층은 1,400~1,600기가 톤의 식물기반의 탄소를 토양에 가두는 냉동고 역할을 했다. 이 양은 현재 대기에 있는 탄소 양의 두 배 이상이다. 식물은 영구동토층 지역에서 자라고 있으며 그 식물이 죽으면 추운 기온 때문에 온전히 분해되지 않고 유기 탄소의 일부가 남게 된다.

영구동토층이 녹으면 썩기 시작하고 분해되기 시작하며 이것이 이산화탄소와 메탄을 방출한다. 과학자들이 북극이 녹는 것을 걱정하는 이유는 바로 이 때문이다. 박테리아가 북극의 탄소를 CO_2와 메탄으로 바꾸면 피드백 루프가 가속화된다. 방출되는 메탄과 탄소가 많을수록 기온은 더 따뜻해진다. 생각만 해도 끔찍하다! 2014년 학술지

'환경연구회보(Environmental Research Letters)'에 게재된 연구에 따르면, 영구동토층이 녹으면 2100년까지 약 120기가톤의 탄소가 대기 중으로 방출되어 0.3℃의 추가 온난화가 발생 할 수 있다. '네이처 지오사이언스Nature Geoscience' 저널에 게재된 연구에 따르면, 녹고 있는 영구동토층과 그에 따른 탄소 피드백 루프는 2300년까지 약 1.7℃의 온난화를 유발할 수 있다. 그러나 이것은 단지 추정치일 뿐이다.

탄소는 얼음에 갇힌 유일한 오염 물질이 아니다. '지오피지컬 리서치 레터스Geophysical Research Letters' 저널에 게재된 연구에 따르면, 북극의 영구동토층은 지구상에서 가장 큰 수은(Hg) 저장고이다. 수은은 강력한 신경 독소(Neurotoxin)이다. 과학자들은 현재 영구 동토층에 약 5,700만 리터의 수은이 얼어 있다고 추정하고 있다. 이는 다른 모든 토양, 해양 및 대기에서 발견되는 수은의 거의 두 배에 해당하는 양이다. IPCC는 현재 빙하와 영구동토층에 저장되어 있는 중금속, 특히 수은 및 기타 기존 오염 물질이 방출되면 담수 생물상, 가정용 및 관개를 위한 수질이 악화될 것으로 예상하고 있다. 영구동토층이 계속해서 녹으면 수은이 방출되고 방출된 수은은 바다를 오염시키며 오염된 바다 속의 수은은 먹이 사슬의 상위 단계로 갈수록 큰 영향을 미칠 것이다.

영구동토층이 녹으면, 바이러스의 부활

고대의 미생물이 잠에서 깨어나고 있다. 2016년 8월 시베리아에서 탄저병(Anthrax)이 발생하여 72명이 질병을 앓고 12세 소년이 목숨을 잃었다. 보건 당국자들은 발병 원인을 특이한 원인으로 지적했다. 비정상적으로 높은 온도로 인해 죽은 순록과 다른 동물의 시체가 해동되었다. 이 시체 중 일부는 탄저병에 감염되었을 수 있다. 영구동토층에 30,000년 동안 갇힌 바이러스들이 깨어날 수 있는 것이다. 독감 바이러스, 천연두 혹은 오래 전에 사라진 인간 감염증이 부활할 수 있다. 동결된 질병이 살아나고 있다. 과학자들은 얼어붙은 토양에 묻혀있는 천연두 균 같은 다른 휴면 병원체가 지구 온난화로 인해 발생할 수 있다고 경고했다. 1918년 무려 5,000만 명의 생명을 앗아간 스페인 독감은 20세기 최악의 전염병이었다. 그런데 스페인 독감 바이러스가 다시 정체를 드러낸 것은 지난 2005년 알래스카에서였다. 미국 연구진이 영구동토층에서 스페인 독감으로 사망한 한 여성의 사체를 발굴해 그 폐 조직에서 바이러스 유전자의 염기서열을 밝혀낸 것이다. 실험실에서 부활시킨 스페인 독감 바이러스를 생쥐들에게 주입하자 생쥐들은 3~6일 만에 모두 죽었다.

시베리아의 콜리마 강은 하바롭스크 지구의 콜리마 산맥에서 발원해 북쪽으로 흘러 북극해로 들어가는 강이다. 이 강 부근에는 1890년대 유행했던 천연두로 인해 사망한 시신들이 수없이 많이 묻혀 있다. 만약 콜리마 강의 영구동토층이 녹아서 천연두 바이러스가 부활한다면 어떤 일이 벌어질지 모른다. 1980년 WHO(세계보건기구)에서 천연두의 소멸을 공식 선언한 이후 백신 제조를 위해 보관하고 있던 세계 각국의 천연두 바이러스도 모두 폐기됐기 때문이다. 영구동토층이 녹으면 얼음에 오랫동안 갇혀 있던 질병을 유발하는 박테리아와 바이러스가 깨어날 수 있다. 이런 일은 벌써 몇 차례 있었다. 2016년 러시아 극북 시베리아에서 한 어린이가 탄저균에 감염되어 사망하였다. 2014년 과학자들은 30,000년 이상 동안 시베리아 영구동토층에 갇혀 있던 피토바이러스(Pithovirus sibericum)라는 바이러스를 부활시켰다. 이 바이러스는 크기가 1.5μm로 인플루엔자 바이러스의 75배에 이른다.

남극이 녹으면, 해수면 상승

무더운 여름, 알프스에서 스키를 즐겨볼까? 스위스 테오둘Theodul 빙하 위에 펼쳐진 마테호른 글라시어 파라다이스Matterhorn Glacier Paradise 스키장에 가면 한 여름에도 스키를 즐길 수 있다. 그런데 2019년 스위스 북동부 알프스 산맥의 피졸산에는 검은 색 옷을 입은 사람들이 모여들었다. 이들은 사라지고 있는 피졸 빙하를 애도하기 위한 조문객들이었다. 2020년에는 여름 알프스 산악 지대에서 대규모 빙하 붕괴 우려로 주민이 대피하는 일이 벌어졌다. 금세기에 알프스 빙하의 90%가 사라질 것이라는 전망도 나왔다. 기후변화로 전 세계가 몸살을 앓고 있다. 높은 산을 오르는 것을 주저하는 여행자들에게 그린란드는 색다른 매력을 선사한다. 세계에서 가장 큰 섬인 그린란드에 가면 한여름에도 북극 지방의 아름다운 풍경을 즐길 수 있다. 여기에 더하여 지상 최대의 쇼 오로라를 감상하는 즐거움도 있다. 그런데 그린란드 빙하가 예상보다 빠르게 녹아내리고 있다고 한다. 그린란드는 북극에서 멀리 떨어져 있어서 따뜻한 공기에 노출되고, 남극의 서부 지역도 따뜻한 해류에 노출되어 있다. 그린란드 빙하는 지난 40년 동안 너무 많이 줄어들어서 지구온난화가 멈춘다 해도 계속 줄어드는 운명에 처해 있다고 한다.

세계에서 다섯 번째로 큰 대륙이자 지구 최남단의 대륙인 남극에 있는 빙하는 어떨까? 남극 빙하 역시 기존 예측보다 더 위험에 처해 있다. 남극의 동부 지역은 혹한의 남극을 점유하고 있고 대부분이 바다의 온기를 막는 육지에 있기 때문에 상대적으로 더 안전하다. 그런데 최근 연구에 따르면, 세계 얼음의 80%를 차지하는 남극의 동쪽 빙상이 지구 온난화에 훨씬 더 취약하다고 한다. 남극 서부 해안 120km에 걸쳐 펼쳐져 있는 스웨이츠 빙하(Thwaites Glacier)에도 커다란 구멍이 뚫렸다. 남극이 가장 빠르게 온난화가 진행 중이다. 남극 대륙에서만 2100년까지 약 90cm의 해수면 상승이 예상된다고 한다. 이와 같은 기후변화 추세가 지속된다면 해수면 상승으로 2100년까지 4억 명의 이재민이 발생할 것이라는 경고도 나왔다. 2020년 3월 학술지 '네이처 지오사이언스Nature Geoscience'에 발표된 연구에 따르면, 남극 대륙의 해빙이 녹으면 적도 태평양까지 날씨 패턴에 영향을 미치고, 해수면 온도를 높이고, 더 많은 비를 내리며, 잠재적으로 엘니뇨와 같은 효과를 만들어 낼 것이다. 지구 온난화를 유발하는 대기 중 이산화탄소의 수준은 1915년에 300ppm에서 현재 410ppm으로 상승하였다. 인간이 유발한 온실 가스로 인해 남극 대륙의 동부 지역을 포함한 전 지역이 금세기 중에 녹을 것으로 예상되고 있다. 이 경우 해수면은 13m 상승할 것으로 예상된다.

3
사라지는 섬

사라지는 섬 / 사라지는 도시 / 해수면 상승에 대한 솔루션

사라지는 섬

이전에 엘리스 제도로 알려졌었던 투발루Tuvalu는 태평양의 폴리네시아에 위치한 아름다운 군도이다. 하와이와 오스트레일리아 사이의 중간쯤에 위치하며 1877년 영국의 관할권에 들어갔다가 1976년에 독립국이 되었다. 투발루에는 코코넛 야자나무가 빽빽하게 심어져 있고 얕은 에메랄드빛을 띠는 바닷물이 섬을 둘러싸고 있다. 지상 낙원 투발루가 가라앉고 있다. 지구 온난화에 따른 해수면 상승이 원인이다. 투발루는 대부분의 섬이 해발 3m 높이에 있으며 가장 높은 지점도 해발 4.5m에 불과하다. 기후 변화는 투발루의 식량 위기를 심화시키고 있다. 지구 온난화의 영향으로 산호초도 죽어가고 있다. 산호초에 의지하여 살아가는 물고기들은 백화 현상으로 죽은 산호에서 배출되는 미세 조류를 먹게 된다. 이 해조류가 생성하는 독소에 감염된 생선을 먹은 사람들은 시구아테라 중독(Ciguatera poisoning) 증세를 보이기 시작하였다. 세계 최초의 기후 변화 난민이 될 것이라는 우려에도 불구하고 투발루 인들은 다른 지역으로의 이주는 최후의 수단으로 남겨두고 터전을 지키기 위한 노력을 기울이고 있다.

바다에 떠 있는 지상 낙원인 섬은 누구나 가보고 싶은 꿈의 장소이지만, 기후 변화로 인한 해수면 상승으로 위기를 맞고 있다. 그 결과 많은 섬들이 수십 년 내에 부분적으로 물에 잠기고 사람이 살 수 없는 곳으로 변하게 될 것이라는 암울한 전망이다. 이들

중 대다수는 적극적인 행동을 취하고 지속 가능한 전략을 수립하며, 바닷물을 막기 위해 방파제를 건설하고, 해수면 상승으로 위험에 처한 사람들을 재배치하거나 태양열과 풍력으로 유지되는 인공섬인 플로팅 아일랜드Floating Islands를 건설할 계획을 세우고 있다.

미크로네시아 연방(Federated States of Micronesia)은 전 세계 연평균 해수면 상승치(3mm)보다 세 배 더 빠르게 땅을 잃고 있다. 해수면이 연간 10mm까지 상승하고 있는 것이다. 이로 인해 해안 침수, 홍수, 침식 및 폭풍 해일로 인해 사라질 위험에 처해 있다. 마샬 제도(Republic of Marshall Islands)는 태평양 한 가운데에 있는 화산섬과 산호 환초로 이루어 져 있다. 이곳 사람들은 새로운 인공섬을 건설하거나 토지를 높여야 한다는 사실을 알고 있다. 기후 변화와 싸우지 않으면 2045년에는 해수면이 40cm 상승할 것으로 예측되고 있다. 팔라우Palau는 약 700개의 섬으로 이루어져 있다. 태평양-호주 기후 변화 과학 프로그램의 연구에 따르면, 1994년 이후 매년 약 0.9cm의 속도로 해수면이 상승하였는데, 이는 세계 평균 상승치의 약 3배이다. 이는 엘리뇨-남방진동과 같이 주기적으로 발생하는 자연 기상 현상 때문일 수 있다. 해수면은 지구 온실 가스의 양에 따라 2050년까지 14~35cm 상승할 것으로 예상된다.

프랑스령 폴리네시아Polynesia는 세계에서 가장 이국적인 보라보라 섬(Bora Bora)이 있는 곳이다. IPCC(유엔의 기후 변화에 관한 정부간 협의체)는 이곳의 해수면이 21세기 말까지 81cm까지 상승할 것으로 예상하고 있다. 캘리포니아에 기반을 둔 씨스테딩 연구소(Seasteading Institute)는 태양열과 풍력으로 에너지를 공급하는 자급자족이 가능한 커뮤니티인 '플로팅 시티 프로젝트Floating City Project'를 도입하였다. 플로팅 시티란 바다 위에 건설하는 미래형 거주 커뮤니티를 말한다. 정부로부터 독립적인 도시를 해상에 건설하겠다는 구상에서 출발하였다. 피지Fiji는 남태평양에 있는 약 300개의 섬으로 구성된 인기 있는 신혼 여행지이다. 강력한 열대성 저기압, 침식 및 홍수로 인해 1993년 이후 해수면이 연평균 6mm씩 상승하고 있다. 솔로몬 제도(Solomon Islands)는 6개의 주요 섬으로 구성되어 있다. 해수면 상승과 기후 변화로 인한 침식으로 이미 5개의 암초 섬을 잃었다. 해수면은 매년 10mm씩 상승하였다. 마을은 거주할 수 있는 땅의 대부분이 현재 수중에 있기 때문에 강제로 이전해야만 했다.

몰디브Maldives는 해수면 상승에 가장 취약한 국가 중의 하나이다. 국토의 대부분은 해발 1m 미만이다. 인도 남부 해안에 있는 이 섬은 인기 있는 관광지이지만 기후 변화는 이미 관광 산업에 영향을 미치고 있다. 관광 리조트의 거의 절반이 심각한 해변 침식으로 영향을 받고 있다. 키리바시Kiribati는 33개의 섬으로 구성되어 있다. 총 면적은 309km^{2}로 매우 작고 해발 1.8m에 불과하다. 지구 온난화로 인해 국토가 완전히 잠기는 최초의 국가가 될 것이라고 한다. 상승하는 해안선은 이미 해안선을 삼켜버렸다. 세이셸 제도(Republic of Seychelles)는 인도양의 115개 섬으로 구성되어 있으며 해변 침식이 진행되고 있다. 해수면이 1m 상승하면 국토의 70%가 가라앉는다고 한다. 필리핀은 7,107개의 섬으로 구성되어 있는 나라로, 기후 변화에 가장 취약한 아시아 국가이다. 필리핀의 해수면은 21세기 말까지 23~47cm 상승할 것으로 예상된다. 필리핀에서는 태풍이 흔하며 해수면 온도 상승으로 인해 이러한 사건이 더욱 심해질 것으로 예상된다. 폭풍과 해수면 상승은 마을의 60%에 영향을 미칠 것으로 예상된다. 10개의 가장 큰 도시들은 해안에 위치해 있다.

지구 온난화로 인한 해수면 상승에 대응하기 위해서는 탄소 배출을 줄이기 위한 국제적인 대책 마련이 절실하다. 지구 온난화는 인플루엔자, 곰팡이 감염, 결막염, 뎅기열 같은 기후 관련 질병을 증가시킨다. 코로나19가 지속적으로 확산되면서, 기후변화와 질병의 상관관계에 관한 연구도 이어지고 있다. 기후변화가 코로나19의 확산에 직접적인 영향을 미친다는 증거는 없지만 기후변화로 인해 이상 기후 현상이 발생하면서 야생동물의 서식지가 파괴되고 그로 인해 환경이 변하게 되어 바이러스 매개체 발생이 증가하거나 서식지를 잃은 야생동물 바이러스가 사람에게 감염될 가능성이 증가하고 있다.

사라지는 도시

인도네시아의 정치, 경제, 문화의 중심지이자 수도인 자카르타Jakarta는 다양한 인종과 종교가 만들어 내는 특별한 볼거리와 먹거리가 풍부한 도시이다. 독특한 대조의 미가 느껴지는 자카르타는 '빅 두리안Big Durian'이란 별명을 가지고 있다. 그러나 안타깝게도 1,000만 명이 살고 있는 자카르타는 세계에서 가장 빠르게 침몰하는 도시 중 하나이다. 심각한 지반 침하가 진행 중인 것이다. 현재의 추세라면 도시의 일부가 2050년까지 완전히 잠길 수 있다고 한다. 자카르타는 늪지대에 자리 잡고 있고, 자바 해에 연해 있으며 13개의 강이 흐르고 있어서 홍수가 자주 발생하며 상황이 악화되고 있다. 이 거대한 도시는 말 그대로 땅 속으로 사라지고 있다. 자카르타 북부는 매년 25cm씩 가라앉고 있다. 지난 20년 동안 자카르타의 지반 침하를 연구해온 반둥 공과대학의 안드레아스Heri Andreas에 따르면, 2050년까지 자카르타 북부의 약 96%가 물에 잠길 것이라고 한다. 자카르타는 1년에 평균 1~15cm씩 가라앉고 있으며 현재 도시의 거의 절반이 해수면 아래에 있다. 자카르타가 심각한 속도로 가라앉는 이유는 도시 거주자들이 지하수를 과도하게 사용하기 때문이다. 이러한 문제를 해결하기 위해 인도네시아 정부는 '그레이트 가루다Great Garuda 프로젝트'를 시행하고 있다. 인간의 몸체에 독수리의 머리와 부리, 날개, 다리, 발톱을 가지고 있는 모습으로 묘사되는 전설의 새 '가루다'에서 이름을 따온 이 프로젝트를 통해서 자카르타 만에는 17개의 인공섬과 방조제가 건설될 것이다. 그러나 이것으로 자카르타의 지반침하 문제를 해결할 수는 없으며, 유일한 방법은 모든 지하수 추출을 중단하고 빗물이나 강물 또는 인공 저수지를 수원으로 사용해야 한다는 보고서가 나왔다. 자카르타는 2050년까지 도시의 대부분이 수중에 들어갈 수 있다. 인도네시아 정부는 최근 수도를 자바 섬의 현재 위치에서 100마일 떨어진 곳으로 옮기는 계획을 승인했다.

지구 온난화에 따라 해수면이 상승하면서 저지대 해안 도시는 이미 엄청난 홍수를 겪고 있으며 밀물에 맞서기 위한 창의적인 해결책을 찾기 위해 노력하고 있다. 일부 도시는 해수면 상승으로 해안선이 잠식당하여 가라앉고 있는 반면, 다른 도시는 과도

한 지하수 사용으로 인해 압력과 부피가 변하면서 토지가 가라앉고 침몰하고 있다. 미국 텍사스주의 휴스턴의 일부는 과도한 지하수 사용으로 인해 연간 5cm의 속도로 가라앉고 있다. 휴스턴이 가라앉을수록 재난이 점점 더 자주 발생하고 있다. 2017년에는 허리케인 하비로 인해 주택 약 135,000채가 파손되고 약 30,000명의 이재민이 발생하였다. 2016년 NASA 연구에 따르면, 미국 루이지애나주의 뉴올리언스 일부 지역은 1년에 5.1cm의 속도로 가라앉고 있으며 2100년까지 물에 잠길 수 있다고 한다. 일부 지역은 해수면보다 4.5m 아래에 있으며 삼각주에 위치하여 해수면 상승 및 홍수에 취약하다. 2005년 허리케인 카트리나에 의해 도시 전체가 물에 잠겨 극심한 피해를 입었으며, 2011년에는 미시시피 강 홍수로 위기 상황을 맞기도 하였다. 마이애미는 미국 플로리다의 문화, 경제, 금융의 중심지이다. 마이애미 대도시 지역은 610만 명의 인구가 거주하고 있으며 300개가 넘는 고층 건물이 있다. 150m가 넘는 고층 건물만 55개나 된다. 그러나 마이애미의 해수면은 세계의 다른 지역보다 훨씬 빠른 속도로 상승하여 홍수와 함께 식수원이 오염되고 주택과 도로에 심각한 피해를 줄 것이다. 경제 싱크 탱크인 RFF(Resources for the Future, 미래자원연구소)의 모델링에 따르면, 마이애미는 폭풍 해일과 바람, 해안 침수, 해수면 상승의 위협을 받는 전 세계적으로 가장 취약한 해안 도시가 될 것이라고 한다.

베네치아는 이탈리아 북부에 위치한 수상 도시이자 운하의 도시이다. 원도심은 베네치아 석호 안쪽에 있는 118개의 섬들이 약 400개의 다리로 이어져 있으며, 육지로부터 약 3.7km 떨어져 있다. 알프스에서 녹아 내려온 강이 베네토 평야를 지나 바다와 만나는 곳에 자리하고 있다. 베네치아는 석호의 진흙 바닥에 나무 기둥을 꽂고 간척 사업을 통해 만들어진 도시이다. 도시의 기반이 무른 진흙이기 때문에 지속적으로 가라앉고 있다. 매년 2~3mm의 속도로 가라앉고 있다. 이뿐만이 아니라, 아드리아 해에서 밀려들어오는 조수의 위협도 받고 있다. 2020년 6월에는 대서양에서 발달한 폭풍의 영향으로 조수 수위가 116cm까지 상승하여 전체 면적의 약 4분의 1이 침수되었다. 베네치아는 2002년과 2016년에도 각각 121, 117cm까지 수위가 상승하여 침수 피해를 당하였다. 이탈리아는 홍수로 부터 베네치아와 석호를 최대 3m의 홍수로부터 보호하기 위하여 모세 프로젝트MOSE project를 수립하고 홍수 장벽을 건설하고 있다.

태국의 수도 방콕은 빠른 속도로 성장하고 있는 역동적인 도시이다. 타이 만으로 흘러드는 짜오프라야 강 동쪽에 자리 잡고 있다. 방콕은 평균 해발 1.5m의 저지대 도시이다. 도시의 일부는 해수면 1m 아래에 있으며, 1년에 1cm 이상의 속도로 가라앉고 있으며 2030년까지 해수면 아래로 내려갈 것으로 예상된다. 태국은 여름 장마철에 홍수를 방지하기 위해 최대 100만 갤런(378만 리터)의 빗물을 담을 수 있는 11에이커(44,500m²)의 '쭐랄롱껀 대학교 백주년 공원(Chulalongkorn University Centenary Park)'을 건설하였다. 방글라데시의 수도 다카는 인구가 900만 명에 달하고, 다카 및 그 주변에 2,100만 명 이상의 인구가 거주하며, 세계에서 인구밀도가 가장 높은 도시 중 하나이다. 다카는 방글라데시의 중심부에 위치해 있으며 갠지즈 강, 브라마푸트라 강, 메그나 강이 만드는 갠지즈 삼각주의 거의 중앙에 위치한다. 이 거대 도시도 지구 온난화로 인한 해수면 상승으로 가장 커다란 위기에 직면해 있다. 2050년까지 바닷물이 방글라데시 땅의 17%를 범람하여 약 1,800만 명을 이주시켜야 할 것으로 예측되고 있다. 로테르담은 유럽 최대의 무역항을 가진 도시로서 네덜란드에서 인구가 가장 많은 도시이다.

로테르담의 90%는 해수면보다 낮아서 해수면이 상승하면 홍수의 위험이 증가한다. "강에 여유 공간을(Room for the River)"이라는 홍수 예방 프로젝트를 수립하여 저수지 역할을 하는 워터 파크와 거대한 폭풍 해일 장벽을 건설하였다. 네덜란드는 지리적으로 저지대로 국토의 20%와 인구의 21%가 해수면 아래에 있으며, 육지 면적의 50%가 해발 1m 미만이다. 라고스는 1991년까지 나이지리아의 수도였던 인구 약 800만 명을 가진 대도시이다. 라고스는 기니 만으로 흘러드는 오군 강 하구의 석호 지대에 있는 라고스 섬을 중심으로 발달한 항만 도시이다. 이 도시의 낮은 해안선은 계속해서 침식되고 있다. 해수면 상승으로 아프리카의 최대 도시가 홍수 위험에 처해 있다. 이집트 북부에 위치한 알렉산드리아는 이집트 산업 활동의 약 40%를 차지하는 중요한 항구도시이다. 2000년 전에 알렉산더 대왕이 세우고 침략, 화재, 지진에서도 살아남은 알렉산드리아는 이제 해수면 상승이라는 새로운 위협에 직면하고 있다. 해수면이 계속 상승함에 따라 알렉산드리아는 심각한 홍수에 직면해 있으며 유명한 해변이 피해의 징후를 보이고 있다.

런던은 영국의 수도이자 세계적인 글로벌 도시이다. 탬즈강을 기반으로 발전해 온 런던에는 850만 명의 인구가 거주하고 있다. 기후 변화로 인한 해수면 상승은 런던을 침몰 위기로 몰아넣고 있다. 북쪽의 스코틀랜드를 누르고 있던 빙하는 남쪽 지역을 들어 올리고 있었는데, 빙하가 녹으면서 반대효과가 나타나고 있다. 이러한 후빙기 반등에 의해 영국 대륙 전역이 기울어지는 현상이 일어나고 있어서 런던은 해수면 상승에 점점 더 취약해지고 있다. 탬즈강에는 런던을 홍수로 부터 지켜주는 1차 방어 수단인 '탬즈 방어벽(Thames Barrier)'이 설치되어 1982년부터 운영되고 있다. 뉴욕 역시 기후 변화로 인한 해수면 상승으로 위험해 처하게 될 것으로 예측하고 있다. 뉴욕 해안의 해수면은 1950년 이후 23cm 상승하였다. 2050년이 되면 맨해튼의 37%가 폭풍 해일의 위험에 처해질 것이다. 2100년이 되면 해수면이 1.8m상승할 것이다. 2017년 뉴욕시도 방어벽 계획을 수립하였다. 섬의 동부 해안을 따라 건설되는 길이 8.48km의 해안 방어벽은 '스테이튼 아일랜드 다목적 고가 산책로(Staten Island Multi-Use Elevated Promenade)'로 명명되었다. 300년 수준의 폭풍인 샌디Sandy 급의 폭풍으로부터 보호하기 위해 해수면으로부터 6m 높이로 건설되며 2022년에 완공될 예정이다.

상하이는 세계적인 금융 중심지이자 중국의 대표적인 경제 중심지이고 극동에서 가장 큰 상업도시이다. 엑소워치ExoWatch 등에 따르면 상하이는 1년에 1cm의 속도로 가라앉고 있다. 과도한 지하수의 개발이 지반 침하의 주요 원인이다. 중국 국토자원부에 따르면 중국의 50여 개 대도시가 대규모의 지반 침하 현상을 겪고 있다고 한다. 상하이의 경우 100년 동안 약 2m나 가라앉은 지역도 있었다. 지구 온난화에 따른 해수면 상승은 상하이를 늪지대로 만들 것이라는 전망도 나왔다. 2019년 학술지 '네이처 커뮤니케이션Nature Communications'에 발표된 연구에 따르면, 상하이뿐만 아니라 광저우 같은 해안 도시들이 해수면 상승 및 해안 홍수에 매우 취약하다. 중국의 많은 인구가 상하이가 위치한 양쯔강 삼각주와 광저우가 위치한 주강 삼각주 같은 저지대에 밀집되어 있다. 21세기 말까지 물에 잠길 것으로 예상되는 지역에 4,300만 내지 5,700만 명의 중국인이 거주하고 있다.

해수면 상승에 대한 솔루션

해수면 상승으로 인한 홍수는 극복해야만 하는 큰 도전이다. 미국의 해안 도시를 안전하게 유지하기 위해 해수면 상승에 대처하는 다양한 솔루션에 대해 알아보기로 하자(출처: First Street Foundation, 2018년).

방조제(Seawall) 건설: 조수와 폭풍으로 인한 홍수를 줄이기 위해 도시에서 사용하는 한 가지 해결책은 방조제를 건설하는 것이다. 바닷물에 지속적으로 노출되거나 파도의 영향으로 방조제가 노화되거나 손상되면 이를 교체해야 한다. 또한 해수면이 계속 상승함에 따라 교체하거나 더 높게 쌓을 필요도 있다. 뉴욕시는 허리케인 샌디Sandy[최저 기압: 940hPa(헥토파스칼), 최대 풍속: 초속 50m]로 인해 190억 달러의 피해를 입은 후에 "리빌드 바이 디자인Rebuild by Design" 프로젝트를 통해 맨해튼 주변에 3억 3,500만 달러의 홍수 방지 시스템을 구축하여 미래의 폭풍으로부터 맨해튼을 보호하는 계획을 수립하고 있다.

해변을 배리어Barrier로 사용: 방조제와 마찬가지로 해변과 모래 언덕은 자연적인 벽 역할을 하여 폭풍 해일의 영향을 줄일 수 있다. 해변이 크거나 사구가 클수록 더 많은 물이 집과 도로에 도달하는 것을 막을 수 있다. 이러한 자연 기반 시설을 사용하면 지역 사회가 즐길 수 있는 해변을 유지하면서 홍수로부터 보호 할 수 있다. 버지니아주에 있는 노퍽 시는 육군 공병대의 도움으로 홍수를 줄일 수 있는 해변을 설계하는 3,450만 달러의 프로젝트를 수행하였다.

도로 높이기: 도로를 해수면보다 높게 만들면 물을 배수하고 조수에 따른 홍수를 줄일 수 있다. 이때 배수펌프를 설치하여 높아진 도로에서 저지대의 집과 상가로 물이 유입되지 않도록 조치해야 한다. 마이애미비치Miami Beach는 블록 당 약 200만 달러의 비용을 들여 도로를 높이고 있다. 전체 프로젝트는 2019년까지 완료하도록 계획하였다.

우수 펌프(Stormwater pump) 설치: 바다가 더 높으면 물이 쉽게 바다로 빠져 나가지 않는다. 배수 시스템은 거리의 과도한 빗물을 바다로 배수하도록 해준다. 노퍽Norfolk 시는 지대가 낮고 자연 수로와 가까워서 폭우, 허리케인, 홍수에 취약하다. 시는 대규모 완화 프로젝트의 일환으로 오하이오 크릭에 펌프 및 배수 시설을 설치하였다.

업그레이드된 하수 시스템 구축: 홍수는 하수 시스템을 방해 할 수 있으며 특히 정화조를 위협 할 수 있다. 바닷물은 부식성이 있기 때문에 탱크를 파괴하고 하수를 분출하여 건강에 위험을 초래할 수 있다. 타운에서는 빗물이 파이프로 스며들지 않도록 하수도 시스템을 업그레이드하고 정화조를 업그레이드하거나 새로운 하수도로 교체 할 수 있다.

자연적인 기반시설(Natural Infrastructure) 조성: 해안 지역 사회는 자연적인 기반시설을 복원하여 이 시설이 폭풍과 해안 홍수에 대한 완충 역할을 하게 할 수 있다. 배리어 아일랜드, 산호초, 맹그로브, 해초, 습지 등과 같은 자연 구조물은 폭풍 해일을 흡수하기 위해 단독으로 또는 방조제 같은 기반시설과 함께 작동할 수 있다. 이러한 프로젝트는 종종 비용 면에서 효율적이며 지역 사회의 자연 환경을 개선하고 중요한 서식지를 보호할 수 있다. 플로리다 주의 팜비치 카운티는 70에이커의 땅에 맹그로브, 습지, 해초 서식지 등을 만들기 위해 1,700만 달러를 지출하고 있다.

지반 침하 늦추기: 버지니아 주의 햄튼로드 같은 곳에서는 땅이 가라앉고 있다. 이는 지하수를 과도하게 사용하기 때문이다. 도시는 추가적인 지하수 사용을 제한하고 토지 침수를 되돌리는 프로젝트를 시작하여 침하 속도를 늦출 계획이다. 햄튼로드 하수지구(Sewage District)는 하루에 백만 갤런의 정화된 폐수를 주입하는 실험을 시작할 프로젝트를 계획했다.

안전한 곳으로 이전(Managed Retreat): 일부 해안 지역에서는 폭풍, 해수면 상승, 침식 및 침하로 해안선이 손실되고 있다. 지역 사회는 극심한 토지 손실을 막기 위해 사용할 수 있는 많은 솔루션을 구현하고 있지만 일부는 이전을 고려하고 있다. 이 옵션은 해수면 상승의 임박한 위협에 직면한 모든 해안 지역 사회에 대해서 가장 적합한 방법은 아니지만 일부에서는 주민들을 안전하게 지키는 최선의 해결책이다. 진 찰스 섬은 아메리카 원주민 혈통의 사람들이 주로 거주하는 섬으로서 멕시코 만으로 빠르게 사라지고 있는 지역이다. 땅을 복원하거나 보존하는 것이 어렵다는 판단 하에 4,800만 달러의 비용을 들여 36가구를 이전할 재정착 프로젝트를 진행 중이다. 이 프로젝트는 지역

사회가 60년 동안 토지의 98%를 잃은 후 2016년에 시행되었으며 2022년에 완료 될 예정이다.

최선의 솔루션은 무엇일까? 중요한 것은 상황에 맞는 솔루션을 찾는 것이다. 전 세계적으로 해수면 상승에 대처하기 위해 함께 모이는 커뮤니티의 솔루션을 참고할 수 있다. 이러한 도시들이 해수면 상승에 어떻게 대응했는지를 조사하면 각 도시가 상황에 적응할 수 있는 솔루션에 대한 영감을 얻을 수 있다. 한 도시에서 작동하는 것이 다른 도시에서는 작동하지 않을 수 있다. 올바른 솔루션을 선택하는 것은 그 지역의 기후, 자원, 법적인 문제 등에 따라 달라질 수 있다.

해수면 상승에 대응하는 그 밖의 방법을 실천해 보자: 탄소 발자국을 줄이자. 습지를 보호하자. 빗물을 투과하는 시스템으로 바꾸는 것도 고려하자. 나무를 심고 보호하자. 에너지 사용을 줄이자. 자동차를 타는 대신 걷거나 자전거를 이용하자. 육류를 줄이자. 음식물 쓰레기를 줄이자. 사구를 보호하자. 기후 행동 계획을 추진하자.

4
산소의 재앙

철의 재앙 / 산소의 재앙 / 자연 재앙 / 검은 백조

철의 재앙

지구 역사의 초기에 철과 니켈 같은 무거운 금속이 핵(Core) 안으로 들어간 지질학적 사건이 있었다. 행성 지구가 구형으로 최초의 형태를 갖출 무렵에는 물질들이 균일한 조성을 하고 있었을 것으로 여겨진다. 그런데 이 대사건으로 인해 균일한 지구에 '불균일화'가 진행되었다. 이 사건의 의미는 무엇일까? 거대 충돌 가설에 따르면, 45억 년 전 화성 크기의 행성 테이아Theia(지름 6,100km)가 원시 지구와 충돌하였다. 지구는 철의 녹는점인 1,538℃까지 가열되었다. 이 대 사건을 '철의 재앙(Iron catastrophe)'이라 부른다.

지구 전체에 고르게 분포되었던 철과 니켈 같은 무거운 금속은 행성의 중심으로 이동하여 핵이 되었고, 규산염, 물 같이 가벼운 물질은 행성의 바깥 부분에 머물렀다. 이처럼 철, 니켈, 그리고 기타 중금속이 지구의 중심으로 이동하고 가벼운 물질은 바깥 부분에 남는 과정을 '행성의 분화(Planetary differentiation)'라 부른다. 지구의 내핵은 대부분 철로 이루어져 있다. 온도는 철의 녹는점보다 높지만 높은 압력과 밀도로 인해 고체 상태로 존재한다. 두께가 약 2,200km인 외핵은 대부분 액체 철과 니켈로 구성되어 있다. 외핵의 니켈/철 합금은 4,500~5,500℃로 매우 뜨겁다. 액체 금속은 점도가 낮아 쉽게 변형되고 가단성이 있다. 외핵은 강렬한 대류가 일어나는 장소이다. 자전하는 지구는 자기장을 형성하고 유지한다.

태양은 지구상의 모든 생명체의 생존에 필수적인 에너지와 함께 치명적인 방사선을 방출한다. 지구 자기장은 우주 방사선의 위협으로부터 지구 생명체를 지키는 방패 역할을 한다. 또한 자기장은 지구 대기를 보호해 준다. ESA(European Space Agency, 유럽 우주국)의 화성탐사 미션에서 얻어진 데이터에 따르면, 자기장이 없는 화성의 대기 중 산소 손실률은 지구의 10배나 된다는 사실이 밝혀졌다. 이러한 차이는 수십억 년에 걸쳐 극적인 영향을 미치고 화성 대기의 막대한 손실을 초래하였을 것이다. 이로써 지구 자기장이 태양풍을 물리치고 대기를 보호하는 효과가 있음이 입증되었다. 지구 자기장은 태양 입자로부터 지구를 보호하고 항법의 기초를 제공해 주며 지구 생명의 진화에 중요한 역할을 했다. 지구 자기장이 사라진다면 어떤 일이 일어날까? 더 많은 수의 하전된 태양 입자들이 지구를 강타하여 전력망과 위성을 무너뜨릴 것이다. 자외선이 인간의 암과 같은 온갖 질병의 발병을 증가시키는 것은 물론이다.

지구 자기장은 불변인가? 과거에는 자기장이 뒤집혀서 북쪽과 남쪽이 바뀌었었다고 한다. 마지막 반전은 78만 년 전 호모 에렉투스 시대 무렵에 일어났다. 2020년 8월 스페이스닷컴space.com 에 따르면, 지구의 자기장은 우리가 생각했던 것보다 빠르게 변할 수 있다. 자기장은 강도와 방향 모두에서 끊임없이 변화하고 있으며 과거에 극적인 변화를 겪었으며, 여기에는 남극이 북극이 되고 그 반대가 되는 자극의 불가사의한 반전도 있었다. 지구 자기장의 역전은 백만 년마다 몇 번씩 불규칙한 간격으로 발생한다. 그러나 최근에 발견된 자기장의 변화는 실제 반전과 관련된 데이터보다 훨씬 빨랐다. 오늘날 인공위성을 이용하면 항법 기록과 지상 관측소를 통해 공간과 시간의 변화를 모니터링할 수 있다. 고대의 자기장을 추적하기 위해 과학자들은 퇴적물, 용암의 흐름, 인공물 등에 기록된 자기를 분석한다. 그 이유는 물질 속에 지구 자기장의 특징을 기록하는 미세한 자성 입자를 포함하고 있기 때문이다. 최근 연구에서는 컴퓨터 모델을 사용하여 새로운 정보를 얻는다.

자기장의 반전되면 생명에 위협이 될까? 라샹 이벤트(Laschamp excursion)는 약 41,400년 전 마지막 빙하기 말기에 발생한 지자기 반전 사건을 말한다. 이것은 1960년대 후반 프랑스 클레르몽-페랑 지역의 라샹 용암 흐름에 기록된 지자기장의 변화를 통해 처음으로 알려졌다. 이 기간 동안 자기장의 세기는 현재 세기의 5%로 약화되어 더 많은 우주선이 지구에 도달되었는데, 아이러니하게도 인간은 이 시기를 거치면서 생존할 수 있었다. 자기장과 지구로 오는 태양 복사 사이의 상호 작용으로 인해 발생하는 지자기 폭풍과 같은 우주 기상 이벤트는 위성 통신, GPS 및 전력망을 방해 할 수 있다. 우주 기상 사건으로 인한 미국 전력망 붕괴의 경제적 비용은 약 1조 달러로 추정되었다. 우주 기상 현상은 자기장이 약한 지역에서 더 많이 발생하는 경향이 있다. 과학자들은 자기장의 또 다른 급격한 변화가 진행 중인지 조사하고 있다. 라샹 이벤트에서 확인된 것과 같은 급격한 변화가 일어난다면? 이것은 놀라운 일이며 큰 영향을 미치는 "블랙 스완 이벤트"가 될 것이다.

산소의 재앙

약 24억 년 전 지구상에 새로운 분자가 대기에 축적되기 시작하였다. 그것은 바로 산소(O_2)였다. 산소 분자는 혐기성(Anaerobic) 원핵생물(Prokaryotes)에 독성이 있기 때문에 혐기성 모네라Monera(핵막이 없는 단세포 유기체)의 대량 멸종을 야기하였다. 지질학, 동위원소 및 화학적 증거에 따르면, 생물학적으로 생성된 산소 분자가 대기 중에 축적되기 시작하면서, 지구 대기는 약한 환원 성질을 띠었던 상태에서 산화 성질을 띤 상태로 변화되어 당시 지구상에 존재하였던 많은 종들이 멸종되었다. 산소는 이들에게 재앙이었다. 그때 반전의 주인공이 나타났다. 광합성을 하는 시아노박테리아Cyanobacteria였다. 이 남세균은 소위 '대산화사건(Great oxygen event)'을 일으켜 다세포 생물의 출현을 가능하게 하였다. 산소가 지구에 생명을 불어 넣은 것이다. 대기 중의 산소 분압이 현재의 0.2기압까지 상승하기까지는 여러 단계를 거친 것으로 보인다. 원시 지구 대기에는 산소가 존재하지 않았다. 바다 역시 얕은 바다를 제외하고는 대체로 무산소 상태였다. 약 24년 전 부터 산소가 생성되어 0.02~0.04기압까지 상승하지만 이것은 바다와 해저 암석에 흡수되었다. 약 18억 년 전부터 8억 5,000만 년 전의 기간 중에는 생성된 산소가 육지 표면에 흡수되어 대기 중 산소의 농도는 큰 변화가 없었다. 산소 저장고가 채워지자 8억 5,000만 년 전 부터는 대기 중에 산소가 축적되기 시작하였다.

대기 중에 산소가 축적되면서 두 가지 중요한 사건이 발생한다. 첫째, 산소가 강력한 온실가스인 메탄(CH_4)을 산화시켜 지구 대기의 온실 효과를 약화시켰고 이것은 지구를 냉각시켜 24억 년 전~21억 년 전 무렵의 빙하기를 촉발한 것으로 알려져 있다. 이것은 지구 전체의 한랭화가 발생하였던 최초의 빙하기(휴로니안 빙하기)로 알려져 있으며, 지구상에 대량 멸종을 초래하였다. 둘째, 증가된 산소 농도는 암석, 모래, 점토 및 기타 지질학적 기질과 지구의 대기, 해양 및 기타 지표수 사이에 화학적 상호작용을 유발하여 엄청난 변화가 일어났다. 그 결과 지구상에는 다양한 생명체들이 탄생하는 기회를 제공하였다. 산소에 의해서 촉발된 대사 진화는 생명체가 사용할 수 있는 자유 에너지를 크게 증가시켰고, 생명은 새롭고 더 복잡한 형태로 진화하기 시작하였다.

자연 재앙

한 해를 되돌아보면 매일 매일이 사건 사고의 연속이다. 도로교통사고, 해양사고, 폭발사고, 산업재해, 화재, 환경오염 사고 등 수많은 재해로 많은 사상자가 발생한다. 이러한 인재뿐만 아니라 폭풍, 홍수, 가뭄, 지진, 화산, 산사태, 산불 등 수 많은 자연 재해도 생명을 위협한다. 모든 재해에 맞서야 하는 우리로서는 예방, 복구 및 그 밖의 대책을 수립하여 피해를 최소화하는 것이 최선의 길이다.

역사 속 최악의 자연재해를 만나보자. 시리아 북부의 도시 알레포Aleppo는 아라비아 판과 아프리카 판이 합류하는 지점에 자리 잡고 있으며 사해 단층(Dead Sea Fault)의 일부이다. 1138년 10월 10일 알레포에서 작은 지진이 발생하였는데, 이튿날 강력한 지진이 이어져 약 23만 명이 사망하였다. 그러나 15세기에 이슬람 역사학자 이븐 타그리비르디Ibn Taghribirdi(1411~1470)가 보고한 이 사망자 수는 1137년 11월 자지라 평야(Jazira plain)에서 발생한 지진과 1139년 9월 30일 간자Ganja에서 발생한 대규모 지진의 사망자수를 합친 것으로 알려졌다.

2010년 1월 12일 진도 7.0의 지진이 아이티Haiti를 강타하였다. 1월 24일까지 최소 52차례의 여진이 기록되었다. 아이티 정부는 이 지진으로 22만 명이 사망하였다고 발표하였다. 아이티 전체 인구의 1/3인 300만 명이 피해를 입은 것으로 추산되었다. 아이티 지역은 북아메리카판과 카리브판이 충돌하는 지역으로 150년 동안 두 지각판이 3m 정도 이동하면서 축적된 에너지가 분출된 것으로 보고 있다. 아이티에는 2018년에도 진도 5.9의 지진이 발생하였다.

2004년 12월 26일 인도네시아 수마트라 서해안에서 규모 9.3의 지진이 해저를 강타하였다. 인도양 지진 및 쓰나미로 인한 전체 사망자 수는 23만 명에서 28만 명 사이로 추산된다. 일부 지역, 특히 가장 큰 피해를 입은 인도네시아에서는 높이 30m에 달하는 쓰나미가 발생하였다. 가장 피해가 컸던 인도네시아의 경우는 12만 6천여 명이 사망하고 9만 3천여 명이 실종되었다. 스리랑카가 그 뒤를 이었는데, 총 3만 6천여 명이 사망 또는 실종되었다.

1920년 12월 16일 중국 중부의 하이위안Haiyuan 지방에서 강한 지진이 발생하였다. 이 지진으로 27만여 명이 사망하였으며 대부분 지진으로 인한 산사태로 매몰되었다. 미국 지질조사국(US Geological Survey, USGS)에 따르면 지진은 진도 7.8이었고 황해에서 티베트 고원의 칭하이Qinghai 지방까지 진동이 느껴졌다. 국립 해양대기청(National Oceanic and Atmospheric Administration, NOAA)의 기록에 따르면 이 지진으로 4개의 도시가 파괴되었고 많은 지역이 매몰되었다.

1976년 7월 28일 중국 허베이성에 위치한 탕산Tangshan과 그 주변이 진도 7.8의 지진으로 흔들렸다. 산업도시인 탕산의 인구는 약 100만 명이고 공식 사망자 수는 무려 25만 5천 명에 이르며 70만 명이 부상을 입었다. 이 지진으로 탕산의 많은 건물이 완전히 파괴되었고 지진 이후 6년 동안 15만 명이 새로운 주택을 얻었다.

모든 역사적 지진과 마찬가지로 서기 526년 안티오크 지진(Antioch earthquake)으로 인한 정확한 사망자 수는 파악하기 어렵다. 그러나 그리스의 연대기 작가 말라라스John Malalas(c.491~578)는 그 해 5월에 진도 7의 지진이 비잔틴을 강타하여 약 25만 명이 사망했다고 기록했다. 그는 신이 진노하여 재난이 발생하였고 화재로 인해 안티오크의 모든 것이 파괴되었다고 썼다. 2007년 '중세 역사 저널'에 발표된 논문에 따르면, 도시는 승천의 날을 축하하는 관광객으로 가득 차 있었기 때문에 사망자 수가 더 많았다고 한다.

열대성 저기압은 지역별로 다른 이름으로 불린다. 1839년 인도 사이클론India cyclone과 1881년 하이퐁 태풍(Haiphong typhoon)은 해당 지역 주민들에게 커다란 피해를 입혔다. NOAA 대서양 해양기상연구소의 허리케인 연구국에 따르면 1839년 11월 25일 사이클론이 항구 도시 코링가를 강타하여 12m의 폭풍 해일을 일으켰다. 약 2만 척의 선박과 차량이 파괴되었으며 약 30만 명이 목숨을 잃었다. 1881년 10월 8일 베트남 하이퐁을 강타한 태풍은 약 30만 명의 목숨을 앗아갔다. 수만 명의 목숨을 앗아간 또 다른 폭풍은 1970년 11월 12일의 볼라 사이클론Bhola cyclone이었다. 이 폭풍은 현재 방글라데시(당시 동 파키스탄)를 강타하였고 6m의 폭풍 해일이 발생하여 벵골만이 광범위한 홍수 피해를 입었다. 국립 허리케인 센터와 파키스탄 기상청의 1971년 보고서는 특히 쌀 수확을 위해 이 지역에 유입된 계절노동자들의 유입으로 인해 사망자 수를 정확하게 추정하는 데에 어려움이 많았다. 사이클론 볼라Bhola로 인한 생명 손실은 최소 30만 명에서 최대 50만 명으로 추산되었다.

지진은 단층 또는 지각판의 경계에서 일어나며, 강한 진동으로 지반이 붕괴하고 구조물이 파괴되는 1차 피해에 이어 화재와 함께 수도, 전기, 통신망 등이 파괴되는 2차 피해가 나타난다. 1556년 1월 23일 역사상 가장 치명적인 지진이 중국 명나라 산시성(Shaanxi province)을 강타했다. 지진 후 집이 무너지고 화재가 발생하여 약 83만 명이 사망했다. 현대의 지구 물리학자들에 따르면, 이 지진의 진도는 8~9로 2008년 쓰촨성 지진과 비슷한 규모이다.

아프리카 대륙의 동북부를 흐르는 나일강은 길이가 6,650km로 세계에서 가장 긴 강이다. 해마다 범람하는 나일강은 주변의 농토를 비옥하게 하였다. 측량과 기하학이 발달한 것도 나일강 홍수 덕분이었다. 나일강 홍수는 신이 고대 이집트에 내려 준 최고의 선물이었다. 티베트에서 발원하여 중국 대륙 중앙부를 흐르는 양쯔강长江은 청두,

충칭, 우한, 난징, 상하이 등 유역의 4억 5,000만 인구를 먹여 살리는 생명의 젖줄이다. 쿤룬 산맥에서 발원하여 5,464km를 흐르며 보하이 만으로 흘러드는 황하 역시 황하 문명의 발상지이다. 그러나 황하는 하상이 강 주변의 넓은 평야보다 높은 특성으로 인해 홍수가 발생하기 쉽다. 1887년 9월에 시작된 홍수로 최소 90만 명에서 최대 200만 명이 사망했다. 이 홍수는 지금까지 기록된 가장 치명적인 자연 재해 중 하나였다.

1931년에도 역사상 가장 치명적인 자연 재해 중의 하나로 기록되고 있는 홍수가 중국 중부를 강타하였다. 그 해 7~8월, 폭우가 양쯔강 강둑을 덮쳤다. 이 홍수로 거의 18만 km^2가 침수되어 양쯔강이 거대한 호수로 변했다. 중국 정부는 사망자 수를 약 200만 명이라고 발표하였지만 NOAA를 포함한 다른 기관에서는 최대 370만 명에 이를 것으로 보고 있다. 2020년에도 중국 중남부 지역에 호우로 인한 대규모 홍수가 발생하여 후난성, 장시성, 쓰촨성, 후베이성, 충칭시, 안후이성, 저장성, 푸젠성, 윈난성 등이 심각한 피해를 입었다. 6,000만 명의 이재민이 발생하는 등 막대한 인적 물적 피해가 초래되었다. 2020년 중국 대홍수는 1998년 홍수 이후 최악의 홍수로 기록되고 있다.

검은 백조

오늘도 무사히! 그러나 우리는 수많은 유형의 위험을 피할 수 없는 상황 속에서 살아간다. Danger! Harm! Hazard! Risk! 방사능, 박테리아, 바이러스, 기후변화… 눈에 보이는 위험도 많지만 보이지 않는 위험도 많다. 미확인 위험(Unidentified risks, unknown unknowns, UU)은 전통적으로 프로젝트 위험 관리의 범위를 벗어난 위험을 말한다. 알려지지 않은 대부분의 UU는 미리 발견하거나 상상하는 것이 불가능하다. 그러나 이것이 진정으로 식별 할 수 없는 것이 아니라는 것을 보여주는 연구 사례도 있다. 위험, 특히 UU를 특성화하는 모델은 식별 할 수 없거나 상상할 수 없는 위험으로 여겨졌던 것을 식별하는 데 도움이 된다. 더 많은 UU를 찾는 것은 프로젝트 위험 관리를 사용하여 관리 할 수 있도록 known unknowns(KU)로 변환하는 것을 의미한다.

2005년 허리케인 카트리나Katrina, 2010년 딥 워터 호라이즌 기름 유출(Deep Water Horizon oil spill), 2011년 후쿠시마Fukushima 원전 사고와 같은 재난은 예상치 못했지만 엄청난 피해를 입혔다. 그러한 재난은 예상하거나 상상할 수 없었기 때문에 예방할 수 없는 것처럼 보인다. 실제로 일부 위험은 사전에 감지하거나 상상조차 할 수 없다. 유사한 프로젝트의 체크리스트 또는 위험 분석 구조는 프로젝트 관리자가 일반적인 위험을 찾는 데 도움이 될 수 있지만 이러한 전례 없는 사건에 대해서는 큰 도움이 되지 않는다. 많은 사람들이 감지하기 어려운 위험이나 불확실성의 특성을 이해하려고 노력해 왔다.

2002년 럼스펠드Donald Henry Rumsfeld 전 미국 국방장관이 "알려지지 않은 정보(UU)"를 언급 한 후 사람들은 위험의 본질을 이해하고 설명하기 위해 지식을 known known(KK), known unknown(KU), unknown known(UK), 그리고 unknown unknown(UU)으로 사등분하기 시작했다. 아직은 모든 위험을 사전에 식별하는 것은 불가능하며, 식별되지 않은 위험(Unidentified risk)은 식별되거나 실제로 발생할 때까지 알려지지 않은 위험(UU)으로 남아 있다. 사람들은 많은 연구를 통해 UU를 더 잘 이해하는 방법을 탐구하고 있다. 자연 재해와 같은 사건의 발생을 쉽게 예측하는 데에서 한 걸음 더 나아가 그 영향을 예측하거나 추정할 수 있는 때가 올 수 있을 것인가?

럼스펠드가 "KK, KU, UU"에 대해 제시한 의견을 들어보자. 위험을 최소화하려는 기업의 첫 번째 과제는 이미 알려진 위험(KK와 KU)을 파악하고 계획하는 것이다. 위험을 고려할 때 KK는 사용자가 완전히 알고 미리 계획 할 수 있는 문제이다. KU는 이미 알고 있지만 잠재적인 영향을 정확하게 정량화 할 수 없는 위험이다. 알려진 위험을 효과적으로 해결하기 위해서는 내부 토론을 통해서 알고 있는 모든 위험을 식별한 다음에 이러한 위험을 가장 잘 완화할 수 있는 솔루션을 찾아야 한다.

KK와 KU는 이런 방법으로 처리할 수 있지만 세 번째 위험의 범주인 UU에 대해서는 완전히 다른 접근 방식이 필요하다. 기업은 스스로 인식하지 못하는 모든 곳에서 위험에 직면하고 있으며 대부분의 경우 사전 지식이 있을 수 없다. 최고 관리자는 가능한

한 많은 위험을 식별하여 이 문제를 해결하려고 한다. 이는 가치 있는 노력일 수 있지만 일부 도전 과제의 근본적인 '알 수 없음(Unknowability)'을 해결해주지는 않는다. 사전에 알 수 없는 것들은 어느 곳에나 있다. 따라서 UU에 대응할 수 있는 전략을 개발하는 것이 중요하다. 조직과 개인은 알고 있는 위험에 대한 이해에만 의존하는 것이 아니라 새로운 과제에 빠르게 적응할 수 있어야 한다. 기업은 근본적으로 불확실한 세상에서 운영된다. 위험을 완화하기 위해 많은 사람들이 점점 더 많은 지식을 습득하여 불확실성을 극복하려고 한다. 그러나 이 접근 방식이 완전한 해결책은 아니다. 따라서 모든 유형의 위험을 극복하기 위해서는 UU 상황에 적응하고 민첩하게 대응할 수 있는 기술과 역량을 개발하는 데 우선순위를 두어야 한다.

5
그린 케미스트리

지속 가능한 세상 / 그린 케미스트리 / 이산화탄소를 먹는 하마

지속 가능한 세상

우리 앞에 다가올 새로운 세상은 어떤 모습일까? 미래에 대해서 가장 주목 받는 키워드는 "지속 가능성(Sustainability)"이다. 이것은 미래 세대가 그들의 요구를 충족할 수 있도록 지구의 자원을 손상시키지 않는 것을 말한다. 우리가 사는 세계의 자원은 유한하다. 인류의 활동은 지권 및 생물권과 균형을 이루어야 한다. 이를 위해서 우리는 삶의 방식을 재고해야 한다. 그런데 우리는 유한한 세계에 살고 있지만 마치 무한한 세계 속에 사는 것처럼 행동한다. 전 세계에서 사용되는 재료는 단 9%만 재사용되고 있다. 이러한 방식으로 천연 자원을 사용함으로써 자원은 점차 부족해지고 있으며, 이로 인해 정치적, 경제적, 사회적 불안이 증가하고 있다.

세계 인구는 2011년에 70억 명을 돌파하였고 2100년에는 약 110억 명에 도달할 것이다. 꾸준한 소비 증가는 경제 성장을 이끄는 엔진이다. 그러나 이것은 환경에 영향을 미치고 기후 변화를 초래하고 있으며 우리의 삶을 위협하고 있다. 성장 위주의 경제 시스템이 제고되어야 하는 이유이다. 경제 성장을 포기한다는 것은 기존의 경제 및 사회 시스템을 바꿔야 한다는 것을 의미한다. 성장의 딜레마에서 벗어나기 위한 대책이 수립되어야 한다. 이것은 우리가 살아가는 방식의 혁신적인 변화를 통해서만 가능하다. 이것은 지속 가능한 개발(Sustainable development)이 되어야 함은 물론이다. 지속 가

능한 개발은 미래 세대가 자신의 요구를 충족시킬 수 있는 능력을 손상시키지 않으면서 현재의 요구를 충족시키는 개발을 의미한다.

그린 케미스트리

'이것'은 폐기물을 줄여 주며 지속 가능성을 개선해 주는 핵심이다. '이것'은 화학 산업이 환경에 미치는 영향을 최소화하는 것을 목표로 한다. '이것'은 또한 에너지 효율을 개선하며 독성 폐기물을 최소화 해준다. '이것'은 바로 '그린 케미스트리Green Chemistry'이다. '그린 케미스트리'는 안전과 지속 가능성을 최우선시 한다.

오존층 파괴의 주범으로 알려진 염화불화탄소(Chlorofluorocarbons, CFCs)를 단계적으로 대체하는 것은 '그린 케미스트리'의 중요한 과제이다. 해수면 상승으로 많은 섬나라와 대도시들이 위기 상황을 맞고 있다. 대기 중으로 유입되는 이산화탄소 같은 온실 가스로 인한 지구 온난화 때문이다. 이산화탄소 및 기타 온실 가스를 포획하고 고정하는 것은 화학 산업의 주요 과제이다. 미래 에너지와 관련하여 효율적인 태양 전지를 개발하는 것도 '그린 케미스트리'의 핵심 과제 중 하나이다. 또한 잘 알려진 진통제인 이부프로펜Ibuprofen과 암을 치료하는 화학 요법 약물인 택솔Taxol 같은 의약품을 보다 효율적으로 합성하는 방법을 찾는 것 역시 '그린 케미스트리'의 주요 과제이다. 이 뿐만이 아니다. 화합물(Chemical compounds), 특히 유기 분자(Organic molecules)를 만드는 것은 향수, 플라스틱, 농업 분야, 직물 산업, 염료 산업, 의약품 등을 포함하는 방대한 산업의 기초이다.

'그린 케미스트리'는 이 모든 것들을 실용적이고 효율적이며 환경 친화적인 화학 반응을 통해서 보다 저렴하고 재생 가능한 소스로부터 제조될 수 있도록 해 준다. 다양한 촉매의 출현은 반응 속도를 높일 뿐만 아니라 반응 시간도 줄여주며 반응의 수율을 획기적으로 높여주고 폐기물의 양을 크게 줄여주었다. 또한 환경에 유해한 용매를 사용하지 않는 새로운 반응의 개발도 '그린 케미스트리'를 에너지 절약적이며 친환경적인 수단으로서의 위상을 높여주는 데 기여하고 있다.

이산화탄소를 먹는 하마

왜 이산화탄소(CO_2)에 주목하는가? 이산화탄소는 태양 에너지를 대기에 열로 가두는 온실 가스이기 때문이다. NOAA(미국 해양대기청)에 따르면 만약 온실 가스가 없다면 지구의 평균 기온은 -18℃에 이를 것이라고 한다. 온실 가스 덕분에 지구 표면의 평균 온도가 15℃ 정도로 생활하기 편안한 상태가 유지되고 있다! 하지만 약 1850년 이후 인간 활동으로 인해 지나치게 많은 양의 온실 가스가 대기 중으로 방출되고 있다. 이로 인해 전 세계의 평균 기온이 서서히 상승했다. 전반적으로 2017년 전 세계 평균은 1951년에서 1980년 사이보다 0.9℃ 더 높았다.

이제 지구 온난화는 가장 시급히 해결해야하는 과제로 대두되었다. 가장 잘 알려진 온실가스로는 이산화탄소(CO_2), 메탄(CH_4), 아산화질소(N_2O), 염화불화탄소(CFC) 및 그 대체물이다. CFC는 지구의 오존층 파괴의 주범으로 알려진 냉매인데, 1989년에 시작된 글로벌 협약의 일환으로 단계적으로 폐지되어 왔다. 과도한 CO_2는 주로 석탄, 석유 및 천연 가스와 같은 화석 연료의 연소에서 발생한다. 이러한 연료는 차량에 동력을 공급하고 전기를 생산하는 것부터 산업용 화학 물질을 제조하는 데 이르기까지 다양한 분야에 사용된다. 2016년 CO_2는 미국에서 배출되는 온실 가스의 81%를 차지했다. 다른 화학 물질도 대기의 열을 가두는 데 기여한다. 그러나 CO_2는 인간 활동에 의해 방출되는 것 중 가장 양이 많다. 또한 CO_2는 대기 중에 가장 오래 머물러 있는 온실가스이다. 일부 CO_2는 식물이 자라면서 매년 제거된다. 그러나 식물이 자라지 않는 추운 계절에는 많은 CO_2가 배출된다.

이산화탄소는 대기와 바다로 들어간다. 바다의 유기체는 이를 탄산칼슘으로 전환할 수 있다. 결국 그 화학 물질은 석회암의 성분이 되어 탄소를 수천 년 동안 저장할 수 있다. 그러나 암석의 형성 과정은 대단히 느리다. 전반적으로 CO_2는 수십 년에서 수천 년 동안 대기 중에 남아있을 수 있다. 오늘 당장 우리가 이산화탄소 배출을 중단하더라도 지구 온난화를 즉시 멈출 수 없다. 메탄은 천연 가스의 주성분이다. 또한 수많은 생물학적 출처에서 방출된다. 여기에는 쌀의 생산, 가축 분뇨, 소의 소화 및 매립지에 버려지는 폐기물의 분해가 포함된다. 메탄은 미국 온실 가스 배출량의 약 10%를 차지한다. 이 가스의 각 분자는 CO_2보다 열을 더 잘 잡는다. 그러나 메탄은 오랫동안 대기에 남아 있지 않고, 대기 중에서 하이드록시 라디칼(·OH)과 반응하면서 분해된다. 메탄이 대기에서 제거되는 데 걸리는 시간은 약 10년이다. 아산화질소(N_2O)는 2016년 미국에서 배출된 온실 가스의 6%를 차지했다. 이 가스는 농업, 화석 연료 연소 및 하수에서 발생한다. 그러나 이 가스는 열을 가두는 데 CO_2보다 수백 배 더 효율적이다. N_2O는 또한 거의 한 세기 동안 대기 중에 남아있을 수 있다. 매년 공기 중 N_2O의 약 1%만이 녹색 식물에 의해 암모니아 또는 식물이 사용할 수 있는 기타 질소 화합물로 전환된다. 따라서 자연적으로 N_2O 제거 되는 과정은 매우 느리다.

CFC 및 대체품은 인위적으로 생산되어 냉매, 화학 반응 및 에어로졸 스프레이의 용매로 사용되며, 미국 온실 가스 배출량의 약 3%를 차지했다(2016년 기준). 이러한 가스는 대기의 높은 층에 갇혀있을 때만 제거된다. 성층권에서는 고 에너지 빛에 의해 분해된다. 그러나 이것이 제거되는 데에는 수십 년이 걸릴 수 있다. CFC와 같은 불소 기반 화학 물질은 강력한 온실 가스이다. 그러나 배출량이 너무 적어 CO_2에 비해 전반적인 영향은 매우 적다. 메탄, N_2O 및 CFC의 배출을 줄이는 것은 기후 변화를 늦추는 데 도움이 될 것이다. 그러나 우리가 온실 가스 문제를 해결하려면 CO_2를 처리해야한다. 지구 온난화의 가장 큰 주범은 CO_2이다. 더구나 CO_2는 대기 중에서 매우 오랫동안 체류한다.

전 세계적으로 이산화탄소 배출을 줄이기 위한 다양한 대책이 마련되어 시행되고 있다. 화석 연료의 과다 사용은 대기 중으로 과도한 CO_2 배출을 초래하고 우리의 기후 시스템에 심각한 위협을 가하고 있다. 태양열 및 풍력과 같은 재생 가능한 에너지원은 우리 사회에 전력을 공급하기 위한 화석 연료에 대한 친환경적이고 지속 가능한 대안이지만, 광범위한 사용에는 제한을 받고 있다. 온실 가스인 이산화탄소의 저장 및 재사용을 위해 고려된 여러 전략 중에서 이산화탄소를 고부가가치를 가지는 화학 물질 혹은 연료로 전환하는 화학 기술은 상당한 양의 이산화탄소를 줄이고 재생 가능 에너지를 저장하는 귀중한 이점을 제공한다. 지구 온난화 및 에너지 수요를 해결하기 위한 가장 중요한 발명 중 하나인 것이다. 이산화탄소를 탄화수소, 요소, 메탄올, 폴리카보네이트, 고리형 탄산염 등의 다양한 물질로 전환하는 다양한 기술이 소개되었다. 이는 이산화탄소 배출을 줄이는 효과로 이어진다. 화학 공정에서 전기 에너지를 사용하면 전기분해 전지에서 이산화탄소 전환 반응을 유도할 수 있다. 이 반응에서 이산화탄소는 환원전극(Cathode)에서 환원되고 산화전극(Anode)에서는 산소가 방출된다. 이때 이산화탄소는 일산화탄소(CO), 포름산(HCOOH), 메탄(CH_4) 및 에틸렌(C_2H_4)을 포함한 다양한 연료 및 연료 전구체로 전환 될 수 있다.

태양의 무한한 에너지원인 태양광과 태양열을 이용하여 전기화학적, 열화학적, 광화학적/광전기화학적 반응을 유도하면 이산화탄소를 제3의 유용한 연료 생산에 이용할 수 있다. 이렇게 얻어진 연료를 태양 연료(Solar fuel)라 한다. 철/규소 촉매 등을 사용하면 이산화탄소로부터 올레핀Olefin[또는 알켄(Alkene)]을 생산할 수 있다. 합성 가스(Syngas)는 주로 수소, 일산화탄소 그리고 간혹 일부의 이산화탄소로 구성된 연료 가스 혼합물을 말한다. 합성 가스는 일반적으로 석탄 가스화 과정의 산물이며 주요 발전용으로 쓰이며, 내연 기관의 연료로도 사용할 수 있다. 이산화탄소를 전기 화학적으로 환원하면 합성 가스를 생성할 수도 있다. 이는 암모니아에서 알코올 및 탄화수소에 이르기까지 다양한 화학제품을 생산할 수 있는 많은 공정에 사용할 수 있다.

화학적 촉매를 사용하면 이산화탄소를 활성화시켜 액체 연료 및 산업적으로 유용한 화학 물질인 메탄올로 전환할 수 있다. 이산화탄소에서 일산화탄소로 또는 드물게 포름산으로의 전기화학적 전환을 촉진하는 분자 촉매는 수십 년 동안 알려져 왔다. 구리 기반의 촉매는 이전에 이러한 반응을 위한 가장 성공적인 촉매였다. 2019년 우Y. Wu 등이 학술지 '네이처Nature'에 발표한 연구 결과에 따르면, 탄소 나노 튜브에 고정된 분자촉매를 사용하면 물에서 전기화학 반응을 유도하여 효율적으로 이산화탄소를 메탄올로 전환할 수 있다는 사실이 밝혀졌다. 이 시스템은 이산화탄소를 활성화하여 일산화탄소를 생성 할뿐만 아니라 놀랍게도 전기화학 전지에 고전압을 적용하면 메탄올로의 환원을 촉진한다. 연구자들은 코발트 프탈로시아닌이라는 복합체를 탄소 나노 튜브에 분산시켜 혼합 촉매 시스템을 구축하여 이산화탄소를 전환하는 기술을 선보였다. 유전자 조작된 시아노박테리아는 빛 에너지를 이용하여 이산화탄소로부터 이소부티르알데히드Isobutyraldehyde와 이소부탄올Isobutanol을 생산한다는 연구 결과도 나왔다. 특히 석유 가격이 급등하고 기후 변화에 대한 우려가 커지는 시기에 바이오 연료를 생산하는 새로운 방식에 대한 관심이 빠르게 증가하였다. 2009년 아쑤미Atsumi 등이 '네이처 바이오테크놀로지'에 발표한 연구 결과에 따르면 햇빛을 사용하여 온실가스인 이산화탄소를 포획하고 이를 바이오 연료인 이소부탄올로 전환하는 광합성 박테리아를 설계하였다. 네 개의 탄소를 가지는 알코올인 이소 부탄올은 오늘날의 차량 및 연료 공급 인프라에 적합하기 때문에 특히 바이오 연료로 유망하다.

상상을 더하다 11

-잃어버린 제국-

1. 사라진 아틀란티스가 다시 떠오를 가능성은 없을까?
2. 아틀란티스는 과연 실재했을까?
3. 지구 온난화가 우리에게 유리한 점이 있을까?
4. 국토가 바다에 침수될 위험이라면 우리는 어떻게 대처해야할까?
5. 해수면이 몇 미터 상승해야 지구상의 모든 육지가 바다 속에 잠길까?
6. 대규모 해저 도시를 건설할 수 있을까?
7. 지하 세계를 건설할 수 있을까?
8. 지구 온난화 때문에 다가오는 빙하기를 늦추고 있는 것은 아닐까?
9. 매머드를 복제하는 것이 우리에게 진정 축복일까?
10. 지진을 미리 예측할 수 있는 기술은 언제쯤 나올까?
11. 인공지능은 자연 재앙에 대한 해결책을 제시해줄 수 있을까?
12. 지속 가능한 세상을 위해서 우리가 해야 할 일들은 어떤 것이 있을까?

12장
벤자민 버튼의 시간은 거꾸로 간다

1
진시황의 불로초

벤자민 버튼의 시간은 거꾸로 간다 / 진시황의 불로초 / 인간의 자연 수명은 38년? / 우리가 영원히 살 수 있을까?

벤자민 버튼의 시간은 거꾸로 간다

시간을 거꾸로 거슬러 점점 젊어지는 노인으로 태어난 남자가 있었다. 핀처David Fincher가 감독을 맡은 영화 〈벤자민 버튼의 시간은 거꾸로 간다(Curious Case of Benjamin Button)〉에 나오는 주인공 이야기이다. 이 영화는 피츠제랄드F. Scott Fitzgerald가 1922년에 펴낸 동명의 소설에 기반을 두고 있다. 벤자민은 80세의 외모를 가지고 태어났다. 이 아이의 아버지는 벤자민이 태어나던 날 병원에서 아들을 만난다는 기대에 들떠 있었다. 그러나 담요에 싸여 있는 아이를 보자마자 소스라치게 놀라고 말았다. 그는 자신의 아이를 들고 밖으로 달려 나갔다. 그리고는 한 가정집 계단 앞에 아이를 버리고 사라졌다. 계단에 버려진 아이를 발견한 여자는 아이의 상태가 심상치 않음을 발견한다. 아이는 곧 죽음을 앞 둔 80대 노인과 다를 바 없었다. 부모에게서 철저히 버림받은 벤자민은 양로원에서 삶을 시작한다. 몇 년 후 젊어진 벤자민은 옆 방 할머니의 손녀 데이지Daisy를 만나고 첫눈에 반해 버린다. "넌 이상해 다른 사람들하곤 완전히 달라." 벤자민은 자신의 진정한 모습을 찾기 위하여 정처 없이 여행을 떠난다. 그리고는 떠날 때와는 다르게 젊어진 중년의 남자가 되어 가족 곁으로 돌아온다. 그리고 데이지와 다시 만나 한 가족이 된다. 그러나 점점 젊어지는 벤자민에게 시들어 가는 데이지는 행복한 소식을 전한다. 데이지가 임신을 한 것이다. 벤자민은 점점 어려지는 자신이 데이지와 딸에게 짐이 될까 두려워 그들 곁을 떠난다. 오랜 방황 끝에 다시 돌아온 벤자민이 데이지에게 말한다. "당신을 향한 내 사랑은 영원해." 하지만 현실의 벽에 부딪친 그들은 또다시 이별을 하게 된다. 벤자민의 몸은 점점 젊어져 가지만 사실은 치매 증세를 보이며 점점 쇠약해지고 늙어가고 있었다. "오래 산 것 같은데, 하나도 기억이 나질 않아." 갓난아기가 되어 버린 벤자민은 사랑하는 데이지의 품 안에서 조용히 눈을 감는다. 삶은 무수히 많은 상호작용의 연속이다. 누구나 노화로부터 자유롭지 못하다. 급격하게 진보하고 있는 과학 기술의 힘을 빌리면 젊은 시절로의 시간 여행이 가능할까?

영원히 20대에 머물 수 있다면 얼마나 좋을까? 100년 넘게 29살로 사는 여자가 있다. 로맨틱 판타지 영화 〈아델라인: 멈춰진 시간(The Age of Adaline)〉 속으로 들어가 보자. 이 영화는 크리거Lee Toland Krieger가 감독하고 구들로J. Mills Goodloe와 파스코비츠Salvador Paskowitz가 각본을 맡아 2015년 미국에서 개봉하였다. 이 영화는 29세의 나이에 사고로 영원히 늙지 않게 된 아델라인Adaline Bowman에 대한 이야기를 담았다. 아델라인은 1908년 새해 첫날 샌프란시스코에서 태어난 첫 아기였다. 그녀는 한 젊은 엔지니어와 결혼하여 딸을 낳았지만 1937년 남편이 금문교 건설 작업을 하던 중 사고로 남편을 잃고 만다. 아델라인은 운전 중 자동차 추락 사고를 당하고 차가운 강물에 빠진다. 그녀의 체온은 30도까지 떨어졌고 저체온증으로 심장이 멎었다. 그때 번개가 차에 떨어졌고 번개는 6만 암페어의 전류를 만들어 냈다. 아델라인의 심장에 전기 충격이 가해졌고 그 충격으로 의식이 돌아와서 2분 만에 첫 호흡을 했다. 아델라인은 영원히 나이를 먹지 않게 되었고, 그 순간부터 육체적으로 29세로 살아간다. 자신의 정체를 수상하게 여기는 사람들을 피해 수시로 신분과 거주지를 변경하며 살아가던 아델라인은 새해 전야 파티에서 엘리스와 사랑에 빠지게 된다. 아델라인은 엘리스 부모님의 40주년을 축하 파티에 참석한다. 그런데 엘리스의 아버지 윌리엄은 그녀의 옛 남자친구였다. 아델라인은 윌리엄의 집을 떠나던 중 교통사고를 당한다. 구급차가 도착하고 그녀는 제세동기로 살아난다. 병원에서 그녀는 엘리스에게 사랑을 고백한다. 1년 후 엘리스와 아델라인은 새해 전야 파티에 참석한다. 그녀는 복도 거울에서 이상한 것을 발견한다. 그녀의 첫 번째 회색 머리카락을 발견한 것이다. 이는 그녀가 자연스럽게 다시 나이를 먹기 시작했음을 말해준다. 제세동기가 심장에 충격을 가한 순간 정상적인 노화 진행이 다시 시작된 것이다.

진시황의 불로초

납을 금으로 만들 수 없을까? 연금술(Alchemy)의 목표는 이러한 꿈, 즉 납과 같은 기본 금속을 귀금속(특히 금)으로 변환하는 것이었다. 연금술에서는 불멸의 비약을 창조하고, 모든 질병을 치료할 수 있는 만병통치약을 창조하며, 보편적인 용매인 알카헤스트Alkahest를 개발하는 것 역시 중요한 과제였다. 알카헤스트는 금을 포함한 다른 모든 물질을 용해시킬 수 있는 가상의 "범용 용매"를 말한다. 1500년대에 유명한 연금술사 파라켈수스Philippus Paracelsus는 가성석회, 알코올 및 탄산칼륨의 탄산염을 기반으로 알카헤스트를 제조하는 방법을 기술하였는데, 그는 알카헤스트가 사실 철학자의 돌(Philosopher's stone)이라고 믿었다. 연금술은 일반적으로 마법과 연관시켜 생각하는 경향이 있지만 사실은 훨씬 더 다양한 아이디어, 목표, 기술 및 연습을 수용하였다. 연금술은 메소포타미아, 고대 이집트, 페르시아, 인도, 중국 등에서 이루어졌으며, 고대 그리스와 로마 그리고 이슬람 문명권과 유럽에서 19세기까지 여러 단체와 철학적 시스템으로 2,500여 년 동안 서로 상호작용해왔다.

고대 중국 연금술의 관심은 금을 만드는 것보다는 불로불사의 영약을 창조하는 데 있었다. 이는 도교의 근본 사상을 이루는 것으로서 서양의 연금술과 비교하여 연단술이라 부른다. 중국 도교의 도사나 선인들이 주로 연구하였다. 서양의 연금술에 철학자의 돌이 있다면 도교의 연단술에는 단丹이 있다. 연단술의 목표는 진사(Cinnabar) 등의 금속에서 추출한 수은을 먹어서 불로불사의 선인이 되거나 비금속을 금으로 바꾸는 영약을 만드는 것이었다. 연단술은 내단과 외단으로 나눌 수 있다. 외단이란 불로장생을 위해서 혹은 신선의 경지에 이르기 위해서 약물을 복용하려는 노력으로 대표된다. 외단법을 대표하는 것으로는 중국 진晉나라 학자인 갈홍葛洪이 춘추전국시대 이후 전해

내려오는 신선에 관한 이론을 집대성한 『포박자抱朴子』가 있다. 이 책의 내편에서는 인간이 800세까지 장수할 수 있다고 기록되어 있다. 한편, 북송말의 장백단張伯端은 내단의 이론을 집대성하여 도교 수련의 기틀을 다졌다. 그의 여러 저서 중 "오진편悟眞篇"은 내단 수련의 원리를 설명한 저서이다. 이보다 앞선 중국 후한 말부터 삼국시대 초기의 사람으로 짐작되는 위백양魏伯陽의 저서 『주역참동계周易參同契』는 오히려 내단을 강조하고 있다. 이 책은 역학, 황노사상, 연금술, 내단수련, 의학, 천문학적 주제가 종합된 도가수행서이다. 우주 원칙에 순응하여 단丹을 연마하고 연명장수延命長壽의 목적 달성을 역易의 원리로써 풀이하고 있다.

수은(Hg)은 반짝이는 액체 상태로 존재하는 금속이다. 빠르게 움직인다 하여 퀵실버Quicksilver라고도 불린다. 오늘날 중국은 수은을 가장 많이 생산하는 국가이다. 2019년 현재 세계 총 생산량 4,000 톤 중 85% 이상을 중국이 생산하였다. 고대 중국에서 수은은 아름다움과 불로장생을 이룰 수 있는 신비의 명약으로 여겼다. 물론 서양에서도 수은은 특별한 의미를 가지는 금속이었다. 중국에서 매혹적인 진홍색을 띠는 진사는 염료 버밀리온Vermilion(주홍)과 수은을 얻는 중요한 광물이었다. 그런데 불로불사를 꿈꾸던 황제와 귀족들이 수은 중독으로 사망하는 일이 일어났다. 최초의 황제는 진시황(기원전 210년)이었고 마지막 황제는 청나라의 옹정황제(1735년)였다. 불멸의 비약이 치명적일 수 있다는 상식에도 불구하고 방사方士(Fangshi)와 도교 연금술사들은 2,000년 동안 관행을 계속해 왔다.

중국의 '불멸의 영약Elixir of Immortality'은 인도-아리아의 '소마Soma', 산스크리트의 '암리타Amrita' 그리고 고대 그리스의 '암브로시아Ambrosia'와 유사하다. 소마는 베다의 신성한 의식 음료였다. 중국인에서 그레코-이집트인, 영지주의자, 셈족, 그리고 헤르메스 전통과 다른 고대 연금술 전통에 이르기까지 불멸의 영약, 철학자의 돌, 생명의 물에 대한 개념은 고대 베다의 소마Soma에 뿌리를 두고 있다. 신화에 따르면 힌두교의 불의 신 아그니Agni가 소마를 탈취해서 인간에게 가져다주었다. 인간이 신이 된 것은 소마 덕분이었다. 암리타Amrita는 문자 그대로 '불멸'을 뜻하며 고대 인도의 텍스트에서는 종종 넥타르Nectar로 언급된다. 암리타는 고대 그리스의 암브로시아Ambrosia와 어원적으로 관련이 있으며 같은 의미를 가지고 있다. 암브로시아는 고대 그리스 신들이 먹는 음식 혹은 음료로, 이것을 먹는 사람은 누구든지 불로불사할 수 있게 된다.

인간의 자연 수명은 38년?

DNA 분석을 통해 동물의 수명을 추정하기 위해 개발한 새로운 방법에 따르면, 인간의 자연 수명은 약 38년이라고 한다. 수명이 알려진 종에 대한 유전적 연구를 통해 추정한 결과, 멸종된 털북숭이 매머드(Woolly mammoth)는 아마도 약 60년을 살았을 것이며 북극 고래는 250년 이상의 수명을 누릴 것으로 예상하였다. 2019년 12월 '사이언티픽 리포트Scientific Reports'에 발표된 연구에서, 과학자들은 동물의 나이에 따라 DNA가 어떻게 변하는지 조사하여 DNA가 종마다 다르며 이것이 동물의 생존 기간과 관련이 있다는 사실을 발견했다.

노화 과정은 생의학 및 생태 연구에서 매우 중요하다. 동물은 성장함에 따라 생물학적 기능이 저하되어 수명이 제한된다. 지금까지 동물이 몇 년을 살 수 있는지 결정하는 것은 어려운 문제였다. DNA는 살아있는 유기체의 청사진이며 노화와 수명에 대한 통찰력을 얻을 수 있는 장소이다. 그러나 아무도 수명의 차이를 설명하는 DNA 서열의 차이를 찾을 수 없었다. 척추동물의 수명은 크게 다르다. 산호초에 사는 망둥이의 일종인 피그미 고비(Eviota sigillata)는 단 8주를 사는 반면에, 그린란드, 아이슬란드, 노르웨이를 비롯한 북대서양에 서식하는 그린란드 상어(Somniosus microcephalus)는 400년 이상 사는 것으로 밝혀졌다.

지난 몇 년 동안 연구자들은 DNA 메틸화라는 특별한 유형의 DNA 변화를 사용하여 동물의 나이를 결정할 수 있는 'DNA 시계'를 개발했다. DNA 메틸화는 유전자의 기본 서열을 변경하지 않고 활성 여부를 제어한다. 다른 연구자들은 특정 유전자의 DNA 메틸화가 영장류와 같은 일부 포유류의 최대 수명과 관련이 있음을 보여주었다. DNA 메틸화가 노화 및 수명과 관련이 있음에도 불구하고 지금까지 동물의 수명을 추정하는 방법으로 DNA 메틸화를 사용한 연구는 없었다. 이 연구에서는 다른 연구자들이 조립하여 온라인 데이터베이스에 공개한 척추동물 252종의 게놈(전체 DNA 서열)을 사용했다. 그런 다음 이 게놈을 알려진 동물 수명의 다른 데이터베이스와 비교했다. 이 데이터를 사용하여 42개의 특정 유전자에서 DNA 메틸화가 발생하는 위치를 살펴봄으로써 척추동물의 수명을 추정할 수 있음을 발견했다. 이 방법을 사용하면 수명이 길고 멸종된 종의 수명을 추정할 수도 있다.

연구자들은 세계에서 가장 오래 사는 포유류로 여겨지는 북극 고래의 수명이 268년이라는 사실을 발견했다. 이 추정치는 발견된 가장 오래된 것보다 57년 더 길기 때문에 이전에 생각했던 것보다 훨씬 더 긴 수명을 가지는 것으로 볼 수 있다. 또한 멸종된 털북숭이 매머드의 수명은 현대 아프리카 코끼리의 65년과 비슷한 60년이라는 사실을 발견했다. 갈라파고스 제도의 핀타섬(Pinta island) 거북은 120년의 수명을 가졌다. '외로운 조지'라는 이름을 가진 거북은 2012년에 112세의 나이로 죽었다. 그런데 흥미롭게도 과학자들은 현대인과 밀접하게 관련된 멸종된 종인 네안데르탈인과 데니소바인의 최대 수명이 37.8년이라는 것을 발견했다. 그들은 DNA를 기반으로 현대인의 "자연" 수명이 38년 이라고 추정했다. 이것은 초기 현대 인류에 대한 추정치와 일치한다. 그러나 오늘날 인간은 의학과 생활 방식의 발전으로 평균 수명이 2배 이상 연장되었다.

우리가 영원히 살 수 있을까?

'영생' 혹은 '불멸'은 수천 년 동안 사람들을 매료시킨 단어이다. 사람들은 생명을 연장할 수 있는 비약이나 치료제를 찾아 나섰다. 우리가 영원히 살 수 있을까? 과학자들은 벌레를 대상으로 한 연구에서 노화를 유발하는 "유전적 스위치"를 끄는 법을 발견하였다. 어린 쥐의 혈액을 주입하여 늙은 쥐를 되살리는 방법도 찾아냈다. 누구나 피할 수 없는 노화와 죽음을 해결하기 위한 연구에 많은 돈이 투입되고 있다. 〈노화의 종말〉

(2007년)의 저자인 영국의 노인학자 그레이Aubrey de Grey는 우리 유전자에서 죽음을 배제하는 전략을 연구하고 있다. 그는 현재 돌연변이, 쓰레기 단백질, 세포 사멸, 세포 노화, 세포외 가교 같이 세포 수준에서 노화를 유발하는 주제를 연구하고 있다. 과학자들은 병이 들거나 노화된 세포를 새로운 세포로 대체하거나, 신체의 일부 혹은 전체를 복제하거나, 아니면 '불멸 유전자'를 찾아 이식하는 등의 방법으로 불멸을 달성할 수 있다고 믿고 있다. 인간은 죽기 위해 태어난 것인가? 아니면 과학이 정말로 사람들을 영원히 살게 할 수 있을까?

2019년 7월 셔머Michael Shermer가 사이언스 포커스(sciencefocus.com)에 소개한 인간의 불멸을 꿈꾸는 몽상가들을 만나보자. 크라이오니시스트Cryonicist는 인체냉동보존술을 통해서 생명 연장을 꿈꾸는 사람들이다. 영혼은 기억에 저장된 자아이므로, 이 기술을 통해서 자아를 무기한 보존할 수 있다고 믿는다. 엑스트로피안Extropian은 엔트로피에 반대하는 사람들이다. 장수, 더 나은 지능과 지혜, 신체 및 정신 건강의 개선, 자기 개발 및 사회적 진보에 대한 한계를 뛰어 넘으면 불멸을 달성할 수 있다고 믿는다. 트랜스휴머니스트Transhumanist는 식이 요법과 운동을 포함한 생활 방식의 개선을 통해 인간의 상태를 변화시키고 나서 임플란트, 인공 장기, 유전 공학 등을 통해 진화를 통제하고 종을 더 나은 인지 능력을 가진 인간으로 바꾸는 것을 목표로 한다. 마인드 업로더(Singulartarian mind-uploader)는 뇌 회로도에 저장되어 있는 생각과 기억을 나타내는 정보의 패턴인 '자아' 또는 '영혼'을 컴퓨터로 옮기고 싶어하는 과학자들이다. 특이점(Singularity)에 도달하고 나노 바이오 기술의 발전 속도가 빨라지면서 인간의 수명도 점차 연장되어 영원히 사는 것이 가능하다고 믿는다.

2
마법의 시간

뉴턴의 시간, 아인슈타인의 시간 / 거꾸로 가는 시간

뉴턴의 시간, 아인슈타인의 시간

시간에 대한 과학적 연구는 이탈리아의 물리학자이자 천문학자인 갈릴레이Galileo Galilei(1564~1642)의 작업으로 16세기에 시작되어 17세기 영국에서 배로우Isaac Barrow(1630~1677)와 뉴턴Isaac Newton(1642~1726)의 작업으로 이어졌다. 고전 물리학에서 시간은 길이, 질량, 전하 등과 함께 기본 스칼라량 중 하나로 간주되어 왔으며, 또한 절대적이고 보편적인 것으로 간주되었다. 즉, 시간은 우주의 모든 사람에게 동일하다. '이것'은 절대적이고 진실하며 평등하게 흐른다. '이것'은 바로 뉴턴이 말한 절대 시간(Absolute time)이다.

절대 시간은 지각하는 사람과는 독립적으로 존재하고, 우주 전체에 걸쳐 일정한 속도로 진행되며, 측정 가능하지만 인지할 수 없고, 수학적으로만 진정으로 이해된다. 뉴턴에게 절대 시간과 공간은 객관적 현실의 독립적이고 별개의 측면이었으며 물리적 사건이나 서로에 의존하지 않았다. 절대 시간에 대한 뉴턴의 생각은 대부분 케임브리지 대학교의 전임자인 배로우에게서 온 것이었다. 영국의 기독교 신학자이자 수학자였던 배로우는 시간을 길이가 있고 모든 부분에서 유사하며 연속적인 순간의 단순한 추가 또는 대안적으로 한 순간의 연속적인 흐름으로 볼 수 있다는 점에서 선과 유사한 수학적 개념으로 시간을 설명했다. 뉴턴은 신이 자연의 법칙을 창조하였다는 관점에서 물리학에 접근했고, 과학자의 임무는 단지 발견하는 것뿐이라고 생각하였다. 뉴턴의 시간 개념은 사실 갈릴레오나 약 2,000년 전의 아리스토텔레스로 거슬러 올라갈 때까지의 모든 사람들의 개념과 기본적으로 변하지 않았다. 그러나 뉴턴은 그것을 체계화하고 공식화함으로써 운동 법칙을 공식화하고 다른 발전을 위한 무대를 설정할 수 있었다. 공간, 시간 및 운동에 대한 뉴턴의 견해는 17세기부터 20세기 상대성 이론이 출현 할 때까지 물리학을 지배했다.

이러한 견해는 라이프니츠Gottfried Wilhelm Leibniz(1646~1716)와 버클리George Berkeley(1685~1753) 같은 동시대 사람들로부터 시작하여 19세기 마흐Ernst Mach(1838~1916)에 이르기까지 여러 사람들에 의해 비판을 받았다. 그럼에도 불구하고 절대 시간에 대한 뉴턴의 견해는 아인슈타인의 상대성 이론(Theory of Relativity, 1905년)이 우리의 시간 개념을 뒤집을 때까지 지배적인 사상으로 자리 잡았다. 아인슈타인이 회고록에서 다음과 같이 말했다: "뉴턴, 용서 해줘(Newton, forgive me)." 시간은 공간과 무관하고 절대적이라는 절대 시간에 대한 생각은 20세기에 들어와서 근본적으로 거부되기 시작하였다. 반전을 주도한 것은 특수상대론이었는데, 그 역사는 마이컬슨Albert Abraham Michelson(1852~1931), 로런츠Hendrik Antoon Lorentz(1853~1928), 푸앵카레Jules-Henri Poincaré(1854~1912) 등으로부터 시작된다. 이들이 로런츠 변환을 제안한 뒤, 플랑크Max Planck(1858~1947), 민코프스키Hermann Minkowski(1864~1909) 등이 후속 연구를 수행하고, 아인슈타인이 1905년에 특수상대성 이론으로 집약하였다. 그 후 아인슈타인은 가속도를 이론에 포함시키기 위해 10년을 보냈고 1915년에 일반 상대성 이론을 발표했다.

이 이론에 따르면, 시간의 흐름은 중력의 크기에 따라 달라진다. 이제 시간은 절대적이 아니다. 시간이 지나가는 속도는 주어진 순간의 속도와 가속도에 의존한다. 시간이 지나가는 속도는 더 많이 움직일수록 실제로 느려진다. 최근 연구에 따르면 우리 삶의 기술이 너무 많아서 실제로 속도가 빨라지고 있다. 뮤온Muon과 광자Photon와 같은 소립자의 속도가 빨라지면 실제 시간의 속도가 느려진다. 아인슈타인의 상대성 이론에서 말하는 시간 지연(Time dilation)은 중력 질량에 대한 근접성에 따라 서로 상대적으로 이동하거나 다르게 움직이는 관찰자가 측정한 두 사건 사이의 경과 시간 차이를 설명한다. 시간이 느려지는 효과는 일상생활의 속도에서는 무시할 수 있지만 빛의 속도에 접근하면 두드러진다.

거꾸로 가는 시간

우주에서 시간의 흐름을 조사해 온 물리학자들은 약 140억 년 전 빅뱅Big Bang이 시간이 반대 방향으로 움직이는 또 다른 역 거울 우주(Inverse mirror universe)를 만들었을 수 있다고 제안하였다. 시간이 앞으로가 아니라 뒤로도 이동한다는 것이다. 영국 옥스퍼드 대학교의 바버Julian Barbour는 시간은 이미 존재하는 것이 아니라고 말했다. 시간의 방향과 흐름은 우주에서 일어나는 일로부터 추론해야 하며, 그렇게 보면 시간이 그 중심점에서 시작하여 반대 방향으로 흘러간다고 말하는 것은 당연하다는 것이다.

1927년 영국의 천체 물리학자 에딩턴Arthur Eddington(1882~1944)은 열역학이라고 부르는 물리학 분야의 기본 속성 역할을 하는 '시간의 화살(Arrow of time)'이 존재한다고 제안했다. 열역학 제2법칙은 우주와 같은 고립된 시스템에서 엔트로피(또는 무질서)가 증가해야 하므로 시간의 화살이 앞뒤로 움직이는 지 여부에 관계없이 사물은 항상 더 높은 엔트로피 상태를 향해 나아가야 한다. 이 가정의 문제는 물리학의 기본 법칙이 허용하는 시간의 역방향 이동을 허용하지 않는다는 것이다. 깨진 달걀은 깨지기 전의 달걀로 다시 돌아갈 수 없다.

영국의 바버Julian Barbour와 공동연구자들은 2014년에 이 시간의 화살이 열역학이 아닌 중력에 의해 지배되고 있다고 주장하는 논문을 발표했다. 그들은 모두 뉴턴 중력에 의해 지배되는 1,000개의 입자에 대한 컴퓨터 시뮬레이션을 실행한 방법을 설명하였다. 그들은 중력 덕분에 입자들이 서로 간의 거리가 가장 짧다는 것을 발견했으며 이를 야누스 포인트라고 부른다. 그런 다음 입자는 다른 방향으로 바깥쪽으로 확장되는데, 이것은 실제 다중 우주(Multiuniverse)에서 시간이 앞뒤로 이동할 수 있음을 의미한다. 이 이론이 옳다면 반대편에 시간의 경험의 방향이 우리와 반대인 또 다른 우주가 존재한다. 칼텍의 캐럴Sean Carroll과 MIT의 거트Alan Guth는 다른 입자 모델을 사용하여 유사한 결과를 내놓았다. 이 모델에서 그들은 유한한 입자 구름을 만들어 무한한 우주에 떨어뜨렸다. 얼마 지나지 않아 두 개의 서로 다른 시간 화살이 자연스럽게 나타났다. 그 중 절반은 엔트로피를 증가시키는 방향으로 이동하고 나머지 절반은 중앙에서 구체화하여 엔트로피를 감소시키고 통과하여 다시 혼돈 속으로 이동하였다.

NASA의 과학자들도 시간이 거꾸로 흐르는 평행 우주의 증거를 발견했다. 남극 대륙에서 실험을 진행 중인 연구자들이 물리학 규칙이 우리와 반대인 평행 우주(Parallel universe)의 증거를 발견한 것이다. 그들은 거대한 풍선을 사용하여 NASA의 ANITA(Antarctic Impulsive Transient Antenna, 남극 임펄스 과도 안테나)를 남극 상공에 옮겼다. 춥고 건조한 공기가 결과를 왜곡하는 무선 소음이 거의 또는 전혀 없는 완벽한 환경을 제공하기 때문이다. 이곳에서는 일정한 고에너지 입자의 바람이 우주에서 지구에 지속적으로 도달한다.

질량이 0에 가까운 저에너지 아원자 중성미자(Neutrino)는 지구를 완전히 통과할 수 있지만 고에너지 물체는 지구 고체 물질에 의해 정지된다. 즉, 고 에너지 입자는 우주에서 "아래로" 내려오는 것만 감지 할 수 있지만 ANITA는 지구에서 "위로 올라가는" 더 무거운 입자인 타우 중성미자(Tau neutrino)를 감지했다. 이러한 결과는 이 입자들이 실제로 시간이 지나면서 평행 우주의 증거를 제시한다는 것을 의미한다. 하와이 대학교의 입자물리학자 고럼Peter Gorham은 타우 중성미자가 그런 식으로 행동 할 수 있는 유일한 방법은 지구를 통과하기 전에 다른 유형의 입자로 바뀌었다가 다시 원래 상태로 돌아오는 것이라고 제안했다. 이 현상에 대한 가장 간단한 해석은 138억 년 전 빅뱅 당시 두 개의 우주가 형성되었는데, 하나는 시간을 거슬러 올라가면서 '역순'으로 달리고 있다는 것이다.

3
왓슨과 크릭이 연 판도라의 상사

벌거숭이 두더지쥐 / 가장 오래된 DNA / 건강 장수를 위한 DNA 검사

벌거숭이 두더지쥐

인간의 수명 500세가 가능할까? 노화의 법칙을 무시하는 벌거숭이 두더지쥐(Naked mole rat)를 보면 가능할 것 같다. 이들은 모든 번식을 수행하는 여왕이 이끄는 땅속의 서식지에 살고 있다. 여왕은 몇 마리의 수컷과 교미한다. 벌거숭이 두더지쥐는 통증을 느끼지 못한다. 2016년 독일 막스-델브뤽 분자의학센터 연구자들이 그 원인을 밝혀 학술지 '셀 리포트Cell Reports'에 발표했다. 이들은 통증 신호를 전달하는 단백질 중 첫 관문인 TrkA(Tropomyosin receptor kinase A, 트로포미오신 수용체 키나제 A) 단백질에 주목했다. TrkA의 존재는 세포 분화로 이어지고 감각 신경세포 하위 유형을 지정하는 역할을 한다. 그런데 이 유전자에 돌연변이가 나타나면 무한증(Anhidrosis, 땀이 전혀 분비되지 않는 질환), 자가 절단 행동, 지적 장애, 인지 장애, 특정 암 등으로 인한 통증에 대해 무감각해지는 것으로 알려졌다. NGF(Nerve growth factor, 신경 성장 인자)가 TrkA 단백질에 붙으면 통증을 일으키는 신호 전달이 시작되는데, 연구진은 벌거숭이 두더지쥐의 TrkA 단백질을 이루는 일부 아미노산에 변화가 있다는 사실을 발견했다. TrkA 단백질을 만드는 유전자에 돌연변이가 생기면서 통증에 내성이 생긴 것이다.

우리는 포도당(Glucose)을 분해하여 에너지원인 ATP(아데노신삼인산)를 얻는다. 이 과정에서는 산소가 필요하다. 그런데 벌거숭이 두더지쥐는 산소가 없는 환경에서 과당

(Fructose)을 에너지원으로 하여 ATP를 만들어 에너지를 얻는다. 이 동물은 산소 없이도 최대 18분 동안 생존할 수 있다. 이들의 무산소 에너지 생산을 연구하여 국소 빈혈이나 뇌졸중 같이 일시적으로 산소 공급이 끊겨 죽음을 유발하는 질병을 치료하는 길을 찾는 연구가 진행 중이다.

벌거숭이 두더지쥐는 암에 걸리지 않는다. 로체스터 대학교의 생물학자 고르부노바Vera Gorbunova가 발견한 두더지쥐의 비밀은 히알루로난Hyaluronan이라는 탄수화물이었다. 히알루로난은 동물 등의 피부에 많이 존재하는 천연 물질로서, 수산화기가 많기 때문에 친수성 물질이며 동물의 피부에서 보습 작용을 한다. 인간 피부에도 존재하며 특히 지렁이의 피부에 많은 것으로 알려져 있다. 연구자들은 두더지쥐의 세포를 조작하여 히알루로난의 생성을 중단하면 암에서 자유롭던 두더지쥐에서 갑자기 종양이 발생할 수 있음을 발견하였다. 우리 몸에도 같은 물질이 있다. 그러나 우리가 가진 것은 두더지쥐의 것보다 10배 더 짧다. 짧은 히알루로난 분자는 세포가 분열하도록 하면서 염증도 촉진하는 반면, 벌거숭이 두더지쥐에 있는 긴 분자는 항염증 작용을 하며 너무 많이 분열하는 것을 방지한다. 결국 암이란 이웃과의 적절한 소통을 멈추고 세포가 급속하게 분열하는 증상이다. 두더지쥐가 다른 동물이 갖지 않는 이러한 특성을 보이는 이유는 무엇 때문일까? 히알루로난을 이해하고 이를 바탕으로 종양이 자라는 것을 막는 방법이 곧 나올 것으로 기대된다.

그러나 더 중요한 것은 늙지 않는다는 것이다. 수천 마리의 벌거숭이 두더지쥐를 가지고 실험한 결과, 이들은 나이가 들어도 죽음의 위험이 높지 않았다. 최대 4년을 살 수 있는 생쥐와 비교하면, 벌거숭이 두더지쥐는 기껏해야 6년을 살 수 있을 것으로 예상되었지만, 일부는 30년까지 생존하였는데, 이는 중세 시대 영국 남성의 기대 수명과 같다! 더구나 그 나이가 되어서도 암컷은 번식 능력을 유지하였다. 사람의 사망률은 '곰페르츠 곡선(Gompertz curve)'에 따르는 것으로 알려져 있다. 1825년 영국의 수학자 곰페르츠Benjamin Gompertz(1779~1865)는 사망 위험이 나이가 들면서 기하급수적으로 증가한다는 사실을 발견하였다. 그런데 벌거숭이 두더지쥐는 곰페르츠의 법칙을 무시하고 있다. DNA 복구 능력이 우수한 것이다. 또한 단백질이 올바른 입체 구조를 갖도록 도와주는 단백질인 샤페론Chaperone의 수치가 매우 높다. 우리의 수명을 늘려줄 수 있는 비밀이 이 우스꽝스러운 생명체 속에 들어 있을까?

가장 오래된 DNA

약 15,000년 전, 오늘날의 모로코에 있는 세계에서 가장 오래된 동굴(Grotte des Pigeons cave)에서 구슬과 동물의 뿔을 가지고 앉은 자세로 죽은 사람들이 발견되었다. 20세기 고고학자들은 이 유물이 지중해를 건너 북아프리카로 이주한 선진 유럽 문명의 일부라고 가정했다. 그러나 고대 DNA를 분석한 결과 이들은 중동인과 사하라 사막 이남의 아프리카인과 관련이 있었다. 이는 이전에 믿었던 것보다 더 많은 사람들이 북아프리카로부터 이주하였을 뿐만 아니라 북아프리카로도 이주하였음을 시사한다. 고대의 DNA는 북아프리카가 사람들이 생각했던 것 보다 훨씬 오랫동안 중요한 '교차로'였다는 것을 말해준다. 과학자들이 최신 기술을 사용하여 고대에 묻힌 이래로 손상되지 않은 뼈에서 DNA를 추출하여 분석한 결과, 고대의 이베로마우르스인은 15,000년 전에 북아프리카 또는 중동에 살았던 많은 사람들이 공유한 DNA를 물려받았다. 연구 결과는 오늘날 많은 양의 유럽 DNA를 가지고 있는 북아프리카인들의 깊은 역사를 보여준다. 이는 우리가 이전에 알았던 것보다 북아프리카, 중동 및 사하라 이남의 아프리카 사이에 더 많은 이동이 있었음을 시사한다.

DNA 시퀀싱DNA sequencing은 연구자들이 진화와 동물 분류를 연구하는 방식에 혁명을 가져 왔다. 전통적인 DNA 염기 서열 분석에서 분자는 유전 물질을 증폭하는 기계를 통과하여 아데닌(A), 시토신(C), 구아닌(G) 및 티민(T)과 같은 뉴클레오타이드 시퀀스를 읽을 수 있다. 이들 염기는 DNA 가닥을 만들고 아미노산과 단백질을 만드는 지침을 암호화한다. 게놈의 질과 완전성은 DNA가 얼마나 잘 보존되는지에 달려 있다. 그러나 DNA에는 한계가 있다. DNA는 시간이 지남에 따라 분해되는 깨지기 쉬운 분자이다. 지금까지 가장 오래된 DNA 염기 서열은 영구동토층에 냉동되어 있던 70만 년

된 말에서 나왔다.

1994년, 스페인 북부의 아타푸에르카Atapuerca 산맥에서 발굴에 참여한 고고학자들은 지금까지 볼 수 없었던 고대 인류의 화석화된 유골을 발견했다. 연구자들은 "전임자"라는 뜻을 가진 라틴어를 빌려 이전에 알려지지 않은 호미닌이라는 의미로 '호모 안테세소르Homo antecessor'라고 명명했다. 이 뼈들은 유럽에서 발견된 가장 오래된 호모Homo 화석 중 하나였기 때문에 일부 연구자들은 호모 안테세소르가 네안데르탈인, 데니소바인 및 현대인의 공통 조상(Common ancestor)일 수 있다고 추측했다.

2020년 4월 1일 학술지 '네이처Nature'에 게재된 이 연구에서 과학자들은 80만 년 된 호모 안테세소르의 치아 법랑질에 있는 단백질의 서열을 분석하여 그 단백질을 생성한 유전 암호의 일부를 해독했다. 이 코드를 더 최근의 인간 치아 샘플의 유전 데이터와 비교한 연구팀은 호모 안테세소르가 현대인과 멸종된 호미닌의 진화를 이끈 공유 조상(Shared ancestor)의 "자매 종"일 것이라고 주장하였다. 단백질 연구를 통해서 호모 사피엔스, 네안데르탈인, 데니소바인의 마지막 공통 조상과 밀접한 관련이 있을 수 있다는 증거가 나온 것이다.

DNA는 비교적 빠르게 분해되어 수십만 년 내에 읽을 수 없게 된다. 2016년 학술지 '네이처'에 발표된 연구에 따르면 지금까지 서열 분석된 가장 오래된 인간 DNA는 약 43만 년이었다. 한편 단백질은 화석에서 수백만 년 동안 생존 할 수 있다. 과학자들은 이전에 유사한 단백질 시퀀싱 방법을 사용하여 조지아의 드마니시Dmanisi(Georgia)에서 발견된 177만 년 된 코뿔소와 중국의 190만 년 된 멸종된 원숭이의 유전 암호를 연구했다. 단백질 분석을 통해 연구자들은 다른 유전자 서열 분석 방법보다 과거를 훨씬 더 깊이 들여다 볼 수 있다. 단백질체학을 기반으로 한 새로운 기술이 깊은 과거를 밝히기 시작했으며 최근 연구자들은 170만 년 전에 살았던 코뿔소의 치아 법랑질에서 유전 정보를 추출했다. 과학자들은 질량 분석기를 사용하여 보존된 단백질을 살펴보고 이를 구성하는 아미노산을 결정할 수 있다. 연구자들은 각 아미노산을 암호화하는 3글자 DNA 서열을 알고 있기 때문에 단백질의 DNA 서열을 결정할 수 있다.

코펜하겐 대학교의 카펠리니Enrico Cappellini 등은 학술지 학술지 '네이처'에 게재한 새로운 연구에서 조지아의 드마니시에서 발굴된 스테파노리누스Stephanorhinus라고 불리는 177만년 된 유라시아 코뿔소에서 극소량의 치아 법랑질을 채취했다. 이들은 질량 분석을 통해 법랑질에서 가장 오래된 유전 데이터를 찾을 수 있었다. 법랑질에서 고대의 단백질을 분석하는 기술은 분자 진화 연구의 새로운 장을 열 것으로 기대되고 있다. 전 세계의 박물관과 퇴적물에 있는 수많은 화석은 유용한 진화 정보를 제공한다. 현재 인류의 조상으로부터 채취한 가장 오래된 DNA는 약 400,000년 된 것으로서, 이는 호모 사피엔스, 네안데르탈인, 그리고 데니소바인에 대해 약간 말해 줄 수 있을 정도이다. 고인류학자들은 주로 해부학적 변화에 의존하여 고대 유인원이 우리의 직접적인 조상인지 결정했다. 예를 들어, 현대 인간과 호모 에렉투스 사이에는 직접적인 유전적 연결이 없다. 일부 증거는 또한 초기 인간이 호모 에렉투스와 교배되었음을 시사한다. 이들 종의 게놈을 연구하면 관계를 다듬는 데 도움이 될 것이다. 이제 새로운 기술을 활용하면 고대 코뿔소의 가계도를 들여다 볼 수 있다. 치아 에나멜의 DNA는 두 뿔 달린 코뿔소 스테파노리누스가 약 10,000년 전 홍적세까지 살아남은 더 잘 알려진 털 코뿔소의 직접적인 조상이 아니라 자매 혈통이며, 이 둘은 공통 조상에서 진화했을 가능성이 있음을 보여준다. 단백질체학의 힘을 빌리면 보다 구체적인 진화계통도를 그릴 수 있을 것이다.

건강 장수를 위한 DNA 검사

나는 110살까지 살 거야! 장수 여부는 물론이고 심장병이나 암에 걸릴지 여부에 이르기까지 모든 것을 예측하는 획기적인 DNA 테스트를 믿는다면 말이다. DNA는 우리의 화학적 '청사진'이다. DNA 검사를 하면 어떤 사람이 유전적 돌연변이를 가지고 있는지 여부를 감지 할 수 있다. 오염, 흡연, 수면, 음주, 그리고 식사와 같은 환경 및 생활양식 요인은 DNA에 명백한 화학적 표시 또는 '바이오 마커'를 남긴다. 따라서 DNA 검사는 사람의 연기 노출 수준, 신진 대사 상태 및 생물학적 연령을 보여줌으로써 질병에 걸릴 가능성을 제시한다.

후성유전학 분석(Epigenetic analysis)이란 당신이 가지고 태어난 유전자를 밝히는 것을 넘어 당신의 라이프 스타일이 당신에게 어떻게 영향을 미치는지 살펴보는 것이다. 이 분석은 또한 건강 전망을 예측하여 개선할 수 있는 기회를 제공한다. 후성유전학을 사용하여 수명과 건강 전망을 예측할 수 있는 가능성은 13,000명 이상의 사람들이 참여한 2016년 학술지 '노화(Aging)'에 발표된 연구를 포함하여 여러 연구에서 입증된 바 있다. 후성유전학으로 예측할 수 있는 생활 습관 질병 목록이 늘어나고 있으며, 여기에는 골관절염, 심장병 및 암이 포함된다.

UCLA 과학자들은 DNA 바이오 마커를 분석하여 관상 동맥 심장병이나 암이 발병했을 때 얼마나 오래 살 것인지, 언제 관상 동맥 심장병이나 암이 발병할 것인지, 심지어 폐경이 언제 올 것인지 예측하는 방법을 고안했다. 그들은 '후생유전학적 시계(Epigenetic clock)'를 저승사자(Grim reaper)의 이름을 따서 '그림에이지GrimAge'라고 불렀는데, 이는 개인의 기대수명과 건강수명을 예측하는 데 매우 효과적이다. 생물학적 노화에 영향을 미치는 요인은 유전, 영양, 생활 방식, 습관, 환경, 질병 등 매우 다양하다. 바이오 마커뿐만 아니라 심리적 지표인 사이코 마커도 노화를 측정하는 데 사용될 수 있다.

4
홍적세 공원

매머드 / 호박 속의 공룡 / 호박 속의 DNA / DNA의 진실

매머드

멸종된 공룡들이 살아나 활보하는 쥬라기 공원을 실제로 볼 수 있을까? 아니면 시베리아 대초원을 누비던 털북숭이 매머드를 다시 만날 수 있을까? 2017년 내셔널 지오그래픽National Geographic에 따르면, 현재의 과학 기술로 상징적인 빙하기 초식 동물을 되살릴 수 있는 DNA를 실제로 작성할 수 있을 것이라고 한다. 유전학자들이 털북숭이 매머드를 부활시키려 함에 따라 상상이 현실이 될 수 있을지도 모르겠다. 털북숭이 매머드는 북부의 여러 대륙에 살았으며 극한의 추위를 막아주는 두꺼운 털을 가지고 있었다. 그러나 약 4,000년 전에 멸종되는 운명을 맞았다. 현재의 유전학 혁명은 이를 되살릴 수 있는 혁명적인 도구를 탄생시켰다. 바로 크리스퍼(Clustered Regularly Interspaced Short Palindromic Repeats, CRISPR)라고 부르는 유전자 편집 기술이다. CRISPR는 박테리아와 고세균 같은 원핵생물의 게놈에서 발견되는 DNA 서열을 말한다. 이 기술을 이용하면 특정 성질을 암호화하는 개별 유전자를 생물의 게놈에 배치할 수 있으며, 털북숭이 매머드를 부활시키기 위한 프로젝트에 적용되고 있는 것이다. 유전자를 다시 만들고 생명의 구성 요소를 만들 수 있다면 무엇을 할 수 있을지는 아무도 모른다.

매머드를 부활시키고자 하는 중요한 이유는 무엇일까? 시베리아 평원은 영구동토층으로 이루어진 광대한 땅이다. 문제는 툰드라가 시한폭탄이라는 것이다. 영구동토층

에는 지구상의 모든 숲을 세 번 태울 때보다 더 많은 탄소가 갇혀 있다. 그리고 세상이 따뜻해지면서 영토동토층이 녹는 시점이 점점 더 가까워지고 있으며 이 시한 폭탄은 터질 것이다. 과학자들은 멸종된 동물들을 다시 도입하는 것만으로 영구동토층의 온도를 8℃ 낮출 수 있다고 주장한다. 큰 초식 동물이 대초원 풀의 성장을 촉진하여 알베도 효과가 높아지기 때문이다. 알베도 효과란 빛을 반사하는 정도를 수치로 나타낸 것을 말한다. 밝은 색의 풀이 거울처럼 햇빛을 다시 대기로 반사하여 지구로 흡수되는 열을 줄여 온도를 최소화하고 영구동토층이 녹는 것을 줄여주는 것이다.

털북숭이 매머드를 되살리는 것과 관련된 과학적 도전과 그것이 가능한 시기는 언제쯤일까? 우선, 선사 시대 매머드를 시퀀싱해야 한다. 일단 시퀀스가 확보되면 매머드의 게놈을 알 수 있으므로 매머드를 되살리는 데 중요한 특성을 선택한다. 매머드 게놈의 99%는 아시아 코끼리의 게놈과 유사하다. 따라서 과학자들은 털북숭이 매머드가 아시아 코끼리와 짝을 이루면 아기를 가질 수 있다고 믿는다. 여기서는 〈쥬라기 공원(Jurassic Park)〉과 달리 털북숭이 매머드를 복제하지 않는다. 시체 안의 물질은 방사선과 나쁜 조건으로 인해 3,000년에서 12,000년에 걸쳐 분해되었다. 따라서 유전자를 합성하여 아시아 코끼리의 배아에 넣고 그 배아를 다시 아시아 코끼리에 넣으면 아시아 코끼리가 털북숭이 매머드를 낳을 수 있다. 하버드 털북숭이 매머드 복원팀을 이끌고 있는 처치George Church는 2~3년 안에 첫 아기를 탄생시킨다는 목표로 연구하고 있다.

한국-러시아 팀이 혈관에 피가 묻어있는 얼어붙은 매머드를 발견했다. 수암 생명공학 연구원(Sooam Bioteh, 수암 바이오텍)은 인간 세포를 복제했다고 주장한 과학자가 창립했다. 그는 개를 복제하는 이 회사를 만들어 유명해졌다. 그는 또한 털북숭이 매머드를 되찾기 위해 노력하고 있다. 그들의 목표는 복제하기에 충분한 상태의 거대한 재료 조각을 얻는 것이다. 다른 과학자들은 불가능하다고 생각한다. 하지만, 그들이 함께 일하고 있는 러시아 팀은 얼음에 반쯤 잠긴 털북숭이 매머드를 발견했다. 이 자료는 러시아에 보관되어 있다. 연구자들은 털북숭이 매머드의 피가 얼지 않은 상태로 보존되어 있다면 이것을 복제하여 매머드를 만들 수 있다고 주장하고 있다.

호박 속의 공룡

공룡이 발견되었다. 호박에 보존된 공룡의 꼬리가 발견된 것이다. 9,900만 년 전에 살았던 공룡은 깃털로 덮여 있었다. 2016년 학술지 '커런트 바이올로지Current Biology'에 발표된 바에 따르면, 뼈, 연조직, 심지어 깃털까지 포함하는 공룡의 꼬리가 호박(Amber)에 보존되어 있었다. 깃털 달린 공룡에 대한 증거가 담긴 화석도 발견되었다. 이 연구는 중국의 고생물학자 싱Lida Xing이 이끄는 연구팀에 의해 수행되었다. 반투명한 백악기 중기의 호박 샘플에는 공룡의 깃털과 날아다니는 새의 깃털이 어떻게 다른지 보여주는 최초의 순간이 담겨 있었다.

샘플을 CT 스캔과 현미경으로 분석한 결과, 원래 25개 이상의 척추로 구성되었던 것으로 보이는 길고 가는 꼬리에서 8개의 척추가 발견되었다. 꼬리의 구조에 기초하여, 연구자들은 그것이 티라노사우루스Tyrannosaurs에서 현대 조류에 이르기까지 모든 것을 포함하는 수각류 공룡의 일종인 코엘루로사우르스Coelurosaur에 속한다고 믿고 있다. 관절이 있는 꼬리 척추의 존재로 인해 연구자들은 표본의 깃털이 선사시대 새의 것일 가능성을 배제 할 수 있었다. 현대 조류와 가장 가까운 백악기 조상은 꼬리 깃털을 하나의 단위로 움직일 수 있도록 해주는 피고스타일Pygostyle을 하고 있었는데, 이것은 마지막 몇 개의 꼬리 척추가 단일 골화로 융합되어 꼬리 깃털과 근육계를 지원하는 골격 상태를 말한다. 호박 속에서는 잘 보존된 백악기 시대의 새의 날개도 발견되었는데, 이것은 오늘날 새의 비행 깃털과 매우 유사하였다. 연구자들은 꼬리 전체가 샘플에서 보이는 유형의 깃털로 덮여 있다면 공룡은 "날 수 없었을 것"이라고 결론지었다. 오히려 그러한 깃털은 신호 기능을 수행하였거나 온도 조절 역할을 하였을 것으로 보고 있다. 또한 약하게 발달된 꼬리 깃털은 이 공룡이 수각류 공룡의 계통수 아래 어딘가에 위치해 있음을 시사한다. 싱Xing은 원시 마니랍토라Maniraptora 공룡일 것이라고 제안하였다.

세계에서 가장 다양한 백악기의 동식물이 포함되어 있을 가능성이 큰 호박 샘플이 미얀마의 후캉 계곡(Hukawng Valley)에 위치한 광산에서 발견되었다. 2015년 연구자들이 카친 주(Kachin state)의 수도 미치나Myitkyina에 있는 유명한 호박 시장에서 수집한 호박 샘플에는 공룡 시대의 새의 날개가 들어 있었다. 대부분의 미얀마 호박은 보석과 조각에 사용되는데, "에바Eva" 샘플이라 불리는 이 샘플은 연구자들이 수집했을 때에는 형태가 변경되어 있었다. 그들은 한때 공룡의 연조직에 존재했던 혈중 헤모글로빈의 분해 산물인 철의 존재를 밝혀냈다. 철분이 존재한다는 사실은 유용한 화학 정보를 얻을 수 있는 희망이 있다는 것을 의미한다.

호박 속의 DNA

대부분의 생물학자들은 쥬라기 공원 시나리오가 거의 불가능하다고 생각한다. 곤충이 운반하는 혈액은 급속히 악화되고 자체 DNA로 오염되기 때문이다. 그러나 과학자들은 1억 2,000만 년 된 호박에서 곤충에서 DNA를 추출했다고 주장한다. 수백만 년 된 호박에서 벌, 흰개미, 파리, 식물, 박테리아 등 다양한 유기체의 DNA가 추출되었다. 더 오래된 것으로는 백악기로 거슬러 올라가는 레바논 호박에서 바구미의 DNA가 추출되었다. 마이오세(약 2,300만 년 전~600만 년 전)의 퇴적물에 보존된 여러 식물도 성공적으로 조사되었다. 1994년에는 가장 흥미로운 결과가 발표되었다. 그것은 8천만 년 전으로 거슬러 올라가는 공룡 뼈에서 추출된 미토콘드리아 시토크롬 b의 서열이었다. 1995년에는 백악기 알에서 추출한 공룡 DNA 서열이 보고되면서, 지구의 진화적 과거에 대한 지식에 혁명을 일으킬 것처럼 보였다. 이러한 획기적인 발견을 무색하게 할 연구 결과도 있었다. 암염에서 2억 5,000만 년 된 할로박테리아가 추출된 것이다.

호박은 고대의 나무가 화석화된 수지로서 선사 시대의 유기 물질을 보존하는 능력이 뛰어나다. 곤충에서 공룡 DNA를 추출하여 오늘날 고대 역사에서 이러한 생물을 재현하는 것이 가능할까? 1980년대에 호박 속의 곤충에 세포 구조가 보존되어 있다는 사실이 밝혀지면서 곤충의 세포에서 DNA를 찾기 위한 노력이 계속되었다. 1992년 캘리포니아의 과학자들이 도미니카 호박에 들어 있는 멸종된 벌(Proplebeia dominicana)에서 DNA 조각을 추출했다고 처음으로 보고하였다. 이어서 뉴욕의 과학자들이 도미니카 호박에 있는 멸종된 흰개미(Mastotermes electrodominicus)의 DNA에 대해 보고하였다. 그리고 레바논 호박에 들어 있는 딱정벌레에서 DNA를 추출했다는 보고가 이어졌다. 이러한 주장이 진짜인지 오염의 결과인지에 대해서는 회의적인 견해가 있었다. DNA는 특히 물이 있을 때 매우 빠르게 분해되는 것으로 나타났다. 그러나 호박 속의 곤충은 탈수되고 이것이 빨리 진행되면 DNA의 붕괴를 막을 수 있다.

영화 〈쥬라기 공원〉은 고대 공룡의 DNA가 호박에 보존된 화석화된 모기에서 추출될 수 있다는 개념을 바탕으로 한다. 공룡의 피를 취한 선사 시대의 모기는 특정 나무수지에 갇혀 보존되어 내장에 공룡의 피와 공룡 DNA의 흔적을 남겼다고 가정한다. 수지가 굳어졌고 결국 수백만 년이 지나면서 굳어져서 완벽하게 보존된 공룡 DNA를 포함하는 호박 조각을 형성했다. 쥬라기 공원의 과학자들은 이것을 살아있는 공룡을 복제하기 위한 유전적 "청사진"으로 사용한다.

DNA의 진실

DNA는 지구상 모든 생명체의 유전 정보를 생성하고 암호화하며 저장하는 물질이다. 여기서 핵산은 5탄당, 인산염, 그리고 염기로 구성된 뉴클레오타이드로 구성되어 있다. DNA는 당과 인산염이 반복적으로 연결된 고분자이며 당에는 네 가지 염기가 달려 있다. DNA는 1869년 스위스의 과학자 미셔Friedrich Miescher(1844~1895)에 의해 발견되었지만, 1940년대가 되어서야 캐나다의 에이버리Oswald Avery(1877~1955)에 의해 DNA에 인간의 유전적 청사진이 포함되어 있다는 사실이 밝혀졌다. 그 이전에는 단백질이 유전 정보를 저장한다고 믿었다. DNA 이중 나선 구조는 플랭클린Rosalind Franklin(1920~1958)의 DNA의 X-선 회절 이미지를 바탕으로 1953년 왓슨James D. Watson과 크릭Francis Crick(1916~2004)에 의해 학술지 '네이처'에 처음 발표되었다.

DNA의 염기는 아데닌Adenine(A), 구아닌Guanine(G), 티민Thymine(T), 시토신Cytosine(C)

의 네 가지로 구성된다. 인간 게놈에는 30억 개의 DNA 염기쌍이 들어 있다. DNA 분자는 꼬인 사다리 모양이다. 그 사다리의 가로대는 염기(A, C, G, T)로 만들어져 수소 결합으로 쌍으로 묶여 있다. 염기들은 구체적인 방식으로 짝을 이룬다. A는 항상 T와, G는 항상 C와 쌍을 이룬다. 유전자는 DNA의 약 3%만 차지한다. 나머지 DNA는 유전자 활동을 제어한다. 한 사람의 몸에 있는 모든 DNA를 펴서 이어 붙인 길이는 지구에서 태양까지 600번 도달할 수 있는 거리이다.

인간 DNA의 40%는 초파리와 공유하고 있고 41%는 바나나와 공유하고 있으며 85%는 생쥐와 공유하고 있으며 98.7%를 침팬지와 보노보 원숭이와 공유한다. 모든 인간은 자신의 DNA의 99.9%를 다른 모든 인간과 공유한다. 인간과 가장 가까운 유전적 친척은 멍게이다. 다시 말해, 인간은 거미나 문어 혹은 바퀴벌레보다 이 작은 척삭동물(Chordate)과 유전적으로 더 많은 공통점이 있다.

DNA는 깨지기 쉬운 분자이다. 하루에 수천 번 정도 오류를 일으키는 일이 발생한다. 여기에는 전사(Transcription) 중 오류, 자외선으로 인한 손상, 또는 기타 다양한 활동이 포함될 수 있다. 많은 복구 메커니즘이 있지만 일부 손상된 것은 복구되지 않는다. 이것은 돌연변이가 발생한다는 것을 의미한다. 일부 돌연변이는 해를 끼치지 않으며 일부는 도움이 되며 일부는 암과 같은 질병을 유발할 수 있다. 크리스퍼CRISPR라는 새로운 기술은 우리가 게놈을 편집할 수 있게 하여 암, 알츠하이머병 그리고 이론적으로 유전적 요소가 있는 모든 질병과 같은 돌연변이를 치료할 수 있다.

당신의 뿌리를 찾고 싶다? 당신의 DNA는 당신을 상상하지 못했던 장소와 연결시킨다. 유전학은 타액에 있는 DNA 만으로도 당신이 꿈도 꾸지 못했던 것을 알려준다. 당신의 조상이 수백 년에서 수천 년 전에 살았을 수 있는 세계의 지역, 세대에 걸쳐 유대 관계를 맺은 지역, 이동한 이유와 장소를 확인 할 수 있다. 과거를 알고 싶다? 'DNA Ancestry Test'(DNA로 조상을 찾는 사이트)를 클릭해보면 어떨까?

5
노화의 역전, 신데렐라 분자

텔로미어 / 불멸의 효소, 텔로머라제 / 불멸의 분자 / 신데렐라 분자 /
현대판 불로초 / 노화의 진화

텔로미어

우리의 DNA 가닥을 함께 묶는 염색체의 일부인 텔로미어Telomere가 주목을 받고 있다. 텔로미어란 반복적인 DNA 서열(TTAGGG) 및 관련 단백질을 포함하는 염색체 말단의 보호 구조를 말한다. 이 서열은 일반적으로 약 3,000번 반복되며 최대 15,000개의 염기쌍으로 구성된다. 텔로미어는 세포 핵(통제 센터)에서 46개의 염색체 각각을 조직하는 데 도움을 주고, 신발 끈의 캡Cap과 같이 염색체의 끝을 보호하며, 세포 분열 중에 염색체가 제대로 복제되도록 해 준다. 텔로미어는 나이가 들어감에 따라 건강에 중요한 역할을 한다. 시간이 지남에 따라 텔로미어가 더 짧아지기 때문이다. 이는 수명이 짧아지고 일부 질병의 위험이 높아진다는 것을 의미한다.

세포가 분열할 때마다 각 염색체의 텔로미어 끝에서는 25~200개의 염기가 손실된다. 텔로미어가 너무 짧아지면 염색체가 '임계 길이'에 도달하여 더 이상 복제 할 수 없게 된다. '임계 길이'에 이르면 프로그램된 세포 사멸이라고 부르는 세포 자멸사에 의해 세포가 죽게 된다. 성인은 세포 사멸로 인해 매일 500억에서 700억 개의 세포가 손실된다. 텔로미어가 더 빨리 짧아지는 종일수록 수명이 더 짧다는 사실이 밝혀졌다. 이 결과는 스페인 국립암연구센터의 연구자들이 염소, 돌고래, 갈매기, 순록, 독수리, 플라밍고, 코끼리, 생쥐 및 사람의 텔로미어를 비교하여 'PNAS(미국 국립 과학원 회보)' 저널에 발표하였다. 이 연구는 텔로미어가 더 빨리 단축되는 종의 수명이 더 짧다는 것을 보여준다. 중요한 것은 텔로미어의 길이가 아니라 이것이 짧아지는 속도이다.

텔로미어가 유기체의 노화의 기초가 된다는 사실은 잘 알려져 있다. 텔로미어는 세포핵 내부의 염색체 끝을 구성한다. 텔로미어의 기능은 유전자를 보호하는 것이다. 그러나 세포가 증식하여 손상을 복구할 때마다 텔로미어가 조금씩 짧아진다. 텔로미어가 너무 짧아지면 더 이상 재생되지 않을 수 있는데, 이 경우 세포는 정상적인 기능을 멈춘다. 그러나 지금까지 각 종의 텔로미어 길이와 수명 사이의 연관 관계가 발견되지 않았다. 매우 긴 텔로미어를 가진 종이 수명이 짧은 경우도 있으며 그 반대의 경우도 있었다. 연구자들은 텔로미어의 절대 길이를 비교하지 않고 짧아지는 속도를 비교하였다. 사람의 텔로미어는 매년 평균 약 70개의 염기쌍을 잃는 반면, 생쥐는 연간 약 7,000개의 염기쌍을 잃는다. 쥐는 2년을 사는데 텔로미어는 매우 길다. 반면에 사람은 텔로미어는 짧은데 오래 산다. 중요한 것은 초기 길이가 아니라 단축 속도이며, 단축 속도는 종의 수명을 더 잘 예측할 수 있는 지표이다.

미시간 대학교의 연구 결과에 의하면, 먹는 음식과 텔로미어 길이 사이의 연관성이 있다는 사실이 밝혀졌다. 과일, 채소, 통곡물, 식물성 단백질과 같은 식품을 섭취한 결과 건강한 세포 노화와 연관이 있음이 밝혀졌다. 라이프 스타일은 텔로미어의 길이(및 그에 따른 노화)와 관련하여 매우 중요하다. 수면 부족에서 담배 흡연에 이르기까지 모든 것이 높은 스트레스 수준과 마찬가지로 텔로미어가 단축되는 속도를 가속화할 수 있다. 명상은 스트레스를 감소시켜 텔로미어 길이에 긍정적인 영향을 미친다는 연구 결과도 있다. 운동이 텔로미어의 길이에 영향을 미친다는 사실도 밝혀졌다. 텔로미어가 염색체를 보호하는 원리를 규명하여 2009년 노벨생리의학상을 수상한 블랙번Elizabeth Blackburn에 따르면, 45분 동안 일주일에 3번 정도 적당한 유산소 운동을 하는 사람들은 마라톤 선수만큼 긴 텔로미어를 가지고 있다. 일상적으로 다양한 운동을 하는 사람들도 더 긴 텔로미어를 갖는 것으로 보인다. 명상과 자기 관리도 중요하다.

불멸의 효소, 텔로머라제

최근 보통 쥐보다 훨씬 긴 텔로미어를 가진 생쥐가 탄생하였다. 생명공학 기술로 만들어진 이 생쥐는 암과 비만이 덜 생기고 건강한 상태에서 더 오래 산다. 스페인 국립 암연구센터의 블라스코Maria Blasco와 동동연구자들이 수행한 연구 결과는 2019년 학술지 '네이처 커뮤니케이션'에 게재되었다. 이 연구에서 가장 주목할 부분은, 생쥐의 유전자를 조작하지 않고 수명을 연장했다는 점이다. 연구팀은 이전의 연구에서, 텔로머라제를 활성화해 텔로미어가 짧아지는 것을 막으면, 부작용 없이 수명을 연장할 수 있다는 것이 입증되었다.

수년 전에는 텔로메라아제 합성을 늘리는 유전자 치료법을 개발해, 암 등 노화 질환을 일으키지 않은 채 생쥐의 수명을 24% 연장하는 데 성공했다. 하지만 기존의 연구는 유전자 발현을 조작했다는 점에서, 유전자를 건드리지 않은 이번 연구와 다르다고 한다. 그만큼 이번 연구의 의미가 크다는 뜻이다. 연구팀은 이 실험에서 연장된 텔로미어에 '하이퍼-롱 텔로미어Hyper-long telomere, HLT'라는 이름을 붙였다. 텔로미어가 길어진 생쥐는, 암이 덜 생기고 물질대사 측면의 노화가 늦춰졌으며, 수명이 평균 13% 늘었다. 구체적으로 콜레스테롤과 LDL(Low-density lipoprotein, 저밀도 지질단백질) 수치가 낮아지고, 인슐린 및 글루코스 내성이 강해지며, DNA 손상이 줄어들고, 미토콘드리아 기능이 향상되었다. 특히 텔로미어는 길어지는 동시에 가늘어져, 텔로미어가 쌓여도 많이 두꺼워지지 않았다. 세포의 전분화능(Pluripotency) 단계에서 텔로미어 연장을 촉진하는 텔로미어 크로마틴(염색질)의 생화학적 변화는 후성적 특성을 가진 것으로 나타났다. 이는 수명 연장과 관련해 유전자를 바꾸지 않고도 생명을 연장할 여지가 있다는 의미이다. 짧은 텔로미어는 생쥐와 인간의 노화와 수명 단축을 유발한다. 과학자들이 유전자를 조작하지 않은 상태에서 보통의 쥐보다 긴 텔로미어를 가진 생쥐를 만들어 연구한 결과, HLT를 가진 생쥐는 텔로미어가 더 길고 노화에 따른 DNA 손상이 적다는 것을 알아냈다. HLT를 가진 마우스는 마른 체형이고 콜레스테롤 수치와 LDL 수치가 낮았다. 또한 포도당 및 인슐린 내성이 증가하였다. HLT 마우스는 또한 암 발병률이 낮고 수명이 증가하였다. 텔로미어의 길이가 장수와 직결되어 있다는 사실은 불로장생의 비밀을 풀 수 있는 열쇠가 될 것인가?

인간의 게놈은 30억 개 이상의 DNA 염기쌍으로 구성되어 있으며, 인체의 대부분의 세포에는 22쌍의 염색체와 한 쌍의 성 염색체가 포함되어 있다. 염색체의 완전성을 보호하고 한 염색체의 끝이 다음 염색체로 융합되는 것을 방지하기 위해 각 염색체는 일련의 반복되는 뉴클레오타이드 서열인 텔로미어로 캐핑된다. 사람의 경우에는 TTAGGG 가 반복되고 있는데, 평균적으로 이 시퀀스가 수천 개 존재한다. 세포가 분열 할 때마다 염색체가 복사되지만 끝까지 복사되지는 않는다. 결과적으로 텔로미어는 점차 짧아진다. 사실, 우리는 매번 약 50~200개의 염기쌍을 잃는다. 텔로미어는 세포의 노화를 알려주는 카운트다운 시계로 작동한다. 그런데 텔로미어의 길이가 특정 임계 값 아래로 떨어지면(4,000개 염기쌍보다 약간 부족한 수준) 염증 유발 신호 증가 및 암 위험 증가와 같은 문제가 발생하기 시작한다. 실제로 짧은 텔로미어는 당뇨병, 심혈관 질환 및 특정 암을 비롯한 여러 질병에 관여하는 것으로 알려져 있다. 결국 세포는 복제를 멈추고 '노화'라는 상태로 들어간다. 이러한 노화 세포의 축적은 노화와 관련된 장기 및 조직 감소를 유발한다. 따라서 텔로머라제는 세포의 수명을 연장할 수 있으며 영원한 생명을 얻게 하는 "불멸의 효소"로 불린다. 그렇다면 우리 모두는 텔로머라제를 가지고 있는데 왜 우리는 불멸하지 않는 것일까? 우리 모두는 텔로머라제 유전자를 가지고 있지만 대부분의 성인 세포에서는 활성화되지 않다. 이것은 정자 세포, 난자 세포, 배아 세포 및 성체 줄기 세포에서만 활성화된다.

텔로머라아제가 항상 모든 곳에서 활성화되지 않는 이유는 또 있다. 텔로미어는 게놈 손상의 '분자 센서' 역할을 하며 고도로 손상된 DNA를 가진 세포의 복제를 제한하는 데 도움이 된다. 텔로미어를 오래 유지하고 축적된 손상의 정도에 관계없이 세포가 계속 분열하도록 하면 암이 형성되고 성장할 수 있다. 이러한 암에서 텔로머라제 활성을 차단하는 것이 매우 유용한 치료 전략이 될 수 있다. 텔로머라제는 수십 년 동안 암 치료제 연구의 표적이었다. 캘리포니아 대학교 UC 샌프란시스코의 블랙번Elizabeth H. Blackburn, 존스홉킨스 대학교의 그라이더Carol W. Greider, 그리고 하버드 대학교의 쇼스

택Jack W. Szostak은 텔로머라제를 발견한 공로로 2009년 노벨 생리 의학상을 수상하였다. 이들의 발견은 세포를 더 잘 이해하고 질병 메커니즘을 규명하여 새로운 치료법을 개발할 수 있는 계기를 마련하였다.

불멸의 분자

지구에서 생명은 어떻게 시작되었을까? 자신을 복제 할 수 있는 분자는 살아있는 시스템의 중요한 특성인 유전력(Heritability)의 기초를 제공한다. 여기서 유전력이란 양친의 형질이 자손에게 전달되는 정도를 말한다. 미국 스크립스 연구소의 과학자들은 단백질이나 다른 세포 성분의 도움 없이 스스로 복제할 수 있는 RNA 효소를 처음으로 합성했으며, 그 과정은 무한히 진행된다. 이 연구는 2009년 1월 '사이언스Science' 저널의 온라인 판 '사이언스 익스프레스Science Express'에 게재되었다.

암의 특징 중 하나는 세포의 불멸(Immortality)이다. 노스웨스턴 대학교의 유기 화학자인 샤이트Karl A. Scheidt와 공동 연구자들은 세포 불멸의 기본 중 하나인 텔로머라제 효소를 표적으로 하고 억제하는 분자 도구를 개발했다. 이 효소는 인간 암세포의 약 90%에서 과발현되는 것으로 밝혀졌다. 정상 세포에는 텔로머라제 유전자가 있지만 일반적으로 발현되지 않는다. 텔로머라아제는 암세포가 영원히 살 수 있도록 하는 중요한 효소이다. 연구자들은 텔로머라제에 결합하여 활성을 차단하는 최초의 작은 분자를 설계하고 이를 이용하여 암을 치료하고 세포 노화를 이해하고자 하였다. 이러한 저분자 설계에 대한 중요한 아이디어는 자연에서 왔다. 박테리아에 의해 생성된 크로락토마이신Chrolactomycin이 텔로머라제를 억제하는 것으로 밝혀진 것이다. 연구자들은 수년에 걸쳐 200개 이상의 화합물을 만들었다.

인간의 세포에는 각 DNA 가닥의 끝을 덮고 있는 짧은 DNA 서열인 텔로미어가 있다. 텔로미어의 역할은 염색체와 DNA를 보호하는 것이다. 세포 분열이 진행되면서 어느 한계까지 짧아지면 텔로미어는 더 이상 역할을 할 수 없게 되며 자연적인 세포 사멸이 뒤따른다. 대조적으로, 텔로머라제 활성이 강화된 암세포는 정상적인 텔로미어 단축 과정을 역전시켜 '불멸의 상태'가 된다. 텔로미어 효소는 텔로미어를 반복해서 복사하여 텔로미어를 늘린다. 결과는 무한한 세포 분열과 '불멸'이다. 1951년 존스 홉킨스 병원에 입원했던 아프리카계 미국인 여성 랙스Henrietta Lacks의 자궁경부암 조직에서 분리된 유명한 '헬라 세포(HeLa cell)'는 지금도 여전히 분열을 계속하고 있다.

신데렐라 분자

고대 이집트인들은 아름다움을 거룩함의 표시로 여겼다. 그들은 남녀 모두 화장을 했다. 눈 화장을 위한 물질로 공작석과 콜Kohl[휘안석(Sb_2S_3)을 갈아 만든 눈 화장품] 등이 사용되었다. 그들이 사용한 콜은 질병, 벌레, 태양광선으로부터 눈을 보호해주는 건강상의 이점을 가지고 있었다. 그들은 또한 붉은 나트론Natron, 소금, 그리고 꿀을 섞어 화상 치료제를 만들어 뺨과 입술에 발랐다. 화장품에는 납염(Lead salt)이 함유되어 있어서 피부에 바르면 더 많은 산화질소(NO)를 생성하게 되는데, 이것이 질병을 일으키는 박테리아를 퇴치해 준다. 따라서 그들은 질병이나 감염에 걸릴 확률이 낮았다. 고대 이집트인들에게 있어서 화장은 미적 욕구를 표현하는 수단 이상의 의미를 가졌다.

지나친 음주나 흡연, 과도한 운동은 피부에 악영향을 미친다. 요즘은 남자들도 화장을 하는 시대이다. 피부 개선을 위한 제품들이 점점 더 많은 관심을 받고 있다. 피부에 좋은 물질도 나왔다. 바로 DMAE(Dimethylaminoethanol, 다이메틸아미노에탄올)이다. DMAE는 화학식이 $(CH_3)_2NCH_2CH_2OH$인 분자로서, 3차 아민과 1차 알코올 작용기를 가지는 무색의 액체이다. DMAE는 뇌에서 소량 만들어지는 화학물질이다. 2000년 피부과 의사 페리콘Nicholas Perricone은 DMAE가 들어 있는 연어와 멸치를 많이 섭취하면 정신이 맑아지고 세포를 활성 산소로 인한 손상으로부터 보호하며 몸과 얼굴의 근육 긴장도를 높인다고 주장하였다.

노화되고 있는 피부를 개선하기 위한 스킨케어 제형이 점차 많은 사람들의 관심을 받고 있다. 그 중에서 항산화제로서 노화방지 효과가 있는 것으로 보고된 것이 DMAE이다. 이 화합물은 콜린Choline의 전구체이며, 이는 뇌의 학습과 기억에 관여하는 중요한 신경전달 물질인 아세틸콜린Acetylcholine의 생산을 최적화한다. 무작위 임상 연구에서 16주 동안 매일 3% DMAE 젤을 얼굴에 발라준 경우 이마 라인과 안와 주위의 잔주름 완화에 효과적인 것으로 나타났고, 노화된 피부도 개선시켜 주었다. 이러한 효과는 2주 동안 적용을 중단하는 동안에도 감소하지 않았다. 또한 굵은 주름, 눈 밑 다크 서클, 팔자 주름, 처진 목 피부 및 목 탄력의 회복에도 유효한 것으로 나타났다. DMAE 겔을 최대 1년 동안 장기간 적용했을 때에도 안전성이 있음을 보여주었다. 피부의 작용 기전은 아직 밝혀지지 않았지만, 피부가 아세틸콜린 합성, 저장, 분비, 신진 대사 및 수용의 활성 부위임을 시사한다. DMAE는 항염증 효과, 피부 탄력 증가, 그리고 안면 근육 톤 개선에 도움이 될 수 있다. DMAE를 사용할 것인가? 아니면 당근, 시금치, 토마토, 베리, 연어, 견과류 등 피부에 좋다는 음식을 먹을 것인가? 모든 것은 양면성이 있다. DMAE 역시 부작용이 나타날 수 있으므로 사용법 등을 면밀히 검토할 필요가 있다.

현대판 불로초

1965년 이스터 섬의 라파누이Rapa Nui에서 수집한 토양샘플에서 스트렙토마이세스 히그로스코피쿠스Streptomyces hygroscopicus라는 박테리아가 분리되었다. 그리고 이 박테리아가 생산하는 대사산물이 발견되었다. 바로 라파마이신Rapamycin이다. 이스터 섬은 주로 불모의 화산암으로 되어 있다. 이 작은 섬의 제한적인 환경에서 박테리아는 효모의 성장을 멈추게 하는 효모 세포의 지휘 및 통제 센터를 표적으로 삼고 있었다. 라파마이신은 원래 1970년대 초에 항진균제로 정제되었다. 그러나 진균은 효과적으로 억제하였지만 면역 억제 부작용이 나타났다. 몇 년 후, 라파마이신은 T-세포 억제제와 동종이식 거부반응 치료를 위한 면역 억제제로 "재발견"되면서 새롭게 주목을 받기 시작하였다. 라파마이신이 종양 세포의 증식을 강력하게 억제하는 것으로 나타난 것이다.

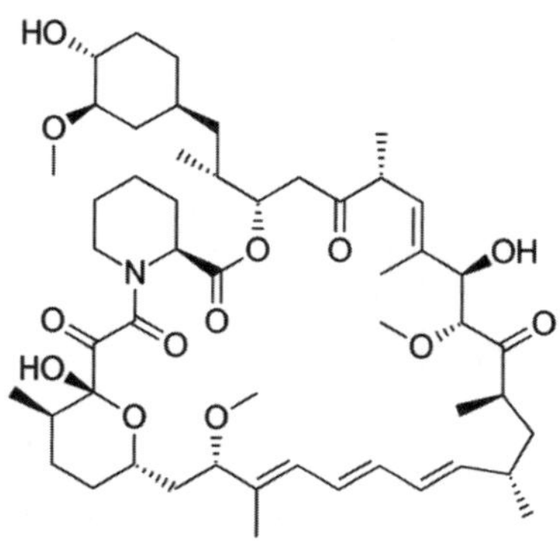

라파마이신

1991년 스위스 바젤 대학교의 분자생물학자 홀Michael N. Hall은 효모 성장의 제어 메커니즘을 연구하고 있었다. 그는 라파마이신이라는 항진균제가 성장을 멈추게할 수 있음을 발견했다. 홀은 효모 세포에는 라파마이신에 의해 차단되는 무언가가 있다고 결론지었다. 그는 효모 세포에 있는 물질을 'TOR'(Target of Rapamycin)이라고 불렀는데, 이것은 노화를 늦추고, 노화 관련 질병의 발병을 늦추며, 건강과 수명을 연장하는 역할을 하는 것으로 밝혀졌다.

질병은 세포 수준에서 시작된다. 대부분의 질병은 세포 수준에서의 항상성을 유지하지 못한 데 따른 것으로 볼 수 있다. 질병이 조직 및 장기 수준에서 나타날 무렵에는 질병이 이미 상당히 진행된 것이다. TOR의 발견과 그에 따른 놀라운 발전 덕분에 건강과 질병을 분자 수준에서 이해할 수 있게 되었다. 라파마이신은 효모, 벌레, 파리, 생쥐 등 실험실에서 테스트된 모든 생물의 수명을 연장시키는 것으로 밝혀졌다. 2014년 연구 논문에 따르면, 라파마이신이 수컷 생쥐에서 23%, 암컷 생쥐에서 26%의 평균 수명을 연장하였다. 라파마이신은 대부분의 노화 특징에 영향을 주며 수명을 늘리는 것으로 나타났다. 주요 무척추동물과 설치류에서도 동일한 영향이 나타났다.

고대 그리스에서 현대에 이르기까지 노화는 무적이고 불가해한 대상이었다. 그러나 1991년 TOR가 발견되면서 상황은 역전되기 시작했다. TOR가 발견된 지 15년 후인 2006년 〈노화와 불멸, 준프로그램된 노화 및 약리적 억제〉라는 논문에서 블라고스클로니Mikhail Blagosklonny는 과학의 위대한 이론 하나를 발표했다. 이 논문은 임상적으로 이용 가능한 처방약으로 노화를 늦추는 법을 설명한다. 라파마이신은 수명을 연장하고 노화 관련 질병을 예방한다. 라파마이신은 후성유전학적 시계(Epigenetic clock)를 느리게 한다. 라파마이신은 제네릭 의약품(Generic drug)이다. 라파마이신은 약 90년 전 페니실린 이후 등장한 가장 위대한 신약이다. 그러나 라파마이신을 노화 방지 포뮬러로 매주 사용하는 것은 임상 실험에 의해 입증되지 않았다. 이러한 치료는 FDA에서는 인정하지 않고 있다. 따라서 라파마이신을 매주 사용하기 위해서는 신중한 분석이 필요하다.

노화의 진화

우리는 왜 늙는가? 노화하는 이유에 대해서는 20세기 초반 진화 생물학자들에 의해 성공적인 기본 이론이 개발되었다. 이는 집단유전학의 원리(Principles of population genetics)에 기초하고 있으며, 20세기 후반까지 실험적 기반 위에서 진화하였다. 선택의 힘은 일반적으로 나이가 들어감에 따라 감소한다. 연구 결과 노화의 패턴은 이전에 생각했던 것보다 더 다양한 것으로 확인되었다. 노화를 약물로 치료할 수 있다는 연구 결과는 매우 흥미롭다. 전 세계적으로 인간의 기대 수명은 극적으로 증가했다. 인간은 유인원과의 가장 최근의 공통 조상으로부터 분리된 이후 약 30만 세대 동안 수명이 이전의 두 배로 진화했다. 지난 200년 동안 식품, 물, 위생 및 생활 조건 개선, 예방 접종 및 항생제를 통한 감염성 질병의 영향 감소, 모든 연령대의 의료 개선 등의 환경 변화로 인해 10년에 평균 약 2.5년이 늘어났다. 그러나 건강한 기대 수명은 전체 기대 수명만큼 증가하지 않았고 사망 전 노년기 이환율이 증가하고 있다.

오늘날 사람들은 위험으로부터 스스로를 보호하고 굶주림을 피하기 위해 먹이를 찾아야 할 필요성에서 자유로워진 환경 속에서 살고 있다. 그러나 칼로리가 높은 음식을 쉽게 구할 수 있고 신체 운동에 대한 요구가 적기 때문에 모든 연령대에서 특히 노년기에 심혈관 질환으로 인한 사망에 큰 영향을 미치는 대사성 질환이 증가하고 있다. 일부 국가에서는 베이비 붐 세대 인구 비율의 증가, 기대수명의 증가 등에 따른 사회 경제적인 문제가 발생하고 있다. 특히 수명이 끝날 때 증가하는 이환 기간(Period of morbidity)을 줄여야할 필요성이 대두되고 있다. 한편, 100세 이상 사는 사람들의 노년 장애와 이환율이 낮다는 사실은 매우 흥미로운 점이다.

노화를 늦추거나 멈추게 할 수는 없을까? 노화의 수수께끼를 푸는 것은 현대 과학의 가장 중요한 과제의 하나이다. 노화의 진화에 대해 밝혀진 바에 따르면 이것은 프로그램된 과정이 아니라고 한다. 이는 노화의 영향을 개선 할 수 있다는 것을 의미한다. 노화를 개선하면 기능 손실 및 노화 관련 질병으로부터 우리를 보호할 수 있다. 매우 장수하는 동물에서 노화에 대한 비밀을 찾고자 하는 연구도 계속되고 있다. 그린란드 상어는 150년에 성숙하여 400년을 산다. 2006년에 아이슬란드 바다에서 대양 백합조개(Ocean quahog, Arctica islandica)가 발견되었는데, 이 조개의 껍질에 있는 생장선을 조사한 결과 1499년 무렵부터 살았던 것으로 확인되었으니 무려 500년을 산 셈이다. 히드라Hydra 같은 일부 종은 노화되지 않는다. 이러한 생물은 우리에게 재생 및 복구에 대한 중요한 교훈을 제공해줄 수 있을 것이다.

전 세계적으로 인간의 평균 수명은 70세를 훌쩍 넘겼다. 평균 수명이 80세 이상인 국가는 39개국에 이른다[출처: 월드오미터(Worldometer), 2020년]. 운이 좋은 사람들은 100년을 넘겨 살 수 있다. 프랑스 슈퍼센테나리안Supercentenarian 여성인 칼망Jeanne Calment(1875~1997)은 122년 164일을 살았다. 그녀는 85세부터 펜싱을 시작했고, 110세에 자전거를 탔다. 흥미로운 점은 21세부터 119세까지 흡연을 했다는 점이다! 기대수명이 늘어난 것은 백신, 항생제, 위생, 영양, 그리고 질병진단 및 치료기술의 진보 덕분이었다. 노화의 수수께끼가 풀리는 그날까지 우리가 할 수 있는 일은 무엇일까? 장수를 위한 간단한 한 가지는 운동이다. 2016년 연구에 따르면, 하루에 단 15분 동안 단단하게 걷는 강도로 운동을 한 노인은 운동을 하지 않은 사람에 비해 조기 사망 위험이 22% 낮았다. 2017년 연구에 따르면 일주일에 이틀만 운동해도 조기 사망 위험을 낮출 수 있다. 장수를 위해서는 건강한 식단도 중요하지만 아침 식사를 거르지 않는 것이 중요하다.

2017년 John Wiley & Sons가 발행하는 학술지 '인간 관계(Personal Relationships)'에 실린 연구 결과에 따르면, 친구가 가족보다 더 중요한 사람일 수 있다. 알코올(술)도 중요한 위치를 차지한다. '미국 심장 학회지(Journal of the American College of Cardiology)'에 발표된 2017년 8월 연구에 따르면, 가볍게 알코올을 섭취(남성의 경우 주당 14잔 이하, 여성의 경우 7잔 이하)한 사람이 알코올을 섭취하지 않는 사람에 비해 사망 위험이 더 낮았다. 심리적 요소도 신체적 건강에 영향을 미친다. 예일 대학교의 연구 결과에 따르면, 평균 연령 72세인 4,765명의 그룹에서 치매와 관련된 유전자 변이를 가지고 있었지만 노화에 대해 긍정적인 태도를 보인 사람들은 비관적인 사람들 보다 치매에 걸릴 확률이 50% 낮았다.

상상을 더하다 12

-벤자민 버튼의 시간은 거꾸로 간다-

1. 벤자민이 자식을 낳으면 자식도 거꾸로 살 가능성이 있을까?
2. 시간이 지날수록 젊어지는 것이 가능할까?
3. 약으로 노화를 멈추게 할 수 있는 날이 올까?
4. 자신의 수명을 알고 사는 것이 좋을까 모르는 것이 좋을까?
5. 영원히 살수는 없을까?
6. 노화를 영원히 막아낸다면 그것은 축복일까?
7. 신데렐라에게 밤 12시는 무슨 의미가 있는 걸까?
8. 미래에는 시간을 되돌릴 수 있는 기술이 나올까?
9. 시간이란 무엇인가?
10. 텔로미어를 짧아지지 않게 한다 하더라도 다른 부분에서 결함이 생기면 노화나 다른 문제가 생기지 않을까?
11. 양자 순간이동이 입증되었다고 하는데, 실제로 우리가 순간이동 할 수 있는 날이 올까?
12. 라파마이신은 수명 연장에 도움이 되는 기적의 물질이라고 하는데, 부작용은 없을까?

참고자료

1장 셜록 홈즈의 귀환

1. Sherlock Holmes: On the Trail of Coronavirus, Shlomo Maital, 2020. 7. 11, https://timnovate.wordpress.com/2020/07/11/sherlock-holmes-on-the-trail-of-coronavirus/
2. Poisons Used in Agatha Christie's Books, Anne Harrison, 2017. 2. 14, https://owlcation.com/humanities/The-Poisons-of-Agatha-Christe
3. TV Series, Crime (Sorted by Popularity Ascending), IMDb., https://www.imdb.com/search/title/?genres=crime&explore=title_type,genres&title_type=tvSeries
4. How to become a crime scene investigator (CSI), Farheen Gani, Forensics., https://www.forensicscolleges.com/blog/htb/how-to-become-csi
5. Like a cyborg Sherlock Holmes, this AI detective finds clues humans might miss, Luke Dormehl, 2017. 5. 17, https://www.digitaltrends.com/cool-tech/valcri-ai-crime-scene-investigation/
6. Genetic detectives: how scientists use DNA to track disease outbreaks, The Conversation, 2016. 4. 29.
7. https://theconversation.com/genetic-detectives-how-scientists-use-dna-to-track-disease-outbreaks-57462
8. 구두창 역학: 살인 미생물과의 전쟁, (공)저: 마이클 오스터홈, 마크 올세이커, 번역: 김정아, 출판: 글항아리 (2020년)

2장 지킬과 하이드

9. Richard Mansfield was so good at playing Jekyll & Hyde, people thought he could be Jack the Ripper, Goran Blazeski, 2016. 10. 16, https://www.thevintagenews.com/2016/10/16/richard-mansfield-was-so-good-at-playing-jekyll-hyde-people-thought-he-could-be-jack-the-ripper/
10. The Strange Case of Dr. Jekyll and Mr. Hyde, Vicky Lebeau, https://www.britannica.com/topic/The-Strange-Case-of-Dr-Jekyll-and-Mr-Hyde
11. 다중인격을 소재로 만든 영화들, 한국심리상담센터, 2017. 11. 13, http://www.mykpcc.com/bbs/board.php?bo_table=09_6&wr_id=132
12. 싸이코 (Psycho)... 알프레드 히치콕, 자넷 리, 안소니 퍼킨스... 다중인격을 다룬 공포영화의 최고 고전, Flatinum, 2015. 6. 16, https://noproblemmylife.tistory.com/1408

13. Dissociative disorders, Mayo Clinic, https://www.mayoclinic.org/diseases-conditions/dissociative-disorders/diagnosis-treatment/drc-20355221
14. Short story about the brain chemicals and how they affect players, Dominika Kuczyńska, 2016. 12. 24, https://blog.daftmobile.com/short-story-about-the-brain-chemicals-and-how-they-affect-players-d078792139ec
15. What is dopamine? Smitha Bhandari, 2019. 6. 19, webmed.com/mental-health/what-is-dopamine
16. The Benefits of Oxygen, Rob Lindsey, 2020. 1. 10, valeowc.com/the-benefits-of-oxygen/
17. Oxygen and Evolution, Robert A. Berner, John M. VandenBrooks, Peter. D. Ward, 2007. 4. 27, https://science.sciencemag.org/content/316/5824/557
18. The two faces of ozone, Nature Climate Change, 10, 97 (2020), https://www.nature.com/articles/s41558-020-0704-5
19. Health Benefits and Risks of Drinking Water, Philip Slingsby, 2016. 8. 5, https://www.sheilds.org/health-benefits-and-risks-of-drinking-water/
20. Nitric oxide in cell survival: a janus molecule, Vittorio Calabrese, Carolin Cornelius, Enrico Rizzarelli, Joshua B. Owen, Albena T Dinkova-Kostova, D Allan Butterfield, Antioxid Redox Signal. 2009 Nov;11(11):2717-39, https://pubmed.ncbi.nlm.nih.gov/19558211/
21. Cholesterol—A Janus-Faced Molecule in the Central Nervous System, W. G. Wood, U. Igbavboa, G. P. Eckert, W. E Müller, 2007. 1. 1, https://link.springer.com/referenceworkentry/10.1007%2F978-0-387-30380-2_7
22. Two-faced bacteria, Drew Thompson, Texas A&M University, ScienceDaily, 2020. 3. 5, https://www.sciencedaily.com/releases/2020/03/200305135045.htm
23. The 12 deadliest viruses on Earth, Anne Harding, 2020. 3. 4, https://www.livescience.com/56598-deadliest-viruses-on-earth.html
24. Bacteria: the Good, the Bad, and the Ugly, Jennifer Yttri, National Center for Health Research, https://www.center4research.org/bacteria-good-bad-ugly/
25. E. coli: Are the bacteria friend or foe? Smitha Mundasad 2011. 6. 4, https://www.bbc.com/news/health-13639241
26. The Good That Viruses Do, Mario Mietzsch and Mavis Agbandje-McKenna, https://www.annualreviews.org/doi/full/10.1146/annurev-vi-04-071217-100011
27. Benefits and disadvantages of typhoons and countermeasures, International Knowledge Centre for Engineering Sciences and Technology, UNESCO, 2019. 12. 11, http://drr.ikcest.org/tutorial/pef5d
28. How Do Earthquakes Positively Affect the Environment?, Laurie Brenner, 2018. 4. 11, https://sciencing.com/do-earthquakes-positively-affect-environment-8761480.html
29. An introduction to Eusociality, Nicola Plowes, Nature Education Knowledge Project,

3(10):7 (2010), https://www.nature.com/scitable/knowledge/library/an-introduction-to-eusociality-15788128/

30. What is CBD?, Brittany Clarke, 2017. 10. 16, https://healthylivingmarket.com/what-is-cbd/
31. Lithium: The Cinderella Story About A Mineral That May Prevent Alzheimer's Disease, James Greenblatt, 2019. 10. 14, https://www.jamesgreenblattmd.com/lithium-the-cinderella-story-about-a-mineral-that-may-prevent-alzheimers-disease/

3장 클레오파트라의 진주

32. The History of Pearl, https://www.pearl-guide.com/forum/content.php?105-The-History-of-Pearls
33. A History of the World's Most Expensive Pieces of Jewelry, Friedman's, 2018, 9. 12, https://friedmans.com/worlds-most-expensive-jewelry/
34. Top 15 Most Expensive Gemstones In The World, Geologypage, 2020. 8. 6, http://www.geologypage.com/2020/08/top-15-most-expensive-gemstones-in-the-world.html
35. Organic gemstones, Hobart M. King, https://geology.com/gemstones/organic-gemstones/
36. From TV to Tactile Robots: The Future of Liquid Crystals, 2018. 5. 30, https://www.technologynetworks.com/informatics/news/from-tv-to-tactile-robots-the-future-of-liquid-crystals-304510
37. New Quantum Liquid Crystals May Play Role in Future of Computers, 2017. 4. 20, https://www.caltech.edu/about/news/new-quantum-liquid-crystals-may-play-role-future-computers-54788
38. 'Arsenic-life' bacterium prefers phosphorus after all, Daniel Cressey, 2012. 10. 3, https://www.nature.com/news/arsenic-life-bacterium-prefers-phosphorus-after-all-1.11520
39. 17 Animals With Colorful Blood (Blue, Green, Yellow, Purple etc.), Morten Storgaard, 2019. 1. 10, https://animalhow.com/animals-blue-green-white-yellow-blood-color/
40. 세계에서 가장 비싼 10대 다이아몬드, Davis, 2015. 12. 22, http://davisdia.com/davis-ad/?mod=document&uid=7
41. The Periodic Table: Metals, Nonmetals, and Metalloids, https://www.dummies.com/education/science/chemistry/the-periodic-table-metals-nonmetals-and-metalloids/
42. Chemical elements and stardust, https://www.galchimia.com/chemical-elements-and-stardust/
43. How a Caustic Lake in Tanzania Became a Flamingo Paradise, Catie Leary, 2017. 5. 31, https://www.mnn.com/earth-matters/wilderness-resources/blogs/how-caustic-lake-natron-tanzania-became-flamingo-paradise

4장 제5원소

44. In 1980, chemist Glenn Seaborg solved a centuries-old problem in alchemy and turned a non-precious metal into gold, Domagoj Valjak, 2018. 1. 12, https://www.thevintagenews.com/2017/12/06/glenn-seaborg-alchemimist-in-1980/
45. Can you really turn lead into gold?, Anne Marie Helmenstine, 2019. 9. 22, https://www.thoughtco.com/turning-lead-into-gold-602104
46. Tutankhamun's knife was 'made from meteorite iron', BBC, 2016. 6. 2, https://www.bbc.com/news/world-middle-east-36432635
47. Nanodiamonds, Swati Chauhan, Neha Jain, Upendra Nagaich, Journal of Pharmaceutical Analysis, Vol 10, Issue 1, 2020, p. 1~12, https://www.sciencedirect.com/science/article/pii/S2095177919301467
48. Allotropes of sulfur, 2021. 2. 4, https://chem.libretexts.org/Bookshelves/Inorganic_Chemistry/Map%3A_Inorganic_Chemistry_(Housecroft)/16%3A_The_Group_16_Elements/16.04%3A_The_Elements/16.4C%3A_Sulfur_-_Allotropes
49. Origin of Alchemy, Lynn Osburn, https://www.alchemylab.com/origins_of_alchemy.htm
50. The debt science owes to alchemy, Rebecca Northfield, 2018. 3. 15, https://eandt.theiet.org/content/articles/2018/03/the-debt-science-owes-to-alchemy/

5장 하울의 움직이는 성

51. 왕좌의 게임 - 마법의 힘을 지닌 생물들과 신기한 물건들, 2015. 3. 21, https://m.blog.naver.com/PostView.nhn?blogId=single62&logNo=220306395941&proxyReferer=https:%2F%2Fwww.google.co.kr%2F
52. Energy cycle in living things, http://hyperphysics.phy-astr.gsu.edu/hbase/Biology/enercyc.html
53. 라부아지에의 화학혁명, 사이언스올, 2011. 12. 8, https://www.scienceall.com/라부아지에의-화학혁명/
54. Chemical energy, https://www.solarschools.net/knowledge-bank/energy/types/chemical
55. Why is love such a power form of magic?, 2018. 5. 21, https://www.wizardingworld.com/features/why-is-love-such-a-powerful-form-of-magic
56. Oxyrhynchus papyri reveal magical spells, Archaeology Newsroom, 2016. 5. 25, https://www.archaeology.wiki/blog/2016/05/25/oxyrhynchus-papyri-reveal-magical-spells/
57. The Magic of a Kiss: Legends and Myths, Faith Murphy Knight, https://health.howstuffworks.com/relationships/love/the-magic-of-a-kiss-legends-and-myths.htm
58. Kissing under the Mistletoe, http://www.thewhitegoddess.co.uk/articles/mythology_

folklore/mistletoe.asp

59. What's in a kiss?, Emer Maguire, 2015. 3. 11, https://www.britishcouncil.org/voices-magazine/kiss-science-smooching
60. Love, Actually: The science behind lust, attraction, and companionship, Katherine Wu, 2017. 2. 14, http://sitn.hms.harvard.edu/flash/2017/love-actually-science-behind-lust-attraction-companionship/
61. Magic Flying Carpets: The Historic Version, Not The Disney Version, Karen Harris, 2019. 2. 8, https://curioushistorian.com/magic-flying-carpets-the-historic-version-not-the-disney-version
62. The History of the Magical Flying Carpets, 2016. 6. 11, https://www.ancient-origins.net/myths-legends/history-magical-flying-carpets-006064
63. Pterodactyl, Pteranodon & Other Flying 'Dinosaurs', Joseph Castro, 2016. 3. 18, https://www.livescience.com/24071-pterodactyl-pteranodon-flying-dinosaurs.html
64. Hyundai will make flying cars for Uber's air taxi service, Andrew J. Hawkins, 2020. 1. 6, https://www.theverge.com/2020/1/6/21048373/hyundai-flying-car-uber-air-taxi-ces-2020
65. 9 Counter-Drone Technologies To Detect And Stop Drones Today, 2020. 3. 22, https://www.robinradar.com/press/blog/9-counter-drone-technologies-to-detect-and-stop-drones-today
66. 5 Incredible New Micro-Robots, 2020. 1. 13, https://www.youtube.com/watch?v=o9ihy5nUbmE
67. Treating cancer with nanorobots, Aaron Brown, 2020. 2. 6, https://www.advancedsciencenews.com/treating-cancer-with-nanorobots/
68. Molecular Machines, The Royal Swedish Academy of Science, 2016. 10. 5, https://www.nobelprize.org/uploads/2018/06/advanced-chemistryprize2016-1.pdf

6장 리그 오브 레전드

69. The Olympic Marathon's Outlandish Early History, Christpher Klein, 2018. 8. 30, https://www.history.com/news/the-olympic-marathons-outlandish-early-history
70. History of the Marathon, Hugh Jones, http://aims-worldrunning.org/articles/427.html
71. From Grappling art to Paraonic propaganda: the history of wrestling in ancient Egypt, Karim Zidan, 2019. 10. 9, https://www.bloodyelbow.com/2019/10/9/20903209/from-grappling-art-to-pharaonic-propaganda-the-history-of-wrestling-in-ancient-egypt
72. Ulama, the game of life and death, 2019. 10. 16, https://www.youtube.com/watch?v=qX3Kpr42BRU

73. 월드컵 공인구 "팀가이스트"의 숨겨진 과학, 노컷뉴스, 2006. 3. 3, https://www.nocutnews.co.kr/news/129510
74. 야구 구종 구별/구분하기, 2013. 8. 23, https://m.blog.naver.com/PostView.nhn?blogId=bsy9109&logNo=130174805854&proxyReferer=https:%2F%2Fwww.google.co.kr%2F
75. 축구공의 구조, http://blog.naver.com/palpala/220212818775
76. 축구공부터 트랙까지! 스포츠 기록을 경신하는 석유화학 소재, Skinno News, 2019. 3. 12, https://skinnonews.com/archives/48881
77. How are baseballs made?, Derek Worlow, 2018. 7. 31, https://sidelineswap.com/blog/how-are-baseballs-made/
78. Baseball, http://www.madehow.com/Volume-1/Baseball.html
79. What are tennis balls made out of?, Leigh Good, 2018. 11. 16, https://www.sportsrec.com/6657654/what-are-tennis-balls-made-out-of
80. How are golf balls made?, Brian Hill, https://golftips.golfweek.com/golf-balls-made-20217.html
81. Golf Ball, http://www.madehow.com/Volume-3/Golf-Ball.html
82. What's for dehydration: Water vs Sports Drinks, 2019. 3. 20, https://inbodyusa.com/blogs/inbodyblog/whats-better-for-dehydration-water-vs-sports-drinks/
83. 5 Things to Know About Energy Drinks, https://www.usada.org/athletes/substances/supplement-411/recognize-risk-when-you-see-it/energy-drinks/five-things-know-energy-drinks/
84. Hydration: Why it's so important?, https://familydoctor.org/hydration-why-its-so-important/
85. 스포츠의 어두운 그림자, 도핑, 한국의학연구소, https://www.kmi.or.kr/community/infoDetail.web?IDX=192794
86. HOW CARBON FIBER COMPOSITES PLAY A SIGNIFICANT ROLE IN FORMULA ONE RACING, 2015. 6. 20, http://www.3mb.asia/how-carbon-fiber-composites-play-a-significant-role-in-formula-one-racing/
87. Carbon fiber reinforced composite materials, http://www.formula1-dictionary.net/carbon_fiber_composites.html
88. How are composites used in motorsport?, Gemma Hatton, https://www.racecar-engineering.com/tech-explained/how-are-composites-used-in-motorsport/
89. Iron Element - Fe, https://byjus.com/chemistry/iron/
90. 타이어의 구조와 용어, 2012. 7. 4, http://wikicar.co.kr/car_board/12887
91. How tire is made, http://www.madehow.com/Volume-1/Tire.html
92. History of tires, 2017. 11. 21, https://burtbrothers.com/blog/history-of-tires/
93. Air bag, How Products are Made, http://www.madehow.com/Volume-1/Air-Bag.html
94. The History of Esports, Lawrence Phillips, 2020. 4. 1, https://www.hotspawn.com/

guides/the-history-of-esports/
95. The Future of eSports, Bruno Jacobsen, 2019. 2. 3, https://www.futuresplatform.com/blog/future-esports

7장 스파이더맨

96. Powers and abilities of superman, https://neoencyclopedia.fandom.com/wiki/Powers_and_abilities_of_Superman
97. World's most amazing spiders, https://www.cbc.ca/kidscbc2/the-feed/these-spiders-are-just-amazing
98. The 6 Real and Terrifying Spider Superpowers, Monte Richard, 2012. 9. 22, https://www.cracked.com/article_19315_the-6-real-terrifying-spider-superpowers.html
99. Spider venom peptides as potential drug candidates due to their anticancer and antinociceptive activities, J Venom Anim Toxins Incl Trop Dis 2019, 25, e146318, https://www.ncbi.nlm.nih.gov/pmc/articles/PMC6551028/
100. 만 · 몽 시조신화의 천녀 시조모 기원과 전승, 이지희, http://www.kor-sino.org/lunwen(3)%2052-58/cls58-2(%EC%9D%B4%EC%A7%80%ED%9D%AC).pdf
101. Real-Life Iron Man, 2017. 4. 10, https://www.wired.co.uk/article/real-life-iron-man-richard-browning
102. Arachne, the spider woman, https://www.greeka.com/greece-myths/arachne/
103. The Goddess Neith, Spinner of Destiny, https://iseumsanctuary.com/2019/08/29/the-goddess-neith-spinner-of-destiny/
104. The History of Weaving & the Textile Industry, https://thescrubba.com/blogs/news/the-history-of-weaving-and-the-textile-industry
105. Spider silk is five time stronger than steel - now, scientists know why, Courtney Miceli, 2018. 11. 20, https://www.sciencemag.org/news/2018/11/spider-silk-five-times-stronger-steel-now-scientists-know-why
106. 5 Top Synthetic Spider Silk Startups Impacting The Materials Industry, https://www.startus-insights.com/innovators-guide/5-top-synthetic-spider-silk-startups-impacting-the-materials-industry/
107. Facts of Silkworms, Vansilk, 2016. 8. 19, https://medium.com/@huihrier45yidte/facts-of-silkworms-24df576588bc
108. Types of Silk, http://www.inserco.org/en/types_of_silk
109. Native honeybee silk membrane: a potential matrix for tissue engineering and regenerative medicine, Manishekhar Kumar, Deepak Jain, Nandana Bhardwaj, Prerak Gupta, Samit K. Nandic and Biman B. Mandal , RSC Advances, Issue 59, 2016, https://

pubs.rsc.org/en/content/articlelanding/2016/ra/c6ra10738a/unauth#!divAbstract
110. Physical properties of honeybee silk: a review, H. Randall. Hepburn, Orawan Duangphakdee, & Christian W. W. Pirk, https://hal.archives-ouvertes.fr/hal-01201329/document
111. Synthetic biology and the rise of the 'spider-goats', Adam Rutherford, 2012. 1. 14, https://www.theguardian.com/science/2012/jan/14/synthetic-biology-spider-goat-genetics
112. Better, Stronger and Safer with Kevlar® Fiber, https://www.dupont.com/brands/kevlar.html
113. Aramid Fiber, https://www.sciencedirect.com/topics/materials-science/aramid-fiber
114. Smart semiliquid metal fibers with designed mechanical properties for room temperature stimulus response and liquid welding, Rui Guo, Huimin Wang, Guozhen Chen, Bo Yuan, Yingying Zhang, Jing Liu, https://www.sciencedirect.com/science/article/abs/pii/S2352940720301840
115. The Original Story of "Jack and the Beanstalk" Was Emphatically Not for Children, Mari Ness, 2018. 4. 12, https://www.tor.com/2018/04/12/the-original-story-of-jack-and-the-beanstalk-was-emphatically-not-for-children/
116. 잭과 콩나무, 김권태, 2017. 10. 24, 동국대학교 법보신문, http://www.beopbo.com/news/articleView.html?idxno=100500
117. A colossal elevator to space could be going up sooner than you ever imagined, Scott Snowden, 2018. 10. 2, https://www.nbcnews.com/mach/science/colossal-elevator-space-could-be-going-sooner-you-ever-imagined-ncna915421
118. The Spaceline: a practical space elevator alternative achievable with current technology, Zephyr Penoyre and Emily Sandford, 2019. 8. 25, https://arxiv.org/abs/1908.09339
119. Future technology: 22 ideas about to change our world, 2020. 8. 12, https://www.sciencefocus.com/future-technology/future-technology-22-ideas-about-to-change-our-world/
120. World's First 'Living Machine' Created Using Frog Cells and Artificial Intelligence, Mindy Weisberger, 2020. 1. 14, https://www.livescience.com/frogbots-living-robots.html

8장 이상한 나라의 앨리스

121. The History of Mirror, http://www.mirrorhistory.com/
122. Narcissistic personality disorder, Mayo Clinic, https://www.mayoclinic.org/diseases-conditions/narcissistic-personality-disorder/symptoms-causes/syc-20366662
123. The Magic Mirror-List of Magical Mirrors, http://www.mirrorhistory.com/mirror-facts/

magical-mirrors/
124. Why does the body prefer L-amino acids and D-glucose?, Olorunfemi Abraham Eseyin, 2013. 3. 8, https://www.researchgate.net/post/Why_does_the_body_prefer_L-amino_acids_to_D-amino_acids_and_D-glucose_to_L-glucose_Any_literature_that_provides_the_answer
125. Could Life on Earth Have Come from Another Star System?, Mike Wall, 2019. 5. 3, https://www.space.com/interstellar-panspermia-earth-life-oumuamua.html
126. Why some physicists really think there's a 'mirror universe' hiding in space-time, Rafi Letzter, 2020. 6. 22, https://www.livescience.com/truth-behind-nasa-mirror-parallel-universe.html
127. Stereochemistry in biology and medicine, 2020. 8. 18, https://chem.libretexts.org/Bookshelves/Organic_Chemistry/Book%3A_Organic_Chemistry_with_a_Biological_Emphasis_v2.0_(Soderberg)/03%3A_Conformations_and_Stereochemistry/3.11%3A_Stereochemistry_in_biology_and_medicine
128. LSD as a therapeutic treatment, 2018. 7. 19, https://adf.org.au/insights/lsd-therapeutic-treatment/
129. Can psychosis be detected using fMRI whilst watching "Alice in Wonderland?", Abigail Christine Wright, 2015. 9. 3, http://www.sussex.ac.uk/broadcast/read/31721
130. Quantum Cheshire Cat becomes reality, James Morgan, 2014. 7. 29, https://www.bbc.com/news/science-environment-28543990
131. Dismantling Wave-Particle Duality with Quantum Cheshire Cat, Pratyusha Chowdhury, Arun Kumar Pati, and Jing-Ling Chen, 2020. 9. 1, https://arxiv.org/abs/2009.00545
132. 믿기 힘든 양자 Incredible Quantum [9]: 양자 얽힘, 박권, 2019. 11. 4, https://horizon.kias.re.kr/11684/
133. 양자화학, 인공지능, 디자인 최적화 실용화를 위한 NISQ 양자컴퓨팅, 이준구, https://www.ibm.com/events/kr-ko/think/downloads/Keynote/K5-2-June-Koo-Rhee-KOR.pdf
134. 앨리스의 특이한 곱셈, 동아사이언스, 2015. 11. 3, https://dongascience.com/news.php?idx=8575
135. How special is the number 42?, https://gautamkabirajs.wordpress.com/2015/10/10/how-special-is-the-number-42/
136. Alice's adventures in algebra: Wonderland solved, Melanie Bayley, 2009. 12. 16, https://www.newscientist.com/article/mg20427391-600-alices-adventures-in-algebra-wonderland-solved/
137. The Mad Hatter's Secret Ingredient: Math, 2010. 3. 13, https://www.npr.org/templates/story/story.php?storyId=124632317
138. Alice in Wonderland's Hidden Satire: Math Slips Down The Rabbit Hole, Kevin Martin, 2019. .11. 6, https://www.magellantv.com/articles/alice-in-wonderlands-hidden-

satire-math-slips-down-the-rabbit-hole

139. Searching for meaning down the rabbit hole, Anne Cunningham, 2015. 4. 9, https://www.independent.ie/entertainment/books/book-reviews/searching-for-meaning-down-the-rabbit-hole-31129062.html

140. The Art of Falling Down the Rabbit Hole, Caroline Myss, https://www.myss.com/art-falling-rabbit-hole/

141. Karst Landforms의 다른 유형, https://ko.history-hub.com/different-types-karst-landforms

142. Atlantic Ocean Expedition Finds Signs of Life in Earth's Mantle, Bigelow Laboratory for Ocean Sciences, 2016. 2. 10, https://astrobiology.nasa.gov/news/atlantic-expedition-finds-signs-of-life-in-earths-mantle/

143. Scientists discover staggering amount of life deep below Earth's surface, Roni Dengler, 2018. 12. 11, https://astronomy.com/news/2018/12/scientists-discover-staggering-amount-of-life-deep-within-earth

9장 겨울왕국

144. Beira, Queen of Winter, Wu Mingren, 2016. 6. 9, https://www.ancient-origins.net/myths-legends/beira-queen-winter-006053

145. Deities of the Winter Solstice, Patti Wigington, 2019. 6. 25, https://www.learnreligions.com/deities-of-the-winter-solstice-2562976

146. Top 10 Mythical Creatures of Winter, Ice, and Snow, Deviant Art, https://www.deviantart.com/whisperthewolfie/journal/Top-10-Mythical-Creatures-of-Winter-Ice-and-Snow-717911543

147. Five Winter Monsters that will give you the chills, Castle of Chaos, https://castleofchaos.com/blog/five-winter-monsters-that-will-give-you-the-chills/

148. 수만 년 동안 동면하던 바이러스가 깨어나기 시작했다, UST, 2020. 2. 27, https://www.ust.ac.kr/cop/bbs/BBSMSTR_000000000494/selectBoardArticle.do?nttId=53363

149. When helium behaviors like a black hole, C. M. Herdman, 2017. 3. 21, https://www.sciencedaily.com/releases/2017/03/170321110344.htm

150. '양자얽힘' 사진 최초포착, 아인슈타인 말한 '유령같은' 현상 눈앞에, David, 2019. 7. 14, http://scimonitors.com/양자얽힘-사진-최초-포착-아인슈타인-지적한-유령같/

151. Room temperature superconductor? Rochester lab sets new record toward long-sought goal, 2021. 3. 30, https://www.rochester.edu/newscenter/rochester-sets-new-record-for-room-temperature-superconductor-455722/

152. Mars' atmosphere and the triple point of water, Space Exploration Beta, https://

space.stackexchange.com/questions/17118/mars-atmosphere-and-the-triple-point-of-water

153. Making a Splash on Mars, NASA Science, https://science.nasa.gov/science-news/science-at-nasa/2000/ast29jun_1m
154. 축제와 원형적 세계관, Smile, 2016. 9, https://webzine.smile.seoul.kr/13974/
155. In Switzerland, an Exploding Snowman Helps Predict Spring, Jennifer Nalewicki, 2016. 4. 12, https://www.smithsonianmag.com/travel/in-switzerland-giant-exploding-snowman-helps-predict-spring-180958667/
156. World's Smallest Snowman: Scientist Claims New Record, Patrick Walter, 2016. 12. 30, https://www.scientificamerican.com/article/worlds-smallest-snowman-scientist-claims-new-record/
157. Magono and Lee Snowflake Classification System, https://www.nasa.gov/pdf/183515main_Magono_and_Lee_Snowflake.pdf
158. The Science of Snow, Mike Howie and Lisa Jancarik, https://www.fishersci.com/us/en/education-products/publications/headline-discoveries/2016/issue-4/the-science-snow.html
159. Snowflake Science, Snow Crystals, http://www.snowcrystals.com/science/science.html
160. Meteorological Classification of Natural Snow Crystals, Choji Magono and Chung Woo Lee, Journal of the Faculty of Science, Hokkaido University, Japan, Ser. VII, Vol. II, No. 4, 1966, file:///C:/Users/user/Downloads/2(4)_p321-335.pdf
161. 석빙고, 국사편찬위원회, http://contents.history.go.kr/mobile/tt/view.do?levelId=tt_b30
162. 점토로 만든 이란의 전통 냉장고 '야크찰'(Yakhchāl), 2017. 5. 2, https://geowiki.tistory.com/1362
163. Submarine could explore seas of huge Saturn moon Titan, Mike Wall, 2020. 8. 27, https://www.space.com/saturn-moon-titan-submarine-concept-mission.html
164. Experimental effervescence and freezing point depression measurements of nitrogen in liquid methane-ethane mixtures, I. A. Richardson, J. W. Hartwig, J. W. Leachman, International Journal of Thermal Sciences, Vol 137, March 2019, Pages 534-538, https://www.sciencedirect.com/science/article/abs/pii/S1290072918310573
165. Experiments Show Titan Lakes May Fizz with Nitrogen, NASA, 2017. 3. 16, https://www.nasa.gov/feature/jpl/experiments-show-titan-lakes-may-fizz-with-nitrogen
166. Water that never freezes, ETH Zurich, 2019. 4. 10, https://www.sciencedaily.com/releases/2019/04/190410114117.htm
167. Cold tolerance in plants, Climate Policy Watcher, 2021. 1. 13, https://www.climate-policy-watcher.org/extreme-environments/cold-tolerance-in-plants.html
168. How the Antarctic Icefish Lost Its Red Blood Cells But Survived Anyway, Ferris Jabr,

2012. 8. 3, https://blogs.scientificamerican.com/brainwaves/how-the-antarctic-icefish-lost-its-red-blood-cells-but-survived-anyway/
169. Blood as white as snow, Science Friday, 2019. 3. 1, https://www.sciencefriday.com/segments/this-antarctic-fish-has-blood-as-white-as-snow/
170. Oymyakon-the coldest inhabited place on Earth, https://www.56thparallel.com/the-pole-of-cold-the-coldest-places-on-earth/
171. Mass Extinction Event 2 Billion Years Ago Killed 99% of Life on Earth, Study Finds, Madison Dapcevich, 2019. 9. 4, https://www.ecowatch.com
172. Researchers find photosynthesis deep within ocean, Skip Derra, http://www.asu.edu/feature/includes/summer05/readmore/photosyn.html
173. 빙하기 다시 올 수 있을까?, 2019. 10. 10, https://m.blog.naver.com/kma_131/22167386 3535
174. There is no impending 'Mini Ice Age', NASA Global Climate Change, 2020. 2. 13, https://climate.nasa.gov/blog/2953/there-is-no-impending-mini-ice-age/

10장 붉은 수수밭

175. Ambrosia, https://hercules-xena.fandom.com/wiki/Ambrosia
176. Yasigi, https://www.godchecker.com/african-mythology/YASIGI/
177. Tezcatzontecatl (or Tepoztecatl), https://wikizero.com/en/tepoztecatl
178. Top 10 wine gods and goddesses, Rupert Millar, 2013. 1. 11, https://www.thedrinksbusiness.com/2013/01/top-10-wine-gods-and-goddesses/
179. The Hymn to Ninkasi, Goddess of Beer, Joshua J. Mark, 2011. 3. 1, https://www.ancient.eu/article/222/the-hymn-to-ninkasi-goddess-of-beer/
180. 붉은 수수밭(원제: 红高粱家族), 모옌 지음 (번역: 심혜영), 문학과 지성사, 2014. 9. 5, http://moonji.com/book/8697/
181. Archaeopteris - The First "True" Tree, Steve Nix, 2017. 3. 29, https://www.thoughtco.com/archaeopteris-the-first-true-tree-1341519
182. How many colors are really in a rainbow?, Ethan Siegel, 2014. 1. 21, https://medium.com/starts-with-a-bang/how-many-colors-are-really-in-a-rainbow-2a3becdb36d7
183. The History of the Color Red: From Ancient Paintings to Louboutin Shoes, Jessica Stewart, 2018. 9. 26, https://mymodernmet.com/shades-of-red-color-history/
184. Red Color Psychology, Symbolism and Meaning, Hailey van Braam, 2021. 6. 6, https://www.colorpsychology.org/red/
185. 9096 Stars in the sky - is that all?, Bob King, 2014. 9. 17, https://skyandtelescope.org/astronomy-resources/how-many-stars-night-sky-09172014/
186. What Colors Are The Stars In The Sky?, Peter Christoforou, 2012. 11. 22, http://www.

astronomytrek.com/interesting-facts-about-the-colour-of-stars/
187. Star Types, Enchanted Learning, https://www.enchantedlearning.com/subjects/astronomy/stars/startypes.shtml
188. An Investigation Into the Relationship between Sound and Color, Joe Goldsmith, http://www.people.vcu.edu/~djbromle/color-theory/color01/Relationship-color-sound-joe_goldsmith.html
189. Why Can Some People 'Hear' Colors?, Tereza Pultarova, 2018. 3. 5, https://www.livescience.com/61930-synesthesia-hear-colors-genes.html
190. Why "Color Cures" for Mental Illness Endure, John Horgan, 2015. 7. 6, https://blogs.scientificamerican.com/cross-check/why-color-cures-for-mental-illness-endure/
191. Treatment of Newborn Jaundice, NHS, https://www.nhs.uk/conditions/jaundice-newborn/treatment/
192. Treatment-Seasonal affective disorder (SAD), NHS, https://www.nhs.uk/conditions/seasonal-affective-disorder-sad/treatment/
193. Light therapy, Mayo Clinic, https://www.mayoclinic.org/tests-procedures/light-therapy/about/pac-20384604
194. Getting Photodynamic Therapy, American Cancer Society, https://www.cancer.org/treatment/treatments-and-side-effects/treatment-types/radiation/photodynamic-therapy.html

11장 잃어버린 제국

195. Atlantis, Willie Drye, https://www.nationalgeographic.com/history/archaeology/atlantis/
196. 'Lost' City of Atlantis: Fact & Fable, Benjamin Radford, 2018. 3. 1, https://www.livescience.com/23217-lost-city-of-atlantis.html
197. Is Zealandia a continent?, Science News for Students, https://www.sciencenewsforstudents.org/article/zealandia-continent
198. Permafrost thaw sparks fear of 'gold rush' for mammoth ivory, Andrew Roth, 2019. 7. 14, https://www.theguardian.com/world/2019/jul/14/permafrost-thaw-sparks-fear-of-mammoth-ivory-gold-rush-in-russia
199. Melting permafrost in the Arctic is unlocking diseases and warping the landscape, Brian Resnick, 2019. 11. 15, https://www.vox.com/2017/9/6/16062174/permafrost-melting
200. Rapid Antarctic Ice Melt in the Past Bodes Ill for the Future, Chelsea Harvey, 2020. 5. 29, https://www.scientificamerican.com/article/rapid-antarctic-ice-melt-in-the-past-bodes-ill-for-the-future/
201. Game changer? Antarctic ice melt related to tropical weather shifts: Study, Gloria

Dickie, 2020. 4. 1, https://news.mongabay.com/2020/04/game-changer-antarctic-ice-melt-related-to-tropical-weather-shifts-study/

202. 20 islands that could disappear in your lifetime, from Fiji to Virginia, USA Today, 2019. 11. 30. https://www.usatoday.com/picture-gallery/travel/destinations/2019/11/29/climate-change-endangered-islands-disappearing-fiji-maldives-alaska/40630403/
203. These 11 sinking cities could disappear by 2100, Talia Lakritz, World Economic Forum, 2019. 9. 10, https://www.weforum.org/agenda/2019/09/11-sinking-cities-that-could-soon-be-underwater/
204. Solving for Sea Level Rise, First Street Foundation, 2018. 9. 22, https://medium.com/firststreet/solving-for-sea-level-rise-b95600751525
205. Clean Ocean Action's ~10 Tips on Sea Level Rise~, http://cleanoceanaction.org/fileadmin/editor_group2/COAST/10_Tips_on_Sea_Level_Rise_final.pdf
206. Earth's magnetic field provides vital protection, European Space Agency, 2012. 8. 3, https://www.esa.int/Science_Exploration/Space_Science/Cluster/Earth_s_magnetic_field_provides_vital_protection
207. Earth's magnetic field may change faster than we thought — new research, Christopher Davies, 2020. 8. 6, https://www.space.com/earths-magnetic-field-may-change-faster-than-we-thought-new-research.html
208. Top 11 Deadliest Natural Disasters in History, Stephanie Pappas, 2020. 12. 18, https://www.livescience.com/33316-top-10-deadliest-natural-disasters.html
209. What are the biggest threats to humanity?, Simon Beard and Lauren Holt, 2019. 2. 15, https://www.bbc.com/news/world-47030233
210. Characterizing unknown unknowns, Kim, Seong Dae, 2012. 10. 23, https://www.pmi.org/learning/library/characterizing-unknown-unknowns-6077
211. Identifying risk - Known knowns, known unknowns and unknown unknowns, BBS Communications Group, 2019. 6. 20, http://www.bbscommunications.com.au/identifying-risk-known-knowns-known-unknowns-and-unknown-unknowns/
212. Chemistry Should Benefit Humans, Chemical & Engineering News, 2012. 7. 16, https://cen.acs.org/articles/90/i29/Chemistry-Should-Benefit-Humans.html
213. Green chemistry is key to reducing waste and improving sustainability, Alex Bissember, 2017. 4. 4, https://www.downtoearth.org.in/news/environment/green-chemistry-is-key-to-reducing-waste-and-improving-sustainability-57513
214. Solar Powered Carbon Dioxide (CO_2) Conversion, NASA Technology Transfer Program, https://technology.nasa.gov/patent/TOP2-160
215. Engineering direct conversion of CO_2 to biofuel, John Sheehan, Nature Biotechnology, Volume 27, pages 1128~1129 (2009), https://www.nature.com/articles/nbt1209-1128
216. Photoelectrochemical Conversion of Carbon Dioxide (CO_2) into Fuels and Value-

Added Products, Vignesh Kumaravel, John Bartlett, and Suresh C. Pillai, ACS Energy Lett. 2020, 5, 2, 486~519.

217. Sustainable Conversion of Carbon Dioxide: An Integrated Review of Catalysis and Life Cycle Assessment, Jens Artz, Thomas E. Müller, Katharina Thenert, Johanna Kleinekorte, Raoul Meys, André Sterberg, André Bardow, and Walter Leitner, Chem. Rew. 2018, 118, 2, 434~504.
218. Advances and challenges in understanding the electrocatalytic conversion of carbon dioxide to fuels, Yuvraj Y. Birdja, Elena Pérez-Gallent, Marta C. Figueiredo, Adrien J. Göttle, Federico Calle-Vallejo & Marc T. M. Koper. Nature Energy volume 4, pages732~745(2019).

12장 벤자민 버튼의 시간은 거꾸로 간다

219. Movie Facts: The Age of Adeline, Mackenzie Dorgan, http://staticmultimedia.com/entertainment/movies/movie-facts-the-age-of-adaline/
220. A new study shows an animal's lifespan is written in the DNA. For humans, it's 38 years, Benjamin Mayne, 2019. 12. 13, https://theconversation.com/a-new-study-shows-an-animals-lifespan-is-written-in-the-dna-for-humans-its-38-years-128623
221. Absolute Time, https://www.exactlywhatistime.com/physics-of-time/absolute-time/
222. Why time is relative, 2016. 8. 25, https://www.sciencealert.com/watch-the-famous-twin-paradox-of-special-relativity-explained
223. Scientists Propose a 'Mirror Universe' Where Time Moves Backwards, 2016. 1. 25, https://www.sciencealert.com/scientists-propose-a-mirror-universe-where-time-moves-backwards
224. NASA scientists detect evidence of parallel universe where time runs backward, Yaron Steinbuch, 2020. 5. 19, https://nypost.com/2020/05/19/nasa-finds-evidence-of-parallel-universe-where-time-runs-backward-report/
225. Naked mole rats defy the biological law of aging, Kai Kupferschmidt, 2018. 1. 26, https://www.sciencemag.org/news/2018/01/naked-mole-rats-defy-biological-law-aging
226. Oldest DNA from Africa offers clues to mysterious ancient culture, Ann Gibbons, 2018. 3. 15, https://www.sciencemag.org/news/2018/03/oldest-dna-africa-offers-clues-mysterious-ancient-culture
227. 1.7-Million-Year-Old Rhino Tooth Provides Oldest DNA Data Ever Studied, Jason Daley, 2019. 9. 12, https://www.smithsonianmag.com/smart-news/million-year-old-rhino-tooth-provides-oldest-dna-data-180973117/
228. World's oldest human DNA found in 800,000-year-old tooth of a cannibal, Brandon

Specktor, 2020. 4. 4, https://www.livescience.com/oldest-human-ancestor-dna-homo-antecessor.html

229. Can this DNA test help predict your longevity?, Harvard Health Publishing, 2018. 4. 1, https://www.health.harvard.edu/staying-healthy/can-this-dna-test-help-predict-your-longevity
230. Woolly mammoth revival, revive & restore, https://reviverestore.org/projects/woolly-mammoth/
231. First Dinosaur Tail Found Preserved in Amber, Kristin Romey, 2016. 12. 9, https://nationalgeographic.com/animals/article/feathered-dinosaur-tail-amber-theropod-myanmar-burma-cretaceous
232. DNA in amber, http://www.aakz.com/DNA-in-amber.html
233. Revisiting Telomere Shortening in Cancer, Keiji Okamoto and Hiroyuki Seimiya, Cells, 2019, 8(2), 107.
234. Chemists inhibit a critical gear of cell immortality, Megan Fellman, 2020. 3. 3, https://news.northwestern.edu/stories/2020/03/chemists-inhibit-a-critical-gear-of-cell-immortality/
235. Chemists develop promising molecular tool to target cell immortality's underlying gears, Kate Anderton, 2020. 3. 3, https://www.news-medical.net/news/20200303/Chemists-develop-promising-molecular-tool-to-target-cell-immortalitys-underlying-gears.aspx
236. The role of dimethylaminoethanol in cosmetic dermatology, Rachel Grosman, Am. J. Clin. Dermatol. 2005, 6(1), 39~47.
237. TOR-driven aging: speeding car without brakes, Mikhail V. Blagosklonny, Cell Cycle. 2009, 8(24), 4055~9.
238. Target of rapamycin (TOR) in nutrient signaling and growth control, Robbie Loewith and Michael N. Hall, Genetics, 2011, 189(4), 1177~1201.
239. Rapamycin and alzheimer's disease: Time for a clinical trial?, Matt Kaeberlein and Veronica Galvan, Science Translational Medicine, 2019, 11(476), eaar4289.
240. Horizons in the evolution of aging, Thomas Flatt and Linda Partridge, BMC Biology, 16, Article number: 93 (2018), https://bmcbiol.biomedcentral.com/articles/10.1186/s12915-018-0562-z
241. The Surprising Secrets to Living Longer — And Better, Jeffrey Kluger and Alexandra Sifferlin, 2018. 2. 15, https://time.com/5159852/the-surprising-secrets-to-living-longer-and-better/
242. 그 밖의 많은 자료들: 구글, 네이버, Wikipedia, 위키백과, 나무위키
243. 각 장의 끝에 있는 〈상상을 더하다〉의 질문 리스트는 전북대학교의 교양강좌 〈생활속의 화학〉을 수강한 학생들로부터 받은 질문을 참고로 작성하였음

화학 원소 목록

화학원소명(한글) | 원소기호 (영문명 / 원자번호* / 원자량**) | 유형***

* 핵 속의 양성자 수, ** 동위원소의 존재 비율에 따라 가중 평균한 질량, *** 출처: ptable.com

ㄱ

가돌리늄	Gd (gadolinium / 64 / 157.25)	란타넘족
갈륨	Ga / (gallium / 31 / 69.723)	전이후 금속
구리	Cu(copper / 29 / 63.546)	전이 금속
규소	Si(silicon / 14 / 28.085)	준금속
금	Au(gold / 79 / 196.97)	전이 금속

ㄴ

나이오븀	Nb(niobium / 41 / 92.906)	전이 금속
나트륨	Na(sodium / 소듐 / 11 / 22.990)	알칼리 금속
납	Pb(lead / 82 / 207.2)	전이후 금속
네오디뮴	Nd(neodymium / 60 / 144.24)	란타넘족
네온	Ne(neon / 10 / 20.180)	비활성 기체
넵투늄	Np(neptunium / 93 / (237))	악티늄족
노벨륨	No(nobelium / 102 / (259))	악티늄족
니켈	Ni(nickel / 28 / 58.693)	전이 금속
니호늄	Nh(nihonium / 113 / (286))	

ㄷ

다름슈타튬	Ds(darmstadtium / 110 / (281))	
더브늄	Db(dubnium / 105 / (268))	전이 금속
디스프로슘	Dy(dysprosium / 66 / 162.50)	란타넘족

ㄹ

라돈	Rn(radon / 86 / (222))	비활성 기체
라듐	Ra(radium / 88 / (226))	알칼리 토금속
란타넘	La(lanthanum / 57 / 138.91)	란타넘족
러더포듐	Rf(rutherfordium / 104 / (267))	전이 금속
레늄	Re(rhenium / 75 / 186.21)	전이 금속
로듐	Rh(rhodium / 45 / 102.91)	전이 금속
로렌슘	Lr(lawrencium / 103 / (266))	악티늄족
뢴트게늄	Rg(roentgenium / 111 / (282))	
루비듐	Rb(rubidium / 37 / 85.468)	알칼리 금속
루테튬	Lu(lutetium / 71 / 174.97)	란타넘족
리버모륨	Lv(livermorium / 116 / (293))	
리튬	Li(lithium / 3 / 6.94)	알칼리 금속

ㅁ

마그네슘	Mg(magnesium / 12 / 24.305)	알칼리 토금속
마이트너륨	Mt(meitnerium / 109 / (278))	
망가니즈	Mn(manganese / 25 / 54.938)	전이 금속
멘델레븀	Md(mendelevium / 101 / (258))	악티늄족
모스코븀	Mc(moscovium / 115 / (290))	
몰리브데넘	Mo(molybdenum / 42 / 95.95)	전이 금속

ㅂ

바나듐	V(vanadium / 23 / 50.942)	전이 금속
바륨	Ba(barium / 56 / 137.33)	알칼리 토금속
백금	Pt(platinum / 78 / 195.08)	전이 금속
버클륨	Bk(berkelium / 97 / (247))	악티늄족
베릴륨	Be(beryllium / 4 / 9.0122)	알칼리 토금속
보륨	Bh(bohrium / 107 / (270))	전이 금속
붕소	B(boron / 5 / 10.81)	준금속
브로민	Br(bromine / 35 / 79.904)	비금속
비소	As(arsenic / 33 / 74.922)	준금속

비스무트	Bi(bismuth / 83 / 208.98)	전이후 금속

ㅅ

사마륨	Sm(samarium / 62 / 150.36)	란타넘족
산소	O(oxygen / 8 / 15.999)	비금속
세륨	Ce(cerium / 58 / 140.12)	란타넘족
세슘	Cs(cesium / 55 / 132.91)	알칼리 금속
셀레늄	Se(selenium / 34 / 78.971)	비금속
수소	H(hydrogen / 1 / 1.008)	비금속
수은	Hg(mercury / 80 / 200.59)	전이 금속
스칸듐	Sc(scandium / 21 / 44.956)	전이 금속
스트론튬	Sr(strontium / 38 / 87.62)	알칼리 토금속
시보귬	Sg(seaborgium / 106 / (269))	전이 금속

ㅇ

아르곤	Ar(argon / 18 / 39.948)	비활성기체
아메리슘	Am(americium / 95 / (243))	악티늄족
아스타틴	At(astatine / 85 / (210))	준금속
아연	Zn(zinc / 30 / 65.38)	전이 금속
아이오딘	I(iodine / 53 / 126.90)	비금속
아인슈타이늄	Es(einsteinium / 99 / (252))	악티늄족
악티늄	Ac(actinium / 89 / (227))	악티늄족
안티모니	Sb(antimony / 51 / 121.76)	비금속
알루미늄	Al(aluminium / 13 / 26.982)	전이후 금속
어븀	Er(erbium / 68 / 167.26)	란타넘족
염소	Cl(chlorine / 17 / 35.45)	비금속
오가네손	Og(oganesson / 118 / (294))	
오스뮴	Os(osmium / 76 / 190.23)	전이 금속
우라늄	U(uranium / 92 / 238.03)	악티늄족
유로퓸	Eu(europium / 63 / 151.96)	란타넘족
은	Ag(silver / 47 / 107.87)	전이 금속
이리듐	Ir(iridium / 77 / 192.22)	전이 금속
이터븀	Yb(ytterbium / 70 / 173.05)	란타넘족

이트륨	Y(yttrium / 39 / 88.906)	전이 금속
인	P(phosphorus / 15 / 30.974)	비금속
인듐	In(indium / 49 / 114.82)	전이후 금속

ㅈ

저마늄	Ge(germanium / 32 / 72.630)	준금속
제논	Xe(xenon / 54 / 131.29)	비활성 기체
주석	Sn(tin / 50 / 118.71)	전이후 금속
지르코늄	Zr(zirconium / 40 / 91.224)	전이 금속
질소	N(nitrogen / 7 / 14.007)	비금속

ㅊ

철	Fe(iron / 26 / 55.845)	전이 금속

ㅋ

카드뮴	Cd(cadmium / 48 / 112.41)	전이 금속
칼륨	K(potassium / 포타슘 / 19 / 39.098)	알칼리 금속
칼슘	Ca(calcium / 20 / 40.078)	알칼리 토금속
캘리포늄	Cf(californium / 98 / (251))	악티늄족
코발트	Co(cobalt / 27 / 58.933)	전이 금속
코페르니슘	Cn(copernicium / 112 / (285))	
퀴륨	Cn(curium / 96 / (247))	악티늄족
크로뮴	Cr(chromium / 24 / 51.996)	전이 금속
크립톤	Kr(krypton / 36 / 83.798)	비활성기체

ㅌ

타이타늄	Ti(titanium / 22 / 47.867)	전이 금속
탄소	C(carbon / 6 / 12.011)	비금속
탄탈럼	Ta(tantalum / 73 / 180.95)	전이 금속

탈륨	Tl(thallium / 81 / 204.38)	전이후 금속
터븀	Tb(terbium / 65 / 158.93)	란타넘족
텅스텐	W(tungsten / 74 / 183.84)	전이 금속
테네신	Ts(tennessine / 117 / Ts /(294))	
테크네튬	Tc(technetium / 43 / (98))	전이 금속
텔루륨	Te(tellurium / 52 / 127.60)	준금속
토륨	Th(thorium / 90 / 232.04)	악티늄족
툴륨	Tm(thulium / 69 / 168.93)	란타넘족

ㅍ

팔라듐	Pd(palladium / 46 / 106.42)	전이 금속
페르뮴	Fm(fermium / 100 / (257)	악티늄족
폴로늄	Po(polonium / 84 / (209)	전이후 금속
프라세오디뮴	Pr(praseodymium / 59 / 140.91)	란타넘족
프랑슘	Fr(francium / 87 / (223)	알칼리금속
프로메튬	Pm(promethium / 61 / (145)	란타넘족
프로트악티늄	Pa(protactinium / 91 / 231.04)	악티늄족
플레로븀	Fl(flerovium / 114 / (289))	
플루오린	F(fluorine / 9 / 18.998)	비금속
플루토늄	Pu(plutonium / 94 / (244))	악티늄족

ㅎ

하슘	Hs(hassium / 108 / (277))	전이 금속
하프늄	Hf(hafnium / 72 / 178.49)	전이 금속
헬륨	He(helium / 2 / 4.0026)	비활성 기체
홀뮴	Ho(holmium / 67 / 164.93)	란타넘족
황	S(sulfur / 16 / 32.06)	비금속

찾아보기

ㅅ

ㅇ

ㅈ

ㅊ

A–Z

0–9

상상과 현실이 통하다
화학으로 세상보기

지은이 김성식, 이영아, 마윤정
펴낸이 김동원
펴낸곳 전북대학교출판문화원

초판 1쇄 인쇄 2021. 9. 23
초판 1쇄 발행 2021. 9. 30

전북대학교출판문화원 전라북도 전주시 완산구 어진길 32(풍남동2가)
전화 (063) 219-5319 ~ 5322
FAX (063) 219-5323
출판등록 2012년 8월 20일 제465-2012-000021호

값 19,800원

ISBN 979-11-6372-138-3 03430